Fundamentos de
Oncologia
Molecular

ONCOLOGIA

A Ciência e a Arte de Ler Artigos Cientificos – **Braulio Luna Filho**
A Didática Humanista de um Professor de Medicina – **Decourt**
A Neurologia que Todo Médico Deve Saber 2ª ed. – **Nitrini**
A Questão Ética e a Saúde Humana – **Segre**
A Saúde Brasileira Pode Dar Certo – **Lottenberg**
A Vida por um Fio e por Inteiro – Elias **Knobel**
Adoecer - Compreendendo as Interações entre o Doente e a Sua Doença – **Quayle**
Afecções Cirúrgicas do Pescoço – **CBC Kowalski**
Artigo Científico - do Desafio à Conquista - Enfoque em Testes e Outros Trabalhos Acadêmicos – **Victoria Secaf**
As Lembranças que não se Apagam – Wilson Luiz **Sanvito**
Câncer do Pulmão – **Zamboni**
Carcinoma Hepatocelular – **Abraão Saad**
Células-tronco – **Zago**
Células Tronco - Como Coletar, Processar e Criopreservar – **Massumoto e Ayoub**
Coluna: Ponto e Vírgula 7ª ed. – **Goldenberg**
Como Ter Sucesso na Profissão Médica - Manual de Sobrevivência 4ª ed. – Mario Emmanuel **Novais**
Cuidados Paliativos – Diretrizes, Humanização e Alívio de Sintomas – **Franklin Santana**
Dicionário de Ciências Biológicas e Biomédicas – **Vilela Ferraz**
Dicionário Médico Ilustrado Inglês-Português – **Alves**
Dieta, Nutrição e Câncer – **Dan**
Dor - O que Todo Médico Deve Saber – **Drummond**
Epidemiologia 2ª ed. – **Medronho**
Farmacêuticos em Oncologia: Uma Nova Realidade 2ª ed. – José Ricardo **Chamhum** de Almeida
Gestão Estratégica de Clínicas e Hospitais – **Adriana Maria** André
Guia de Consultório - Atendimento e Administração – **Carvalho Argolo**
Manual de Terapia Nutricional em Oncologia do ICESP
Medicina Baseada em Evidências 2ª ed. – **Drummond**
Medicina Nuclear em Oncologia – **Sapienza**
Medicina: Olhando para o Futuro – **Protásio** Lemos da Luz
Medicina, Saúde e Sociedade – **Jatene**
Memórias Agudas e Crônicas de uma UTI – **Knobel**
Nem só de Ciência se Faz a Cura 2ª ed. – **Protásio da Luz**
O que Você Precisa Saber sobre o Sistema Único de Saúde – **APM-SUS**
Oncohematologia - Manual de Diluição, Administração e Estabilidade de Medicamentos Citostáticos – Gilberto **Barcelos Souza**
Oncologia Molecular 2ª ed. – Carlos **Gil** Ferreira e José Cláudio **Rocha**
Oncologia Pediátrica – **Renato Melaragno e Beatriz de Camargo**
Politica Públicas de Saúde Interação dos Atores Sociais – **Lopes**
Radiofarmácia – **Ralph Santos** Oliveira
Terapêutica Oncológica - quarta edição – **Edva**
Transplante de Células-tronco Hematopoéticas – Júlio Cesar **Voltarelli**
Tratado de Oncologia Clinica – **Hoff**
Um Guia para o Leitor de Artigos Científicos na Área da Saúde – **Marcopito Santos**

Fundamentos de Oncologia Molecular

Editores

RENATA DE FREITAS SAITO

Pesquisadora do Instituto do Câncer do Estado de São Paulo Octavio Frias de Oliveira (ICESP). Doutora, Programa de Oncologia da Universidade de São Paulo.

MARLOUS VINÍCIUS GOMES LANA

Pesquisador do Instituto do Câncer do Estado de São Paulo Octavio Frias de Oliveira (ICESP). Mestrando, Programa de Oncologia da Universidade de São Paulo.

RUAN F. V. MEDRANO

Doutorando, Programa de Oncologia da Universidade de São Paulo.

ROGER CHAMMAS

Professor Titular, Departamento de Radiologia e Oncologia da Faculdade de Medicina da Universidade de São Paulo.

EDITORA ATHENEU

São Paulo —	*Rua Jesuíno Pascoal, 30*
	Tel.: (11) 2858-8750
	Fax: (11) 2858-8766
	E-mail: atheneu@atheneu.com.br
Rio de Janeiro —	*Rua Bambina, 74*
	Tel.: (21)3094-1295
	Fax: (21)3094-1284
	E-mail: atheneu@atheneu.com.br
Belo Horizonte —	*Rua Domingos Vieira, 319 — conj. 1.104*

CAPA: Paulo Verardo

PRODUÇÃO EDITORIAL: Fernando Palermo

Dados Internacionais de Catalogação na Publicação (CIP)
(Câmara Brasileira do Livro, SP, Brasil)

Fundamentos de oncologia molecular / editores Renata de Freitas Saito...[et al.]. -- São Paulo : Editora Atheneu, 2015.

Outros editores: Marlous Vinícius Gomes Lana, Ruan F. V. Medrano, Roger Chammas
Vários colaboradores.
Bibliografia
ISBN 978-85-388-0684-4

1. Biologia molecular 2. Carcinogênese - Aspectos moleculares 3. Oncologia - Aspectos moleculares I. Saito, Renata de Freitas. II. Lana, Marlous Vinícius Gomes. III. Medrano, Ruan Felipe Vieira. IV. Chammas, Roger.

CDD-616.992042
NLM-QZ 200

15-10074

Índice para catálogo sistemático:

1. Oncologia molecular   616.992042

FUNDAMENTOS DE ONCOLOGIA MOLECULAR
Saito, R. F.; Lana, M. V. G.; Medrano, R. F. V.; Chammas, R.

© *EDITORA ATHENEU*
São Paulo, Rio de Janeiro, Belo Horizonte, 2016

Autores

Adalberto Alves Martins Neto

Doutorando, Programa de Oncologia da Universidade de São Paulo.

Aline Hunger Ribeiro

Doutoranda, Programa de Oncologia da Universidade de São Paulo.

Alison Colquhoun

Professora-associada, Departamento de Biologia Celular e do Desenvolvimento, Instituto de Ciências Biomédicas da Universidade de São Paulo.

Ana Carolina Ferreira Cardoso

Doutoranda, Programa de Oncologia da Universidade de São Paulo.

Ana Carolina Pavanelli

Pesquisadora do Instituto do Câncer do Estado de São Paulo Octavio Frias de Oliveira (ICESP). Mestre, Programa de Oncologia da Universidade de São Paulo.

Ana Paula Lepique

Professora-assistente Doutora, Departamento de Imunologia, Instituto de Ciências Biomédicas da Universidade de São Paulo.

Andréia Hanada Otake

Pesquisadora da Faculdade de Medicina da Universidade de São Paulo. Doutora, Programa de Oncologia da Universidade de São Paulo.

Angélica Patiño Gonzalez

Mestranda, Programa de Oncologia da Universidade de São Paulo.

Bryan Eric Strauss

Coordenador de Pesquisa Médica e Diretor do Laboratório de Vetores Virais no Centro de Investigação Translacional em Oncologia, Instituto do Câncer do Estado de São Paulo Octavio Frias de Oliveira (ICESP).

Camila Longo Machado

Pesquisadora da Faculdade de Medicina da Universidade de São Paulo. Doutora em Genética e Biologia Molecular pela Universidade Estadual de Campinas, (UNICAMP).

Camila Morais Melo

Doutoranda, Programa de Oncologia da Universidade de São Paulo.

Camila Motta Venchiarutti Moniz

Médica Residente em Oncologia Clínica no Instituto do Câncer do Estado de São Paulo Octavio Frias de Oliveira (ICESP).

Cíntia Maria Alves Mothé

Mestre em Ciências Farmacêuticas pela Universidade de São Paulo.

Daniela Bertolini Zanatta

Pesquisadora do Instituto do Câncer do Estado de São Paulo Octavio Frias de Oliveira (ICESP). Doutora em Biotecnologia pela Universidade de São Paulo.

Elaine Guadelupe Rodrigues

Professora Adjunto III, Unidade de Oncologia Experimental, Departamento de Microbiologia, Imunologia e Parasitologia da Universidade Federal de São Paulo.

Ema Elissen Flores Díaz

Mestranda, Programa de Oncologia da Universidade de São Paulo.

Emily Montosa Nunes

Mestranda, Programa de Oncologia da Universidade de São Paulo.

Fabyane de Oliveira Teixeira Garcia

Mestranda, Programa de Oncologia da Universidade de São Paulo.

Fátima Solange Pasini

Especialista em Laboratório da Faculdade de Medicina da Universidade de São Paulo. Doutora em Biotecnologia pela Universidade de São Paulo.

Flávia Regina Rotea Mangone

Pesquisadora do Instituto do Câncer do Estado de São Paulo Octavio Frias de Oliveira (ICESP). Doutora, Programa de Oncologia da Universidade de São Paulo.

Gilberto de Castro Júnior

Professor Colaborador do Departamento de Radiologia e Oncologia da Faculdade de Medicina da Universidade de São Paulo. Médico do Instituto do Câncer do Estado de São Paulo Octavio Frias de Oliveira (ICESP). Doutor, Programa de Oncologia da Universidade de São Paulo.

Giselly Encinas

Doutoranda, Programa de Oncologia da Universidade de São Paulo.

Igor de Luna Vieira

Mestrando do Programa de Oncologia da Universidade de São Paulo.

Jimena Paola Hochmann Valls

Doutoranda, Programa de Oncologia da Universidade de São Paulo.

João Paulo Portela Catani

Pesquisador do Instituto do Câncer do Estado de São Paulo Octavio Frias de Oliveira (ICESP). Doutor, Programa de Oncologia da Universidade de São Paulo.

José Alexandre Barbuto

Professor-associado, Departamento de Imunologia do Instituto de Ciências Biomédicas da Universidade de São Paulo.

Laura Sichero

Professora Colaboradora do Departamento de Radiologia e Oncologia da Faculdade de Medicina da Universidade de São Paulo. Pesquisadora do Instituto do Câncer do Estado de São Paulo Octavio Frias de Oliveira (ICESP). Doutora, Instituto de Química da Universidade de São Paulo.

Lourival A. de Oliveira Filho

Doutorando, Programa de Oncologia da Universidade de São Paulo.

Lucas Boeno Oliveira

Doutorando, Programa de Oncologia da Universidade de São Paulo.

Luciana Nogueira de Sousa Andrade

Pesquisadora do Instituto do Câncer do Estado de São Paulo Octavio Frias de Oliveira (ICESP). Doutora, Programa de Oncologia da Universidade de São Paulo.

Margarita Cortez Martins
*Médica Patologista, Colaboradora do Programa de Oncologia
da Universidade de São Paulo.*

Maria Aparecida A. Koike Folgueira
*Professora-associada, Departamento de Radiologia e Oncologia da Faculdade de Medicina
da Universidade de São Paulo.*

Maria Aparecida Nagai
*Professora-associada, Departamento de Radiologia e Oncologia da Faculdade de Medicina
da Universidade de São Paulo.*

Maria Lucia Hirata Katayama
*Bióloga da Universidade de São Paulo. Doutora, Programa de Biologia Molecular da
Universidade Federal de São Paulo.*

Mariana Barbosa de Souza Rizzo
Doutoranda, Programa de Oncologia da Universidade de São Paulo.

Mauro C. Cafundó de Morais
Pós-doutorando, Programa de Oncologia da Universidade de São Paulo.

Naieli Bonatto
Doutoranda, Programa de Oncologia da Universidade de São Paulo.

Natália Cruz e Melo
Mestranda, Programa de Oncologia da Universidade de São Paulo.

Paulo Roberto Del Valle
Doutorando, Programa de Oncologia da Universidade de São Paulo.

Rachel P. Riechelmann
*Chefe da Pesquisa Clínica do Instituto do Câncer do Estado de São Paulo Octavio Frias de
Oliveira (ICESP). Professora Colaboradora do Departamento de Radiologia e Oncologia
da Faculdade de Medicina da Universidade de São Paulo.*

Rodrigo Esaki Tamura
*Doutor em Biotecnologia pela Universidade de São Paulo. Pesquisador (Pós-doutorando)
do Centro de Investigação Translacional em Oncologia, Instituto do Câncer do Estado de
São Paulo.*

Rodrigo Santa Cruz Guindalini

Doutorando, Programa de Oncologia da Universidade de São Paulo.

Rosimeire Aparecida Roela

*Química, Universidade de São Paulo. Doutora, Programa de Oncologia
da Universidade de São Paulo.*

Samir Andrade Mendonça

Doutorando, Programa de Oncologia da Universidade de São Paulo.

Sheila Aparecida Coelho Siqueira

*Diretora Técnica de Serviço de Imunohistoquímica da Divisão de Anatomia Patológica do
Hospital das Clínicas da Faculdade de Medicina da Universidade de São Paulo.*

Sílvia Guedes Braga Cardim

Mestranda, Programa de Oncologia da Universidade de São Paulo.

Sofia Nascimentos dos Santos

Doutoranda, Programa de Oncologia da Universidade de São Paulo.

Suilane Coelho Ribeiro Oliveira

Doutora, Programa de Oncologia da Universidade de São Paulo.

Tatiane Katsue Furuya Mazzotti

*Doutoranda, Programa de Oncologia da Universidade de São Paulo. Especialista em
Laboratório da Faculdade de Medicina da Universidade de São Paulo.*

Taynah Ibrahim David

Doutoranda, Programa de Oncologia da Universidade de São Paulo.

Prefácio

O Instituto do Câncer do Estado de São Paulo, instituto especializado em Oncologia do Hospital das Clínicas da Faculdade de Medicina da Universidade de São Paulo, iniciou suas atividades em 2008. Desde o início, as metas de nosso Instituto são excelência em assistência, ensino e pesquisa na área de Oncologia. Para alcançarmos as metas de excelência em ensino e pesquisa, transferimos a Disciplina de Oncologia da Faculdade de Medicina da Universidade de São Paulo para dentro do Instituto do Câncer. Assim, o ensino da Oncologia, da graduação, passando pela residência médica à pós-graduação, concentrou-se em um só lugar, para onde vieram também os laboratórios de pesquisa da área, muito vinculados à atividade de Pós-Graduação.

Essa reformulação, proporcionada pela ativação do Instituto do Câncer do Estado de São Paulo, aproximou os pós-graduandos de residentes e de alunos de graduação. A proximidade catalisou interações, criando um ambiente muito favorável para que passássemos a exercitar com maior frequência a discussão sobre didática e estabelecimento de currículos para o ensino das bases da Oncologia para estudantes da área da Saúde.

Assim, nasceu o projeto deste livro didático, fruto de um exercício de pedagogia universitária e da necessidade de gerar-se um material de apoio atual para alunos da graduação. A organização de cursos de férias, abertos a alunos de graduação de vários Estados e de países da América Latina, foi a oportunidade para este exercício de liderança que os mestrandos e doutorandos em Oncologia enfrentaram, com a colaboração de vários docentes de nosso Programa. O resultado foi muito além da experiência de preparar e ministrar aulas. Ao longo de quase um ano, discutiu-se e implementou-se uma proposta de currículo em Oncologia Molecular, inspirado em currículos internacionais. Os temas discutidos e sua abordagem deram origem aos capítulos deste livro, que pretende ser uma fonte de referência dos conceitos fundamentais que usamos em Oncologia, além de apresentar uma discussão das perspectivas de evolução deste campo – dinâmico e intrigante. O material apresentado a seguir será útil para cursos de Oncologia, ministrados quer como uma disciplina isolada, quer como uma série de intervenções ao longo do curso de graduação de Medicina, Ciências Biomédicas, ou Farmácia e Bioquímica, para citar alguns, de maneira integrada com as diversas Ciências Básicas e Patologia. Ao final, propomos ainda um material de apoio para práticas em métodos fundamentais utilizados em Biologia Molecular aplicada à Medicina.

Ano a ano, ao avaliarmos as realizações do Programa de Pós-Graduação em Oncologia, destacamos os trabalhos científicos dos alunos que fazem mestrado e/ou doutorado em nossos laboratórios. Em 2016, nosso destaque será este livro, que não somente será útil para muitos alunos de graduação na área da Saúde, mas também por concretizar a formação de uma nova geração de professores que ensinará as bases moleculares da Oncologia em nossas escolas.

Prof. Dr. Roger Chammas
Programa de Oncologia
Universidade de São Paulo

Sumário

1 Introdução ao Câncer, 1
Ema Elissen Flores Díaz, Renata de Freitas Saito e Roger Chammas

2 Classificação e Nomenclatura Anátoma Patológica de Tumores, 15
Sofia Nascimentos dos Santos, Margarita Cortez Martins e Roger Chammas

3 Carcinogênese Química e Física, 37
Natália Cruz e Melo, Ana Carolina Pavanelli e Laura Sichero

4 Carcinogênese Biológica, 53
Jimena Paola Hochmann Valls, Emily Montosa Nunes e Laura Sichero

5 Alterações Genéticas no Câncer, 81
Giselly Encinas, Tatiane Katsue Furuya Mazzotti e Maria Aparecida Nagai

6 Ciclo Celular e o Reparo do DNA no Câncer, 97
Aline Hunger Ribeiro, Daniela Bertolini Zanatta e Bryan Eric Strauss

7 Controle da Expressão Gênica e Suas Alterações no Câncer, 117
*Fabyane de Oliveira Teixeira Garcia, Tatiane Katsue Mazzotti Furuya
e Fátima Solange Pasini*

8 O Metabolismo da Célula Tumoral, 133
Renata de Freitas Saito, Alison Colquhoun e Roger Chammas

9 Morte Celular no Câncer, 159
Naieli Bonatto, Lourival A. de Oliveira Filho e Andréia Hanada Otake

10 Introdução ao Microambiente Tumoral, 187
*Adalberto Alves Martins Neto, Sílvia Guedes Braga Cardim,
Cíntia Maria Alves Mothé e Luciana Nogueira de Sousa Andrade*

11 Células-Tronco Tumorais, 207
Ana Carolina Ferreira Cardoso e Luciana Nogueira de Sousa Andrade

12 Angiogênese Tumoral, 225
Igor de Luna Vieira, Rodrigo Esaki Tamura e Roger Chammas

13 Invasão Tumoral e Metástase, 245
Angélica Patiño Gonzalez, Camila Morais Melo e Roger Chammas

14 Imunologia de Tumores, 261
Ruan F. V. Medrano e Elaine Guadelupe Rodrigues

15 Inflamação e Câncer, 281
Mariana Barbosa de Souza Rizzo e Ana Paula Lepique

16 Evolução do Diagnóstico do Câncer, 301
*Rodrigo Santa Cruz Guindalini, Sheila Aparecida Coelho Siqueira,
Maria Aparecida A. Koike Folgueira*

17 Biomarcadores no Câncer, 315
Lucas Boeno Oliveira e Maria Aparecida A. Koike Folgueira

18 Evolução do Tratamento do Câncer, 329
Mauro C. Cafundó de Morais e Gilberto de Castro Júnior

19 Resistência às Terapias, 347
Samir Andrade Mendonça e Roger Chammas

20 Terapia Gênica em Câncer, 361
Marlous Vinícius Gomes Lana, Taynah Ibrahim David e Bryan Eric Strauss

21 Imunoterapia do Câncer, 383
Paulo Roberto Del Valle, João Paulo Portela Catani e José Alexandre Barbuto

22 Pesquisa Clínica em Câncer, 399
*Suilane Coelho Ribeiro Oliveira, Camila Motta Venchiarutti Moniz,
Rachel P. Riechelmann*

23 Inovação Terapêutica, 409
João Paulo Portela Catani e Rachel P. Riechelman

Anexo

**Protocolos Teóricos Práticos em Biologia Molecular
Aplicada a Câncer, 427**
*Camila Longo Machado, Fátima Solange Pasini, Flavia Regina Rotea Mangone
Maria Lucia Hirata Katayama, Rosimeire Aparecida Roela,
Tatiane Katsue Furuya Mazzotti e Roger Chammas*

Índice Remissivo, 487

Introdução ao Câncer

1

Ema Elissen Flores Diaz
Renata de Freitas Saito
Roger Chammas

INTRODUÇÃO

Denominado até como o "Imperador de todos os males", o câncer representa a doença da nossa época: da modernidade; e ao mesmo tempo, como fenômeno biológico, é um dos acontecimentos mais interessantes, complexos e amplamente estudados.

Embora seja muitas vezes letal, ele não é um fenômeno de fácil aparecimento, ao contrário, representa a superação de vários mecanismos celulares de vigilância e da homeostase de células e tecidos. Ele é o fruto de mutações acumuladas durante um período de tempo que levam a célula a ultrapassar os limites da idade e da reprodução, resultando muitas vezes na imortalidade e, em todas as vezes, na transformação maligna.

Ao final deste capítulo espera-se que o leitor compreenda: (i) que embora o câncer esteja associado à modernidade, não é uma doença nova; (ii) que as características da vida moderna estão fazendo a incidência do câncer aumentar; (iii) que a origem genética do câncer se traduz em diferentes alterações celulares que são o motor do aparecimento da malignidade; (iv) que o câncer pode ser estudado e entendido em diferentes níveis, desde as alterações moleculares até o nível tecidual, como doença individual ou como a carga que representa à saúde pública e às sociedades.

DESTAQUES

- História do câncer.
- Câncer, a epidemia da modernidade.
- Câncer como síndrome.
- Características comuns dos diferentes tipos de câncer.
- Câncer a nível celular e tecidual.

HISTÓRIA DO CÂNCER
Um fenômeno novo?

Apesar de estar fortemente associado à modernidade, surpreendentemente, há registros milenares sobre casos de tumores (**Figura 1.1**). A primeira descrição do câncer que se conhece é o icônico papiro de mais de 2.500 anos que o egiptologista americano Edwin Smith descobriu, onde se descrevem 45 casos cirúrgicos de câncer de mama. Além disso, existe também outro papiro que descreve o câncer de útero.

Esses achados e os escritos dos livros ayurvédicos da Índia permitem pensar que há 2.500 anos o câncer já era corretamente diagnosticado, e interessante é que, embora estes registros fossem criados com séculos ou milênios de diferença em distintos cantos do mundo, todos compartilham a noção da doença ser incurável.

Existem também registros de cânceres da cavidade oral, pelve, reto entre outros, porém, não se encontram registrados os cânceres mais comuns na atualidade, como o câncer do pulmão e dos ossos.

FIGURA 1.1. *Linha de tempo dos primeiros registros do câncer.*

A existência desses registros e a relevância desses fatos foram diminuídas e eclipsadas pelos registros de epidemias e pandemias de proporções desastrosas causadas por agentes infecciosos, que foram responsáveis pela maioria das mortes numa época em que os antibióticos ainda não existiam. Ao observar e comparar as principais causas de óbito do século XIX e na atualidade, fica claro o progressivo controle das doenças infectocontagiosas e a associação com as chamadas doenças da modernidade, onde se destacam diferentes formas de cânceres (**Tabela 1.1**).

TABELA 1.1. *Principais causas de morte na Inglaterra e em Gales.* Apresentam-se as dez causas de óbito mais importantes na população geral entre 1848 e 1854, e em homens e mulheres no ano de 2012.

1848-1854	2012/Mulheres	2012/Homens
Tuberculose	Demência e Alzheimer	Doença cardiovascular
Bronquite, influenza	Doença cardiovascular	Câncer de pulmão
Cólera, disenteria	Acidente vascular cerebral	Enfisema, bronquite
Infecções infantis	Gripe, pneumonia	Acidente vascular cerebral
Escarlatina, difteria	Enfisema, bronquite	Demência e Alzheimer
Febre tifoide	Câncer de pulmão	Gripe, pneumonia
Tuberculose não respiratória	Câncer de mama	Câncer de próstata
Outras infecções	Câncer de cólon	Câncer de cólon
Pertússis	Doenças urinárias	Leucemia linfoide
Sarampo	Insuficiência cardíaca	Câncer de pescoço

A epidemia da modernidade

Ao saber que o *câncer* não é um fenômeno recente, é interessante observar que só nas últimas décadas as taxas de incidência da maioria dos tipos de tumores tiveram tendência ascendente com previsão só de aumentar. Com isso, surgem algumas perguntas como, por que o número de casos de câncer tem aumentado? E por que a frequência de tumores específicos varia através do tempo?

Para responder a esses questionamentos, temos que nos concentrar num fato que mudou radicalmente nas décadas passadas: atualmente as pessoas vivem mais.

Com o surgimento dos antibióticos, as melhoras do saneamento nas cidades e as políticas de prevenção na saúde pública, a expectativa de vida tem aumentado de 40 anos no Egito antigo, para 50 na idade média e para mais de 75 na atualidade nos países mais desenvolvidos. Como consequência, a população que atualmente se encontra na sétima, oitava e nona década de vida é maior que em qualquer outra época da história humana.

O aumento da longevidade deve-se não somente à diminuição da mortalidade infantil e perinatal, mas também à chamada Revolução Verde, caracterizada por aumento significativo da produtividade dos campos agrícolas a partir de meados do século passado. A escassez de alimentos assim também diminuiu, fazendo com que a população não só aumente, mas também viva melhor e por mais tempo **(Figura 1.2)**.

O crescimento do número de pessoas poderia resultar no aumento do número de tumores; porém o câncer tem se elevado em proporções maiores ao crescimento da população. Esse aumento pode-se explicar, em parte, pelas melhoras nas tecnologias de rastreio junto com a aplicação dessas técnicas a nível populacional, elevando a frequência de detecção das neoplasias. Não obstante, há na sociedade

Câncer

O termo câncer ou cancro vem do grego 'karkinos', que significa caranguejo. Hipócrates viu como o tumor sólido envolto em vasos sanguíneos lembrava um caranguejo na areia com suas patas em um círculo.

Introdução ao Câncer

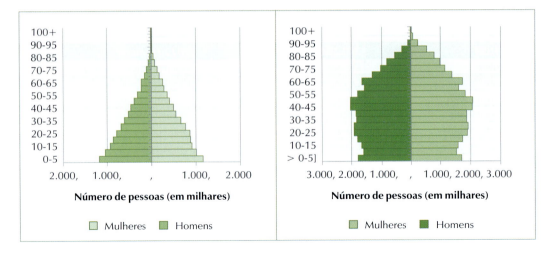

FIGURA 1.2. Mudanças na distribuição populacional de Inglaterra e Gales nos anos 1851 (esquerda) e 2012 (direita). *Estes câmbios refletem como a esperança de vida tem aumentado, fazendo com que pessoas maiores de 50 anos não sejam mais a minoria.*

moderna uma verdade inegável que ajuda a explicar o posicionamento do câncer como a segunda causa de óbito no mundo.

No decorrer deste livro vamos ver como os fatores físicos, químicos e biológicos (ver Capítulo 3), aos quais os humanos se expõem na atualidade, têm disparado a prevalência de tumores que no passado nem eram comuns. O tabagismo e o alcoolismo, associados a um importante número de neoplasias, junto com a obesidade e o estilo de vida atual, sobretudo nos países mais desenvolvidos, têm ajudado expressivamente a converter o câncer na epidemia das últimas gerações.

Com o aumento do tempo de vida das pessoas junto com os outros fatores já descritos, estima-se que a incidência do câncer continue em ascensão, se não forem tomadas medidas de prevenção ativa e mudança do estilo de vida **(Figura 1.3)**.

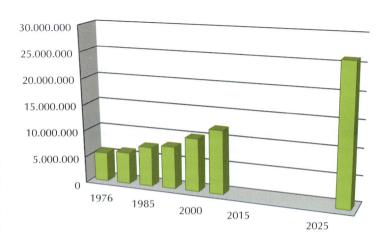

FIGURA 1.3. Estimativa global de prevalência do câncer. *As organizações internacionais de saúde concordam que se a tendência de aparecimento de neoplasias continuar, os casos de câncer no mundo vão se duplicar nas próximas décadas (adaptado de Boyle P & Levin B, 2008).*

DEFINIÇÕES, CARACTERÍSTICAS E CAUSAS DO CANCER

O que é câncer?

Câncer é um termo que se refere às doenças em que as células se dividem de forma anormal, descontrolada e conseguem invadir outros tecidos. Na prática, câncer é um termo genérico que agrupa um conjunto de mais de 200 doenças que guardam algumas características comuns mas, ao mesmo tempo, são extremamente diferentes em termos de sua origem genética e histopatológica, progressão, agressividade, prognóstico, tratamento e também resposta ao tratamento.

De acordo com o que foi explicado acima, o câncer pode estar mais próximo da definição de síndrome, ou seja, um conjunto de sintomas e sinais que definem a manifestação clínica da doença, mas que são produto de *etiologias* diferentes. Com isso, é extremamente difícil falar em causa, tratamento e cura do câncer, quando na verdade cada tumor, mesmo do próprio órgão, é diferente e tem comportamentos distintos.

Câncer a nível molecular

Nos organismos a manutenção do equilíbrio, ou homeostase, é uma das prioridades que se traduz em mecanismos que asseguram que as condições celulares internas permançcam estáveis e relativamente invariáveis.

A célula eucariótica normal mantém a homeostase por meio da programação envolvida no sistema que controla o *ciclo celular*. Este sistema consiste numa rede de proteínas intra e extracelulares (como *ciclinas* e *quinases dependentes de ciclinas* 'CDKs') que regulam a progressão da célula através das diferentes fases do ciclo celular.

Este sistema controlador do ciclo celular funciona como um relógio, que faz com que cada evento do ciclo tenha um tempo determinado e limitado para a sua realização. Além disso, ele é um mecanismo robusto que mantém a ordem dos eventos e assegura o sucesso da operação através da supervisão do desempenho do ciclo em três *checkpoints* já estabelecidos que verificam, entre outras coisas, a qualidade do DNA e as condições do meio para a progressão normal do ciclo (**Figura 1.4**) (Capítulo 6).

Existem também outros agentes que percebem o dano celular em qualquer momento do ciclo. Ao perceberem o dano eles encaminham a célula a programas de reparo ou apoptose, dependendo do nível do dano celular. Desta mesma maneira a transcrição do DNA é igualmente acompanhada de perto por um grupo de enzimas que garantem alta fidelidade do material transcrito.

Graças ao ciclo celular e ao sistema que o controla é possível que a proliferação, divisão e morte celular sejam eventos altamente vigiados que, em conjunto, permitem que a célula possua uma autoprogramação que faz com que ela possa se reproduzir um número

---

Etiologia
Do grego 'aitía' ou causa, é o estudo das causas de diferentes fenômenos em diversas ciências: biológicas, sociais, psicológicas. Na medicina se refere ao conjunto de causas que dão origem a uma doença.

Ciclo celular
Conjunto de etapas que a célula viva atravessa entre uma divisão celular e a seguinte. Nesse tempo a célula se prepara para a seguinte mitose levando em consideração tanto as exigências do meio em torno dela como a qualidade dos produtos que ela gera no seu interior.

Ciclinas
Esta é uma família de proteínas encarregadas de controlar a progressão do ciclo celular através das diferentes etapas. Elas desempenham esta função por meio da ativação de quinases dependentes de ciclinas ou CDKs.

Quinases dependentes de ciclinas
As CDKs são uma família de proteínas encarregadas da regulação do ciclo celular através da sua função quinase, ou seja, de transferência de grupos fosfato, que ativa ou desativa a molécula que o recebe. Como seu nome o indica, estas proteínas precisam da ligação de ciclinas para poder desempenhar seu papel fosforilador.

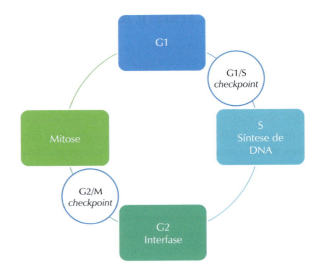

FIGURA 1.4. Ciclo celular. Neste diagrama do ciclo celular podem-se observar a ordem das etapas e os checkpoints.

Senescência
Processo de envelhecimento celular relacionado ao encurtamento dos telômeros após cada divisão celular.

estabelecido de vezes para depois seguir no caminho à diferenciação, **senescência** ou morte por forma regulada e controlada.

Todas essas defesas celulares fazem com que o câncer seja relativamente raro na vida de uma pessoa, pois a célula cancerosa precisa adquirir certas características para conseguir ultrapassar os limites naturais da vida normal de uma célula.

Características comuns ao câncer

Embora posteriormente sejam intensamente detalhadas ao longo deste livro, por agora é importante entender que já foram descritas oito características comuns à maioria e, possivelmente, a todos os tipos de câncer. Algumas delas estão relacionadas ao mau funcionamento do ciclo celular e outras às interações das células cancerosas com as demais células do organismo **(Figura 1.5)**.

FIGURA 1.5. Características do câncer. Estas características são as responsáveis por transformar a célula normal, permitindo que ela desafie as condições e normas do seu meio natural e de origem à neoplasia.

CAPÍTULO 1

Das oito características, a mais representativa do câncer poderia ser o crescimento celular fora dos limites naturais da célula, ou seja, a imortalidade replicativa. Essa capacidade pode ser explicada por três características do câncer: sinal de proliferação contínua, evasão de supressores tumorais e resistência à morte celular **(Figura 1.6)**.

No tecido normal, as células vizinhas emitem sinais, na forma de ***fatores de crescimento***, que ativam os programas de proliferação na célula que os recebe. A célula cancerosa, porém, pode adquirir a capacidade de se autoativar com fatores de crescimento que ela mesma produz, ficando assim independente dos sinais das outras células do tecido. Por outro lado, ela também pode superexpressar os receptores encarregados de receber os ***fatores de crescimento*** do meio extracelular ou ter receptores mutados que estejam constitutivamente ativados.

Além de aumentar o crescimento com o aumento dos sinais de proliferação, a célula cancerosa bloqueia os sinais de supressão do crescimento através da evasão de **supressores tumorais**. Um tecido normal precisa de um número exato de células e os sinais antiproliferativos se certificam que a homeostase seja mantida. A célula tumoral ultrapassa esse obstáculo evitando a senescência e a apoptose através do bloqueio ou, pelo menos, da diminuição da sensibilidade aos sinais reguladores do crescimento.

É importante citar que, além de evitar a senescência, a célula cancerosa evita por no estado de quiescência e também por de diferenciação. Uma célula pós-mitótica diferenciada não tem a capacidade proliferativa das células neoplásicas. Assim, o câncer é mais que a desregulação do crescimento celular, é também o desbalanço entre proliferação e diferenciação, cujo equilíbrio é importante para o funcionamento normal dos órgãos.

No entanto, o aumento em número de células não pode se explicar somente pelo aumento na proliferação, pois as células cancerosas

Fatores de crescimento
Estes são reguladores extracelulares que se ligam a receptores específicos, controlando assim o ciclo celular e outras atividades celulares, como diferenciação e apoptose.

Gene supressor de tumor
Estes são genes que codificam proteínas importantes nas vias reguladoras do ciclo celular e da apoptose. Quando mutados, deletados ou silenciados, a probabilidade de formação de tumor aumenta.

FIGURA 1.6. *Imortalidade replicativa.* *Esta característica inerente ao câncer é o resultado da soma das ações destas outras quatro capacidades adquiridas pela célula neoplásica.*

Introdução ao Câncer

Apoptose
Série de passos meticulosamente coreografados que executam o programa de autodestruição celular.

Fosforilação oxidativa
Via metabólica caracterizada pela oxidação de nutrientes para produzir ATP. Nas células eucarióticas, este processo é realizado por complexos proteicos mitocondriais constituindo o método normal de obtenção de energia.

Glicólise
Via metabólica onde a partir de uma molécula de glicose se produz ATP. Este tipo de metabolismo é muito comum nas células tumorais que, embora sejam eucarióticas, têm trocado seu metabolismo possivelmente devido a danos na mitocôndria ou à escassez de oxigênio no ambiente tumoral.

também são mais resistentes aos processos de morte celular. Como já foi dito, a célula normal tem uma vida programada e uma capacidade proliferativa limitada. Em contrapartida, a célula cancerosa adquire a capacidade de resistência à morte celular. A célula normal carrega um programa que é ativado como resposta ao estresse fisiológico: a *apoptose*. Este processo está truncado, em diferentes níveis no câncer. Este e outros tipos de morte celular e outros serão abordados com mais detalhes no Capítulo 9.

A constante replicação celular demanda uma grande quantidade de energia e precisa de matéria-prima para a contínua criação de novas células. Para conseguir sustentar este processo a célula neoplásica precisa ajustar o seu metabolismo. Esse reajuste é alcançado através da reprogramação da *fosforilação oxidativa*, na célula normal, para o metabolismo de *glicose,* no que constitui outra característica do câncer: desregulação energética celular (maiores explicações no Capítulo 8).

Mas o câncer não só consiste na replicação celular fora dos limites. Para um tumor conseguir progredir com sucesso tem que ter sido capaz de adquirir outro conjunto de capacidades (**Figura 1.7**).

Para começar, o corpo humano conta com um robusto sistema imunológico que monitora as células e os tecidos. Graças a ele, a maioria das neoplasias incipientes que surgem ao longo da vida de uma pessoa serão controladas e eliminadas. A neoplasia precisa então adquirir a capacidade de evasão da resposta imune, ou seja, fugir dos mecanismos de vigilância e adquirir resistência aos mecanismos efetores do sistema imune (Capítulo 14).

No entanto, uma vez que o tumor consegue se estabelecer e começa a aumentar em tamanho precisará, como qualquer outro tecido, de nutrientes e oxigênio. Haverá então uma importante interação com o sistema circulatório através da indução de angiogênese, onde novos vasos sanguíneos serão criados para nutrir ao tumor e, como será abordado no capítulo 12, uma série de novas

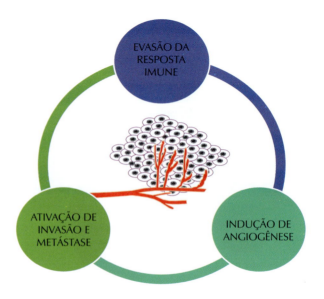

FIGURA 1.7. Crescimento tumoral. Para o tumor conseguir progredir com sucesso, as células que o conformam precisam da aquisição destas outras três características do câncer.

interações também será criada entre as células endoteliais dos vasos e as células tumorais.

Finalmente, a grande diferença entre as neoplasias benignas e malignas está dada por esta última característica comum ao câncer, necessária para a progressão da doença: ativação de invasão e metástase. Essa é a característica que permite a algumas células da massa tumoral infiltrar e colonizar novos órgãos, desenvolvendo novos tumores. Essa capacidade é também uma das habilidades mais letais do câncer desde que, até o presente, apesar dos avanços da ciência e da medicina, o tratamento da doença metastática, na maioria de casos, não é bem-sucedido (Capítulo 13).

Instabilidade genômica

Para que uma célula normal consiga adquirir as características do câncer, precisará em grande parte da instabilidade genômica e do acúmulo de mutações ao longo do tempo. Esse fato faz com que o câncer seja encontrado com maior frequência na idade adulta.

A instabilidade genômica e as mutações; por sua vez, são o resultado de diferentes tipos de alterações genéticas que podem modificar a sequência do DNA, na forma de mutação de nucleotídeo único, deleções, translocações, entre outras transformações que podem até chegar a modificações ao nível cromossômico, como aneuploidia, translocações cromossômicas ou inversões. No entanto, há alterações que podem modificar a expressão de algum conjunto de genes sem afetar a sequência de nucleotídeos, como no caso das alterações epigenéticas. Este conjunto de alterações genéticas e epigenéticas é, por sua vez, produto de fatores físicos, químicos e biológicos externos, como exposição a radiação, gases tóxicos, tabagismo, alcoolismo, infecções virais, entre muitos outros. Além disso, também contribuem fatores internos, como no caso das mutações herdadas (**Figura 1.8**) (Capítulo 5).

Os mecanismos genéticos e epigenéticos envolvidos no câncer interagem muitas vezes através da ativação de **oncogenes** e do silenciamento de genes supressores de tumor para criar vias que beneficiem o acúmulo de outras características do câncer de forma progressiva (**Figura 1.8**).

Protoncogenes
Genes principalmente ligados a vias de proliferação e diferenciação que, quando mutados ou superexpressos de maneira descontrolada (oncogenes), contribuem para o aparecimento das neoplasias.

FIGURA 1.8. *Instabilidade genômica e mutações. Neste diagrama se mostram as interações dos diferentes fatores que causam alterações em distintos níveis genéticos, que levam à instabilidade genômica traduzida em aumento da expressão de oncogenes e silenciamento de genes supressores de tumor.*

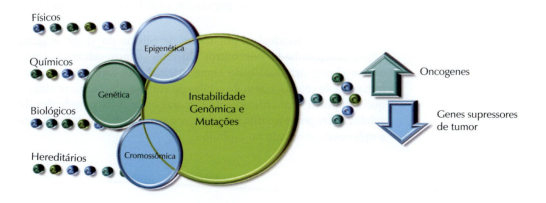

Introdução ao Câncer

Câncer a Nível Celular e Tecidual

Através da obtenção das características anteriormente descritas, a célula cancerosa adquire a capacidade de escapar das normas que governam a população celular normal onde ela se encontra, conseguindo assim uma série de vantagens, além de independência, que lhe permitem sobreviver aos mecanismos de defesa do organismo para se tornar cada vez mais agressiva no seu comportamento e, eventualmente, invasiva fora do seu contexto tecidual.

No final desse processo de aquisição das características do câncer, também conhecido como transformação celular, a célula se converte numa célula maligna ou transformada, adquirindo características citológicas microscópicas observáveis no laboratório.

A constante divisão celular acarreta células mitóticas de tamanhos e formas diferentes, com núcleos de maior tamanho que albergam quantidade alterada de material genético para a construção das novas células. Além disso, a célula cancerosa perde a diferenciação celular que apresentava como célula normal, deixando de ter a capacidade de desenvolver a sua função específica plenamente. Em adição, as células cancerosas compõem arranjos celulares desorganizados com células de diferentes formas e tamanhos constituindo tumores com margens mal definidas **(Figura 1.9)**.

FIGURA 1.9. Características das células neoplásicas. As células neoplásicas têm morfologias diferentes das células normais. Esta morfologia ajuda os patologistas a diferenciarem tumores benignos de tumores neoplásicos.

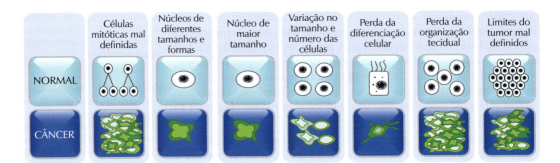

Essa célula que consegue adquirir as vantagens conferidas pelas características do câncer, devido a sua constante reprodução, conseguirá constituir uma população clonal que dará origem ao tumor.

Ao nível tecidual, a população de células do clone original estará acompanhada por outros diferentes tipos celulares, tanto outros clones originários do clone original que formam sua nova linhagem de células, como de células do sistema imune, entre outras, que compõem o microambiente tumoral onde essas populações de células interagem e modificam a progressão da doença. Este tema será amplamente abordado no capítulo 2.

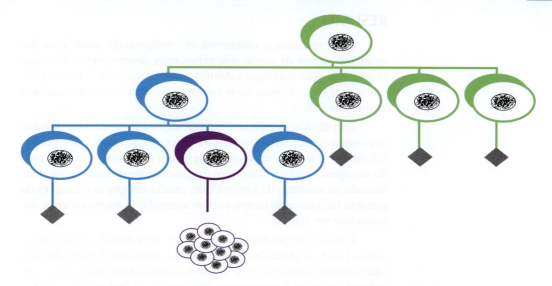

Posteriormente e à medida que as células neoplásicas que compõem o tumor vão se dividindo descontroladamente, o que representa um solo fértil para o ganho adicional de mutações, surgirá um clone ou novos clones com a capacidade de invadir e colonizar novos tecidos, com a capacidade de se metastizar **(Figura 1.10)**. Todos estes acontecimentos vão representar a desconfiguração da arquitetura tecidual normal, perturbando, assim, as funções normais do tecido e, portanto, do órgão que invade (Capítulo 10).

FIGURA 1.10. *Clonalidade no câncer.* *Cada vez mais se sabe que são muitos os tipos celulares interagindo dentro do tumor, o tumor, per se, pode ser compreendido como um conjunto de células originadas em um ou vários clones que foram capazes de se transformar, dos quais um novo clone será originado com a capacidade de metastizar.*

Introdução ao Câncer

RESUMO

Cada vez mais o câncer vai se configurando como uma das primeiras causas de morte nos países mais desenvolvidos. Fato que chama a atenção desde que a doença tem acompanhado a história humana, mas até esta época ele se converte na causa de um desmesurado número de óbitos.

Sem dúvida, as características da sociedade atual fazem com que as pessoas estejam mais expostas a fatores de risco associados à instabilidade genética e às mutações, que levam ao aumento da expressão de oncogenes e ao silenciamento de genes supressores de tumor. Isto, somado ao aumento da longevidade, resulta em que as alterações do genoma tenham mais tempo para se acumular e, eventualmente, desencadear um tumor.

Uma vez originado, esse tumor pode ser estudado em diferentes níveis. Desde as alterações que o caracterizam no nível molecular, que vão transformar o fenótipo e funcionamento celular normal, que por sua vez alteraram a forma como essa célula se relaciona com seu hábitat tecidual, até como a população de células originada nela se relacionará com as células do sistema imune no ambiente microtumoral.

O câncer é um fenômeno multifatorial e multifacetado, que supera os níveis biológicos e até pessoais do indivíduo que o apresenta. Configura uma grande carga ao nível social e torna-se de altíssima importância na tomada de decisões das sociedades em nível de saúde pública e desenho de estratégias de prevenção, combate e cuidados paliativos.

O câncer é, a epidemia da nossa época e aparentemente os esforços estão encaminhados para que no futuro seja um fenômeno tão distante como a morte de 40% da classe trabalhadora por tuberculose na Europa do século XIX é para nós.

PONTO DE VISTA

Conhecendo o inimigo

A transição epidemiológica que assistimos na segunda metade do século XX, com o progressivo aumento da longevidade humana, trouxe-nos o desafio de aprendermos a lidar melhor com as doenças crônico-degenerativas, incluindo aí as centenas de formas de manifestação dos cânceres. O quadro fez com que, ainda em 1971, Richard Nixon, então presidente dos Estados Unidos, lançasse o *National Cancer Act*, uma declaração de guerra à doença, com o intuito de arregimentar batalhões de pesquisadores para derrotar a doença. O balanço destes poucos mais de 40 anos de investimentos em pesquisa, que vem ocorrendo globalmente, inclusive em países como o Brasil, mais sistematicamente a partir dos anos 1980, é de que pelo menos hoje conhecemos a natureza do inimigo. Os primeiros números de controle de algumas formas da doença começam a aparecer nas curvas de incidência, tratamentos mais e mais eficientes são desenvolvidos, a ponto de começarmos a entender a dinâmica de vida dos muitos sobreviventes do tratamento, que retornam à sociedade, desmistificando a noção da letalidade da doença, como antecipado nos pergaminhos de Edwin Smith.

Conhecemos mais e melhor as doenças que chamamos de câncer. Cânceres são doenças complexas, em todas as suas escalas: molecular, celular, tecidual, orgânica, sistêmica e social. Aprendemos fatos sobre as primeiras três escalas, nosso desafio para o século XXI será o de compreendermos e atuarmos nas escalas superiores. Ao longo deste livro, o leitor entenderá que câncer é uma doença genética, e que células modificadas geneticamente são progressivamente selecionadas para permanecerem nos tecidos por características que lhes favorecem a proliferação e manutenção (sobrevivência). Um processo evolutivo onde o indivíduo é uma célula, numa população de células que formam o indivíduo (o paciente com câncer, por exemplo). Valem aí as regras das novas teorias darwinianas: variabilidade genética (facilitada pela instabilidade genômica das células tumorais), seleção "natural", cooperação entre os indivíduos – que formam superorganismos nos ambientes que ocupam. Neste cenário, as estratégias de contra-ataque devem ser múltiplas. Com um arsenal crescente a nosso dispor, como será avaliado ao longo deste texto, parece-nos claro que dois flancos devem ser aperfeiçoados simultaneamente: tratamentos mais específicos para cada tipo de doente (e não para cada apresentação da doença) e prevenção. Duas estratégias que têm se mostrado eficazes, mas com custos sociais muito diferentes.

> ...UM PROCESSO EVOLUTIVO NO QUAL O INDIVÍDUO É UMA CÉLULA, NUMA POPULAÇÃO DE CÉLULAS... O PACIENTE COM CÂNCER...

Roger Chammas
Faculdade de Medicina da Universidade de São Paulo/Instituto do Câncer do Estado de São Paulo (ICESP)

PARA SABER MAIS

- Mukherjee S. El Emperador de todos los males 2012. Cell Death Differ. 2012;19:107-120.

Uma Biografia do Câncer contada como o relato da interação da doença e os progressos científicos dentro da medicina.

- Hanahan D, Weinberg RA. The Hallmarks of Cancer. Cell. 2000;100:57-70.

Pela primeira vez os múltiplos conceitos e detalhes do processo tumorigênico são descritos e agrupados abaixo das principais características adquiridas pela célula tumoral, neste trabalho clássico da Oncologia Molecular.

- Hanahan D, Weinberg RA. The Hallmarks of Cancer: The Next Generation. Cell. 2011;144:646-674.

Estes dois autores se reúnem de novo para atualizar as características comuns ao câncer, à luz dos avanços da ciência, nos 11 anos transcorridos desde o trabalho anterior, acima citado. Eles introduzem novos e interessantes conceitos muito úteis para o entendimento do comportamento das neoplasias.

BIBLIOGRAFIA GERAL

1. 2011 Census – Population and Household Estimates for England and Wales, March 2011. Office for National Statistics. 2012.

2. Alberts B, Johnson A, Lewis J, Raff M, Roberts K, Walter P. Molecular Biology of Cell. 4th Edition. New York: Garland Science; 2002.

3. Boyle P, Levin B. World cancer report. International Agency for Research on Cancer, 2008.

4. Census of Great Britain, 1851, Population Tables, II. Ages, civil conditions, occupations and birthplace of the people with the numbers and ages of the blind, the deaf-and-dumb, and the inmates of workhouses, prisons, lunatic asylums, and hospitals. Vol. I. BPP. 1852-53 LXXXVIII Pt [1691.I] cxciii.

5. Contagion: Historical Views of Disease and Epidemics. Harvard University Library Open Collection Programs. [Citado em: 14 nov 2014] Disponível em: http://www.ocp.hul.harvard.edu/contagion/tuberculosis.html.

6. Guy Jr GP, Ekwueme DU, Yabroff KR, Dowling EC, Li C, Rodriguez JL et al. Economic Burden of Cancer Survivorship Among Adults in the United States. Jounal of Clinical Oncology. 2013;49:1241.

7. Schulz WA. Molecular Biology of Human Cancers. An Advanced Student's Textbook. Dordrecht, Netherlands: Springer; 2007.

8. SEER Cancer Statistics Review 1975-2011. National Cancer Institute. [Citado em: 23 out 2014] Disponivel em: http://www.seer.cancer.gov.

9. Release: Mortality Statistics: Deaths Registered in England and Wales (Series DR). Office for National Statistics. 2012.

10. American Association for Cancer Research. AARC Canur Progress Report 2014. Clin Cancer Res 2014: 20(Suplement 1): S1-S112.

Classificação e Nomenclatura Anátomo Patológica de Tumores

Sofia Nascimentos dos Santos
Margarita Cortez Martins
Roger Chammas

INTRODUÇÃO

Compreender histopatologia é fundamental para compreender a biologia do câncer. A análise histopatológica desempenha um papel fundamental na avaliação diagnóstica e prognóstica de tumores, assim como na compreensão das etapas da carcinogênese. A descoberta de que todas as células do nosso organismo têm origem em uma única célula ajudou-nos a compreender o fato de que os tumores se originam de uma única célula que guarda, a princípio, relação com sua origem tecidual, onde geralmente se desenvolve. Essa suposição foi confirmada pela análise histológica de tecidos normais e tumorais. No entanto, era difícil explicar como determinados tumores poderiam dar origem a outros tumores em órgãos distantes, mas a comparação entre ambos tumores permitiu concluir que tinham origem comum. Assim, passou a designar-se o tumor inicial como **tumor primário**, e os restantes (tumores ectópicos), desde que com origem no tumor primário, como **metástases**. A histopatologia permitiu estabelecer uma relação entre as características clínicas e microscópicas de um tumor. A principal caracterização que se estabeleceu, e que permitiu dividir os tumores em dois grandes grupos, foi a de que os tumores que não invadem os tecidos adjacentes e crescem localmente denominam-se **tumores benignos**, e os que invadem estruturas vizinhas e originam metástases designam-se **tumores malignos**.

Ao final deste capítulo espera-se que o leitor compreenda: (i) a importância da análise histopatológica na definição do câncer; (ii) as características morfológicas do câncer; (iii) conheça as técnicas de diagnóstico utilizadas na patologia; (iv) as propriedades biológicas das neoplasias; (v) a classificação dos tumores e (vi) o seu estadiamento.

PATOLOGIA: DEFININDO UMA NEOPLASIA

A carcinogênese envolve uma série de mudanças nas quais as células normais adquirem uma morfologia diferente. A análise histopatológica permite a definição dos limites nessa sequência de eventos. Os patologistas são capazes de diagnosticar uma neoplasia (e classificá-la como maligna ou benigna), com base nas características mor-

DESTAQUES

- O tecido e a arquitetura celular são utilizados para decidir se um crescimento celular é benigno ou maligno.
- A análise histopatológica permite a definição de características morfológicas de um tipo de câncer, permitindo um diagnóstico mais preciso.
- O diagnóstico histopatológico auxilia na determinação do prognóstico e orientação do tratamento de um paciente com tumor.

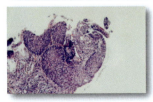

FIGURA 2.1. Tecido normal e neoplásico. *Secção histológica que mostra um tecido com arquitetura normal (ex. Glândula ou epitélio) e outra secção histológica mostrando esse mesmo tecido com uma arquitetura desestruturada (tumor).*

FIGURA 2.2. Desmoplasia. *Presença de células fibroblásticas e depósito excessivo de matriz extracelular.*

fológicas do tecido. Essa capacidade de diagnosticar um tumor pela observação do tecido depende (i) do reconhecimento das mudanças na arquitetura tecidual, assim como (ii) das mudanças citológicas (**Figura 2.1**). Todos os tumores, benignos e malignos, têm dois componentes básicos:

- proliferação de células neoplásicas;
- proliferação do estroma de suporte constituído por tecido conjuntivo e vasos sanguíneos.

Embora as células do parênquima tumoral representem a proliferação de vanguarda, ou seja, da neoplasia propriamente dita, determinando assim o seu comportamento e consequências patológicas, o crescimento e a evolução das neoplasias encontram-se também dependentes do seu estroma. A proliferação do estroma e o consequente suprimento sanguíneo adequado são necessários, assim como o fornecimento da estrutura para a proliferação das células tumorais pelo tecido conjuntivo. Além disso, existe toda uma comunicação entre as células tumorais e do estroma que parece influenciar diretamente o crescimento de tumores. Em alguns tumores, o estroma de suporte é escasso e, portanto, a neoplasia apresenta uma superfície lisa e de consistência normal. Outras vezes, as células tumorais estimulam a formação de uma abundante matriz de colágeno, referida como desmoplasia (**Figura 2.2**). Várias classificações foram propostas para as neoplasias e a mais utilizada leva em consideração dois aspetos básicos: o comportamento biológico (benigno ou maligno) e a histogênese (célula de origem). Esta classificação individual de tumores é importante para planejar o tratamento.

Neoplasias benignas e malignas

De acordo com o comportamento biológico, os tumores são divididos em benignos e malignos. Uma das etapas mais importantes do estudo das neoplasias é estabelecer essa diferença. Os critérios que permitem estabelecer com segurança o diagnóstico são, na maioria dos casos, morfológicos e encontram-se sumarizadas na (**Tabela 2.1**).

Diferenciação

Os tumores benignos são geralmente bem diferenciados, enquanto os tumores malignos podem ser desde bem diferenciados a pouco diferenciados. Um sistema de classificação foi desenvolvido por patologistas de forma a descrever o grau de diferenciação do tumor observado em tumores epiteliais. Este sistema de classificação é clinicamente importante como uma medida da progressão tumoral e como um fator de prognóstico por vezes relacionado com a resposta ao tratamento, o estado de recorrência da doença e a sobrevivência do doente (**Figura 2.3**).

TABELA 2.1 *Diferenças entre tumores benignos e malignos.*

Características	Tumores Benignos	Tumores Malignos
Encapsulação	Presença frequente	Geralmente ausente
Morfologia	Estruturalmente semelhante ao tecido de origem	Arquitetura desorganizada e diferente daquela do tecido de origem
Mitoses	Raras e típicas	Frequentes e atípicas
Diferenciação	Bem diferenciados	Pouco diferenciados
Taxa de crescimento	Lento	Rápido com tempo de duplicação curto
Forma de crescimento	Expansão (encapsulamento)	Penetração e destruição do tecido adjacente
Antigenicidade	Frequentemente ausente	Presente – embora geralmente fraca
Metástase	Não forma metástase	Metastização comum por meio de invasão do tecido adjacente e transporte de células malignas através da corrente sanguínea ou do sistema linfático
Resposta à terapia	Recorrência de tumor rara	Recorrência do tumor é comum após terapia
Prognóstico	Bom. Tumores inacessíveis à ressecção podem ser fatais	Mais comumente fatais que tumores benignos

Crescimento

A taxa de crescimento é também uma característica que permite a distinção entre um tumor benigno e maligno. Os tumores benignos frequentemente exibem um crescimento lento e expansivo, possuindo um estroma adequado, com um bom suprimento vascular, raramente mostrando necrose e hemorragia. Os tumores benignos possuem tempos de duplicação longos e podem levar anos até adquirirem uma massa significativa. Os tumores malignos, por outro lado, apresentam um crescimento rápido com a taxa de crescimento inversamente correlacionada ao seu grau de diferenciação. Devido ao seu carácter infiltrativo, alto índice de multiplicação celular, rapidez e desorganização no crescimento, geralmente apresentam uma desproporção muito grande entre o parênquima tumoral e o estroma vascularizado. Dessa forma, esses tumores exibem frequentemente extensas áreas de necrose ou hemorragia.

FIGURA 2.3. Grau de diferenciação. *O grau de diferenciação é um indicador do quão rápido um tumor é capaz de crescer e metastisar. Se as células tumorais e a sua organização tecidual for parecida com a estrutura tecidual normal, o tumor é classificado de "bem diferenciado". Estes tumores tem tendência a crescer e espalhar a uma taxa mais baixa do que os tumores "indiferenciados", que possuem células com uma morfologia anormal e uma desorganização estrutural tecidual.*

Encapsulamento

Os tumores benignos, que são encapsulados por tecidos conectivos, apresentam-se confinados dentro do tecido de origem. Os tumores malignos, por outro lado, podem adquirir a capacidade de penetrar a lâmina ou membrana basal, uma camada extracelular fina de mucopolissacarídeos e proteínas que separa o tecido epitelial dos tecidos conectivos subjacentes, vasos sanguíneos e linfáticos. A capacidade de penetrar a membrana basal leva à invasão local e à destruição do tecido adjacente.

Morfologia

Na grande maioria dos casos, um tumor benigno pode ser distinguido de um tumor maligno com grande confiança em função da morfologia. Por vezes, no entanto, uma neoplasia desafia a categorização. O diagnóstico morfológico por si só nem sempre pode predizer o comportamento biológico ou curso clínico de uma neoplasia com certeza absoluta. No entanto, em geral existem critérios morfológicos pelos quais os tumores benignos e malignos podem ser diferenciados, bem como o comportamento dos tumores pode ser previsto.

Diferenciação

Refere-se às células neoplásicas que se assemelham a células normais, tanto morfológica como funcionalmente; a perda de diferenciação é denominada **anaplasia**. Tumores bem diferenciados são compostos por células semelhantes a células normais maduras do tecido de origem da neoplasia. Os tumores pouco diferenciados têm células primitivas de aspecto indiferenciado, constituindo células não diferenciadas. Na maior parte dos casos os tumores benignos são bem diferenciados; no entanto, por exemplo, o tumor benigno do musculo liso leiomioma é tão estritamente semelhante à célula normal, que pode ser impossível reconhecê-lo como um tumor por exame microscópico das células individuais. Só a massa dessas células num nódulo divulga a natureza da lesão neoplásica. As neoplasias malignas, em contraste, vão desde padrões bem diferenciados para indiferenciados. A falta de diferenciação, ou anaplasia, é considerada um marco de transformação maligna. Anaplasia implica uma reversão de um elevado nível de diferenciação para um nível inferior, e pode surgir a partir de células estaminais que estejam presentes nos tecidos especializados.

A falta de diferenciação, ou anaplasia, é marcada por uma série de alterações morfológicas sumarizadas na **Figura 2.4**:

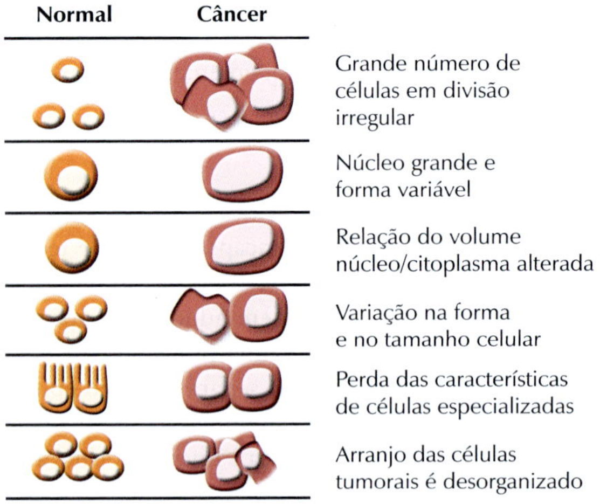

FIGURA 2.4. *Aparência microscópica de células tumorais comparativamente a células normais.*

Normal	Câncer	
		Grande número de células em divisão irregular
		Núcleo grande e forma variável
		Relação do volume núcleo/citoplasma alterada
		Variação na forma e no tamanho celular
		Perda das características de células especializadas
		Arranjo das células tumorais é desorganizado

a. **pleomorfismo**, tanto as células como os núcleos exibem variação no tamanho e na forma;

b. **morfologia nuclear anormal**, caracteristicamente os núcleos contêm uma abundância de DNA e são extremamente corados de forma escura – hipercromáticos. Os núcleos são desproporcionalmente grandes para a célula, e a relação núcleo-citoplasma pode chegar a 1:1 em vez do normal, 1:4 ou 1:6. A forma nuclear é muito variável, apresentando-se a cromatina muitas vezes agregada e distribuída ao longo da membrana nuclear. Grandes nucléolos estão geralmente presentes nesses núcleos;

c. **mitoses**, em comparação com tumores benignos e algumas neoplasias malignas bem diferenciadas, os tumores indiferenciados geralmente possuem um grande número de mitoses, refletindo a maior atividade proliferativa das células parenquimatosas. A presença de mitoses, no entanto, não indica necessariamente que um tumor é maligno ou que o tecido seja neoplásico. Uma característica morfológica das mitoses na neoplasia maligna é o caráter atípico que pode levar à geração de células tripolares, quadripolares ou multipolares;

d. **perda da polaridade**: para além das anormalidades citológicas, a orientação das células anaplásicas encontra-se nitidamente perturbada;

e. **outras características** são a formação de células gigantes, algumas possuem apenas um único núcleo polimórfico enorme e outras, dois ou mais núcleos. Estas células gigantes são por vezes confundidas com as células inflamatórias de Langerhans ou células gigantes derivadas de macrófagos e contêm muitos núcleos pequenos de aparência normal. Além do mais, o crescente número de células tumorais exige um suprimento sanguíneo. Muitas vezes, o estroma vascular é escasso e, em muitos tumores anaplásicos, grandes áreas centrais sofrem necrose isquêmica.

Antigenicidade

As células dos tumores benignos, por serem bem diferenciadas, não apresentam a capacidade de produzir antígenos. Por outro lado, as células derivadas dos tumores malignos podem apresentar essa capacidade. Esta propriedade das células malignas permitiu a identificação de diversos antígenos tumorais e tem trazido progressos no estudo das neoplasias. Por exemplo, no câncer hepático, as células malignas voltam a produzir antígenos fetais (alfafetoproteína), que normalmente não são produzidos pelos hepatócitos e têm sido utilizados no diagnóstico deste tipo de câncer.

Células Estaminais e Linhagens Celulares Cancerígenas

Um tumor clinicamente detectável contém uma população heterogênea de células, que teve origem no crescimento clonal da descendência de uma única célula. No entanto, tem sido difícil identificar as células-tronco tumorais, isto é, as células dentro de um tumor que têm a capacidade de iniciar e sustentar o tumor (**Figura 2.5**). Estas conclusões têm implicações importantes para o tratamento do câncer que visem a eliminação da proliferação de células. Aparentemente, as células-tronco tumorais, similares aos seus homólogos normais, têm uma baixa taxa de replicação. Se este for o caso, as terapias para o câncer que podem eficientemente matar as células com elevadas taxas de divisão vão permitir que as células estaminais permaneçam, deixando no local células capazes de gerar o tumor. Nestas circunstâncias, certos tumores podem facilmente ressurgir após tratamento.

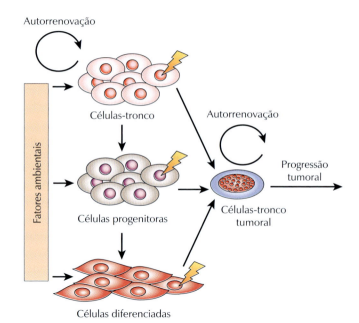

FIGURA 2.5. Células-tronco tumorais. *Estas células podem ter sido originadas de células-tronco específicas ou progenitoras. Também existe a hipótese de que as células-tronco tumorais possam derivar de células diferenciadas. Diversos fatores no microambiente hospedeiro podem ter estimulado os passos iniciais para a formação do tumor.*

Displasia

A **displasia** é encontrada principalmente em epitélios, e é caracterizada por um conjunto de mudanças que incluem a perda de uniformidade das células individuais, bem como uma perda na sua arquitetura espacial. As células displásicas também apresentam um considerável pleomorfismo e muitas vezes contêm núcleos hipercromáticos que são anormalmente grandes para o tamanho da célula. O número de mitoses é mais abundante do que o habitual, embora quase sempre obedeçam a padrões normais. A arquitetura do tecido pode ser desordenada, no entanto estas alterações estão confinadas a uma camada no interior do epitélio.

Invasão Local

Quase todos os tumores benignos crescem como massas expansivas que permanecem no seu local de origem e não têm a capacidade de infiltração, invasão ou metástase para locais distantes. Ao crescerem, expandem-se lentamente e levam a que se desenvolva uma faixa de tecido compacto, às vezes denominado cápsula fibrosa, que os separa do tecido hospedeiro. Essa cápsula é derivada em grande parte do estroma do tecido nativo, como resultado da atrofia das células parenquimatosas sob a pressão de expansão do tumor. Esse encapsulamento não impede o crescimento tumoral, mas mantém o tumor benigno como uma massa discreta, facilmente palpável e que pode ser cirurgicamente removida.

O crescimento dos cânceres é por vezes acompanhado pela progressiva infiltração e destruição do tecido circundante. A maioria dos tumores malignos é invasiva e pode, obviamente, penetrar as paredes do órgão. Esses tumores não reconhecem as fronteiras anatômicas normais. Essa capacidade invasiva torna a sua ressecção cirúrgica difícil e, mesmo se o tumor aparenta estar bem circunscrito, é necessário eliminar uma considerável margem de tecido aparentemente normal adjacente ao tumor infiltrativo. Próximo ao desenvolvimento de metástases, a invasividade é a mais fiável característica que diferencia as lesões malignas de benignas. Tem-se observado que alguns cânceres parecem evoluir a partir de uma pré-fase referida como carcinoma *in situ*. Isso frequentemente ocorre em tumores de pele, mama e alguns outros sítios, sendo o melhor exemplo o carcinoma do colo uterino. Os tumores epiteliais *in situ* exibem as características citológicas de malignidade, sem invasão da membrana basal. Essas lesões podem ser consideradas um passo inicial de um tumor invasivo, que com o tempo vai penetrar além da membrana basal e invadir o estroma.

Metástases

As **metástases** marcam de forma inequívoca as neoplasias como malignas, porque as neoplasias benignas não metastizam. A capacidade de invasão dos tumores permite que estes penetrem nos vasos sanguíneos e linfáticos e se disseminem por todo o organismo (**Figura 2.6**). Com poucas exceções, todos os cânceres podem metastizar. As principais exceções são a maioria das neoplasias malignas das células gliais no sistema nervoso central (gliomas), e carcinomas basocelulares da pele. Ambos são formas de neoplasia localmente invasiva, mas raramente metastizam à distância. Em geral, os tumores mais agressivos e de mais rápido crescimento têm uma maior probabilidade de virem a metastizar.

Aproximadamente 30% dos pacientes recém-diagnosticados com tumores sólidos (excluindo cânceres da pele não melanoma) apresentam-se já com metástases. A propagação metastática reduz fortemente a possibilidade de cura, portanto nenhuma conquista consegue conferir maior benefício aos pacientes do que métodos para bloquear a propagação à distância. A disseminação dos tumo-

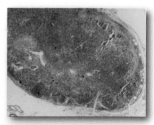
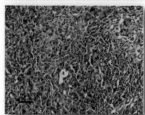

FIGURA 2.6. Metástase de um tumor para locais distantes. Diversos tipos de cânceres liberam células tumorais que migram para locais distantes dentro do corpo. Essas células podem gerar tumores secundários, denominados metástases. A figura ilustra linfonodo com metástase.

res pode ocorrer por diversos mecanismos, entre eles: (1) invasão direta de cavidades ou superfícies corporais; (2) disseminação linfática; (3) disseminação hematogênica. Os mecanismos que levam à formação de metástase serão discutidos posteriormente neste livro.

Origem embrionária dos tumores

A maior parte dos tumores humanos tem origem epitelial, sendo os epitélios na maior parte dos casos constituídos por diversas camadas de células sobrepostas ou justapostas, que por sua vez estão assentes sobre a membrana basal que as separa do estroma do órgão em questão. Os tumores epiteliais designam-se genericamente por **carcinomas**, sendo extremamente frequentes e responsáveis por cerca de 80% das mortes por câncer no mundo ocidental (**Figura 2.7**). Esse tipo de tumor pode ter origem nos três folhetos germinativos:

- endoderme (ex., epitélio gástrico);
- ectoderme (ex., epiderme);
- mesoderme (ex., ovários).

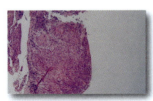

FIGURA 2.7. Tumores com origem epitelial. Exemplos de corte histológico de um adenocarcinoma.

Podemos assim concluir que não é possível definir qual a origem embrionária de um tumor apenas pela sua classificação histológica. A maior parte dos carcinomas pode ser dividida em dois grandes grupos:

- **carcinomas pavimento-celulares**, com origem em células epiteliais, cuja função é a formação de uma camada celular com a finalidade de proteger;
- **adenocarcinomas**, cujas células têm como função secretar substâncias para ductos ou cavidade que revestem.

Os restantes tumores malignos têm origem em tecidos **não epiteliais**, sendo que o maior grupo deste se forma a partir de diversos tecidos conjuntivos, ou seja, com origem na mesoderme, e que no seu conjunto se intitulam **sarcomas**. Este subgrupo de tumores representa cerca de 1% dos tumores observados em oncologia clínica, e podem ter origem em diversas células mesenquimatosas, que vão desde os fibroblastos aos adipócitos, osteoblastos, miócitos e endotélio (**Figura 2.8**).

FIGURA 2.8. Tumor mesenquimal (sarcoma).

O segundo grupo de tumores não epiteliais surge nos diversos tecidos que constituem o sangue, ou seja, tecidos hematopoiéticos, quer na linhagem eritrocitária, quer na leucocitária. O termo **leucemia** refere-se às linhagens malignas destas células que circulam livremente e não são pigmentadas, contrariamente aos eritrócitos. Os **linfomas** são tumores da linhagem linfoide que formam agregados sólidos, frequentemente nos gânglios linfáticos, mas também em outros locais (**Figura 2.9**).

O terceiro grupo de tumores não epiteliais tem origem nas células que formam os sistemas nervosos central e periférico, sendo derivados da neuroectoderme. Nestes tumores incluem-se os gliomas, glioblastomas, neuroblastomas, schwanomas e meduloblastomas.

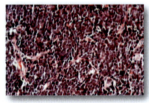

FIGURA 2.9. Tumores hematopoiéticos (linfomas).

Apesar de constituírem apenas 1,3% dos tumores diagnosticados, representam 2,5% das mortes por câncer (**Figura 2.10**).

Nem todos os tumores podem ser incluídos nos quatro grupos anteriormente referidos, como é o exemplo dos melanomas (**Figura 2.11**). Os melanócitos derivam da crista neural e, apesar de sua origem ser próxima das células neuronais, a sua localização muda no organismo adulto. Estas células localizam-se na base do epitélio da pele ou no nível da retina. Outro exemplo é o tumor de pequenas células do pulmão, cujas células têm propriedades neurossecretoras idênticas às daquelas localizadas na glândula suprarrenal.

FIGURA 2.10. *Tumor neural.*

Em determinadas condições uma célula tumoral pode reprogramar-se de uma linhagem para outra. Esta alteração na linhagem tecidual, que resulta num novo conjunto de características, é denominada **transdiferenciação**. Este fenômeno diz-nos que, apesar de durante o desenvolvimento embrionário as células serem direcionadas para uma linhagem, isso não indica que este processo não seja irreversível. No caso dos carcinomas, as células localizadas nos limites de transição podem alterar drasticamente a sua forma e o programa de expressão gênica, transformando assim o seu fenótipo e adquirindo características mensequimatosas, um processo chamado de **transição epitélio-mesênquima**. Essa capacidade implica uma grande plasticidade por parte das células epiteliais, que em geral estão completamente comprometidas com a linhagem epitelial. Esta transformação muitas vezes é indicadora da invasão dos tecidos adjacentes pelo carcinoma.

FIGURA 2.11. *Melanomas.*

Apesar desta enorme capacidade que os tumores possuem para se desviarem do processo normal de crescimento celular, na maior parte dos casos eles mantêm características que permitem aos patologistas, mesmo sem ser conhecido o local anatômico onde foi realizada a biópsia, determinar o tecido de origem do tumor. Num pequeno número de casos, entre 1 e 2%, isto não se verifica, ou seja, os tumores perdem todas as suas características específicas. Nestes casos, passam a ser designados **tumores desdiferenciados**, estando globalmente incluídos no grupo dos tumores anaplásicos.

Desenvolvimento dos Tumores é Progressivo

A evolução de um tumor maligno inclui várias fases que dependem, em grande parte, da velocidade do crescimento tumoral, do órgão-sede do tumor, de fatores intrínsecos do hospedeiro, assim como de fatores microambientais. Os tumores podem ser detectados nas fases microscópicas, pré-clínica ou clínica. A história biológica de alguns tumores permite que estes sejam previstos quando a lesão ainda se encontra na fase pré-neoplásica.

Entre os dois extremos, tumores de baixo grau ou de elevado grau, ou seja, com baixa malignidade e com alta malignidade, existe todo um espectro de morfologias intermediárias. Estes diferentes estádios podem refletir que estes tumores estão em fases diferentes de evolução, apresentando graus de agressividade e capacidade de invasão distintos. Alguns tumores exibem células que

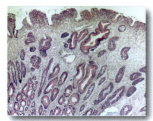

FIGURA 2.12. *Pólipo hiperplásico.*

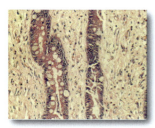

FIGURA 2.13. *Metaplasia intestinal.*

são ligeiramente diferentes das normais, salientando-se apenas um aumento marcado no número de células – **tumores hiperplásicos** (**Figura 2.12**).

Outro tipo de alteração mínima encontrada em tumores é a presença de um tipo celular distinto que habitualmente não se encontra presente naquele local. Este fenómeno é denominado de **metaplasia** e deve-se a uma alteração na diferenciação das células estaminais desse tecido, muitas vezes como resposta a uma agressão prolongada no tempo (**Figura 2.13**). Este tipo de alteração é mais frequente em locais de transição entre dois epitélios, como por exemplo a transição esofagogástrica denominada de esôfago de Barrett. Este caso é caracterizado pela substituição do epitélio pavimentoso por epitélio secretor do tipo gástrico, com metaplasia tipo intestinal, o que pode representar uma transformação pré-maligna. Apesar da morfologia totalmente normal do epitélio, esta metaplasia é considerada um passo inicial para o desenvolvimento de carcinoma do esôfago, comprovado pelo risco aumentado em cerca de 30 vezes dos indivíduos com esta condição de desenvolverem carcinomas. Esta alteração pode ser considerada um marcador de um campo tecidual com maior predisposição ao desenvolvimento da neoplasia.

Outro tipo de alteração é a **displasia**. Nessa situação, habitualmente existem alterações citológicas que incluem variações no tamanho do núcleo, aumento da fixação de corantes ao nível do núcleo, aumento da relação núcleo-citoplasma, aumento da atividade mitótica e perda da estrutura citoplasmática habitual das células diferenciadas. Tanto as alterações ao nível do número, quanto ao nível da morfologia das células, combinadas, contribuem para um desvio da normal arquitetura do tecido em questão. A displasia é considerada uma transição entre um crescimento completamente benigno e um estado pré-maligno.

Os **pólipos** ou **papilomas** são alterações que podem ser detectadas a olho nu e contêm todas as células existentes no tecido normal. Ao ser analisado ao microscópio, este tipo de crescimento adenomatoso apresenta características displásicas, no entanto o crescimento é interrompido num determinado ponto e respeita os limites da membrana basal. Até que a membrana basal seja infringida, esta alteração é considerada benigna.

Quando as mudanças displásicas se tornam mais evidentes e envolvem toda a espessura do epitélio, mas a lesão permanece confinada ao tecido normal, é considerado um estádio pré-cancerígeno referido como **carcinoma *in situ*** (**Figura 2.14**).

Uma vez que as células tumorais avancem além dos limites normais, o tumor é dito como **invasivo**. Estas alterações são frequentes em fumadores de longa data e no esôfago de Barrett, caraterizando-se por uma displasia epitelial acompanhada de uma metaplasia que antecede frequentemente o aparecimento de câncer. No entanto, a displasia não tem de obrigatoriamente progredir para câncer. Alterações ligeiras a moderadas que não impliquem mudanças de toda a espes-

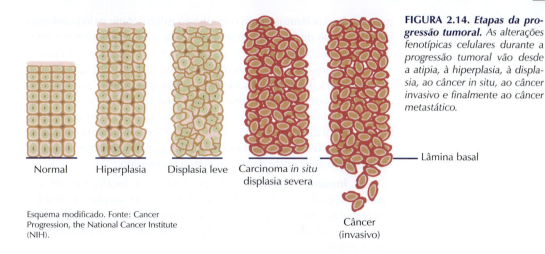

FIGURA 2.14. Etapas da progressão tumoral. As alterações fenotípicas celulares durante a progressão tumoral vão desde a atipia, à hiperplasia, à displasia, ao câncer in situ, ao câncer invasivo e finalmente ao câncer metastático.

sura do epitélio podem ser reversíveis, e com a remoção do estímulo desencadeador o epitélio pode voltar ao normal.

O próximo passo dá-se quando o tumor invade a membrana basal, o que pela primeira vez põe em risco potencial a vida do hospedeiro e classifica o tumor como maligno ou **câncer**. Quando as células do tumor primário são disseminadas para outros locais do organismo, esses tumores secundários designam-se **metástases**. Este processo é altamente complexo, dependendo da capacidade de invasão do tumor e da sua penetração nos vasos sanguíneos e linfáticos.

Essa sequência de eventos não é, no entanto, suficiente para permitir uma avaliação mais completa da evolução da doença. Métodos que possam definir a rapidez do crescimento e a presença ou não de metástases são necessários à avaliação do prognóstico e tratamento a ser instituído. Entre esses métodos, os mais utilizados são a **graduação histológica** e o **estadiamento**. Estes sistemas de classificação foram desenvolvidos para expressar, pelo menos em termos semi-quantitativos, o nível de diferenciação e a extensão da disseminação de um câncer no doente, como os parâmetros da gravidade clínica da doença.

DIAGNÓSTICO DO CÂNCER: O PAPEL DO PATOLOGISTA

O diagnóstico de câncer geralmente é confirmado pela obtenção de uma amostra de tumor por biópsia, excisão cirúrgica, aspiração com agulha, entre outros métodos. A amostra é examinada pelo patologista, que determina se o tecido é neoplásico, qual o seu comportamento (benigno ou maligno) e quais os tipos de células. Ao patologista cabe-lhe também a função de determinar a graduação tumoral (como medida do grau de diferenciação). A histologia exata (ou tipo de células) e a graduação tumoral ajudam os clínicos a planejar o apropriado curso terapêutico. No laboratório de patologia, o tecido recolhido para análise é fixado, seccionado e corado como parte da preparação das lâminas para o exame ao microscópio pelo patologista. O processo de fixação é desenhado para ajudar a preservar e estabilizar os tecidos e a manter a estrutura proteica o mais intacta possível. Os lipídios e a água são removidos e o tecido é impregnado com parafina. Para observar o tecido ao microscópio óptico, um aparelho denominado micrótomo é usado para cortar finas fatias do tumor do bloco parafinado. Estas finas fatias são coradas com corantes ácidos e básicos de forma a se poder visualizar o núcleo, citoplasma e a matriz extracelular. Tecidos congelados também podem ser observados ao microscópio após corte do tecido com um criostato.

A **imunoistoquímica** permite detectar a localização de antígenos específicos dentro do tecido tumoral. As secções de tecidos são tratadas com anticorpos marcados com uma enzima específica. A reação antígeno-anticorpo pode ser visualizada diretamente ao microscópio.

A **citologia** é uma técnica que se baseia na observação no microscópio de células isoladas obtidas por esfregaços, aspirações, raspados, centrifugação de líquidos e outros métodos.

Diversas **técnicas moleculares** são também utilizadas no diagnóstico do câncer. Entre elas, a **hibridização *in situ*** é usada para determinar onde um RNAm (RNA mensageiro) está expresso. Secções de tecido são incubadas com moléculas de RNA em fita simples marcadas e complementares ao RNAm de interesse. Esta técnica é frequentemente utilizada na detecção de DNA viral como EBV (vírus Epstein-Barr), no carcinoma da nasofaringe. A **microdissecção de tecidos** envolve o isolamento de populações puras de células dentro de uma secção de tecido. Através desta técnica é possível isolar DNA de apenas células tumorais ou células do estroma. A **PCR** (do inglês, *polymerase chain reaction,* reação em cadeia da polimerase) é uma técnica amplamente utilizada na detecção de sequências de DNA ou RNA específicas. Com a PCR é possível amplificar e quantificar a presença destas moléculas numa amostra tumoral.

NOMENCLATURA DE NEOPLASIAS

A designação dos tumores baseia-se na sua histogênese e histopatologia. A sua nomenclatura depende do tecido que lhes deu origem.

Tumores benignos

Em geral, **tumores benignos** são designados pelo sufixo **–oma,** anexando-o ao nome da célula de origem. Tumores de células mesenquimais geralmente seguem esta regra. Por exemplo, um tumor benigno decorrente de células fibroblásticas é denominado fibroma, um tumor cartilagíneo é um condroma, e um tumor de osteoblastos é um osteoma. Em contrapartida, a nomenclatura dos tumores epiteliais benignos é mais complexa, sendo as classificações diversas, algumas com base nas células de origem, outras, na arquitetura microscópica, e outras ainda nos seus padrões macroscópicos, como discutido a seguir. Existem, no entanto, algumas exceções a esta generalização: hepatomas, melanomas e astrocitomas são tumores malignos.

Adenoma é o termo aplicado a uma neoplasia epitelial benigna que apresenta padrões glandulares, bem como para tumores derivados de glândulas, mas não necessariamente reproduzindo um padrão glandular. Neoplasias epiteliais benignas que originem projeções da superfície epitelial, quer sejam visíveis macroscopicamente, quer microscopicamente, são referidas como **papilomas**.

Aqueles que fazem grandes massas císticas, como no ovário, são referidos como **cistadenomas**. Alguns tumores produzem padrões papilares que surgem em espaços císticos e são designados de **cistadenomas papilíferos**.

Quando uma neoplasia, benigna ou maligna, produz macroscopicamente uma projeção acima da superfície mucosa, por exemplo, para o lúmen gástrico ou cólico, é denominada um **pólipo**. O termo pólipo é preferencialmente restrito a tumores benignos.

Tumores malignos

A nomenclatura dos **tumores malignos** basicamente segue o mesmo esquema utilizado para neoplasias benignas, com algumas adições. Na classificação dos tumores malignos, é necessário considerar a origem embrionária dos tecidos dos quais deriva o tumor. Tumores malignos que surgem no tecido mesenquimatoso são normalmente denominados **sarcomas**, porque apresentam pouco estroma de tecido conjuntivo e por isso são carnosos. Neoplasias malignas com origem nas células epiteliais, provenientes de qualquer uma das três camadas germinativas, são designadas como **carcinomas**.

Os carcinomas podem ser ainda mais qualificados:

- crescimento com padrão glandular é designado como **adenocarcinoma**;
- produtor de células com aparência escamosa, em qualquer epitélio do corpo, é denominado **carcinoma escamocelular**.

Exceções

É prática comum especificar, quando possível, o órgão de origem. Não raro, porém, um câncer composto por células indiferenciadas do tecido de origem desconhecida deve ser designado simplesmente como um tumor maligno **pouco diferenciado** ou **indiferenciado**.

Frequentemente, a diferenciação divergente de uma única linhagem celular parenquimatosa num tecido origina os chamados **tumores mistos**. O melhor exemplo disto é o tumor misto de origem na glândula salivar. Estes tumores epiteliais contêm componentes dispersos num estroma misto que, às vezes, contém ilhas de cartilagem ou mesmo osso. Todos estes elementos, acredita-se, surgem a partir de células epiteliais e mioepiteliais com origem na glândula salivar, assim, a designação destas neoplasias é mais frequentemente **adenoma pleomórfico**.

Teratomas, em contrapartida, são compostos de uma variedade de tipos de células parenquimatosas representativas de mais do que uma camada germinativa, normalmente todas as três. Estes tumores surgem a partir de células totipotentes e, portanto, são encontrados sobretudo nas gônadas; podem ainda surgir, apesar de raramente, em células primitivas sequestradas noutros locais. Estas células totipotentes diferenciam-se ao longo de diversas linhas germinais, produzindo tecidos que podem ser identificados, por exemplo, como pele, músculo, gordura, epitélio intestinal e mesmo estruturas dentárias. Um padrão é particularmente comum, visto no teratoma cístico do ovário, que se diferencia principalmente de modo a originar um tumor cístico revestido por pele repleta de cabelo, glândulas sebáceas e estruturas dentárias. Os teratomas podem ser tanto benignos como malignos, dependendo do seu grau de diferenciação.

Os carcinomas de melanócitos foram chamados melanomas, do mesmo modo, carcinomas de origem testicular são repetidamente designados seminomas, e hepatocarcinomas são frequentemente denominados de hepatomas.

Há tumores cuja nomenclatura utiliza os nomes dos cientistas que os descreveram pela primeira vez, porque sua origem demorou a ser esclarecida ou porque os nomes ficaram consagrados pelo uso. São exemplos: o linfoma de Burkitt, o sarcoma de Ewing, o sarcoma de Kaposi, o tumor de Wilms (nefroblastoma), o tumor de Krukemberg (adenocarcinoma mucinoso metastático do ovário), etc.

A nomenclatura de alguns tumores não deriva de nenhum critério morfológico ou histogenético, como por exemplo, da mola hidatiforme. Existem nomenclaturas que nem sequer sugerem uma neoplasia, como é o caso da micose fungoide que se refere a um linfoma da pele.

Os carcinomas e adenocarcinomas recebem nomes complementares que melhor classifiquem a sua morfologia macro ou microscópica. Termos como epidermoide, papilífero, seroso, mucinoso, medular e lobular são frequentemente utilizados (ex.: cistoadenocarcinoma papilífero, adenocarcinoma mucinoso ou carcinoma ductal infiltrante).

A nomenclatura dos tumores é importante porque denominações específicas têm implicações clínicas específicas, mesmo entre os tumores resultantes do mesmo tecido. A **Tabela 2.2** apresenta uma lista com a classificação dos tumores humanos mais comuns.

TABELA 2.2. *Classificação de tumores em benignos e malignos de acordo com a origem tecidual.*

Origem	Benigno	Maligno
Tecido Epitelial		
Revestimento	Papiloma	Carcinoma
Glandular	Adenoma	Adenocarcinoma
Tecido Conjuntivo		
Fibroso	Fibroma	Fibrossarcoma
Mixoide	Mixoma	Mixossarcoma
Adiposo	Lipoma	Lipossarcoma
Cartilagem	Condroma	Condrossarcoma
Vasos sanguíneos	Hemangioma	Hemangiossarcoma
Glômus	Glomangioma	-
Pericitos	Hemangiopericitoma	Hemangiopericitoma maligno
Vasos linfáticos	Linfangioma	Linfangiossarcoma
Mesotélio	-	Mesotelioma maligno
Meninge	Meningioma	Meningioma maligno
Tecido Hemolinfopoiético		
Mieloide	-	Leucemia (vários tipos)
Linfoide	-	Leucemia linfocítica
-	-	Linfoma
-	-	Plasmocitoma
-		Linfoma de Hodgkin
Células de Langerhans		Histiocitose X
Tecido Muscular		
Liso	Leiomioma	Leiomiossarcoma
Estriado	Rabdomioma	Rabdomiossarcoma
Tecido Nervoso		
Neuroblasto	Ganglioneuroma	
Neurônio		Neuroblastoma

CLASSIFICAÇÃO INTERNACIONAL DE DOENÇAS PARA ONCOLOGIA

Diante da variedade de classificações usadas de modo não sistematizado, em todo o mundo, torna-se evidente a dificuldade em realizar estudos comparativos entre diferentes regiões no mundo. De forma a minimizar essas dificuldades, a Organização Mundial de Saúde (OMS) vem tentando uniformizar a nomenclatura mundial tendo lançado, em vários idiomas, edições da CID-O (Classificação Internacional de Doenças – Oncologia). A CID-O é uma classificação dupla incluindo sistemas de códigos para topografia e morfologia. O código topográfico registra o local de origem do tumor por categorias de três a quarto caracteres, enquanto o código morfológico indica o tipo celular e a atividade biológica do tumor. Esta nomenclatura vem sendo usada por um grande número de especialistas em todo o mundo, inclusive no Brasil.

GRADUAÇÃO E ESTADIAMENTO DOS TUMORES MALIGNOS

Graduação Histológica

A graduação histológica de um tumor é baseada no grau de diferenciação das células tumorais e no número de mitoses dentro do tumor como presumível correlação entre a neoplasia e a sua agressividade. Isto é, este sistema de classificação é uma medida da anaplasia celular (reversão da diferenciação) na amostra de tumor, e é baseado na sua semelhança com as células do tecido normal que se presume que tenha dado origem ao tumor. O número de mitoses exprime-se pelo número encontrado em, pelo menos, dez campos microscópicos de grande aumento. Os critérios para os diferentes graus variam de acordo com cada tipo de neoplasia. Além disso, alguns tumores podem modificar este grau, à medida que evoluem, tornando-se geralmente menos diferenciados.

Com base nestes critérios, os tumores podem ser classificados como de grau I (75 a 100% diferenciados), de grau II (50 a 70%), grau III (25 a 50%) ou grau IV (0 a 25%). As implicações clínicas dos graus de diferenciação traduzem-se na maior rapidez de crescimento dos tumores menos diferenciados em relação aos mais diferenciados de mesmas histogêneses e localização. Embora a gradação histológica seja útil, a correlação histológica entre a aparência e o comportamento biológico encontra-se muito longe de ser perfeita.

Estadiamento

O estadiamento do câncer é baseado no tamanho da lesão primária, no seu grau de disseminação para gânglios linfáticos regionais, bem como na presença ou ausência de metástases por via sanguínea. O grande sistema de estadiamento atualmente em uso foi desenvolvido por duas grandes agências, a *Union for International Control of Cancer* (UICC) e a *American Joint Committee on Cancer* (AJCC). Alguns dos objetivos deste sistema de classificação são: (1) ajudar o oncologista no planejamento do tratamento; (2) providenciar categorias de forma a prever o prognóstico e avaliar os resultados do tratamento; e (3) facilitar a troca de informação.

Este sistema de classificação utiliza o chamado o TNM: tamanho do tumor primário (T); extensão da disseminação para linfonodos regionais (N); presença ou não de metástases (M).

O estadiamento TNM varia para cada tipo de câncer, mas existem princípios gerais. Com a crescente dimensão, a lesão primária é caracterizada de T1 a T4, T0 é adicionado para indicar apenas uma lesão no local. N0 significaria o não envolvimento de gânglios linfáticos, enquanto N1 a N3 denotam o envolvimento de um maior número e variedade de gânglios. M0 significa sem metástases distantes, enquanto o M1 ou por vezes M2 indicam a presença de metástases por via sanguínea e um parecer sobre a sua quantidade. Alguns exemplos de estadiamento são demonstrados na **Tabela 2.3**.

TABELA 2.3. *Nomenclatura do estadiamento tumoral em tumor de mama, câncer renal e do pulmão.*

	Câncer da Mama	Câncer Renal	Câncer do Pulmão
T0	Nenhuma evidência de tumor primário		
T1	Tumor primário < 2 cm	Tumor primário < 7 cm	Tumor primário < 3 cm, não afeta a pleura ou brônquios principais
T2	Tumor > 2 cm, < 5 cm	Tumor > 7 cm	Tumor > 3 cm ou envolve pleura e maioria dos brônquios
T3	Tumor > 5 cm	Tumor extende-se às veias renais ou adrenais	Tumor invadiu o brônquio principal e está a pelo menos 2 cm da carina
T4	Tumor de qualquer tamanho com extensão direta à parede torácica ou à pele	Tumor estende-se para além da fáscia de Gerota	O tumor cresceu invadindo mediastino, coração, vasos sanguíneos próximos ao coração, traqueia, esôfago, espinha dorsal ou carina
N0	Ausência de metástase		
N1	Metástase em linfonodo(s) axilar(es), homolateral(ais), móvel(eis)	Metástase num único nódulo regional	O tumor disseminou-se para os linfonodos no interior do pulmão ou em torno da área onde o brônquio penetra no pulmão
N2	Metástase em linfonodo(s) axilar(es), homolateral(ais), móvel(eis)	Metástase em mais de um nódulo regional	O tumor disseminou-se para os linfonodos em torno da carina ou mediastino
N3	Metástase em linfonodo(s) axilar(es) homolateral(is) fixo(s) ou metástase		O tumor disseminou-se para os linfonodos hilares ou mediastinais no lado oposto do tumor primário
M0	Ausência de metástase à distância		
M1	Metástase à distância		

A combinação das diversas variantes de T, N e M determinam o estádio clínico do doente que varia de I a IV. Um exemplo da combinação TNM e sua correlação com o estado clínico é apresentado na **Tabela 2.4** para o câncer do pulmão.

O estadiamento da doença neoplásica tem assumido grande importância na escolha da melhor forma de terapia para o paciente. Não é demais repetir que o estadiamento tem provado ser de maior valor clínico. Em alguns casos, como no caso do câncer pulmonar, o estadiamento tem sido muitas vezes auxiliado por técnicas de imagem, como a tomografia de emissão de pósitrons-PET.

TABELA 2.4. *TNM e sua correlação com o estado clínico no câncer do pulmão.*

Estádio	T	N	M	Sobrevida em 5 anos
0	*In situ*	N0	M0	
IA	T1	N0	M0	47%
IB	T2	N0	M0	
IIA	T1	N1	M0	
IIB	T2	N1	M0	26%
	T3	N0	M0	
IIIA	T1	N2	M0	
	T2	N2	M0	
	T3	N1	M0	
	T3	N2	M0	8%
IIIB	Qualquer T	N3	M0	
	T4	Qualquer N	M0	
IV	Qualquer T	Qualquer N	M1	2%

CONCLUSÃO

Sem a classificação de tumores, as avaliações biológicas de amostras de tumores individuais não poderiam ser generalizadas para outros tumores, e as propriedades comuns a uma classe de tumores não poderiam ser distinguidas de complexos sistemas biológicos. A morfologia, até mesmo numa era pós-genômica, é de enorme valor para os patologistas no diagnóstico de novos tumores ou novas variantes clínicas de tumores conhecidos que possuem determinadas características moleculares.

O reconhecimento de lesões precoces tem sido extremamente importante, por exemplo, o exame citológico de células cervicais e o tratamento de lesões precocemente resultou numa drástica diminuição da mortalidade devida a câncer cervical.

Dessa mesma forma, o estadiamento tumoral na altura do diagnóstico é um fator-chave que define não só o prognóstico, como também é um elemento crítico na determinação do tratamento apropriado.

RESUMO

Ao longo dos anos, criou-se uma consistente sistematização morfológica na qual se assenta todo o arcabouço diagnóstico das neoplasias benignas e malignas. A harmonização da análise morfológica é essencial para o preciso diagnóstico de uma lesão e do sucesso prático do sistema de estadiamento que foi criado sobre a sistematização morfológica, que vem orientando o melhor manejo do paciente com câncer. O patologista tem atuação central no processo diagnóstico, tendo várias ferramentas que vêm permitindo sua atuação.

O diagnóstico pode ser feito no contexto de tecidos (avaliação histopatológica) ou de células isoladas a partir de fluidos aspirados ou descamação celular (avaliação citopatológica). Numa primeira abordagem, a questão central a ser respondida é se a massa celular avaliada é de natureza benigna ou maligna (-oma *vs.* -sarcoma/-carcinoma). Características frequentemente avaliadas incluem a arquitetura tecidual e celular, o grau de diferenciação das células tumorais, a estrutura celular (como por exemplo, características dos núcleos, presença e abundância de mitoses, relação núcleo/citoplasma). A avaliação detida da contenção da lesão (localizada no tecido de origem *vs.* disseminação para tecidos vizinhos), a presença de sinais de invasão de vasos sanguíneos e nervos, a presença de reação estromal e infiltração por células inflamatórias e efetoras do sistema imune dão ao patologista um retrato útil para o diagnóstico da agressividade da lesão, ao mesmo tempo que nos ensinam sobre a fisiopatologia de cada tumor. Frente a uma massa de origem desconhecida, o diagnóstico da célula de origem é fundamental para a definição da conduta clínico-cirúrgica a ser tomada. Assim como, no acompanhamento de uma ressecção cirúrgica, a avaliação detida dos tecidos presentes nas margens de segurança quanto à presença de células tumorais definirá a extensão da cirurgia.

Os tumores são naturalmente heterogêneos, o que requer do patologista a avaliação do grau de heterogeneidade e o diagnóstico baseado no componente de maior risco da lesão. Em linhas gerais, apresentou-se a base da atual classificação morfológica de tumores. Além da análise morfológica, baseada em colorações histológicas rotineiramente utilizadas em laboratórios de anatomia patológica, o diagnóstico pode também ser baseado em métodos imunoistoquímicos e de hibridização *in situ*; no primeiro, usam-se anticorpos específicos contra antígenos usualmente de natureza proteica, enquanto no segundo detectam-se sequências de RNA e DNA específicas presentes nas células estudadas. A avaliação anatomopatológica permite refinar o sistema de estadiamento, aumentando sua precisão. Assim, o sistema TNM pode ser modificado após a avaliação pelo patologista, que se ancora em análises morfológicas e de especificidade crescente, como a análise imunoistoquímica e da hibridização *in situ*.

PONTO DE VISTA

A transição para a classificação molecular

Com o fim do projeto genoma humano, no início do século XXI, gerou-se a expectativa de que doenças genéticas, quer fossem causadas por alterações em um só gene, quer fossem multigênicas, passariam a ser classificadas também pelo seu padrão de alteração genética. Esta informação, se coletada de maneira adequada, progressivamente nos informará do melhor modo de tratar os pacientes com aquela forma de doença. Na fase atual, ainda, o custo desta informação representa um alto investimento para os sistemas de saúde – especialmente aqueles que pregam pelo acesso universal, como o sistema de saúde brasileiro. Antecipa-se, porém, que com a diminuição dos custos de sequenciamento observada ano a ano, haja em breve condições e escala para propor-se a incorporação de variáveis moleculares como parte do estadiamento de mais e mais cânceres.

Assim, a classificação que temos hoje, baseada em taxonomia morfológica, com algumas variáveis moleculares ditadas por dados de expressão imunoistoquímica ou hibridização *in situ*, terá também informações quali e quantitativas sobre o *status* mutacional de genes selecionados. Dos cerca de 25.000 genes codificantes de proteínas presentes no genoma humano, menos de 200 genes encontram-se alterados na extensa maioria das neoplasias malignas. Dados do Atlas do Genoma do Câncer (TCGA) são úteis para identificar genes de alta probabilidade de alteração em cada uma das apresentações mais frequentes dos cânceres. Em breve, da mesma forma que o estadiamento TNM foi modificado pela maior sensibilidade das informações morfológicas (histopatológicas), o estadiamento também será modificado pelas informações moleculares.

De fato, esta transição taxonômica já vem ocorrendo paulatinamente. Tomemos por exemplo o necessário reestadiamento de pacientes com câncer de cabeça e pescoço na dependência da presença ou não de células tumorais infectadas por vírus do papiloma humano (HPV). Dados clínicos mostraram uma evolução muito mais favorável aos casos associados a HPV, quando comparados aos casos HPV-negativos, com impacto na seleção de tratamento menos agressivo para os pacientes com tumores HPV-positivos. A informação molecular permitiu assim, neste grupo de pacientes, um benefício evidente.

> ...A TAXONOMIA MOLECULAR ABRIRÁ CAMINHO PARA A ONCOLOGIA DE PRECISÃO...

A transição para a taxonomia molecular dos tumores abrirá caminho para a Oncologia de Precisão, ou como querem alguns, à Oncologia Personalizada. A motivação existe e baseia-se no arsenal crescente de medicamentos alvo-dirigidos que vêm sendo desenvolvidos. O fato é que há muita variabilidade molecular em tumores que se manifestam de formas semelhantes num mesmo órgão. Numa perspectiva biológica, o que é selecionado é de fato o fenótipo do tumor (que pode ser diagnosticado morfologicamente) que, por sua vez, pode ser fruto de diferentes genótipos convergentes (isto é, mutações em diferentes genes). Quando a perspectiva de tratamento requer precisão do alvo molecular (e não da expressão resultante de diferentes vias moleculares, como no caso do fenótipo), o diagnóstico deve ser molecular.

Roger Chammas
Faculdade de Medicina da Universidade de São Paulo/Instituto do Câncer do Estado de São Paulo (ICESP)

PARA SABER MAIS

- Willis RA. Pathology of Tumors. 3rd ed. Washington, D.C.: Butterworth; 1960. 1002p.

Propõe pela primeira vez uma forma de distinguir verdadeiros tumores de células inflamatórias, hiperplasias e malformações com excesso de tecido. "Um tumor é uma massa anormal de tecido, cujo crescimento excede e é descoordenado em relação ao tecido normal, e persiste da mesma forma excessiva após interrupção do estímulo que provocou a mudança." Além do mais, aplicou a classificação histogenética aos tumores humanos e animais.

- WHO. International Classification of Diseases for Oncology (ICD-0). 3rd ed. Percey C et al., eds. Geneva: World Health Organization; 2000.

Descreve o sistema de classificação de tumores.

- Berman JJ. Tumor classification: molecular analysis meets Aristotle. BMC Cancer. 2004;4:10.

Este artigo discute a classificação histológica de tumores e apresenta uma nova forma de classificação de tumores que integra a informação proveniente da análise molecular de tumores.

BIBLIOGRAFIA GERAL

1. Crnogorac-Jurcevic T, Pulson R, Banks RE. The molecular pathology of cancer. An introduction to the cellular and molecular biology of cancer. Knowles M and Selby P, eds. Oxford: Oxford University Press; 2005.

2. Paul J, Hickey I. Molecular pathology of the cancer cell. J Clin Pathol Suppl (R Coll Pathol). 1974;7:4-10.

3. Weinberg RA. The Biology of Cancer. London: Garland Science; 2007.

Carcinogênese Química e Física

3

Natália Cruz e Melo
Ana Carolina Pavanelli
Laura Sichero

INTRODUÇÃO

O câncer resulta do crescimento desordenado e maligno de células que invadem os tecidos e órgãos, podendo espalhar-se por meio de metástase para outras regiões anatômicas do corpo.

O funcionamento inadequado do sistema de controle do ciclo celular desencadeia um aumento de proliferação desordenada, podendo levar ao surgimento do câncer. Processos de divisão e multiplicação estão em constante atividade e são regulados por mecanismos fisiológicos e/ou patológicos, logo um evento que desregule o sistema de reparo não é improvável. Com o aumento da idade esse fenômeno pode acontecer mais frequentemente, o que justifica a maior ocorrência de câncer em idade avançada.

Um fato nos leva a refletir: se indivíduos da mesma espécie humana possuem o mesmo material genético e teoricamente o mesmo número de divisões celulares, então porque existe diferença na *incidência* dos tumores em diferentes populações no globo?

Diferentes fatores de risco estão associados ao desenvolvimento de câncer. Alguns tipos de tumores são causados por eventos aleatórios e inevitáveis, dessa forma possuem frequências equivalentes nas diversas populações humanas. Essa afirmação parece ser verdadeira para alguns tumores pediátricos, nos quais as taxas de incidência permanecem relativamente constantes, ainda que outras variáveis possam interferir.

Ao final deste capítulo espera-se que o leitor: (i) compreenda que a variação da incidência de um tipo de tumor através das populações reflete a influência de fatores genéticos e ambientais; (ii) compreenda que a natureza do câncer está associada a uma ampla gama de fatores de risco; (iii) compreenda a carcinogênese química e física.

A Natureza do Câncer

A variação da incidência de um tipo de tumor através das populações reflete a influência de fatores hereditários e ambientais.

DESTAQUES

- O número de casos de câncer tem aumentado consideravelmente em todo o mundo, principalmente a partir do século XIX, configurando-se, na atualidade, como um dos mais importantes problemas de saúde pública mundial.
- A natureza do câncer está associada a fatores genéticos e ambientais, além de agentes biológicos. A prevalência dos diferentes tipos de câncer apresenta-se variável em função das características de cada região do globo.
- A sociedade moderna encontra-se exposta a uma grande variedade de produtos tóxicos com grande potencial carcinogênico. Alguns agentes físicos, químicos e biológicos podem induzir agressões permanentes no genoma celular e ocasionar alterações fenotípicas que desencadeiam neoplasias.

Epidemiologia

o estudo de fatores que determinam a frequência e a distribuição das doenças e fatores de exposição nas populações humanas.

Conceitos Gerais

População *é o conjunto de indivíduos expostos a contrair a doença em um espaço e tempo determinado.*

Incidência: *significa a ocorrência de casos novos relacionados à unidade de intervalo de tempo (dia, semana, mês ou ano) em uma determinada população.*

Prevalência: *indica a frequência absoluta dos casos de uma doença, independentemente da época em que esta se iniciou.*

Mortalidade: *refere-se ao conjunto dos indivíduos que morreram em um dado intervalo de tempo.*

Letalidade: *indica o poder de uma doença em provocar a morte das pessoas.*

Influência Socioeconômica na Incidência de Câncer

Um exemplo são as altas frequências de incidência e mortalidade de câncer do colo de útero na África, que refletem vários déficits adotados pelo país como: (i) insuficiência de registros de dados recentes e completos: sobre a morbidade e a mortalidade pelo câncer do colo do útero na África; (ii) insuficiência ou inexistência de informação e de competência de profissionais da saúde e em campanhas educativas; (iii) custo elevado da vacinação contra o HPV (papilomavírus humano), uma das formas mais efetivas de prevenção primária desta neoplasia; (iv) indisponibilidade da prevenção secundária, diagnóstico oportuno e tratamento; além de (v) meios terapêuticos inacessíveis e cuidados paliativos negligenciados.

Alelos suscetíveis ao câncer são distribuídos com frequências diferentes entre as diversas populações humanas. Do mesmo modo, o ambiente também pode influenciar drasticamente nas taxas de incidência de um determinado tipo de neoplasia (**Tabela 3.1**).

O número de casos de câncer tem aumentado consideravelmente em todo o mundo, principalmente a partir do século XIX, configurando-se, na atualidade, como um dos mais importantes problemas de saúde pública mundial. A frequência de distribuição dos diferentes tipos de câncer apresenta-se variável em função das características de cada região, o que enfatiza a necessidade do estudo das variações geográficas nos padrões de incidência desta doença, visando seu adequado monitoramento e controle.

A área do conhecimento que aborda a incidência das doenças nas populações é nomeada de epidemiologia. Esta ciência se preocupa em datar, entre outros parâmetros, os números de casos confirmados, de novos casos e da mortalidade por uma determinada doença. Porém, a epidemiologia necessita que o registro adequado da ocorrência das doenças seja realizado, o que exige a existência de políticas públicas eficazes para representar os dados reais de uma população. Através dos dados epidemiológicos, medidas de prevenção, diagnóstico e tratamento podem ser tomadas de maneira racional e efetiva.

Outro parâmetro importante para a variação da incidência das doenças como o câncer nas populações é o nível socioeconômico de uma população que influencia diretamente as políticas de prevenção, diagnóstico e tratamento. Geralmente países menos desenvolvidos apresentam taxas de incidências maiores de doenças, devidas a falhas em programas educativos, de rastreamento e infraestrutura nos setores de saúde.

Por outro lado, em países desenvolvidos são adotados programas de prevenção, o que tem resultado na diminuição significativa de ocorrência de casos novos de câncer, em razão do acompanhamento médico de pacientes e da detecção precoce da doença, permitindo atingir altos percentuais de remissão e cura.

Dentre as mortes causadas por câncer, mais de um 1/3 pode ser atribuído a fatores de risco potencialmente modificáveis, como tabagismo, alcoolismo, dieta, sedentarismo, sobrepeso e obesidade, poluição urbana do ar, sexo sem proteção, estresse, entre outros.

Um questionamento é oportuno: se a genética e o ambiente favorecem o desenvolvimento do câncer, qual, dentre eles, seria o mais importante? Sabemos que alelos determinantes de doenças estão disseminados de maneira desigual nas diferentes populações, logo essas alterações não são o suficiente para causar tamanha desproporção no número de incidência de diversos tumores no mundo.

Vários estudos têm abordado a influência da migração populacional nas taxas de incidência. Por exemplo, sabe-se que as taxas de incidência de câncer de mama em orientais (japoneses, chineses, filipinos) são baixas, porém, quando estes se fixam em outra localidade, a incidência passa a ser equivalente à da população onde

CAPÍTULO 3

TABELA 3.1. *Incidência de diferentes tumores no mundo segundo a Organização Mundial da Saúde (OMS).* Os diversos tipos de tumores apresentam-se com diferentes incidências nas regiões do globo. Essas variações são justificadas em parte por fatores ambientais.

Tipo de Câncer	Mama Mulher	Próstata Homem	Colo do útero Mulher
Área com maior risco (por 100.000 hab.)	Europa ocidental 96	Nova Zelândia e América do Norte 111,6 e 97,2	África oriental 42,7
Área com menor risco (por 100.000 hab.)	África e Ásia oriental 27,0	Ásia Leste e Centro-Sul 10,5 e 4,5	Ásia ocidental 4,4
Área com maior mortalidade (por 100.000 hab.)	África ocidental 20,0	Caribe e África sub-saariana 29	Oriente e Leste da África 22,2 e 27,6
Área com menor mortalidade (por 100.000 hab.)	Ásia oriental 6,0	Centro-Sul, Ásia 2,9	Ásia ocidental < 2
Variação de incidência nas populações	~ 4 vezes	~ 25 vezes	~ 15 vezes

residem. É importante ressaltar que a população imigrante durante os primeiros anos de adaptação no país de adoção tenta manter costumes culturais e dietéticos do país de origem, mas, com o decorrer do tempo, começa a incorporar hábitos do país residente.

O Brasil é um país heterogêneo, cuja população é composta de várias etnias. Neste contexto destaca-se a cidade de São Paulo, que reúne vários grupos populacionais imigrantes há várias décadas, dentre eles os japoneses. Em reflexo à imigração japonesa, as taxas de incidência de câncer de estômago e mama, divergem com o país de origem.

O câncer de estômago possui alto coeficiente de incidência no Japão, entretanto observa-se redução nas taxas dessa neoplasia nos imigrantes residentes no município de São Paulo (**Tabela 3.2**). Contudo, a redução foi mais significativa na população japonesa residente nos EUA.

Influência da Migração no Câncer de Mama

A incidência de câncer de mama é extremamente variável entre os diversos países; as taxas têm sido historicamente de quatro a sete vezes mais elevadas nos Estados Unidos e muitos outros países ocidentais do que na Ásia. Numerosos estudos têm demonstrado que, quando mulheres japonesas, chinesas ou filipinas migram para os Estados Unidos, o seu risco de desenvolver o câncer de mama aumenta ao longo de várias gerações e se compara à incidência de mulheres brancas nativas. Assim, exposições modificáveis relacionadas a estilo de vida ou ambiente, desempenham um importante papel na etiologia desta doença. No entanto, os fatores causais específicos e o como quantitativamente contribuem permanecem não elucidados. Um trabalho de Ziegler e cols. associou o aumento da incidência de câncer de mama em mulheres asiáticas, imigrantes nos EUA, ao aumento de peso e obesidade, admitindo a influência de mudanças no estilo de vida e alimentação no desenvolvimento dessa neoplasia.

Carcinogênese Química e Física

TABELA 3.2. *Incidência do câncer de estômago na população masculina de origem japonesa, que migrou para São Paulo (Brasil), Los Angeles e Havaí (Estados Unidos) (Adaptado de Munoz, 1997).*

Localidade	Incidência
Média da população nativa japonesa	80,3
População de origem japonesa que migrou para São Paulo	69,3
População geral de São Paulo	45,7
População de origem japonesa que migrou para Los Angeles, Estados Unidos	34,3
População de origem japonesa que migrou para o Havaí, Estados Unidos	34,0

TABELA 3.3. *Incidência do câncer de mama na população feminina de origem japonesa que migrou para São Paulo (Brasil), Los Angeles e Havaí (Estados Unidos) (Adaptado de Munoz, 1997).*

Localidade	Incidência
Média da população nativa japonesa	15,2
População de origem japonesa que migrou para São Paulo	24,0
População geral de São Paulo	56,2
População de origem japonesa que migrou para Los Angeles, Estados Unidos	57,3
População de origem japonesa que migrou para o Havaí, Estados Unidos	47,1

Na população feminina japonesa imigrante foi analisada a incidência de câncer de mama, podendo-se observar um fenômeno contrário ao descrito no câncer de estômago da população masculina. A população de mulheres japonesas imigrantes em São Paulo resultou no aumento da incidência em aproximadamente duas vezes em comparação com o seu país de origem (**Tabela 3.3**), porém os efeitos da migração foram menores quando comparados com os das cidades dos EUA.

Estes dados reforçam que o meio ambiente influencia de maneira significativa as taxas de incidência de alguns tipos de tumores, sendo necessários estudos que identifiquem esses fatores ambientais para a elaboração de medidas preventivas.

A Ocorrência de Câncer Associada a Diferentes Fatores de Risco

A primeira associação do desenvolvimento de câncer a um fator de risco foi relatada pelo médico inglês John Hill, em 1761, quando da observação da relação entre rapé de tabaco e desenvolvimento de câncer nasal.

Em seguida, outro médico inglês, *sir* Percivall Pott, em 1775, fez a primeira descrição de riscos ocupacionais, atribuindo a alta incidência de câncer escrotal entre limpadores de chaminés pelo contado desta região anatômica com a fuligem do carvão. Pott sugeriu que os tumores na pele do escroto eram causados pelo contato prolongado com cordas que foram saturadas com produtos químicos encontrados em fuligem. Ele verificou que alguns homens com câncer escrotal não trabalhavam como limpadores de chaminés desde a infância. Tal observação sugere que o câncer se desenvolve lentamente e pode não dar origem a manifestações clínicas até muito tempo após a exposição a um agente causal. Essa descoberta impulsionou que os limpadores de chaminés da Dinamarca, tomassem banho após o trabalho, e esta medida reduziu o número de indivíduos com câncer escrotal.

Bernardino Ramazzini, médico italiano, reportou, em 1839, a quase ausência de câncer de colo de útero além da elevada incidência de câncer de mama em freiras. A incidência desses tumores em freiras foi associada à vida de celibato, e esta observação foi um importante passo para identificar alguns fatores de risco para o desenvolvimento do câncer de colo de útero e mama como: o equilíbrio hormonal, a gravidez e as infecções relacionadas.

Em 1895, o físico Wilhelm Conrad Roentgen, na Alemanha, descobriu os raios X, e passou a empregar placas fotográficas na revelação de imagens. As representações eram adquiridas pela exposição de objetos à radiação, em substituição ao detector fluorescente, que formavam placas fotográficas constituídas de nitrato de prata. Por esse trabalho, Roentgen recebeu o 1º Prêmio Nobel de Física, em 1901, cuja principal aplicação médica consistia na observação de chapas ósseas.

No Brasil, em 1896, dois jornais publicaram matérias sobre os raios X. Os boletins relataram informações muito imprecisas a respeito do fenômeno e de suas aplicações. A inovação gerava na população um sentimento de euforia, que representava esperança para a medicina e ao mesmo tempo causava o medo sobre o desconhecido. O médico brasileiro Álvaro Alvim (1863-1928) foi o primeiro a radiografar um caso de xipófagas (bebês siameses), em 1897, ganhando repercussão internacional. Outra contribuição brasileira ao diagnóstico com raios X deve-se a Manuel de Abreu (1892-1962), inventor da abreugrafia, permitindo o diagnóstico e o tratamento da tuberculose pulmonar.

Juntamente com o início das aplicações dos raios X no cotidiano, surgiu o receio dos perigos da radiação, ainda desconhecidos. O fascínio da nova descoberta fez com que a população ignorasse os riscos da exposição sem precaução. No entanto, em 1896, foi publicado um alerta sobre o perigo real da exposição a esses raios nos olhos.

Muitos pesquisadores e trabalhadores foram acometidos de úlceras, abscessos e graves queimaduras, que não cicatrizavam, levando à realização de cirurgias desfigurantes, amputações ou mesmo à morte (ainda não se sabia que era por câncer). Álvaro Alvim morreu apor causa de grave radiodermite, que o levou à amputação de suas mãos e antebraço. Mihran Kassabian (1870-1910) documentou fotograficamente as horríveis amputações que sofreu. Naquela mesma ocasião surgiram os primeiros relatos da necessidade de algum tipo de radioproteção.

Curiosidades da Aplicação dos Raios-X no Cotidiano
A beleza também foi um grande mercado para os raios X. Desde aquele tempo, já era conhecida que a exposição prolongada aos raios X ocasionava queda de cabelo. Este fato impulsionou os salões de beleza a disponibilizarem aparelhos de raios X para que mulheres removessem pelos sem dor, além da utilização destes raios para o clareamento da pele. A notícia sensacionalista de que os raios X podiam converter um homem negro em branco causou furor em negros que desejavam reverter a cor. Havia, ainda, relatos de tratamentos faciais para a eliminação de rugas, acnes, cravos, entre outros. Outro fato curioso foi a aplicação dos raios X em sapatarias que adotaram máquinas de raios X para mostrar a moldagem dos sapatos nos pés.

Técnicas de Biologia Molecular Melhoram a Compreensão de Carcinógenos
Os avanços das técnicas de análises moleculares permitiram uma maior compreensão da interação de agentes cancerígenos químicos com os constituintes celulares. Os métodos químicos, incluindo a espectrometria de massa, permitiram identificar alterações com sensibilidade e especificidade sem precedentes. Além disso, o sequenciamento do genoma humano e a identificação de enzimas de restrição de DNA expandiram o campo da epidemiologia molecular, focando na parte da sensibilidade individual a agentes cancerígenos. A tecnologia de array facilitou a análise de alterações induzidas pelos diferentes carcinógenos químicos na expressão gênica. Muitos dos biomarcadores já conhecidos para o câncer são baseados no conhecimento da carcinogênese química, incluindo a formação dos adutos de DNA, que podem induzir mutações observadas nos tumores. Muitas perguntas no campo da carcinogênese química ainda precisam ser elucidadas, a fim de melhorar a compreensão desse fenômeno e como resultado melhorar a prevenção, a detecção e o tratamento de câncer.

Em 1915, os pesquisadores japoneses Yamagiwa Katsusaburo e Ichikawa Koichi induziram o desenvolvimento de tumores malignos em coelhos através da pintura das orelhas destes com alcatrão de carvão. Tal estudo indicou que substâncias químicas específicas poderiam levar ao desenvolvimento de câncer. Trabalhos subsequentes mostraram que a exposição a certas formas de energia, como raios X, poderia induzir mutações em células-alvo desencadeando a transformação maligna.

Estudos de virologia durante as décadas de 1960 e 1970 contribuíram para a atual compreensão dos mecanismos moleculares envolvidos no desenvolvimento do câncer, com o desenvolvimento de técnicas laboratoriais, tais como a cultura de tecidos, que facilitaram o estudo de células e vírus associados ao desenvolvimento do câncer.

Em 1968, foi demonstrado que quando um vírus oncogênico (vírus capaz de desencadear câncer) infecta uma célula normal, pode inserir um dos seus genes no genoma da célula hospedeira. Em 1970, o gene do vírus do sarcoma de Rous, chamado *SRC*, foi identificado como o agente responsável pela transformação de uma célula saudável em uma célula cancerosa.

O câncer é o produto final de um processo complexo que se desenvolve em múltiplos estágios. Em cada um desses estágios, ocorrem alterações genéticas (mutações) e epigenéticas, que podem levar ao crescimento seletivo e clonal das células alteradas.

A sociedade moderna encontra-se exposta a uma grande variedade de produtos tóxicos com grande potencial carcinogênico. Alguns agentes físicos, químicos e biológicos podem induzir agressões permanentes no genoma celular e ocasionar alterações fenotípicas que desencadeiem neoplasias. Fatores que promovem e induzem a iniciação e a progressão da carcinogênese são chamados de carcinógenos.

Conceitualmente, os carcinógenos podem ser qualquer fator que aumente o risco individual ao desenvolvimento de uma neoplasia maligna. Os carcinógenos participam de todas as etapas da carcinogênese: iniciação, promoção e progressão. Em geral, três direções distintas foram propostas, visto que a sua causa está relacionada com fatores químicos, físicos e biológicos. Na segunda parte deste capítulo, serão abordadas as carcinogêneses química e física.

Carcinogênese Química

O principal mecanismo de ação dos carcinógenos químicos consiste na formação de compostos covalentes com o DNA, que aumentam a probabilidade de ocorrerem erros de

inserção de bases durante a replicação. Alguns carcinógenos químicos, além de possuir ação mutagênica, podem também inibir a atividade de enzimas reparadoras.

A história da descoberta da carcinogênese química é pontuada por observações epidemiológicas que levaram à identificação de substâncias químicas capazes de desencadear o desenvolvimento do câncer.

Ministério do Trabalho x conhecimento científico

No Brasil, a legislação do Ministério do Trabalho, reconhece apenas cinco substâncias como carcinógenos: benzeno, 4-aminodifenil, benzidina, betanaftilamina e 4-nitrodifenil. Porém, existem outras substâncias que são reconhecidamente cancerígenas, como a radiação ionizante, o amianto e a sílica, e estas estão entre as que possuem um valor baixo de "exposição tolerada". Desta forma, adota-se no País a concepção de "níveis seguros" para a exposição ocupacional, o que conflita com o conhecimento científico atual sobre carcinogênese, que não reconhece limites seguros para a exposição da população aos agentes cancerígenos.

TABELA 3.4. *Carcinógenos químicos associados ao desenvolvimento de câncer.*

Carcinógeno	Tipo de Câncer
Arsênio	Pulmão e cutâneo
Benzeno	Leucemia
Níquel	Pulmão e seios paranasais
Formaldeído	Nasal e nasofaringe
Pesticidas, gases de combustão do diesel	Pulmão
Etanol	Trato aerodigestivo, fígado, mama e cólon
Nitrosaminas	Trato digestivo, principalmente estômago
Aflotoxinas	Fígado

A relação da exposição prolongada a certos produtos químicos e a carcinogênese tornou-se mais evidente no final do século XIX e, em 1915, a primeira comprovação científica da existência de um agente químico cancerígeno deu-se após a observação da presença de tumores cutâneos em coelhos expostos a alcatrão de hulha.

Em 1927, Hermman Muller realizou uma pesquisa, que receberia o Prêmio Nobel de Fisiologia e Medicina em 1946, demonstrando que raios X poderiam induzir mutações na *Drosophila melanogaster*. Foi descrito que o material genético poderia ser alterado por agentes como a radiação. Esta acarretaria em uma alteração permanente no genoma, transformando células normais em tumorais. Muller utilizou da sua descoberta para alertar contra o uso indiscriminado de raios X, o que acabou não causando muito efeito naquela época, já que o seu alerta foi amplamente ignorado pela comunidade médica.

Theodor Boveri, biólogo alemão, sugeriu em 1914 que os cromossomos poderiam estar alterados nas células tumorais e que essas células seriam mutantes. Em 1960, o cromossomo Philadelphia foi o primeiro cromossomo a ser identificado como anormal na maioria das células tumorais oriundas de indivíduos acometidos por leucemia mieloide crônica.

A carcinogênese química é composta de três etapas distintas, desde o contato com o carcinógeno químico até a formação do tumor: a iniciação, a promoção e a progressão. Na primeira etapa (iniciação), a substância química é processada metabolicamente pelo hospedeiro, e acoplada ao seu DNA, tranformando assim as células-alvo em células iniciadas. Este processo é rápido e irreversível, e observa-se que a iniciação é uma condição necessária, mas não suficiente, para o desenvolvimento do tumor. Na etapa de promoção ocorre a expressão dos genes que foram mutados na iniciação, determinando assim o surgimento de características típicas das neoplasias, como proliferação e migração descontroladas, perda de adesão celular, resistência à morte, entre outros.

Os agentes promotores podem induzir tumores em células iniciadas, mas não afetam diretamente o DNA e o seu efeito é reversível, dependendo do intervalo de exposição. A etapa de progressão consiste do momento em que algumas neoplasias sofrem alterações qualitativas em seus fenótipos, acumulando mutações que culminam na heterogeneidade observada nos tumores. As substâncias químicas carcinogênicas diferem bastante quanto à estrutura e podem ser de origem natural ou sintética. Estas substâncias são divididas em duas categorias (**Tabela 3.4**): 1. compostos de ação direta, que dispensam transformações químicas para agir como um carcinógeno; 2. compostos de ação indireta (pró-carcinógenos), que requerem uma conversão metabólica para a produção de carcinógenos finais, que por sua vez exercem o efeito carcinogênico.

Os agentes químicos causadores de câncer atuam com mais frequência em tecidos com a maior exposição de superfície, dentre eles, pulmão, trato gastrointestinal e pele. Recentemente, estudos da carcinogênese química fundiram-se com estudos sobre as alterações moleculares nas células tumorais e, como resultado, marcadores biológicos foram encontrados, facilitando assim a avaliação de vias

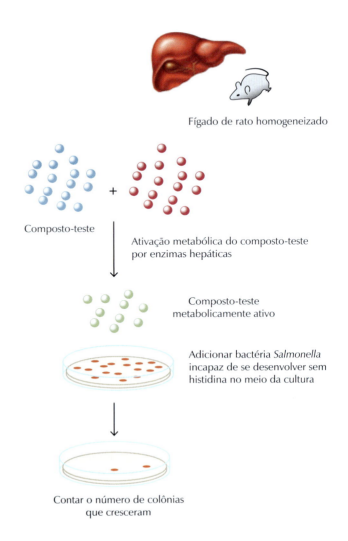

FIGURA 3.1. Experimento de mutagênese elaborado por Ames, em 1975. *O geneticista Bruce Ames elaborou experimentos que contribuíram para o desenvolvimento da teoria que os carcinogênicos poderiam atuar como mutagênicos. Seguiram-se décadas de estudos em camundongos e ratos testando o potencial carcinogênico de vários compostos químicos, e os resultados gerados proporcionaram uma forma de quantificar o quanto um carcinógeno era mais potente que o outro. Entretanto, salientou-se a importância da mensuração adequada e o potencial mutagênico dos diversos compostos químicos. Para essa questão Ames foi impulsionado a elaborar o próprio protocolo. O teste de Ames baseia-se na utilização de uma cepa de báctéria mutada, cuja mutação impede o crescimento da báctéria em meio de cultura desprovido do aminoácido histidina. Esta bactéria possui um alelo mutante que a torna suscetível à retromutação para alelo selvagem. Quando um agente mutagênico entra em contato com a cepa, o alelo selvagem é formado e a bactéria adquire a capacidade de crescer no meio de Ames permitindo que o potencial mutagênico dos diferentes compostos seja mensurável. Este teste, que foi desenvolvido na década de 70, é ainda um dos testes mais atuais para este fim.*

metabólicas alteradas e a identificação de possíveis novos alvos para a terapia.

A família dos hidrocarbonetos aromáticos policíclicos engloba alguns dos carcinógenos químicos mais potentes e mais bem estudados. Estes compostos derivam da combustão incompleta do carvão mineral (alcatrões), petróleo, tabaco, dentre outros. Todos são cancerígenos indiretos e dependem da ativação prévia por sistemas enzimáticos celulares, podendo induzir o desenvolvimento de tumores em uma grande variedade de tecidos e espécies; dependendo do tipo e do local das modificações químicas das células, a potência do produto resultante é diferente.

Uma vez que os hidrocarbonetos aromáticos policíclicos são formados pela combustão de diversos compostos que contêm carbono, as fontes de produção dessas substâncias são múltiplas: carvão, petróleo e seus derivados, produtos alimentícios, principalmente os defumados, tabaco e outros. Esses compostos químicos encontram-se difundidos no ambiente e o seu papel na carcinogênese é relevante, uma vez que a presença destes não está restrita somente a um risco profissional e sim ao meio ambiente e hábitos de vida que a comunidade mundial está exposta.

As aflatoxinas são carcinógenos químicos de ocorrência mundial, derivadas de produtos do metabolismo secundário do fungo *Aspergillus*. Essas toxinas desenvolvem-se em grãos, cereais e castanhas, quando armazenados em condições inadequadas. São conhecidos aproximadamente 20 compostos designados pelo termo aflatoxina; no entanto, os que possuem maior importância médica são B_1, B_2, G_1 e G_2. As toxinas são mutagênicas e carcinogênicas, impactam no desenvolvimento de tumores em diversos órgãos, como pâncreas e intestino, entretanto o fígado é o principal órgão acometido. A carcinogênese hepática apresenta o efeito tóxico mais importante das aflatoxinas. Do grupo a aflatoxina, a B_1 (AFB_1) é o pró-carcinógeno que possui maior poder toxigênico. Estudos com modelos animais mostram que a AFB_1 é capaz de induzir o carcinoma hepatocelular, mesmo quando ingerida em baixa quantidade.

Carcinogênese Física

Os mais importantes e estudados agentes físicos, que podem levar ao desenvolvimento tumoral, consistem de energia radiante, solar e ionizante. O mecanismo da carcinogênese por radiação reside na sua capacidade de induzir mutações. Essas mutações podem resultar de algum efeito direto da energia radiante ou de efeito indireto intermediado pela produção de radicais livres a partir da água ou do oxigênio.

As radiações na forma de partículas (como partículas alfa e nêutrons) são mais carcinogênicas do que a radiação eletromagnética (raios X, raios gama). Sabe-se que a radiação ultravioleta natural (UV), proveniente do sol, pode resultar no desenvolvimento de câncer de pele.

Cânceres de pele e os raios solares
O Brasil é um país tropical de alta incidência de raios solares, cujo câncer mais incidente são os tumores de pele não melanoma. A radiação ultravioleta é um carcinógeno físico que induz alterações no DNA. O acúmulo dessas alterações acompanhadas pelo reparo ineficiente leva ao desenvolvimento de tumores de pele. O câncer de pele é o crescimento anormal e descontrolado de células malignas que compõem a derme. A pele é constituída pelas camadas epiderme, derme e hipoderme, e dependendo da camada afetada teremos diferentes tipos de tumores. Os mais comuns são carcinoma basocelular (CBC), carcinoma espinocelular (CEC) e melanoma maligno (MM). O CBC surge nas células basais, que se encontram na camada mais profunda da epiderme. Tem baixa letalidade, se detectado precocemente. O CEC é o segundo tipo mais prevalente de câncer de pele, manifesta-se em células escamosas da camada externa da derme. As regiões mais afetadas são orelhas, rosto, pescoço e couro cabeludo. O MM é o menos incidente entre os tumores de pele, possui pior índice de mortalidade e prognóstico e geralmente se apresentam como "pinta" ou sinal que alteram a coloração, o tamanho, o formato e podem causar sangramentos. Instituições de saúde aconselham como formas de prevenção o autoexame da pele, a utilização de filtros solares, evitar a exposição solar no período das 10 às 16 h, além da utilização de bonés, chapéus e óculos escuros.

A radiação UV é dividida em três grupos, dependendo de seu comprimento de onda: RUV-A (radiação ultravioleta A), de 320 a 400 nm; a RUV-B (radiação ultravioleta B) entre 280 e 320 nm e RUV-C (radiação ultravioleta C), com comprimento de onda entre 100 e 280 nm (**Tabela 3.5**).

Além do comprimento de onda, essas radiações diferem quanto ao efeito biológico que exercem. As RUV-B são carcinogênicos e sua ocorrência tem aumentado com a destruição da camada de ozônio. Estes raios são muito eficientes em produzir danos diretos ao DNA, fotoimunossupressão, eritema, espaçamento da camada córnea, e melanogênese. Por sua vez, as RUV-A não sofrem influência da destruição da camada de ozônio e causam câncer de pele quando indivíduos são expostos a doses altas e por um longo período de tempo. As RUV-C são utilizadas em fontes de luz germicidas, não chegam naturalmente à superfície terrestre e se caracterizam por serem de baixo potencial de penetração.

O principal mecanismo pelos quais as RUV podem induzir o surgimento de câncer é devido à quebra de ligações fosfodiéster no DNA. Alguns danos no DNA podem ser reparados; e as mutações podem tanto representar falhas nos mecanismos de reparo, como nos mecanismos de eliminação de células inviabilizadas pelo dano.

Estudos avaliaram os efeitos da radiação em duas estações do ano, no verão e no inverno, e sobre duas populações de diferentes faixas etárias (20-25 e 40-45 anos de idade). Observou-se que a quantidade de danos no DNA foi influenciada pela exposição à radiação solar, sendo que no período do verão a exposição foi mais prejudicial geneticamente. Além disso, a idade do indivíduo também influencia significativamente, uma vez que a população de mais idade se mostrou mais sensível à radiação solar. Outro estudo mostrou os efeitos da radiação ultravioleta em ouriços-do-mar e os resultados mostraram que a irradiação com UV provocou danos estruturais e nas cromátides dos cromossomos germinativos desses organismos, e quase 90% dos espermatozoides apresentaram alterações morfológicas e as quebras no DNA aumentaram em cerca de duas vezes após a exposição.

Portanto, os efeitos das radiações ionizantes em um indivíduo dependem basicamente da dose absorvida (alta/baixa), da taxa de exposição (crônica/aguda) e da forma da exposição (corpo inteiro/localizada). Qualquer dose absorvida, inclusive das doses provenientes de radiação natural, pode induzir câncer ou matar células. A questão reside na probabilidade de dano, probabilidade de mutações precursoras de câncer e número de células mortas. Quanto maiores as taxas de dose e as doses absorvidas, maiores as probabilidades de dano, de mutações precursoras de câncer e de morte celular.

As radiações eletromagnéticas são todas carcinogênicas e a sua ação perniciosa é evidenciada em várias circunstâncias, como, por exemplo, nos mineiros, que trabalham com elementos radioativos e que apresentam risco aumentado de câncer de pulmão, a incidência de certas formas de leucemia esteve e está acentuadamente aumentada

---

Danos radioinduzidos na molécula de DNA

O DNA é responsável pela codificação da estrutura molecular de todas as enzimas das células e torna a molécula alvo no processo de danos biológicos.

O material genético pode sofrer ação direta das radiações (ionização) ou indireta (através do ataque de radicais livres).

Os danos expostos pelo DNA são em geral de dois tipos: mutações gênicas e quebras.

As mutações gênicas correspondem a alterações sofridas na molécula de DNA que derivam na perda ou na transformação de informações codificadas na forma de genes; já as quebras da molécula de DNA, levam à perda da integridade física do material genético.

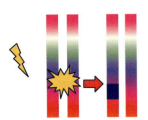

Mutações Gênicas

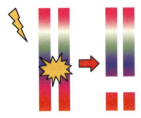

Quebras de DNA

TABELA 3.5. *Principais tipos de radiações com potencial carcinogênico.*

Radiações não Ionizantes	Radiações Ionizantes
Luz ultravioleta	Raios X
UVA (320-400 nm)	Luz visível
UVB (280-320 nm)	
UVC (100-280 nm)	

em sobreviventes das bombas atômicas lançadas sobre o Japão e do acidente atômico ocorrido em Chernobyl.

Apesar dos danos, os raios ultravioletas podem ser usados em benefício da sociedade. A radioterapia é frequentemente utilizada no tratamento contra o câncer, sendo associada ou não a outras terapias. O tratamento baseia-se na exposição da parte do corpo afetada pelo tumor a uma fonte de raios γ ou X. Ao interagir com células e tecidos, a radiação induz a formação de espécies reativas de oxigênio que, danificam, entre outras moléculas, o DNA. Estas alterações podem deflagrar a morte das células afetadas pela radiação (ver no Capítulo 6).

Fatores de Risco de Natureza Ambiental

Os fatores de risco do processo carcinogênico podem ser de natureza genética ou ambiental. Porém, a maioria dos casos de câncer está relacionada ao meio ambiente, no qual se encontra um grande número de fatores de risco. O ambiente é caracterizado pelo meio em geral (água, terra e ar), o ambiente ocupacional (indústrias químicas, ambiente de trabalho e afins), o ambiente de consumo (alimentos, medicamentos), o ambiente social e cultural (estilo e hábitos de vida). As mudanças provocadas no meio ambiente pelo homem (poluição) e os hábitos e o estilo de vida adotado pelas pessoas influenciam diretamente nas taxas de incidência de diferentes tipos de câncer.

Influência da Alimentação

A ingestão de alimentos é uma das fundamentais vias de exposição do homem a diferentes carcinogênicos, pois a alimentação constitui-se de uma mistura complexa de diferentes agentes químicos. Algumas substâncias encontradas nos alimentos podem induzir mutações no DNA e favorecer o desenvolvimento de tumores. O consumo de alimentos ricos em lipídeos é relacionado à indução dos tumores de mama, colón e próstata. O hábito de consumir alimentos como gorduras, carne vermelha, produtos com conservantes, dentre outros, pode favorecer a formação de microambiente adequado para uma célula tumoral crescer, multiplicar e migrar. Os nitritos e nitratos encontrados em conservas, enlatados e embutidos, sofrem reações químicas no estômago, que tem como produto final as nitrosaminas. Estas substâncias possuem efeito carcinogênico e são responsáveis por induzir câncer de estômago. O alimento exposto à fumaça do carvão,

β-caroteno como um quimioprotetor.

A alimentação tem sido considerada uma fonte mutagênica e carcinogênica, porém desempenha um papel importante na proteção contra o câncer. A quimioprevenção do câncer é caracterizada pela administração de agentes químicos, para prevenir, inibir, controlar ou reverter o processo neoplásico, nas fases de iniciação e promoção. Nesse contexto, diversas organizações de saúde recomendam alimentação variada, rica em frutas e vegetais, como uma estratégia de prevenção contra o câncer. O β-caroteno é um pigmento natural encontrado em vegetais, frutas e verduras de cor amarelo-alaranjada e em vegetais folhosos de cor verde-escura. São fontes de β-caroteno abóbora, mamão, manga, pêssego e nectarina entre outros. Estudos sugerem que o consumo diário de três ou mais porções de frutas e vegetais ricos em carotenoides, reduzem o risco de desenvolvimento de diferentes tipos de tumores. A conversão metabólica do β-caroteno a retinoides (vitamina A) ocorre através de clivagem central ou excêntrica da molécula. A clivagem central resultará em duas moléculas de retinal, enquanto a excêntrica dará origem a β-apo-carotenóis, os quais podem ser metabolizados a retinal, e em seguida convertidos a ácido-retinoico. O poder antioxidante do β-caroteno é atribuído à estrutura molecular desse composto, rico em insaturações que são altamente reativas e facilmente oxidadas. Dessa forma o β-caroteno atua como um neutralizador de es-

Carcinogênese Química e Física

pécies reativas de oxigênio e sequestrador de radicais livres (RL). O β-caroteno reage com RL inibindo a peroxidação lipídica na membrana celular, mantendo assim a integridade do DNA, do RNA e da proteína. A ação quimiopreventiva do β-caroteno, portanto, envolve mecanismos antioxidantes, relacionados ao dano oxidativo no DNA e a ativação metabólica de carcinógenos químicos, que estão associados às fases de iniciação e promoção do processo neoplásico

como defumados e churrasco, contém alcatrão impregnado, também componentes do cigarro têm mecanismo de ação carcinogênico conhecido. Alimentos preservados em sal também estão relacionados ao câncer de estômago.

Hábito de Fumar

O câncer de pulmão é o mais comum dos tumores malignos e cerca de 90% desses cânceres são relacionados ao hábito de fumar. O hábito de fumar aumenta aproximadamente 20 vezes o risco de desenvolvimento de tumor de pulmão entre fumantes e fumantes passivos. O tabagismo e o hábito de mascar tabaco expõem o indivíduo a nitrosaminas. Essas substâncias contidas no cigarro são capazes de formar adutos de DNA, o que evidencia sua potencial atividade mutagênica.

Álcool

O consumo de álcool está associado a aproximadamente 2 a 4% dos óbitos por câncer e está relacionado com a formação de diversos tumores, como de fígado, reto, mama, esôfago, laringe e boca, além de causar hepatite. O metabolismo do álcool gera como produto final o acetaldeído, um composto carcinogênico e mutagênico, por isso o tipo de bebida alcoólica é indiferente. Estudos demonstraram que o alcoolismo aumenta a quantidade de espécies reativas de oxigênio (ROS), o número de micronúcleos, quebras ou perdas cromossômicas, amplificação gênica, rearranjo cromossômico, além da formação de diferentes conformações de DNA, que favorecem o desenvolvimento de tumores.

Poluição

O processo de urbanização tem aumentado a exposição do homem aos gases produzidos pelos motores dos veículos a combustão, que contêm diversos poluentes genotóxicos, como óxidos de nitrogênio, monóxido de carbono, óxidos de enxofre, hidrocarbonetos e seus derivados, metais (cádmio, cromo, cobre, níquel, vanádio, zinco e chumbo). Estudos verificaram um aumento no nível de células com danos no DNA, em sangue periférico de roedores nativos, cronicamente expostos às emissões de automóveis. Além disso, muitos trabalhos epidemiológicos têm confirmado que o câncer de pulmão é mais frequente em áreas urbanas, quando comparadas com áreas rurais, e o aumento de aberrações cromossômicas em pessoas expostas a condições de tráfego intenso.

Atividade Ocupacional

O câncer que surge em consequência da exposição a agentes carcinogênicos no ambiente de trabalho, mesmo após a interrupção da exposição, é denominado de câncer ocupacional. Dentre os agentes químicos causadores de câncer encontram-se: agrotóxicos, amianto, sílica, benzeno, xileno, tolueno. Profissionais expostos a estes agentes são, principalmente, agricultores, operários da indústria química e construção civil, trabalhadores de laboratório, mineradores, etc. Os trabalhadores da indústria nuclear ou próximos a equipamentos que emitam radiação (instituições médicas ou em laboratórios) podem sofrer danos celulares ou moleculares. A radiação ionizante tem a capacidade de quebrar ligações químicas entre os átomos e moléculas do DNA, que quando não reparada podem levar à formação de mutações. Outros trabalhadores prejudicados pelos efeitos da radiação incluem os que executam atividades ao ar livre ou em áreas onde recebem grande reflexo da luz solar, ou que utilizam intensa radiação de UV, como soldadores.

RESUMO

- O conjunto de fatores genéticos e ambientais determina as variações na incidência dos tumores. Porém, o ambiente parece atuar com maior impacto, como pode ser visto no processo de migração. Um estudo mostrou que a migração de japoneses para as cidades de São Paulo, Los Angeles e Havaí, alterou a taxa de incidência dos tumores de estômago e mama, demonstrando que o ambiente atua significativamente na incidência de cânceres.

- A sociedade moderna encontra-se exposta a uma grande variedade de produtos tóxicos com grande potencial carcinogênico. Alguns agentes físicos, químicos e biológicos podem induzir agressões permanentes no genoma celular e ocasionar alterações fenotípicas que desencadeiem neoplasias. Os fatores que induzem e promovem a iniciação e a progressão da carcinogênese são chamados de carcinógenos.

- As substâncias químicas carcinogênicas diferem bastante quanto à estrutura e podem ser de origem natural ou sintética. Estas substâncias são divididas em duas categorias: compostos de ação direta, que dispensam transformações químicas para agir como um carcinógeno; compostos de ação indireta (pró-carcinógenos), que requerem uma conversão metabólica para a produção de carcinógenos finais, que por sua vez exercem o efeito carcinogênico.

- O mecanismo da carcinogênese por radiação reside na sua capacidade de induzir mutações. Essas mutações podem resultar de algum efeito direto da energia radiante ou de efeito indireto intermediado pela produção de radicais livres a partir da água ou do oxigênio. Os mais importantes e estudados agentes físicos, que podem levar ao desenvolvimento tumoral, consistem de energia radiante, solar e ionizante. O principal mecanismo pelos quais raios ultravioletas podem induzir o surgimento de câncer é devido à quebra de ligações fosfodiéster no DNA.

- Dentre os fatores de risco do processo carcinogênico temos os fatores genéticos e ambientais. Porém, a maioria dos casos de câncer está relacionada ao meio ambiente. O ambiente é caracterizado pelo meio em geral (água, terra e ar), o ambiente ocupacional, o ambiente de consumo, os ambientes social e cultural. Mudanças provocadas no meio ambiente pelo homem (poluição) e os hábitos e o estilo de vida adotado pelas pessoas influenciam diretamente nas taxas de incidência de diferentes tipos de câncer.

PONTO DE VISTA

O Papel da Alimentação na Carcinogênese

O consumo excessivo de nutrientes, especialmente gorduras saturadas, bem como produtos cárneos conservados que apresentam altos teores de nitritos e nitratos, está relacionado ao aumento do risco do desenvolvimento do câncer. Por outro lado, uma dieta balanceada, com ingestão adequada de frutas e hortaliças bem como de gorduras mono e poli-insaturadas está associada à redução do risco do desenvolvimento de câncer. Assim, o papel da nutrição no desenvolvimento do câncer é considerado ambíguo.

Evidências clínicas, experi-mentais e epidemiológicas suge-rem que a dieta é um dos mais importantes determinantes modificáveis de risco para o desenvolvimento de uma série de doenças crônicas, incluindo o câncer. Especialmente por que compostos bioativos de alimentos (CBA) apresentam atividades quimiopreventivas e demonstram exercer tais efeitos por meio de ações pleiotrópicas na expressão gênica de células neoplásicas. Dados recentes ainda sugerem que CBA podem modular a expressão de microRNAs e assim interferir na carcinogênese. Estudos de genômica nutricional buscam, dentre outras coisas, elucidar a interação molecular entre a alimentação e o risco do desenvolvimento de câncer.

Uma vez estabelecida a relação entre a variabilidade genética dos indivíduos, o risco do desenvolvimento de câncer e quais CBA ou nutrientes podem modular esse risco e por quais

> ...ESTUDOS DE GENÔMICA NUTRICIONAL BUSCAM, DENTRE OUTRAS COISAS, ELUCIDAR A INTERAÇÃO MOLECULAR ENTRE A ALIMENTAÇÃO E O RISCO DO DESENVOLVIMENTO DE CÂNCER...

mecanismos de ação, será possível estabelecer recomendações nutricionais para programas efetivos de quimioprevenção. Há de se ressaltar que a genômica nutricional não busca determinar uma "pílula mágica", mas sim que recomendações ideais, baseadas no genótipo, sejam incorporadas a um estilo de vida como um todo, e isso inclui o consumo adequado de água, a prática regular de atividade física, a abolição do tabagismo e a redução do consumo de álcool e de alimentos processados. Mais recentemente a questão da espiritualidade também vem sendo discutida, uma vez que influencia os níveis de estresse e metabolismo de alguns hormônios.

Nesse sentido, ainda existe um longo caminho a ser percorrido pela ciência, entretanto, atualmente, com o avanço de tecnologias de análise molecular e maior conscientização dos governos sobre a necessidade de pesquisas na área, já é razoável acreditar que um dia será possível reduzir o risco do desenvolvimento de câncer por meio de uma alimentação personalizada.

Prof. Dra. Maria Aderuza Horst
Universidade Federal de Goiás

Carcinogênese Química e Física

PARA SABER MAIS

- National Cancer Institute and Health Sciences of Environmental National Institute. Cancer and the environment. What You Need to Know. What You Can Do. EUA: Printed; 2003. p. 1-46.

Este livreto foi criado por cientistas do NCI e NIEHS, órgãos internacionais importantes na pesquisa do câncer, que abordam os principais fatores de risco envolvidos com o desenvolvimento de tumores.

- Muñoz N. Aspects of gastric cancer epidemiology with special reference to Latin America and Brazil. Cad Saúde Públ. Rio de Janeiro. 1997;13(Supl. 1):109-110.

O artigo apresenta um estudo da influência da migração na incidência dos tumores de mama e estômago, exemplo descrito neste capítulo.

- Weinberg RA. A biologia do câncer. Porto Alegre: Artmed; 2008. Cap. 3.

Neste capítulo os autores descrevem de maneira elegante a carcinogênese química e física com um olhar científico e de fácil compreensão.

BIBLIOGRAFIA GERAL

1. Galluzzi L, Vitale I, Abrams JM et al. Molecular definitions of cell death subroutines: recommendations of the Nomenclature Committee on Cell Death 2012. Cell Death Differ. 2012;19:107-120.

2. Lauwerys RR. Occupational Toxicology. In: Casarett and Doull's Toxicology. The Basic Science of Poisons. Amdur MO, Doull J, Klaassen CD, orgs. USA: Pergamon Press; 1991. p. 947-969.

3. Sneyd MJ, Cameron C, Cox B. Individual risk of cutaneous melanoma in New Zealand: developing a clinical prediction aid. Sneyd et al. BMC Cancer. 2014;14(359):1-9.

4. Zhang B, Zhou A-F, Zhu C-C, Zhang L, Xiang B, Chen Z et al. Risk Factors forCervical Cancer in Rural Areas of Wuhan China: a Matched Case-control Study. Asian Pacific Journal of Cancer Prevention. 2013;14.

5. Fact Sheets by Cancer. GLOBOCAN 2012 (IARC), Section of Cancer Information (16/6/2014).

6. Düsman E, Berti AP, Soares LC, Vicentini VEP. Principais agentes mutagênicos e carcinogênicos de exposição humana. SaBios: Rev Saúde e Biol. 2012;7(2):66-81. ISSN:1980-0002.

7. Estimativa | 2014 Incidência de Câncer no Brasil.

8. Using Latent Class Analysis. Rev The breast Journal. 2014;20(1):29-36.

9. Lima RS, Afonso JC, Pimentel LCF. Raios-x: fascinação, medo e ciência. Quim Nova. 2009;32(1):263-270.

10. Ziegler RG, Hoover RN, Nomura AM et al. Relative weight, weight change, height, and breast cancer risk in Asian-American women. J Natl Cancer Inst. 1996;88:650-660.

11. Downing A, Twelves C, Forman D, Lawrence G, Gilthorpe MS. Time to Begin Adjuvant Chemotherapy and Survival in Breast Cancer Patients: A Retrospective Observational Study Using Latent Class Analysis. Rev The breast Journal. 2014;20(1):29-36.

12. Lima RS, Afonso JC, Pimentel LCF. Raios X: fascinação, medo e ciência. Quim Nova. 2009;32(1):263-27.

Carcinogênese Biológica

4

Jimena Paola Hochmann Valls
Emily Montosa Nunes
Laura Sichero

INTRODUÇÃO

Em 2009, a Agência Internacional para Pesquisa sobre o Câncer (*International Agency for Research on Cancer*, IARC) reuniu cientistas de diversos países com a intenção de identificar agentes carcinogênicos biológicos, associá-los ao desenvolvimento de tumores nos diferentes sítios anatômicos humanos e compreender os mecanismos associados. A união destes conhecimentos originou a Monografia IARC Volume 100B, um manuscrito de extrema relevância na área de carcinógenos biológicos atualmente. Fazem parte desta compilação os vírus da hepatite B (HBV) e C (HCV), vírus Epstein-Barr (EBV), herpesvírus associado ao sarcoma de Kaposi (KSHV), vírus da imunodeficiência humana tipo 1 (HIV-1), alguns tipos de papilomavírus humano (HPV), vírus linfotrópico humano de células T (HTLV-1), a bactéria *Helicobacter pylori* e os helmintos *Clonorchis sinensis*, *Opisthorchis viverrini* e *Schistosoma haematobium*. Sabe-se que somente o HBV, HCV, HPV e *H. pylori* são responsáveis por 1,9 milhão de casos de câncer no mundo, principalmente os tumores hepático, cervical e gástrico, respectivamente.

As infecções crônicas devidas a agentes biológicos contribuem com aproximadamente 20% das causas de câncer mundialmente (12,7 milhões em 2,1 milhões dos casos de câncer). Essa fração pode variar até dez vezes, de acordo com a região, sendo maior em regiões em desenvolvimento (mais de 30% na África subsaariana) do que em desenvolvidas (menos de 6% na América do Norte, Austrália e Nova Zelândia). Portanto, torna-se de extrema importância a identificação, o rastreamento e tratamento destas patologias, a fim de possibilitar a prevenção e as terapias dos cânceres associados. Ao fim deste capítulo espera-se que o leitor compreenda: (i) como os agentes biológicos atuam como agentes de promoção tumoral; (ii) sítios anatômicos cujos tumores estão associados aos diferentes agentes infecciosos; (iii) mecanismos de carcinogênese empregados pelos organismos biológicos infectantes; e (iv) importância do estudo desses na prevenção dos cânceres a eles associados.

DESTAQUES

- Promoção tumoral advinda de carcinógenos biológicos.
- Agentes virais associados a câncer.
- Agentes não virais associados a câncer.

CARCINÓGENOS BIOLÓGICOS

Existem fortes evidências biológicas e epidemiológicas de que diversos agentes infecciosos estão associados etiologicamente ao desenvolvimento de vários tipos de cânceres, uma vez que são capazes de agir como promotores de tumores humanos **(Figura 4.1)**. Até o momento, o trabalho de maior relevância já publicado foi a Monografia IARC volume 100 B (2012), que traz diversos estudos sobre os agentes infecciosos considerados "carcinógenos biológicos" que são categorizados, segundo a IARC, como parte do grupo 1 de agentes carcinógenos, isto é, fazem parte dos agentes classificados como carcinogênicos em humanos **(Tabela 4.1)**. Perante a IARC, um carcinógeno pode ser: carcinogênico (grupo 1), provavelmente carcinogênico (grupo 2A), possivelmente carcinogênico (grupo 2B), não classificáveis (grupo 3), ou provavelmente não carcinogênico (grupo 4). Para que os agentes infecciosos fossem reconhecidos como carcinogênicos foi necessário que estes organismos preenchessem alguns critérios, como: taxa de incidência do organismo e tumor associado, não contemporaneidade entre a infecção pelo organismo patogênico e o desenvolvimento da neoplasia, distribuição geográfica da infecção, além do cumprimento dos postulados biológicos indispensáveis à associação.

Primeiramente, para que um agente etiológico seja relacionado ao desenvolvimento de um tumor, é necessário que a incidência da neoplasia seja maior em pessoas infectadas em comparação a indivíduos não infectados. Quanto à presença do marcador biológico, este deve ser anterior ao surgimento do tumor, uma vez que geralmente as infecções são crônicas. Ademais, é indispensável que a distribuição geográfica da infecção coincida com a da neoplasia primária.

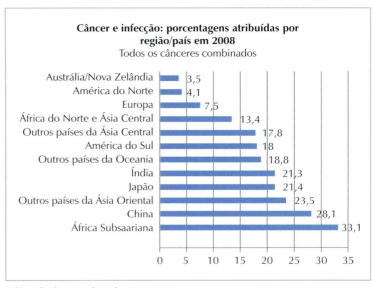

FIGURA 4.1. Câncer e doenças infecciosas. Novos casos de câncer atribuídos a infecções em 2008, separados por regiões geográficas ou países.

Adaptado de Martel et al., 2014.

TABELA 4.1. *Grupo 1: Carcinogênicos.* Lista divulgada pela IARC dos agentes biológicos considerados carcinogênicos (grupo 1).

Agentes carcinogênicos – grupo 1	Cânceres no qual há evidências suficientes da associação	Outros sítios em que a evidência é limitada	Evidência de mecanismos de estabilidade
Vírus do Epstein-Barr (EBV)	Carcinoma nasofaríngeo, linfoma de Burkitt, linfoma de Hodgkin, linfoma não Hodgkin relacionado a imunossupressão	Carcinoma gástrico, carcinoma linfoepitelioma	Proliferação celular, inibição de apoptose, instabilidade genômica, migração celular
Vírus da hepatite B (HBV)	Carcinoma hepatocelular	Colangiocarcinoma, linfoma não Hodgkin	Inflamação, cirrose hepática
Vírus da hepatite C (HCV)	Carcinoma hepatocelular e linfoma não Hodgkin	Colangiocarcinoma	Inflamação, cirrose hepática, fibrose hepática
Herpesvírus associado ao sarcoma de Kaposi (KSHV)	Sarcoma de Kaposi	Doença multicêntrica de Castleman	Proliferação celular, inibição de apoptose, instabilidade genômica, migração celular
Vírus da imunodeficiência humana tipo 1 (HIV-1)	Sarcoma de Kaposi, linfoma de Hodgkin, linfoma não Hodgkin, câncer cervical, anal e da conjuntiva	Câncer vulvar, vaginal, peniano, de pele não melanoma, hepatocelular	Imunossupressão (ação indireta)
Papilomavírus (HPV)	Carcinoma cervical, vulvar, vaginal, peniano, anal, de cavidade oral, orofaríngeo e de tonsila	Câncer de laringe	Imortalização, instabilidade genômica, inibição da resposta a danos no DNA, atividade antiapoptótica
Vírus linfotrópico humano de células T (HTLV-1)	Leucemia-linfoma de células T do adulto (LLcTA) e linfoma	-	Transformação e imortalização de células T
Helicobacter pylori	Carcinoma gástrico, linfoma gástrico MALT	-	Inflamação, estresse oxidativo, expressão gênica e alteração celular e da expressão gênica, metilação, mutação
Clonorchis sinensis	Colangiocarcinoma	-	-
Opisthorchis viverrini	Colangiocarcinoma	-	Inflamação, estresse oxidativo, ploriferação celular
Schistosoma haematobium	Câncer de bexiga	-	Inflamação e estresse oxidativo.

Adaptado de Bouvard *et al.*, 2009.

O cumprimento dos postulados biológicos também é de extrema importância nesta relação, uma vez que prova o papel do agente infeccioso no desenvolvimento do tumor. Portanto, a detecção do organismo ou seu material genético é causa necessária em todos os casos da doença, além da colocalização do agente infeccioso junto à lesão tumoral. O isolamento do agente a partir das lesões, fazendo-o crescer em placa (via inoculação em cultura) e por fim reproduzi-lo, a partir da cultura, em animal de experimentação inoculado, finaliza o processo de teste da associação entre o agente biológico e o câncer. Entretanto, o maior obstáculo na busca de associação das infecções por organismos biológicos como promotores tumorais reside na complexidade das neoplasias humanas, uma vez que os tumores

Carcinogênese Biológica

sofrem influência multifatorial durante seu desenvolvimento, tornando a relação difícil de ser feita.

AGENTES CARCINÓGENOS VIRAIS

Dentre os agentes biológicos para os quais existem evidências funcionais e epidemiológicas suficientes de associação com o câncer (carcinógenos grupo 1) estão vírus RNA e de DNA de diferentes famílias. Os vírus de RNA associados a cânceres são: HTLV-1, HIV-1 e HCV. Entre os vírus de DNA estão os HBV, EBV, KSHV e alguns tipos de HPV.

Os vírus associados às neoplasias humanas não são agentes carcinogênicos eficientes, uma vez que apenas poucas pessoas infectadas desenvolvem os tumores associados. Desta forma, a infecção viral é apenas um dos elementos que compõem a promoção tumoral, sendo necessários vários fatores adicionais para o desenvolvimento do câncer, como a presença de outros carcinógenos (ex., fumo, radiação ultravioleta), além da ação de agentes que afetam a imunidade do hospedeiro ao vírus e às células tumorais, assim como o acúmulo de mutações celulares. Apesar disso, os vírus oncogênicos são bastante heterogêneos na complexidade do seu genoma, no tipo de neoplasia que geram e nos requerimentos de cofatores necessários para a tumorigênese. Seguem em detalhes as associações entre agentes infecciosos e câncer, cujas evidências acumuladas são suficientemente fortes para um estabelecimento do vínculo etiológico.

VÍRUS RNA

Vírus linfotrópico-1 de células T (HTLV-1)

A infecção pelo vírus HTLV-1 está associada ao desenvolvimento de leucemias e linfoma de linfócitos T. Estima-se que mais de 20 milhões de pessoas estão infectadas pelo HTLV-1 ao redor do mundo e a transmissão se dá principalmente por aleitamento materno, mas outras vias de transmissão incluem a sexual e a sanguínea. Este vírus apresenta-se com alta prevalência em regiões do sudoeste do Japão, sendo que nestas áreas também é possível observar a alta prevalência desses tumores associados. O HTLV-1 também é endêmico em outras regiões como a África Central, América do Sul e Central. Apenas 3-5% dos indivíduos afetados desenvolvem leucemias em um período de latência que varia entre 20-30 anos.

O HTLV-1 é um retrovírus que possui um genoma de RNA linear de fita simples que infecta linfócitos T CD4$^+$. As células tumorais apresentam o genoma do vírus integrado no DNA do hospedeiro, estabelecendo assim uma infecção persistente. O risco de desenvolver leucemia-linfoma de células T do adulto (LLcTA) é de 2-4% entre os portadores do HTLV-1, sendo que o período de latência, desde a infecção primária até a LLcTA, é de aproximadamente 60 anos no Japão e 40 anos na Jamaica.

O processo de carcinogênese por este vírus é mediado por mecanismos diretos e indiretos. O mecanismo direto ocorre devido à ação dos produtos dos genes virais regulatórios *TAX* e *REX*, que se constituem de reguladores transcricionais e pós-transcricionais, respectivamente; TAX é uma fosfoproteína de 40 kDa que ativa a transcrição das ciclinas A, D2, E, além de genes envolvidos na apoptose. Ela interage com muitos fatores celulares que resultam na transativação de alguns genes e transrepressão de outros, modulando assim o ciclo celular e a apoptose. Foi observado que TAX apresenta capacidade transformante em fibroblastos *in vitro* em ensaios de *Soft Agar* e em estudos *in vivo* em camundongos.

A proteína REX regula a expressão gênica viral pós-transcricionalmente, aumentando tanto o nível de RNA sem *splicing* no núcleo quanto a exportação nuclear, expressão dos transcritos sem *splicing* de *gag/pol* e transcritos *env* com *splicing*, estabilizando assim a tradução das proteínas virais. O gene *HBZ* de HTLV-1 é transcrito a partir da fita complementar do genoma pró-viral. Recentemente foi observado que o transcrito desse gene é detectado em todas as células oriundas dos linfomas HTLV-1 positivos, uma vez que este gene é essencial no crescimento destas células. O ciclo de vida do vírus HTLV-1 é similar ao ciclo de outros retrovírus, mas uma característica típica destes consiste na transmissão por contato célula-célula. **(Figura 4.2)**. Uma fração de pessoas desenvolve o câncer de células T após um longo período com leucemia, sendo que aproximadamente 60% dos casos não expressam TAX.

Quanto aos mecanismos indiretos que podem levar ao desenvolvimento da neoplasia, estes estão associados à imunodeficiência. A perturbação dos mecanismos de vigilância imunológica causada por este vírus deve ser vista como central na indução das neoplasias associadas. Anticorpos contra proteínas virais estão presentes em indivíduos infectados, entretanto ainda não se sabe sobre a influência destes sobre a patogênese associada a essas infecções.

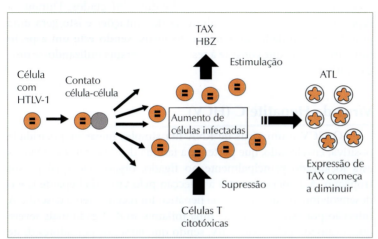

FIGURA 4.2. História natural da infecção por HTLV-1 e o desenvolvimento do câncer. *Após a transcrição reversa e integração no genoma hospedeiro, o HTLV-1 se propaga mediante expansão clonal das células infectadas. Após a infecção, este vírus transmite-se majoritariamente por contato entre células, promovendo a proliferação clonal das células infectadas. A expressão de TAX-1 é suprimida por linfócitos T citotóxicos in vivo.*

Adaptado de IARC, 2012.

Vírus da Imunodeficiência Humana-1 (HIV-1)

Este pequeno vírus de RNA fita simples linear envelopado pertence à família dos *Retroviridae*. Sua célula-alvo é o linfócito T CD4+. Este vírus associa-se etiologicamente não apenas à síndrome da imunodeficiência adquirida (AIDS), como também ao sarcoma de Kaposi, ao linfoma não Hodgkin e carcinomas cervical e anal.

A cada ano são registradas aproximadamente cinco milhões de novas infecções por HIV-1 e três milhões de mortes por AIDS ao redor do mundo. Estima-se que mais de 42 milhões de pessoas no mundo estão infectadas com o vírus HIV-1.

O HIV-1 é transmitido através de sêmen, placenta, leite materno e sangue. O tempo que demora entre a infecção aguda e o desenvolvimento da AIDS varia de 6 meses até 25 anos, definido pelo baixo número de células T CD4+. Embora o genoma viral se encontre integrado ao genoma celular, esse vírus não causa transformação maligna diretamente, já que não possui oncogenes. Entretanto, pela interação direta entre o envelope viral e o receptor celular T CD4+, aliado também ao correceptor de quimiocina CCR5 ou CXCR4-, o HIV-1 infecta e leva à morte de células críticas para a resposta imune efetiva.

Assim, o dano causado ao sistema imune resulta em um aumento da suscetibilidade às infecções bacterianas, como também às advindas de outros vírus que podem resultar no aparecimento de linfomas, carcinomas, melanomas, carcinomas cutâneos e mucosos. Entre as neoplasias causadas por infecção com vírus oportunistas estão: sarcoma de Kaposi, causado pelo herpesvírus 8 (HHV-8); linfomas não Hodgkin, causados por EBV; carcinoma cervical e anal, originado após infecção com alguns tipos de HPV.

Foi também sugerido o envolvimento direto do HIV-1 no desenvolvimento do sarcoma de Kaposi devido à promoção da proliferação celular pela proteína viral TAT. Persiste, portanto, o conceito de que o defeito na resposta imune celular é essencial para a proteção contra uma variedade de patógenos responsáveis pela morbidade e mortalidade por neoplasias nos indivíduos infectados. Durante a replicação viral ocorre uma alta taxa de mutações e isto gera uma grande variabilidade no genoma do vírus, sendo este um aspecto fundamental, no que consiste à resistência a terapia utilizando-se drogas antivirais.

Vírus da Hepatite C (HCV)

O HCV é um vírus de RNA fita simples linear de polaridade positiva, envelopado, que pertence à família dos *Flaviviridae*. O vírus está localizado principalmente no fígado, órgão pelo qual possui tropismo. A associação entre a infecção pelo vírus da hepatite C e o desenvolvimento do carcinoma hepático foi recentemente descrita. A infecção por este vírus causa uma inflamação de fígado mais severa que a causada pelo vírus HBV, sendo que 80% dos portadores deste vírus desenvolvem cirrose crônica e carcinoma hepático. Estima-se que 2,2% da população mundial estão infectados com este vírus, sendo as taxas de incidência maiores em algumas áreas da Itália, Japão (> 10%) e Egito (15-20%). Mais recentemente observaram-se altas taxas de prevalência da infecção também no Paquistão.

O HCV pode ser transmitido por transfusão de sangue, transplantes de órgãos e por agulhas contaminadas. Pacientes infectados em geral são assintomáticos e somente cerca de 15-27% dos pacientes infectados cronicamente com o vírus desenvolvem cirrose. O tempo para desenvolver doenças do fígado é variável, além de também estar relacionado com cofatores como o álcool e coinfecção por HIV e/ou HBV.

Existem limitadas evidências de que o vírus HCV seja oncogênico. Embora o genoma viral seja detectado no tecido tumoral e nos fluidos corpóreos dos indivíduos soropositivos, a possibilidade do mecanismo de transformação ser por meio de mutagênese insercional foi descartada. Isso porque estes vírus não dependem da integração ao genoma do hospedeiro para se replicar. Ademais, estes vírus não possuem oncogenes virais, embora recentemente foi sugerido um papel da proteína de *core* viral no processo tumorigênico: observou-se que camundongos transgênicos para o gene da proteína de *core*, ou que superexpressam essa proteína desenvolvem carcinoma hepatocelular. Adicionalmente, embora o HCV não codifique nenhum oncogene, tem sido observado que a proteína viral NS3, que tem atividade de helicase e serina protease, liga-se à supressora tumoral p53, além de ser capaz de transformar fibroblastos NIH3T3. O HCV também expressa a fosfoproteína NS5A que, ao interagir com a proteína celular p21, demonstra-se como uma reguladora negativa da expressão de p21 e desencadeia a proliferação celular.

O dano hepático crônico, acoplado à inflamação, são fatores fundamentais para o desenvolvimento de lesões. A severidade e a taxa de progressão da inflamação do fígado são variáveis entre os pacientes infectados com HCV.

VÍRUS DNA

Vírus da hepatite B (HBV)

O vírus da hepatite B é um vírus de DNA fita dupla circular envelopado que pertence à família *Hepadnaviridae*. Este se replica pela ação de uma transcriptase reversa para infectar hepatócitos (vírus hepatotrópico). Este vírus expressa três proteínas de superfície (*Small Hepatitis B surface protein*, SHB, *Medium Hepatitis B surface protein*, MHB e *Large Hepatitis B surface protein*, LHB).

A infecção por HBV é uma das mais prevalentes mundialmente, estima-se que mais de dois bilhões de pessoas estão infectadas, sendo detectadas a cada ano mais de cinco milhões de novas infecções, principalmente em recém-nascidos, devido à transmissão vertical. Um milhão de pessoas morrem a cada ano por doenças crônicas do fígado associadas à HBV tais como cirrose e carcinoma hepatocelular

Carcinogênese Biológica

(HCC). O carcinoma hepatocelular é um dos cânceres mais comuns no mundo e a infecção por HBV é responsável por 50-90% dos casos de HCC em áreas consideradas de alto risco. A maior parte das infecções é assintomática ou com sintomas moderados, principalmente em crianças. Entretanto, nas infecções que ocorrem durante a infância há maior probabilidade de persistência viral. Ainda assim, uma minoria das pessoas infectadas por HBV desenvolvem a neoplasia, o que ressalta a importância de outros cofatores como consumo de álcool ou tabaco. O HBV é transmitido por sêmen e sangue de pessoas infectadas. Durante a infecção aguda e crônica são produzidas grandes quantidades de partículas compostas apenas pelo envelope viral (HBsAg), que são liberadas na circulação sanguínea e facilmente detectáveis, sendo importantes para o diagnóstico da infecção.

O desenvolvimento do carcinoma hepático após a infecção com HBV envolve uma combinação de mecanismos. A integração do genoma viral ao genoma celular é frequentemente observada em infecções crônicas e no câncer, o que indica que a ação transformante de HBV ocorre ao menos em parte por mutagênese insercional. Esta resulta na desregulação do gene *c-MYC* e na inativação de genes supressores de tumores. Além disso, há muito tempo discute-se como mecanismo direto de oncogênese o potencial carcinogênico do produto do gene *HBX* viral. A proteína codificada por este gene é o único produto viral que está consistentemente presente nas células tumorais, sendo essencial no estabelecimento da infecção produtiva. A proteína HBX vem sendo associada também à ativação de vias de sinalização que promovem a expressão de genes celulares associados à proliferação e ao sistema de reparo do DNA. Outro papel dessa proteína é ativar promotores de genes que apresentam sequências específicas para fatores celulares como, por exemplo, NF-KB, ATF/ CREB, N-FAT, AP-1, c/EBP e p53. Dessa maneira são favorecidas a propagação de mutações e a estabilização do fenótipo maligno. Além disso, o desenvolvimento da doença hepática associa-se à resposta imune provocada pelo vírus na indução de linfócitos T citotóxicos que atacam os hepatócitos infectados. Esse dano hepático crônico pode levar à cirrose e ao carcinoma.

O câncer hepático por hepatite B pode ser prevenido por imunização com vacinas. À medida que a cobertura vacinal se amplia, a expectativa é de redução significativa dos tumores hepáticos causados por este vírus.

Papilomavírus Humano (HPV)

O papilomavírus humano (HPV) pertence à família dos *Papillomaviridae,* que possui 16 gêneros. Destes, o gênero alfa contém vírus que se associam ao desenvolvimento dos tumores de mucosas. Eles são vírus de DNA fita dupla circular (7.000-8.000 pb) pequenos e não envelopados que existem em uma forma cromatinizada.

O genoma do HPV está dividido em três regiões: região controladora da expressão gênica e replicação (*long control region,*

LCR); região precoce (*early*, E), que codifica proteínas requeridas na expressão viral e replicação; e a região tardia (*late*, L), que codifica proteínas do capsídeo viral (**Figura 4.3A**). As designações E e L referem-se à fase do ciclo viral quando essas proteínas são expressas.

O vírus transmite-se primordialmente por contato sexual e aproximadamente 30% da população sexualmente ativa se encontram infectados. Apesar da alta prevalência do vírus, a maior parte das infecções não leva ao desenvolvimento de lesões visíveis.

De fato, a maioria das infecções é eliminada pelo próprio sistema imune em tempos variáveis. Uma infecção persistente por alguns tipos de alto risco é considerada o principal fator de risco para o desenvolvimento de lesões precursoras do carcinoma de colo de útero. Estudos da história natural das infecções por HPV revelam que o tempo entre a infecção primária por determinados tipos de HPV e o desenvolvimento de neoplasias intraepiteliais cervicais, carcinoma *in situ* e câncer invasivo é relativamente longo. As neoplasias cervicais têm um pico de incidência de 25-30 anos, enquanto a incidência do câncer cervical tem um pico de 45-55 anos. A progressão das lesões precursoras de câncer cervical depende de alguns fatores como múltiplos parceiros sexuais, a idade precoce da primeira relação sexual, fumo e uso de anticonceptivos orais.

O hospedeiro do vírus HPV é o humano, infectando o epitélio estratificado, tanto os sítios mucosos (mucosotrópico) como os cutâneos (epiteliotrópico) (**Figura 4.3B**). Os vírus mucosotrópicos podem ser divididos em HPV de alto e baixo risco, de acordo com seu potencial oncogênico. Até o momento existem descritos 199 tipos de HPV, dos quais cerca de 40 infectam o trato anogenital. A denominação alto risco identifica tipos denominados oncogênico, já que epidemiologicamente estão associados ao desenvolvimento de neoplasias malignas.

A IARC classifica como carcinogênicos os tipos de HPV 16, 18, 31, 33, 35, 39, 45, 51, 52, 56, 58, 59 e 66. O HPV-16 encontra-se em 50% de todos os cânceres de colo de útero, enquanto a detecção do HPV 18 dá-se em 10-20% dos cânceres cervicais.

Os HPV expressam duas proteínas codificadas pelos genes precoces E6 e E7, que consistem de oncoproteínas próprias do vírus, sem homólogos celulares. Elas associam-se com proteínas celulares que estão envolvidas na progressão do ciclo celular. A oncoproteína E6 liga-se à proteína celular supressora de tumor p53 e E7 associa-se com pRb, levando estas à degradação e consequentemente favorecendo a proliferação celular desregulada, alterando o processo de diferenciação celular dos queratinócitos infectados, sendo que estas oncoproteínas cooperam para a imortalização destas células cultivadas *in vitro*. Esses genes são os únicos no genoma do HPV que são expressos constitutivamente nas linhagens celulares derivadas de carcinoma de colo de útero. Mais recentemente, foram descritas outras interações de E6 de HPV-16 com proteínas celulares: E6-AP, E6-BP, E6TP1, paxilina, sendo que estas estão envolvidas na transdução de sinais, apoptose e regulação da transcrição. Assim como E6, a proteína

Carcinogênese Biológica

E7 também interage com outras proteínas reguladoras da proliferação celular, tais como p107, p130, HDAC (histona desacetilases), AP-1, além de ciclinas.

FIGURA 4.3. Esquema do genoma do HPV e o ciclo natural da infecção. A. Em E estão representados os genes precoces, e em L os genes tardios. URR corresponde à região não traduzida do vírus. **B.** O ciclo de vida produtivo dos HPV está diretamente relacionado à diferenciação celular epitelial. Acredita-se que a infecção do papilomavírus ocorre através de microtraumas ocorridos no epitélio, expondo as células basais à entrada do vírus. À esquerda está apresentado um diagrama da pele e observa-se o perfil da expressão gênica do HPV-16 durante o processo de diferenciação até a superfície celular. O vírus entra na célula por microlesões nos queratinócitos da camada basal, onde o genoma do HPV se estabelece como epissomo, com cerca de 50 cópias por célula. As proteínas precoces são expressas em baixos níveis para manutenção do genoma e proliferação celular. O vírus inicia uma etapa de replicação vegetativa nas camadas suprabasais, onde começa a diferenciação celular, e o empacotamento e liberação dos víriones ocorre nas camadas mais superficiais do epitélio. Durante esta etapa de diferenciação da célula basal, o promotor p97 regula a expressão das oncoproteínas E6 e E7 necessárias para a entrada na fase S do ciclo celular. Por outro lado, o promotor P670 está ativado nas camadas suprabasais, e regula a expressão das proteínas envolvidas na replicação viral, aumentado assim sua abundância, e facilita a amplificação do genoma viral. Nas camadas mais suprabasais os papilomavírus codificam duas proteínas estruturais L1 e L2, que são as responsáveis pelo empacotamento do DNA em novos víriones.

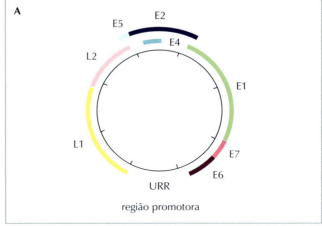

Adaptado de Muñoz et al., 2006.

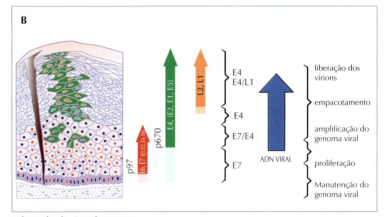

Adaptado de Doorbar, 2005.

Atualmente existem vacinas profiláticas disponíveis em muitos países contra os tipos mais prevalentes de HPV, tanto os associados ao desenvolvimento de câncer, HPV-16 e 18, quanto os causadores de verrugas genitais e papilomatose respiratória recorrente, HPV-6 e 11. Os estudos têm demonstrado alta eficiência para a prevenção de infecções persistentes e das lesões de colo de útero, vulva, vagina, pênis, e ânus associados aos tipos de HPV incluídos nas vacinas. Além disso, estas vacinas podem ser consideradas seguras, já que são toleradas por pessoas de qualquer idade e gênero. A rápida incorporação destas vacinas na sociedade vem de encontro à necessidade de adotar medidas preventivas mais eficazes contra tumores que afetam centenas de indivíduos a cada ano em todo o mundo.

Vírus Epstein-Barr (EBV)

O vírus Epstein-Barr foi o primeiro vírus associado a tumor identificado, em 1964, em uma linhagem celular derivada de linfoma de Burkitt. O Epstein-Barr é um herpesvírus e encontram-se dois tipos virais nos humanos: EBV-1 e EBV-2A, sendo que estes diferem na sequência dos genes que codificam os antígenos nucleares (EBNA-2, EBNA-3A/3, EBNA-3B/4 e EBNA-3C/6). O EBV-2 imortaliza células B *in vitro* menos eficientemente que o EBV-1. A diferença na eficiência de imortalização dos tipos de EBV deve-se à divergência nas sequências do EBNA-2. O genoma do vírus EBV constitui-se de uma molécula de DNA dupla fita linear que não se integra ao genoma do hospedeiro. O efeito oncogênico deve-se à expressão de poucos dos 90 genes presentes em seu genoma. Dentre estes, apenas alguns são importantes para a infecção e estão associados à imortalização celular. Entre eles está o gene que codifica a proteína de membrana LMP-1, a qual possui função semelhante a um receptor de superfície celular. Essa proteína induz a expressão de BCL-2, uma proteína que antagoniza a morte celular por apoptose. Ademais, a proteína viral LMP-1 interage com várias proteínas da via de sinalização de TNFR mediante o domínio C-terminal, estas interações resultam na ativação de genes dependentes de NF-kB. Uma anormalidade genética frequentemente detectada em células tumorais infectadas por EBV consiste de um rearranjo cromossômico em que o gene celular c-*MYC* posiciona-se próximo a uma região promotora de um gene de imunoglobulina, resultando na superexpressão de c-*MYC*.

O EBV é transmitido por saliva e fluido do trato aéreo respiratório. A infecção primária por EBV resulta em forte resposta imune da célula que controla a infecção, portanto novas células infectadas com os vírus agem como se já tivessem eliminado o vírus através de respostas específicas das células T, e assim os vírus podem persistir por toda a vida do hospedeiro dentro das células B de memória, nas quais as proteínas virais não são expressas **(Figura 4.4)**.

FIGURA 4.4. Interação putativa in vivo entre EBV e as células hospedeiras. Ao contato do vírus com a saliva, ele entra no epitélio tonsilar situado na orofaringe, onde ocorre infecção lítica, na qual ocorre a amplificação do genoma viral. Em seguida, este vírus infecta as células B naive em tecidos adjacentes, e converte-as em linfoblastos ativos, usando a maquinaria de transcrição celular de proliferação (latência III). Três proteínas virais da via de proliferação são EBNA-3A, EBNA-3B, e EBNA-3C, que possuem como função regular negativamente o crescimento celular. Isso permite que a célula migre ao linfonodo para iniciar uma reação no centro germinal e estabelecer uma via de transcrição com falhas (latência II). Esta via com falhas envia sinais de sobrevivência para permitir que a célula saia do centro germinal como célula B de memória. Logo, a maquinaria de transcrição de latência (latência 0), onde a expressão de todas as proteínas virais é diminuída, inicia suas funções no restante das células B de memória. Estas células são mantidas por homeostase como células B de memória normais. Quando estas se dividem, ocasionalmente ativam a via EBNA-1 (latência I). As células B de memória eventualmente voltam para as tonsilas, onde sofrem diferenciação celular no plasma e iniciam a replicação viral. O vírus resultante é novamente liberado na saliva.

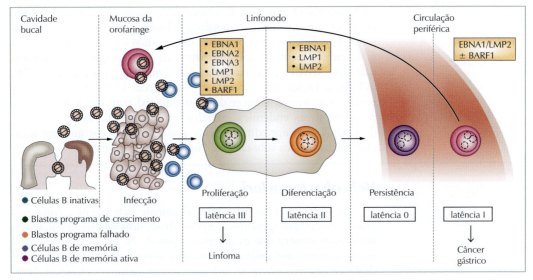

Adaptado de Bollard *et al.*, 2012.

Vírus do Sarcoma de Kaposi (KSHV)

O herpesvírus associado ao sarcoma de Kaposi (KSHV) é considerado um herpesvírus de células tumorais, e foi isolado pela primeira vez em 1994. Ele apresenta um genoma de DNA dupla fita linear, e seu genoma é parecido com o dos herpesvírus, com uma única região onde estão os genes virais. KSHV é prevalente na África Central, em vários países do sul da Europa e América. Este vírus é mais frequentemente observado em homens que fazem sexo com homens.

Esse vírus, assim como os herpesvírus, pode estabelecer infecções latentes ao longo da vida do hospedeiro humano. As células infectadas possuem um reservatório onde a progênie viral pode amplificar para disseminar-se dentro do hospedeiro. Ele se transmite via saliva e, em países onde a sua prevalência é alta, a infecção ocorre durante a infância e aumenta com a idade. O KSHV é classificado pela IARC como provavelmente carcinogênico (grupo 2A), porque a evidência ainda é limitada quanto a sua associação direita com o desenvolvimento de câncer. Entretanto há vários estudos que mostram uma associação entre a infecção por KSHV e o desenvolvimento do sarcoma de Kaposi, com riscos relativos de até dez vezes. O vírus expressa cinco proteínas que possuem propriedades transformantes, pois afetam a regulação do ciclo celular e a sobrevivência das células tumorais *in vivo* e *in vitro*. Devido ao fato de que somente algumas destas proteínas são expressas durante a latência viral, a maioria das células tumorais não somente necessita de transformações diretas, mas também de efeitos indiretos na oncogênese mediada por KSHV, por isso se diz que o mecanismo de oncogênese mediado por este vírus ainda não está bem elucidado.

AGENTES CARCINÓGENOS NÃO VIRAIS

De acordo com a monografia da IARC, a bactéria *H. pylori* e os helmintos *O. viverrini*, *C. sinensis* e *S. haematobium* também são considerados agentes carcinogênicos biológicos. Acredita-se que a infecção crônica gerada por estes organismos é causa principal para o desenvolvimento, respectivamente, de câncer gástrico e linfoma gástrico MALT (*mucosa-associated lymphoid tissue*), com 780 mil casos incidentes por ano mundialmente (90% de associação), colangiocarcinoma (câncer das vias biliares) com cerca de dois mil casos em áreas endêmicas anualmente (sudeste da Ásia); e câncer de bexiga, com aproximadamente seis mil casos por ano em áreas endêmicas (África subsaariana, Sudão, Egito e Iêmen).

Helicobacter pylori

A *H. pylori* é uma bactéria altamente heterogênea, com uma grande diversidade genômica. Apesar disso, uma análise detalhada de seus genes mostra que as diversas cepas de *H. pylori* têm potencial essencialmente metabólico, possuindo como células-alvo as secretoras de muco gástrico, nas quais se fixam próximo a junções intercelulares. Ainda assim, os seres humanos costumam abrigar diversas cepas, sendo que estas podem se modificar genotípica e fenotipicamente durante a colonização em um único hospedeiro.

A bactéria *H. pylori* é gram-negativa, flagelada e espiralada e coloniza o trato gastrointestinal de aproximadamente 50% da população mundial. A infecção por esse patógeno ocorre geralmente na primeira infância e pode permanecer durante toda a vida se não tratada no curso de 2 semanas. Sua prevalência no hospedeiro varia com a idade, o nível socioeconômico, geografia e raça, sendo que estudos sorológicos demonstram que a prevalência da infecção por este patógeno aumenta com a idade, além de ser maior em países em desenvolvimento devido ao baixo grau de escolaridade, renda familiar, saneamento básico e condições de higiene. Entretanto, em todos os indivíduos infectados ocorre um processo inflamatório cuja evolução é extremamente variável.

A maior parte dos indivíduos infectados não apresenta sintomas; no entanto, há uma porcentagem de afetados que desenvolve gastrite sintomática, úlceras gástricas e duodenais, adenocarcinoma gástrico e linfoma gástrico MALT, sendo que também há registros da associação com câncer de esôfago, carcinoma hepatocelular, colangiocarcinoma, colorretal, pâncreas, pulmão, cabeça e pescoço e leucemia, em especial linfoma não Hodgkin. Desde 1994 o *H. pylori* é classificado como carcinógeno biológico pela IARC, devido a sua forte associação com o desenvolvimento de câncer gástrico, um dos mais prevalentes no mundo. Foi detectado, via estudos de caso-controle, que 70-90% dos casos de câncer gástrico possuem *H. pylori* associado, provando assim seu papel como carcinógeno biológico. Entretanto, é importante ressaltar que, assim como todo agente carcinógeno, a progressão da infecção crônica à lesão cancerosa é lenta, podendo demorar de 4-6 décadas para que se observem as primeiras alterações histológicas neoplásicas.

Segundo a última edição GLOBOCAN (2012) realizada pela IARC, o câncer gástrico é o quinto mais incidente no mundo, terceiro entre homens e o quinto em mulheres, sendo cerca de duas vezes mais incidente no gênero masculino. Aproximadamente 71% dos casos de câncer gástrico ocorrem em países em desenvolvimento, sendo que a maior taxa se dá na Ásia, América Latina e no Caribe. A incidência em países desenvolvidos está diminuindo, mas mundialmente as taxas aumentam e a última estimativa mundial apontou a ocorrência de aproximadamente um milhão de casos novos em 2012. Já no Brasil, o Instituto Nacional do Câncer (INCA) espera 12,8 mil casos de câncer gástrico em homens, na quarta posição, e 7,5 mil em mulheres, em quinto lugar, para o ano de 2014 [1]. Ensaios terapêuticos visando à eliminação do patógeno apresentaram quadros de remissão de linfomas de baixo grau. Ainda assim, estima-se que 9% de todas as mortes pelo câncer gástrico sejam devidas às inflamações crônicas do estômago. Tais dados mostram a importância de se tratar desde o princípio as infecções advindas deste patógeno.

O *H. pylori* possui uma gama de características que possibilitam sua sobrevivência na camada mucosa do epitélio gástrico. Essas bactérias possuem a capacidade de aderir às células epiteliais mucosas e evadir a resposta imunológica, gerando uma colonização per-

---

[1] Taxas brutas de incidência por 100 habitantes.

sistente devido à interação entre uma grande família de proteínas da membrana externa bacteriana e as células hospedeiras. A infecção do trato gastrointestinal ocorre por meio da ingestão desta bactéria, uma vez que esta pode estar presente, em sua forma transiente, na boca, quando regurgitada, e nas fezes. Acredita-se que a transmissão possa ocorrer de forma oral-oral, gastro-oral e fecal-oral, além da possível infecção pela via alimentar. O contato estrito dentro do núcleo familiar (entre mãe e filhos, pais e filhos, irmãos, cônjuges) também tem se mostrado como fator de risco, sendo que quanto maior a densidade familiar, ou também um grande aglomerado de crianças em um agregado familiar, maior é o risco. Após sua ingestão, esse patógeno sobrevive à acidez gástrica devido à produção de urease, que hidrolisa a ureia em dióxido de carbono e amônia, permitindo que a bactéria sobreviva nesse meio. Enquanto seus lipopolissacarídeos desempenham papel importante na interação bactéria-hospedeiro, a presença de flagelos possibilita sua orientação e motilidade pelo muco, permitindo seu deslocamento até a superfície das células epiteliais.

Apesar dessas nítidas interações, a evasão imunológica ocorre. Ao mesmo tempo em que os lipopolissacarídeos (LPS) são potenciais estimuladores do sistema imune, estes têm baixa atividade por parte do *H. pylori*. A síntese desses dá-se por mais de 20 genes espalhados pelo genoma bacteriano, o que dificulta sua identificação pelo organismo infectado. Contrário a mecanismos de evasão, tem-se como aliada às defesas do organismo a neutrofilia intensa associada à resposta inflamatória mononuclear que sempre acompanha a infecção por este patógeno.

A maioria das cepas de *H. pylori* expressa a citotoxina vacuolizante VacA. Essa citotoxina tem a capacidade de atingir a membrana mitocondrial das células, formando poros e provocando a liberação do citocromo C, induzindo assim a apoptose. Além disso, a proteína VacA pode interagir com proteínas do citoesqueleto e aumentar a permeabilidade entre as células epiteliais, o que gera vacúolos intracelulares, suprimindo o sistema imune do hospedeiro.

Diversas cepas do *H. pylori* possuem uma região genômica composta por 31 genes denominada "ilha de patogenicidade cag" (cag-PAI). Esses genes formam um aparato de secreção que insere a proteína CagA dentro da célula do hospedeiro. Depois de entrar nas células, a proteína CagA é fosforilada e interfere com uma série de vias de transdução de sinal celulares, alterando o fenótipo, a proliferação e o processo de apoptose. As células epiteliais e o infiltrado inflamatório produzem citocinas em resposta à expressão da CagA, gerando a inflamação gástrica. Estudos epidemiológicos indicam que a positividade para a proteína bacteriana CagA (**CagA-positivo**) confere maior risco de desenvolvimento de câncer gástrico.

*Como já dito, mais de uma cepa pode coexistir no organismo, portanto é possível que um indivíduo seja **CagA-positivo** e negativo ao mesmo tempo.*

A resposta do hospedeiro é iniciada após a adesão do patógeno às células epiteliais gástricas. As alterações que ocorrem nessas células dependem das funções desempenhadas pelas proteínas codificantes via cag-PAI, VacA, entre outras. A principal quimiocina inflamatória produzida pelas células epiteliais, em resposta à proteína CagA, é a interleucina 8 (IL-8), cuja expressão leva à ativação de neutrófilos e macrófagos que liberam espécies reativas de oxigênio (ROS) e óxido nítrico (NO). Essas espécies não apenas agridem o patógeno como podem provocar danos oxidativos ao DNA, causando instabilidade genética. Além disso, sugere-se que o *H. pylori* seja capaz de limitar a produção de NO bactericida, o que lhe possibilita a sobrevivência em condições de estresse oxidativo. Dessa maneira, as caraterísticas de virulência da bactéria e a resposta do hospedeiro podem determinar a transformação celular e o desenvolvimento da neoplasia.

Perante o exposto, a detecção e o rastreamento desse patógeno são de extrema importância à saúde pública. Para isto, faz-se uso da sorologia via ensaio imunoenzimático (ELISA) para imunoglobulina G (IgG) anti-*H. pylori*. A sorologia para anticorpos CagA é a mais sensível em pessoas infectadas por cepas positivas a esta proteína, entretanto a IgG anti-*H. pylori* é a mais utilizada em triagem. Outros testes diagnósticos estão disponíveis, entretanto são menos utilizados.

Opisthorchis viverrini e *Clonorchis sinensis*

Os platelmintos *O. viverrini* e *C. sinensis* são helmintos muito próximos dentro da classe Trematoda e pertencem à mesma família (*Opisthorchiidae*). Devido a essa familiaridade, a fisiopatologia, as manifestações clínicas e a infecção gerada são muito semelhantes. Ambos parasitas hepáticos são endêmicos no Nordeste da Tailândia e em diversas áreas do Sudeste da Ásia, como na China, Coreia do Sul, Coreia do Norte, Vietnã, Laos, República Democrática do Congo, Camboja, e com registros também em Cingapura, Malásia e parte da Rússia. A infecção por esses é considerada um importante problema de saúde pública nessas regiões, além da preocupação com a infecção de turistas e a exportação de peixes contaminados. A taxa de infecção mundial é atualmente próxima a 45 milhões, sendo 35 milhões de infectados com *C. sinensis* e 10 milhões com *O. viverrini* (**Figura 4.5**). Os parasitas adultos hermafroditas são encontrados geralmente nos

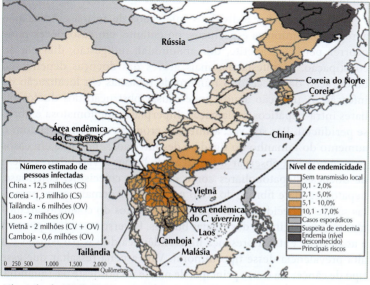

FIGURA 4.5. *Distribuição dos parasitas C. sinensis e O. viverrini no sudeste da Ásia.* A diferença entre as cores indica desde regiões sem dados de transmissão até regiões altamente endêmicas.

Adaptado de IARC, 2012.

FIGURA 4.6. Ciclo de vida dos parasitas C. sinensis e O. viverrini. Os hospedeiros intermediários primários são os caracóis de água doce (pertencentes às famílias Hydrobiidae, Bithyniidae e Malaniidae) que ingerem ovos excretados via fezes pelo hospedeiro final, e favorecem ao helminto um ambiente para que haja, por meio de reprodução assexuada, liberação diária de milhares de cercárias após 1 a 2 meses da infecção. Estas formas nadantes livres penetram o tecido de peixes (pele e músculos), fazendo-os atuar como hospedeiros intermediários, encistando estes para que se tornem metacercárias: formas infecciosas após 21 dias da infecção. Os peixes hospedeiros destes parasitas englobam a mais de 130 espécies de peixes de água doce pertencentes a mais de 16 famílias e tendo como principal a Cypriniidae, a maior família de peixes de água doce com mais de 2.000 espécies, dentre as quais estão inseridas as carpas e diversos peixes importantes à alimentação. Os humanos são infectados por meio da ingestão da carne de peixe crua ou malcozida, contendo as formas metacercárias dos parasitas. Apesar disso, essa não é a única forma de contaminação, pois há diversos fatores, diretos e indiretos, que levam à transmissão desses helmintos aos humanos, como baixo grau de escolaridade; falta de saneamento básico e condições de higiene; uso de animais e/ou fezes como adubo; hábito de alimentar-se de peixes de água doce crus ou malcozidos; aquicultura de água doce em local inadequado e com água não tratada; baixa ou inexistente atividade de controle de transmissão em áreas endêmicas. Porém, independentemente da forma que levou à ingestão das metacercárias, estas se estabelecem no duodeno e na união do ducto pancreático com o ducto biliar (ampola hepatopancreática). A maturação do helminto demora cerca de 1 mês e o ciclo de vida dá-se no fígado.

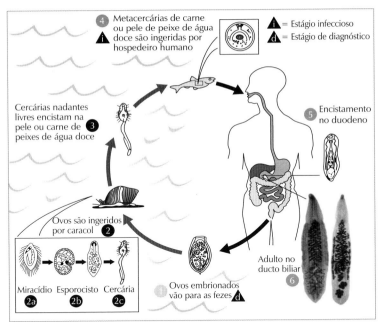

Adaptado de IARC, 2012.

ductos biliares intra-hepáticos – sendo observados, no caso de infecções crônicas, também na vesícula biliar, ducto biliar extra-hepático e ducto pancreático – de seus hospedeiros finais, que incluem humanos, cães, gatos entre outras espécies.

Esses dois parasitas têm ciclos de vida semelhantes e, assim como as demais infecções advindas de agentes carcinógenos biológicos, esses helmintos são capazes de acompanhar seus hospedeiros por toda a vida, sendo registrado como tempo médio de vida do parasita em humanos aproximadamente 10 anos **(Figura 4.6)**.

A maioria dos indivíduos infectados de forma crônica não apresentam sintomas específicos, no entanto, em casos leves pode ocorrer perda de apetite, dor abdominal, indigestão, diarreia ou constipação. Manifestações mais graves das doenças dependerão da duração da infecção, o número de parasitas e a localização da infecção. A infecção aguda pode causar obstrução dos ductos biliares intra-hepáticos, inflamação, hiperplasia adenomatosa e fibrose periductal. Por sua vez, a infecção crônica está associada com o aumento do tamanho do fígado e desnutrição, sendo que em casos raros é possível observar inflamação da bexiga e vias biliares, além de doenças hepatoboliares como colangite, colecistite, colelitíase, hepatomegalia e fibrose do trato periportal. Ademais, esses parasitas são reconhecidos como agentes etiológicos do colangiocarcinoma, câncer originado das células biliares. Diversos estudos apontam a associação entre a presença hiperendêmica dessas parasitoses e a alta prevalência desse tipo tumoral. Vale a pena ressaltar que esse tipo de câncer é a causa principal de morte no nordeste da Tailândia, local este que apresenta O. viverrini endêmico 20 vezes mais elevado que no sul deste país. Estima-se que a infecção por *O. viverrini* ou *C. sinensis* aumente o risco para o desenvolvimento de colangiocarcinoma em aproximadamente cinco vezes **(Figura 4.7)**.

O câncer de fígado é o principal câncer entre homens (33,4/100.000) e o terceiro tipo mais observado em mulheres (12,3/100.000) da Tailândia, sendo que em muitos estudos os dados de colangiocarcinoma estão inseridos nas estatísticas de cânceres hepáticos. Foi observado que casos de colangiocarcinoma em homens diagnosticados com câncer de fígado na região nordeste da Tailândia têm sido relatados serem extremamente mais altos que no sul, 85,5% contra 10%, respectivamente, sendo registrada a maior incidência de colangiocarcinoma do mundo (113,4/100.000 homens).

Já na Coreia do Sul foi registrada a maior incidência do mundo em câncer de fígado: 44,9/100.000 em homens e 12/100.000 em mulheres, sendo observado colangiocarcinoma em 22,3% dos homens e 36,1% em mulheres. Segundo o governo sul-coreano, a incidência e a mortalidade deste tipo de câncer variam de acordo com a região geográfica, sendo quatro vezes maior em regiões endêmicas ao *C. sinensis*.

A presença desses parasitas nos ductos hepáticos promove sua irritação, além de modificações patológicas epiteliais. Dessa forma, acredita-se que a carcinogênese mediada por esses helmintos esteja associada à hiperplasia do epitélio dos ductos biliares, a qual gera irritação. Inflamações crônicas causadas pelos parasitas no epitélio resultam em vulnerabilidade celular através de alterações hiperplásicas adenomatosas que são capazes de gerar possíveis danos ao DNA durante a proliferação descontrolada. O aumento da formação de carcinógenos endógenos, junto à produção de óxido nítrico pelas células do infiltrado inflamatório, também são capazes de promover a produção de compostos nitrosos reativos, como o peroxinitrito ($ONOO^-$). Altas concentrações desses compostos podem levar à transformação das células do epitélio nas vias biliares.

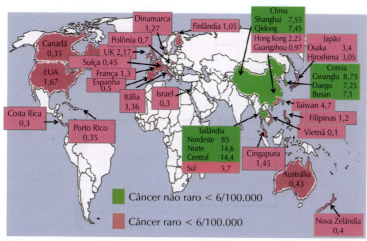

FIGURA 4.7. *Incidência mundial de colangiocarcinoma (casos/100 mil habitantes).* Os dados são relativos ao período entre 1977 e 2007. Em rosa estão áreas com baixa incidência (menos de seis casos em 100 mil indivíduos) e em verde estão os países que apresentam este câncer com maiores taxas (mais que seis casos em 100 mil pessoas).

Adaptado de Bragazzi *et al.*, 2012.

Assim, na busca de tentar diminuir os casos de infecção crônica, a utilização do diagnóstico correto em postos de saúde, após a anamnese indicativa de parasitose, faz-se necessária. Como nas demais helmitoses, o diagnóstico é baseado na identificação do ovo em microscópio advindo de amostras de fezes. Também foi observado que os níveis de etenos advindos da peroxidação lipídica de células epiteliais do ducto biliar são três a quatro vezes maiores na urina de pacientes infectados com O. *viverrini*. Além de biomarcador urinário desta infecção, estes possuem ação pró-mutagênica: geram modificações no genoma do hospedeiro e aumentam a probabilidade de colangiocarcinoma. Apesar de pouco se conhecer o genoma desses helmintos, também já foi sugerido o diagnóstico de O. *viverrini* via a assinatura gênica de metabólitos advindos deste parasita (metabolismo xenobiótico).

De qualquer maneira, mesmo que se mantenham altas as taxas de prevalência desses parasitas, percebe-se que os índices de colangiocarcinoma são relativamente baixos, indicando que existam outros cofatores essenciais para o desenvolvimento dessa neoplasia. Exemplo disso é a ingestão de álcool, que foi associada ao aumento significativo de risco à infecção por *C. sinensis*. Além de inflação crônica advinda da ativação de vias de estresse oxidativo, que podem ser dadas não somente devido a mecanismos xenobióticos do *O. viverrini*, outros alimentos e patologias hepáticas também podem contribuir. Portanto, acredita-se que esses parasitas não sejam os iniciadores, mas os promotores desse tipo de tumor.

Schistosoma haematobium

A esquistossomose urinária é causada pelo *S. haematobium* e é considerada uma parasitose endêmica na África e no Mediterrâneo oriental. Estima-se que existam mais de 700 milhões de pessoas em 74 países expostas ao risco de infecção e quase 200 milhões de infectados, dos quais 85% estão somente na África subsaariana.

Da mesma forma como o O. viverrini e C. sinensis, o S. haematobium também pertence à classe Trematoda dos platelmintos, como demonstrado na relação genética entre os membros desta classe na Figura 4.8.

As diferenças entre estas sete espécies se dará na localização final no hospedeiro, espécies hospedeiras intermediárias, patologia induzida, número, tamanho e forma dos ovos, sendo que os Schistosoma são os únicos hermafroditas com sexos separados.

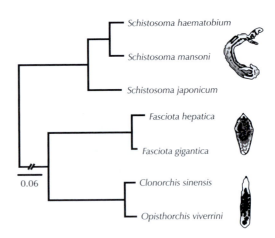

FIGURA 4.8. Espécies de Schistossoma. *Relação filogenética entre membros da classe Trematoda.*

Adaptado de IARC, 2012.

Aproximadamente 95% dos casos de esquistossomose são devidos a infecções com *S. haematobium*, sendo este endêmico em 53 países no Oriente Médio e na maior parte do continente africano.

A esquistossomose é uma infecção amplamente encontrada em regiões rurais, apesar de ser um problema crescente nos centros urbanos com baixo ou inexistente saneamento básico. Córregos, lagoas e lagos são fontes comuns à infecção, mas nas últimas décadas tem-se observado a presença desse helminto também em reservatórios artificiais e sistemas de irrigação, bem como o crescimento de migrações tem colaborado para a disseminação deste patógeno. Assim, a endemia do *S. haematobium* deve-se a variações nas populações de caracóis e ao contato humano com a água contaminada.

A distribuição da doença dá-se de forma diferente entre os infectados: a prevalência e intensidade da infecção geralmente se distribuem em uma curva típica na qual há um pico nas idades de 5 a 15 anos e uma diminuição nos adultos. Padrões relacionados ao gênero dão-se devido a fatores comportamentais (em mulheres, para fins domésticos), profissionais (pescadores, agricultores, trabalhadores em campos de irrigação), culturais e religiosos. Além desses, não se podem descartar também fatores genéticos, respostas imunes ao hospedeiro, infecções concomitantes, grandes agrupamentos familiares e clima. A possibilidade de que adultos possam desenvolver imunidade ao helminto foi sugerida também como motivo da diminuição desta patologia com o aumento da idade. De fato, tem-se observado que a imunidade inata colabora para os baixos níveis em adultos, entretanto não é o único fator, mostrando a necessidade de maiores estudos na epidemiologia da esquistossomose para que se compreendam melhor os mecanismos de resistência.

Mesmo com a produção de centenas de ovos por dia, a infecção por *S. haematobium* muitas vezes é assintomática. Apenas uma pequena parte dos infectados desenvolve a doença crônica depois de variados períodos de exposição e infecção **(Figura 4.9)**.

Dessa forma, as principais manifestações clínicas desta infecção ocorrem nas vias urinárias, por ser o local de produção dos ovos. Sintomas como dificuldade para urinar e achado de sangue na urina são comuns nesse tipo de infecção, uma vez que a deposição dos ovos em conglomerados na parede da bexiga provoca ulceração e inflamação do tecido. Complicações mais graves associadas a esse parasita são infecções e dilatações renais até a insuficiência renal fatal, derivadas dos granulomas provocados pelos ovos nas proximidades dos ureteres. Além disso, é possível observar infecções crônicas distantes devido a cerca de metade dos ovos produzidos não alcançarem o lúmen da bexiga e serem encaminhados à corrente sanguínea com possibilidade de serem retidos em qualquer tecido. Assim, a manifestação das doenças causadas por esses parasitas depende da duração da infecção, do número de parasitas e da localização da infecção. O tempo de vida de um verme adulto é uma média de 3 a 5 anos, mas pode ser até mais de 30 anos, sendo que uma pessoa infectada pode abrigar centenas destes parasitas, mesmo com o *S. haematobium* não se multiplicando

FIGURA 4.9. Ciclo de vida do S. haematobium. O principal hospedeiro definitivo desse parasita é o homem (dentre outros mamíferos), enquanto os hospedeiros intermediários são os caracóis de água doce da espécie Bulinus sp. A forma infectante desse parasita (cercária) é encontrada em águas doces, podendo ficar até 72 horas no ambiente e encontrar seu hospedeiro final pela turbulência das águas e elementos excretados por humanos. A entrada no hospedeiro final se dá pela penetração através da pele, a qual leva de 3 a 5 minutos. Uma vez na circulação sanguínea, esses parasitas se alojam nos vasos da parede da bexiga, do sistema genitourinário e do plexo sanguíneo perivesical de maneira geral, onde se alimentam de partículas de sangue e iniciam a deposição de centenas de ovos por dia. Estes ovos penetram a parede da bexiga e, graças a enzimas proteolíticas secretadas pela larva ciliada (miracídio) dentro da estrutura, auxiliam na migração dos ovos ao interior do lúmen para que então sejam excretados na urina. Em contato com a água, os ovos eclodem e o miracídio possui 48 horas para encontrar seu hospedeiro intermediário via estímulos externos, como a luz e produtos químicos expelidos pelos caracóis. Os esporocistos são produzidos por reprodução assexuada e dão origem a larvas infectantes, sendo produzidos milhares por dia e podendo ser assim por meses.

Devido à possibilidade de **migração dos ovos** via corrente sanguínea e posterior fixação em outros tecidos que não os urinários, pode-se observar inflamação crônica grave que atue como co-fator de risco aos cânceres citados.

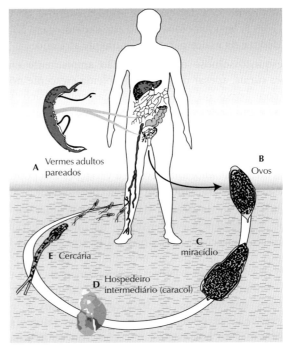

Adaptado de Young et al., 2012.

no hospedeiro definitivo. Portanto, o estado de infecção crônica é o resultado de infecções consecutivas. Na ausência de reinfecção, esta desaparece quando o *Schistosoma* morre, entretanto em áreas endêmicas, com uma exposição contínua, a reinfecção é uma regra e não exceção.

Diversos estudos apontam associação entre a presença hiperendêmica dessa parasitose e a alta prevalência de carcinomas epidermoides de bexiga, sendo que este tipo de câncer é conhecido por estar associado aos tecidos com inflamação crônica. Apesar de esta parasitose ser mais recorrente na infância, os picos do câncer de células escamosas da bexiga em países africanos são observados na segunda década da vida, indicando um período de latência de 20 a 30 anos. O câncer de bexiga é o nono câncer mais comum no mundo, com 430 mil novos casos diagnosticados em 2012. Foi três vezes mais comum em homens comparado a mulheres, possivelmente devido à ocupação (agrícola, no caso desta helmitose). O *S. haematobium* é considerado causa principal do câncer de bexiga epidermoide pela IARC desde 1994, especialmente em países em desenvolvimento e não desenvolvidos. É importante ressaltar que o tipo de carcinoma de bexiga mais comum no mundo é o urotelial (câncer de células transicionais), correspondendo a 99% em países desenvolvidos e apenas a 50% na África.

O carcinoma epidermoide de bexiga representa aproximadamente 31% dentre as neoplasias malignas em regiões endêmicas ao *S. haematobium* no Egito, sendo o tipo de câncer mais frequente em homens e o segundo tipo mais frequente em mulheres. Em países do Mediterrâneo oriental, como Iraque, Zâmbia, Malaui e Kuwait, o câncer de bexiga é o tipo mais prevalente de neoplasia maligna. A IARC considera que existam evidências biológicas e epidemiológicas suficientes para definir a infecção pelo *S. haematobium* como causa principal do câncer de bexiga. Estima-se que a infecção por *S. haematobium* aumente o risco para o desenvolvimento de câncer de bexiga em aproximadamente cinco vezes, sendo observado, na maior parte dos casos, em jovens, perfil este diferente do tipo urotelial que se dá numa população com idade avançada. Além disso, o *S. haematobium* foi observado em 85% das secções microscópicas de carcinomas de células escamosas, ligeiramente mais comum em pacientes com níveis moderados e elevados da infecção (58%); *versus* 10% de carcinoma de células transicionais, mais comum em pacientes com baixas taxas de infecção (56%).

Além da associação aos diferentes tipos de cânceres de bexiga, uma série de estudos em andamento tem relacionado a infecção por *S. haematobium* a outros tipos de câncer. As lesões provocadas pela *deposição dos ovos* nos epitélios do trato genital e colo uterino foram as mais associadas, pois poderiam facilitar a inflamação crônica tecidual. Assim, a infecção por *S. haematobium* contribuiria indiretamente para o aumento do número de neoplasias genitais e do colo uterino associadas ao HPV. O câncer de próstata também apresenta certa associação, assim como o cistoadenocarcinoma de ovário, teratoma e tumores de Brenner, leiomiossarcoma uterino, câncer de mama masculino, carcinoma hepatocelular, linfoma, sarcoma de bexiga, tumor carcinoide retal, carcinoma de células renais.

Tem-se sugerido que um modo de se gerenciar o câncer de bexiga associado à esquistossomose é prevenir e controlar a disseminação do *S. haematobium*. O tratamento com praziquantel também tem sido avaliado como forma de impedir a evolução de lesões inflamatórias urinárias e genitais advindas dessa helmitose. Entretanto, poucos estudos foram publicados sobre o assunto até o momento. Recentemente foi realizado o sequenciamento do genoma completo do *S. haematobium* trazendo esperanças quanto a uma maior compreensão desta patologia e das demais helmitoses relacionadas.

Enquanto isso, vários estudos têm sido publicados sobre os mecanismos da carcinogênese induzida por *S. haematobium*, indicando que este processo é multifatorial e possui diversos estágios, os quais englobam vários mecanismos. Os ovos desse helminto induzem a uma resposta inflamatória crônica e de irritação na bexiga, que parece estar associada à evolução de lesões inflamatórias a tumores malignos. Essa resposta em torno dos ovos dá origem a fatores e produtos genotóxicos que podem causar instabilidades genômicas nas células hospedeiras. Essa instabilidade pode levar a alterações na regulação dos genes supressores tumorais e oncogenes, bem como na estimulação de respostas proliferativas nas células hospedeiras que visam reparar danos teciduais causados pela inflamação. Além disso, as células inflamatórias, infectadas pelo *Schistossoma*, foram encontradas partici-

Carcinogênese Biológica

pando da ativação de vias metabólicas pró-carcinogênicas através da liberação de aflatoxinas e formação de nitrosaminas de óxido nítrico.

Acredita-se que a resposta imune do hospedeiro contra os ovos desse parasita seja a principal causa associada ao desenvolvimento da neoplasia. Dessa forma, o processo de carcinogênese mediado por esses helmintos estaria associado à fibrose induzida pelos ovos desse parasita, com consequente proliferação, hiperplasia e metaplasia do epitélio da bexiga, sendo que esta helmintose está associada a risco aumentado de metaplasia ou hiperqueratoses em mais de 2,8 vezes; infecção bacteriana crônica associada à infecção por S. *haematobium*, com consequente produção de nitrosaminas (compostos carcinogênicos), as quais podem gerar diversas mutações no *locus* p53; retenção da urina na bexiga por períodos prolongados, com consequente aumento das concentrações de produtos carcinogênicos endógenos associados à resposta imune do hospedeiro; aumento nos níveis de betaglicuronidase na bexiga, como consequência da infecção por esse parasita; aumento dos danos de alquilação no DNA comumente observado em tecidos com câncer de bexiga associado à esquistossomose.

Assim, está estabelecido que o S. *haematobium* leva à inflamação das células resultante do aumento de estresse oxidativo devido à deposição de ovos no tecido. Estudos sugerem que os níveis aumentados do estresse oxidativo levam a processos genotóxicos e de ativação de vias de reparo, os quais visam impedir que resíduos gerados pela resposta inflamatória provocada pelos ovos de *Schistossoma*, como óxido nítrico, gerem alquilações no DNA via compostos N-nitrosos. Um excesso de alterações no genoma pode resultar na associação observada de esquistossomose e carcinoma de bexiga.

CONCLUSÕES E PERSPECTIVAS

Há consenso de que aproximadamente 20% dos cânceres que afetam humanos são causados por agentes infecciosos, significando que os tipos de cânceres associados são potencialmente evitáveis. Além disso, reduções substanciais desses agentes são também factíveis e, em muitos casos, perante gastos acessíveis. Entre as medidas de controle estão: prevenção via sangue e objetos (ex., agulhas) contaminados com HBV, HCV, HIV; detecção precoce e tratamento de infecções, como de lesões cervicais pré-cancerosas associadas ao HPV. Vacinas eficazes contra HBV e HPV estão atualmente disponíveis. Se uma alta cobertura for alcançada, as vacinas têm a capacidade de reduzir as desigualdades na saúde, podendo superar a necessidade de intervenções médicas. Assim, é possível perceber que simples ações profiláticas, de atenção à saúde pública (principalmente junto a infecções) e de diminuição da pobreza e conflitos sociais já seriam suficientes para alterar o quadro de cânceres endêmicos observado em diversos países em desenvolvimento.

Portanto, espera-se que médicos e profissionais da saúde deem uma maior atenção às infecções associadas ao câncer e apoiem a implementação de estratégias de prevenção disponíveis atualmente, sobretudo nos países em desenvolvimento. A redução ou eliminação de fatores de risco trariam benefícios às populações intervindas, tanto através da diminuição na incidência e mortalidade por câncer, quanto na melhora da qualidade de vida destes indivíduos. Todavia, ainda se fazem necessários mais estudos acerca de agentes infecciosos associados ao câncer (ex., ciclo de vida, hospedeiros, incubações, cascatas moleculares), epidemiologia mundial das infecções associadas a cânceres, mecanismos de carcinogênese biológica que fortalecem a associação via transformação celular com um alto poder metastático. Por fim, o conhecimento bem embasado entre o agente biológico e a neoplasia pode colaborar tanto no estabelecimento de novas modalidades diagnósticas e erradicação dos agentes infecciosos, quanto no prognóstico das neoplasias via identificação de marcadores tumorais.

RESUMO

A carcinogênese biológica é o processo que transforma uma célula normal em neoplásica, mediante a ação de diversos agentes biológicos que podem ser virais ou não virais. O processo de transformação confere às células afetadas um conjunto de características que permitem a multiplicação descontrolada e autônoma. Existem evidências acumuladas de que dezenas de vírus são etiologicamente associados a diversos tipos de cânceres. Isto pode ser explicado, em parte, porque existem produtos de genes virais que interferem nas vias essenciais de controle de proliferação celular ou de evasão à morte celular, levando estas vias a alterarem-se e favorecerem o processo de malignidade da célula infectada. Os vírus podem ser divididos em dois grandes grupos, de acordo com a composição de seu genoma: vírus de RNA e de DNA.

Entre os tipos de vírus de RNA que podem induzir cânceres, destacam-se: vírus linfotrópico de células T (HTLV-1), associado ao linfoma de células T; vírus da imunodeficiência humana 1 (VIH-1), associado a um estado de imunodeficiência que predispõe ao desenvolvimento de lesões neoplásicas relacionadas a infecções oportunistas; vírus da hepatite C (HCV), associado ao carcinoma hepático. Entre os vírus de DNA que são capazes de induzir o desenvolvimento de câncer em humanos, estão: vírus da hepatite B (HBV), associado ao hepatocarcinoma; papilomavírus humano (HPV), associado ao desenvolvimento do câncer do colo de útero, vulvar, peniano, anal e oral, principalmente com a presença dos tipos oncogênicos 16 e 18; vírus Epstein-Barr, associado ao carcinoma nasofaríngeo, linfoma de Hodgkin e doenças imunoproliferativas em pacientes imunodeprimidos; vírus do sarcoma de Kaposi (KSHV), associado ao sarcoma de Kaposi.

Apesar desta associação, os vírus não são agentes carcinogênicos completamente eficientes, uma vez que a minoria dos indivíduos infectados desenvolve tumores associados. Portanto, a infecção viral é apenas um dos elementos que compõem a promoção tumoral, sendo necessários vários fatores adicionais para o desenvolvimento do câncer. Ainda assim, estima-se que um de cada sete casos de câncer estejam associados a vírus e, ao se incluir agentes não virais, como bactérias e helmintos, a taxa de casos de câncer associados a doenças infecciosas é de 18%. Assim, a bactéria *Helicobacter pylori* e os helmintos *Clonorchis sinensis*, *Opisthorchis viverrini* e *Schistosoma haematobium* também fazem parte da lista de carcinógenos biológicos (grupo 1) pela Agência Internacional de Pesquisa sobre o Câncer (IARC), pois geram infecção crônica fortemente associada ao desenvolvimento de cânceres.

PONTO DE VISTA

Câncer como doença infecciosa

O câncer é uma doença com origem etiológica diversa. As primeiras evidências de que agentes infecciosos poderiam estar relacionados ao aparecimento do câncer surgiram ainda no século 19. Contudo, foi somente durante a década de 1980 que a associação entre vírus e câncer em humanos foi finalmente estabelecida. Hoje, sabe-se que infecções por diferentes agentes biológicos são a causa de aproximadamente 18% dos tumores que acometem os humanos, dos quais 15% são atribuídos à infecção por vírus. Inúmeros estudos epidemiológicos e biológicos geraram dados suficientes para que a Agência Internacional de Pesquisa sobre o Câncer considere como carcinogênico em humanos os vírus Epstein-Barr (EBV), vírus das hepatites B e C (HBV e HCV), vírus da imunodeficiência humana (HIV-1), herpesvírus associado ao sarcoma de Kaposi (KSHV), vírus linfotrópico humano de células T (HTLV-1), 13 tipos de papilomavírus humano (HPV), além dos agentes não virais *H. pylori, C. sinensis, O. viverrini* e *S. haematobium.*

O estudo da associação entre as infecções virais e o aparecimento do câncer teve grande impacto na compreensão dos mecanismos de carcinogênese. Entretanto, apesar de todos os esforços, muito ainda há por ser descoberto no que concerne aos mecanismos de transformação desencadeados por estes agentes biológicos.

> ... A POSSIBILIDADE DE CONTROLAR ESSAS INFECÇÕES CAUSADORAS DE TUMORES PODERÁ VIR A TER UM IMPACTO IMPORTANTE...

Mais estudos ainda devem ser conduzidos, a fim de gerar conhecimento suficiente para o desenvolvimento de terapias e vacinas que resultem na redução das neoplasias associadas. Já existem vacinas preventivas contra alguns tipos de HPV – associado ao desenvolvimento de câncer de colo de útero, e uma fração de tumores do canal anal, vagina, vulva, pênis e orofaringe – e contra o vírus da hepatite B – uma causa conhecida de câncer hepático. Ademais, o tratamento com antibióticos da infecção pela bactéria *H. pylori* está associado a uma redução de desenvolvimento de câncer de estômago. Pelo exposto, fica claro que a possibilidade de controlar essas infecções causadoras de tumores poderá vir a ter um impacto importante no controle da morbidade e mortalidade por neoplasias em humanos. Assim, a possibilidade de se criar vacinas contra todas as infecções que desencadeiam o câncer resultaria na diminuição de até 20% das mortes por câncer no mundo.

Dra. Laura Sichero
Pesquisadora Científica –
Centro de Investigação Translacional em Oncologia (CTO), Instituto do Câncer do Estado de São Paulo (ICESP)

Carcinogênese Biológica

PARA SABER MAIS

- International Agency for Research on Cancer. Biological agents. Volume 100 B. A review of human carcinogens. IARC Monogr Eval Carcinog Risks Hum. 2012;100B:1-441.

Descreve os agentes carcinógenos biológicos (grupo 1) segundo a Agência Internacional para Pesquisa sobre o Câncer (IARC).

- Sichero L, Villa LL, Termini L. Tratado de Oncologia. São Paulo: Ed. Atheneu; 2012. Capítulo 9, Câncer como Doença Infecciosa; p. 99-109.

Descreve os agentes carcinógenos (grupo 1, IARC) em português e com dados atualizados.

- de Martel C, Plummer M, Franceschi S. Infections causing cancers: world burden and potential for prevention. Public Health Forum. 2014; *in press.*

Descreve a relação entre a infecção advinda de agentes carcinógenos biológicos e câncer, com dados atualizados.

BIBLIOGRAFIA GERAL

1. Alter MJ. Prevention of spread of hepatitis C. Hepatology. 2002;36:1S93-S98.

2. Alter MJ. Epidemiology of hepatitis C virus infection. World J Gastroenterol. 2007;13:2436-41.

3. Anastos K, Kalish LA, Hessol N et al. The relative value of CD4 cell count and quantitative HIV-1 RNA in predicting survival in HIV-1 infected women: results of the woman´s interagency HIV studies. AIDS. 1999;13:17-26.

4. Barth TF, Muller S Pawlita M et al. Homogeneous immunophenotype and paucity of secondary genomic aberrations are distinctive features of endemic but not sporadic Burkitt´s lymphoma with MYC rearrangaments. Journal of Pathology. 2004;203:940-5.

5. Bollard C, Rooney CM, Heslop HE. T- cell therapy in the treatment of post-transplant lymphoproliferative disease. Nature Reviews Clinical Oncology. 2012;9:510-519.

6. Bouvard V, Baan R, Straif K et al. A review of human carcinogens—Part B: biological agents. Lancet Oncology. 2009;10:321-2.

7. Bragazzi MC, Cardinale V, Carpino G et al. Cholangiocarcinoma: Epidemiology and risk factors. Transl Gastrointest Cancer. 2012;1:21-32.

8. Cavrois M, Leclercq I, Gout O et al. Persistent oligoclonal expansion of human T-cell leukemia virus type 1-infected circulating cells in patients with Tropical spastic paraparesis/HTLV-1 associated myelopathy. Oncogene. 1998;17:77-82.

9. Clavel F & Hance AJ. HIV drug resistance. New England Journal of Medicine. 2004;350:1023-35.

10. Chatlynne LG & Ablashi DV. Seroepidemiology of Kaposi´s sarcoma-associated herpesvirus (KSHV). Seminars in Cancer Biology. 1999;9:175-85.

11. Doorbar J. The Papillomavirus life cycle. Journal of Clinical Virology. 2005;32:7-15.

12. Epstein MA, Achong BG, Barr YM . Virus particles in cultured lymphoblasts from Burkitt's lymphma. Lancet. 1964;283:702-3.

13. Etoh K, Tamiya S, Yamaguchi K et al. Persistent clonal proliferation of human T-lymphotropic vírus type I-infected cells in vivo. Cancer Res. 1997;57:4862-7.

14. Fourel G, Trepo C, Bougueleret L et al. Frequent activation of N-myc genes by hepadnavirus insertion in woodchucl liver tumors. Nature. 1990;347:294-8.

15. Gessain A & Mahieux R. A vírus called HTLV-1. Epidemiological aspects. Presse Medicale. 2000;29:2233-9.

16. Hanchard B. Adult T-cell leukemia/lymphoma in Jamaica: 1986–1995. J Acquir Immune Defic Syndr Hum Retrovirol. 1996;13:S20-25.

17. Instituto Nacional do Câncer. Estimativa 2014 – Incidência de Câncer no Brasil. Rio de Janeiro: Ministério da Saúde; 2014. p. 1-126.

18. Igakura T, Stinchcombe JC, Goon PK et al. Spread of HTLV-I between lymphocytes by virus-induced polarization of the cytoskeleton. Science. 2003;299:1713-6.

19. Inoue J, Itoh M, Akizawa T et al. HTLV-1 Rex protein accumulates unspliced RNA in the nucleus as well as in cytoplasm. Oncogene. 1991;6:1753-7.

20. Lepique AP, Rabachini T, Villa LL. HPV vaccination the begining of of the end of cervical cancer. A Review Memórias Instituto Oswaldo Cruz. 2009;104:1-10.

21. Matsuoka M & Jeang KT. Human T-cell leukaemia virus type 1 (HTLV-1) infectivity and cellular transformation. Nat Rev Cancer. 2007;7:270-280.

22. Moriya K, Fujie H, Shintani Y et al. The core protein of the hepatitis C virus induces hepatocelluar carcinoma in transgenic mice. Nat Med. 1998;4:1065-7.

23. Muñoz N, Castellasagué X, de González AB, Gissmann L. Chapter 1: HPV in the etiology of human cancer. Vaccine 2006;24:S31-10.

24. Murphy EL, Hanchard B, Figueroa JP et al. Modelling the risk of adult T-cell leukemia/lymphoma in persons infected with human T-lymphotropic virus type I. Int J Cancer. 1989,43:250-3.

25. Nishikawa, J, Imai S, Oda T et al. Epstein Barr vírus promotes epithelial cell growth in the absence of EBNA2 and LMP-1 expression. Journal of Virology. 1999;73:1286-92.

26. Pezzotti P, Phillips NA, Dorrucci M et al. Category of exposure to HIV and age in the progression to AIDS: longitudinal study of 1199 people with known dates of seroconversion. HIV Italian Seroconversion Study group. BMJ. 1996;313:583-6.

27. Schiff ER. Hepatitis C and alcohol. Hepatology. 1997;26:39-42.

28. Soulier J, Grollet L, Oksenhendler E et al. Kaposi´s sarcoma-associated herpesvirus-like DNA sequences in multicentric Castelman´s disease. Blood. 1995;86:1276-80.

29. Tajima K & Hinuma Y . Epidemiology of HTLV-1/II in Japan and the world. Gann Monogr Cancer Res. 1992;39:129-149.

30. Takatsuki K, Yamaguchi K, Matsuoka M. ATL and HTLV-I-related diseases. In: Adult T-cell Leukemia Takatsuki K, editor. Oxford: Oxford University Press; 1994. p. 1-27.

31. Terradillos O, Billet O, Renard CA et al. The hepatitis B virus X gene potentiates c-myc induced liver oncogenesis in transgenic mice. Oncogene. 1997;14:395-404.

32. Thorley-Lawson DA. EBV the prototypical human tumor virus–just how bad is it? J Allergy Clin Immunol. 2005;116:251-61.

33. Thorley-Lawson DA & Allday MJ. The curious case of the tumour virus: 50 years of Burkitt's lymphoma. Nat Rev Microbiol. 2008;6:913-24.

34. Trottier H, Franco EL. The epidemiology of genital human papillomavirus infection. Vaccine. 2006;24:S1-15.

35. Yasunaga J & Matsuoka M. Human T-cell leukemia virus type I induces adult T-cell leukemia: from clinical aspects to molecular mechanisms. Cancer Control. 2007;14:133-40.

36. Young LS & Rickinson AB. Epstein-Barr virus: 40 years on. Nat Rev Cancer. 2004;4:757-68.

37. Young ND, Jex AR, Li B et al. Whole-genome sequence of Schistosoma haematobium. Nature genetics. 2012;44:221-5.

38. Weinberg RA. Biologia do Câncer. Capítulo 11. Tumorogênese de Múltiplas Etapas. São Paulo: Ed. Artmed; 2010. p. 399-462.

39. World Cancer Research Fund International. Bladder cancer [Internet]. 2013 [citado em: 29 Jun 14]. Disponível em: http://www.wcrf.org/cancer_statistics/data_specific_cancers/bladder_cancer_statistics.php

40. World Cancer Research Fund International. Stomach cancer [Internet]. 2013 [citado em: 29 Jun 14. Disponível em: http://www.wcrf.org/cancer_statistics/data_specific_cancers/stomach_cancer_statistics.php

Alterações Genéticas no Câncer

5

Giselly Encinas
Tatiane Katsue Furuya Mazzotti
Maria Aparecida Nagai

INTRODUÇÃO

O câncer é uma doença multifatorial e de múltiplas etapas, na qual inúmeros fatores etiológicos (genéticos e ambientais) interagem de formas variadas ainda pouco conhecidas.

Acredita-se que 5-10% dos casos de câncer possuam herança genética e seu desenvolvimento associado a uma mutação germinativa, transmitida de geração em geração. Contudo, a maioria dos casos é esporádica, ou seja, seu desenvolvimento é decorrente de mutações somáticas no tecido, geralmente em oncogenes e genes supressores de tumor.

A descoberta de alterações genéticas associadas ao câncer tem possibilitado a identificação de alvos moleculares seletivos. Desta forma, o tratamento pode ser direcionado contra a alteração molecular específica.

Ao final deste capítulo espera-se que o leitor compreenda: (i) principais conceitos e definições das alterações genéticas; (ii) importância dos oncogenes e genes supressores de tumor no desenvolvimento do câncer; (iii) principais síndromes hereditárias e genes envolvidos no câncer esporádico; (iv) conhecimento de algumas técnicas utilizadas para a detecção de alterações genéticas; e (v) os avanços dos estudos de variações na sequência do DNA.

CONCEITOS E DEFINIÇÕES

O processo de tumorigênese é complexo e envolve múltiplas etapas. O processo de formação de tumor e metástase depende do acúmulo de alterações em dezenas ou até centenas de genes, que podem ser ativados ou inativados por mecanismos genéticos (mutações gênicas, quebras e perdas cromossômicas, amplificações gênicas, instabilidade genômica) e epigenéticos (metilação de DNA, acetilação de histonas, microRNAs), sendo os oncogenes e os genes supressores de tumor os principais grupos de genes envolvidos nesse processo. Estas alterações podem ser herdadas ou ocorrer em células somáticas.

DESTAQUES

- Oncogenes e genes supressores de tumor.
- Mutações germinativas e somáticas.
- Técnicas para a detecção de alterações genéticas.
- Avanços no estudo de variações na sequência de DNA.

Nas **aneuploidias** tem-se um aumento ou uma perda de um ou mais cromossomos (ex., síndrome de Down – trissomia do cromossomo 21); já nas **euploidias**, o aumento ou a perda será em lotes cromossômicos completos, portanto, o indivíduo pode ser triploide, tetraploide, hexaploide, etc.

As alterações genéticas que podem ser classificadas em:

a. **Alterações de grande escala** – afetam os cromossomos. Este tipo de mutação pode desencadear a alteração no número de cópias (ex., *aneuploidia* e *euploidia*) ou na estrutura dos cromossomos (ex., duplicações, deleções, inversões e translocações cromossômicas).

b. **Alterações de pequena escala** – afetam um gene, alterando um ou poucos nucleotídeos:

- Mutações pontuais:
  - **silenciosa**, troca de um nucleotídeo, porém, sem alterar o aminoácido codificado (isso porque o código genético é degenerado, ou seja, cada aminoácido pode ser codificado por mais de uma trinca de nucleotídeos). Em geral, este tipo de alteração não está associado à doença;
  - **de sentido trocado** (*missense*), troca de um nucleotídeo, acarretando na codificação de outro aminoácido. Pode ou não ser patogênica;
  - **sem sentido** (*nonsense*), troca de um nucleotídeo em um códon que codifica para um aminoácido de terminação, desta forma, a síntese proteica é interrompida antes de seu término (**Figura 5.1**). Geralmente é patogênica.
- Pequenas inserções ou deleções (INDELs) de nucleotídeos (ex., *frameshift*). Este tipo de mutação altera o código de leitura da sequência de DNA a partir da posição onde foram inseridos ou deletados os nucleotídeos. Na grande maioria dos casos é patogênica.

O efeito de uma mutação depende do local do genoma em que ocorreu e da função da proteína codificada pelo(s) gene(s) afetado(s). Na grande maioria dos casos, as mutações relacionadas à doença ocorrem nos *éxons*. Por outro lado, existem algumas mutações relevantes do ponto de vista clínico, que podem ser detectadas nos *íntrons*, principalmente em sítios de *splicing* (**Figura 5.2**). No caso dos tumores do sistema hematopoiético, as translocações são também frequentemente observadas.

FIGURA 5.1. *Tipos de mutações pontuais.* Silenciosa (A), de sentido trocado (B) ou sem sentido (C). Todas envolvem a substituição de uma base. Aminoácidos: Ser, serina; Gly, glicina; Tyr, tirosina; Ile, isoleucina.

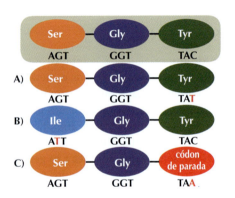

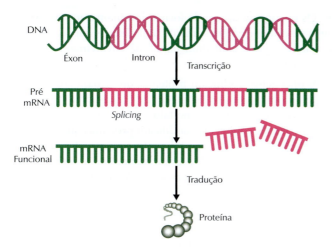

FIGURA 5.2. *Éxons são regiões codificadoras (verde) e íntrons não codificadoras (rosa) presentes no DNA. Durante a síntese proteica, inicialmente ocorre a transcrição, ou seja, parte da molécula de DNA é utilizada como molde para a síntese do pré-RNAm (RNA mensageiro). Após, os íntrons são retirados e os éxons unem-se para formar a molécula de RNAm funcional em um processo denominado splicing. Após a retirada dos íntrons, o RNAm é traduzido e codificado formando a proteína.*

Quando a frequência de uma alteração atinge mais que 1% da população, essa variante passa a ser descrita como um polimorfismo genético. Assim como as mutações, os polimorfismos podem ocorrer em qualquer posição do genoma, também acarretando ou não em alterações qualitativas e/ou quantitativas. No entanto, em termos evolutivos, polimorfismos genéticos são alterações na sequência de DNA que se tornaram estáveis após os efeitos da seleção natural. Em geral, o efeito fenotípico dos polimorfismos de DNA é menor que o das mutações e, por isso, apresenta uma maior frequência na população.

Os polimorfismos genéticos podem conferir diferenças interindividuais e podem estar associados, por exemplo, ao metabolismo de nutrientes e à resposta às drogas (farmacogenética/farmacogenômica). Além disso, muitos pesquisadores têm descrito a associação de polimorfismos genéticos à maior suscetibilidade ao desenvolvimento de inúmeras doenças complexas, incluindo o câncer.

ONCOGENES E GENES SUPRESSORES DE TUMOR

Dentre os genes que participam do processo de carcinogênese, as duas classes mais estudadas incluem os oncogenes e genes supressores de tumor, que controlam de forma positiva e negativa, respectivamente, a progressão do ciclo celular. Alterações nestes genes estão associadas à proliferação celular descontrolada e ao desenvolvimento tumoral.

Em uma condição normal, os produtos de ambos, oncogenes e genes supressores de tumor, precisam atuar coordenadamente no controle da proliferação, da diferenciação e da morte celular. De forma geral, dizemos que esses genes atuam de maneira oposta no processo de tumorigênese, de modo que os genes supressores de tumor atuam pela perda de função e os oncogenes atuam pelo ganho de função.

Os oncogenes são versões alteradas de genes presentes nas células normais, conhecidos como proto-oncogenes, apresentando-se no câncer irregularmente expressos ou mutados em relação aos seus equivalentes normais e serão aqui denominados apenas como oncogenes. Os oncogenes atuam de forma dominante no processo de tumorigênese e alteração em somente uma de suas cópias (alelo materno ou paterno) pode contribuir para o desenvolvimento do fenótipo de malignidade.

Os oncogenes codificam proteínas que atuam como fatores de crescimento ou receptores de fatores de crescimento, participam na transdução de sinal, atuam como fatores de transcrição, entre outros. Muitos oncogenes conhecidos codificam proteínas quinases, incluindo receptores de fatores de crescimento com atividade *tirosina quinase* ou outras proteínas quinases localizadas no citoplasma **(Figura 5.3)**. Alterações nesses oncogenes levam à sua ativação constitutiva, mesmo na ausência de seus ligantes.

Os oncogenes podem ser ativados por uma série de alterações genéticas, como rearranjos cromossômicos (translocações, inversões e deleções), amplificações, mutações pontuais e inserção de DNA viral. Alguns exemplos clássicos de oncogenes podem ser citados:

- mutações nas proteínas da *família Ras* (N-, K-, H-Ras), que permanecem ligadas a GTP **(Figura 5.4)**, resultando em uma sinalização ininterrupta da membrana ao núcleo e levando à proliferação celular descontrolada e à formação do fenótipo neoplásico maligno;
- translocação entre os cromossomos 9 e 22 (formação do cromossomo Philadelphia) na leucemia mieloide crônica – síntese de uma proteína quimérica *BCR-ABL*, com atividade de tirosina quinase aumentada;
- amplificação gênica de *EGFR* (*ERBB1*) resultando em aumento de expressão e ativação constitutiva da atividade de tirosina quinase;
- translocação entre os cromossomos 8 e 14 no linfoma de Burkitt – ativação do oncogene c-MYC, que passa a responder a um forte promotor constitutivo do gene da cadeia pesada de imunoglobulina, altamente expressa em células B.

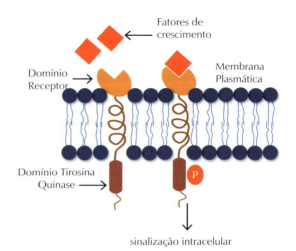

FIGURA 5.3. As ***tirosinas quinases*** *são proteínas responsáveis pela fosforilação (P) de substratos proteicos. Desempenham importante papel na transdução de sinais envolvidos com proliferação, diferenciação, sobrevivência e morte celular.*

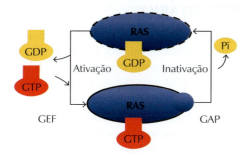

FIGURA 5.4. *Proteínas da família Ras são acopladas na face interna da membrana celular e transmitam informações da membrana celular para o núcleo. A proteína Ras está ativa quando combinada com guanosina trifosfato (GTP) e inativa quando ligada à guanosina difosfato (GDP). Ras é convertida ao estado ativo pela troca da GDP pela GTP, estimulada por guanine nucleotide exchange factor (GEF). Ativa, a Ras pode ligar-se a outras proteínas que estimulam a via MAP-quinase e dirigir a proliferação e a diferenciação celular. A atividade de Ras é finalizada pela hidrólise de GTP, que é estimulada por proteínas ativadoras de GTPase (GAPs), retornando ao seu estado inativo.*

Os genes supressores de tumor, por sua vez, codificam proteínas que estão envolvidas no controle do ciclo celular, reparo de danos ao DNA e indução da apoptose. Além disso, os genes supressores de tumor atuam no processo de tumorigênese de forma recessiva, ou seja, somente há perda de sua função quando as cópias dos alelos de ambos os cromossomos (paterno e materno) estão alteradas ou deletadas. Os genes supressores de tumor são geralmente inativados por mutações pontuais, deleção, metilação e inserção viral.

O primeiro gene supressor de tumor foi identificado em 1971, em um tumor maligno intraocular mais comum na infância, conhecido como retinoblastoma. Kudson descreveu que o mecanismo capaz de explicar a carcinogênese envolvendo os genes supressores de tumor dependia de duas mutações. Nos casos de retinoblastoma hereditário, mutação germinativa em um dos alelos do gene *RB* é herdada c cstá presente em todas as células do indivíduo, mas não é suficiente para o desenvolvimento do tumor, sendo necessária a mutação somática do outro alelo nas células da retina, para o desenvolvimento do tumor. Já nos casos esporádicos, são necessários dois eventos somáticos independentes para a inativação de ambos os alelos e, por isso, é muito mais raro e ocorre em idade mais tardia.

O *TP53* é um dos genes supressores de tumor mais importantes e mais bem estudados. A proteína p53 está envolvida no controle do ciclo celular, na apoptose e na manutenção da estabilidade genética. Mutações em *TP53* são descritas em mais da metade dos tipos de câncer conhecidos (http://p53.iarc.fr/). Embora *RB* e *TP53* sejam pertencentes à mesma classe, eles atuam de maneiras distintas. O primeiro atua diretamente no controle do ciclo celular e o segundo atua principalmente na manutenção da integridade do genoma, de modo a pertencerem a subclasses diferentes de genes supressores de tumor, conhecidas como "controladores" e "de manutenção", respectivamente.

CÂNCER HEREDITÁRIO

Uma pequena porcentagem dos tumores (5-10%) está envolvida com o fator hereditário, ou seja, ocorre a partir de alterações germinativas e que estão presentes em todas as células do indivíduo, conferindo ao seu portador uma maior predisposição em desenvolver diferentes tipos de câncer e/ou manifestações clínicas.

No câncer hereditário, a transmissão de uma mutação germinativa ocorre de uma geração para outra (transmissão vertical), por meio de um padrão de herança mendeliano bem definido, em geral do tipo autossômico dominante, ou seja, 50% de risco de transmissão para a prole em cada gestação, independentemente do sexo.

Para detecção de indivíduos com predisposição genética ao câncer, inicialmente, é necessária a obtenção de uma anamnese detalhada, incluindo o histórico familiar de câncer. Frente às informações fornecidas, o heredograma da família é construído para uma melhor visualização da ocorrência do câncer e a idade de diagnóstico dos casos na família **(Figura 5.5)**. Algumas características podem ser associadas ao câncer hereditário, tais como: idade precoce ao diagnóstico, multifocalidade ou bilateralidade, vários membros de uma mesma família apresentando a mesma neoplasia ou neoplasias relacionadas e múltiplas gerações acometidas.

O conhecimento de genes relacionados ao câncer hereditário é de extrema importância para o desenvolvimento de estratégias de rastreamento, avaliação de risco e aconselhamento genético, tanto para o portador da doença (sujeito ao desenvolvimento de um segundo tumor), quanto para seus familiares. Alguns genes já foram apontados e associados a síndromes de predisposição hereditária ao câncer **(Tabela 5.1)**.

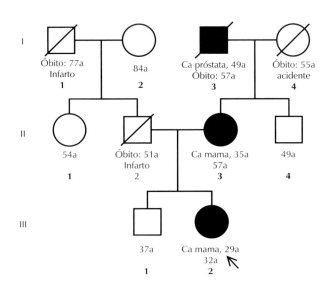

FIGURA 5.5. Heredograma de uma família com suspeita de síndrome de câncer de mama e ovário hereditário. Paciente (seta) diagnosticada com câncer de mama aos 29 anos. Sua mãe foi diagnosticada com câncer de mama aos 35 anos e o avô com câncer de próstata aos 49 anos (falecido aos 57 anos por complicações da doença).

TABELA 5.1. *Principais síndromes de predisposição hereditária ao câncer, neoplasias associadas, genes envolvidos, posição no cromossomo e incidência na população.*

Síndrome	Neoplasia Associada	Gene	Localização Cromossômica	Incidência na População
Câncer de mama e ovário hereditários	Mama, ovário, próstata	BRCA1	17q21	< 1/400
		BRCA2	13q12-13	
Li Fraumeni	SPM, OS, mama, SNC, ADR, CCR	TP53	17q13	< 1/5.000-10.000
Câncer colorretal hereditário não polipose (HNPCC) ou Lynch	CCR, endométrio, estômago, delgado, ovário, vias urinárias, mama	MLH1	3p.21.3	< 1/300-3.000
		MSH2	3p22-p21	
		MHH6	2p16	
		PMS2	7p22	
Polipose adenomatosa familial (FAP)	CCR, tumor desmoide, tireoide	APC	5q21-q22	< 1/10.000-30.000
Cowden	Mama, ovário, próstata	PTEN	10q23.3	< 1/200.000
Peutz-Jeghers	Gastrointestinais	STK11	11p13.3	< 1/280.000
Câncer gástrico familial	Estômago e carcinoma lobular da mama	CDH1	16q22.1	1/10.000
Melanoma familiar	Melanoma, pâncreas	CDKN2A	9p21	0,2% dos melanomas
Neoplasia endócrina múltipla tipo 2	Carcinoma medular de tireoide, feocromocitoma	RET	11q11.2	1/30.000
Doença de Von Hippel-Lindau	Renal, SNC	VHL	3p25-26	1/40.000
Retinoblastoma hereditário	Retinoblastoma, OS	RB	13q14	1/13.500
Ataxia-telangiectasia	Hematológico	ATM	11q22.3	1/40.000

SPM, sarcoma de partes moles; OS, osteossarcoma; SNC, sistema nervoso central; ADR, carcinoma adrenocortical; CCR, câncer colorretal.

Alguns genes são classificados como de alta *penetrância*, porém, pouco frequentes na população, por exemplo, os genes *BRCA1* e *BRCA2* associados à síndrome de câncer de mama e ovário hereditário e *TP53* associado à síndrome de Li Fraumeni **(Figura 5.6)**. Por outro lado, estudos de associação em larga escala do genoma (GWAS, do inglês *Genome-Wide Association Studies*) têm identificado alterações mais frequentes na população, porém, de moderada e baixa penetrância, como é o caso de mutações observadas em membros da família do gene *FGFR* associadas a alguns tipos de câncer **(Figura 5.6)**.

Penetrância
é a probabilidade de um indivíduo com determinado genótipo expressar o fenótipo correspondente. A penetrância pode ser incompleta, ou seja, apenas uma parcela dos indivíduos portadores do genótipo manifestam as características relacionadas. Por outro lado, a penetrância é considerada completa quando 100% dos indivíduos portadores de determinado genótipo manifestam suas características.

Alterações Genéticas no Câncer

FIGURA 5.6. Tamanho do efeito fenotípico em função da frequência da ocorrência da mutação na população. Mutações em genes de alta penetrância são raros na população, enquanto mutações em genes de moderada ou baixa penetrância são mais comuns. O risco relativo varia: > 5 (alta penetrância); ≥ 1,5 a ≤ 5 (penetrância moderada) e ≤ 1,5 (baixa penetrância).

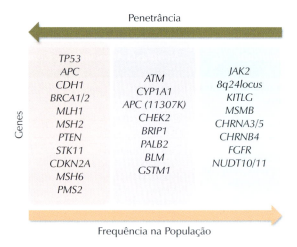

FIGURA 5.7. As mutações podem ser adquiridas enquanto a linhagem de células é fenotipicamente normal, por meio de processos infecciosos (durante a divisão celular normal) ou carcinógenos exógenos (exposição ambiental ou estilo de vida). Estas alterações na maioria das vezes são passagens. Pode ser que em algum momento, uma alteração driver ocorra em um gene importante e inicie o desenvolvimento tumoral. Defeito em genes com função em reparo de DNA, por exemplo, pode contribuir para o fenótipo mutacional. Recidiva após quimioterapia pode ser associado com mutações que conferem resistência (adaptado de Stratton MR, Campbell PJ e Futreal PA, 2009).

CÂNCER ESPORÁDICO

A grande maioria dos casos de câncer é esporádica, ou seja, sem associação com o fator hereditário. Nestes casos, o desenvolvimento do tumor depende do acúmulo de diversas mutações somáticas tecido-específicas.

Mutações encontradas nas células tumorais são adquiridas ao longo da vida e podem ocorrer em qualquer fase da vida, desde o momento da fecundação do oócito. No processo de divisão celular, o DNA das células normais é constantemente danificado por carcinógenos de origens tanto intrínsecas (ex., oxidação e metabolismo celular) como extrínsecas (**Figura 5.7**). A maior parte deste dano é reparada, porém, uma pequena fração pode ser convertida em mutações estáveis ou fixas.

As taxas de mutação aumentam na presença de exposições a carcinógenos exógenos químicos (ex., substâncias presentes na fumaça do cigarro e no álcool) ou em várias formas de radiação, incluindo luz ultravioleta. Estas exposições estão associadas ao aumento das ta-

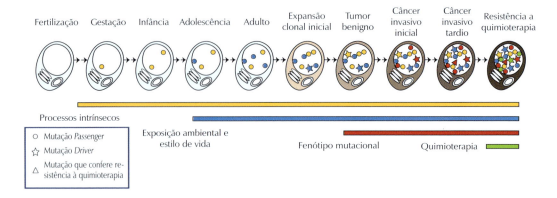

xas de desenvolvimento de diversos tipos de câncer, como, por exemplo, pulmão, fígado e pele.

É observado que a prevalência de mutações somáticas varia dentre os diversos tipos de câncer (0,001 a $\geq$ 400 por mega bases). O astrocitoma pilocítico, por exemplo, um tipo de câncer de crescimento lento, bem diferenciado e que acomete principalmente pacientes jovens, apresenta menor número de mutações quando comparado com cânceres relacionados com exposição a carcinógenos (ex., pulmão e melanoma). Isto se deve, possivelmente, ao período em que o indivíduo ficou exposto ao carcinógeno. Além disso, cânceres que ainda não se conhecem fatores ambientais que influenciem em seu desenvolvimento apresentam taxas intermediárias de mutações por mega bases (ex., mama, ovário e próstata).

Contudo, isso não significa que todas as mutações somáticas presentes no genoma do câncer estejam envolvidas em seu desenvolvimento e manutenção. A maioria dessas mutações é classificada como *passengers*, que não conferem vantagem seletiva e foram transmitidas durante a expansão clonal.

Atualmente, um dos desafios das pesquisas em câncer consiste em identificar mutações *condutoras*, também conhecidas como mutações *drivers,* mutações causais que conferem vantagens proliferativas e são positivamente selecionadas pelo microambiente tecido-específico, ou seja, mutações diretamente envolvidas no desenvolvimento e na progressão da doença. Estudos de sequenciamento do genoma tumoral em larga escala têm possibilitado a identificação de genes, bem como a identificação de novas mutações que possam contribuir para a carcinogênese.

Alguns genes, como *TP53* e *KRAS,* são frequentemente mutados em diversos tipos de câncer, enquanto outros são raros, ou restritos a um tipo específico de tumor (**Tabela 5.2**). Em alguns tipos de câncer, por exemplo, colorretal e de estômago, alterações em vários genes conhecidos são comuns. Em contraste, no câncer renal, poucas mutações em genes conhecidos têm sido descritas.

***Mutação* passenger**
não confere vantagem proliferativa às células, portanto, não contribui para o desenvolvimento do câncer. Ocorre frequentemente no processo de divisão celular e é transmitida na expansão clonal.

Mutação* driver *ou condutora
está diretamente envolvida no estabelecimento e na manutenção do câncer. Confere vantagens proliferativas às células e é selecionada positivamente no microambiente do tecido em que o câncer se estabeleceu.

Alterações Genéticas no Câncer

TABELA 5.2. *Frequência de mutação somática em oncogenes e genes supressores de tumor em diversos tipos de câncer.*

Câncer	Genes								
Mama	PIK3CA	26%	TP53	23%	CDH1	12%	GATA3	8%	MLL3	7%
SNC	IDH1	32%	TERT	26%	TP53	22%	PTEN	15%	CDKN2A	15%
Endométrio	PTEN	41%	ARID1A	32%	PIK3R1	31%	PIK3CA	24%	TP53	23%
Tecido hematopoiético e linfóide	JAK2	36%	NPM1	26%	MYD88	25%	ABL1	22%	FLT3	21%
Rim	VHL	40%	PBRM1	32%	BAP1	11%	CTNNB1	10%	SETD2	9%
Intestino	TP53	44%	APC	42%	KRAS	35%	ATM	25%	NF1	19%
Fígado	TP53	30%	CTNNB1	24%	HNF1A	11%	ARID1A	10%	ARID2	9%
Pulmão	TP53	36%	EGFR	28%	KRAS	17%	MLL3	15%	CDKN2	10%
Esôfago	TP53	41%	CDKN2A	15%	NOTCH	11%	NFE2L2	9%	ARID1A	10%
Ovário	TP53	47%	FOXL2	21%	KRAS	12%	ARID1A	12%	PIK3CA	10%
Pâncreas	KRAS	59%	TP53	38%	SMAD4	16%	CDKN2A	16%	GNAS	15%
Próstata	TP53	17%	PTEN	10%	KRAS	5%	MLL3	6%	EGFR	4%
Pele	BRAF	42%	TP53	26%	TERT	26%	PTCH1	24%	CDKN2A	20%
Estômago	TP53	32%	CDH1	14%	ARID1A	15%	APC	13%	PIK3CA	9%

Dados provenientes do COSMIC (Catalogue of Somatic Mutation in Cancer) 04/08/2014. SNC, sistema nervoso central.

TÉCNICAS PARA RASTREAMENTO DE ALTERAÇÕES GENÉTICAS

Várias são as técnicas moleculares que permitem detectar alterações na sequência de DNA, dentre elas podemos citar:

- **Single-Strand Conformation Polymorfism (SSCP),** identifica variações pontuais baseadas na diferença da conformação da fita simples de DNA devido à alteração de sequência. Utiliza gel de poliacrilamida não desnaturante.

- **Denaturing High Pressure Liquid Chromatography (DHPLC),** baseia-se na diferença de afinidade dos *heteroduplex* e *homoduplex* de um determinado fragmento de DNA, pela fase sólida da cromatografia, em condições parcialmente desnaturantes.

- **Sequenciamento capilar**, técnica padrão-ouro, tanto para a validação de alterações identificadas por SSCP e DHPLC, quanto para a detecção de mutação em genes conhecidos. Baseia-se no método de terminadores de cadeia (método de Sanger). Além da utilização de reagentes-padrão para a reação de PCR (ex., oligonucleotídeo senso e antissenso, DNA polimerase e dNTPs), são adicionados nucleotídeos terminadores (mais comumente um didesoxinucleotídeo). Quando ocorre a sua incorporação, a cadeia para de ser sintetizada, e ao final de vários ciclos são observados vários fragmentos. O produto final da reação é visualizado por meio de um eletroferograma (**Figura 5.8**).

- **MLPA** (*Multiplex Ligation-dependent Probe Amplification*), uma técnica rápida de alto rendimento para a quantificação

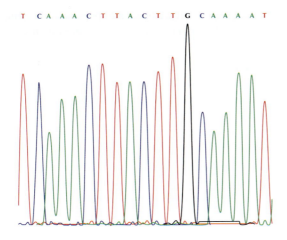

FIGURA 5.8. Eletroferograma observado no sequenciamento capilar. Cada cor é representada por uma base: azul (citosina), verde (adenina), vermelho (timina) e preto (guanina).

do número de cópias e análise de metilação de sequências genômicas.

- **CGH** (*Comparative Genomic Hybridization*), método rápido e eficiente para analisar as variações no número de cópias (CNVs) do DNA.
- *Microarray* para genotipagem em larga escala, detecção de alterações genômicas estruturais e de CNVs.
- **Sequenciamento do genoma, exoma e transcriptoma,** atualmente várias plataformas estão sendo utilizadas para o sequenciamento completo do genoma, de *éxons* ou apenas de transcritos específicos (ex., *illumina, ion proton*). Estas tecnologias em larga escala têm-nos permitido mapear, buscar a funcionalidade e o impacto dessas alterações no genoma humano.

AVANÇOS NO ESTUDO DE VARIAÇÕES NA SEQUÊNCIA DO DNA

Em razão da gama de informações provenientes das metodologias de alto rendimento e sequenciamento de nova geração e das dificuldades na interpretação dos resultados, diversos consórcios foram criados na tentativa de aprofundar os conhecimentos e as aplicações práticas das variações genéticas.

- **HapMap**, iniciado em meados de 2002, vem analisando diversas populações étnicas, comparando a frequência de SNP e CNV espalhados pelo genoma para identificar e caracterizar novos *loci* genômicos associados a doenças humanas. Em 2008 foi iniciado um novo projeto que buscou expandir o número de amostras e populações investigadas em relação ao HapMap.
- **Projeto 1.000 Genomas** (*1.000 Genome Project*) (http://www.1000genomes.org/) busca fornecer um mapa detalhado

das variações genéticas humanas por meio da genotipagem de cerca de 1.000 genomas humanos espalhados por todo o mundo.

- **ENCODE** (*The ENCyclopedia Of DNA Elements*) (https://genome.ucsc.edu/ENCODE/), iniciado após o término do sequenciamento do genoma humano em 2003, tem como principal objetivo identificar os elementos funcionais presentes no genoma humano. Envolve vários centros de pesquisas mundiais.

- **TCGA** (*The Cancer Global Atlas*) (https://tcga_data.nci.nih.gov/tcga/), iniciado em 2005, é um projeto que cataloga as mutações responsáveis pelo desenvolvimento do câncer, por meio de sequenciamento do genoma e bioinformática. Tem como principal objetivo melhorar a capacidade diagnóstica, o tratamento e a prevenção, por meio de uma melhor compreensão das bases moleculares em câncer.

- **COSMIC** (*Catalogue of Somatic Mutation*) (http://cancer.sanger.ac.uk/cancergenome/projects/cosmic/) fornece informações detalhadas relacionadas a mutações somáticas em cânceres humanos.

Os avanços no conhecimento da biologia do câncer por meio de pesquisas moleculares têm possibilitado a identificação de alvos moleculares específicos no controle de diversos tipos de câncer. Uma das estratégias mais utilizadas para bloquear os defeitos moleculares associados ao desenvolvimento tumoral é a utilização de anticorpos monoclonais. Tais moléculas ligam-se aos receptores de membrana presentes na superfície das células tumorais e inibem a sinalização, bloqueando principalmente o crescimento descontrolado.

Para algumas alterações genéticas já foram identificados alvos moleculares específicos. Pacientes com melanoma que apresentam a mutação V600E no gene *BRAF* podem ser beneficiados utilizando o vemurafenib. Já pacientes com câncer de mama com superexpressão de *HER2* são tratadas com trastuzumab. Por outro lado, no câncer colorretal metastático, somente pacientes sem mutação em *KRAS* podem ser tratados com cetuximab. A descoberta de novas alterações pode promover novas estratégias de tratamento específico e aumentar a sobrevida dos pacientes.

RESUMO

O câncer é causado por diversos fatores (genéticos e ambientais) ainda não completamente conhecidos. As alterações genéticas observadas nas células tumorais podem ser decorrentes de mutação germinativa ou somática, geralmente em oncogenes e genes supressores de tumor.

Uma pequena porcentagem dos casos de câncer é decorrente de mutação hereditária. Diversos genes já foram associados a síndromes específicas de predisposição hereditária ao câncer. Essa informação é de extrema importância para a detecção de pacientes de alto risco, bem como para a detecção de familiares que apresentem a mesma alteração, na qual a detecção precoce e o rastreamento serão mais focados e precisos.

Porém, a grande maioria dos casos de câncer é causada por mutações somáticas. Tais alterações, provavelmente, foram adquiridas ao longo da vida do paciente e foram carregadas na expansão clonal. Um dos grandes desafios na pesquisa atualmente consiste em identificar mutações que sejam responsáveis pelo desenvolvimento do câncer, visto que inúmeras alterações são observadas nas células tumorais sem estarem diretamente associadas à doença.

Inúmeras são as técnicas para a detecção de alterações genéticas, desde as utilizadas como *screening* até o sequenciamento de nova geração. Um dos grandes problemas a serem superados, porém, é a imensa quantidade de dados gerados por estes sequenciamentos. Contudo, o aprimoramento de análises de bioinformática e a criação de alguns consórcios vêm auxiliando na interpretação destes resultados e permitindo aprofundar o conhecimento e as aplicações práticas das variações genéticas.

A identificação de alterações genéticas tem possibilitado a produção de drogas mais específicas e direcionadas no tratamento do câncer.

PONTO DE VISTA

Perspectivas da aplicação das descobertas genômicas na prática clínica

As células cancerosas possuem diversas habilidades decorrentes de inúmeras alterações genéticas e epigenéticas, que resultam na ativação de oncogenes e na inativação de genes supressores de tumor. Nossos conhecimentos e compreensão do papel dessas alterações são ainda limitados. Atualmente, os pesquisadores têm a sua disposição diferentes tecnologias de alto rendimento, que deverão em breve levar à identificação do painel detalhado das alterações associadas a cada tipo particular de câncer. Entretanto, um dos maiores desafios da pesquisa em oncologia é distinguir as alterações *drivers*, ou seja, que contribuem diretamente para o desenvolvimento e a progressão da doença, das alterações *passengers* decorrentes da instabilidade genética instalada ao longo do processo de tumorigênese. Além disso, outro desafio é o de entender o papel funcional dos genes-alvo dessas mutações causais e como as proteínas codificadas por esses genes participam na ativação ou na inibição de processos biológicos importantes associados à fisiopatologia do câncer, que são fundamentais para permitir a aplicação das descobertas genômicas na prática clínica.

A integração de dados de GWAs, o sequenciamento de nova geração e plataformas de alto rendimento para a avaliação do genoma, do transcriptoma e do proteoma do câncer deverão permitir a identificação de conjuntos de alterações que possam melhor classificar os diferentes subtipos tumorais e contribuir para a seleção dos pacientes para terapias específicas. Em um futuro próximo, espera-se a ampliação das experiências de sucesso que converteram

> ... AVALIAÇÃO DO GENOMA, TRANSCRIPTOMA E PROTEOMA DO CÂNCER DEVERÁ PERMITIR A IDENTIFICAÇÃO DE CONJUNTOS DE ALTERAÇÕES QUE POSSAM MELHOR CLASSIFICAR OS DIFERENTES SUBTIPOS TUMORAIS E CONTRIBUIR PARA A SELEÇÃO DOS PACIENTES PARA TERAPIAS ESPECÍFICAS....

descobertas de alterações genéticas em marcadores para a terapia-alvo dirigida, utilizados atualmente na clínica, tais como o uso de gefitinib ou erlotinib em pacientes com tumores com mutações no *EGFR*, o uso do imatinib em pacientes com translocações BCR-ABL e tratamento de pacientes com tumores com amplificação de HER2 com trastuzumab ou lapatinib. Deve também resultar na identificação de novos genes associados à suscetibilidade genética ao câncer, ampliando o painel de genes que possam ser utilizados para o assessoramento de risco e aconselhamento genético em famílias com câncer hereditário.

A maioria dos cânceres é da forma esporádica, ou seja, decorrente de mutações somáticas e, portanto, uma grande parcela dos tumores é passível de prevenção. Entretanto, o câncer é responsável por uma em cada oito mortes no mundo. Portanto, além de contribuir para o melhor entendimento da fisiopatologia do câncer e para o desenvolvimento de novas estratégias para o tratamento da doença, reduzindo morbidade e mortalidade, os dados que estão sendo gerados pela aplicação das técnicas de alto rendimento por grandes projetos e consórcios mundiais devem também ter aplicação em importantes estratégias para detecção precoce e prevenção do câncer.

Profa. Dra. Maria Aparecida Nagai

Departamento de Radiologia e Oncologia – FMUSP, Centro de Investigação Translacional em Oncologia, Laboratório de Genética Molecular

PARA SABER MAIS

- Nagai MA. Oncogenes e genes supressores de tumor. Tratado de Oncologia. 1ª ed. São Paulo: Atheneu; 2013. v. 1, p. 261-274.

Detalha a importância dos oncogenes e genes supressores de tumor no desenvolvimento do câncer.

- Stratton MR, Campbell PJ, Futreal A. The cancer genome. Nature. 2009;458:719-724.

Descreve sobre os processos envolvidos no desenvolvimento do câncer.

BIBLIOGRAFIA GERAL

1. Alvarenga M, Cotta AC, Dufloth RM, Schmitt FCL. Contribuição do patologista cirúrgico para o diagnóstico das síndromes do câncer hereditário e avaliação dos tratamentos cirúrgicos profiláticos. Jornal Brasileiro de Patologia e Medicina Laboratorial. 2003;39(2):167-177.

2. Alexandrov LB, Nik-Zainal S, Wedge DC, Aparicio SA, Behjati S et al. Signatures of mutational processes in human cancer. Nature. 2013;500(7463):415-21.

3. Dantas ÉLR, Sá FHL, Carvalho SMF, Arruda AP, Ribeiro EM, Ribeiro EM. Genética do Câncer Hereditário. Revista Brasileira de Cancerologia, 2009;55(3):263-269.

4. Forbes SA, Beare D, Gunasekaran P, Leung K, Bindal N, Boutselakis H et al. COSMIC: exploring the world's knowledge of somatic mutations in human cancer. Nucleic Acids Res. 2015. doi: 10.1093/nar/gku1075. Epub 2014 Oct 29. PubMed PMID: 25355519.

5. Lopes, A, Chammas, R, Iyeyasu H. Oncologia para graduação. 3ª edição. São Paulo: Lemar; 2013.

6. Rocha JCC, Silva SN. Oncogenética. In: Coelho FRG, Kowalski LP. Bases da Oncologia. 2ª ed. São Paulo: TECMEDD; 2003. p. 423-32.

7. Stadler ZK, Thom P, Robson ME, Weitzel JN, Kauff ND, Hurley KE et al. Genomewide association studies of cancer. J Clin Oncol. 2010;28(27):4255-67.

8. Weitzel JN, Blazer KR, MacDonald DJ, Culver JO, Offit K. Genetics, genomics, and cancer risk assessment: State of the Art and Future Directions in the Era of Personalized Medicine. CA Cancer J Clin. 2011. doi: 10.3322/caac.20128. [Epub ahead of print] PubMed PMID: 21858794; PubMed Central PMCID: PMC3346864.

Ciclo Celular e o Reparo do DNA no Câncer

6

Aline Hunger Ribeiro
Daniela Bertolini Zanatta
Bryan Eric Strauss

INTRODUÇÃO

O câncer é uma doença na qual as células perdem o controle do crescimento celular e encontram maneiras de escapar da morte celular programada.

O ciclo celular é promovido por quinases dependentes de ciclinas (CDKs) e é regulado principalmente por proteínas chamadas de proteínas de ponto de checagem, que param o ciclo celular ao detectar algum tipo de dano ao DNA. Quando isso ocorre, são recrutadas proteínas que fazem o reparo necessário do DNA a fim de que a célula seja capaz de progredir no ciclo celular. Se o dano não for passível de reparação, a célula pode entrar em morte celular programada. No entanto, se o reparo não for bem-sucedido e a célula for capaz de sobreviver à morte celular, inicia-se o processo de tumorigênese. A tumorigênese pode ser causada por fatores externos como radiação UV, ou por fatores internos, como produtos do próprio metabolismo celular.

Em sua maioria, os cânceres são consequência de um mau funcionamento dos genes responsáveis por controlar o ciclo e a divisão celular, ou então dos genes responsáveis por detectar danos no DNA e fazer o reparo apropriado. O gene supressor de tumor TP53 é um dos mais importantes para a manutenção do bom funcionamento celular, considerado o guardião do genoma, pois pode responder a vários estímulos de estresse celular, levando ao reparo do DNA ou à morte celular. Esse gene se encontra mutado em 50% dos casos de cânceres e geralmente inativado nos casos em que permanece na sua forma selvagem, o que permite que a célula tumoral ultrapasse a maquinaria de manutenção celular.

Ao final deste capítulo espera-se que o leitor compreenda: (i) o funcionamento e a regulação do ciclo celular, (ii) suas funções de checagem e os tipos de reparo envolvidos quando existe um dano no DNA, (iii) os tipos de danos que acometem o DNA e o processo de tumorigênese resultante desses danos e (iv) as terapias antineoplásicas que têm como alvo o controle e a inibição do ciclo celular.

DESTAQUES

- O ciclo celular ocorre através de uma maquinaria coordenada que regula suas diversas etapas e responde a sinais extracelulares de proliferação. Para que o ciclo ocorra de forma correta existem pontos de checagem e mecanismos de reparo.
- Os mecanismos de reparo são ferramentas fundamentais na manutenção da integridade do genoma celular. Sem tais mecanismos, a célula fica desprotegida contra os ataques de agentes danosos, tanto endógenos quanto exógenos, levando à morte celular ou favorecendo o desenvolvimento de cânceres.

AS FASES DO CICLO CELULAR E SUA PROGRESSÃO

Em eucariotos, o ciclo celular consiste em quatro fases sucessivas e coordenadas, que resultam no crescimento e na divisão celular em duas células-filhas, sendo elas as fases G1, S, G2 e M (**Figura 6.1**). Nos seres humanos, cujo ciclo celular em geral tem a duração de 24 horas, a fase G1 dura aproximadamente 11 horas, a fase S dura 8 horas, a fase G2 dura 4 horas, enquanto a fase M dura apenas 1 hora.

O ciclo celular é controlado por um mecanismo conservado e responde a sinais extracelulares de proliferação. Embora ele ocorra em um processo contínuo, o DNA é sintetizado em apenas uma das fases desse ciclo e, após a síntese do DNA, os cromossomos recém-replicados são distribuídos às células-filhas por uma série complexa de eventos. Dessa forma, o ciclo celular é dividido em duas partes principais: intérfase e mitose. Durante a intérfase há a descondensação e distribuição uniforme dos cromossomos pelo núcleo, a replicação do DNA e a preparação da célula para a divisão celular. Já na mitose ocorre a divisão nuclear, na qual os cromossomos são separados para as células-filhas, e a divisão celular (citocinese).

Intérfase

Quiescência celular (fase G0): é a fase anexa à intérfase, definida como uma parada reversível do ciclo celular, na ausência de fatores de crescimento ou na presença de sinais inibitórios de proliferação, tais como inibição por contato com outras células. A célula se encontra metabolicamente ativa, podendo permanecer por dias, semanas, ou até mesmo anos nesta fase. A maioria das células do corpo humano permanece em G0 até que sejam estimuladas a retornar a G1. Fibroblastos da epiderme geralmente estão presentes nessa fase e só são estimulados a se dividir quando ocorre um dano na pele, a fim de curar a ferida formada. Quando este dano ocorre, o fator de crescimento derivado de plaquetas é liberado, o que induz a divisão celular dos fibroblastos. Entretanto, algumas células do corpo humano, como neurônios e hemácias, podem permanecer em G0 até que ocorra a morte celular.

A intérfase possui três fases divididas de acordo com a replicação do DNA: **(i) fase G1** (do inglês, *gap* 1), que corresponde ao intervalo entre o fim da mitose e o início de uma nova replicação do DNA, e durante a qual ocorre o início do crescimento celular; **(ii) fase S** (síntese), na qual ocorre a replicação do DNA; e **(iii) fase G2** (do inglês, *gap* 2), que inclui a continuação do crescimento celular, juntamente com a síntese de proteínas que preparam a célula para a fase M (mitose) (**Figura 6.1**). As células eucarióticas possuem um controle do ciclo que responde tanto a sinais extracelulares, tais como fatores de crescimento, quanto a sinais internos, como o tamanho celular, de forma a garantir as condições apropriadas para a replicação do DNA. Um controle importante do ciclo celular é o ponto de restrição (R), que ocorre no fim da fase G1 e determina se a célula pode entrar na fase S. Uma vez passado esse ponto, a célula obrigatoriamente progride no ciclo celular, mesmo se os fatores de crescimento não estiverem mais presentes. Se antes de atingir esse ponto, a sinalização através dos fatores de crescimento for cessada, o ciclo é interrompido no ponto de restrição, o que consequentemente faz a célula entrar em um estado de quiescência, chamado de **fase G0**, que pode durar longos períodos.

Mitose

A mitose (fase M) ocorre após o fim da intérfase, ou seja, após a replicação cromossômica responsável por gerar as cromátides-irmãs. Os eventos básicos da mitose incluem condensação dos cromossomos, formação do fuso mitótico e ligação dos cromossomos aos microtúbulos do fuso mitótico. Após isso, as cromátides-irmãs são separadas e se movem para lados opostos do fuso e a célula então é dividida em duas células-filhas.

Esses eventos são divididos em quatro estágios: prófase, metáfase, anáfase e telófase (**Figura 6.1**). Durante a prófase ocorre a condensação dos cromossomos que foram duplicados na fase S/G2 e as cromátides-irmãs permanecem ligadas pelo centrômero, região do DNA na qual proteínas se ligam para a formação do cinetócoro que, por sua vez é o local no qual o fuso mitótico se liga. O citoesqueleto também é reorganizado durante o início da prófase, quando a ativação de uma proteína quinase, chamada CDK1, causa a separação dos centrossomos, que também foram duplicados, e sua localização nos lados opostos do núcleo. Quando posicionados nessa região, eles se maturam e servem de polos para a formação do fuso mitótico que será responsável pela futura separação das cromátides-irmãs na anáfase.

Ao fim da prófase, a fragmentação nuclear ocorre devido à dissociação da membrana e dos poros nucleares e despolimerização da lâmina nuclear, sendo que essa última é decorrente da fosforilação por CDK1 e consequente quebra em dímeros de laminina. Os fragmentos da membrana nuclear são então absorvidos pelo retículo endoplasmático e, após, distribuídos às células-filhas.

A fase existente entre a prófase e a metáfase é chamada de prometáfase. Nela os microtúbulos do fuso mitótico se ligam ao cinetócoro e os cromossomos então se alinham no centro da célula. Quando esse posicionamento é completado, a célula se encontra em metáfase. A transição entre metáfase e anáfase é caracterizada pela quebra da ligação entre as cromátides-irmãs, que se movem então para os polos opostos da célula. Após esse estágio, ocorre a telófase, fase na qual a membrana nuclear é formada novamente e os cromossomos são des-

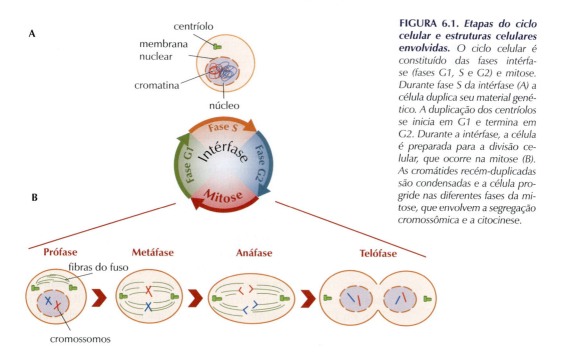

FIGURA 6.1. Etapas do ciclo celular e estruturas celulares envolvidas. O ciclo celular é constituído das fases intérfase (fases G1, S e G2) e mitose. Durante fase S da intérfase (A) a célula duplica seu material genético. A duplicação dos centríolos se inicia em G1 e termina em G2. Durante a intérfase, a célula é preparada para a divisão celular, que ocorre na mitose (B). As cromátides recém-duplicadas são condensadas e a célula progride nas diferentes fases da mitose, que envolvem a segregação cromossômica e a citocinese.

Reconhecimento de danos no DNA

Nas fases G1, S e G2, o reconhecimento de danos é realizado pelas proteínas serina/treonina quinases ATM e ATR. Essas proteínas foram identificadas em casos de defeitos nos sistemas nervoso e imune, o que deu origem a seus nomes: ataxia telangiectasia mutated (ATM) e ATM-related (ATR). A proteína ATM funciona em reconhecimento de danos de quebras de fita dupla de DNA, enquanto a ATR é ativa durante toda a fase S. Após o reconhecimento do dano, elas ativam uma via de sinalização que pode levar a célula à reparação do dano ou à apoptose, caso o reparo não seja possível. Dentre as proteínas ativadas estão as quinases de ponto de checagem (CHK1 e CHK2), que fosforilam proteínas do ciclo celular, impedindo sua progressão. Além disso, as proteínas ATM e CHK2 podem fosforilar e ativar a proteína p53 que, por sua vez, ativa a transcrição de p21^{Cip1}, por exemplo, causando a parada do ciclo celular, ou então p53 pode ativar a transcrição de proteínas que culminam na apoptose celular.

condensados. Durante o fim da anáfase ocorre o início da citocinese (divisão do citoplasma da célula-mãe para as duas células-filhas), que é então completada ao fim da telófase, resultando em células-filhas em intérfase.

O CONTROLE DO CICLO CELULAR E SEUS PONTOS DE CHECAGEM

O controle do ciclo celular é dado através de muitos pontos de checagem que previnem que a célula progrida para a fase seguinte do ciclo celular sem antes completar a fase anterior. O ponto de checagem em G1 verifica se há danos no DNA e permite que a célula repare esses danos antes de replicá-lo. Além disso, durante essa replicação, na fase S, se houver algum erro, como a incorporação errônea de bases no DNA, a célula reconhece esse dano e faz o reparo necessário antes que entre na fase G2. Já o controle em G2 verifica se a célula já duplicou todo seu material genético ou se o DNA não sofreu nenhum dano no processo e permite a condensação cromossômica, caso tudo esteja correto, para que a célula entre em mitose.

O ciclo celular é controlado por proteínas chamadas quinases do tipo serina/treonina dependentes de ciclinas (CDK), que se associam e são ativadas por outras proteínas chamadas ciclinas. Por serem proteínas quinases, as CDK, quando ativas, fosforilam substratos específicos coordenando, dessa forma, a ativação/repressão da expressão de diferentes proteínas que atuam nas fases do ciclo celular.

Durante a fase G1 do ciclo celular, as CDK4 e CDK6 são ativadas pela associação com as ciclinas D (D1, D2 e D3). Após a passagem da célula pelo ponto R, ao final da fase G1, as ciclinas do tipo E (E1 e E2) se associam com CDK2 e fosforilam substratos apropriados que permitem que a célula entre na fase S. Após a entrada na fase S, as ciclinas do tipo A (A1 e A2) substituem as ciclinas E na associação com CDK2 permitindo, com isso, que a célula progrida na fase S. Ao fim da fase S, as ciclinas A passam a se ligar com CDC2 ou CDK1. Conforme a célula passa para a fase G2, as ciclinas do tipo A são substituídas pelas ciclinas B na associação com CDC2 ou CDK1. Já na fase M, as ciclinas B associadas a CDC2 ou CDK1 promovem as etapas da mitose, denominadas prófase, metáfase, anáfase e telófase. Dessa forma, devido a uma coordenada regulação nos níveis e na disponibilidade das ciclinas, ocorre a correta progressão das diferentes fases do ciclo celular, enquanto os níveis das CDKs variam muito pouco.

A variação nos níveis celulares de ciclinas (**Figura 6.2**) se dá devido à rápida degradação dessas proteínas quando estão marcadas por cadeias de ubiquitinas, conforme a célula passa de uma fase para outra, o que garante que o ciclo celular proceda apenas em uma direção. À exceção dessa regra estão os níveis da ciclina D, que respondem a sinais extracelulares de proliferação através da via de RAS/RAF/MEK/ERK ou PI 3-quinase/Akt e acarretam o início do ciclo celular, permitindo que a célula passe pelo ponto de restrição. No entanto, sem a presença de fatores de crescimento, a ciclina D passa a não ser mais

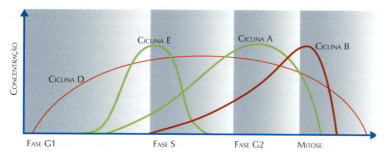

FIGURA 6.2. *Nível das diferentes ciclinas expressas em cada fase do ciclo celular.* Para que o ciclo celular progrida de forma adequada ocorre a expressão de diversas proteínas, chamadas ciclinas, que quando são acumuladas na célula permitem que ela passe para a fase seguinte do ciclo celular.

expressa e seus níveis caem drasticamente, devido à sua meia-vida ser de apenas 30 minutos. Após a passagem pelo ponto R, as ciclinas E, A e B coordenam as fases subsequentes da mitose, sem responder aos sinais extracelulares de proliferação.

Outra proteína muito importante na regulação do ciclo celular é a Rb, cujo gene foi identificado como responsável pela doença retinoblastoma, mas também é mutado em muitos cânceres. A atividade de Rb é regulada através de sua fosforilação pelo complexo ciclina D1/CDK4 ou 6 durante a progressão do ciclo celular. A proteína Rb é essencialmente não fosforilada quando as células estão na fase G0. Nesse estado, ela permanece ligada aos fatores de transcrição da família E2F, que regulam a expressão de genes envolvidos na progressão do ciclo celular, impedindo que eles ativem a transcrição de seus genes-alvo. Quando a célula chega em G1, a proteína Rb se torna hipofosforilada em alguns resíduos de serina e treonina. No decorrer da progressão do ciclo celular, Rb é fosforilada gradualmente, o que faz com que essa proteína se dissocie de E2F, liberando-a para transcrever seus genes-alvo. Um dos genes transcritos por E2F é a própria ciclina E. E, isso faz com que os níveis dessa proteína aumentem significantemente após a passagem pelo ponto R. A ciclina E associada a CDK2, torna a proteína Rb hiperfosforilada. Nesse estado, Rb se torna inativa e, consequentemente, desliga-se de E2F, permitindo que E2F recrute proteínas de remodelação da cromatina e a RNA polimerase para o início da transcrição gênica. Ao término da mitose, os grupos fosfato de Rb são removidos pela enzima fosfatase tipo I (PPI), o que permite que Rb volte a inibir E2F.

Além disso, para garantir que o genoma seja replicado apenas uma vez por ciclo celular, existem mecanismos que previnem a reiniciação da replicação do DNA na fase S. Esse controle é feito pelas proteínas helicases MCM, que se ligam às diversas origens de replicação do genoma juntamente com proteínas do complexo de reconhecimento da origem (do inglês, **origin recognition complex**, ORC), permitindo que a replicação se inicie na fase S. Uma vez que a replicação se inicia, as proteínas MCM são deslocadas da origem de replicação do DNA e bloqueadas de se associarem novamente no decorrer das fases S, G2 e M, impedindo um novo início da replicação.

Além dos pontos de checagem presentes durante a replicação do DNA na intérfase, existem pontos de checagem durante a mitose. No

Proteínas poliubiquitinadas são alvos para a degradação pelo proteassomo 26S. O proteassomo é uma protease celular composta de uma subunidade catalítica 20S e, usualmente, uma ou duas subunidades regulatórias 19S. As subunidades regulatórias controlam a entrada de substratos proteicos na cavidade catalítica do centro 20S e desenovelam a proteína através de atividade ATPase. Assim, a proteína entra na subunidade catalítica, responsável por causar a proteólise. O processo de ubiquitinação das proteínas ocorre no citosol, sendo que para uma proteína ser reconhecida pelo proteassomo, ela deve conter ao menos quatro unidades de ubiquitina ligadas em cadeia a ela. A ubiquitina é uma proteína de 76 resíduos de aminoácido. Inicialmente, ocorre a ativação da ubiquitina pela enzima ativadora de ubiquitina, chamada E1, que leva à formação de uma ligação entre um resíduo de cisteína de E1 e a extremidade C-terminal da ubiquitina. Após, a ubiquitina é transferida para a enzima conjugadora, chamada E2, liberando a enzima E1. Por fim, a enzima ligase de ubiquitina, chamada E3, reconhece e se liga à proteína-alvo e transfere a ubiquitina de E2 para a proteína, acarretando na degradação desta em um conjunto de aminoácidos e peptídeos mais simples que podem ser reciclados pela célula.

Em alguns tipos de câncer, a proteína p53, conhecida como a guardiã do genoma, é marcada pela proteína MDM2 para ser ubiquitinada, o que causa sua degradação, tornando o câncer resistente a danos no DNA.

início da metáfase existe o ponto de checagem da formação do fuso, que monitora o alinhamento cromossômico e garante a distribuição correta de cada cromossomo para as células-filhas. Após o início da metáfase e apenas se a célula ultrapassar o ponto de checagem da formação do fuso, o complexo ciclina B/CDK1 ativa o complexo promotor da anáfase, que é constituído pela proteína E3 ubiquitina ligase. Essa proteína sinaliza proteínas-chave do ciclo celular para serem degradadas por proteólise, incluindo a própria ciclina B, o que consequentemente causa a inativação da proteína CDK1 e leva a célula da metáfase à anáfase. Após a perda de ciclina B/CDK1, muitas das mudanças causadas por proteínas que foram ativadas por esse complexo ciclina B/CDK1 durante a mitose retornam ao seu estado original. A reorganização do envelope nuclear, a descondensação da cromatina e o rearranjo dos microtúbulos são eventos resultantes da desfosforilação de proteínas que foram ativadas por CDK1. A inativação de CDK1 causa também o início da citocinese, que consiste na divisão citoplasmática das células-filhas causada por um estrangulamento da célula-mãe pela constrição de anéis de actina e miosina.

INIBIDORES DE CDK

A atividade das CDKs pode ser regulada por enzimas inibitórias, chamadas CKIs (do inglês, ***CDK inhibitors***). Existem CKIs específicas, tais como os membros da família Ink4, chamados $p16^{INK4A}$, $p15^{INK4B}$, $p18^{INK4C}$ e $p19^{INK4D}$, que inibem apenas as proteínas CDK4 e CDK6 e, dessa forma, previnem a progressão do ciclo por G1. Além disso, existem CKIs menos específicas, como as proteínas da família Cip/Kip, tais como $p21^{CIP1}$ (também chamada $p21^{WAF1}$), $p27^{KIP1}$ e $p57^{KIP2}$, que podem inibir todos os complexos formados nos estágios mais tardios do ciclo celular, como CDK1 (complexa tanto a ciclina A ou B) e CDK2 (complexa tanto a ciclina A ou E), o que previne a progressão de todas as fases do ciclo celular. Através de um mecanismo não totalmente elucidado, sabe-se que as proteínas Cip/Kip também conseguem inibir as CDK4 e CDK6 complexadas com ciclina D.

Na fase G0 ou início da fase G1, a atividade de ciclina E/CDK2 é inibida por $p27^{KIP1}$. No entanto, após o estímulo de proliferação sinalizado por fatores de crescimento através via de RAS/RAF/MEK/ERK e PI 3-quinase/Akt, ocorre a redução da transcrição e tradução de $p27^{Kip1}$ pela célula, o que permite que o complexo ciclina E/CDK2 atue na progressão do ciclo celular. Além disso, se o complexo ciclina D/CDK4 ou 6 estiver abundante na célula, a proteína $p27^{KIP1}$ pode se ligar a ele, o que evita que $p27^{KIP1}$ se ligue à ciclina E/CDK2. Após CDK2 se tornar totalmente ativada, ela promove a fosforilação de $p27^{KIP1}$, marcando essa proteína para ser ubiquitinada e degradada por proteassomos, além de promover a fosforilação completa de Rb, completando sua inativação e liberando o fator de transcrição E2F. Após essa etapa, o complexo CDK2/ciclina E ativa proteínas helicases MCM que atuam na origem de replicação do genoma, iniciando replicação do DNA (**Figura 6.3**).

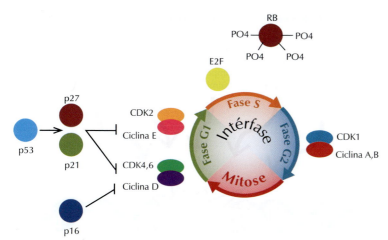

FIGURA 6.3. *Fases do ciclo celular e as principais proteínas envolvidas.* Durante a evolução do ciclo celular, ciclinas são complexadas com CDKs, que por sua vez fosforilam substratos específicos coordenando a ativação ou repressão da expressão de diferentes proteínas que atuam nas fases do ciclo celular. O fator de transcrição, E2F, quando liberado do complexo com Rb, também atua ativando a expressão de genes-alvo, responsáveis por regular o ciclo celular.

REPARO DE DNA

As células dos organismos estão sujeitas a sofrer danos em seus genomas, devido à constante exposição a diferentes agentes físicos ou químicos presentes no ambiente em que vivem, conhecidos como danos exógenos. Milhares de danos ao DNA que ocorrem diariamente em uma célula também são ocasionados por danos endógenos, resultantes de produtos do próprio metabolismo celular (**Figura 6.4**).

Quando o DNA de uma célula é danificado, ocorrem alterações em sua estrutura básica, como quebras da fita do DNA, modificações ou quebras em bases nucleotídicas ou em açúcares presentes no DNA, entre outros. Caso não reparados, os danos ao DNA são um problema fundamental para a vida, pois podem ocasionar mutações ou aberrações genômicas, que alteram processos celulares essenciais como replicação ou transcrição, levando ao mau funcionamento ou à morte celular, o que contribui para o envelhecimento celular e também para o desenvolvimento de cânceres ou outras patologias.

Neste sentido, como a integridade e a sobrevivência celular estão ligadas à estabilidade genômica, as células desenvolveram múltiplos mecanismos de vigilância altamente conservados para manter esta estabilidade, sendo esses mecanismos conhecidos como reparo de DNA. O reparo de DNA está relacionado com os pontos de checagem do ciclo celular, quando há a parada (fases G1 e S) ou atraso (fase G2) da progressão do ciclo celular para que ocorra o reparo e a prevenção da transmissão do dano para as células-filhas. Se houver a impossibilidade do reparo, as células que sofreram o dano são eliminadas por sinalização apoptótica.

Entretanto, a maquinaria de reparo geralmente está ocupada com os reparos endógenos e, assim, os danos exógenos acabam por sobrecarregar a maquinaria, fazendo com que os reparos ocorram mais lentamente. Como consequência, a célula passa a ter um acúmulo no número de danos sofridos, que acabam não sendo reparados. Além disso, como o processo de reparo é dependente do ciclo celular, células que não se replicam também acabam por acumular danos ao DNA, o que leva ao seu envelhecimento. Mas em geral, os mecanismos de reparo de uma célula em proliferação são capazes de manter sua estabilidade genômica de maneira rápida e eficaz.

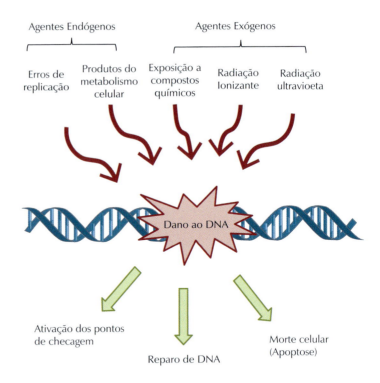

FIGURA 6.4. Representação esquemática das respostas ao dano ao DNA. *Danos ao DNA podem ser causados por uma diversidade de agentes, que podem ser divididos em agentes endógenos e agentes exógenos. Em resposta aos danos, a célula inicia uma cascata de eventos que resulta na ativação dos pontos de checagem, ativação das vias de reparo ou ativação da apoptose, quando o dano é muito severo.*

AGENTES QUE DANIFICAM O DNA

Como descrito anteriormente, podemos classificar os agentes que causam danos ao DNA em endógenos ou exógenos. Os danos endógenos são causados por produtos do metabolismo celular, enquanto os danos exógenos são aqueles causados por fatores ambientais, sendo os seus agentes causadores divididos em agentes físicos ou químicos. A seguir, esses danos são descritos em mais detalhes.

Agentes Endógenos

O dano endógeno é uma consequência do metabolismo celular. Muitos poluentes presentes no ar, na água e na comida são metabolizados pelas células, resultando em intermediários altamente reativos, capazes de reagir quimicamente com nucleotídeos. Outro exemplo são as perdas espontâneas de grupos amina, presentes nas bases do DNA, devido às alterações de pH e temperatura. Essas lesões endógenas são relativamente pequenas e resultam na adição ou substituição de um ou mais átomos em bases púricas ou pirimídicas. São conhecidos diversos tipos de danos ao DNA de origem endógena, mas são de maior destaque os danos causados por estresse nitrosativo e oxidativo.

Agentes Exógenos Físicos

Os principais agentes externos que podem causar danos ao DNA são a radiação ultravioleta, proveniente da luz solar, e a radiação ionizante.

A radiação ultravioleta é o principal carcinógeno físico existente no ambiente, sendo uma das maiores causas do câncer de pele. Trata-se de uma radiação não ionizante que pode resultar em dímeros de pirimidina, quando bases pirimídicas sucessivas ou muito próximas perdem afinidade pela base púrica complementar e passam a se unir umas às outras por uma ligação covalente, o que pode impedir a replicação do DNA.

A radiação ionizante é rotineiramente utilizada em diagnósticos médicos e em aplicações quimioterápicas, e induz uma variedade de danos às bases ou quebras de fita do DNA. Esses tipos de radiação podem causar danos diretamente à molécula de DNA por ionização, ou indiretamente através da geração de radicais OH livres a partir da água. Os exemplos mais conhecidos deste tipo de radiação são os raios X e raios gama.

Agentes Exógenos Químicos

Uma variedade de componentes químicos é capaz de reagir diretamente com o DNA, sendo esta uma importante classe de agentes ambientais que causam dano ao DNA.

Produtos químicos industriais, tais como peróxido de hidrogênio e cloreto de polivinila (MVC, precursor do polímero PVC utilizado na indústria de plásticos), e substâncias químicas ambientais, tais como hidrocarbonetos policíclicos encontrados na fumaça, fuligem e alcatrão podem causar uma série de danos ao DNA.

Outro tipo de agente exógeno químico são os compostos alquilantes. Esses agentes são genotóxicos e matam as células por causarem danos ao DNA de difícil reparação. Muitos agentes alquilantes são utilizados como drogas quimioterápicas no tratamento contra o câncer, no entanto, esse tratamento não é específico para células tumorais, induzindo também o dano em células saudáveis.

TIPOS DE REPARO EM MAMÍFEROS

Em resposta à grande diversidade dos tipos de lesões que o DNA pode sofrer, os organismos desenvolveram diversas maquinarias de reparo sofisticadas e altamente conservadas, a fim de reparar o maior número de danos. A escolha do tipo de reparo a ser usado depende do tipo da lesão e da fase do ciclo celular na qual a célula se encontra.

Quando identificado o dano, a célula inicia uma cascata de eventos, altamente coordenados, para sinalizar e mediar sua reparação. Estes mecanismos de reparo podem ser divididos em cinco categorias **(Figura 6.5)**: (i) reparo direto do dano; (ii) reparo por excisão de base; (iii) reparo por excisão de nucleotídeos; (iv) reparo de bases mal emparelhadas e (v) reparo de quebra de fita dupla. A seguir são descritos em mais detalhes os diferentes tipos de reparo.

Estresse nitrosativo e oxidativo são processos normais do metabolismo celular que resultam na produção de espécies reativas de oxigênio e nitrogênio. Os estresses oxidativo e nitrosativo ocorrem quando há a perda do balanço entre a oxidação e antioxidação, decorrente da produção excessiva de espécies reativas de oxigênio e nitrogênio, ou da diminuição de antioxidantes.

Quando a produção dessas espécies é maior do que a capacidade celular de eliminá-las, resulta em danos aos lipídeos, proteínas e DNA. Assim, os estresses oxidativo e nitrosativo são responsáveis por uma variedade de patologias, entre elas, o câncer.

FIGURA 6.5. *Tipos de reparos do DNA e algumas lesões no DNA que levam à ativação dessas vias.* Metilação é dano mais frequentemente reparado por reversão direta do dano. Reparo de bases mal emparelhadas faz a correção do pareamento errôneo de bases. No reparo por excisão de nucleotídeos são corrigidas formações de dímeros de pirimidina e adutos de bases. Quebras de fita simples, sítios abásicos e presença de uracila, um nucleotídeo que não faz parte da molécula de DNA, são corrigidos pelo reparo por excisão de base. Quebras de dupla fita são reparadas por reparo de quebra de dupla fita e reparo de ligações cruzadas que envolvem a recombinação homóloga direta (RH) ou junção de extremidades não homólogas (JENH).

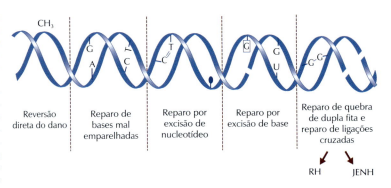

Reparo Direto do Dano

Embora a maioria dos mecanismos de reparo seja realizada por remoção da base ou da fita danificada, seguida de nova síntese, na reversão direta do dano o DNA é corrigido sem a necessidade de um DNA molde, ou ainda sem que haja quebra ou síntese de DNA. Neste tipo de reparo, o dano é corrigido através de restauração química da base alterada, em um processo completamente livre de erros, preservando o material genético. Este é o mecanismo de reparo mais simples, uma vez que é baseado em uma única reação catalisada por uma única enzima, que realiza o reconhecimento e a reversão da lesão.

Uma das causas mais frequentes de mutações pontuais em humanos está relacionada com a adição de grupos metil (um tipo de alquilação) na posição O_6 da base guanina do DNA. Quando esta metilação ocorre, a metilguanina passa a se parear de forma incorreta com a timina. Quando não reparadas, estas alterações são potencialmente mutagênicas e resultam em uma troca G→A durante a replicação do DNA. Estas alterações são reparadas por enzimas chamadas metiltransferases, que removem o grupo metil da base danificada e após a transferência essa enzima torna-se inativa.

Reparo por Excisão de Base

O reparo por excisão de base (**Figura 6.6**) faz a correção em pequenas alterações químicas de bases nucleotídicas que podem ser mutagênicas, como bases desaminadas, alquiladas, oxidadas ou ausentes. A correção é feita pela remoção do nucleotídeo danificado e sua substituição por um nucleotídeo normal. Este tipo de reparo é o principal guardião contra danos causados pelo metabolismo celular normal, pois está frequentemente relacionado, embora não exclusivamente, com danos de origem endógena que afetam apenas uma das fitas do DNA. Dessa forma, a fita de DNA não danificada serve de molde para o reparo.

O reparo é iniciado pelo reconhecimento de um pequeno conjunto de lesões por uma DNA glicosilase. Após o reconhecimento, esta enzima faz a remoção do dano clivando a ligação glicosídica entre

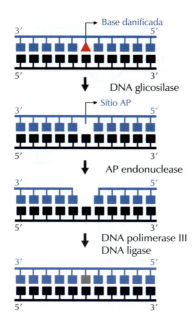

FIGURA 6.6. Mecanismo de reparo por excisão de base. *Nesta via de reparo, o DNA danificado é reconhecido por uma DNA glicosilase que faz a remoção da base danificada, gerando um sítio AP ("lacuna" formada pela ausência de base – sítio apurínico ou apiridímico). O sítio AP é então processado pela DNA polimerase III e pela DNA ligase.*

a desoxirribose do esqueleto do DNA e a base nitrogenada, gerando um sítio abásico. Com a ajuda da DNA polimerase e da DNA ligase, a lacuna resultante desta clivagem é então restaurada na sequência original, usando a fita complementar, que continua intacta, como molde. São descritas ao menos 12 DNA glicosilases diferentes, sendo cada uma específica no reconhecimento de um número limitado de bases modificadas.

Um dano bastante comum e que é reparado por excisão de base é a presença de uracila no DNA, uma base nitrogenada normalmente utilizada na síntese de RNA. O surgimento desta base no DNA pode ocorrer pela desaminação espontânea da citosina. A citosina desaminada é transformada em uracila, que permanece ligada a uma guanina da fita complementar. Com a replicação, a guanina é substituída por uma adenina, alterando a sequência do DNA. Este processo é um dos tipos mais comuns de dano endógeno, mas que normalmente é corrigido de forma eficiente, impedindo o erro durante a replicação.

Reparo por Excisão de Nucleotídeos

O reparo por excisão de nucleotídeos (**Figura 6.7**) é uma via de reparo essencial, que atua em um vasto número de lesões estruturais de origem exógena, que distorcem a dupla hélice do DNA e interferem no pareamento de bases nucleotídicas, o que impede a transcrição e a replicação. Como exemplos de danos reparados por esta via podemos citar a remoção de dímeros de pirimidina, fotoprodutos 6-4 e vários outros adutos de bases, como benzo[a]pireno-guanina, formados na exposição à fumaça de cigarros.

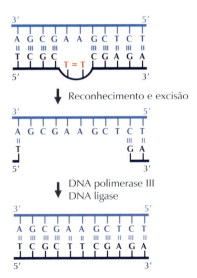

FIGURA 6.7. Mecanismo de reparo por excisão de nucleotídeo. Nesta figura é exemplificado o reparo genômico global. Após o reconhecimento da lesão ocorre a excisão do dano. A DNA polimerase III faz a síntese e a DNA ligase faz a ligação da sequência reparada.

Ao contrário do reparo por excisão de base, que faz a remoção apenas da base afetada, o reparo por excisão de nucleotídeos faz a remoção de toda uma sequência de DNA que contém a lesão, em torno de 24-32 nucleotídeos de extensão. Esta via de reparo é bastante conhecida por reparar danos causados por luz ultravioleta e envolve a ação coordenada de diversas enzimas que atuam em diferentes passos ao longo do processo. Para que ocorra o reparo, inicialmente é realizado o reconhecimento da lesão e abertura da hélice de DNA, para que a região afetada possa ser removida por endonucleases. Após a remoção da sequência danificada, é feita a síntese de uma nova sequência com base na fita complementar.

Existem dois caminhos para a ação da via de reparo por excisão de nucleotídeo: o reparo acoplado à transcrição e o reparo do genoma global. O primeiro é um processo que garante o rápido reparo de lesões na fita codificadora de genes que estão ativamente transcritos e depende da parada da RNA polimerase II durante a transcrição, o que funciona como um reconhecimento do dano. Já o reparo do genoma global é capaz de corrigir danos em qualquer região do genoma, independentemente da RNA polimerase II. No reparo do genoma global os complexos proteicos XPC-HR23B e UV-DDB/XPE fazem reconhecimento da lesão e o recrutamento das proteínas envolvidas no reparo. Estes dois caminhos são semelhantes e diferem apenas no passo inicial do reconhecimento do dano, que é um processo muito mais complexo no reparo do genoma global, envolvendo a ativação de diversas enzimas, enquanto para o reparo acoplado à transcrição ser iniciado é necessário apenas que a elongação da RNA polimerase II seja detida ao encontrar um sítio de dano.

Após o reconhecimento do dano, os dois caminhos ativam o mesmo processo de reparo, recrutando um complexo proteico de relaxamento do DNA ao redor da lesão, seguido pela excisão da região do DNA lesado por endonucleases específicas e síntese do novo fragmento pela DNA polimerase III, usando como molde a fita complementar intacta. Com o auxílio da DNA ligase I e II, a integridade do DNA é então restabelecida.

Reparo de Bases Mal Emparelhadas

Durante a replicação ou a recombinação pode ocorrer espontaneamente o emparelhamento incorreto de uma ou mais bases de DNA, causado por desaminação, oxidação, metilação e erros de replicação, resultando em danos reconhecidos e reparados pelo mecanismo de reparo de bases mal emparelhadas **(Figura 6.8)**. Esse mecanismo de reparo também é responsável por corrigir deleções ou inserções de DNA ocasionadas pelo deslizamento da DNA polimerase durante a replicação de sequências repetitivas. Os principais alvos deste reparo são o emparelhamento incorreto de G/T, G/G, A/C e C/C.

Para que um dano seja restaurado por este mecanismo de reparo é necessário que haja o reconhecimento da lesão por um complexo proteico conhecido por MutSα (MSH2–MSH6). Após a ligação de MutSα ocorre o recrutamento e a associação do complexo MutLα (MLH1 e PMS2) e em seguida é realizada a excisão do fragmento lesionado pela exonuclease I, formando uma lacuna que é preenchida pela síntese de uma nova sequência pela DNA polimerase III, usando como molde a molécula parental.

Esse é um mecanismo altamente conservado e falhas neste mecanismo de reparo são responsáveis por mutações já no primeiro ciclo de replicação. Mutações nos genes de reparo de bases mal emparelhadas resultam em predisposição à formação de tumores hereditários, como câncer de cólon não poliposo.

Reparo de Quebra de Dupla Fita

Quebra de dupla fita é um dos tipos mais críticos de danos, uma vez que afeta ambas as fitas do DNA. Quando não reparadas, uma única quebra é suficiente para levar à morte celular via apoptose; ou quando reparadas incorretamente podem causar deleções ou aberrações cromossômicas associadas ao desenvolvimento de cânceres ou outras síndromes.

Estes danos são produzidos por agentes exógenos, como radiação ionizante e alguns compostos químicos, e por agentes endógenos, como espécies reativas de oxigênio. Em alguns casos, quebras de fita

Xeroderma Pigmentoso (XP): Em humanos, existem casos raros em que ocorrem mutações em genes de reparo, causando deficiências na via de reparo por excisão de nucleotídeo. A primeira doença caracterizada por deficiências nessa via de reparo foi xeroderma pigmentoso (XP), uma doença autossômica recessiva hereditária.
São conhecidos oito alelos cuja mutação resulta na manifestação de XP, sendo sete deles envolvidos com o processo de reparo e que foram nomeados XPA, XPB, XPC, XPD, XPE, XPF e XPG. Essa doença afeta os olhos e áreas da pele expostas pela luz solar, mas alguns pacientes também apresentam problemas envolvendo o sistema nervoso. Pacientes portadores desta doença apresentam maior sensibilidade à luz ultravioleta, associada a uma maior incidência de câncer de pele, com um risco 1.000 vezes maior que a média da população. Estes cânceres ocorrem mais frequentemente na face, nos lábios e pálpebras, e com menor frequência em olhos e ponta da língua.
Outras doenças causadas por deficiências nesta via de reparo conhecidas são a síndrome de Cockayne, tricotiodistrofia, a síndrome cérebro-óculo-fácio-esquelética e a síndrome xeroderma pigmentoso combinada com DeSanctis-Cacchione. Essas doenças apresentam em comum a fotossensibilidade e uma elevada incidência de câncer nos pacientes.

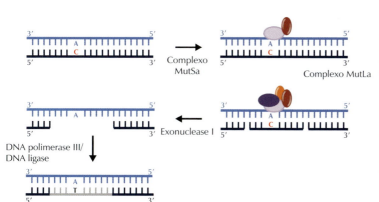

FIGURA 6.8. Mecanismo de reparo de bases mal emparelhadas. Nesta via de reparo as lesões são reconhecidas pelo complexo MutSα. A ligação deste complexo ao DNA danificado é seguida pelo recrutamento do complexo MutLα; Após a formação do complexo composto por MutSα e MutLα ocorre a excisão do fragmento danificado e a síntese do reparo pela DNA polimerase.

Danos ao DNA durante a recombinação homóloga:
quebras da dupla fita do DNA também ocorrem durante a meiose no processo de recombinação homóloga do cromossomo. Estes tipos de quebras também ocorrem durante rearranjos gênicos normais do desenvolvimento do sistema imunológico, como rearranjos de classes de imunoglobulinas. Estas recombinações utilizam as mesmas vias do reparo de quebras de dupla fita induzidas por radiações ionizantes. Erros neste processo estão associados a cânceres de origem linfoide e algumas imunodeficiências.

simples ou outros tipos de lesões podem ser convertidas em quebras de dupla fita, para que o reparo possa ocorrer.

O reparo de quebra de fita dupla (**Figura 6.9**) é realizado através de dois mecanismos bastante complexos: a junção de extremidades não homólogas (JENH) e a recombinação homóloga direta (RH).

JENH envolve a atuação de um heterodímero de proteínas (Ku70 e Ku80) que, quando complexado à quinase dependente de DNA (DNA-PK), liga-se às duas extremidades fragmentadas do DNA e o reparo ocorre através da ligação direta das duas extremidades. Neste processo não ocorre a reconstituição do fragmento perdido e, consequentemente, este reparo é um processo passível de erros.

Já o sistema de RH é um reparo mais preciso e livre de erros, que ocorre com a participação da cromátide-irmã como molde para o reparo. Assim, este reparo é limitado à fase S tardia e à fase G_2 do ciclo celular, quando ocorre a recombinação mitótica e as cromátides-irmãs estão disponíveis. Este processo tem início com a quebra do DNA por nucleases, a fim de produzir uma cauda de fita simples com extremidade 3'. Com o auxílio de proteínas de recombinação, ocorre então a invasão da fita do cromossomo homólogo intacto (mais frequentemente a cromátide-irmã e com menos frequência o cromossomo homólogo). A quebra é então preenchida pela ação da DNA polimerase, que copia a informação da sequência intacta.

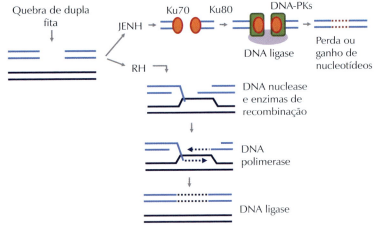

FIGURA 6.9. Mecanismos de reparo de quebras de DNA dupla fita. *A via de reparo por junção de extremidades não homólogas (JENH) é passível de erros, por ser independente de homologia com o DNA parental. Esta via é iniciada pela ligação do heterodímero Ku70-Ku80 e das DNA-PKs às extremidades quebradas. Ocorre então o processamento e a junção das extremidades do DNA por nucleases, polimerases e ligases. Já a via de reparo por recombinação homóloga (RH) é um processo livre de erros, uma vez que utiliza o alelo do cromossomo homólogo intacto como molde. Esta via envolve o processamento das extremidades do DNA a fim de gerar caudas de fita simples na extremidade do DNA. Com o auxílio de enzimas de recombinação ocorre o pareamento com a fita do cromossomo homólogo, ocorrendo então a síntese do fragmento quebrado.*

TUMORIGÊNESE

Tumorigênese é o processo de surgimento de um tumor, seja ele maligno ou não. Este processo envolve a seleção e o acúmulo de mutações genéticas e epigenéticas, que permitem às células escaparem das vias de controle do crescimento e da morte celular através da ativação, desregulação e/ou superexpressão de proto-oncogenes ou de genes supressores de tumor. Assim, alterações em genes que controlam a progressão do ciclo celular e o reparo de DNA são necessárias para a tumorigênese.

Mutações em proteínas de checagem do ciclo celular são bastante frequentes em todos os tipos de cânceres. Um dos genes supressores de tumor mais frequentemente mutado em diversos tipos de cânceres é o gene *TP53*. A proteína codificada pelo gene *TP53* é um fator de transcrição que tem a capacidade de mediar a supressão tumoral através de diferentes respostas biológicas, como parada do ciclo celular em G1 ou indução de morte celular por apoptose. Quando mutado, a capacidade de impedir a progressão do ciclo celular é perdida.

Além do *TP53*, mutações no gene *RB* e desregulação de CDKs, como ciclina D1, que inativam a proteína pRb, são comuns em diversos tipos de cânceres. A ausência ou perda de função de pRb está associada com progressão descontrolada do ciclo celular. Este gene é frequentemente mutado em retinoblastoma e câncer de pulmão, porém 90% dos cânceres humanos apresentam anomalias em algum componente da via de pRb, como perda de função de inibidores de CDKs (CKIs), $p16^{INK4A}$ e $p15^{INK4B}$. Outros CKIs, como $p14^{ARF}$ e $p21^{CIP1}$, também se encontram alterados em tumores humanos, mas são relacionados à tumorigênese pela regulação da proteína p53.

O câncer é uma doença bastante complexa e estes são apenas alguns dos genes que comumente se encontram alterados nessa doença. Uma célula cancerígena apresenta múltiplas aberrações moleculares até que ela perca o total controle dos genes envolvidos com o ciclo celular, e vários são os caminhos pelos quais uma célula se torna tumorigênica. Apesar de o número de mutações necessárias para o surgimento de um câncer não ser muito bem definido, acredita-se que todos os tumores compartilham alterações nas mesmas vias gênicas para a aquisição das características tumorais.

TERAPIAS DO CÂNCER ENVOLVENDO CONTROLE DO CICLO

A maioria das células cancerosas apresenta defeitos nos pontos de checagem. Assim, o uso de agentes quimioterapêuticos que atuam sobre os pontos de checagem e que interrompem o ciclo em G2 é de grande interesse para a clínica.

A via de MAPK é um dos alvos moleculares na terapia do câncer, pois a sinalização dessa via está envolvida com a ativação de diversos genes relacionados com o crescimento e a morte celular, como *TP53*, *c-MYC* e *BCL-2*. As proteínas RAS têm papel crucial na via de

Ciclo Celular e o Reparo do DNA no Câncer

sinalização de MAPK, regulando a proliferação celular através da ativação das cascatas de RAS/MEK/ERK e PI3K/AKT. Entretanto, cerca de 20-30% dos tumores apresentam mutações no gene *RAS,* que mantém sua expressão constitutivamente ativa, o que contribui para o desenvolvimento e a malignização tumoral. Mesmo alguns tumores que são deficientes em mutações em *RAS* encontram alternativas para ativar esta mesma via. Assim, diversos agentes terapêuticos que atuam nas vias de RAS têm sido desenvolvidos e utilizados em protocolos clínicos, sozinhos ou em combinação com outras drogas.

Outro alvo terapêutico no tratamento anticâncer são as CDKs, seus reguladores e substratos, uma vez que frequentemente se encontram alteradas em diferentes tipos de cânceres, o que resulta em proliferação celular descontrolada. Assim, a utilização de inibidores de CDKs pode ajudar no controle da progressão tumoral e na indução de apoptose. A inibição de CDKs pode ser feita de maneira direta através da inibição da atividade catalítica das quinases ou, indiretamente, através da inibição dos reguladores da atividade de CDK. Porém, a maioria das drogas inibidoras de CDK identificadas atua na inibição direta, bloqueando a ligação competitiva ao sítio de ligação de ATP da CDK, regulando assim sua fosforilação.

Quinases de ponto de checagem são componentes-chave na via de sinalização que responde a danos ao DNA. Quando ocorre a inibição dessas quinases, os pontos de checagem não são ativados, o DNA não é reparado e a morte celular é impedida. Assim, os inibidores de quinases de ponto de checagem podem ser utilizados em conjunto com outras terapias anticâncer que usam agentes que causam dano ao DNA, como quimioterapias ou radioterapias, a fim de aumentar seu potencial terapêutico. Neste sentido, os inibidores de quinases de ponto de checagem ATR, CHK1 e CHK2 têm a capacidade de sensibilizar as células do câncer a danos ao DNA e, por isto, têm sido desenvolvidos e utilizados em estudos pré-clínicos.

RESUMO

A correta progressão e regulação do ciclo celular nos organismos multicelulares impede que as células acumulem danos no DNA e se tornem tumorigênicas.

As fases do ciclo celular são: G1, na qual ocorre o preparo da célula para a replicação do DNA; a fase S, na qual ocorre a síntese de novas fitas de DNA; a fase G2, na qual a célula é preparada para a divisão celular; e a fase M, na qual ocorre a divisão celular em si. Durante a fase G1, a célula responde a fatores de crescimento e proliferação presentes no meio extracelular e, dessa forma, entra na fase S. A partir desse momento, mesmo que não haja mais a sinalização por fatores de crescimento, a célula obrigatoriamente progride no ciclo celular. Ao longo deste processo, os níveis e a disponibilidade das proteínas ciclinas determinam a progressão do ciclo celular.

Ao fim de cada fase existem pontos de checagem que conferem cada etapa concluída do ciclo celular. O ponto de checagem em G1 e G2 verifica se há danos no DNA e permite que a célula repare esses danos antes de replicá-lo. Durante a replicação, na fase S, proteínas presentes na célula reconhecem o dano e ativam proteínas de reparo antes que a célula entre na fase G2. Já o controle em G2 verifica se a célula já duplicou todo o material genético, ou se o DNA não sofreu nenhum dano no processo, e permite a condensação cromossômica para que a célula entre em mitose. Durante a mitose, o ponto de checagem da formação do fuso mitótico garante o alinhamento correto dos cromossomos e sua distribuição às células-filhas e a mitose pode ser finalizada.

O genoma das células sofre constantes ataques por moléculas reativas produzidas pelo próprio metabolismo celular, ou por compostos mutagênicos exógenos. Assim, a estabilidade do genoma depende de uma vigilância contínua e da ativação das diferentes vias de reparo do DNA. Como mencionado, o reparo do DNA está relacionado com os pontos de checagem do ciclo celular, quando há a parada (fases G1 e S) ou atraso (fase G2) da progressão do ciclo celular para que ocorra o reparo e a prevenção da transmissão do dano para as células-filhas. Desta forma, são os mecanismos de reparo os responsáveis por fazer a remoção das lesões. A impossibilidade do reparo resulta na eliminação das células por apoptose, ou em um acúmulo de mutações no genoma da célula, levando ao desenvolvimento de câncer ou de outras doenças metabólicas.

PONTO DE VISTA

Os dois lados da moeda

Quando pensamos na definição do câncer, quase sempre é citada a proliferação descontrolada de células devido ao acúmulo de mutações que, por sua vez, contribuem para promover o ciclo celular. Como mostrado neste capítulo, a proliferação e o reparo do DNA são sistemas celulares distintos, mas que podem ter uma forte influência um sobre o outro.

Mesmo que as mutações tenham um papel crucial na transformação celular, será que é tão fácil assim perturbar o equilíbrio entre o reparo e o ciclo celular? Afinal, o câncer é tipicamente considerado uma doença do envelhecimento ou, em caso de fumantes, por exemplo, são necessários aproximadamente 30 anos de exposição à fumaça para induzir a formação do tumor. Isto sugere, e vários ensaios têm comprovado, que a transformação é o resultado de desregulação de vários genes-chave. Mutação em um só gene não é suficiente para iniciar a tumorigênese, mas é necessário o acúmulo de várias mutações no DNA. Para complicar ainda mais a situação, as mutações encontradas no genoma tumoral de um paciente podem ser diferentes das encontradas em outro, ou até o mesmo paciente pode ter diferentes populações de células tumorais (sendo no tumor primário ou comparando este com sítios metastáticos).

Agora, vamos pensar no outro lado da mesma moeda. Mutações no DNA podem não só contribuir para a indução de tumorigênese, mas também podem induzir morte celular. Como descrito anteriormente, radioterapia e certos quimioterápicos têm como alvo induzir diversas mutações no DNA da célula cancerosa, o que causa sua morte.

A indução da morte de células tumorais após o seu DNA ter sido danificado revela uma situação não só de equilíbrio (acúmulo de muta-

> ...A INDUÇÃO DA MORTE DE CÉLULAS TUMORAIS APÓS O SEU DNA TER SIDO DANIFICADO REVELA UMA SITUAÇÃO NÃO SÓ DE EQUILÍBRIO, MAS TAMBÉM DE DUALIDADE...

ções na célula certa), mas também de dualidade. Vários estudos mostram que parte da resistência à rádio e quimioterapia pode vir do próprio sistema de reparo e do uso de antioxidantes. Por exemplo, o reparo de DNA deve contribuir para a prevenção do câncer, mas a falta de expressão de MGMT (uma metiltransferase importante para a reversão direta do dano) é considerada um indicador prognóstico positivo para glioblastoma multiforme e para o sucesso no uso de temozolomida, um quimioterápico alquilante usado no tratamento deste tipo de tumor. Em outro exemplo, a p53 tem um papel complicado frente ao uso de agentes alquilantes. Por um lado, p53 deve coordenar a indução de apoptose. Por outro, p53 pode ativar as vias de reparo, assim frustrando o uso de quimioterápicos como temozolomida. Além disso, o consumo de alimentos ricos em antioxidantes é considerado uma medida preventiva contra tumorigênese. Porém, estudos recentes mostraram que alguns quimioterápicos podem ter sua função inibida pelo consumo de antioxidantes devido à redução de espécies reativas de oxigênio, necessárias para a função do quimioterápico.

Certamente, a indução de câncer e seu tratamento dependem de um equilíbrio entre vários fatores. Talvez, com o conhecimento *a priori* das alterações genéticas presentes na população de células tumorais, nós teríamos uma melhor capacidade de prever quais terapias garantem a melhor chance no combate à progressão do tumor.

Bryan Eric Strauss

Centro de Investigação Translacional em Oncologia (CTO), Instituto do Câncer do Estado de São Paulo (ICESP)

PARA SABER MAIS

- Vermeulen K, Van Bockstaele DR, Berneman ZN. The cell cycle: a review of regulation, deregulation and therapeutic targets in cancer. Cell Prolif. 2003;36(3):131-49.

Nessa revisão são discutidos os principais mecanismos envolvidos na progressão do ciclo celular.

- Kastan MB, Bartek J. Cell-cycle checkpoints and cancer. Nature. 2004;432(7015):316-23.

Descreve diferentes formas de dano ao DNA e como as células respondem a determinados danos.

- Zannini L, Delia D, Buscemi G. CHK2 quinase in the DNA damage response and beyond. J Mol Cell Biol. 2014; 6(6):442-57.

Os autores discutem o papel da CHK2 no dano ao DNA e na manutenção de processos biológicos em células saudáveis.

- Pflaum J, Schlosser S, Müller M. p53 Family and Cellular Stress Responses in Cancer. Front Oncol. 2014;4:285.

Uma discussão sobre a relação do desenvolvimento de tumores com o estresse celular. Também são descritas algumas estratégias antitumorais, baseadas em controle do ciclo celular e apoptose, relacionadas com a família de p53 e seus homólogos estruturais p63 e p73.

BIBLIOGRAFIA GERAL

1. Baserga R. The relationship of the cell cycle to tumor growth and control of cell division: a review. Cancer Res. 1965;25:581-95.

2. Branzei D, Foiani M. Regulation of DNA repair throughout the cell cycle. Nat Rev Mol Cell Biol. 2008;9(4):297-308.

3. Chang F, Steelman LS, Shelton JG, Lee JT, Navolanic PM, Blalock WL et al. Regulation of cell cycle progression and apoptosis by the Ras/Raf/MEK/ERK pathway (Review). Int J Oncol. 2003;22(3):469-80.

4. Chen C, ed. New Research Directions in DNA Repair. InTech, 2013. 672 p.

5. Christmann M, Tomicic MT, Roos WP, Kaina B. Mechanisms of human DNA repair: an update. Toxicology. 2003;193(1-2):3-34.

6. Cooper GM, Hausman RE. The Cell: A Molecular Approach. 4th ed. Washington (DC): ASM Press; 2007. 745p.

7. Geacintov NE, Broyde S. The Chemical Biology of DNA Damage. 1st ed. Weinheim: Wiley-VCH; 2010; 471p.

8. Graña X, Reddy EP. Cell cycle control in mammalian cells: role of cyclins, cyclin dependent quinases (CDKs), growth suppressor genes and cyclin-dependent quinase inhibitors (CKIs). Oncogene. 1995;11(2):211-9.

9. Hoeijmakers JH. Genome maintenance mechanisms for preventing cancer. Nature. 2001;411(6835):366-74.

10. Khanna KK, Shiloh Y, eds. The DNA Damage Response: Implications on Cancer Formation and Treatment. New York: Springer; 2009; vol. 11. 461p.

11. Lim S, Kaldis P. CDKs, cyclins and CKIs: roles beyond cell cycle regulation. Development. 2013;140(15):3079-93.

12. Lindahl T, Wood RD. Quality control by DNA repair. Science. 1999;286(5446):1897-905.

13. Lord CJ, Ashworth A. The DNA damage response and cancer therapy. Nature. 2012;481(7381):287-94.

14. Murray AW, Kirschner MW. Dominoes and clocks: the union of two views of the cell cycle. Science. 1989;246(4930):614-21.

15. Schafer KA. The cell cycle: a review. Vet Pathol. 1998;35(6):461-78.

16. Weinberg RA. The Biology of Cancer. New York: Garland Science; 2007. 796p.

Controle da Expressão Gênica e Suas Alterações no Câncer

7

Fabyane de Oliveira Teixeira Garcia
Tatiane Katsue Furuya Mazzotti
Fátima Solange Pasini

INTRODUÇÃO

Uma célula é capaz de controlar e regular a forma como a informação contida nos genes é usada para gerar um determinado produto funcional ou estrutural. De acordo com o dogma central da biologia molecular, acreditou-se por muito tempo que um gene, ou uma sequência específica de DNA, podia ser transcrito em uma molécula de ácido ribonucleico mensageiro (RNAm), que por sua vez era traduzido em uma única proteína. Atualmente, sabe-se que este processo não acontece somente desta maneira, de tal forma que uma região gênica é responsável por realizar a transcrição de diversas moléculas de RNA, codificantes em proteínas ou não, capazes de participar de diversos mecanismos regulatórios e de sinalização intracelular. Para todo esse conjunto de informações, damos o nome de expressão gênica.

Existem várias etapas que podem ser controladas e moduladas durante a expressão de um gene em diferentes tipos celulares e na maioria dos casos a transcrição do RNA é o ponto de controle chave. Uma maquinaria trabalha coordenadamente para permitir uma alteração dinâmica em resposta a diferentes estímulos celulares.

Para o desenvolvimento e a manutenção normal de um organismo é essencial que haja um controle preciso da expressão gênica. Alterações nestes processos podem levar a alterações da função gênica, podendo contribuir para o desenvolvimento e a progressão tumoral. A seguir, serão detalhados os principais mecanismos envolvidos no controle da transcrição gênica em humanos e as alterações observadas no câncer.

Ao final deste capítulo espera-se que o leitor compreenda: (i) os principais mecanismos da transcrição de um gene; (ii) os mecanismos epigenéticos envolvidos na transcrição gênica; (iii) como os microRNAs participam do controle transcricional; e (iv) a importância da transcrição gênica na carcinogênese.

DESTAQUES

- Alterações genéticas e epigenéticas podem levar à desregulação da expressão de produtos gênicos extremamente importantes, podendo afetar a homeostase tecidual e levar à carcinogênese.
- MicroRNAs controlam diversas funções biológicas como crescimento celular, proliferação, diferenciação e apoptose. Dependendo do contexto eles podem exercer funções de supressores tumorais ou de oncogenes.

TRANSCRIÇÃO GÊNICA

A transcrição gênica é controlada por regiões regulatórias no DNA geralmente próximas ao sítio onde a transcrição tem início. Algumas são simples e respondem a um único sinal, enquanto outras são muito complexas e respondem a uma variedade de sinais que são interpretados como interruptores que "ligam" ou "desligam" os genes.

Em eucariotos, os genes que codificam proteínas são transcritos por um complexo contendo a enzima *RNA polimerase II* (RNA pol II), chamado de *complexo basal de iniciação da transcrição* (**Figura 7.1**). O *promotor* é uma região proximal na qual a maquinaria enzimática de transcrição é montada. A especificidade da transcrição é conferida pela presença de diversos sítios de ligação para *fatores de transcrição* dentro e fora do promotor, cuja sequência de nucleotídeos irá determinar quais fatores podem-se associar a eles. Essa regulação nos diferentes tipos celulares é desempenhada pela ação combinada de múltiplas proteínas transcricionais regulatórias.

O processo de transcrição tem início quando os fatores de transcrição reconhecem os sítios de ligação ao DNA (ácido desoxirribonucleico) e, posteriormente, atraem a RNA pol II para o ponto inicial da transcrição. Em seguida, há o recrutamento local de complexos de remodelamento da cromatina e enzimas modificadoras de histonas dependentes de ATP. O processo de associação dos fatores de transcrição aos promotores gênicos tem início com a ligação do fator geral TFIID à região *TATA box*. Essa ligação provoca grande distorção nessa região do DNA e assim outros fatores de transcrição associam-se à RNA pol II formando o complexo de iniciação da transcrição. Um dos fatores de transcrição, o TFIIH, contém uma *DNA helicase* que permite que o complexo acesse a fita molde de DNA. Quando a RNA pol II inicia a extensão do transcrito, muitos fatores de transcrição são liberados do DNA e, assim, ficam disponíveis para iniciar outro ciclo de transcrição com uma nova molécula de RNA polimerase.

Complexo basal de iniciação da transcrição:
um complexo montado na região promotora dos genes durante a transcrição.

Promotores:
sequências de DNA que definem onde a transcrição de um gene tem início. Normalmente localizados na região 5′ do sítio de início da transcrição. Indicam a direção da transcrição e qual fita de DNA será a molde.

Fatores de transcrição:
proteínas que possuem domínios de ligação ao DNA. Alguns se ligam aos promotores e ajudam a formar o complexo de iniciação da transcrição, outros se ligam a sequências regulatórias e podem estimular ou reprimir a transcrição de um gene.

RNA polimerase II:
enzima responsável por sintetizar uma molécula de RNA a partir de uma molécula de DNA.

TATA box:
é um dos principais promotores eucarióticos, sendo uma sequência pequena de DNA rica em nucleotídeos TA.

DNA helicase:
enzima que usa energia da hidrólise de ATP para desenrolar as fitas de DNA no local de início da transcrição, permitindo que a RNA polimerase acesse a fita de DNA molde.

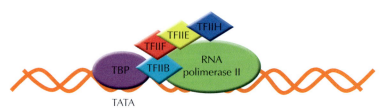

FIGURA 7.1. Complexo basal de iniciação da transcrição. O fator TFIID, complexo que contém a TBP (proteína ligadora da sequência TATA) reconhece e se liga ao promotor. Posteriormente ocorre a ligação do TFIIB e o posicionamento da RNA pol II no sítio de início da transcrição. Ocorre ainda a ligação dos fatores TFIIE, TFIIF e TFIIH, completando o complexo basal de iniciação da transcrição.

CONTROLE DA EXPRESSÃO GÊNICA

O controle transcricional determina quando e como um gene será transcrito e depende de uma série de fatores, como a presença de sequências regulatórias no DNA (promotores, *enhancers, silencers* e regiões controladoras de *locus*), complexos proteicos reguladores (fatores de transcrição, ativadores, coativadores e repressores), fatores remodeladores que alteram a acessibilidade à cromatina, regulação por microRNAs, dentre outros.

No DNA existem os *elementos regulatórios*, denominados em português como acentuadores e silenciadores dos termos em inglês *enhancers* e *silencers,* que regulam a transcrição gênica de forma positiva e negativa, respectivamente. Essas sequências regulatórias estão frequentemente localizadas antes do *TATA box*. Um aspecto importante dos *enhancers* é que eles usualmente contêm sequências funcionais múltiplas que permitem a ligação de diferentes fatores transcricionais e, portanto, mutações em qualquer uma dessas sequências podem reduzir ou anular sua atividade **(Figura 7.2)**.

> **Elementos regulatórios**
> são sequências específicas do DNA que possuem sítios de ligação para os fatores de transcrição.
>
> **Enhancers**
> sequências regulatórias do DNA que ativam a transcrição. Podem estar localizados a centenas de pares de base da região promotora.
>
> **Silencers**
> sequências regulatórias do DNA com sítios de ligação para repressores que inibem a transcrição.

Ativadores e Repressores Transcricionais

A expressão gênica em células eucarióticas é regulada tanto por repressores quanto por ativadores transcricionais. Os repressores ligam-se a sequências específicas do DNA e inibem a transcrição. Em alguns casos, eles simplesmente interferem com a ligação de outros fatores de transcrição ao DNA. Por exemplo, a ligação de um repressor perto do sítio de início da transcrição pode bloquear a interação da RNA polimerase ou de fatores gerais da transcrição com o promotor. Outros repressores possuem o mesmo domínio de ligação ao DNA que o ativador e, por isso, competem com eles pela ligação com as sequências regulatórias. Como resultado, a ligação a um promotor ou *enhancer* bloqueia a ligação do ativador, inibindo a transcrição gênica.

Os ativadores transcricionais ligam-se aos *enhancers* e sua ação estimula a taxa de início da transcrição. Os fatores de transcrição possuem dois domínios distintos, um deles geralmente contém um dos motivos estruturais, que será discutido a seguir, e o outro é o chamado de *domínio de ativação*. A principal função dos ativadores é atrair, posicionar e modificar os fatores gerais de transcrição, o mediador e a RNA polimerase, no promotor, de maneira que a transcrição possa começar.

> **Domínio de ativação:**
> acelera a taxa de domínio de transcrição através da interação com outros componentes da maquinaria transcricional.

Eles fazem isso tanto atuando diretamente nesses componentes como alterando a estrutura da cromatina ao redor do promotor.

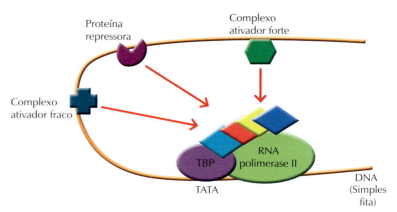

FIGURA 7.2. Reguladores transcricionais – As sequências reguladoras servem como sítios de ligação para as proteínas de regulação gênica, cuja ligação ao DNA afeta a taxa de início da transcrição. Essas sequências reguladoras podem estar localizadas próximas ou distantes do promotor. A formação das alças de DNA permite que as proteínas de regulação gênica interajam com as proteínas que se associam ao promotor. Múltiplas proteínas podem trabalhar juntas para influenciar o início da transcrição em um promotor. Não é bem conhecido como ocorre a integração de múltiplos componentes, mas acredita-se que a regulação resulte da competição entre ativadores e repressores. TBP – proteína ligadora da sequência TATA.

Fatores de Transcrição

Os fatores de transcrição reconhecem sequências específicas do DNA porque a superfície da proteína é extremamente complementar à superfície da dupla hélice do DNA naquela região. Em alguns casos, as proteínas fazem um grande número de contatos com a molécula de DNA. Os fatores de transcrição possuem diferentes domínios de ligação ao DNA, denominados motivos de ligação ou motivos estruturais, os mais comuns são domínio em dedo de zinco, região básica e zíper de leucina (ou bZip), hélice-alça-hélice e homeodomínio.

Os domínios de ativação dos fatores de transcrição não são tão bem caracterizados quanto aos seus domínios de ligação ao DNA. Supõe-se que esses domínios de ativação estimulem a transcrição por meio da interação com fatores gerais de transcrição, tais como TFIIB ou TFIID, facilitando, desta maneira, a montagem do complexo de transcrição junto ao promotor. Uma característica importante dessas interações é que diferentes ativadores podem ligar em diferentes fatores gerais da transcrição, o que gera um mecanismo pelo qual a ação combinada de múltiplos fatores pode estimular sinergicamente a transcrição.

A expressão alterada de um único gene em uma etapa crítica, como crescimento, diferenciação ou morte celular, pode resultar em consequências desastrosas para o indivíduo. Por essa razão, muitos genes que codificam proteínas importantes para essas funções biológicas são mantidos fortemente reprimidos quando não são necessários. A principal característica do câncer é um descontrole nas vias de sinalização, afetando a homeostase tecidual.

O desenvolvimento de uma célula tumoral ocorre por meio de alterações genéticas e epigenéticas como metilação do DNA, modificações de histona, remodelamento da cromatina, e alteração de expressão de genes regulados por microRNAs. Todas essas alterações podem levar à desregulação da expressão de produtos gênicos com o aumento ou a diminuição da expressão de genes extremamente importantes, como ativação de oncogenes ou perda de função de genes supressores tumorais. Em determinado momento a célula perde o controle, tornando-se uma célula transformada.

O CONTROLE EPIGENÉTICO DA EXPRESSÃO GÊNICA

A estrutura do DNA codifica toda a informação necessária para a formação de um organismo. Porém, além desse código, eventos epigenéticos também são necessários para a diferenciação celular em tecidos normais. Definimos como epigenética as mudanças herdáveis na expressão gênica que não são atribuídas a alterações na sequência de DNA. Ela explica porque células e organismos com DNA idêntico possuem fenótipos tão diferentes. Os principais mecanismos epigenéticos descritos incluem a metilação de DNA, as modificações na estrutura da cromatina e a ação de RNA não codante, que podem atuar sozinhos ou em combinação, mediando a reprogramação durante o desenvolvimento e a manutenção da identidade celular durante a vida de um organismo.

Falhas no estabelecimento ou na manutenção das marcas epigenéticas podem estar relacionadas à expressão desregulada de genes importantes para funções relacionadas ao desenvolvimento e à progressão do câncer. Visto que as alterações genéticas clássicas não são capazes de explicar os múltiplos passos da carcinogênese e os diversos fenótipos que uma célula neoplásica apresenta durante o desenvolvimento e a progressão tumoral, a epigenética surge como uma possível explicação.

Metilação do DNA

A metilação do DNA é a modificação epigenética mais estudada em mamíferos e é inversamente correlacionada ao estado transcricional dos genes. Ela ocorre pela adição covalente de um grupo metil (CH_3) ao carbono 5' de uma citosina que precede uma guanina, em um dinucleotídeo CpG. Estes dinucleotídeos CpG não estão distribuídos aleatoriamente no genoma, mas concentram-se em localizações específicas conhecidas como ilhas CpG, que estão preferencialmente localizadas em regiões de DNA repetitivo e em regiões regulatórias localizadas a 5' dos genes, nos promotores gênicos (em tecidos normais, os promotores geralmente encontram-se não metilados) (**Figura 7.3**).

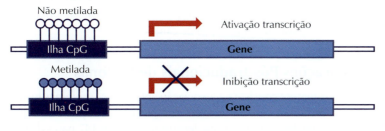

FIGURA 7.3. Metilação do DNA – A metilação de citosinas que precedem uma guanina ocorre geralmente em sítios ricos em CpG (ilhas CpG) localizados nos promotores gênicos. Regiões não metiladas estão associadas com a ativação da transcrição, enquanto as não metiladas estão associadas à repressão transcricional.

Além de seu papel relacionado à repressão da transcrição, a metilação do DNA está envolvida na manutenção da conformação e na integridade dos cromossomos (prevenindo a instabilidade cromossômica por silenciamento de DNA não codante), assim como protegendo o genoma contra a transposição de elementos móveis do DNA. Além disso, a hipermetilação de DNA está presente em um dos alelos parentais de determinados genes, garantindo sua expressão monoalélica durante o *imprinting* genômico, assim como ocorre durante a inativação de um dos cromossomos X das fêmeas no mecanismo de compensação de dose.

Padrões precisos de metilação são mantidos pela atividade cooperativa das enzimas DNA metiltransferases (DNMTs). As metiltransferases de novo (DNMT3A e DNMT3B) iniciam a metilação em sítios preferencialmente não metilados e são superexpressas durante a embriogênese e pouco expressas em tecidos adultos. Já a metiltransferase de manutenção (DNMT1) preserva os padrões de metilação existentes em dinucleotídeos CpG hemimetilados, após a replicação do DNA.

O silenciamento pode ocorrer de forma direta, por meio da inibição da atividade transcricional, impedindo a ligação de fatores de transcrição a sequências-alvo ou de forma indireta, por meio do recrutamento de proteínas que se ligam ao DNA metilado (MBDs, do inglês *methyl-CpG-binding domain*), que por sua vez recrutam complexos de modificação de histonas e remodelamento de cromatina.

Padrões anormais de metilação de DNA foram os primeiros exemplos de alterações epigenéticas observados no câncer humano. Dois principais tipos de alterações descritas são: a hipometilação global do DNA genômico e a hipermetilação em ilhas CpGs de promotores de genes supressores de tumor e genes associados.

A perda da metilação global ocorre por causa da hipometilação de sequências de DNA repetitivo e da desmetilação de regiões codantes e íntrons. Conforme o tumor progride, o grau de hipometilação de DNA genômico aumenta, promovendo maior instabilidade cromossômica, ativação de oncogenes, reativação de elementos transponíveis e perda de *imprinting*. Por outro lado, a hipermetilação de regiões promotoras de genes supressores de tumor pode levar ao silenciamento de genes relacionados ao ciclo celular, reparo de DNA, metabolismo de carcinógenos, adesão celular, apoptose, angiogênese e é específica para diferentes tipos de câncer.

Modificações Pós-traducionais de Histonas

A cromatina consiste na associação entre DNA, proteínas histonas e não histonas, condensadas em complexos nucleoproteicos, que formam os nucleossomos. Os nucleossomos contêm 147 pares de bases de um segmento de DNA, que se enrola em torno de um octâmero contendo duas cópias de cada uma das histonas H2A, H2B, H3 e H4. Cada nucleossomo é separado por aproximadamente 50 pares de base de DNA, onde se liga uma quinta histona, H1, promovendo um maior empacotamento.

A estrutura da cromatina define o estado na qual a informação genética contida no DNA está organizada dentro de uma célula, influenciando a habilidade de os genes apresentarem-se ativos ou silenciados. Na forma de heterocromatina, o DNA encontra-se compactado e transcricionalmente inativo e, na forma de eucromatina, encontra-se descondensado e transcricionalmente ativo.

Desta forma, mais do que atuarem como proteínas empacotadoras de DNA, as histonas funcionam também como estruturas moleculares capazes de regular a expressão gênica. Suas caudas N terminais contribuem para a estabilidade dos nucleossomos e podem sofrer uma série de modificações pós-traducionais já descritas, incluindo acetilação, metilação, fosforilação, sumoilação, ubiquitinação, dentre outras. Essas modificações podem afetar a interação entre o DNA e as histonas, causando mudanças na acessibilidade da cromatina, levando a alterações na transcrição gênica, reparo e replicação de DNA e na organização dos cromossomos.

Diferente da metilação do DNA, as modificações em histonas podem levar tanto à ativação quanto à repressão, dependendo de qual resíduo foi modificado e do tipo de modificação presente. A acetilação de resíduos de lisina nas histonas H3 e H4 está associada a uma cromatina mais descondensada e transcricionalmente ativa, permitindo o acesso de fatores de transcrição aos promotores gênicos e, a desacetilação, por sua vez, está associada à repressão transcricional (**Figura 7.4**). Duas classes de enzimas são responsáveis por essa modificação: as histonas acetiltransferases (HATs), que promovem a acetilação, e as histonas desacetilases (HDACs), com ação oposta.

Por outro lado, a ação da metilação de histonas pode resultar em ativação ou repressão da expressão gênica, dependendo do tipo de resíduo e do sítio específico da metilação. Por exemplo, enquanto a metilação da lisina 4 (K4) da histona H3 está ligada à ativação transcricional, a metilação de H3K9 ou K27 e de H4K20 está associada à repressão transcricional. Mais de um grupo metil pode ser adicionado ao mesmo resíduo de lisina e, da mesma forma que a acetilação, existem as histonas metiltransferases (HMTs) e desmetilases (HDMs) que adicionam e removem os grupamentos metil, respectivamente.

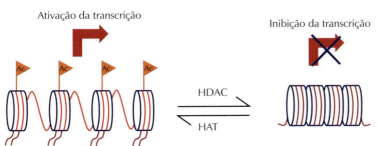

FIGURA 7.4. Acetilação de histonas *A presença de acetilação nas caudas N terminais das histonas está associada a uma cromatina mais frouxa e transcricionalmente ativa. Ao contrário, a desacetilação está associada a uma cromatina mais condensada e transcricionalmente inativa. HDAC – Histonas desacetilases; HAT – Histonas acetiltransferases.*

Da mesma forma que a metilação do DNA, determinadas modificações em histonas (que dependerão do resíduo e da histona envolvidos) também aparecem precocemente e se acumulam durante a progressão tumoral. Elas podem contribuir para a tumorigênese, por exemplo, promovendo o silenciamento de genes supressores de tumor críticos (Figura 7.5).

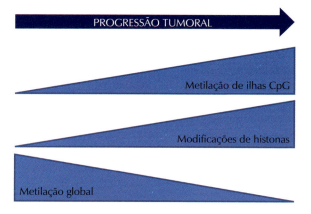

FIGURA 7.5. *Alterações epigenéticas observadas durante a progressão tumoral – com a progressão do tumor, observa-se um aumento de metilação de ilhas CpG e modificações de histonas, acompanhadas por uma diminuição da metilação global do DNA.*

MicroRNAs

A maioria dos trabalhos voltados para a identificação de alterações moleculares no câncer envolvem principalmente o estudo de três tipos de moléculas: o DNA genômico, os RNAm e as proteínas. No entanto, recentemente foram descobertas moléculas capazes de controlar a expressão de proteínas ao se ligarem às moléculas de RNAm e inibirem o processo de tradução. Por causa do seu pequeno tamanho, entre 18 e 24 nucleotídeos, essas moléculas foram denominadas microRNAs ou miRNAs. Os microRNAs são conhecidos como reguladores pós-transcricionais, pois interagem com os RNAm maduros após o processo de transcrição.

Histórico e Biogênese do MicroRNA

A descoberta dos microRNAs ocorreu em 1993 por dois grupos de pesquisadores, liderados por Lee e Wightman simultaneamente. Eles descobriram um pequeno RNA de aproximadamente 22 nucleotídeos não codificante de proteína que era capaz de reprimir a tradução do lin-14, cujo bloqueio interferia no desenvolvimento do nematódeo *Caernorhabditis elegans*. Em 2000, outro pequeno RNA de aproximadamente 22 nucleotídeos, let-7, foi descrito por também regular o desenvolvimento de nematódeos semelhante ao lin-4. Esse fenômeno chamou a atenção e em outubro de 2001, Lagos-Quintana e cols. descreveram a clonagem de dezenas de genes de pequenos RNAs em *C. elegans, D. melanogaster* e em humanos, em três laboratórios diferentes. Posteriormente, os microRNAs foram identificados em diversos animais e plantas. Esses pequenos RNAs foram coletivamente denominados microRNAs e suas informações foram incluídas no banco de dados miRBase (http://microrna.sanger.ac.uk/); em junho de 2014, o miRBase continha 2.588 microRNAs de *Homo sapiens* catalogados.

O processo de síntese dos microRNAs inicia-se no núcleo, passa por modificações pós-transcricionais e termina no citoplasma com a formação de uma única fita de microRNA maduro (**Figura 7.6**).

Cerca de 30% dos RNAm humanos são regulados por microRNAs. Acredita-se que eles regulem negativamente a expressão gênica por ligação a sítios na **região 3'UTR** do inglês, *untranslated region* (**Figura 7.7**) dos RNAm de genes codificantes de proteína, causando a degradação ou bloqueando a tradução desses RNAm. Enquanto um pareamento perfeito ou quase perfeito promove a degradação do RNAm, um pareamento parcial promove uma aceleração da remoção da cauda poli-A e inibição de sua tradução em proteína. Predições computacionais indicam que cada microRNA pode estar envolvido na regulação de centenas de RNAm diferentes, assim como um RNAm pode ser alvo de múltiplos microRNAs.

Região 3'UTR:
Região que se estende do códon de terminação até a calda poli A. UTR são regiões não codantes (não traduzidas) do RNAm (Figura 7.7).

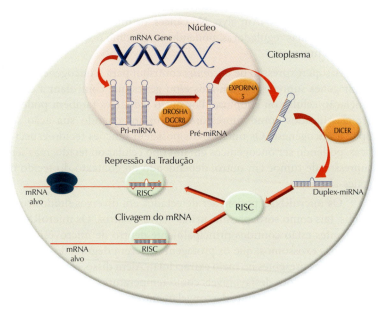

FIGURA 7.6. Biogênese do microRNA – A via canônica da biogênese dos microRNAs tem início com a transcrição do gene pela RNA polimerase II ou III em um pri-miRNA, longo transcrito primário com estrutura em forma de grampo contendo cauda poliadenilada e cap. O pri-miRNA é reconhecido pelo complexo Drosha/DGCR8 e clivado em pré-miRNA, cerca de 60-100 nucleotídeos, também em forma de grampo. Este é exportado do núcleo para o citoplasma pela exportina-5 onde sofre a ação da Dicer (RNase III), que cliva esta estrutura gerando um dúplex de microRNA com aproximadamente 22 nucleotídeos. O dúplex associa-se à proteína argonauta (AGO2) formando o complexo RISC (complexo de silenciamento induzido por RNA), uma fita do dúplex permanece no complexo RISC como microRNA maduro (fita-guia) enquanto a outra fita é degradada (fita passageira). O complexo de RISC direciona o microRNA maduro ao RNAm-alvo, levando à inibição da sua tradução em proteína ou à degradação do mesmo.

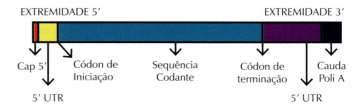

FIGURA 7.7. *Estrutura de uma molécula de RNAm.*

MicroRNA e Câncer

Os microRNAs estão envolvidos na regulação de vários processos celulares, como diferenciação, crescimento e morte celular, processos comumente desregulados na carcinogênese. Diversos microRNAs já foram associados à iniciação e progressão tumoral, assim como identificados como marcadores prognósticos em diversos tipos de câncer. O perfil de expressão de microRNAs é capaz de ajudar na classificação tumoral por ser capaz de distinguir diferentes tipos e graus de tumores. O primeiro estudo relacionando microRNAs ao câncer identificou que miR-15 e miR-16 estavam ausentes ou com baixa expressão na maioria dos pacientes com leucemia linfocítica crônica, sugerindo uma relação desses microRNAs com a patogênese desse tipo de leucemia.

Os microRNAs regulam negativamente a expressão gênica, ou seja, sua superexpressão resulta na baixa expressão das proteínas codificadas pelos RNAm alvo. No câncer, os microRNAs trabalham como moléculas reguladoras, podendo atuar como oncogenes ou supressores tumorais.

A superexpressão de *oncomirs* contribui para a oncogênese por inibir genes supressores tumorais e/ou genes que controlam a diferenciação celular ou apoptose. Por outro lado, eles também podem ser classificados como supressores de tumor quando sua ação se opõe à oncogênese. Os microRNAs possuem funções tecido-específicas, podendo ser oncogênicos em um tipo celular ou tecido, mas ser supressor de tumor em outro, dependendo do contexto do tecido e genes-alvo.

Os microRNAs podem ser detectados em diversos fluidos corporais, tais como soro, plasma, urina, saliva e outros. Os microRNAs circulantes estão contidos principalmente dentro de microvesículas, chamadas exossomos, que os protegem de serem degradados por ribonucleases presentes no meio extracelular. Além disso, eles são resistentes a condições desfavoráveis como temperaturas e pHs extremos ou ciclos de congelamento-descongelamento.

A descoberta dos microRNAs tem levado à percepção mais profunda dos mecanismos de regulação da expressão gênica e da complexidade desse processo. RNAs regulatórios podem ter implicações terapêuticas, em que microRNAs relacionados a doenças podem ser antagonizados ou funcionalmente restaurados. Novos conhecimentos sobre função dos microRNAs podem conduzir a novas possibilidades e estratégias no desenvolvimento de novas terapias. Drogas de relevância clínica podem modular a expressão de microRNAs em células tratadas *in vitro*, sugerindo que microRNAs podem ser possíveis alvos de agentes anticâncer.

É importante ressaltar que essas alterações no controle da expressão gênica e alterações epigenéticas mencionadas ao longo do capítulo não são únicas e podem coexistir em diferentes tipos de tumores.

Graças ao avanço tecnológico, hoje dispomos de técnicas de detecção em larga escala capazes de decifrar o conjunto completo de transcritos de uma célula, o transcriptoma, que é um reflexo direto da expressão gênica, além de detectar as alterações relacionadas a diferentes tipos de tumores.

Há um propósito translacional por detrás das informações sobre os mecanismos moleculares observados nas alterações epigenéticas, na busca por biomarcadores epigenéticos e genes diferencialmente expressos com intuito diagnóstico, estadiamento da doença, prognóstico e monitoramento da resposta a terapias ou até mesmo o uso de alvos farmacológicos que poderiam revertê-las.

TÉCNICAS PARA ESTUDO DE EXPRESSÃO GÊNICA E ALTERAÇÕES EPIGENÉTICAS

qPCR (Reação em Cadeia da Polimerase Quantitativa) ou PCR em Tempo Real

É uma técnica com alta sensibilidade e especificidade para a quantificação de produtos gênicos. Combina a metodologia da PCR convencional com o uso de fluorescência, permitindo a detecção e a quantificação da expressão de um determinado gene. A quantificação baseia-se na detecção da fluorescência emitida a cada ciclo da reação, sendo possível estimar a expressão de genes específicos da amostra de interesse. Para o estudo de expressão gênica inicialmente é necessária a conversão das moléculas de RNAm ou microRNAs em um DNA complementar (cDNA), uma reação de transcrição reversa, para depois realizar a qPCR.

Microarray

A tecnologia de *microarray*, ou microarranjo de DNA, permite avaliar o perfil de expressão gênica em larga escala por meio da detecção da intensidade de fluorescência emitida pela hibridização entre alvos marcados e sequências complementares (sondas) fixadas e imobilizadas em um suporte sólido.

RNA-seq

RNA-seq é uma abordagem recentemente desenvolvida para analisar o perfil de expressão gênica em larga escala, onde cDNA é gerado a partir de uma amostra de RNA de interesse e, em seguida, é quantificado utilizando-se tecnologias de sequenciamento de nova geração. Os fragmentos de leituras (*reads*) gerados são alinhados a um genoma de referência, permitindo gerar um mapa transcriptômico. Além disso, essa metodologia também permite identificar novos transcritos, *splicing* alternativo, modificações pós-transcricionais, fusão gênica, variantes genéticas, dentre outras aplicações.

Detecção da Metilação do DNA por Sequenciamento de DNA Tratado com Bissulfito de Sódio

Esta é a técnica padrão-ouro para a detecção da metilação do DNA em sítios CpGs de promotores gênicos. Após o tratamento do DNA com bissulfito de sódio, as citosinas não metiladas são convertidas em uracilas, enquanto as citosinas metiladas permanecem como citosinas. O nível da metilação das regiões genômicas de interesse será analisado após a amplificação do DNA por PCR, seguida de sequenciamento.

Detecção das Alterações em Histonas por Imunoprecipitação da Cromatina (ChIP)

Esta técnica é realizada utilizando-se anticorpos específicos para sítios conhecidos de modificações nas histonas. Primeiramente, a cromatina é sonicada seguida por uma imunoprecipitação entre o anticorpo e a modificação desejada. A seguir, uma PCR é usada para quantificar a modificação no sítio determinado.

RESUMO

Uma célula normalmente expressa apenas uma pequena fração de seus genes e podem mudar o padrão de genes expressos em resposta a mudanças em seu meio ambiente. Em eucariotos, o controle transcricional determina quando e como um gene será transcrito e depende de vários fatores, como a presença de sequência regulatória no DNA, complexos proteicos reguladores, fatores remodeladores que alteram a acessibilidade à cromatina, mecanismos epigenéticos, regulação por microRNAs, dentre outros.

O processo de transcrição tem início quando o fator geral TFIID se liga à região *TATA box*, provocando distorção nessa região do DNA e permitindo que outros fatores de transcrição se associem à RNA pol II, formando o complexo de iniciação da transcrição. A RNA pol II inicia a extensão do transcrito e muitos fatores de transcrição são liberados do DNA para iniciarem outro ciclo de transcrição.

Células com a mesma sequência de DNA possuem fenótipos distintos, o que é explicado pela existência de mecanismos epigenéticos que incluem a metilação de DNA, as modificações na estrutura da cromatina e a ação de RNA não codantes, que podem atuar sozinhos ou em combinação durante o desenvolvimento e a manutenção da vida de um organismo.

A metilação do DNA é inversamente correlacionada ao estado transcricional dos genes. É a adição covalente de um grupo metil (CH_3) ao carbono 5' de uma citosina que precede uma guanina em um dinucleotídeo CpG, localizados em ilhas CpG preferencialmente situadas em regiões de DNA repetitivo e em regiões regulatórias locadas a 5' dos genes, nos promotores gênicos. A estrutura da cromatina influencia na habilidade dos genes se apresentarem ativos ou silenciados. Na forma de heterocromatina, o DNA encontra-se compactado e transcricionalmente inativo e, na forma de eucromatina, encontra-se descondensado e transcricionalmente ativo.

Os microRNAs ou miRNAs são pequenas moléculas de 18 e 24 nucleotídeos, conhecidas como reguladores pós-transcricionais. Eles ligam-se a sítios na região 3' não traduzida dos RNAm de genes codificantes de proteína, causando a degradação ou bloqueando a tradução desses RNAm. No câncer, eles podem atuar como oncogenes ou supressores tumorais.

Entre as técnicas de biologia molecular utilizadas para o estudo da expressão gênica, destacamos a PCR em tempo real, *microarray* e RNA seq. E para detecção da metilação do DNA e detecção das alterações das histonas, destacamos o sequenciamento de DNA tratado com bissulfito de sódio e imunoprecipitação da cromatina, respectivamente.

PONTO DE VISTA

Aplicação do conhecimento da expressão gênica e epigenética na prática clínica

O câncer, como outras doenças complexas, desenvolve-se a partir de mutações e/ou descontrole na expressão gênica, que frequentemente causam alterações de numerosas proteínas e de RNAs não codificantes. O aumento ou a diminuição dos oncogenes e dos genes supressores de tumor, respectivamente, podem resultar não apenas das alterações genéticas ou da influência de fatores ambientais, mas também por influência dos eventos epigenéticos.

A identificação e a compreensão das alterações dos controles de expressão gênica nos diferentes tipos tumorais têm propiciado melhoras na detecção, no desenvolvimento de terapias-alvo específicas, como o uso de inibidores de tirosina quinase ou de anticorpos monoclonais anti-EGFR, HER-2 e VEGF, de preditores de resposta ao tratamento, e no seguimento do paciente, como os miR-21 e miR31, que têm sua expressão diminuída no plasma após resposta ao tratamento cirúrgico ou quimioterápico associado a diversos tumores e que voltam a aumentar na recidiva da doença. Além disso, a compreensão da influência dos mecanismos epigenéticos no câncer levou à possibilidade do uso de inibidores de histonas desacetilases (HDACis), vorinostat, ácido valproico e butirato de sódio, no tratamento do câncer.

Fatima Solange Pasini
Departamento de Radiologia e Oncologia, Faculdade de Medicina da Universidade de São Paulo
Instituto do Câncer do Estado de São Paulo

PARA SABER MAIS

- Wightman B, Ha I, Ruvkun G. Post transcriptional regulation of the heterochronic gene lin-14 by lin-4 mediates temporal pattern formation in C. elegans. Cell. 1993;75(5):855-62.

Descrevem pela primeira vez que o microRNA regula a transcrição de um gene.

- Lee TI, Young RA. Transcription of eukaryotic protein-coding genes. Annu Rev Genet. 2000;34:77-137.

Esta revisão descreve os aspectos fundamentais da regulação gênica.

- Sharma S, Kelly TK, Jones PA. Epigenetics in cancer. Carcinogenesis. 2010;31(1):27-36.

Descreve as alterações epigenéticas que ocorrem na célula cancerosa, comparada com a célula normal.

BIBLIOGRAFIA GERAL

1. Alberts, B. Biologia Molecular da Célula. 5ª Ed. Porto Alegre: Artmed; 2010.

2. Berger SL. Histone modifications in transcriptional regulation. Curr Opin Genet Dev. 2002;12(2):142-8.

3. Brivanlou AH, Darnell JE. Signal transduction and the control of gene expression. Science. 2002;295(5556):813-8.

4. Chen QW, Zhu XY, Li YY, Meng ZQ. Epigenetic regulation and cancer (review). Oncol Rep. 2014;31(2):523-32.

5. Cooper G, Hausman R. A célula: uma abordagem molecular. 3a ed. Artmed. 2007.

6. Croce CM. Causes and consequences of microRNA dysregulation in cancer. Nat Rev Genet. 2009;10(10):704-14.

7. Di Leva G, Garofalo M, Croce CM. MicroRNAs in cancer. Annu Rev Pathol. 2014;9:287-314.

8. Esquela-Kerscher A, Slack FJ. Oncomirs – microRNAs with a role in cancer. Nat Rev Cancer. 2006;6(4):259-69.

9. Hanahan D, Weinberg RA. Hallmarks of cancer: the next generation. Cell. 2011;144(5):646-74.

10. Li B, Carey M, Workman JL. The role of chromatin during transcription. Cell. 2007;128(4):707-19.

11. Woychik NA, Hampsey M. The RNA polymerase II machinery: structure illuminates function. Cell. 2002;108(4):453-63.

O Metabolismo da Célula Tumoral

08

Renata de Freitas Saito
Alison Colquhoun
Roger Chammas

INTRODUÇÃO

Por muito tempo, a célula tumoral foi caracterizada primordialmente por sua alta capacidade proliferativa e as alterações metabólicas presentes nestas células eram consideradas fenômenos secundários. Há aproximadamente 80 anos, o trabalho pioneiro de Otto Warburg mostrou que as células tumorais realizam glicólise mesmo na presença de oxigênio, o que ficou conhecido como glicólise aeróbica ou "efeito Warburg". Após o achado de Warburg, foram descobertas diversas alterações nas vias metabólicas tumorais, principalmente no metabolismo de glicose, glutamina e lipídeos. No geral, todas estas alterações metabólicas resultam em vantagens adaptativas que favorecem a sobrevivência da célula tumoral. Considerando a relativa ineficiência das terapias antitumorais, até então baseadas principalmente nas altas taxas replicativas da célula tumoral, o metabolismo tumoral poderia contribuir ou ser um importante regulador da quimiorresistência em tumores. O esclarecimento das vias metabólicas alteradas nas células tumorais pode indicar novas possibilidades terapêuticas para o tratamento do câncer.

Portanto, tem-se considerado um papel mais central para o metabolismo celular no contexto tumoral, pois se sabe que alterações metabólicas podem estar envolvidas em diversas etapas do desenvolvimento tumoral. Assim, o câncer seria uma doença do metabolismo? As alterações metabólicas contribuem para a proliferação da célula tumoral ou são consequência da alta taxa replicativa apresentada por estas células?

Ao final deste capítulo espera-se que o leitor compreenda: (i) as principais diferenças entre o metabolismo da célula normal e da célula tumoral; (ii) os mecanismos envolvidos nas alterações metabólicas presentes na célula tumoral; (iii) o papel de oncogenes e supressores tumorais nas alterações metabólicas que ocorrem no câncer e (iv) quais as possibilidades terapêuticas baseadas nas vias metabólicas tumorais.

DESTAQUES

- A célula tumoral realiza glicólise mesmo na presença de oxigênio (efeito Warburg).
- Oncogenes e supressores tumorais estão envolvidos no fenótipo metabólico tumoral (efeito Warburg).
- A principal alteração metabólica presente em tumores ocorre com o metabolismo de glicose, seguida do metabolismo de glutamina, mas células tumorais também apresentam alterações no metabolismo de lipídeos.
- As vias metabólicas tumorais são suficientemente diferentes das vias das células normais para serem alvos terapêuticos?

O QUE É O METABOLISMO CELULAR?

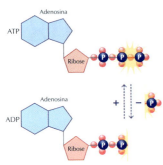

FIGURA 8.1. Molécula de ATP (adenosine triphosphate) consiste em uma molécula de adenosina (azul), uma ribose (vermelho) e três grupos fosfatos (P). A retirada do terceiro grupo fosfato por hidrólise resulta na liberação de energia e na molécula ADP (adenosine diphosphate). A molécula de ADP pode absorver energia e reincorporar um grupo fosfato, regenerando a molécula de ATP. Portanto, a molécula de ATP é um estoque energético que se assemelha a uma bateria recarregável.

NAD (nicotinamide adenine dinucleotide) é uma coenzima que apresenta dois estados de oxidação, NAD$^+$ (oxidado) e **NADH** (reduzido). NADH é responsável pela transferência de elétrons ao longo da cadeia transportadora de elétrons.

Ciclo dos ácidos tricarboxílicos (TCA): ou ciclo de Krebs, corresponde a uma série de reações químicas catalisadas por enzimas que compõem o processo de respiração celular. O ciclo TCA ocorre na matriz mitocondrial em eucariotos. Este ciclo se inicia com a conversão do piruvato produzido pela glicólise em acetil-CoA através da enzima piruvato desidrogenase. Acetil-CoA reage com oxaloacetato formando o citrato, que vai dar origem ao α-cetoglutarato com liberação de NADH$_2$ e CO$_2$. A partir do α-cetoglutarato são formados outros compostos de quatro carbonos com a formação de moléculas de FADH$_2$ e NADH, até a síntese novamente de oxaloacetato, fechando o ciclo.

O metabolismo celular é o conjunto de reações químicas que ocorrem na célula, responsável pela síntese e degradação de nutrientes, permitindo a sobrevivência e a proliferação celular. As reações químicas do metabolismo celular ocorrem de tal forma que uma molécula é transformada em outra através de várias etapas mediadas por uma sequência de enzimas. O metabolismo celular pode ser dividido em duas categorias: catabolismo e anabolismo. Processos catabólicos quebram moléculas maiores (polissacarídeos, lipídeos, ácidos nucleicos e proteínas) em unidades menores (monossacarídeos, ácidos graxos, nucleotídeos e aminoácidos, respectivamente), liberando energia. Em contrapartida, anabolismo é a utilização de energia para a construção de componentes celulares como proteínas e ácidos nucleicos. Portanto, a manutenção da viabilidade celular depende do equilíbrio entre os processos catabólicos e anabólicos, e a principal fonte de energia para a realização destes é a molécula de ATP (**Figura 8.1**).

O ATP é produzido principalmente pelos processos de glicólise e respiração celular. A primeira etapa da principal via de produção de ATP ocorre no citoplasma e é denominada glicólise, reação que converte glicose em piruvato com a produção de duas moléculas de ATP. A glicólise pode ocorrer em condições anaeróbicas (sem presença de oxigênio) e o piruvato produzido reage com **NADH**, sendo convertido em lactato (processo denominado glicólise anaeróbica). Este processo é importante em tecidos como o muscular esquelético, quando a demanda por ATP aumenta rapidamente e o aporte de oxigênio não é suficiente. Em contrapartida, na presença de oxigênio, normalmente o piruvato produzido pela glicólise é direcionado para a mitocôndria, onde é completamente oxidado através do **ciclo dos ácidos tricarboxílicos** e da **cadeia transportadora de elétrons** (fosforilação oxidativa), resultando na produção de 36 moléculas de ATP por molécula de glicose (**Figura 8.2**).

A principal fonte de energia para o metabolismo celular é a glicose, esta é oxidada para obtenção de ATP se a célula necessita de energia imediata, no entanto, quando não há demanda energética, a glicose é convertida em glicogênio (glicogênese) para ser estocada principalmente no fígado e nas células musculares. Quando os estoques de glicogênio estão adequados, a glicose pode ser convertida em triglicerídeos que são estocados nos adipócitos. Em condições de alta demanda energética, o glicogênio e os triglicerídeos podem ser convertidos em glicose (gliconeogênese). Além disso, a hidrólise de triglicerídeos (lipólise) resulta em glicerol e ácidos graxos, importantes precursores para a síntese de lipídeos, membrana celular ou mediadores lipídicos.

A partir desses exemplos citados, podemos observar que o metabolismo celular é um sistema muito robusto, onde uma complexa rede de vias metabólicas garante o aporte de nutrientes e a produção de macromoléculas necessárias para a sobrevivência celular.

A célula tumoral apresenta proficiência em proliferação e sobrevivência celular. Weinberg e Hanahan, em 2000, descreveram as seis alterações essenciais para a transformação de uma célula normal em uma célula tumoral: (i) capacidade de induzir sua própria proliferação celular; (ii) proliferação independente da sinalização de inibição de proliferação celular; (iii) capacidade de se replicar indefinidamente; (iv) resistência à indução de morte celular; (v) indução de formação de vasos sanguíneos para obtenção de nutrientes e oxigênio e (vi) capacidade de invadir o tecido local e espalhar-se para órgãos distantes (metástase). Em 2011, esses mesmos autores acrescentaram duas novas características tumorais, a capacidade de evadir ao sistema imune e alterações nas vias metabólicas. Isso reflete o resultado de trabalhos científicos que ao longo do tempo acumularam evidências de que a célula tumoral apresenta diferenças metabólicas em comparação com as células não transformadas e essas alterações favorecem o desenvolvimento e a quimiorresistência tumoral. Ao longo das últimas décadas, muitos estudos têm buscado formas de intervir nestas vias metabólicas tumorais para tentar desenvolver novas estratégias terapêuticas.

Cadeia transportadora de elétrons ou fosforilação oxidativa (oxidative phosphorylation – OXPHOS): corresponde a uma série de reações de transferência de elétrons (reações redox), onde os elétrons são transferidos de um doador (oxidação) para uma molécula aceptora de elétrons (redução). Este processo ocorre na membrana interna mitocondrial. O transporte de elétrons ocorre a partir dos produtos do ciclo TCA, NADH e FADH$_2$, e a transferência de elétrons de um doador para um aceptor mais eletronegativo ocorre até que os elétrons são transferidos para o oxigênio, o aceptor mais eletronegativo e terminal da cadeia transportadora de elétrons. A cada transferência de elétrons são produzidos prótons (íons H$^+$) que se acumulam e formam um potencial eletrostático que é utilizado pelo complexo ATP sintase para a fosforilação de ADP em ATP.

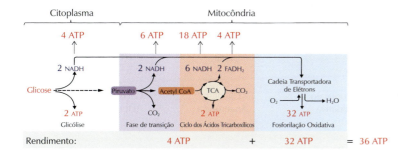

FIGURA 8.2. *Metabolismo na célula eucariótica: glicólise, ciclo dos ácidos tricarboxílicos e cadeia transportadora de elétrons/fosforilação oxidativa.* No citoplasma ocorre a glicólise, já na mitocôndria ocorre o ciclo TCA (matriz mitocondrial) e cadeia transportadora de elétrons (cristas mitocondriais). O rendimento da glicólise, do ciclo TCA e da cadeia transportadora de elétrons é de 2 ATP, 2 ATP e 32 ATP, respectivamente.

METABOLISMO DA GLICOSE – O EFEITO WARBURG

A alteração metabólica da célula tumoral mais bem caracterizada é a via de metabolismo da glicose. De acordo com a teoria proposta por Louis Pasteur em meados de 1857 ("Efeito Pasteur"), células não transformadas na presença de oxigênio metabolizam glicose preferencialmente através da fosforilação oxidativa, onde o piruvato resultante da glicólise é convertido em acetil-CoA e este é direcionado para o ciclo TCA que, junto com a cadeia transportadora de elétrons, resulta na produção de 36 moléculas de ATP por molécula de glicose. No entanto, em baixas tensões de oxigênio, o piruvato é convertido em lactato (fermentação lática) ou etanol (fermentação alcoólica) e dióxido de carbono (CO_2), com a produção de duas moléculas de ATP por molécula de glicose.

Em meados de 1920, Otto Warburg observou que as células tumorais metabolizavam a glicose de maneira diferente das células não transformadas. Warburg demonstrou que as células convertiam piruvato preferencialmente em lactato, mesmo na presença de oxigênio. Warburg concluiu que as células tumorais estavam realizando fermentação mesmo em condições aeróbicas, o que ficou conhecido como glicólise aeróbica ou "Efeito Warburg" (**Figura 8.3**). Portanto, o metabolismo tumoral vai contra o modelo proposto por Pasteur, em que a produção de energia é governada pelas concentrações de oxigênio e a glicólise é uma via emergencial induzida em períodos de hipóxia.

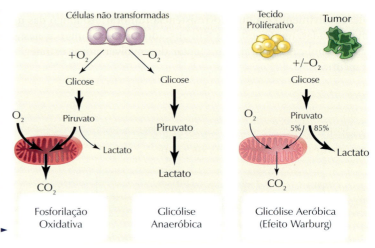

FIGURA 8.3. Esquema que representa a diferença entre fosforilação oxidativa, glicólise anaeróbica e glicólise aeróbica. Células não transformadas na presença de oxigênio metabolizam a glicose em piruvato via glicólise e este é oxidado em CO_2 pela fosforilação oxidativa, o que resulta na produção de 36 moléculas de ATP por molécula de glicose. Em condições de pouca oxigenação, o piruvato produzido via glicólise não é redirecionado para a mitocôndria e é convertido em lactato, com a produção de duas moléculas de ATP. Células de tecidos proliferativos ou células tumorais metabolizam a glicose em lactato tanto na presença quanto na ausência de oxigênio ("Efeito Warburg") (adaptado de Vander Heiden MG et al., 2009).

VANTAGENS CONFERIDAS PELO PERFIL METABÓLICO DA CÉLULA TUMORAL

Rápida Geração de ATP

A descoberta de Warburg gerou a seguinte pergunta: Por que a célula tumoral realizaria preferencialmente o processo de glicólise que é menos eficiente energeticamente que a fosforilação oxidativa? Como citado anteriormente, a eficiência do processo de glicólise é de duas moléculas de ATP por molécula de glicose e a via de fosforilação oxidativa gera 36 moléculas de ATP por molécula de glicose (**Figura 8.2**). Por que as células tumorais, que apresentam altas taxas proliferativas e consequentemente requerem muita energia, "optariam" por um processo menos eficiente? Inicialmente, como proposto pelo próprio Warburg, acreditou-se que as células tumorais apresentariam danos mitocondriais que comprometeriam a fosforilação oxidativa e, como consequência, o processo de glicólise seria induzido para suprir o déficit de produção de ATP. No entanto, após a descoberta de Warburg muitos trabalhos mostraram que as células tumorais raramente apresentam mitocôndrias disfuncionais. Além de grandes quantidades de energia, células altamente proliferativas requerem formas rápidas de produção de energia. Nesse sentido, a via glicolítica produz ATP mais rápido que a fosforilação oxidativa, sendo mais vantajosa desde que a disponibilidade de glicose não seja um fator limitante. Além disso, as células tumorais apresentam superexpressão de proteínas transportadoras de glicose para maximizar a captação desta molécula, favorecendo a disponibilidade de glicose para a via glicolítica e a rápida produção de ATP.

Geração de Biomassa para o Crescimento Celular

Durante o processo de mitose, para uma célula dar origem a duas células-filhas, esta precisa duplicar todo seu conteúdo celular. O metabolismo de glicose resulta tanto em geração de ATP quanto de biomassa, pois a glicólise produz intermediários moleculares e **NADPH**, que são necessários para a produção de macromoléculas importantes para o aumento da biomassa celular e duplicação do material genético. A via glicolítica resulta em intermediários metabólicos que são importante fonte de precursores para a síntese de aminoácidos, lipídeos e ácidos nucleicos. Se toda a glicose fosse convertida em CO_2 via fosforilação oxidativa na mitocôndria, não haveria produção de macromoléculas necessárias para a construção de novas células. Portanto, embora a glicólise possa ser menos eficiente na produção de ATP, este processo permite a formação de biomassa necessária para a proliferação celular tumoral.

NADPH (nicotinamide adenine dinucleotide phosphate): é um cofator utilizado nas reações catabólicas, enquanto NADH é utilizado nas reações anabólicas.

Otimização do *Fitness* Celular

A indução da via glicolítica na presença de oxigênio pode ser considerada um processo que apresenta desperdício de recursos (O_2) para produção de ATP, uma vez que a glicólise é menos rentável energeticamente que a fosforilação oxidativa. No entanto, a glicólise pode ser uma opção que requer menos investimentos energéticos, em comparação com a energia necessária para a construção da via de fosforilação oxidativa. Por este ponto de vista, a fosforilação oxidativa é um processo catabólico que requer o investimento de muita energia para ser realizado. Quando os nutrientes são escassos, a respiração pode ser uma opção de obtenção de ATP mais eficiente. No entanto, quando há abundância de nutrientes, o processo de glicólise, que requer menos recursos, parece ser mais vantajoso para a célula. Portanto, quando não há limitação de nutrientes, as células podem optar por um processo metabólico mais "barato" e ao mesmo tempo menos eficiente para a produção de energia.

Fitness ou fitness darwiniano: é a condição em que uma variante competidora aumenta sua frequência relativa em relação à outra variante. O fitness é a capacidade de sobreviver e reproduzir, transferindo genes para a próxima geração que conferem vantagens adaptativas para uma competição por recursos.

Se o fenótipo metabólico tumoral é desenvolvido para permitir o rápido crescimento da célula tumoral, por que estas apresentam maior fluxo de glicose, lactato e glutamina por unidade de área de membrana celular que as células não tumorais em proliferação? Isso sugere que o metabolismo tumoral confere outras vantagens à célula tumoral além de prover energia e macromoléculas para permitir o crescimento tumoral.

Minimizar a Produção e o Acúmulo de ROS

A indução de glicólise aeróbica permite que as células tumorais gastem menos energia para geração e manutenção de mitocôndrias, além disso, a glicólise aeróbica também protege as células tumorais das espécies reativas de oxigênio (**ROS**) geradas pela fosforilação oxidativa. A principal fonte de ROS celular é o processo de fosforilação oxidativa, pois 1-2% do oxigênio captado para a respiração celular são convertidos em superóxido (O_2^-), em consequência da saída prematura de elétrons da cadeia transportadora de elétrons, os quais são transferidos para moléculas de oxigênio. O superóxido pode sair da mitocôndria e ser convertido pela superóxido dismutase em outra espécie reativa, o peróxido de hidrogênio (H_2O_2). Existem enzimas responsáveis por controlar os níveis de ROS, como catalase e glutationa peroxidase, que convertem H_2O_2 em H_2O e O_2. No entanto, em condições de alta indução de fosforilação oxidativa ou alterações nesta via, favorece-se o aumento da produção de ROS e eventualmente seu acúmulo, o que pode ser prejudicial para a célula.

Além disso, o acúmulo de intermediários glicolíticos pode induzir a via das pentoses-fosfato (PPP – *pentose phosphate pathway*), uma via alternativa de metabolismo da glicose. A via PPP sintetiza ribose-5-fosfato, a qual é a pentose constituinte dos nucleotídeos que compõem os ácidos nucleicos, e NADPH, a principal molécula requerida por processos anabólicos. O favorecimento da via PPP leva ao aumento nos níveis celulares de NADPH, que resulta no aumento da forma reduzida de **glutationa** (GSH), principal antioxidante não enzimático celular. Assim, a indução da via glicolítica, através do aumento da capacidade antioxidante celular mediada pela via PPP, pode auxiliar na prevenção de danos oxidativos e também na detoxificação de drogas antineoplásicas ou até mesmo antagonizar seus efeitos. Portanto, o metabolismo tumoral glicolítico, além de conferir vantagens adaptativas para a proliferação celular, também está envolvido na resistência a terapias antitumorais.

Proteção contra Apoptose

A indução de glicólise aeróbica pelas células tumorais também pode proteger estas da morte celular através da diminuição da saída de fatores pró-apoptóticos da mitocôndria. Durante a fosforilação oxidativa, o potencial de membrana mitocondrial é alterado e ocorre a abertura de poros presentes nesta membrana (*mitocondrial permeability transition pore*: MPTP) permitindo a saída de íons de hidrogênio provenientes da cadeia transportadora de elétrons. Nas células tumorais, o baixo fluxo de elétrons resulta em um maior potencial de membrana mitocondrial que pode ao mesmo tempo dificultar a saída de fatores pró-apoptóticos desta organela.

ROS (Reactive Oxygen Species)
Termo utilizado para descrever moléculas derivadas do oxigênio molecular e que possuem um elétron livre.

Glutationa: *existe tanto no estado reduzido (GSH) quanto no estado oxidado (GSSG). Quando reduzida, GSH é capaz de doar elétrons para moléculas instáveis como as ROS, neutralizando-as. Uma vez oxidada, a glutationa (GSSG) pode ser reduzida novamente pela glutationa redutase, utilizando NADPH como doador de elétrons.*

A inibição do MPTP pode ocorrer de forma mais direta através das hexoquinases, que são enzimas que catalisam a primeira etapa da via glicolítica através da fosforilação de glicose em glicose-6-fosfato. Existem quatro isoformas de hexoquinases (I-IV) que apresentam diferentes propriedades e localização subcelular, mas todas estão envolvidas com o metabolismo celular. As hexoquinases I e II são capazes de se ligar ao MPTP e esta interação parece ser importante para a homeostasia da mitocôndria. Células tumorais apresentam superexpressão de enzimas glicolíticas como as hexoquinases devido à alta atividade glicolítica apresentada por estas células. Além disso, as células tumorais apresentam uma porcentagem aumentada de hexoquinases ligadas às mitocôndrias. A dissociação de hexoquinase II da mitocôndria é capaz de induzir a morte de células tumorais *in vitro*. Portanto, estas enzimas superexpressas em tumores, inibem a permeabilização da membrana mitocondrial ao se em ao MPTP, conferindo resistência à indução de morte celular. Ao mesmo tempo, a inibição da fosforilação oxidativa compromete a ativação de proteínas Bcl-2 pró-apoptóticas (Bax e Bak), que modulam a permeabilidade da membrana mitocondrial. Portanto, ao minimizar o processo de respiração e induzir a via glicolítica, as células tumorais também estão se protegendo da indução de morte celular.

Adaptação ao Microambiente Tumoral: Hipóxia e Acidose

O metabolismo glicolítico também pode ser compreendido como um processo de adaptação tumoral ao surgimento de regiões hipóxicas. Durante as etapas iniciais de crescimento tumoral, quando a angiogênese ainda não foi induzida, surgem regiões tumorais com baixas tensões de oxigênio. Neste cenário a indução de glicólise garante a produção de ATP mesmo em condições de flutuação de oxigênio, o que seria letal para as células que dependem da fosforilação oxidativa para gerar ATP, como as células não transformadas.

Os principais produtos da glicólise aeróbica são o lactato e íons H^+. O acúmulo destes produtos glicolíticos induz mecanismos de manutenção do pH intracelular (pHi), pois a acidificação intracelular pode ser citotóxica até mesmo para a célula tumoral. Estas células apresentam mecanismos para a manutenção do pHi, como a superexpressão de bombas que transportam estes subprodutos para fora da célula tumoral. Como consequência, o pH do meio extracelular (pHe) dos tumores se torna acídico (pHe: 6,5-6,9), formando um gradiente de pH (pHe < pHi) contrário ao observado em condições fisiológicas (pHe > pHi). A acidificação do microambiente tumoral também pode ser favorecida pela pouca vascularização ou formação de vasos malformados durante a angiogênese, que não retiram eficientemente estes metabólitos glicolíticos do meio extracelular.

O baixo pHe confere vantagens adaptativas para a célula tumoral, contribuindo para a progressão tumoral, pois favorece os processos de invasão e metástase. Estudos mostram que o baixo pHe

Metaloproteinases (MMPs – metalloproteinases): *uma família de enzimas que degradam as proteínas que compõem a matriz extracelular responsável pela manutenção da estrutura e do suporte das células. A atividade enzimática das MMPs é dependente de zinco e é balanceada pelos seus ativadores (pró-enzimas) e/ou inibidores (TIMPs – tissue inhibitors of metalloproteinases).*

Metaloenzimas: *são enzimas que têm um metal, frequentemente um íon, ligado ao seu componente proteico. O metal atua como um cofator para diminuir a energia de ativação da quebra de ligações químicas.*

Autofagia (macroautofagia): *é um processo catabólico de degradação de proteínas citoplasmáticas e organelas, que mantém o metabolismo através da reciclagem dos componentes degradados.*

aumenta a expressão do fator angiogênico VEGF (*vascular endothelial growth factor*), favorecendo a formação de novos vasos, ou seja, a formação de vias que podem permitir a saída de células tumorais do tumor primário, facilitando o processo de metástase. Ao mesmo tempo, a acidose extracelular também induz o aumento da expressão de **metaloproteinases**, as quais auxiliam na degradação da matriz extracelular e da membrana basal, abrindo espaço para que a célula tumoral possa migrar e encontrar um vaso para metastizar. Além disso, um dos principais sistemas intracelulares responsivos a alterações no pH é o citoesqueleto de actina, pois sua montagem depende do pH intracelular (pHi) > 7,2. Portanto, alterações no pHi interferem na formação dos filamentos de actina que podem impactar na motilidade das células tumorais.

Para regular o pH celular, além de alterarem a expressão de bombas e transportadores que facilitam a saída de H^+ e lactato da célula, os tumores também induzem a expressão de proteínas da família anidrase carbônica, principalmente CAIX (*carbonic anhydrase 9*). Estas proteínas são **metaloenzimas** cuja principal função é catalisar a conversão reversível de dióxido de carbono e água em bicarbonato (HCO_3^-) e prótons (H^+). A acentuada atividade em tumores de CAIX na superfície celular resulta na produção de HCO_3^-, o qual é transportado para o interior da célula onde auxiliará no tamponamento do pHi. Ao mesmo tempo os prótons H^+ ficam retidos no meio extracelular, contribuindo para a acidose do pHe. Desta maneira, principalmente as isoformas CAIX e CAXII apresentam expressão aumentada em células tumorais e estão associadas a progressão tumoral, metástase e quimiorresistência.

A acidificação do meio extracelular é tóxica para as células não transformadas, portanto, as células tumorais devem apresentar vias adaptativas que permitam sua sobrevivência celular nesta condição desfavorável. Um mecanismo de adaptação induzido em resposta à acidose é a **autofagia**. O processo de autofagia desempenha função dual no desenvolvimento e na progressão tumoral. Autofagia atua como supressor tumoral em etapas iniciais do desenvolvimento do tumor, mas também auxilia na sobrevivência das células tumorais ao longo da progressão tumoral frente a estresses metabólicos e está envolvida na quimiorresistência. Recentemente, o mecanismo de autofagia tem sido associado a respostas a alterações no pH celular. Estudos mostram que a indução de autofagia pela acidose é crucial para a sobrevivência celular nesta condição, pois o pH ácido inibe o principal regulador negativo de autofagia, o mTOR (*mammalian target of rapamycin*) e a inibição de autofagia induz a morte das células tumorais quando expostas a condições de baixo pH. Portanto, a indução de autofagia nas células tumorais confere uma vantagem adaptativa a estas células em relação às células não transformadas, permitindo sua sobrevivência em condições de acidose.

Além de respostas intracelulares, a acidificação do pHe interfere nas interações entre as células tumorais e as células do sistema imune. A acidose ocasionada pelo acúmulo de lactato pode resultar na inibição de células T citotóxicas, contribuindo para o escape das células tumorais ao sistema imune. Portanto, a acidose extracelular em consequência à glicólise aeróbica tumoral confere vantagens adaptativas como sobrevivência celular, migração e metástase, além de proteger as células tumorais do ataque do sistema imune. Esses achados científicos motivaram a busca de terapias que interferissem no pH extracelular acídico tumoral para tentar bloquear estas vantagens adaptativas, tornando estas células mais suscetíveis à indução de morte celular. Estudos em modelo animal mostram que a administração oral de bicarbonato de sódio se mostrou uma boa estratégia para aumentar o pHe de tumores sólidos, sem alterar o pHe de tecidos normais. Esta terapia tamponante resultou na redução de invasão e formação de metástases *in vivo*, embora não tenha alterado o crescimento do tumor primário. Atualmente, estudos clínicos avaliam a utilização de dietas baseadas em compostos tamponantes como uma nova alternativa terapêutica para o tratamento do câncer.

EFEITO WARBURG REVERSO

Sabe-se que *in vivo* o tumor não é composto apenas por células tumorais e sim por uma população celular heterogênea, os componentes do microambiente tumoral serão abordados com mais detalhes no Capítulo 10. Até o momento muitos estudos mostram que existem interações entre células tumorais e células do microambiente tumoral, que favorecem o crescimento do tumor. Mais recentemente, tem se mostrado que estas interações podem ser mediadas por alterações metabólicas. Inicialmente, a glicólise aeróbica proposta por Warburg foi aceita como um fenômeno presente apenas nas células tumorais, no entanto, estudos mostram que células do estroma também podem realizar glicólise aeróbica.

Uma das evidências que suportam esta hipótese é que o cultivo de células tumorais na presença de fibroblastos resulta no aumento da massa mitocondrial nas células tumorais, enquanto nos fibroblastos há uma diminuição de mitocôndrias. Acredita-se também que a secreção de peróxido de hidrogênio pelas células tumorais resulta em **estresse oxidativo** e indução de processos catabólicos, como autofagia e **mitofagia** nas células estromais. Desta forma, o estresse oxidativo causado pelas células tumorais leva à destruição de mitocôndrias através da mitofagia, favorecendo a via glicolítica nestas células. Além disso, os metabólitos ricos em energia produzidos pela glicólise aeróbica, como lactato, são captados pelas células tumorais para serem utilizados por estas células como combustível para a fosforilação oxidativa, garantindo a produção de ATP e proliferação celular. Este modelo foi denominado "efeito Warburg reverso", pois o aumento da glicólise aeróbica ocorre nas células estromais e não nas células tumorais, como proposto por Warburg (**Figura 8.4**).

Desta forma, ao invés de serem produtoras de lactato, as células tumorais seriam consumidoras de lactato produzido pelas células do estroma tumoral. De fato, a reciclagem de lactato ocorre em condições fisiológicas, onde as células do músculo esquelético enviam lactato para o fígado onde, através de gliconeogênese, é convertido em

Estresse oxidativo: é o desbalanço entre a produção e a eliminação de espécies reativas de oxigênio, levando ao acúmulo destas espécies reativas.

Mitofagia: é a degradação de mitocôndrias através do processo de autofagia.

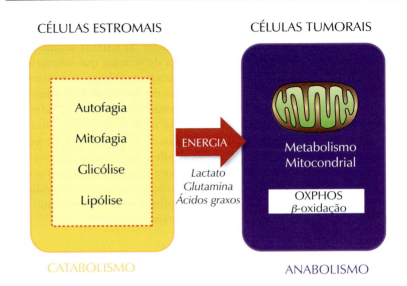

FIGURA 8.4. *Esquema representativo do "efeito Warburg reverso":* as células do microambiente tumoral (fibroblastos e adipócitos), através de processos catabólicos geram e transferem metabólitos (lactato, glutamina, ácidos graxos) para as células tumorais. Estes metabólitos são utilizados como substrato para a fosforilação oxidativa. O lactato é convertido em piruvato e este em seguida em acetil-coenzima A, a qual participa do ciclo TCA. A quebra dos ácidos graxos na mitocôndria (β-oxidação) também gera acetil-coenzima A. A glutamina é convertida em alfa-cetoglutarato, que também participa do ciclo TCA. Desta forma, esta transferência de metabólitos promove o crescimento tumoral.

glicose e esta é liberada na corrente sanguínea, sendo absorvida pelo músculo, completando o ciclo de Cori. Com base neste exemplo fisiológico, o microambiente tumoral também pode apresentar um ciclo de aproveitamento de lactato para favorecer sua sobrevivência. Outra evidência que dá suporte à teoria do "efeito Warburg reverso" é que as células estromais apresentam acúmulo de proteínas transportadoras que secretam lactato em sua superfície, enquanto as células tumorais apresentam acúmulo de proteínas de superfície que captam lactato. Portanto, as alterações metabólicas nas células tumorais podem interferir tanto na sinalização intracelular, quanto resultar na modulação de outras células do microambiente tumoral.

MECANISMOS ENVOLVIDOS NA ALTERAÇÃO METABÓLICA DA CÉLULA TUMORAL

O fenótipo metabólico da célula tumoral é determinado por fatores intrínsecos como mutações genéticas, e extrínsecos, como respostas ao microambiente tumoral. Entre as mutações associadas com alterações metabólicas tumorais podemos destacar mutações nos genes PI3K, HIF, MYC e P53 (**Figura 8.5**). Os oncogenes AKT, MYC e HIF contribuem para a indução de glicólise aeróbica. No entanto, o supressor de tumor p53 minimiza o fenótipo glicolítico e favorece a fosforilação oxidativa, portanto, sua supressão contribui para a indução de glicólise aeróbica. Mas é importante lembrar que alterações no microambiente tumoral como hipóxia, baixo pH e/ou privação de nutrientes também induzem respostas nas células tumorais que resultam em alteração da atividade metabólica destas células.

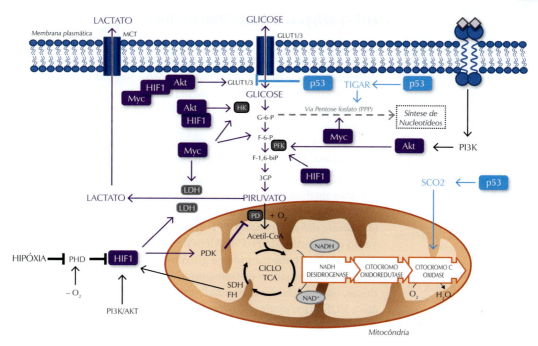

FIGURA 8.5. Envolvimento de oncogenes e supressores tumorais nas vias metabólicas. Os oncogenes AKT, MYC e HIF induzem a via glicolítica, enquanto o supressor de tumor p53 inibe a via glicolítica e induz a fosforilação oxidativa. A indução destes oncogenes e a supressão de p53 contribui para a indução de glicólise aeróbica ou efeito Warburg. Legenda: G-6-P (glicose-6-fosfato), F-6-P (frutose-6-fosfato), F-1,6-biP (frutose-1,6-bifosfato), 3GP (3-glicose fosfato), PDK (piruvato desidrogenase quinase), SDH (succinate dehydrogenase) e FH (fumarate hydratase), PHD, PD (piruvato desidrogenase), LDH (lactato desidrogenase).

PI3K/Akt

A via PI3K encontra-se frequentemente ativada em tumores através da perda do seu regulador negativo, o supressor de tumor PTEN. A via de sinalização desencadeada por PI3K está envolvida no crescimento, na sobrevivência celular, apoptose, migração e também no metabolismo de glicose.

Após a ativação de PI3K, a **quinase** Akt é ativada e está diretamente envolvida na glicólise aeróbica, pois induz o aumento da expressão e a translocação de transportadores de glicose (GLUT1 e GLUT3) para a superfície celular. Além disso, Akt aumenta a atividade das **hexoquinases** e **fosfofrutoquinases**, enzimas responsáveis pelo início das vias metabólicas de glicólise e pentose fosfato (PPP – *pentose phosphate pathway*) mesmo na ausência de fatores extrínsecos.

Quinase: enzima que catalisa a transferência de um grupo fosfato de uma molécula doadora, como ATP, para proteínas, lipídeos e ácidos nucleicos. A adição de fosfato (fosforilação) a proteínas ocorre em aminoácidos como serina (serina quinase), treonina (treonina quinase) ou tirosina (tirosina quinase).

Hexoquinase: enzima que atua na primeira etapa da via de glicólise, a conversão de glicose em glicose-6-fosfato.

Fosfofrutoquinase (PFK): enzima glicolítica responsável pela transferência irreversível de um grupo fosfato do ATP para frutose-6-fosfato, resultando em frutose-1,6-bifosfato. Por catalisar uma etapa irreversível e por altos níveis de ATP celulares inibirem a atividade de PFK, esta enzima desempenha função crucial na regulação do processo de glicólise.

HIF-1 (*Hypoxia Inducible Factor*)

Hidroxilado: *composto resultante da reação química de hidroxilação, que compreende a adição de um radical hidroxila (-OH).*

Fumarate hydratase: *enzima que catalisa a conversão reversível de fumarato em malato.*

Succinate dehydrogenase: *complexo enzimático situado na membrana interna mitocondrial que participa tanto do ciclo TCA quanto da cadeia transportadora de elétrons.*

von Hippel-Lindau: *durante condições de normóxia, HIF-1α é hidroxilado pela enzima prolil hidroxilase, tornando-se reconhecido pelo supressor tumoral von Hippel-Lindau (VHL) e em seguida é degradado.*

Pyruvate dehydrogenase kinases (PDK): *enzima que inibe a piruvato desidrogenase através de sua fosforilação. A piruvato desidrogenase converte piruvato em acetil-CoA, o qual é direcionado para o ciclo TCA.*

LDH-A (lactato desidrogenase A): *é a enzima que regula as etapas finais da glicólise. Esta enzima é responsável pela conversão de piruvato em lactato. A LDH-A encontra-se frequentemente com expressão aumentada em tumores.*

O fator de transcrição HIF-1 é um heterodímero composto pelas subunidades α e β. Quando na presença de oxigênio, HIF-1 é *hidroxilado*, o que facilita sua *ubiquitinação* e *degradação proteassomal*. No entanto, em condições de baixas tensões de oxigênio, HIF-1 é estabilizado e ativado. Como resultado do crescimento tumoral há o surgimento de regiões hipóxicas onde ocorre a ativação de HIF-1 e a indução dos alvos deste fator de transcrição, como fatores angiogênicos para aumentar o aporte de oxigênio.

HIF-1 também pode ser estabilizado em condições de normóxia por vias mediadas por oncogenes, como a via de PI3K e por mutações em supressores tumorais como VHL (**von Hippel-Lindau**), SDH (*succinate dehydrogenase*) e FH (*fumarate hydratase*), levando à ativação constitutiva de HIF-1. Além de favorecer o processo de angiogênese, HIF-1 também induz a glicólise, pois amplifica a transcrição de genes codificadores de transportadores de glicose e enzimas glicolíticas, aumentando a capacidade celular de realizar glicólise. HIF-1 ativa PDKs (*pyruvate dehydrogenase kinases*) que inibem a enzima *piruvato quinase* responsável pelas primeiras etapas do processo de fosforilação oxidativa, diminuindo o consumo de oxigênio e reforçando o fenótipo glicolítico. Portanto, a ativação de HIF-1 que normalmente ocorre em tumores sólidos em decorrência de áreas hipóxicas, resulta na diminuição de respiração celular e no aumento da glicólise aeróbica.

Myc

A família de genes myc (c-myc, L-myc, s-myc, e N-myc), frequentemente amplificada em tumores, codifica fatores transcricionais que induzem a expressão de genes requeridos para os processos de crescimento e controle do ciclo celular. A oncoproteína c-Myc, junto com a ativação de HIF-1, interfere na glicólise através da ativação de vários componentes da via metabólica de glicose como enzimas e transportadores glicolíticos, e enzimas envolvidas na produção de lactato (lactato desidrogenase – LDH). c-Myc também induz a expressão de enzimas envolvidas no metabolismo de nucleotídeos.

p53

A principal função do supressor tumoral p53 é a indução de parada em ciclo celular, apoptose ou senescência em resposta a danos no DNA. No entanto, p53 tem sido considerado um importante regulador do metabolismo celular. Células p53$^{-/-}$ possuem altas taxas de glicólise, produzem grande quantidade de lactato e apresentam respiração mitocondrial diminuída em comparação às células que expressam p53. Assim, p53 parece suprimir o fenótipo glicolítico e a perda de função de p53 em tumores pode favorecer a indução de glicólise.

Dois genes induzidos por p53, SCO2 (*synthesis of cytochrome c oxidase 2*) e TIGAR (TP53-*induced glycolysis and apoptosis regulator*), foram identificados como reguladores do metabolismo energético celular. O gene SCO2 regula a respiração mitocondrial através do complexo citocromo C oxidase (última enzima na cadeia transportadora de elétrons), portanto, a indução deste gene por p53 resulta em aumento da respiração mitocondrial. TIGAR reduz a ativação da via glicolítica, pois redireciona o primeiro composto da via glicolítica, glicose-6-fosfato, para uma via metabólica alternativa, a via pentose fosfato (PPP). A proteína p53 também reprime a expressão transcricional de transportadores de glicose (GLUT1 e GLUT4) e regula a respiração mitocondrial pela inibição da subunidade p53R2 (*ribonucleotide reductase subunit*) responsável pela manutenção do DNA mitocondrial. A perda de p53R2 resulta em diminuição do DNA mitocondrial e da função mitocondrial celular. p53 é um importante supressor tumoral e mutações em p53 ocorrem frequentemente (> 50%) em tumores humanos. Assim, mutações em p53 resultando na perda da função da proteína p53 parecem contribuir para o efeito Warburg, pois resultam na diminuição da fosforilação oxidativa e no favorecimento da glicólise.

METABOLISMO DE GLUTAMINA

Alteração no metabolismo de glutamina é a segunda maior alteração metabólica presente na maioria das células tumorais. Glutamina é o aminoácido mais abundante no plasma e é um importante nutriente para processos como a geração de ATP, biossíntese de proteínas, lipídeos e ácidos nucleicos, além de regular vias de sinalização e a homeostasia redox. Portanto, a glutamina está envolvida nas principais vias metabólicas necessárias para a sobrevivência e proliferação celular.

O catabolismo de glutamina ocorre através da enzima mitocondrial glutaminase (GLS), a qual catalisa a hidrólise de glutamina em glutamato e amônia. A desaminação de glutamato origina um dos intermediários do ciclo TCA, o α-cetoglutarato (α-KG). Além disso, o glutamato é um precursor da glutationa, o principal antioxidante celular, e é fonte de grupamentos aminas que compõem aminoácidos não essenciais (alanina, aspartato, serina e glicina) necessários para síntese de macromoléculas.

A atividade das enzimas GLS se correlaciona positivamente com a taxa de crescimento tumoral e malignidade. Além disso, o silenciamento da expressão de GLS ou a inibição da atividade de GLS resulta em um atraso no crescimento tumoral, mostrando a dependência das células tumorais pela via glutaminolítica. Os níveis de expressão e atividade das enzimas GLS podem ser regulados por oncogenes como c-Myc e KRAS. Além do envolvimento da sinalização por oncogenes no aumento do metabolismo de glutamina, a hipóxia também está envolvida no aumento da dependência de glutamina apresentado pelas células tumorais. Células em hipóxia geram citrato a partir de α-KG derivado da glutamina para a produção de lipídeos, sendo a ativação de HIF-1 necessária e suficiente para que esta reação ocorra.

A dependência do metabolismo de glutamina pelas células tumorais faz com que esta via metabólica se torne um possível alvo terapêutico. Entre as tentativas de intervir no metabolismo de glutamina tumoral podemos destacar, primeiramente, a diminuição da disponibilidade deste aminoácido. O tratamento de leucemia linfoblástica aguda (LLA) e outras malignidades hematopoiéticas com L-asparaginase, enzima que converte glutamina em ácido glutâmico através da retirada de um nitrogênio, é eficiente para a depleção de glutamina e está correlacionado com uma melhor resposta terapêutica. Além disso, a inibição da captação de glutamina também foi avaliada como um alvo terapêutico. Um dos transportadores de glutamina, SLC1A5, regulado por c-Myc, apresenta expressão aumentada em vários tumores e está relacionado com maior agressividade tumoral e menor sobrevida do paciente. A inibição deste transportador de glutamina resultou na diminuição da taxa de proliferação de células de carcinoma de cólon humano e câncer de pulmão. Outra abordagem terapêutica testada foi a utilização de glutamina mimética, como as moléculas L-DON, *acivicina* e *azasserina*, todas isoladas de *Streptomyces*. Apesar de promissores resultados em estudos pré-clínicos, estudos clínicos com estas três moléculas revelaram excessiva toxicidade. Isto evidencia a necessidade de terapias que interfiram na via metabólica de glutamina mais seletivamente.

Em todas as terapias, é importante considerar os possíveis efeitos colaterais em resposta a intervenções no metabolismo de glutamina. Este aminoácido é essencial para a proliferação de células do sistema imune como macrófagos, linfócitos e neutrófilos. A imunossupressão é um importante efeito colateral observado em resposta ao tratamento com a L-asparaginase. Já as moléculas miméticas de glutamina, como L-DON, apresentam acentuada toxicidade gastrointestinal e neurotoxicidade, esta última se deve ao fato de que em neurônios a enzima GLS converte glutamina no neurotransmissor glutamato, o qual é captado pelos astrócitos e convertido novamente em glutamina, que é captada pelos neurônios. Portanto, novas abordagens menos tóxicas para interferir no metabolismo de glutamina devem ser estudadas.

METABOLISMO DE LIPÍDEOS

Além de alterações no metabolismo de glicose e glutamina, o aumento de biossíntese de macromoléculas, principalmente de lipídeos, tem sido identificado como parte da reprogramação metabólica da célula tumoral.

O metabolismo de glicose e glutamina está diretamente relacionado com o metabolismo de lipídeos, pois fornecem substratos como NADPH e acetil-CoA para a síntese de ácidos graxos (AG). A maioria das células de um organismo adulto utiliza os lipídeos provenientes da circulação sanguínea e a **síntese *de novo*** de AG ocorre no fígado e no tecido adiposo. No entanto, a célula tumoral apresenta reativação

Síntese de novo: síntese de novas moléculas complexas a partir de moléculas simples.

CAPÍTULO 8

da síntese de lipídeos, apresentando alta síntese de AG, denominada lipogênese. O aumento da expressão de genes envolvidos na via de lipogênese tem sido associado com diversos tipos de cânceres com fenótipo agressivo. A função dos AG em células tumorais não se limita apenas em ser um estoque energético, mas também são fonte de metabólitos lipídicos para a biossíntese de membranas, participam de sinalização celular e estão envolvidos em modificações pós-traducionais de proteínas.

METABOLISMO DO MACROAMBIENTE TUMORAL

A formação de vasos sanguíneos é crucial para a entrega de oxigênio e nutrientes para as células tumorais, permitindo o crescimento tumoral. No entanto, estes vasos também permitem a comunicação do microambiente tumoral com os órgãos do corpo do paciente (macroambiente tumoral) através do transporte de fatores liberados pelas células tumorais. Assim, o processo de formação de vasos confere não somente vantagens para o microambiente tumoral, mas também permite a comunicação do tumor primário com o macroambiente tumoral resultando em efeitos biológicos sistêmicos.

Caquexia

A caquexia é uma síndrome multifatorial caracterizada pela perda progressiva de massa muscular esquelética, que pode ou não estar associada a perda de gordura corporal, e que não é revertida com a suplementação nutricional convencional. Esta síndrome é caracterizada por anorexia, *lipólise* e resistência à insulina. Cerca de 60 a 80% dos pacientes oncológicos terminais apresentam caquexia e estima-se que 15 a 20% das mortes de pacientes com câncer podem ser atribuídas a esta síndrome.

Lipólise: é o processo bioquímico de hidrólise de triglicérides em glicerol e ácidos graxos. Estes últimos são importantes precursores para a síntese de lipídeos, membrana celular ou mediadores lipídicos. Este processo ocorre em todos os tecidos e tipos celulares, mas é mais abundante no tecido adiposo.

Embora a anorexia seja o principal fator que contribui para a caquexia em pacientes oncológicos em estágio avançado, ela não é suficiente para explicar a progressiva perda de peso observada nestes pacientes. Mesmo pacientes que não apresentam anorexia ou problemas de absorção de nutrientes, apresentam frequentemente perda de peso, sugerindo que o crescimento tumoral contribui para a indução de caquexia. Sabe-se que o microambiente tumoral pode contribuir para esta síndrome, pois citocinas liberadas pelas células tumorais promovem vias de degradação de tecido muscular esquelético e adiposo. Portanto, mediadores inflamatórios (ex., IL-6, TNF-α, IL-1 e IFN-γ), além de sinalizarem para as células do microambiente, também podem contribuir para a perda de peso dos pacientes com caquexia. Muitos estudos foram realizados na tentativa de encontrar um marcador para o diagnóstico de caquexia, no entanto, esta síndrome parece estar relacionada com um conjunto de citocinas.

Perda do Tecido Adiposo

Uma das características observadas na caquexia é a perda de tecido adiposo. O tecido adiposo é um grande reservatório de energia, que em vez de ser apenas um reservatório passivo de calorias, tem sido reconhecido como um tecido metabolicamente ativo que interage com os demais órgãos do hospedeiro através de **adipocinas**. Pacientes com caquexia apresentam como resultado da perda de tecido adiposo maiores níveis de ácidos graxos e glicerol circulante, devido ao aumento de **lipólise**, comparados a pacientes oncológicos sem caquexia ou pessoas saudáveis. Este aumento do fluxo de lipídeos na circulação pode ser reaproveitado pelo metabolismo tumoral, favorecendo o crescimento do tumor.

> **Adipocinas:** citocinas secretadas pelo tecido adiposo (ex., leptina, adiponectina, apelina, chemerin, interleucina-6 (IL-6), monocyte chemotactic protein-1 (MCP-1), plasminogen activator inhibitor-1 (PAI-1), retinol binding protein-4 (RBP4), fator de necrose tumoral-alfa (TNF-α), visfatin.

Atrofia Muscular

A perda de massa muscular em pacientes com caquexia é resultado do desbalanço entre a síntese e o catabolismo de proteínas musculares. As vias envolvidas no catabolismo muscular podem ser através de **lisossomos** e **calpaínas** presentes no tecido muscular ou pela via proteolítica ATP-**ubiquitina**-dependente (UPP: *ATP-ubiquitin-dependent proteolytic pathway*). A última é a principal via ativada em pacientes com caquexia e pode ser induzida por citocinas encontradas nestes pacientes (ex., TNF-α, IL-1, IL-6, e IFN-γ). Além do aumento da quebra de proteínas, a diminuição das taxas de síntese de proteínas musculares também pode ser observada em pacientes com perda de peso. O resultado da perda de massa muscular se reflete na piora na qualidade de vida do paciente, gerando riscos de queda que podem resultar em complicações hospitalares.

> **Lisossomos:** são organelas citoplasmáticas que contêm enzimas que fragmentam todos os tipos de polímeros biológicos (proteínas, ácidos nucleicos, carboidratos e lipídeos).

> **Calpaína:** uma família de proteases (enzimas que quebram ligações peptídicas entre os aminoácidos constituintes das proteínas) de cisteína dependentes de cálcio.

> **Ubiquitina:** são proteínas regulatórias que ao se ligarem a proteínas atuam como uma sinalização para que estas proteínas sejam direcionadas para o proteassoma (organela que degrada e recicla proteínas celulares).

Obesidade

Estudos clínicos mostram que alterações no metabolismo corpóreo estão associadas tanto com o desenvolvimento e a progressão de tumores quanto com baixas respostas aos tratamentos antitumorais. Neste contexto, a obesidade e a resistência à insulina estão associadas a risco aumentado de desenvolvimento de câncer e baixas respostas terapêuticas.

Vários estudos mostram que a obesidade é um fator de risco para o desenvolvimento de câncer. O tecido adiposo secreta vários hormônios e adipocinas que estão envolvidos no desenvolvimento e na progressão de tumores. O excesso de tecido adiposo em obesos está associado a altos níveis de citocinas pró-inflamatórias como TNF-α, IL-2, IL-6, IL-8, IL-10, PGE2, e MCP-1 (*monocyte chemoattractant protein-1*). No entanto, apesar de vários mecanismos propostos, ainda não se sabe qual o mecanismo exato que correlaciona a obesidade com o processo de tumorigênese.

A resistência à insulina é uma condição em que o corpo produz insulina, mas as células não a utilizam eficientemente. Neste caso, a glicose, em vez de ser absorvida pelas células, acumula-se na circulação sanguínea (hiperglicemia), o que estimula o pâncreas a produzir ainda mais insulina (hiperinsulinemia). Este cenário pode levar a diabetes do tipo 2 ou pré-diabetes, mas também pode favorecer o desenvolvimento e a progressão de tumores. A relação entre a resistência à insulina e o câncer pode ser entendida através deste efeito compensatório de produção de insulina. A insulina é um importante fator de crescimento, atuando direta ou indiretamente através da indução do aumento de outros fatores de crescimento, como IGF (*insulin-like growth factors*). Portanto, as altas taxas de insulina podem favorecer o crescimento da célula tumoral.

DIAGNÓSTICO A PARTIR DE ALTERAÇÕES DO METABOLISMO TUMORAL

A partir da descoberta de Warburg, observou-se que o alto consumo de glicose e a elevada secreção de lactato são características comuns apresentadas por vários tipos tumorais. Com base nesta alteração do metabolismo de glicose presente na célula tumoral foi desenvolvido o método de diagnóstico por imagem para detecção de tumores. Este método consiste na utilização de um análogo da molécula de glicose que possui o radioisótopo flúor-18 em sua composição (*2-desoxi-2-(18F)fluoro-D-glicose* ou ^{18}F-FDG). A emissão de pósitrons proveniente da molécula ^{18}F-FDG é captada pela **tomografia por emissão de pósitrons** (**PET - *positron emission tomography***), permitindo identificação de regiões com alta captação de glicose, como tumores. A utilização de ^{18}F-FDG tem sido um dos principais métodos de diagnóstico utilizados na clínica. No entanto, a utilização de ^{18}F-FDG PET não se mostra eficiente para o diagnóstico de alguns tipos tumorais e pode apresentar falso-positivo, pois ^{18}F-FDG também é positivo em áreas de inflamação. Além disso, fisiologicamente, ^{18}F-FDG é captado pelo trato urinário, o que inviabiliza a utilização deste marcador para o diagnóstico de tumores urinários. Por estes motivos, novos marcadores metabólicos têm sido desenvolvidos.

Colina é um nutriente essencial que participa da síntese dos fosfolipídeos fosfatidilcolina e esfingomielina, que compõem a membrana celular. Tumores apresentam aumento do metabolismo de colina com consequente aumento de intermediários metabólicos desta via, como fosfocolina (PCho: *phosphocholine*) e compostos contendo colinas totais (tCho: *total choline-containing compounds*). Inicialmente o aumento nos níveis de PCho estavam relacionados com a alta taxa proliferativa das células tumorais. No entanto, estudos mostraram que células não transformadas, quando induzidas a proliferar, não apresentavam acúmulo de PCho e tCho. Portanto, o metabolismo alterado de colina está relacionado com a transformação maligna e não apenas com a proliferação celular. O aumento dos níveis de PCho e tCho pode estar relacionado com a superexpressão e/ou ativação de enzimas do metabolismo de colina apresentadas pelos tumores. A

Tomografia por emissão de pósitrons (PET - positron emission tomography): é uma técnica que combina a tomografia com a medicina nuclear. Pequenas quantidades de substância radioativa, denominadas radionuclídeos (marcadores radioativos), são utilizadas para visualizar alterações em tecidos ou órgãos. PET é frequentemente utilizado para avaliar alterações no metabolismo tecidual ou de um determinado órgão. A técnica de PET baseia-se na utilização de um equipamento de detecção de pósitrons emitidos pelo radionuclídeo retidos em determinados órgãos ou tecidos. Os pósitrons são produzidos pela quebra do radionuclídeos e durante a emissão dos pósitrons raios gama são produzidos. Estes são detectados pelo scanner e através de análises computacionais são reconstruídos os locais de emissão dos pósitrons a partir das energias e direções de cada raio gama.

ativação e superexpressão destas enzimas podem ser induzidas pela sinalização oncogênica mediada pela via de RAS e PI3K-AKT. Além disso, alterações microambientais como hipóxia e acidose extracelular podem interferir no metabolismo de colina. A partir destes conhecimentos foram desenvolvidas colinas marcadas com radioisótopos (^{11}C-colina ou ^{18}F-colina), com a finalidade principalmente para o diagnóstico de câncer de próstata.

Tem-se estudado o potencial uso de aminoácidos marcados com [^{11}C] e [^{18}F] para o diagnóstico de tumores por PET. A proliferação celular é acompanhada pela síntese de proteínas, portanto, células altamente proliferativas apresentam aumento da captação de aminoácidos que são unidades estruturais formadoras das proteínas. Um dos aminoácidos radiomarcados é a metionina (*^{11}C-methionine*), utilizada para detecção de tumores cerebrais, câncer de cabeça e pescoço, pulmão, mama e linfomas.

Acetato é rapidamente captado pelas células e convertido em acetil-CoA pela acetil-CoA sintase, tanto no citoplasma quanto na mitocôndria. No citoplasma, acetil-CoA é utilizado para a síntese de colesterol e ácidos graxos, os quais participarão da formação da membrana celular. Já na mitocôndria, acetil-CoA é oxidado pelo ciclo dos ácidos tricarboxílico (TCA) em água e CO_2. Menos frequentemente, o acetato pode ser convertido em aminoácidos. Em células do miocárdio, o acetato é predominantemente metabolizado em CO_2 pelo ciclo TCA. No entanto, em tumores o acetato é principalmente convertido em ácidos graxos pela enzima ácido graxo sintase (FAS: *fatty acid synthetase*), que se encontra superexpressa nas células tumorais. Estes ácidos graxos serão utilizados na formação de membrana celular e contribuirão para a proliferação da célula tumoral. Desta forma, o acetato radiomarcado ([^{11}C]acetato) tem se mostrado um promissor marcador para o diagnóstico de tumores renais, pancreáticos e da próstata.

TERAPIAS ANTITUMORAIS BASEADAS NA INTERVENÇÃO DO METABOLISMO TUMORAL

As células tumorais dependem de alterações metabólicas para sustentar o crescimento e a proliferação tumoral. Portanto, a reprogramação metabólica tumoral pode tornar as células tumorais dependentes de enzimas ou processos metabólicos específicos que podem ser utilizados como alvo para terapias antitumorais.

A utilização do metabolismo tumoral como alvo terapêutico teve início com um dos primeiros tratamentos antitumorais, os antifolatos ou antagonistas do ácido fólico. O tratamento pioneiro de leucemia com aminopterina, um análogo do ácido fólico, foi realizado por **Sidney Faber,** que naquele momento desconhecia o envolvimento desta droga com o metabolismo tumoral. Hoje sabemos que drogas análogas do ácido fólico, como metotrexato, inibem a atividade do

Sidney Faber *observou que a administração de ácido fólico (folato) para paciente com leucemia resultava em um aumento do crescimento tumoral. Esta evidência levou Faber à hipótese de que análogos de folato poderiam ser utilizados para inibir o crescimento da célula tumoral. O análogo de folato aminopterina foi a primeira droga que resultou na remissão de leucemia linfoblástica aguda em criança. Outro análogo de folato, o metotrexato, substituiu a aminopterina e foi a primeira droga que levou à cura de um tumor sólido por quimioterapia em 1950.*

ácido fólico (vitamina B_9), o qual é cofator de enzimas envolvidas na biossíntese de serina, treonina, timidina e purina. Consequentemente, os antifolatos inibem a síntese de RNA/DNA e de proteínas. O sucesso das terapias baseadas na inibição do ácido fólico motivou a busca por agentes que interferissem na síntese de nucleotídeos. Atualmente existe uma classe de análogos de nucleosídeo, como **5-fluorouracil**, **gencitabina** e **fludarabina,** que é utilizada para o tratamento de diferentes tipos tumorais.

Como descrito anteriormente, a via de metabolismo da glicose é fundamental para a manutenção e proliferação celular, portanto, intervir diretamente nesta via parece promissor para impedir o crescimento das células tumorais. Uma forma de inibir o metabolismo de glicose é impedir a entrada desta molécula nas células, bloqueando os transportadores de glicose (GLUT1/3), os quais se encontram superexpressos em tumores. Outra maneira de inibir esta via é utilizando um inibidor competitivo de glicose. Com este propósito, foi desenvolvida uma molécula análoga de glicose, *2-desoxi-D-glicose* (2-DG), que ao ser fosforilada pela enzima hexoquinase resulta em *2-desoxiglico-se-6-fosfato* e este produto é acumulado intracelularmente, impedindo a continuidade da via glicolítica. Além disso, a inibição de enzimas envolvidas nas etapas de metabolização de glicose também tem sido estudada como potencial alvo terapêutico do câncer. Entre estas podemos destacar as **hexoquinases**, (HK2), **piruvato quinase** (PK2) e a **fosfofrutoquinase** (FK2), e todas apresentam acúmulo em tumores.

Como o lactato, também denominado ácido lático, é um importante produto da glicólise aeróbia e confere vantagens adaptativas para a célula tumoral, a inibição da produção ou saída deste produto da célula também pode ser utilizada como alvo terapêutico. As principais proteínas transportadoras de lactato são a família de transportadoras monocarboxilatos (MCTs) e a enzima lactato desidrogenase (LDH) é responsável pela conversão de piruvato em lactato. Portanto, tanto MCTs e LDH são possíveis alvos a serem inibidos para tentar induzir a morte da célula tumoral.

A via da glutamina também é importante para as células tumorais, portanto, a inibição da enzima glutaminase, a qual converte glutamina em glutamato, também tem sido avaliada. Neste mesmo sentido, o bloqueio da síntese de lipídeos também é uma possível abordagem terapêutica. No entanto, como as vias metabólicas compõem um sistema robusto de sinalização, a identificação de um alvo a ser inibido torna-se difícil, pois vias compensatórias provavelmente serão ativadas em resposta a esta intervenção. Além disso, é importante considerar que terapias baseadas no metabolismo apresentarão muita toxicidade, pois o mesmo metabolismo é necessário para a sobrevivência e proliferação tanto de células tumorais quanto das células não transformadas.

Uma das maneiras de tentar driblar a acentuada citotoxicidade apresentada pelas terapias antimetabólicas é o estudo de drogas já aprovadas para utilização clínica, como as drogas metformina e es-

> **5-fluorouracil (5-FU):** *sintetizado a partir da reação entre flúor e uracila. Inibe a timidilato sintase, bloqueando a síntese de timidina, nucleosídeo necessário para replicação de DNA.*
>
> **Gencitabina:** *molécula análoga ao nucleosídeo citidina.*
>
> **Fludarabina:** *molécula análoga da purina.*
>
> **Hexoquinases (HK):** *enzima que fosforila glicose, tendo como produto a glicose-6-fosfato.*
>
> **Piruvato quinase (PK):** *enzima que catalisa a última etapa da glicólise, gerando piruvato e ATP.*
>
> **Fosfofrutoquinase (PFK):** *é uma enzima glicolítica responsável pela transferência irreversível de um grupo fosfato do ATP para frutose-6-fosfato, resultando em frutose-1,6-bifosfato. Por catalisar uma etapa irreversível e por altos níveis de ATP celulares inibirem a atividade de PFK, esta enzima desempenha função crucial na regulação do processo de glicólise.*

Complexo I mitocondrial: é a primeira enzima envolvida na cadeia respiratória que ocorre na mitocôndria.

AMPK (AMP-activated kinase): é o principal regulador energético celular. Condições de estresse celular por falta de nutrientes ativam AMPK que rapidamente favorece a produção de ATP promovendo vias catabólicas e inibindo vias anabólicas.

Hipercolesterolemia: pacientes que apresentam altos níveis de colesterol LDL na circulação sanguínea, o que caracteriza alto risco de desenvolvimento de doenças cardíacas.

tatinas. Sabe-se que baixos níveis de glicose circulante estão correlacionados com uma melhor resposta terapêutica antitumoral. A partir disso, drogas que diminuem os níveis de glicose circulante, como os medicamentos utilizados por pacientes diabéticos, têm sido avaliadas para o tratamento de câncer. Estudos clínicos mostram uma diminuição na mortalidade associada ao câncer em pacientes diabéticos tratados com metformina. Esta droga foi inicialmente descrita por diminuir a hiperglicemia inibindo o **complexo I mitocondrial** no fígado para interferir na produção de ATP. Este estresse energético leva à ativação de **AMPK** e à diminuição da gliconeogênese, que resulta na redução dos níveis de glicose e insulina circulantes. Além disso, estudos mostram que a metformina apresenta atividade antitumoral, podendo modular o metabolismo de lipídeos. AMPK inibe enzimas lipogênicas e aumenta o catabolismo de lipídeos para obtenção de energia. Assim, ao ativar AMPK, a metformina regula negativamente a disponibilidade de lipídeos, podendo levar ao comprometimento da proliferação da célula tumoral. A vantagem de estudar a metformina como uma terapia metabólica é que esta já é utilizada na clínica e apresenta baixa toxicidade. Assim como a metformina, as drogas estatinas utilizadas em pacientes com **hipercolesterolemia** têm apresentado efeito antitumoral. As estatinas inibem a primeira enzima (HMG-CoA redutase) envolvida nas primeiras etapas da síntese de colesterol. Estudos mostram que as estatinas são citotóxicas para as células tumorais e também interferem na formação de metástase. Embora existam algumas hipóteses, o mecanismo pelo qual as estatinas apresentam estes efeitos antitumorais ainda precisa ser mais bem esclarecido.

Outra maneira de intervir no metabolismo tumoral é através de dietas, afinal é a partir dos macronutrientes dos alimentos que se inicia o metabolismo. Como citado anteriormente, tem sido proposta a utilização de terapias tamponantes para tentar conter a acidificação do meio extracelular no microambiente tumoral, pois se sabe que este pH acídico contribui principalmente para invasão e metástase. Os resultados promissores com estudos em animais motivaram os primeiros ensaios clínicos com a administração oral de bicarbonato de sódio. No entanto, estes primeiros estudos clínicos apresentaram baixa adesão, pois além do grande volume necessário de bicarbonato de sódio diluído em água, este possui um gosto desagradável e resultou em alguns sintomas gastrointestinais. Com isso, estudos *in vivo* mostram que uma dieta baseada em alimentos capazes de aumentar a capacidade tamponante corpórea poderia ser utilizada como uma alternativa ao bicarbonato de sódio na terapia antitumoral.

A dieta cetogênica (*ketogenic diet* – KD) e/ou a restrição calórica (*caloric restriction* – CR) também têm sido avaliadas como terapias adjuvantes no tratamento de câncer. Estas dietas diminuem os níveis de glicose circulante e como as células tumorais são altamente dependentes da glicose para obtenção de energia, esta diminuição pode levar as células tumorais a "morrerem de fome". A dieta de restrição calórica baseia-se na baixa ingestão de calorias para diminuir a disponibilidade de glicose. Já na dieta cetogênica há um alto consumo de gordura e pouca ingestão de carboidratos. Na ausência de glicose, como em períodos de jejum prolongados, a energia é obtida através da degradação de ácidos graxos e proteínas, onde a oxidação de ácidos graxos resulta na produção de corpos cetônicos (3-β-hidroxibutirato, acetoacetato, acetona). Desta maneira, na dieta cetogênica ocorre uma diminuição de glicose devido à baixa ingestão de carboidratos e aumento de oxidação de ácidos graxos em resposta à alta ingestão de gorduras. Portanto, a dieta cetogênica resulta na diminuição de glicose circulante e ao mesmo tempo no aumento de corpos cetônicos. Em células normais os corpos cetônicos são direcionados para a fosforilação oxidativa, a fim de garantir a produção de energia, favorecendo este processo e minimizando a glicólise.

No entanto, como comentado anteriormente, a célula tumoral apresenta favorecimento do processo de glicólise mesmo na presença de oxigênio e, de modo diferente das células normais, parece não metabolizar eficientemente corpos cetônicos por fosforilação oxidativa, comprometendo sua obtenção de energia. Desta maneira, a baixa disponibilidade de glicose compromete a obtenção de energia da célula tumoral devido a sua acentuada dependência pela via glicolítica, como mencionado antes, e esta via é vantajosa para a rápida obtenção de energia desde que a disponibilidade de glicose não seja um fator limitante.

A terapia baseada na KD tem sido estudada nos últimos anos principalmente em modelos animais de tumores cerebrais, e estes estudos revelam que esta dieta pode tanto inibir o crescimento tumoral quanto aumentar o efeito antitumoral de radioterapia em glioblastomas. Ainda são poucos os estudos clínicos com esta dieta, mas estes estudos apresentam resultados terapêuticos promissores em pacientes com glioblastoma multiforme, além de prevenir/aliviar a caquexia nestes pacientes.

De maneira geral, apesar de muitos estudos *in vitro* terem sido promissores inibindo enzimas e vias metabólicas específicas, ainda não há uma terapia antimetabólica aprovada para utilização na clínica. Talvez isso se deva ao fato de as vias metabólicas serem extremamente robustas, ou seja, a inibição de uma parte da via faz com que se ative uma via compensatória a fim de garantir a produção de energia e a viabilidade celular. No entanto, estão em andamento estudos clínicos de algumas abordagens terapêuticas metabólicas e espera-se que em breve seja aprovada alguma abordagem terapêutica baseada nas alterações metabólicas tumorais.

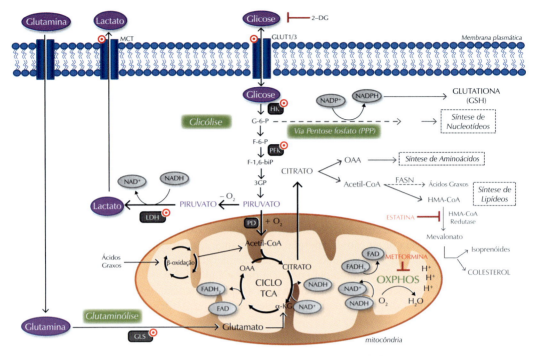

FIGURA 8.6. Esquema simplificado das vias de sinalização do metabolismo celular. A glicose é captada pela célula através de transportadores (GLUT1 e 3) e uma vez no citoplasma, as enzimas hexoquinases (HK) fosforilam (adição de um grupo fosfato) a glicose em glicose-6-fosfato (G-6-P). G-6-P é rearranjado em frutose-6-fosfato (F-6-P) pela enzima fosfoglicoisomerase. Em paralelo, G-6-P é convertido em ribose-5-fosfato (R5P) e a liberação de energia desta reação reduz NADP+ em NADPH (**Via pentose fosfato - Via PPP**). R5P é utilizado para a síntese de nucleotídeos e ácidos nucleicos, enquanto NADPH reduz glutationa (GSH), a qual converte H_2O_2 em água, prevenindo estresse oxidativo. F-6-P é fosforilado em frutose-1,6-bifosfato pela enzima fosfofrutoquinase (PFK). Frutose-1,6-bifosfato dá origem a duas moléculas de gliceraldeído-3-fosfato (3GP), que são oxidadas em piruvato, produto final da via de **Glicólise.** Na ausência de oxigênio ocorre a redução de piruvato em lactato, reação mediada pela lactato desidrogenase (LDHA) onde NADH é oxidado em NAD+. Na presença de oxigênio, piruvato é convertido em acetilcoenzima A (acetil-CoA) pela enzima piruvato desidrogenase (PD) na matriz mitocondrial. Acetil-CoA também pode ser obtido pela quebra de ácidos graxos (β-**oxidação**). Acetil-CoA inicia o **Ciclo Tricarboxílico Ácido (Ciclo TCA)**, em que acetil-CoA é oxidado em duas moléculas de dióxido de carbono (CO_2). Acetil-CoA é oxidado completamente através de oito reações enzimáticas com a geração dos intermediários, citrato, isocitrato, α-cetoglutarato (α-KG), succinato, fumarato, malato e oxaloacetato (OAA). O ciclo TCA produz duas moléculas de ATP, mas a principal obtenção de energia se dá pela produção das coenzimas NADH e $FADH_2$, as quais transferem energia para a **Cadeia Transportadora de Elétrons (fosforilação oxidativa – OXPHOS)**. Cinco complexos proteicos (NADH desidrogenase, succinato desidrogenase, citocromo C oxirredutase, citocromo C oxidase) na membrana interna mitocondrial captam a energia proveniente do ciclo TCA e através de uma sequência de reações de oxidação transferem elétrons até o aceptor final, a molécula de oxigênio. Ao longo destas reações são produzidos prótons (íons H+) que se acumulam no espaço intermembranas formando um gradiente de prótons que é utilizado pelo complexo ATP sintase para a fosforilação de ADP em ATP. Em condições de excesso de ATP, o citrato produzido no ciclo TCA é transportado para o citoplasma onde é convertido em OAA e acetil-CoA. OAA citoplasmático participa da síntese de aminoácidos, pois OAA dá origem a aspartato que sintetiza asparagina, metionina, lisina e treonina. Acetil-CoA citoplasmático participa da síntese de ácidos graxos e também da via de mevalonato (a partir de acetil-CoA é produzido HMG-CoA que é convertido em mevalonato pela enzima HMG-CoA redutase, mevalonato leva à produção de compostos isoprenoides e colesterol). A via de **glutaminólise,** consiste na conversão de glutamina em glutamato pela enzima glutaminase (GSL). O glutamato dá origem ao intermediário do ciclo TCA, o α-cetoglutarato (α-KG). Em vermelho estão possíveis alvos terapêuticos para o tratamento de câncer. 2-DG (2-desoxiglicose).

RESUMO

Evidências acumuladas até o presente momento revelam que o metabolismo da célula tumoral difere do da célula não transformada. E estas alterações metabólicas tumorais conferem vantagens a estas células, garantindo sua sobrevivência e proliferação celular.

A principal quebra de paradigma com relação ao metabolismo tumoral ocorreu com a descoberta de Otto Warburg, em meados de 1920. Warburg observou que as células tumorais metabolizavam glicose preferencialmente por glicólise mesmo na presença de oxigênio, o que ficou conhecido como glicólise aeróbica ou "efeito Warburg". Inicialmente isto pareceu contraintuitivo, pois a glicólise apresenta rendimento energético muito inferior ao obtido com a fosforilação oxidativa. Muitas hipóteses foram elaboradas para tentar entender porque as células tumorais realizavam glicólise aeróbica. A primeira hipótese levantada pelo próprio Warburg era de que as células tumorais apresentavam mitocôndrias disfuncionais, no entanto, isso não se mostrou verdade. A partir da descoberta de Warburg, muitos estudos foram realizados e revelaram que a glicólise aeróbica confere algumas vantagens à célula tumoral, como a rápida obtenção de ATP, a síntese de macromoléculas, a otimização do *fitness* celular e a capacidade de sobreviver a condições microambientais desfavoráveis como hipóxia e acidose.

Recentemente, o conceito proposto por Warburg tem sido revisitado. Uma nova proposta é que as células do microambiente tumoral, como fibroblastos e adipócitos, sejam as células que realizem a glicólise aeróbica e produzem lactato que é consumido pela célula tumoral e utilizado como combustível para sua proliferação celular. Este novo conceito foi denominado "efeito Warburg reverso". No entanto, o metabolismo de glicose não é o único alterado em tumores, as vias metabólicas de glutamina e de lipídeos também desempenham importante papel para a proliferação da célula tumoral.

Cada vez mais tem sido considerada a importância bioenergética da célula tumoral, e as alterações metabólicas apresentadas por estas células têm sido alvo de estudo como potenciais estratégias terapêuticas antitumorais. Além de permitir intervenções terapêuticas, o conhecimento do metabolismo tumoral permitiu o desenvolvimento de técnicas de diagnósticos que são amplamente utilizadas na clínica, como a molécula análoga de glicose marcada com flúor-18 (^{18}F-FDG). Portanto, a compreensão de diferenças metabólicas entre a célula tumoral e a não transformada é fundamental para o aprimoramento terapêutico e diagnóstico do combate ao câncer.

PONTO DE VISTA

Novas direções em metabolismo e câncer?

O processo de remodelamento metabólico em doenças, incluindo o câncer, está cada vez mais bem descrito devido aos avanços na biologia molecular e espectrometria de massas. Os estudos de transcriptoma, proteoma e, mais recentemente, metaboloma têm fornecido uma visão mais detalhada do metabolismo celular.

Um dos principais objetivos de investigação de metabolismo e câncer é a identificação de mecanismos específicos usados pelas células tumorais para produzir energia a partir de fontes alternativas, em condições desfavoráveis nas quais as células normais não se desenvolvem. A identificação destes mecanismos poderá levar ao desenvolvimento de novas estratégias de tratamento.

> ... ESTUDOS DE METABOLÔMICA PODERÃO FORNECER IMPORTANTES INFORMAÇÕES PROGNÓSTICAS E CONTRIBUIR PARA O MELHOR MANEJO CLÍNICO DE FUTUROS PACIENTES COM CÂNCER...

O principal desafio nesta área será entender o metabolismo de tumores geralmente heterogêneos e desenvolver métodos capazes de distinguir adequadamente o metabolismo de subgrupos dentro do tumor, incluindo as células tumorais "comuns", as raras células-tronco tumorais, as células do microambiente do tumor e as células infiltrantes do sistema imune.

A combinação de dados de estudos de transcriptômica, proteômica, metabolômica e bioenergética permitirá a identificação dos perfis de biossíntese e de bioenergética associados a tumores humanos específicos no futuro. Bioinformática e estudos *in silico* comparando o metabolismo de tipos específicos de câncer a partir de grandes grupos clínicos permitirão, no futuro, a estratificação de tumores em subclasses metabólicas específicas. Aliados com os estudos de resposta terapêutica e sobrevida dos pacientes, os estudos de metabolômica poderão fornecer importantes informações prognósticas e contribuir para o melhor manejo clínico de futuros pacientes com câncer.

Embora o custo permaneça proibitivo para estudar todos os aspectos em pacientes individuais, os estudos em larga escala dos perfis metabólicos de pacientes com câncer vão fornecer informações valiosas sobre as respostas prováveis à quimioterapia, possíveis problemas de resistência a drogas e a eventual utilidade de inibidores metabólicos.

Alison Colquhoun
Professora0-associada da Universidade de São Paulo

CAPÍTULO 8

PARA SABER MAIS

- Warburg O. On the origen of cancer cell. Science. 1956;123:309-314.

Descreve pela primeira vez o efeito Warburg.

- Cairns RA, Harris IS, Mak TW. Regulation of cancer cell metabolism. Nat Rev Cancer. 2011 Feb;11(2):85-95.

Descreve o envolvimento de oncogenes e supressores tumorais nas vias metabólicas tumorais.

- Galluzzi L, Kepp O, Vander Heiden MG, Kroemer G. Metabolic targets for cancer therapy. Nat Rev Drug Discov. 2013 Nov;12(11):829-46.

Descreve os potenciais alvos terapêuticos com base nas vias metabólicas celulares.

BIBLIOGRAFIA GERAL

1. Al-Zhoughbi W, Huang J, Paramasivan GS, Till H, Pichler M, Guertl-Lackner B et al. Tumor macroenvironment and metabolism. Semin Oncol. 2014 Apr;41(2):281-95.

2. Ward PS, Thompson CB. Metabolic reprogramming: a cancer hallmark even Warburg did not anticipate. Cancer Cell. 2012;21:297-308.

3. M.G. Vander Heiden Targeting cancer metabolism: a therapeutic window opens. Nat Rev Drug Discov. 2011;10:671-684.

4. DeBerardinis RJ, Mancuso A, Daikhin E et al. Beyond aerobic glycolysis: transformed cells can engage in glutamine metabolism that exceeds the requirement for protein and nucleotide synthesis Proc Natl Acad Sci USA. 2007;104:19345-19350.

5. Nomura DK, Cravatt BF. Lipid metabolism in cancer. Biochim Biophys Acta. 2013;1831:1497-1498.

6. Porporato PE, Dhup S, Dadhich RK, Copetti T, Sonveaux P. Anticancer targets in the glycolytic metabolism of tumors: a comprehensive review. Front Pharmacol. 2011 Aug 25;2:49.

7. Amoêdo ND, Valencia JP, Rodrigues MF, Galina A, Rumjanek FD. How does the metabolism of tumour cells differ from that of normal cells. Biosci Rep. 2013 Nov 15;33(6).

8. Coller HA. Is Cancer a Metabolic Disease? The American Journal of Pathology. 2014 Jan;4-17.

9. Upadhyay M, Samal J, Kandpal M, Singh OV, Vivekanandan P. The Warburg effect: insights from the past decade. Pharmacol Ther. 2013 Mar;137(3):318-30.

10. Santos CR, Schulze A. Lipid metabolism in cancer. FEBS J. 2012 Aug;279(15):2610-23.

11. Pavlides S, Whitaker-Menezes D, Castello-Cros R, Flomenberg N, Witkiewicz AK, Frank PG et al. The reverse Warburg effect: aerobic glycolysis in cancer associated fibroblasts and the tumor stroma. Cell Cycle. 2009 Dec;8(23):3984-4001.

Morte Celular no Câncer

9

Naieli Bonatto
Lourival A. de Oliveira Filho
Andréia Hanada Otake

INTRODUÇÃO

A morte celular regulada (RCD) é um processo coordenado geneticamente, que pode ser desencadeado por perturbações ao microambiente celular, sendo essencial ao desenvolvimento, à homeostase e à integridade celular. Alterações nesse "suicídio celular controlado" podem estar relacionadas com uma série de patologias. No câncer, a evasão e a resistência aos sinais de morte estão entre as principais características da célula tumoral, relacionadas tanto com a gênese quanto com a proliferação e a disseminação metastática do tumor. No século XX, as descrições de morte se baseavam nas características morfológicas das células, principalmente porque a disponibilidade de testes bioquímicos surgiu apenas décadas depois. Com poucas ferramentas disponíveis para caracterizar as diferenças encontradas, a morte celular era considerada dicotômica: células morriam por necrose (em situações patológicas), ou por apoptose (nas demais situações). A compreensão adequada destes processos teve de esperar o florescimento de metodologias e aparatos tecnológicos refinados no campo da citologia e histologia.

O progresso, contudo, trouxe consigo ambiguidades e confusões na definição do processo de morte, pois para tipos distintos de morte as células podem apresentar morfologia semelhante. Além disso, hoje se sabe que processos bioquímicos típicos de um tipo de morte podem ocorrer em situações que não levam necessariamente à destruição da célula. Atualmente, têm-se utilizado características bioquímicas mensuráveis em vez do uso exclusivo de avalições morfológicas para definir o tipo de morte celular. Neste capítulo, iremos abordar os três principais processos de RCD: apoptose, autofagia e necrose regulada, e suas implicações para a oncologia, além de uma breve introdução a outras modalidades de morte. Ao final deste capítulo, espera-se que o leitor compreenda (i) os fatores capazes de ativar a sinalização para a morte celular; (ii) as vias envolvidas com os principais processos de RCD e; (iii) as consequências de alterações nestas vias no câncer.

DESTAQUES

- As características morfológicas permitiam reconhecer apenas duas vias alternativas de morte: apoptose e necrose – durante muito tempo esta foi a única ferramenta à disposição para distingui-las.
- Atualmente, baseando-se em características bioquímicas e moleculares, é possível distinguir diversos tipos de morte celular.
- A célula tumoral desenvolve mecanismos de evadir à morte, sendo esta característica um dos *hallmarks* do câncer.

HISTÓRICO

*Em 2005, os editores da revista Cell Death and Differentiation se reuniram e montaram o Comitê de Nomenclatura de Morte Celular (NCCD). A proposta desse comitê foi reunir e organizar as primeiras recomendações e ressalvas oficiais sobre classificações e características dos diferentes tipos de morte celular. Desde então, o comitê vem sugerindo que o uso de termos mais precisos para descrever eventos que culminem com a morte celular irão ajudar na compreensão dos mecanismos moleculares envolvidos. O NCCD tem se reunido a cada 3 anos com um maior número de pesquisadores de diferentes lugares, atualizando constantemente as recomendações em publicações, sendo a última prevista para o ano de 2015. Entre as sugestões propostas pelo NCCD, está uma distinção entre PCD (morte celular programada), um termo amplamente utilizado, e **RCD** (morte celular regulada), além do desencorajamento do uso dos termos **morte celular programada tipo I, II e III** (ou PDC tipo I, II e III). De acordo com o comitê, RCD deve ser usado de uma forma abrangente, para designar qualquer tipo de morte não acidental que envolva uma maquinaria molecular, enquanto PCD deve ser usado para indicar situações <u>fisiológicas</u> de morte celular regulada. Por outro lado, em contraste à RCD, células podem morrer por um processo descontrolado, desencadeado geralmente por determinados insultos severos (físicos, químicos ou mecânicos), que ocorre independentemente de uma maquinaria molecular específica, sendo insensível a intervenções genéticas ou farmacológicas de qualquer tipo, não podendo ser interrompida ou modulada. Tal processo deve ser referido como morte celular acidental (ACD).*

O processo de **RCD** foi primeiramente descrito em 1842, pelo cientista alemão Carl Vogt (1817-1895), quando estudava o desenvolvimento do sapo-parteiro. Vogt questionava se o desaparecimento da notocorda daquele anfíbio durante sua metamorfose e o subsequente aparecimento das vértebras e da base do crânio eram devidos à transformação das células da notocorda existente ou à eliminação destas células e substituição por outras. Adequadamente, ele postulou a segunda hipótese descrevendo que as células da notocorda eram reabsorvidas e substituídas por novas células da cartilagem adjacente. Embora ele não usasse a terminologia de "morte celular", tal processo estava implícito no conceito de "reabsorção das células". Este primeiro relato e os que se seguiram foram dedicados a estudos metamórficos em insetos e anfíbios, de onde se destacam o trabalho de August Weismann estudando o desenvolvimento embrionário e pós-embrionário de espécies de dípteros (1863/64) e o trabalho de Eberth sobre a regressão da cauda de girinos (1866). Eberth concluiu erroneamente que o processo ocorrido não era consequência de morte celular, interpretação essa repetida também por Goette (1869) em um trabalho sobre regressão tecidual. Goette, contudo, 6 anos mais tarde, revisitando o processo de regressão tecidual durante a metamorfose da notocorda e a regressão das brânquias e cauda dos girinos, afirmou que estes processos deveriam estar acontecendo por morte celular.

Estudos envolvendo processos não metamórficos apareceram a partir de 1870 na descrição de situações de grande transformação tecidual, a exemplo da morte dos condrócitos durante a ossificação endocondral, descrita por Stieda, seguido do estudo de Flemming (1885) sobre a morte celular durante a degeneração da membrana granulosa no folículo de Graanf. É interessante pontuar que a maioria dos estudos pioneiros se referia a situações de transformação ou morte massiva de tecidos, e não de células individualmente. Em grande parte, tal fato é devido às técnicas ainda rudimentares de preparação tecidual e visualização microscópica. O estudo de Flemming destaca-se nesse sentido, pois ele delineou importantes melhorias nas técnicas histológicas de coloração da época, permitindo uma descrição mais detalhada de células individuais em processo de morte, como é o caso da granulosa de folículos ovarianos. Estes autores utilizavam diferentes termos para definir tipos de morte celular ou tecidual observados, muito embora as definições atuais, no sentido estrito que compreendemos hoje, muitas vezes têm pouco a ver com estas descrições históricas.

Apesar de observada ao longo do século XIX, a morte celular foi durante décadas associada exclusivamente a condições patológicas e lesões teciduais. O conceito de que a eliminação regulada e programada de células fizesse parte do processo fisiológico dos organismos multicelulares, de seu desenvolvimento e da manutenção celular, só foi concebido na metade do século XX. Em 1931, a invenção da microscopia eletrônica tornou a morte celular um dos campos mais populares de estudo. Fruto desta tecnologia, em 1973, Schweichel e

Merker realizaram observações ultraestruturais de embriões e fetos de ratos e camundongos e sugeriram uma classificação geral de morte celular. Eles indicaram a existência de pelo menos três subtipos e introduziram os termos *tipo I, II e III* para designá-los. Após revisões posteriores, a terminologia sugerida foi adotada e passou a ser usada como sinônimo de morte celular programada (*PCD*).

Em 1988 houve o estabelecimento de Bcl-2 como um componente envolvido na RCD, dando luz à compreensão de que a morte celular não era simplesmente um incidente que ocorria nos tecidos, mas um processo elegantemente programado e regulado geneticamente. As primeiras evidências de informações genéticas específicas para o controle da morte celular foram descobertas a partir de experimentos pioneiros com o nematódeo *Caenorhadbditis elegans,* iniciados na década de 1980. Durante o desenvolvimento deste metazoário, descobriu-se que 15% de suas células somáticas morriam com um fenótipo semelhante à apoptose e eram rapidamente "ingeridas" pelas células adjacentes. Estudos de mutantes do *C. elegans* mostraram que a sobrevivência ou morte da maioria destas células dependia da presença e expressão de quatro genes principais (*Ced-3, Ced-4, Ced-9, e Egl-1*). Posteriormente, homólogos destes genes foram encontrados em várias espécies, incluindo equivalentes em humanos e roedores. Já foram identificados cerca de 20 homólogos ao repressor ced-9 e seu antagonista egl-1 (moléculas antiapoptótica e pró-apoptótica, respectivamente, pertencentes à família Bcl-2), mais de dez homólogos ao executor Ced-3 (pertencentes à família das caspases) e ao menos um homólogo ao Ced-4 (denominado *Apaf-1*).

> *Egl-1:* egg-laying defective.

> *Ced-:* cell death protein.

> *Apaf-1:* apoptotic protease-activating factor 1.

Este campo, como ocorre com tantos outros, foi e vem sendo aprimorado à medida que a tecnologia melhora e permite refinamentos nos estudos. Se inicialmente as descrições eram fruto de observações teciduais "grosseiras", hoje técnicas moleculares permitem ir do tecido à célula e para dentro da célula. Atualmente, mais do que características morfológicas, são as características bioquímicas e genéticas que se destacam na definição e distinção entre os vários tipos de morte celular observados.

APOPTOSE

Nosso organismo está sujeito a uma constante proliferação celular que necessita ser contrabalanceada por uma equivalente eliminação de células. O principal mecanismo de eliminação que medeia este balanço levando as células à morte é a apoptose. É também o principal mecanismo através do qual as células são destinadas à morte no caso de um dano não reparado no DNA. Outros fatores, a exemplo da eliminação de linfócitos T autorreativos durante o processo de seleção clonal do sistema imune, radiações gama e ultravioleta, drogas quimioterápicas ou sinalização via receptores de morte sabidamente podem disparar a morte celular por apoptose. Uma vez desencadeado o processo, a célula apoptótica, incluindo suas organelas, membrana e conteúdo intracelular são particulados e, em última instância, engolfados por macrófagos, impedindo o extravasamento do conteúdo celular para o meio extracelular, o que danificaria as células vizinhas e promoveria inflamação. Portanto, é um processo de morte ordenado e regulado que permite a eliminação de uma ou mais células com o mínimo de perturbação das células adjacentes.

A maioria dos eventos apoptóticos é guiada por proteases chamadas caspases. O nome caspase é um acrônimo do inglês *Cysteine-ASPartic proteASE* (cisteíno-protease aspartil-específica). As caspases são uma família de endoproteases que catalizam a clivagem de ligações peptídicas nos resíduos de ácido aspártico de seus substratos. Elas são pró-enzimas (zimógenos) que se encontram no citoplasma e são ativadas por dimerização e clivagem proteolítica, processos muitas vezes desencadeados por outras caspases. Embora existam caspases envolvidas em outros processos, a exemplo da inflamação, aquelas envolvidas com apoptose são divididas em dois grandes grupos de acordo com seu mecanismo de ação e característica do seu pró-domínio: as caspases iniciadoras (caspases -2, -8, -9, -10) e as efetoras (caspases -3, -6, -7). Elas são expressas em suas formas inativas (pró--caspases) que contêm um pró-domínio N-terminal de comprimento variável, seguido de uma grande subunidade (p20) e uma pequena subunidade (p10) na região C-terminal.

O pró-domínio de cada caspase possui regiões específicas de interação proteína-proteína. Caspases iniciadoras possuem pró-domínios longos, envolvidos na iniciação da cascata proteolítica. Caspases -1, -2, -4, -5, e -9 possuem um domínio de ativação e recrutamento de caspase (CARD), enquanto -8 e -10 possuem o chamado domínio efetor de morte (DED). Caspases ativadoras são responsáveis por tornar ativas as caspases efetoras através da clivagem das pró-caspases e a dimerização das subunidades. Uma vez ativadas, essas dão continuidade à apoptose pela clivagem de outras proteínas. Por esse motivo, várias das metodologias para mensurar apoptose são baseadas na detecção de eventos mediados por caspases.

Classicamente, a cascata da apoptose pode ser iniciada a partir de duas vias conhecidas como via extrínseca e via intrínseca de morte celular. São vias desencadeadas por estímulos diferentes, mas que convergem para uma via comum de ativação de caspases que clivam moléculas regulatórias e estruturais que, em última instância, conduzem à morte da célula.

A *apoptose extrínseca* é desencadeada frente a sinais extracelulares de estresse que são recebidos e propagados por receptores transmembrana específicos, os chamados receptores de morte, pertencentes à superfamília do ***TNFR*** (receptor do fator de necrose tumoral). A superfamília dos receptores de morte possui mais de 20 integrantes que exibem diferentes funções, como regulação de morte e sobrevivência celular, diferenciação celular e regulação imune. Em mamíferos, a via de morte é importante na regulação de alguns aspectos na imunologia, ajudando a remover células infectadas, transformadas ou danificadas. Estruturalmente, todos os receptores dessa família compartilham de um domínio extracelular rico em cisteína, o qual permi-

TNFR: tumor necrosis factor receptor.

te que eles reconheçam seus ligantes, e um domínio citoplasmático de cerca de 80 aminoácidos, o chamado domínio de morte (DD, de *death domain*), responsável por transmitir sinais de morte da superfície extracelular para dentro da célula.

Os receptores de morte mais bem descritos compreendem **CD95** (também conhecido como Fas, DR2 ou **APO**-1), TNF *receptor* 1 (conhecido como TNFR1, DR1, CD120a, p55 e p60), TRAIL-R1 (conhecido também como **DR**4 ou APO-2) e **TRAIL-R2** (também chamado DR5, KILLER ou TRICK2), enquanto a função de DR3 (TRAMP/Apo-3/WSL-1/LARD) e DR6 não está ainda bem definida.

CD95/Fas: Cluster of differentiation 95/Fas cell surface death receptor.

DR1/2/3/4/6
APO: Apoptosis antigen.

A ativação destes receptores é feita por oligomerização após ligação com seus respectivos ligantes, dos quais a grande maioria são proteínas transmembrana e, como dito, podem disparar diferentes sinais, incluindo sinais de morte, de sobrevivência e de proliferação. Como exemplo, os receptores TNFR podem tanto exercer sinais proliferativos em linfócitos virgens (*naive*) quanto induzir sinais de morte para deleção de linfócitos ativados. Esta pleiotropia de funções é finamente regulada de acordo com o tipo específico de célula e é altamente coordenada durante a diferenciação. A sinalização pela qual estes receptores induzem apoptose apresenta particularidades e as principais características da ativação via um ou outro receptor serão descritas a seguir.

TRAILR: TNF-related apoptosis-inducing ligand receptor.

Os receptores CD95/Fas, TRAILR1 e TRAILR2, quando ativados pela interação com seus ligantes, organizam-se em trímeros na membrana e sofrem mudança conformacional no domínio de morte (DD), permitindo o acoplamento de **FADD**. A proteína FADD possui dois domínios, um domínio de morte (que interage com o domínio de morte do receptor) e um domínio efetor de morte (DED), que é capaz de recrutar diversas moléculas de pró-caspase-8 ou -10 (você deve lembrar, as caspases -8 e -10 também possuem um domínio DED, efetor de morte). Juntas, estas moléculas formam o complexo de sinalização indutor de morte (DISC). Neste complexo, caspase-8 (ou -10) se tornam ativadas. Este evento é chave para a continuidade da cascata apoptótica e pode ser inibido por atividade das proteínas **FLIP**$_L$ e **FLIP**$_S$. Contudo, antes de prosseguirmos, vamos entender como acontece a ativação de caspase-8 pelo receptor TNFR, já que o que ocorre a jusante deste ponto é comum para tanto para CD95/Fas/TRAILR -1/-2 quanto para TNFR.

FADD: Fas-Associated protein with Death Domain.

FLIP$_{L/S}$**:** FLICE-inhibitory proteins (L:large; S: small).

Quando TNFR é ativado por ligação com o TNF-α, ocorre também trimerização dos receptores seguida de mudança conformacional na porção citoplasmática dos receptores. Essa mudança permite o recrutamento de **TRADD**, uma proteína adaptadora que possui dois domínios: um domínio N-terminal que medeia a ligação com as proteínas **TRAF**1 e **TRAF**2 e um domínio de morte C-terminal que interage com proteínas que também possuem um DD, como FADD e **RIP**. Estas proteínas formam um complexo muitas vezes denominado complexo I, que está envolvido além da apoptose, com a propagação de outros estímulos, incluindo proliferação e sobrevivência. RIP1, por exemplo, pode sofrer poliubiquitinação, permitindo a acomodação de

TRADD: Tumor necrosis factor receptor type 1-associated DEATH domain protein.

TRAF: *TNF receptor associated factor protein.*

RIP: Receptor-interacting serine/threonine-protein kinase 1.

Morte Celular no Câncer

TAK1: Transforming growth factor beta activated kinase-1.

TAB: TAK1-binding protein.

NF-κB: Nuclear Factor Kappa-B.

Deubiquitinases: *proteases que clivam ubiquitina de outras proteínas.*

BID: BH3-interacting domain death agonist.

Tumores de células B *estão frequentemente associados com translocações cromossômicas onde o DNA cromossômico é quebrado e um locus de imunoglobulina ativa é unido a um gene que afeta o crescimento celular, geralmente ativando-o nesse processo. A clonagem dos pontos de quebra do DNA permite isolar o gene que tenha sido ativado na translocação, sendo que um destes genes isolados foi o* **Bcl-2***. Ele encontra-se normalmente no cromossomo 18 e foi o segundo membro de uma série de genes, isolado a partir de linfoma de células B, identificado em uma translocação recíproca entre os cromossomos 14 e 18 (t14; 18) (q32; 21). A translocação movia o gene do cromossomo 18 para junto de um locus de imunoglobulina no cromossomo 14. É desta identificação que provém o nome do gene e sua família de proteínas. A identificação deste gene e sua função na apoptose, que se deram na década de 1980, foi a primeira demonstração do envolvimento de um gene a um programa de morte regulada no desenvolvimento do câncer.*

TAK1, **TAB2** e **TAB3**, que juntos estimulam a ativação da via canônica da via de **NF-κB**. Esta via está relacionada com a transcrição de genes antiapoptóticos relacionados a sinais de sobrevivência celular e proliferação. Por outro lado, sob a ação de enzimas **deubiquitinases**, RIP1 perde sua função pró-sobrevivência, é clivado pela caspase-8 e sinaliza para morte apoptótica da célula (em determinados casos RIP1 está envolvido com a ativação de necroptose, um subtipo de necrose regulada, que será explicado mais adiante). Dessa maneira, dependendo do tipo celular, contexto e estímulo letal, o complexo I pode exercer função citotóxica ou citoprotetiva, compondo uma intrincada rede de sinalização. Quando estímulos de morte prevalecem, postula-se que esse complexo proteico seja dissociado do receptor e internalizado para o citosol onde FADD e pró-caspases-8/-10 são recrutadas e juntas de TRADD formam o complexo II. A pró-caspase-8 (ou -10) é ativada no contexto deste complexo II.

A ativação da caspase-8 e/ou -10 em ambas as vias citadas (Fas/TRAILR1/2 e TNFR1), leva à ativação das caspases efetoras (-3, -6 ou -7). Em alguns tipos celulares onde há altos níveis de caspase-8, como linfócitos, caspase-8 ativada catalisa diretamente a clivagem e ativação de caspase-3. Todavia, há células (que possuem níveis baixos de caspase-8) em que um sinal adicional para ativar caspase-3 é necessário. Este caso envolve sinalização via mitocôndria e será abordado em detalhes na apoptose intrínseca. De uma forma resumida, a caspase-8 medeia a clivagem proteolítica de **BID** (um membro da família Bcl-2), produzindo um fragmento permeável à membrana mitocondrial (BID truncado ou tBID). tBID é translocado para a membrana mitocondrial, onde medeia a dissipação do potencial transmembrana da mitocôndria, desencadeando a permeabilização de sua membrana externa (MOMP), liberando proteínas tóxicas que ficariam retidas no espaço intermembrana. Entre estas proteínas estão o citocromo C (**CYTC**), APAF1 e pró-caspase-9 que, juntos no citoplasma, participam da formação de um complexo chamado apoptossomo. Este complexo desencadeia a ativação da pró-caspase-9 e é esta que, por sua vez, irá clivar e ativar as caspases efetoras a jusante. Dessa maneira, dependendo do tipo celular, a apoptose extrínseca pode ocorrer com ou sem contribuição mitocondrial. Os sinais que seguem após a ativação de caspases efetoras na apoptose extrínseca são iguais aos sinais que ocorrem após a ativação de caspases efetoras na apoptose intrínseca. Desse modo, estes eventos serão descritos a seguir, no contexto da apoptose intrínseca.

A *apoptose intrínseca* pode ser disparada por uma série de estímulos intracelulares, como dano no DNA, estresse oxidativo, excesso de Ca^{2+} citosólico, acúmulo de proteínas mal enoveladas no retículo endoplasmático, entre outros danos citotóxicos. Todavia inicie por diferentes estímulos, na apoptose intrínseca o estresse intracelular converge para a mitocôndria. Não raro, junto dos estímulos apoptóticos são também disparados estímulos antiapoptóticos, na tentativa de manter a homeostase celular. Quando a célula não é capaz de lidar com o estresse e os sinais apoptóticos se sobrepõem aos de sobrevivência, ocorre a permeabilização da membrana externa da mitocôndria, o MOMP. Essa permeabilização é consequência da dissipação irreversível do potencial transmembrana mitocondrial, que leva a uma série de eventos relacionados à perda de homeostase da célula, como (i) o bloqueio da síntese mitocondrial de ATP, (ii) a inibição da cadeia respiratória conduzindo ao acúmulo de espécies reativas de oxigênio e, (iii) a liberação para o citosol de proteínas tóxicas apoptóticas que, como dito anteriormente, em condições normais ficariam retidas no espaço intermembrana da mitocôndria.

A permeabilização da membrana mitocondrial é mediada principalmente por membros da família **Bcl-2**. Esta família é subdividida em três grupos, de acordo com sua atividade e domínios BH (domínios homólogos a Bcl-2) que possuem: um grupo de proteínas antipoptóticas (como Bcl-2, **Bcl-xL** e **MCL1**), e dois grupos de proteínas pró-apoptóticas. As proteínas pró-apoptóticas da família Bcl-2 são subdivididas entre (i) proteínas com multidomínio (proteínas com três domínios BH, como **BAX** e **BAK**) e (ii) proteínas BH3-*only* (compostas de apenas um domínio BH, como **BID**, **BIM**, **BAD**, NOXA e **PUMA**). Através de um mecanismo finamente orquestrado, o desbalanço dessas proteínas pró e antiapoptóticas define o destino da célula. Postula-se que sob estímulos estas proteínas interagem entre si através de seus domínios BH formando homo- ou heterodímeros. Os membros pró-apoptóticos dimerizam e após ativação formam o poro permeável na membrana mitocondrial. Bcl-2 e Bcl-xL (que são antiapoptóticos) podem interagir diretamente com as proteínas pró-apoptóticas e inibir este evento.

CYTC: cytochrome C.
Bcl-xL: B-cell lymphoma-extra large.
MCL1: myeloid cell leukemia 1.
BAX: Bcl-2-associated X protein.
BAK: Bcl-2-antagonist/killer 1.
BID: BH3-interacting domain death agonist.
BIM: B-cell lymphoma 2. interacting mediator of cell death.
BAD: Bcl-2-associated death promoter.
PUMA: p53 upregulated modulator of apoptosis.

Os mecanismos exatos pelos quais ocorre a formação do poro ainda não estão bem esclarecidos. Todavia, a liberação de proteínas para o citosol é induzida, direta ou indiretamente, por BAX e BAK, depois de ativados pelas proteínas BH3-*only*. Por sua vez, proteínas BH3-*only*, além de ativar BAX ou BAK, são também capazes de interagir com os membros antiapoptóticos, inativando-os. Em resumo, a apoptose intrínseca inicia frente a estímulos de estresse intracelulares que convergem para a mitocôndria que libera, sob efeito do MOMP, diversas proteínas para o citosol, como por exemplo, CYTC, AIF, ENDOG, SMAC/DIABLO e HTRA2. Uma vez no citosol, estas proteínas irão atuar em uma série de eventos: AIF e ENDOG se realocam no núcleo onde promovem ampla degradação de DNA. SMAC/DIABLO e HTRA2 inibem a atividade antiapoptótica de **XIAP** (uma proteína que possui um domínio ubiquitina ligase, membro da família de proteínas inibidoras de apoptose – **IAP**s), sequestrando-o e/ou degradando-o, e assim facilitando a ativação de caspases. Além disso, HTRA2 pode, por possuir atividade serina protease, clivar proteínas do citoesqueleto. CYTC, por sua vez, associa-se com Apaf-1 e pró-caspase-9, compondo um complexo proteico chamado *apoptossomo*, mencionado anteriormente. Este complexo induz uma cascata proteolítica ativando a pró-caspase-9 que será então capaz de ativar caspases efetoras (-3, -6, -7).

XIAP: X-linked inhibitor of apoptosis protein.

IAP: inhibitor of apoptosis protein.

ICAD: inhibitor of caspase-activated DNase.

PARP: poly (ADP-ribose) polymerase.

DNA-PK: DNA-dependent protein kinase.

CAD: caspase-activated DNase.

Como vimos até aqui, diferentes estímulos e vias afluem para ativação de caspases efetoras. Uma vez ativadas, as caspases efetoras medeiam a destruição da célula diretamente, promovendo a clivagem de proteínas do citoesqueleto e ativando a maquinaria de degradação do DNA. No núcleo, os principais alvos de ativação de caspases efetoras incluem *ICAD*, *PARP* e *DNA-PKs*. ICAD (inibidor de DNase ativada por caspase) é uma proteína que se encontra ligada à endonuclease *CAD* (DNase ativada por caspase), e é clivada pela caspase-3. Quando isso ocorre, CAD fica livre e é capaz de degradar o DNA clivando-o em regiões entre as histonas (regiões internucleossômicas), gerando fragmentos de cerca de 180 pb, em função do tamanho do nucleossomo. A fragmentação do DNA associada a um padrão de "degraus de escada" foi utilizada por muito tempo como marcador bioquímico para caracterizar a apoptose. Ao mesmo tempo, PARP e DNA-PK, enzimas de reparo de DNA que poderiam tentar restaurar os danos no DNA, são clivadas, tornando-se incapazes de exercer suas funções. Além destas, as já mencionadas AIF, ENDOG, SMAC/DIABLO e HTRA2 também atuam ativamente para degradação da célula na via mitocondrial da apoptose. Morfologicamente, ocorre "encolhimento" da célula, prolongamento da membrana celular (*blebbing*), desintegração do núcleo e formação de corpos apoptóticos que são engolfados por macrófagos, impedindo o extravasamento do conteúdo celular para o meio extracelular. Toda a cascata ocorre sem desencadear processo inflamatório.

A **Figura 9.1** traz um resumo das vias de sinalização envolvidas com a apoptose.

A capacidade de evadir aos sinais apoptóticos é um dos principais atributos que caracterizam o desenvolvimento e a progressão tumoral. Possivelmente, é o principal contribuinte para a resistência a terapias, já que grande parte das terapias anticâncer (rádio, químio e imunoterapia) agem primariamente ativando as vias de morte celular, incluindo a apoptose. Algumas desregulações das vias pelas quais a evasão à apoptose é adquirida são: (i) ruptura do balanço entre proteínas pró e antiapoptóticas; (ii) reduzida função de caspases; (iii) sinalização via receptores de morte desregulada.

A ruptura do balanço entre proteínas pró e antiapoptóticas pode ocorrer por alterações que levam ao aumento da expressão de proteínas antiapoptóticas e/ou a *supressão* de proteínas pró-apoptóticas. Alterações deste tipo mais comumente encontradas envolvem proteínas da família Bcl-2. A primeira descrição dessa proteína data de 1986, quando seu gene foi clonado por ser encontrado translocado em linfoma folicular. Inicialmente, acreditava-se que Bcl-2 era um oncogene como c-myc, promovendo a proliferação celular. Somente depois se descobriu que sua superexpressão estava associada ao escape das células à morte provocada pela ausência de fatores de crescimento, sendo então, como já mencionado anteriormente, a primeira molécula a ser associada com o processo de morte celular. Essa não foi somente a primeira, mas também a mais forte evidência da contribuição da falha no processo de morte celular e seu papel no desen-

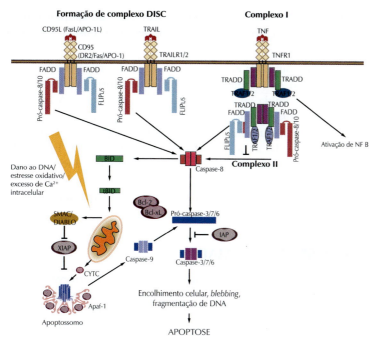

FIGURA 9.1. *Vias de sinalização da apoptose.* Estímulos de estresse extracelular podem ser recebidos pelos receptores de morte ativando a via extrínseca da apoptose. Neste caso, ocorre o recrutamento de proteínas adaptadoras e formação do complexo DISC com subsequente clivagem de pró-caspase-8, tornando-a ativa (evento que pode ser bloqueado por FLIP$_{L/S}$). A ligação de TNF ao receptor TNFR é seguida do recrutamento de proteínas adaptadoras e formação do complexo I junto da membrana celular. Este complexo pode ativar simultaneamente estímulos de sobrevivência (via NFκB) ou de morte. Quando estímulos de morte prevalecem, ocorre internalização do complexo I e formação do complexo II. Este complexo ativa caspase-8 (seguida da ativação de caspases efetoras a jusante), e inativa a função pró-sobrevivência das proteínas RIP1 e RIP3. Caspase-8 promove diretamente a ativação de caspases efetoras a jusante (-3/-6/-7) e pode também, em células tipo II, disparar um estímulo adicional desencadeando a clivagem de BID, gerando tBID. tBID é translocado para a membrana mitocondrial promovendo MOMP, seguido da liberação de proteínas da mitocôndria para o citosol. No citosol, CYTC, Apaf-1 e pró-caspase-9 formam o apoptossomo (Bcl-2 e Bcl-xL são capazes de interferir na liberação de CYTC da mitocôndria). O apoptossomo promove a clivagem e ativação de caspase-9 que, por sua vez, ativa caspases efetoras (-3/-6/-7) a jusante. Em caso de estresse intracelular, é ativada a via intrínseca da apoptose, onde MOMP e a liberação de proteínas da mitocôndria ocorrem em uma configuração independente dos receptores de morte. XIAP (membro da família IAP), que é capaz de interferir no processamento de pró-caspases efetoras inibindo a apoptose, pode ser inativado por SMAC/DIABLO.

volvimento do câncer. De fato, em certos tipos de linfoma de células B encontramos a superexpressão da proteína antiapoptótica Bcl-2. Em leucemia linfocítica crônica também observamos níveis aumentados de Bcl-2, ao mesmo tempo em que ocorrem baixos níveis de BAX, que tem papel pró-apoptótico. A superexpressão de Bcl-2 ainda é observada em neuroblastoma, glioblastoma e carcinomas de mama, sendo que em tumores colorretais ocorrem mutações no gene BAX. Tanto Bcl-2 quanto BAX, PUMA e NOXA têm sua expressão regulada pela proteína p53, a qual apresenta seu gene mutado em cerca de 50% dos tumores. Nesses tumores, com o p53 inativo, genes antiapoptóticos como o Bcl2 não são inibidos, enquanto genes pró-apoptóticos como o BAX não são ativados por p53. Essa proteína é um supressor tumoral capaz de levar a célula à apoptose no caso de danos irreparáveis no DNA e à parada no ciclo celular através da ativação de inibidores de ciclinas dependentes de quinases, como a proteína p21. A atividade de p21 está relacionada também com a ativação da senescência na célula, como veremos adiante nesse capítulo.

A função reduzida de caspases é causada geralmente por expressão suprimida destas proteínas, já que uma série de tumores apresenta baixa expressão de caspases. Este evento é comum, por exemplo, com caspase-9 em câncer colorretal, caspase-3 em câncer de mama, ovário e tumores cervicais, e com caspases -8 e -10 em coriocarcinomas. Em neuroblastomas associados com caráter mais agressivo encontramos o aumento da proteína IAP, que age inibindo a caspase-3. A superexpressão de IAPs é encontrada também em melanoma, linfoma e em carcinoma pulmonar de pequenas células, sendo portanto responsável pela resistência a drogas quimioterápicas, pois agem inibindo a atividade das caspases. Melanomas frequentemente perdem a expressão de Apaf, pois assim não ocorre a formação do apoptossomo, e sem a ativação de caspases promove o aumento da resistência à morte desses tumores.

Por fim, outra via encontrada desregulada em células tumorais é a sinalização de receptores de morte que ocorre geralmente por expressão suprimida ou desregulada destes receptores. A baixa expressão de CD95/Fas, por exemplo, foi relacionada com resistência a tratamento em leucemia e neuroblastoma e a perda de CD95/Fas, junto da desregulação dos ligantes de receptor de morte FasL, DR4, DR5 e TRAIL foram descritas na carcinogênese de câncer cervical. FLIP, molécula que age no DISC inibindo a ativação de caspase-8, encontra-se aumentada em alguns cânceres como linfoma de Burkitt e melanoma.

NECROSE PROGRAMADA

Necrose é um termo genérico para definir um processo de morte celular que, diferentemente da apoptose, é independente de caspases. Todavia, a dependência pode existir na piroptose, um subtipo específico de morte celular que se apresenta com características tanto de necrose quanto apoptose, e ocorre em situações de extensa ativação de caspase 1 e será detalhado mais adiante. Morfologicamente, as células necróticas são bastante distintas de outros tipos de morte, não apresentando as características peculiares da apoptose nem a extensa vacuolização típica da autofagia (que será abordada em seguida). Na necrose, em vez do encolhimento da célula e das organelas, típico da apoptose, há um ganho de volume celular e inchaço das organelas; em vez da formação de vesículas e fragmentação do DNA há descondensação do núcleo, lise e extravasamento do conteúdo celular no ambiente extracelular desencadeando reação inflamatória.

Por muito tempo a necrose foi considerada um evento puramente descontrolado, envolvido em situações patológicas e acidentais. Atualmente, é bastante claro que este processo descontrolado é verdadeiro para algumas situações de morte celular resultantes, por exemplo, de dano físico severo ou citólise induzida por detergentes, mas também pode ser desencadeado por um processo controlado e finamente regulado. De fato, em diversas situações, os critérios morfológicos da necrose estão presentes em um tipo de morte não acidental, a chamada *necrose programada*.

A necrose programada tem importante função em processos fisiológicos e patológicos, como infarto do miocárdio, AVC (acidente vascular cerebral), aterosclerose, pancreatite e doença intestinal inflamatória. Esse tipo de morte pode ser desencadeado por uma série de fatores, como dano ao DNA causado por **agentes alquilantes,** excitotoxicidade e ligação a receptores de morte, em certas circunstâncias. Atualmente, o tipo de necrose programada mais bem caracterizado é chamado de *necroptose*. Em seu modelo celular mais estudado, a necroptose envolve o receptor de morte TNFR1. Em células caspa-

Agentes alquilantes: são agentes capazes de transferir um grupo alquila para outra molécula. No tratamento do câncer, agentes alquilantes de DNA são amplamente utilizados.

CAPÍTULO 9

se-competentes, a ativação deste receptor desencadeia apoptose extrínseca, como vimos anteriormente. Contudo, em situações onde a ativação de caspases (particularmente a caspase-8) é inibida ou em células deficientes para a ativação de caspases, a ativação do receptor TNFR pelo ligante TNF-α desencadeia a necroptose em vez de apoptose extrínseca. Sabe-se também que este evento requer a proteína MLKL e a atividade quinase de RIP3 e RIP1, embora esteja cada vez mais claro que alguns estímulos podem induzir a necroptose independentemente de RIP1.

Como comentado anteriormente, na apoptose extrínseca ocorre a formação do complexo II que pode ser acompanhada da clivagem proteolítica de RIP1 por caspase-8 ativada. Todavia, na ausência de caspase-8 (por deleção, depleção ou inibição por agentes farmacológicos ou por CrmA – um inibidor de serina proteinase expresso pelo vírus da varíola), o complexo II é incapaz de conduzir à apoptose, resultando assim na morte celular por necroptose. Neste processo ocorre a formação de um complexo chamado necrossomo (semelhante ao complexo II), que inclui RIP1, RIP3 e as proteínas FADD e TRADD. Os mecanismos moleculares que ocorrem a jusante do necrossomo vieram a ser explorados apenas recentemente (a partir de 2012) e são ainda pouco compreendidos. Todavia, RIP3 se torna ativo sob fosforilação e promove a fosforilação da proteína MLKL. Esta proteína é uma pseudoquinase e, portanto, inapta a fosforilar moléculas. Contudo, estudos mostram que sob fosforilação, MLKLs passam a formar homo-oligômeros que translocam para a membrana plasmática e permitem o influxo de íons, afetando a capacidade da membrana em manter a homeostase iônica intracelular, levando ao rompimento estrutural celular, possivelmente dirigido por forças osmóticas, provocando a morte da célula. Dessa maneira, morfologicamente, células *necróticas* e *necroptóticas* se assemelham.

Uma série de estudos tem demonstrado que a necroptose pode estar desregulada no câncer. Diversas linhagens celulares tumorais possuem uma propensão à necroptose que está, ao menos parcialmente, correlacionada com a expressão de RIP3. Além disso, RIP1 e CYLD (uma enzima deubiquitinase) são comumente encontradas com baixa expressão em leucemia linfocítica crônica e um polimorfismo no gene de RIP3 está relacionado com risco aumentado de desenvolvimento de linfoma não Hodgkin. Como a apoptose geralmente funciona de forma inadequada no câncer, o conhecimento de uma via alternativa capaz de promover a morte celular programada dá abertura a um novo espectro de oportunidades para lutar contra o câncer. Entre os próximos passos está encontrar se é possível estimular a necroptose em células tumorais RIP3-competentes resistentes à apoptose, bem como elucidar se e como a via necrótica é capaz de provocar a **morte celular imunogênica** do tumor e desse modo desencadear uma resposta imune anticâncer desejável que poderia eliminar células tumorais residuais.

*Como parte da fisiologia do nosso organismo, a cada instante milhões de células são eliminadas pela morte celular programada, removidas "silenciosamente", isto é, sem desencadear inflamação sistêmica ou mesmo local. Este processo, que geralmente ocorre via apoptose, é dito tolerogênico, quando induz tolerância, ou nulo, quando não exerce impacto no sistema imune. Por outro lado, pode ocorrer a morte celular que estimule uma resposta imune contra antígenos das células mortas (**morte celular imunogênica**). De modo particular, isso ocorre quando estes antígenos derivam de células tumorais. Este modelo foi proposto inicialmente frente à quimioterapia anticâncer, com base em evidências clínicas de que respostas imunes específicas ao tumor poderiam determinar a eficácia daquelas terapias.*

AUTOFAGIA

A autofagia (do grego, *auto*: si mesmo, *fagia*: comer) refere-se ao processo fisiológico de degradação de macromoléculas e organelas celulares e à entrega desses componentes citoplasmáticos para o lisossomo. Existem pelo menos três tipos de autofagia – autofagia mediada por chaperonas, microautofagia e macroautofagia – que diferem pelas suas funções fisiológicas e no processo de entrega dos componentes citoplasmáticos ao lisossomo. Nesse capítulo vamos centralizar nossa discussão na macroautofagia (referida aqui apenas como autofagia), sendo esse o principal mecanismo catabólico utilizado por células eucarióticas para a degradação de proteínas e organelas. As etapas desse processo podem ser divididas em diferentes fases conhecidas como iniciação, nucleação, maturação e fusão, sendo todas mediadas por diversas proteínas codificadas por genes *Atg (autophagy related genes)*. Na iniciação e nucleação do processo autofágico ocorre a formação (vesícula de formação) e elongação (vesícula de nucleação), respectivamente, de uma membrana isolada chamada fagóforo. Em seguida, na fase de maturação, as bordas do fagóforo se fundem (vesícula de conclusão) para a formação do autofagossomo, onde o material citoplasmático fica retido. Por fim, ocorre a fusão do autofagossomo com o lisossomo, formando o autolisossomo, onde acontece a degradação do material capturado juntamente com a membrana interna da vesícula (**Figura 9.2**).

O processo autofágico tem sido descrito em diferentes tipos celulares, sendo responsável pela manutenção da homeostase celular, garantindo o controle de qualidade de proteínas e organelas. Além disso, esse processo está envolvido no desenvolvimento, na diferenciação e no remodelamento tecidual em diversos organismos. Alterações no próprio microambiente celular agem como um importante fator na regulação da autofagia. Durante a privação de nutrientes e fatores de crescimento, além de casos de alta demanda bioenergética, a autofagia é induzida rapidamente para que as células possam gerar nutrientes intracelulares e a energia necessária para seu metabolismo e sobrevivência. Além disso, a indução da autofagia ocorre também quando as células necessitam eliminar componentes citoplasmáticos prejudiciais, como por exemplo, durante estresse oxidativo, infecção ou acúmulo de proteínas mal enoveladas.

Com base nas características morfológicas, o termo "morte celular autofágica" tem sido amplamente utilizado para indicar um tipo de morte celular acompanhado de uma intensa vacuolização citoplasmática. Apesar de essa definição não estar diretamente relacionada com os aspectos funcionais da célula, atualmente o termo tem sido adaptado para indicar a autofagia que culmina com a morte celular. Entretanto, na maioria dos casos, esse processo autofágico faz parte de uma resposta citoprotetora ativada nas células em processo de morte. Essa ativação ocorre na tentativa da célula em lidar com o estresse e restabelecer a homeostase. Nesses casos, a inibição da autofagia acelera e não impede a morte celular. Partindo apenas dos aspectos morfológicos, o termo "morte celular autofágica" pode ser comumen-

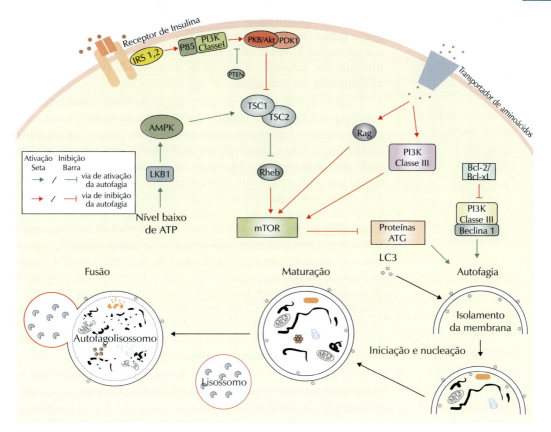

FIGURA 9.2. Principais vias de regulação da autofagia. Na presença de fatores de crescimento ou insulina ocorre a autofosforilação de seus receptores, recrutando para a membrana IRS1 e IRS2. Quando ativados, esses dois substratos de receptor de insulina se ligam à subunidade P85 da PI3K de classe I. A ativação de PI3K leva à formação de PIP3, o qual induz o recrutamento para a membrana de Akt e seu ativador PDK1. O Akt ativado impede a formação do complexo TSC1/2, mantendo assim a proteína Rheb livre para interagir e ativar o mTOR, que por sua vez irá inibir a autofagia. O supressor tumoral PTEN inativa a atividade de PIP3 pela retirada de um de seus fosfatos, levando à inibição do recrutamento do Akt e regulando positivamente a autofagia. Quando os níveis de ATP estão reduzidos na célula ocorre a ativação da AMPK via LKB1. Essa ativação induz a formação do complexo TSC1/2 e a autofagia pela inativação do mTOR. Os aminoácidos são capazes de entrar na célula via transportadores de membrana. Sua presença intracelular pode ser reconhecida pela proteína Rag, que quando ativada possivelmente transporta o mTOR para compartimentos subcelulares, onde está presente o ativador de mTOR, a proteína Rheb. Os aminoácidos também são capazes de ativar a proteína PI3K de classe III (que não está em complexo com a beclina 1), como resultado disso o mTOR é ativado na célula. A proteína PI3K de classe III também está presente no interior da célula na formação de um complexo com beclina 1. A presença desse complexo ativado facilita a formação das vesículas autofágicas e sua atividade é regulada por membros antiapoptóticos da família do Bcl-2. Durante a formação da vesícula autofágica a proteína LC3 é transportada para a membrana do autofagossomo. Quando o processo de degradação das macromoléculas e componentes celulares é ativado, a proteína LC3 também é degradada. Dá-se assim o início da formação do autofagossomo que ocorre em diferentes fases: iniciação e nucleação (formação e elongação do fagófaro), maturação (fusão das bordas do fagófaro) e fusão (fusão do autofagossomo com o lisossomo).

te usado de maneira equivocada. Como resolução para isso, sugere-se que o termo "morte celular autofágica" seja utilizado com base nas considerações bioquímicas e funcionais, indicando a morte celular mediada por autofagia, a qual pode ser revertida pela utilização de inibidores da via autofágica.

Além da sua relação na manutenção da homeostase celular, a autofagia está implicada também em algumas doenças humanas, inclusive o câncer. Entretanto, um paradoxo ainda permanece entre sua exata relação com o desenvolvimento tumoral, uma vez que ativada pode agir tanto como um fator protetor ou como um fator indutor de morte nas células tumorais. Nos estágios iniciais da tumorigênese, a inibição da autofagia permite o contínuo crescimento de células cancerígenas. Por outro lado, em tumores em estágios avançados, as células malignas podem tornar-se mais dependentes da autofagia para sobreviver. Com o aumento do tamanho da massa tumoral, regiões com menor suprimento de oxigenação e de nutrientes, onde a vascularização é deficiente, impõem às células a característica adaptativa de autossustentação, sendo a autofagia um processo importante nesse momento. Outro ponto importante nesse contexto se faz quando se estabelece um desequilíbrio entre o consumo celular excessivo e sua capacidade de síntese, sendo que nesse caso a autofagia volta a agir como um supressor tumoral na indução da morte celular.

A autofagia é um processo de múltiplas etapas e várias vias de sinalização têm sido relacionadas na sua regulação. Entretanto, o entendimento da informação molecular dessas vias e a sua regulação na autofagia, principalmente nos aspectos direcionados com a sua relação com o câncer, continuam sendo temas de constantes estudos.

Vias de Regulação da Autofagia

No processo de autofagia algumas vias de regulação se destacam por serem mais bem descritas na literatura. Essas vias envolvem proteínas da via de ***mTOR*** (quinase alvo de rapamicina), ***AMPK*** e BECN1 e serão detalhadas a seguir.

mTOR: mammalian target of rapamycin.

AMPK: AMP-activated protein kinase.

Um dos principais reguladores da autofagia é o alvo da rapamicina, mTOR. Essa proteína quinase age como um sensor da quantidade de ATP e aminoácidos, com o objetivo de coordenar o balanço entre a disponibilidade de nutrientes e o crescimento celular. Além disso, opera como um modulador central em resposta a fatores de crescimento como insulina, ***IGF-1 e IGF-2***. Em organismos multicelulares, como no caso da *Drosophila melanogaster* ou células de mamíferos, as vias de regulação que agem como sensores da ausência de nutrientes e hormônios e que atuam na autofagia são diferentes, entretanto ambas convergem para um componente central, o mTOR.

IGF-1 e IGF-2: insulin-like growth factors-(1/2).

Os aminoácidos presentes no meio extracelular são capazes de entrar nas células de mamíferos através de transportadores, como ***SLC1A5*** e ***SLC7A5***. Devido a esse fato, é proposto que o ***TORC1*** reconheça diretamente a presença desses aminoácidos, resultando em sua fosforilação e ativação na célula. Entretanto, algumas observações têm

SLC1A5: solute carrier family 1 (neutral amino acid transporter), member 5.
SLC7A5: Solute carrier family 7 (amino acid transporter light chain, I system), member 5.
TORC1: TOR complex 1.

CAPÍTULO 9

sugerido que as proteínas **Rag** sejam intermediadoras desse processo, ativando o TORC1 em resposta à presença de aminoácidos. Infere-se que o mecanismo pelo qual essa ativação ocorre é pela translocação do TORC1 para compartimentos subcelulares, onde está presente o ativador de TORC1, a proteína **Rheb**. Além disso, os aminoácidos podem ativar o mTOR por estimular a via da **PI3K** de classe III.

A insulina e os fatores de crescimento IGF-1 e IGF-2 regulam a autofagia através da ativação de mTOR via PI3K de classe I. Após a ligação da insulina, ocorre a autofosforilação de seus receptores, resultando no recrutamento e na fosforilação de **IRS1** e **IRS2**. A ativação de IRS1 e IRS2 permite a ligação de proteínas adaptadoras, incluindo subunidades da PI3K de classe I, como a P85. A partir dessa etapa ocorre a formação de **PIP_3**, o qual por sua vez induz o recrutamento de **PKB/Akt** e de seu ativador **PDK1** para a membrana. Quando ativado, o Akt promove a fosforilação da proteína **TSC2**, o que impede sua interação e consequente formação de complexo com a proteína **TSC1**. Com a inibição do complexo TSC1/2, a proteína Rheb se mantém ativa quando ligada a **GTP**, permitindo assim sua direta interação e ativação ao TORC1. O gene **PTEN** é um supressor tumoral que codifica duas fosfatases específicas que antagonizam a via da PI3K de classe I. Classicamente, o PTEN retira um fosfato e inativa o PIP_3, suprimindo a atividade de PKB/Akt e regulando positivamente a autofagia. Esse gene está localizado no cromossomo 10q23, região a qual está frequentemente deletada ou mutada em diversos cânceres, tais como tumores de mama, próstata, endometriais e em gliomas.

Os genes reguladores da autofagia da família de Atg são requeridos para a ativação do processo autofágico, induzindo a formação do autofagossomo, o sequestro dos componentes intracelulares e a fusão do autofagossomo com o lisossomo, onde as proteínas e organelas são degradadas e recicladas. Um exemplo desses genes é o Atg1 (também conhecido como ULK1), o qual forma um complexo com outro gene regulador da autofagia, Atg13. A formação desse complexo leva à constituição da estrutura pré-autofagossomal (PAS) através do recrutamento de outras proteínas Atg e consequente estimulação da autofagia. Sob condições ricas em nutrientes, a proteína mTOR ativada fosforila o Atg13 em diversos sítios, inibindo assim a formação do complexo com Atg1, levando à diminuição da sua atividade quinase e supressão da autofagia.

Durante os períodos de estresse metabólico, a ativação da autofagia é essencial para a manutenção da homeostase celular. Em células de mamíferos, a AMPK age como um sensor dos níveis de energia celular (ATP). A relação da AMPK com o câncer é pertinente, uma vez que essa proteína quinase desempenha um papel central na rede de sinalização envolvendo alguns supressores tumorais, tais como **LKB1**, TSC2 e P53. Quando os níveis de ATP estão reduzidos, a AMPK é ativada e leva à fosforilação e ativação do complexo TSC1/2, o qual por sua vez inibe a atividade de mTOR via Rheb. Como resultado da inibição de mTOR, a autofagia é estimulada e induz o aumento da produção de ATP pela via de reciclagem de nutrientes. Por outro

Rag: Ras-related GTPase.

Rheb: Ras homolog enriched in brain.
PI3K: phosphatidylinositol-4,-5-bisphosphate 3-kinase.

IRS1: insulin receptor substrate 1.
IRS2: insulin receptor substrate 2.

PIP_3: phosphatidylinositol (3,4,5)-trisphosphate.
PKB/Akt: protein kinase B.
PDK1: 3-phosphoinositide dependent protein kinase-1.
TSC1; TSC2: tuberous sclerosis complex 1/2.
GTP: guanosine-5'-triphosphate.
PTEN: phosphatase and tensin homolog.

LKB1: liver kinase B1.

lado, a ativação da AMPK via LKB1 fosforila e ativa o inibidor de ciclina dependente de quinase, P27[kip1]. A ativação desse inibidor leva à parada do ciclo celular, impedindo que a célula sofra morte celular programada por apoptose e ativando vias de sobrevivência pela autofagia. Além disso, a atividade AMPK pode determinar certa vantagem ao tumor, uma vez que regula a plasticidade do metabolismo celular, resultando na adaptação da célula tumoral ao estresse metabólico. Nesse sentido, sugere-se que a AMPK possa exercer um papel dual no câncer, tendo um efeito pró ou antitumorigênico, dependendo do contexto em que se encontra.

A proteína beclina 1 (produto da codificação do gene BECN1) é um ortólogo de mamífero do gene relacionado com autofagia em leveduras (Atg6/Vps30) e foi a primeira molécula a ser mostrada com uma relação direta entre a tumorigênese e a desregulação da autofagia. A beclina 1 desempenha um papel importante na formação do autofagossomo e deleções monoalélicas do seu gene são frequentemente encontradas em carcinomas na glândula mamária, ovários e próstata. A proteína beclina 1 faz parte de um complexo formado em conjunto com a PI3K de classe III, onde sua ligação promove o aumento da atividade dessa quinase, facilitando assim a formação de vesículas autofágicas. A função de beclina 1 é regulada por membros antiapoptóticos da família do Bcl-2. O Bcl-2 e o Bcl-xL, por exemplo, podem interagir e sequestrar a proteína beclina 1, inibindo a autofagia sob condições ricas em nutrientes. Nessa etapa de formação do autofagossomo, tornam-se fundamentais os membros 3, 4 e 7 da família de genes Atg, além da proteína **LC3**.
A proteína LC3 destaca-se entre elas por sofrer uma importante modificação pós-traducional que modula a autofagia. A LC3 está presente na célula em sua forma citosólica, chamada de LC3-I. Quando o processo autofágico ocorre, a LC3-I sofre uma clivagem e uma conjugação com a fosfatidil etanolamina por um sistema envolvendo as proteínas Atg7 e Atg3, sendo finalmente convertida em LC3-II. Por fim, a LC3-II associa-se à membrana das vesículas autofágicas, tornando-se um dos principais marcadores do processo autofágico. Durante a degradação iniciada pelo autofagolisossomo, a proteína LC3-II presente na membrana do complexo também é degradada. A perda de LC3-II reflete a atividade autofágica em resposta ao estímulo. Por isso a detecção da proteína LC3 tornou-se um método confiável de monitoramento da autofagia e dos processos relacionados.

Outras moléculas têm sido mostradas como reguladores da autofagia em células tumorais, como a **DAPK, DRP1, MAPK** e Bcl-2, além de membros de sua família **BNIP3** e **HSPIN1**. As proteínas DAPK e DRP1 são proteínas quinases reguladas por calmodulina e seus papéis na morte celular regulada ainda não estão bem esclarecidos. Recentemente, o que se define é que essas proteínas são mediadoras positivas da morte celular em resposta a vários estímulos. O desenvolvimento de estudos utilizando linhagens de células de carcinoma cervical e células de adenocarcinoma mamário tem mostrado a indução autofágica nessas linhagens pelas proteínas DAPK e DRP1.

A proteína BNIP3 é um fator indutor de morte celular que é membro da subfamília *BH3-only*, da família das proteínas Bcl-2. Na

LC3: microtubule-associated protein light chain 3.

DAPK: death-associated related protein kinase.
DRP1: death-associated related protein kinase 1.
MAPK: mitogen-activated protein kinases.
BNIP2: BCL2-adenovirus E1B 19 kDa-interacting protein 3.
HSPIN1: human homologue of the Drosophila spin gene product 1.

maioria dos tecidos, a expressão de BNIP3 é indetectável, como por exemplo no cérebro, porém sua expressão aumenta em baixas tensões de oxigênio (hipóxia). Além disso, também ocorre o aumento de sua expressão quando a indução da autofagia é realizada em linhagens de glioma tratadas com *trióxido de arsênio* e *ceramida*.

Outra proteína BH3-*only*, a HSPIN1, um homólogo humano do produto gênico de *Drosophila melanogaster*, tem sido estudada por induzir morte celular autofágica independente de caspase em células de linhagem de adenocarcinoma cervical. Além disso, células derivadas da medula óssea de camundongos com deficiência nas proteínas BAX e BAK, membros da família de proteínas Bcl-2, são resistentes à apoptose, mas sofrem autofagia depois da exposição ao agente quimioterápico eutoposídeo e após a privação de fatores de crescimento. Essas observações indicam que membros da família de proteínas pró-apoptóticas de Bcl-2 não somente controlam a apoptose, mas também regulam as vias autofágicas. Evidências também têm indicado o papel de proteínas quinases ativadas por mitógenos, que são uma família de serina-treonina quinases, envolvidas na regulação de uma ampla gama de respostas celulares à sinalização de receptores de fatores de crescimento em processo autofágico. Em particular, as quinases reguladas por sinais extracelulares ***ERK1*** e ***ERK2*** que, quando estimuladas pela via de sinalização RAS-RAF1-MEK, têm sido mostradas como indutoras da autofagia em um modelo de linhagem de células de carcinoma colorretal.

ERK1: mitogen-activated protein kinase 3.
ERK2: mitogen-activated protein kinase 1.

OUTROS TIPOS DE MORTE CELULAR

Aspectos particulares observados em outros tipos de morte celular podem ser descritos, levando a diferentes classificações de morte celular. Contudo, o que tem se percebido é que apesar de apresentar alguns aspectos peculiares de morte, muitas delas compartilham vias já conhecidas e bem descritas na apoptose. Nesse capítulo, iremos discutir alguns pontos mais relevantes de alguns tipos de morte celular (anoikis, catástrofe mitótica, piroptose) e sua importância para o desenvolvimento do câncer, além de fazer algumas colocações sobre a senescência e como as células tumorais também escapam a esse processo.

Anoikis

Na ausência de interação das células com componentes da matriz extracelular (MEC) ou na localização inapropriada das células em seu substrato, isto é, quando as células são desalojadas de seus locais de origem, um particular tipo de morte celular, conhecido como anoikis, é ativado. O termo, que se origina do grego, quer dizer literalmente "sem casa". O crescimento independente de adesão e a transição epitélio-mesênquima são duas características comumente associadas à resistência a anoikis, sendo que tais processos são importantes no desenvolvimento tumoral e na metástase. Desempenhando um papel central nesse processo estão as integrinas. Essas são receptores transmembrana que possuem duas cadeias, constituídas de subunidades α e β, e que são encontradas em todos os organismos multicelulares. Em humanos, existem 18 subunidades α e oito subunidades β, formando 25 heterodímeros diferentes. Cada heteredímero tem uma afinidade por diferentes componentes da MEC, o que determina qual tipo celular tem a capacidade de interagir com componentes do substrato em questão. Esses receptores não apenas interagem fisicamente com moléculas da MEC, mas também transmitem sinais intracelulares que regulam a sobrevivência, proliferação e migração celular. Nesse sentido, FAK (quinase de adesão focal) é uma das moléculas centrais que são ativadas pela sinalização mediada por integrinas após sua interação com componentes da MEC. Dessa forma, após FAK ser fosforilada e ativada, ela interage com PI3K que recruta e ativa a via PKB/Akt. A ativação de Akt direciona diferentes vias de sobrevivência, dentre as quais a fosforilação e inativação da proteína pró-apoptótica Bad, evitando assim o escape de citocromo C da mitocôndria e a consequente morte celular. Além disso, Akt também pode ativar a via de sobrevivência mediada por NF-kappaB.

A anoikis foi primeiramente descrita em células epiteliais e endoteliais normais como parte de um controle do mecanismo de desenvolvimento e de homeostase tecidual. Já as células tumorais desenvolvem resistência a anoikis de diferentes formas. Uma dessas alterações é a mudança na expressão das diferentes subunidades de integrinas, desempenhando assim um papel fundamental na resistência a anoikis e na adaptação celular a sítios metastáticos. Durante a embriogênese, a integrina $\beta 6$ é expressa em células epiteliais de diferentes tecidos, mas em células de adultos sua expressão é muito baixa. Porém, em processos fisiopatológicos na aquisição de resistência a anoikis e de invasão, altos níveis da expressão da integrina $\beta 6$ são detectados, como visto em carcinomas. Por outro lado, a expressão de integrinas $\alpha V \beta 3$ é encontrada diminuída em carcinomas do intestino, protegendo-as de morte celular e sugerindo assim um papel importante na aquisição de resistência a anoikis.

No caso de melanomas, observa-se que essa integrina é expressa em seus estágios mais invasivos, mas não é expressa em células normais de melanócitos, evidenciando o papel de integrina $\alpha V \beta 3$ na resistência a anoikis nesse tipo tumoral. Evidências também têm mostrado que o aumento da integrina $\beta 4$ está associado com a ativação de PI3K, levando a resistência a anoikis em carcinoma de mama. Além disso, é bem conhecido que existe uma alteração da expressão de caderinas, que são moléculas de junção célula-célula, durante a transição epitélio-mesênquima (EMT). Com a diminuição da expressão de E-caderina e o aumento da expressão de N-caderina ocorre o recrutamento de PI3K que ativa Akt, conferindo resistência a anoikis. PTEN é uma molécula que atua como regulador negativo da via, sendo que a perda da sua expressão é comumente encontrada em diferentes tipos de câncer e está frequentemente associada com a aquisição de resistência a anoikis. Por outro lado, o aumento da expressão de PTEN induz esse tipo de morte celular, pois inibe a atividade de FAK e a consequente ativação de Akt.

A resistência a anoikis pode vir também da alteração do fenótipo epitelial para o mesenquimal. EMT é um processo fisiológico que permite que células endoteliais remodelem seu citoesqueleto e adquiram um aumento em sua motilidade. É um fenômeno comum em processos como cicatrização, inflamação e embriogênenese. EMT também tem sido descrito na progressão do câncer, como mais bem exposto em capítulo adiante nesse livro. Moléculas importantes envolvidas na regulação de EMT têm sido apresentadas, como por exemplo, Snail, Twist, NF-kappaB e HIF1/2. Essas moléculas são fatores de transcrição importantes na indução da diminuição da expressão de E-caderinas e no aumento da expressão de marcadores mesenquimais. Nesse sentido, Snail tem sido encontrado com sua expressão aumentada em carcinomas de mama, pois Snail inibe a expressão de E-caderinas e de outros genes envolvidos na resistência a anoikis, como Bid e PTEN. A diminuição da expressão de PTEN favorece a ativação da via PI3K/Akt, favorecendo a fosforilação e inativação da proteína apoptótica Bad.

A aquisição da resistência a anoikis desempenha um papel importante nas diferentes fases da progressão tumoral. Com o crescimento da massa tumoral, as células passam a perder o contato com outras células e com componentes da MEC e a instabilidade genética propicia a seleção de células resistentes a processos de morte, incluindo anoikis. A EMT contribui para que as células tumorais adquiram uma característica migratória. Após a invasão das células nos vasos, essas células caem na circulação onde não encontram nenhuma interação com qualquer componente da MEC. Após essa trajetória, as células que sobrevivem aos sinais de anoikis se estabelecem em sítios metastáticos e, com a expressão de integrinas adequadas ao substrato de destino, conseguem manter uma sinalização com moléculas residentes na MEC e assim, mais uma vez, escapar a anoikis e manter seu crescimento à distância de seu local de origem.

Catástrofe Mitótica

Durante o processo de duplicação celular podem ocorrer danos no DNA, seja durante o processo de replicação ou pela presença de algum agente externo (ex., radiação UV, agentes citotóxicos ou espécies reativas de oxigênio). A maquinaria de reparo de DNA é responsável pela correção desses danos, entretanto em alguns casos o reparo acaba sendo ineficaz, ou pela alta intensidade do dano ou por apresentar alterações nos mecanismos de reparo, conforme foi melhor detalhado em capítulo anterior. Se uma célula prossegue no ciclo celular em presença de dano ao DNA ou, ainda, em decorrência de dano em qualquer componente de montagem da maquinaria mitótica, o arranjo e a segregação cromossômicos tendem a ser defeituosos na fase M do ciclo celular. Isso leva à geração de aberrações cromossômicas, divisões assimétricas, fragmentação nuclear, formação de micronúcleos, aneuploidia e/ou poliploidia celular. Todas estas características são típicas de um processo chamado catástrofe mitótica (CM).

A CM é um termo utilizado para descrever a morte celular que ocorre durante ou após uma mitose defeituosa, o que geralmente leva à geração de células poliploides e células com múltiplos núcleos. Além disso, cromossomos individuais ou grupos de cromossomos se organizam perto da membrana nuclear, o que leva à formação de células com muitos micronúcleos, característica peculiar desse tipo de morte. As características morfológicas das células em CM são bem definidas, porém muitas vezes ocorre a ativação de proteínas pró-apoptóticas e ativação de caspases, vias comumente encontradas na apoptose. Contudo, a CM é um tipo de morte celular independente da ativação de p53, mesmo sendo iniciada por agravos genotóxicos seguida de um reparo ineficiente. Nesse sentido, os tumores sólidos, que geralmente apresentam o gene supressor tumoral p53 mutado, podem responder à morte celular decorrente de CM. Por outro lado, tumores oriundos do sistema hematopoiético ou linfático geralmente têm uma resposta de morte celular decorrente de tratamentos com agentes genotóxicos que são dependentes de p53, ativando outras vias de morte celular.

Piroptose

A maioria das células tumorais possui a característica de serem resistentes aos processos de morte celular por apoptose ou necrose programada, ou até mesmo a iniciação de outras cascatas letais como a catástrofe mitótica. Nesse sentido é bem possível que a morte celular dependente de *inflamassoma* ou frequentemente chamada de piroptose também seja desregulada no processo de desenvolvimento tumoral.

Inflamassoma: o inflamassoma é um complexo multiproteico intracelular que atua na ativação de enzimas da família cisteína-aspartato proteases (CASPASES) como uma estrutura essencial para a regulação da imunidade em condições fisiológicas e no reconhecimento de sinais de perigo a diferentes componentes.

O termo "piroptose" tem sido introduzido desde 2000 por Brennan e Cookson para descrever funcionalmente uma morte peculiar de macrófagos infectados com *Salmonella typhimurium,* entre outras bactérias. Entretanto, tem se tornado claro que a piroptose não se restringe apenas a uma morte celular específica de macrófagos, nem apenas por infecções bacterianas. Sua maior característica bioquímica se aplica na ativação da caspase-1, a qual catalisa a ativação proteolítica da caspase-7 e outros substratos, dando início à formação de características apoptóticas.

Diferentemente da apoptose, o processo de piroptose causa inflamação no local, pela liberação *IL-1β e IL-18,* podendo em alguns casos adquirir características de sinais necróticos, sendo esse último chamado de pironecrose. Apesar de esse tipo de morte celular ter sido inicialmente descrito em macrófagos infectados com bactérias, tem-se começado a mostrar a piroptose em células tumorais infectadas com um tipo de vírus, o HSV-2 (vírus do herpes simples). Dessa forma, vem sendo evidenciada a facilitação da fagocitose por macrófagos devido a sinais que a célula tumoral passa a expressar em sua superfície celular. Nesse contexto, a inflamação desempenha um papel importante na tumorigênese e pode contribuir para progressão tumoral, angiogênese, metástase, proliferação e sobrevivência de células tumorais e alterações na resposta imune adaptativa antitumoral, como mais bem discutido em outros capítulos do livro.

Essa inflamação pode ser dirigida por uma série de fatores, incluindo as citocinas pró-inflamatórias citadas anteriormente (IL-1β e IL-18). O inflamassoma é a principal origem de processamento e secreção de citocinas IL-1β e IL-18. Quando ativado, esse complexo multiproteico leva à clivagem de pró-caspase-1 e consequente ativação, que por sua vez cliva pró-IL-1β e pró-IL-18 em suas formas maduras, que então podem ser secretadas pela célula. Nos últimos anos, a importância da relação da inflamação com câncer tem sido reconhecida e classificada como um dos *hallmarks* do câncer.

A **Tabela 9.1** traz um resumo das particularidades mais importantes que caracterizam os diferentes tipos de morte celular.

SE NÃO MORRER, SENESCER?

Morte celular é um dos possíveis desfechos ou destinos de uma célula frente a estímulos tóxicos. Porém, em algumas situações, a resposta celular acionada pode ser uma parada no seu crescimento, o que caracteriza o processo de senescência. Mas o que efetivamente controla a senescência e qual é a sua implicação no câncer? Discutiremos esses pontos a seguir.

Senescência

A senescência celular foi originalmente descrita em 1961, quando pesquisadores observaram que células humanas normais que cresciam em placas tinham uma capacidade de duplicação finita e mantinham-se na fase G_1 da intérfase sem progredir no ciclo celular. Entretanto, esse processo tem se tornado mais amplamente considerado como um programa biológico geral irreversível de parada de crescimento. Apesar de não dividirem mais, as células em senescência permanecem metabolicamente ativas e passam por mudanças em suas características morfológicas, tais como a expansão e o achatamento da forma celular e o aumento da granulosidade.

O processo gradual de senescência replicativa que ocorre em células normais é resultado principalmente do encurtamento e de outras mudanças estruturais dos telômeros. Telômeros são sequências repetitivas de DNA constituídas de seis pares de bases complementares à sequência TTAGGG localizadas nas extremidades dos cromossomos de eucariotos, sendo que em humanos seu tamanho pode variar de 0,5 a 15 kb. Esses trechos repetitivos ajudam a proteger o material genético de perda de informação durante a divisão celular, pois a cada divisão celular, o telômero encurta, sendo que nos humanos é observada uma perda de 50 a 200 pares de base da extremidade de cada cromossomo a cada replicação. Nas células eucarióticas existe um complexo ribonucleoproteico chamado telomerase que é uma transcriptase reversa que adiciona sequências repetitivas à extremidade 3' do cromossomo, prevenindo o encurtamento progressivo dos cromossomos em consequência das sucessivas divisões celulares. A telomerase está presente principalmente em células embrionárias e em tumores – já que além de prevenir o encurtamento dos telômeros (retardando o envelhecimento) também ativa genes que fazem a célula se dividir indefinidamente.

Localizados nas extremidades do cromossomo, esses complexos de DNA-proteína estão intimamente relacionados com o envelhecimento celular. O encurtamento progressivo dos telômeros a cada divisão celular, eventualmente, provoca uma alteração na estrutura dos telômeros. A manutenção da atividade da telomerase é uma das características mais comumente observadas no câncer, encontrada em mais de 80% de todos os tumores humanos. A expressão da telomerase aumenta muito a transformação de células humanas *in vitro*, e a tumorigênese é inibida pelo encurtamento dos telômeros em modelos animais do câncer. Em conjunto, estes dados sugerem que a ativação do ponto de checagem induzida pela telomerase é um importante mecanismo na supressão do tumor *in vivo*. Por esta razão, os inibidores da telomerase têm sido considerados promissores candidatos terapêuticos para novos agentes antineoplásicos, inibindo a capacidade da célula cancerosa em se manter imortal.

Por outro lado, o dano ao DNA também pode estimular a senescência acelerada com características muito semelhantes às encontradas na senescência induzida por mudanças nos telômeros. Estímulos nocivos ao DNA resultam na ativação da via de resposta de dano ao DNA (DDR, do inglês DNA-*damage response*). Quando ativada, essa via opera com duas distintas, porém extremamente coordenadas funções: (i) impede a propagação da informação genética alterada para as células-filhas através da parada do processo de duplicação do DNA e (ii) coordena os mecanismos celulares para o reparo do DNA e manutenção da integridade do genoma. Nessa etapa do processo, se o dano ao DNA for devidamente corrigido, as células rapidamente retornam ao estado proliferativo normal. Entretanto, se o dano for intenso, as células podem ativar a apoptose como um mecanismo de suicídio que remove as células defeituosas de uma determinada população ou podem então dar início à senescência celular induzida pela via de sinalização DDR.

Essa senescência induzida por dano ao DNA, que independe de disfunções relacionadas aos telômeros, pode ser disparada em células normais pela expressão de genes oncogênicos, como Ras e Raf. Durante esse processo de senescência induzida por oncogenes ou durante a senescência replicativa, a restrição do crescimento celular é mediada pela ativação das proteínas Rb e/ou p53, assim como a expressão de seus reguladores como as proteínas p16^{INK4a}, p21, e p14^{ARF}. Nos casos de senescência replicativa, a estabilização de p53 ocorre devido ao envolvimento do supressor tumoral p14^{ARF}. A proteína p14^{ARF} é induzida em resposta à elevada estimulação mitogênica. Quando ativada, a p14^{ARF} acumula no núcleo e forma complexos com a proteína MDM2, inativando-a, sendo que MDM2 ativada é responsável pela sinalização e degradação da proteína p53. Já a proteína p16^{INK4a} aumenta acentuadamente em células senescentes e está envolvida com a inibição da fosforilação da proteína Rb, mantendo-se hipofosforilada e então convertida em sua forma ativa. Quando ativada, Rb sequestra e inibe fatores de transcrição, como o E2F, que é necessário para a proliferação celular.

De acordo com papel da senescência como uma barreira para a formação do tumor, o processo de tumorigênese envolve quase inevitavelmente um ou mais eventos que alteram a ativação da senescência. Um desses eventos que ocorre nas células tumorais, com o objetivo de evitar a senescência replicativa, é o aumento da expressão de telomerases ou a utilização de mecanismos alternativos para a manutenção das mesmas. Por outro lado, a expressão de telomerases não impede a indução da senescência acelerada induzida por dano ao DNA, nestes casos o evento mais comum é a inativação de inibidores do ciclo celular como p16^{INK4a}.

Alguns tipos tumorais apresentam mutação no gene CDKN2A como o melanoma e câncer de esôfago. Esse gene não apenas codifica a proteína p16^{INK4a} mas, por leitura alternativa, também codifica a proteína que ativa a função de p53, a p14^{ARF}, inibindo assim as vias de morte e parada no ciclo celular. Atualmente, a manipulação genética, a utilização de drogas antitumorais, radiação e diferentes agentes têm se tornado grandes ferramentas para induzir a célula tumoral a entrar no processo de senescência e suprimir a tumorigênese.

CONSIDERAÇÕES FINAIS

Pesquisas têm ajudado no melhor entendimento da regulação das vias de morte. Nesse sentido, atualmente compreendemos como a via de apoptose é regulada e que a necrose, que era vista como acidental e irreversível, também pode ter um componente regulatório, conhecida como necroptose. Também passamos a compreender que a autofagia, descrita inicialmente somente como um processo catabólico e de regulação de sobrevivência, pode disparar sinais que culminem com a morte da célula, e assim, ser caracterizada como morte celular autofágica. Ainda, outros tipos de morte, que compartilham de vias já descritas, mas apresentando peculiaridades, também vêm sendo aprofundados na literatura. E assim, ao longo do tempo, temos compreendido a regulação dessas vias de morte em processos fisiológicos e fisiopatológicos. No âmbito da patologia, o entendimento das vias envolvidas nos diferentes tipos de morte celular tem sido importante para o desenvolvimento de novas abordagens de intervenção e, dessa forma, a melhora da eficiência de tratamentos de patologias com baixa resposta de tratamento, como o câncer.

TABELA 9.1. *Resumo das características que distinguem as principais vias de morte celular.*

Nomenclatura	Indutores da morte	Principais vias ativadas	Complexos proteicos	Morfologia	Esquema
Apoptose	Dano ao DNA, estresse oxidativo, excesso de Ca²⁺	Via mitocondrial, receptores de morte, caspases -3, -6, -7	Apoptossomo (Apaf-1, citocromo C e caspase-9)	Condensação nuclear, corpos apoptóticos e fragmentação do DNA	
Necrose	Toxinas, inflamação, infecções, traumas	---	---	Ruptura da membrana plasmática, desintegração de organelas e extravasamento do conteúdo celular	
Necroptose	Infecções bacterianas e virais, isquemia	RIP-1, RIP-3 e MLKL	Necrossomo (RIP-1, -3, FADD, TRADD)	Inchaço de organelas e perda da integridade de membrana	
Autofagia	Privação de nutrientes, hipóxia	mTOR, AMPK e BECN1	Autofagossomo	Intensa vacuolização citoplasmática e formação de autofagossomo	
Anoikis	Ausência de intenção com a MEC	Ausência de sinalização de integrinas	---	Arredondamento celular, fragmentação do DNA e membrana íntegra	
Catástrofe Mitótica	Agentes genotóxicos, mitose defeituosa	Independe de p53	---	Cromossomos não condensados com múltiplos micronúcleos	
Piroptose	Infecções bacterianas e virais	Caspase-1	Inflamassoma	Ruptura da membrana plasmática, extravasamento do conteúdo celular e fragmentação do DNA	
Senescência	Encurtamento dos telomeros e dano ao DNA	Inativação de telomerases	---	Citoplasma achatado e presença de múltiplos grânulos	

RESUMO

A morte regulada de determinadas células, além da proliferação de outras tantas, é um fenômeno-chave para o desenvolvimento dos organismos multicelulares, sendo também desencadeada por perturbações ao microambiente em que a célula se insere e em respostas imunes, além de intimamente relacionada com uma série de patologias, a exemplo do câncer.

Desde suas primeiras descrições, em meados do século XX, quando se acreditava que apenas dois tipos de morte celular existiam (necrose e apoptose), incontáveis estudos vêm demonstrando que as células podem morrer por uma série de mecanismos que diferem entre si. Estas diferenças estão pautadas principalmente nos fenômenos capazes de disparar a morte celular, nos mecanismos moleculares ativados subsequentemente, bem como nas vias bioquímicas envolvidas, mas também dizem respeito às características morfológicas desencadeadas em cada tipo de morte. Estudos pioneiros realizados em *C. elegans* nos ajudaram a compreender as vias moleculares envolvidas no processo de morte e então homólogos dos genes desse nematódeo foram descobertos em humanos.

Nesse capítulo centramos nossas discussões nos tipos de morte celular que têm sido mais descritos na literatura e os mecanismos de controle em cada um deles. Dentre eles, destacamos a apoptose e as diferenças nas vias intrínseca e extrínseca de morte celular da apoptose; na necrose discutimos como esse tipo de morte pode ser regulado e porque não é visto somente como um processo acidental e descontrolado; e na autofagia discutimos as principais vias de regulação desse processo catabólico que pode culminar com a morte celular. Também abordamos os aspectos mais relevantes de outros tipos de morte celular e que especialmente apresentam regulação diferenciada no desenvolvimento do câncer.

Como o câncer é uma doença caracterizada pelo desequilíbrio entre morte e proliferação celular, defeitos nas vias que controlam a morte celular são uma forma que as células tumorais apresentam para evadirem a esse evento, o que é considerado um dos *hallmarks* do câncer. Visto que a maioria das estratégias terapêuticas antitumorais é baseada na indução da morte celular, abordaremos quais moléculas se encontram desreguladas em diferentes tipos de câncer, e porque isso confere à célula tumoral a capacidade de resistência à morte celular.

PONTO DE VISTA

1001 formas de morrer

Milhares de células morrem a cada segundo de uma forma controlada para manter a homeostase em organismos multicelulares. Porém, até o início do século passado, a morte celular não era vista nem compreendida como um mecanismo que pudesse ser regulado. Pelo contrário, achava-se que a morte das células era decorrente apenas de insultos tóxicos e que ocorria sem nenhum mecanismo de controle. Depois, evidências mostraram que a morte celular acontece de forma controlada para manter a fisiologia dos organismos multicelulares, além de participar de processos fisiopatológicos. Esses processos são, respectivamente, uma regulação e desregulação da quantidade de células que proliferam e de células que morrem. Estudos têm mostrado a descrição de distintas vias de ativação e controle da morte celular, o que tem levado a definições de diferentes mortes celulares, de acordo com o contexto observado. Essa melhor compreensão das vias de morte tem ajudado a aprimorar os tratamentos de patologias, em especial o câncer, pois ele se caracteriza por apresentar um crescimento descontrolado de células. Dessa forma, o que inicialmente pareceu ser eficiente seria tratar essas células com indutores de morte para extinguir a massa tumoral, e por isso utilizou-se da base dos tratamentos de radioterapia e quimioterapia, pois ambos induzem a morte das células. Infelizmente, tem-se percebido que não são todas as células que morrem. Evidências nos mostram que algumas células morrem por apoptose e outras por não apoptose, algumas drogas ativam o processo de senescência e as células não morrem mas não

> ...A BUSCA DE UMA FORMA DE MORTE CELULAR: A QUE MATA A CÉLULA TUMORAL...

proliferam, ou ainda observamos células que não morrem e ainda continuam a proliferar. Contudo, o que temos aprendido é que muitas vezes as vias se comunicam, sugerindo que os diferentes tipos de morte não se excluem. Dessa forma, as vias de morte podem se iniciar com uma cascata de moléculas ativadas e terminar em outra via de morte. Esse capítulo centrou as discussões de morte celular nos tipos mais bem descritos que atualmente temos na literatura, entre outros menos explorados, mas com aspectos relevantes na progressão do câncer. O melhor entendimento dessas vias tem ajudado a explicar as vias alternativas e de escape que a célula tumoral desenvolve como mecanismo de resistência à morte, o que também tem sido útil no desenvolvimento de terapias antitumorais. Nesse contexto em que identificamos tantos tipos de morte celular, chegaremos um dia a descobrir mil e uma formas diferentes de morrer? Provavelmente não. E na objetiva do combate ao câncer, o que nos impulsiona é a busca de *uma* forma de morte celular: a que mata a célula tumoral, e somente ela, e assim melhorar a eficiência dos tratamentos existentes e finalmente vencer a batalha contra o câncer.

Andréia Hanada Otake, PhD

Pesquisadora Científica II

Laboratório de Investigações Médicas (LIM) – Hospital das Clínicas da Faculdade de Medicina da Universidade de São Paulo (HCFMUSP)

PARA SABER MAIS

- Galluzzi L, Bravo-San Pedro JM, Vitale I, Aaronson SA, Abrams JM, Adam D, et al. Essential versus accessory aspects of cell death: recommendations of the NCCD 2015. Cell death and differentiation. 2014 Sep 19;(2014):1-16.

Revisão mais recente publicada pelo Comitê de Nomenclatura de Morte Celular. Esse grupo de pesquisadores aponta os aspectos mais relevantes que devem ser considerados na descrição dos principais tipos de morte celular.

- Ameisen JC. On the origin, evolution, and nature of programmed cell death: a timeline of four billion years. Cell death and differentiation. 2002 Apr;9(4):367-93.

Trata-se de uma revisão que descreve a linha do tempo da morte celular, abordando desde a suspeita e descoberta.

- Kreuzaler P, Watson CJ. Killing a cancer: what are the alternatives? Nature reviews. Cancer. Nature Publishing Group. 2012 Jun;12(6):411-24.

Revisão que enfoca o tratamento do câncer a partir das vias de morte celular.

BIBLIOGRAFIA GERAL

1. Ameisen JC. On the origin, evolution, and nature of programmed cell death: a timeline of four billion years. Cell death and differentiation. 2002 Apr;9(4):367-93.

2. Balkwill F. Tumour necrosis factor and cancer. Nature reviews. Cancer. 2009 May;9(5):361-71. Bergsbaken T, Fink SL, Cookson BT. Pyroptosis: host cell death and inflammation. Nature reviews. Microbiology. 2009 Feb;7(2):99-109.

3. Brown JM, Attardi LD. The role of apoptosis in cancer development and treatment response. Nature reviews. Cancer. 2005 Mar;5(3):231-7.

4. Campisi J. Aging, cellular senescence, and cancer. Annual review of physiology. 2013 Jan;75:685-705.

5. Caruso R, Fedele F, Lucianò R, Branca G, Parisi C, Paparo D et al. Mitotic catastrophe in malignant epithelial tumors: the pathologist's viewpoint. Ultrastructural pathology. 2011 Apr;35(2):66-71.

6. Castedo M, Perfettini J-L, Roumier T, Andreau K, Medema R, Kroemer G. Cell death by mitotic catastrophe: a molecular definition. Oncogene. 2004 Apr 12;23(16):2825-37.

7. Choi KS. Autophagy and cancer. Experimental & molecular medicine. 2012 Feb 29;44(2):109-20.

8. Christofferson DE, Yuan J. Necroptosis as an alternative form of programmed cell death. Current opinion in cell biology. 2010 Apr;22(2):263-8.

9. Clarke PGH, Clarke S. Nineteenth century research on cell death. Experimental oncology. 2012 Oct;34(3):139-45.

10. Collado M, Blasco MA, Serrano M. Cellular senescence in cancer and aging. Cell. 2007 Jul 27;130(2):223-33.

11. Debatin K-M, Krammer PH. Death receptors in chemotherapy and cancer. Oncogene. 2004 Apr 12;23(16):2950-66.

12. Degterev A, Yuan J. Expansion and evolution of cell death programmes. Nature reviews. Molecular cell biology. 2008 May;9(5):378-90.

13. Fulda S. Targeting apoptosis for anticancer therapy. Seminars in cancer biology. Elsevier Ltd; 2014 May 22.

14. Galluzzi L, Bravo-San Pedro JM, Vitale I, Aaronson SA, Abrams JM, Adam D et al. Essential versus accessory aspects of cell death: recommendations of the NCCD 2015. Cell death and differentiation . 2014 Sep 19;(2014):1-16.

15. Galluzzi L, Kepp O, Krautwald S, Kroemer G, Linkermann A. Molecular mechanisms of regulated necrosis. Seminars in cell & developmental biology. Elsevier Ltd; 2014 Feb 26;1-9.

16. Galluzzi L, Kepp O, Kroemer G. MLKL regulates necrotic plasma membrane permeabilization. Cell research. 2014 Mar;24(2):139-40.

17. Galluzzi L, Kroemer G. Necroptosis: a specialized pathway of programmed necrosis. Cell. 2008 Dec 26;135(7):1161-3.

18. Ghobrial IM, Witzig TE, Adjei AA. Targeting apoptosis pathways in cancer therapy. CA: a cancer journal for clinicians.;55(3):178-94.

19. Giampietri C, Starace D, Petrungaro S, Filippini A, Ziparo E. Necroptosis: molecular signalling and translational implications. International journal of cell biology. 2014 Jan;2014(Dd):490275.

20. He C, Klionsky DJ. Regulation mechanisms and signaling pathways of autophagy. Annual review of genetics. 2009 Jan;43:67-93.

21. Hu B, Elinav E, Huber S, Booth CJ, Strowig T, Jin C, et al. Inflammation-induced tumorigenesis in the colon is regulated by caspase-1 and NLRC4. Proceedings of the National Academy of Sciences of the United States of America. 2010 Dec 14;107(50):21635-40.

22. Jäättelä M. Multiple cell death pathways as regulators of tumour initiation and progression. Oncogene. 2004 Apr 12;23(16):2746-56.

23. Klionsky DJ. Autophagy: from phenomenology to molecular understanding in less than a decade. Nature reviews. Molecular cell biology. 2007 Nov;8(11):931-7.

24. Kroemer G, Galluzzi L, Vandenabeele P, Abrams J, Alnemri ES, Baehrecke EH et al. Classification of cell death: recommendations of the Nomenclature Committee on Cell Death 2009. Cell death and differentiation. 2009 Jan;16(1):3-11.

25. Kroemer G, Levine B. Autophagic cell death: the story of a misnomer. Nature reviews. Molecular cell biology. 2008 Dec;9(12):1004-10.

26. Lavrik I, Golks A, Krammer PH. Death receptor signaling. Journal of cell science. 2005 Jan 15;118(Pt 2):265-7.

27. Levine B, Kroemer G. Autophagy in the pathogenesis of disease. Cell. 2008 Jan 11;132(1):27-42.

28. Linkermann A, Green DR. Necroptosis. The New England journal of medicine. 2014 Jan 30;370(5):455-65.

29. Lockshin RA, Zakeri Z. Programmed cell death and apoptosis: origins of the theory. Nature reviews. Molecular cell biology. 2001 Jul;2(7):545-50.

30. Mathew R, Karantza-Wadsworth V, White E. Role of autophagy in cancer. Nature reviews. Cancer. 2007 Dec;7(12):961-7.

31. Mathon NF, Lloyd AC. Cell senescence and cancer. Nature reviews. Cancer. 2001 Dec;1(3):203-13.

32. McIlwain DR, Berger T, Mak TW. Caspase functions in cell death and disease. Cold Spring Harbor perspectives in biology. 2013 Apr;5(4):a008656.

33. Paoli P, Giannoni E, Chiarugi P. Anoikis molecular pathways and its role in cancer progression. Biochimica et biophysica acta. Elsevier B.V.; 2013 Dec;1833(12):3481-98.

34. Portugal J, Mansilla S, Bataller M. Mechanisms of drug-induced mitotic catastrophe in cancer cells. Curr Pharm Des. 2010 Jan;16(1):69-78.

35. Sui X, Chen R, Wang Z, Huang Z, Kong N, Zhang M et al. Autophagy and chemotherapy resistance: a promising therapeutic target for cancer treatment. Cell death & disease. 2013 Jan;4:e838.

36. Vandenabeele P, Galluzzi L, Vanden Berghe T, Kroemer G. Molecular mechanisms of necroptosis: an ordered cellular explosion. Nature reviews. Molecular cell biology. Nature Publishing Group; 2010 Oct;11(10):700-14.

37. Vaux DL. Apoptosis timeline. Cell death and differentiation. 2002 Apr;9(4):349-54.

Introdução ao Microambiente Tumoral

10

Adalberto Alves Martins Neto
Sílvia Guedes Braga Cardim
Cíntia Maria Alves Mothé
Luciana Nogueira de Sousa Andrade

INTRODUÇÃO

O câncer é causado por alterações no DNA e por alterações epigenéticas e surge como um crescimento clonal a partir de uma única célula fundadora, que promove o desvio em subclones em decorrência de mutações adquiridas. Algumas mutações novas aceleram o crescimento de determinados clones, enquanto outras reduzem a sua capacidade proliferativa levando à seleção negativa. A intervenção terapêutica ao selecionar a sobrevivência de um clone resistente à droga gera um gargalo evolucionário que reduz transitoriamente a heterogeneidade genética, que tende a se restabelecer rapidamente pela aquisição de mutações pelas células-filhas do clone resistente.

Os tumores são complexos em sua organização, diferindo regionalmente quanto a vascularização, pressão parcial de oxigênio, oferta de nutrientes, infiltrado celular oriundo do hospedeiro, componentes do tecido conjuntivo, e em outras características que podem alterar o fenótipo de células idênticas. Essa heterogeneidade funcional e fenotípica surge entre as células tumorais em um mesmo tumor, como consequência de alterações genéticas, diferenças ambientais, e mudanças reversíveis nas propriedades celulares.

Como influência direta sobre a iniciação, a progressão e o prognóstico em pacientes com tumores, as interações bidirecionais entre as células tumorais e o seu microambiente têm representado um alvo terapêutico atrativo com risco reduzido de resistência e recorrência do tumor.

Ao final desse capítulo, espera-se que o leitor compreenda o conceito de heterogeneidade intratumoral, os componentes do microambiente tumoral, ou seja, a matriz extracelular e as células estromais, e como o microambiente leva à evolução fenotípica de diferentes clones de células tumorais, através de processos de seleção darwiniana.

DESTAQUES

- Heterogeneidade intratumoral.
- Modelo de seleção clonal e célula-tronco tumoral.
- Células estromais do microambiente tumoral.
- Matriz extracelular.

HETEROGENEIDADE TUMORAL

A noção de que tumores são constituídos tanto por células malignas como por células estromais já foi estabelecida há muito tempo. Nesse mesmo sentido, os primeiros relatos patológicos já descreviam a existência de uma grande variabilidade genética entre as células malignas de um mesmo tumor. Essa heterogeneidade intratumoral indubitavelmente representa um grande desafio não só para o estabelecimento de terapias mais efetivas, mas também na predição da resposta do paciente ao tratamento proposto. Em adição, diferenças importantes também existem entre indivíduos portadores de um mesmo tipo de tumor, o que se denomina heterogeneidade intertumoral. Muitos são os fatores responsáveis pelo estabelecimento e pela manutenção de toda essa heterogeneidade e, de um modo geral, dois modelos de progressão tumoral têm sido propostos e serão discutidos a seguir. Entretanto, é importante ressaltar que os mesmos não são mutuamente exclusivos, ou seja, ambas as teorias coexistem e são até mesmo complementares.

Em 1976, Peter Nowell sugeriu que a ***instabilidade genética*** e a aquisição sequencial de mutações constituem a base da progressão tumoral caracterizada pela seleção de subpopulações derivadas de uma única célula de origem. Neste modelo de evolução clonal, a alteração genética inicial em uma célula normal induzida por um carcinógeno, por exemplo, representa uma vantagem de crescimento para a célula. Ao longo do tempo, surgem outras variantes celulares com novas alterações genéticas que favoreçam a proliferação, a sobrevivência e o crescimento invasivo. Nesse modelo, assim como proposto por Charles Darwin na teoria da evolução das espécies, pressões seletivas existentes no microambiente tumoral permitem a expansão de clones de maior ***fitness***, enquanto outros são eliminados ou permanecem dormentes (**Figura 10.1**).

Instabilidade genética: *mecanismo de variação genética evidenciado em populações neoplásicas por sua alta frequência de erros mitóticos e outras alterações no DNA da célula tumoral (mutações pontuais, alterações cromossômicas, amplificação gênica, etc.), e que permite variabilidade genotípica e fenotípica dentro de um único neoplasma, ou seja, a heterogeneidade intratumoral.*

Fitness: *é a contribuição média de um genótipo para as gerações futuras, sendo a função da sobrevivência e da reprodução.*

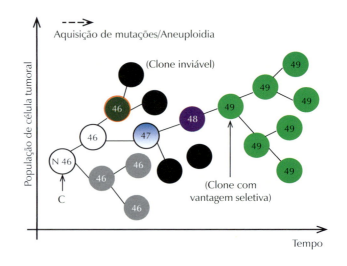

FIGURA 10.1. Modelo de evolução clonal durante a progressão do tumor. *A instabilidade genética inicial induzida pelo carcinógeno (C) em células normais (N – 46 cromossomos) permite que, ao longo do tempo, surjam variantes clonais (representadas por diferentes cores). Pela aquisição de novas mutações, o clone com vantagem seletiva (por exemplo, 49 cromossomos) torna-se a subpopulação predominante, enquanto outros sofrem seleção negativa e desaparecem. Tardiamente, o cariótipo aneuploide é evidenciado e em paralelo às características biológicas da progressão tumoral (invasão, metástase, resistência a terapia).*

Assim, como mencionado, essas mudanças na população de células tumorais são dependentes de pressões microambientais altamente seletivas, tais como acidose e hipóxia, fenômenos esses decorrentes de irrigação vascular deficiente e metabolismo glicolítico das células tumorais. Em última instância, essas pressões seletivas do ambiente selecionam fenótipos e não genótipos, visto que clones com diferentes mutações podem ser selecionados positivamente por conseguirem sobreviver em locais de hipóxia, por exemplo.

Conforme as neoplasias progridem, a diversidade de **clones** de células tumorais tende a aumentar. Embora as diferentes células numa mesma neoplasia pareçam competir pelos mesmos recursos como espaço e nutrientes, há evidências de que muitos clones possam coexistir por muitos anos. Por outro lado, eventos de competição entre diferentes clones podem ocorrer nas neoplasias, resultando na eliminação do clone com menor *fitness*.

Clones: *Tipos de células geneticamente idênticas.*

O segundo modelo para explicar a heterogeneidade intratumoral é mais recente e baseia-se na hierarquia celular encontrada nos tecidos/órgãos, onde uma célula com potencial pluri ou multipotente diferencia-se gradualmente nos outros tipos celulares que adquirem, então, uma função específica essencial para o funcionamento do tecido/órgão em questão. Nesse cenário, existem muitas evidências que vêm demonstrando a existência dessa hierarquia em muitos tumores e, nesses casos, a existência da chamada célula-tronco tumoral (ou célula iniciadora de tumor) é responsável pela manutenção do tumor por apresentar capacidade de autorrenovação (assim como uma célula-tronco embrionária) e por originar células tumorais mais diferenciadas **(Figura 10.2)**, contribuindo dessa forma para a geração de subpopulações tumorais fenotipicamente distintas.

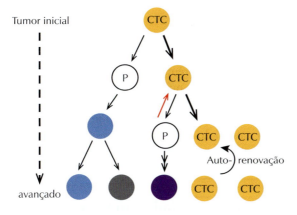

FIGURA 10.2. Heterogeneidade tumoral baseada no modelo de células-tronco cancerígenas ou tumorais (CTC). *Neste modelo, à medida que avançamos na história natural do tumor, percebemos que a subpopulação de CTC é enriquecida por sua capacidade de autorrenovação e, portanto, de formar novos tumores. Notamos que as células tumorais são heterogêneas (círculos com diferentes cores), e que mudanças ambientais podem capacitar as células progenitoras (P) com as propriedades de uma CTC (seta em vermelho). Em comparação com tumores iniciais, tumores avançados apresentam muitos fenótipos diferentes de células tumorais com limitada capacidade proliferativa, ao lado de CTCs mais tumorigênicas pelo seu elevado potencial de autorrenovação.*

Como mencionado anteriormente, ambos os modelos não são excludentes e muitos outros fatores contribuem para essa diversidade genética entre as células malignas e, dentre esses fatores, o microambiente composto pelas células estromais desempenha papel fundamental nesse processo. Mais adiante, o papel dessas células na progressão de tumores será apresentado ao leitor em maiores detalhes.

Heterogeneidade Clonal e Falha Terapêutica

Em tumores em estágios mais avançados é invariável a ocorrência de resistência adquirida para os esquemas terapêuticos atuais, conduzindo à progressão da doença e eventualmente à morte do paciente. De um ponto de vista darwiniano, os esquemas terapêuticos representam outra fonte de pressão seletiva, aumentando a heterogeneidade genética intratumoral e promovendo a presença e a expansão simultânea de um ou mais clones resistentes a drogas ou radioterapia.

Vários são os mecanismos identificados como potenciais responsáveis dessa quimio e radiorresistência, dentre os quais destacam-se a superexpressão de bombas de efluxo de drogas dependentes de ATP, as vias de sinalização que promovem a sobrevivência e o escape da morte por apoptose e a atividade aumentada dos mecanismos de detoxificação (biotransformação) de drogas. Vale mencionar ainda que, nos últimos anos, muitos estudos mostram que as células-tronco tumorais apresentam ao menos parte desses mecanismos de resistência e, desse modo, a recidiva de tumores após o tratamento tem sido atribuída a essas células como evidenciado em uma série de tumores experimentais.

CÉLULAS ESTROMAIS E IMUNES ASSOCIADAS AO TUMOR

O microambiente tumoral tem papel fundamental na progressão do câncer sendo constituído por células de múltiplas linhagens que interagem entre si. Porém, esse microambiente não é composto apenas de células tumorais, mas também de células não malignas que compõem o estroma tumoral **(Figura 10.3)**. De fato, é cada vez mais claro que essas células não malignas desempenham papel fundamental na história natural do tumor, provendo suporte necessário para o crescimento contínuo e até mesmo para o estabelecimento de metástases, assim como discutido nos tópicos a seguir.

Os Fibroblastos Associados ao Câncer

Os fibroblastos são células alongadas predominantes no estroma e essenciais na elaboração da maior parte dos componentes da matriz extracelular do tecido conjuntivo (que será melhor abordado ao longo desse capítulo). Dentre esses componentes, incluem-se colágeno e proteoglicanas estruturais, bem como várias classes de enzimas proteolíticas, seus inibidores e também fatores de crescimento.

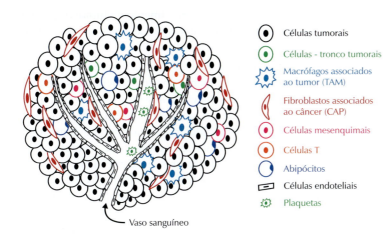

FIGURA 10.3. *Esquema do microambiente tumoral.* Representação da interação entre os diferentes tipos celulares que constituem a massa tumoral.

Dessa forma, os fibroblastos são responsáveis pela síntese, deposição e remodelamento da matriz extracelular. Além disso, também produzem fatores de crescimento que auxiliam na manutenção da homeostasia tecidual.

Os fibroblastos associados ao câncer (CAFs, do inglês *cancer-associated fibroblasts*) residem dentro de margens tumorais ou se infiltram na massa tumoral, facilitando o processo de transformação maligna. São extremamente abundantes em diferentes tumores, como mama, próstata e em carcinoma pancreático. Contudo, é interessante mencionar que os CAFs apresentam diferenças importantes em relação a fibroblastos normais, como capacidade proliferativa e secretória exacerbadas, quando comparados com fibroblastos normais.

Embora alguns estudos tenham relatado a presença de anormalidades genéticas em células estromais do microambiente tumoral, dentre elas os CAFs, a noção prevalente é a de que essas células são geneticamente estáveis e dependentes do tumor adjacente, podendo ser originadas de várias fontes celulares, tais como: fibroblastos residentes teciduais, células-tronco mesenquimais, células endoteliais, progenitores da medula óssea, células musculares lisas e até mesmo de células epiteliais. Acredita-se que essa diversidade quanto à origem dos CAFs seja responsável pela existência de subpopulações de CAFs (heterogeneidade de CAFs) comumente relatada em muitos tumores, impossibilitando a existência de um marcador universal desse tipo de célula estromal.

Uma vez no sítio tumoral, essas células sofrem um processo de reprogramação induzido pelas células tumorais por meio de vários fatores como TGF-β (fator de crescimento transformante β) e IL-6 (interleucina 6), por exemplo. Como resultado, os fibroblastos começam a secretar uma série de fatores de crescimento e citocinas normalmente produzidos em processos inflamatórios que se estabelecem em resposta a injúrias teciduais. A aquisição desse fenótipo "inflamatório" por parte dos fibroblastos (que passam então a ser denominados CAFs ou miofibroblastos) culmina no estabelecimento de um microambiente propício para o crescimento de tumores e, como discutido no próximo parágrafo, muitas são as maneiras pelas quais essas células podem estimular a célula tumoral.

Muitos grupos já mostraram que CAFs são capazes de produzir citocinas que favorecem o crescimento do tumor. Dentre esses fatores secretados está o CXCL12 (do inglês *chemokine C–X–C motif ligand 12*, também denominado SDF1-α, do inglês *stromal derived factor-1 α*), uma quimiocina que pode induzir a angiogênese e aumentar a capacidade proliferativa das células cancerosas, por exemplo. Além disso, essas células podem secretar fatores que contribuem para o recrutamento de células do sistema imune, tais como os macrófagos, os quais podem facilitar a progressão tumoral. Ainda, CAFs podem atuar como células-guia, degradando a matriz e estimulando a migração das células tumorais. Nesse cenário, alguns grupos vêm demonstrando a ação de CAFs na transição epitélio-mesênquima, processo esse fundamental para a aquisição de um fenótipo migratório pelas células tumorais e, assim, os CAFs aparecem como um dos responsáveis pelo estabelecimento de metástases à distância. Para tornar o cenário mais complexo, evidências mostram também que essas células podem alterar a sensibilidade das células tumorais aos quimioterápicos, contribuindo para a resistência das células malignas e falha do tratamento.

Diante de todos esses achados que mostram que CAFs podem promover a progressão de tumores através de diferentes mecanismos, já existem propostas que elegem os CAFs como alvo terapêutico no tratamento de tumores; entretanto, a heterogeneidade desse tipo de célula estromal representa uma importante limitação para uma ação eficaz dessas propostas no tratamento dos mais diversos tipos de tumores.

Adipócitos Associados ao Câncer

Nos últimos anos, a conexão entre o excesso de adiposidade (obesidade) e câncer tem despertado interesse pelo fato de alguns estudos epidemiológicos terem revelado novos casos de câncer relacionados com a obesidade, como câncer de esôfago e endometrial. Além disso, os adipócitos constituem uma importante fração do microambiente de tumores de mama e de outros tumores que metastizam no abdome. Assim, devido a esses achados, a comunidade científica vem dando atenção especial àquelas células que fazem parte do tecido adiposo e que possuem papéis importantes no câncer.

Os adipócitos são células que têm a função de armazenamento de gordura em seu interior e constituem o tecido adiposo, o qual também é formado por um estroma vascular, pericitos, células inflamatórias e células-tronco pluripotentes. O tecido adiposo pode ser encontrado sob a pele (subcutâneo), circundando órgãos internos (visceral) e no interior da medula óssea.

Evidências experimentais de vários grupos sugerem que os adipócitos, uma vez no microambiente tumoral, passam por uma reprogramação celular, isto é, por um processo de diferenciação, originando pré-adipócitos que se assemelham a fibroblastos. Os então denominados adipócitos associados ao câncer (CAAs, do inglês *cancer-associated adipocytes*) secretam diversos fatores de crescimento, hormônios, citocinas inflamatórias e outras moléculas biorreativas que podem influenciar de maneira direta ou indireta o crescimento dos tumores. Por outro lado, os CAAs podem também contribuir para o desenvolvimento tumoral através do fornecimento de ácidos graxos livres. A β-oxidação de ácidos graxos pode oferecer uma alternativa para a glicólise e assim suprir a energia requerida para a rápida proliferação das células neoplásicas.

De fato, o termo CAAs foi cunhado em 2010 e muitos trabalhos ainda devem surgir para elucidar os mecanismos moleculares e as inter-relações entre células tumorais e CAAs na progressão de tumores.

Células do Sistema Imune

As células imunes podem atuar contra os tumores através de mecanismos diretos e indiretos e assim contribuir ativamente para a erradicação do tumor. Porém, quando a relação funcional dessas células é alterada, pode ocorrer a inibição das respostas imunes antitumorais e assim levar à promoção de um microambiente favorável no qual as células podem sobreviver e se replicar. A seguir, será discutido o papel das células do sistema imune inato e adaptativo na progressão das neoplasias malignas.

Macrófagos Associados ao Tumor

Os macrófagos são células do sistema imune inato que se diferenciam a partir de precursores embrionários derivados do saco vitelino. São recrutados em resposta ao dano tecidual e à inflamação, atuando na remoção de patógenos e na apresentação de antígenos ao sistema imune adaptativo.

Essas células representam um dos principais tipos celulares do sistema imune que se infiltram em tumores e constituem o principal elo da relação entre inflamação e câncer. De fato, em muitos tumores, uma densidade aumentada de macrófagos intratumorais (TAMs – *tumor-associated macrophages*) correlaciona-se com um pior prognóstico. Quanto à sua origem no microambiente tumoral, foi demonstrado em um modelo de glioma em camundongo que os TAMs se originavam tanto de precursores do saco vitelino, como de progenitores da medula óssea, e, curiosamente, esses macrófagos respondiam de forma diferente a terapias que alvejam esse tipo celular. Acredita-se, entretanto, que a grande maioria dos TAMs é originada dos monócitos circulantes e esses, por sua vez, têm origem na medula óssea ou em sítios extra-hematopoiéticos, como o baço. Tanto as células estromais como as próprias células tumorais secretam uma série de fatores de crescimento e quimiocinas como CCL5/RANTES, CXCL-12/SDF-1 e CXC3L1, por exemplo, que recrutam esses monócitos para o sítio tumoral.

Uma vez no tecido tumoral, os monócitos diferenciam-se para macrófagos (TAMs), os quais podem exibir diferentes perfis de atuação dependendo dos fatores ali existentes, refletindo, na realidade, a plasticidade fenotípica dessas células. Assim, de um modo simplificado, os TAMs podem exibir o fenótipo M1 (antitumoral) ou M2 (pró-tumoral). Os macrófagos M1 intercedem na supressão do tumor através da produção de citocinas do tipo 1, enquanto os macrófagos M2 promovem a progressão do tumor pela fabricação de citocinas do tipo 2.

Em relação às atividades pró-tumorais de TAMs, foi demonstrado que a depleção em camundongos de um dos principais fatores de crescimento de macrófagos, CSF-1 (do inglês *colony stimulating factor*), reduziu a densidade de TAMs e, consequentemente, o crescimento tumoral e até mesmo o estabelecimento de metástases em tumores experimentais de mama e cólon. Muitos grupos já mostraram também que essas células estimulam o processo de angiogênese através de vários mecanismos como a produção de fatores pró-angiogênicos como VEGF (fator de crescimento de endotélio vascular), por exemplo, e indução da degradação da matriz extracelular. De fato, em tumores humanos, já foi observado que TAMs se acumulam em regiões de hipóxia/necrose pouco vascularizadas. Nessas regiões, TAMs são responsáveis pela remoção dos debris teciduais e estimulam os processos de reparo tecidual. Dessa forma, um grande número de TAMs é encontrado em tumores com área necrótica extensa, quando comparados com aqueles que possuem áreas necróticas limitadas. Em adição, a hipóxia estimula a produção de VEGF e CXCL12 nas células tumorais e normais e esses fatores são associados à polarização dos macrófagos ao fenótipo M2.

Por outro lado, sabe-se também que essas células podem ser encontradas próximas a vasos sanguíneos e, nesse caso, amparam as células tumorais no processo de intravasamento na circulação sanguínea, auxiliando, em última instância, o processo de metástase. Ainda dentro desse contexto, muitos outros relatos demonstram que TAMs induzem também a migração das células tumorais, aumentando a capacidade invasiva dessas células.

Monócitos e/ou macrófagos também desempenham um importante papel no preparo do nicho pré-metastático, no extravasamento, na sobrevivência e no crescimento dessas células nesse nicho. Os monócitos então recrutados diferenciam-se em macrófagos, os quais passam a ser chamados de macrófagos associados à metástase que, por meio da secreção de VEGF, induzem um aumento na permeabilidade vascular local, auxiliando, assim, o estabelecimento de focos metastáticos. A complexidade sobre o papel de macrófagos no desenvolvimento tumoral cresce diante de outra faceta dessas células – a geração de um ambiente imunossupressor caracterizado pela presença de células T (linfócitos T) reguladoras e ausência de linfócitos T citotóxicos que atuariam na eliminação das células malignas. Essa relação entre TAMs e linfócitos será melhor discutida a seguir.

Com base em todo esse cenário, estratégias terapêuticas que utilizam moléculas antissense ou anticorpos contra CSF ou seu receptor vêm se demonstrando eficazes em diminuir a densidade de TAMs e, consequentemente, o crescimento de tumores humanos transplantados em animais. Esses estudos pré-clínicos trazem à tona a possibilidade de se utilizarem moléculas que alvejam os TAMs como importante estratégia terapêutica no tratamento de muitos tumores sólidos.

Quanto ao outro extremo, existem trabalhos que mostram claramente a ação antitumoral de TAMs que estaria relacionada então ao fenótipo M1 dessas células. Em linfomas de células B, por exemplo, notou-se uma falta de correlação entre a densidade de TAMs e qualquer aspecto clínico como taxa de sobrevida dos pacientes, por exemplo. Novamente, a ação pró ou antitumoral de TAMs é resultado dos fatores de crescimento, citocinas, quimiocinas existentes no microambiente, somado, ainda, à localização topográfica dessas células.

Em relação a outras células do sistema imune inato, há pouco se começou a explorar o papel de neutrófilos na tumorigênese. Até o momento, os trabalhos vêm demonstrando que essas células, as quais já são denominadas como neutrófilos associados a tumores (TANs – *tumor-associated neutrophils*), podem desempenhar um papel anti ou pró-tumoral, o que também seria função dos fatores existentes no microambiente tumoral. Assim como macrófagos, alguns estudos vêm demonstrando que os TANs atuam em diferentes etapas da tumorigênese, promovendo a transformação maligna, o crescimento de tumores, a angiogênese e a criação de um ambiente imunossupressor. Contudo, vale ressaltar que a compreensão dos TANs no desenvolvimento de tumores ainda é muito pouco conhecida e começou a ser explorada mais recentemente, comparada com os estudos acerca dos TAMs.

Linfócitos T

Os linfócitos T ou células T são produzidos na medula óssea e complementam sua maturação no timo. Essas células são definidas pela expressão de um receptor de célula T, o TCR (do inglês, *T cell receptor*), que é responsável pelo reconhecimento de antígenos apresentados pela família de genes do complexo principal de histocompatibilidade MHC (do inglês *major histocompatibility complex*). Essas células são classificadas em linfócitos citotóxicos $CD8^+$ (CTL, do inglês *cytotoxic lymphocytes*) ou células T auxiliares $CD4^+$ (T_h, do inglês *T helper*) que reconhecem peptídeos pelo MHC de classe I e o de classe II, respectivamente. As células T_h são divididas em T_{h1}, que expressam as citocinas interferon-gama e fator de necrose tumoral α (IFN-γ e TNF, do inglês *interferon-γ* e *tumor necrosis factor,* respectivamente) e T_{h2}, que expressam as interleucinas 4, 5 e 13, dentre outros subtipos.

Células T γδ – *subgrupo de linfócitos T não restritos à apresentação de antígenos via MHC I ou II.*

Numerosos estudos têm demonstrado que os CTLs CD8⁺ e as células NK são mediadores críticos da resposta antitumoral. As ***células T*** **γδ**, que normalmente compartilham características com ambas as CTLs e as células NK, estão envolvidas em respostas antitumorais no tecido epitelial, como a pele, onde são a população T dominante. Entretanto, a ação das CTLs, das NK e das T γδ é altamente dependente do modelo de câncer e do tratamento antitumoral avaliados.

Como mencionado anteriormente, os TAMs desempenham um importante papel na criação de um ambiente imunossupressor por meio da secreção de certas citocinas, quimiocinas e enzimas que levam à inibição de linfócitos T efetores CD8⁺ e CD4⁺ direta ou indiretamente, através do recrutamento de células T reguladoras (T regs, linfócitos T reguladores que apresentam as moléculas de membrana CD4, CD25 e FOXP3) e também pela indução desse fenótipo regulador nas células T, além de sua manutenção no microambiente. TAMs também podem suprimir a atividade efetora dos linfócitos T através da depleção de L-arginina, aminoácido crucial para o funcionamento dessas células.

Dependendo do tipo de tumor, as Tregs podem estar envolvidas na angiogênese tumoral, secretando altas quantidades de VEGF-A e promovendo a proliferação de células endoteliais, e a sua depleção pode estar correlacionada com a redução de VEGF-A, o que sugere um relevante papel de Tregs na promoção da angiogênese tumoral.

Essas células T regulatórias podem também influenciar diretamente na ativação de monócitos que adquirem fenótipos de macrófagos tipo M2. Portanto, como já relatado acima, há uma correlação entre Tregs e TAMs, na qual um tipo celular pode ativar o outro e vice-versa.

Em adição aos TAMs, existe uma grande quantidade de trabalhos que mostram a presença de um grupo de células que co-habitam o microambiente tumoral e são denominadas células supressoras derivadas da linhagem mieloide (MDSCs, do inglês *myeloid-derived suppressor cells*). Essas células constituem na verdade uma mistura de células de origem granulocítica e monocítica que, através da secreção de TGF-β e ARG-1, auxiliam a progressão de tumores. Essas células promovem a vascularização tumoral, além de constituírem um importante fator disruptor de mecanismos de imunovigilância de tumores, incluindo a apresentação de antígenos por células dendríticas, ativação de células T, polarização de TAMs M1 e inibição de células citotóxicas NK. A relação do sistema imune e câncer será mais explicada no Capítulo 14.

Células Endoteliais

As células endoteliais (ECs – do inglês *endothelial cells*) revestem a parte interna de todos os vasos. Essas células estão localizadas na interface entre o sangue e o restante da parede do vaso, onde monitoram o transporte de nutrientes e ativam as moléculas entre o plasma e o tecido.

A formação de novos vasos sanguíneos a partir de vasos pré-existentes é chamada de angiogênese e, no câncer, a mesma é necessária para a progressão tumoral e a metástase (vide capítulo de Angiogênese Tumoral). Dessa forma, o grau de angiogênese é determinado pelo balanço entre as moléculas reguladoras negativas e positivas que são liberadas tanto pelas células tumorais, como também pelas células não tumorais, ambas presentes no microambiente. Assim, a liberação dessas moléculas leva ao recrutamento das células endoteliais e à formação de novos vasos. Entretanto, é importante salientar que a vasculatura tumoral apresenta importantes diferenças em relação à vasculatura normal, como revestimento reduzido por pericitos, maior permeabilidade vascular, além de uma membrana basal descontínua ao longo da extensão do vaso.

Mais ainda, contrariamente ao que se imaginava, alguns grupos relataram a existência de anormalidades citogenéticas e expressão gênica diferencial nas células endoteliais da vasculatura tumoral (TECs – *tumor endothelial cells*), embora a frequência dessas células em comparação com células endoteliais normais ainda não seja bem estabelecida. De qualquer modo, evidências mostram que as TECs possuem maior poder de migração celular, assim como de proliferação celular, quando comparadas com as células endoteliais "normais". Entretanto, há também uma diferença muito importante entre esses dois tipos celulares, que é em relação às diferenças de resposta aos fatores de crescimento que são importantes no fenótipo pró-angiogênico, tais como EGF e VEGF. TECs são mais responsivas a esses fatores e, no caso do VEGF, o mesmo estimula a migração celular e aumenta a sobrevivência de TEC de maneira autócrina.

Assim, as células endoteliais têm um papel de extrema importância no câncer, pois sem as mesmas não haveria a formação de novos vasos que fornecem nutrição e oxigênio, eliminam os resíduos do tecido tumoral e promovem a metástase para órgãos distantes, mas atenção especial deve ser dada às TECs, pois essas contribuem mais efetivamente para a progressão neoplásica. O processo de angiogênese tumoral será mais bem explicado no Capítulo 12.

Células Mesenquimais Estromais

As células-tronco mesenquimais ou células mesenquimais estromais (MSCs, do inglês *mesenchymal stromal cells*) representam uma população de células precursoras que apresentam plasticidade fenotípica considerável (habilidade de diferenciação em outros tipos celulares). As MSCs podem ser encontradas em alguns tecidos adultos, como o tecido adiposo, a medula óssea, o sangue periférico e os pulmões, além do cordão umbilical. Por ser capaz de se diferenciar em alguns tipos celulares como adipócitos, osteoclastos e condrócitos, por exemplo, tem-se proposto o uso terapêutico dessas células no campo da medicina regenerativa. Interessantemente, muitos grupos também apostam no uso dessas células no tratamento de tumores

Introdução ao Microambiente Tumoral

e, nesse caso, as MSCs atuariam como carreadoras de drogas (ou de qualquer outra molécula citotóxica) até o sítio tumoral, induzindo então a morte das células malignas. O racional envolvido na elaboração de tal proposta terapêutica reside na ausência de rejeição dessas células pelo sistema imune somado ao tropismo das mesmas por sítios inflamatórios e, consequentemente, tumorais. Nesse âmbito, sabe-se que as MSCs são responsáveis pela homeostasia tecidual e, diante da presença de tecidos com injúrias e infiltrado inflamatório, essas células são recrutadas para auxiliar no remodelamento local em prol da reestruturação tecidual e do restabelecimento da homeostasia.

Assim, com base na premissa de que tumores são "feridas que não cicatrizam", ou seja, constituem um ambiente inflamatório, não seria surpreendente a existência de MSCs no microambiente tumoral. De fato, as MSCs representam um importante componente celular do microambiente de diferentes tipos tumorais e muitas são as evidências de que o recrutamento dessas células, tanto da medula óssea, como do tecido adiposo adjacente, seja também mediado por uma gama de citocinas, quimiocinas e fatores de crescimento como o observado em danos/injúrias teciduais. Quanto ao seu papel na progressão tumoral, existem inúmeros trabalhos na literatura que atribuem a essas células diferentes funções, muitas vezes até mesmo antagônicas.

Em relação à plasticidade dessas células, por exemplo, as mesmas podem representar uma possível fonte de CAFs. Vários estudos já demonstraram que MSCs, quando expostas a fatores secretados pelas células tumorais, apresentaram altos níveis de expressão de marcadores de CAFs, auxiliando dessa maneira a progressão de tumores, como descrito anteriormente.

Outros estudos mostram que as MSCs derivadas da medula óssea, após o estabelecimento no sítio tumoral, podem diferenciar-se em células endoteliais ou pericitos, contribuindo dessa forma para a angiogênese tumoral e o crescimento do tumor. Em adição, alguns trabalhos verificaram um aumento na expressão de MMPs (enzimas que degradam a matriz extracelular, vide adiante) nas MSCs, afetando assim o estroma tumoral e a migração das células tumorais e até mesmo o estabelecimento de metástase. Com relação ao sistema imune, sabe-se que as MSCs também podem interagir com leucócitos, inibindo sua proliferação. Nesse sentido, já foi visto que as MSCs podem suprimir linfócitos T e B, contribuindo na geração de um ambiente imunossupressor. Finalmente, outros grupos se aventuraram a investigar um possível envolvimento de MSC com as células-tronco tumorais e, na realidade, verificaram que as MSCs regulam positivamente o estado tronco das células tumorais, podendo também auxiliar na manutenção de um nicho específico para essas células no microambiente tumoral.

Por outro lado, existem trabalhos que mostram um efeito antitumoral por parte das MSCs derivadas da medula óssea, através da inibição da proliferação das células malignas por inativação da proteína Akt. Também foi observado um efeito apoptótico mediado por essas células nas células endoteliais da vasculatura tumoral. Contudo, os mecanismos responsáveis por esse papel dual das MSCs ainda não foram totalmente estabelecidos e, assim, pode-se especular que os fatores secretados no microambiente tumoral modulam a atividade das MSCs, as quais podem então contribuir tanto para inibição do tumor, como favorecer o seu desenvolvimento. Apesar desse cenário contraditório, a ideia de que as MSCs representam importante componente do estroma tumoral já está consolidada, aumentando assim o nível de complexidade dos tumores humanos.

MATRIZ EXTRACELULAR

Sabemos que os tecidos vivos não são constituídos apenas por células, mas também por um componente acelular de fundamental importância para as funções dos tecidos, chamado matriz extracelular (MEC). Esta matriz é constituída por um complexo de inúmeras proteínas e polissacarídeos organizados em forma de rede, responsável pela diversidade morfológica e funcional dos diversos tecidos, atuando não só como substrato, mas também como um reservatório de informações biológicas que controlam o crescimento, a diferenciação e a morte das células.

Em todos os organismos multicelulares, o desenvolvimento e a manutenção das células são influenciados pelas interações entre as mesmas e a sua MEC. A organização da MEC não é estática e varia em função do estado de diferenciação do tecido, da idade e também em condições patológicas, sendo esse remodelamento um processo dinâmico e contínuo. Existem vários mecanismos de regulação que garantem essa dinâmica, de modo que o comprometimento de tais mecanismos de controle causa a desorganização da MEC, comprometendo assim a homeostase e a função do órgão.

Composição da MEC

A MEC é constituída basicamente por três grupos principais de proteínas, representados pelas proteínas estruturais fibrosas (ex., como o colágeno), **proteoglicanos** e proteínas matricelulares, como as trombospondinas, osteopontinas e tenascinas. Esses componentes são sintetizados e secretados no espaço intersticial que permeia as células. O colágeno é a proteína mais abundante da MEC, responsável por conferir às células suporte estrutural que direciona a migração e a quimiotaxia celular, sendo sintetizado e secretado pelos fibroblastos residentes no estroma ou recrutados dos tecidos vizinhos.

> **Proteoglicanos** são constituídos por cadeias de glicosaminoglicanos ligadas covalentemente a um core proteico.

Os proteoglicanos preenchem grande parte do espaço intersticial, formando um gel hidratado no qual os outros componentes da matriz estão imersos. Por fim, as proteínas matricelulares são definidas como proteínas da MEC não estruturais que modulam a interação célula-matriz e outras funções celulares. Em adição a essa matriz intersticial, a membrana basal representa uma forma especializada de MEC que, além de constituir um ponto de ancoragem para células epiteliais, atua também como um ponto de comunicação com o endotélio vascular. Essas membranas são compostas basicamente por colágeno do tipo IV, laminina, proteoglicanos do tipo heparan sulfato e nidogênio.

A MEC no Desenvolvimento Tumoral

O microambiente tumoral é definido como um microambiente biológica e mecanicamente ativo caracterizado pelo constante remodelamento de sua matriz. Há muito já se sabe que a MEC derivada de tumores é bioquimicamente distinta da MEC de tecidos sadios. De fato, a importância da MEC na história natural das neoplasias é claramente ilustrada pelos trabalhos liderados por Mina Bissell, dentre outros pesquisadores, que mostram que o fenótipo maligno das células transformadas pode ser revertido a um fenótipo não maligno se as mesmas se encontrarem inseridas em uma matriz sem as alterações patológicas encontradas em tumores, o que ressalta a importância da MEC na biologia tumoral.

Tumores de mama, por exemplo, apresentam uma MEC com maior rigidez quando comparados com o tecido mamário sadio. Na realidade, essa rigidez já é observada nos tecidos pré-malignos, sugerindo que a mesma desempenha um importante papel na transformação oncogênica. No nível molecular, esse aumento na rigidez pode ser atribuído ao excesso de atividade da enzima **LOX**, que é um marcador de mau prognóstico em vários tipos de câncer. Estudos revelaram que a superexpressão de LOX aumenta a rigidez da MEC e promove a invasão tumoral. Embora ainda não seja esclarecido qual o mecanismo de atuação exato de LOX no processo de invasão, acredita-se que a adesão celular, a sinalização mediada por FAK (quinase de adesão focal) e as ***integrinas*** estejam envolvidas nesse fenômeno. Além disso, esse aumento na rigidez também é resultado de uma maior deposição de elementos da MEC no sítio tumoral, sendo colágeno I e fibronectina os componentes mais abundantes da matriz encontrados em diferentes tipos de câncer.

Essa alteração na composição da MEC de tumores pode ainda resultar em mudanças na topografia da matriz, o que pode facilitar a migração de células cancerosas, por exemplo. São comuns em alguns tipos de câncer o espessamento e a linearização das fibras de colágeno em áreas onde se observa invasão do tecido e vascularização do tumor **(Figura 10.4)**.

Ainda, a infiltração, a diferenciação e a ativação de células do sistema imune podem ser alteradas em função de mudanças nas propriedades físicas e químicas na MEC. Depois de entrar no estroma, as células do sistema imune viajam através da matriz durante a infiltração intersticial, assim como nos casos de células tumorais e endoteliais, a topografia, o tamanho das fibrilas de colágeno e a densidade podem influenciar na migração dessas células. A MEC também regula a ativação e a diferenciação de células T auxiliares, sugerindo que a MEC anormal pode evitar que as células imunes sofram o processo de diferenciação e a maturação essenciais para o reconhecimento e a erradicação de células transformadas.

LOX: *enzima lisil oxidase responsável pela ligação cruzada de colágeno e elastina.*

Integrinas: *receptores transmembrânicos formados por duas subunidades responsáveis pela adesão célula-célula e célula-MEC.*

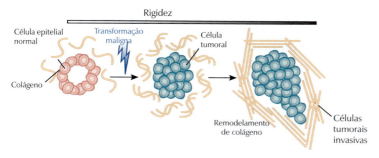

FIGURA 10.4. Remodelamento das fibras de colágeno ao longo da progressão tumoral. Ao longo da progressão tumoral, nota-se um aumento na deposição de colágeno na matriz extracelular do microambiente tumoral e uma reorientação das mesmas, acompanhada de um aumento da rigidez do tecido tumoral. É possível observar também alterações na topografia da matriz na frente de migração do tumor, evento frequentemente observado em carcinomas (adaptado de Cox TR e Erler JT, 2011).

A importância do remodelamento da MEC também é evidenciada pelos estudos que vêm demonstrando que alterações na matriz dos chamados nichos pré-metastáticos são essenciais para a colonização desses órgãos pelas células tumorais. A enzima LOX secretada por células de câncer de mama em hipóxia, por exemplo, acumula-se no nicho pré-metastático, promovendo a ligação cruzada das fibras de colágeno da membrana basal, facilitando o recrutamento de células progenitoras hematopoiéticas e das células tumorais metastáticas. Nesse mesmo sentido, um elegante estudo realizado em 2005 mostrou um aumento na deposição de fibronectina em pulmões (nicho pré-metastático) de animais inoculados com células de melanoma ou células de carcinoma de pulmão, reforçando a ideia de que o remodelamento da MEC nos nichos pré-metastáticos é essencial para o estabelecimento de metástases.

Independentemente do sítio do tumor (primário ou metastático), esse remodelamento da matriz é resultado de um desequilíbrio entre síntese e secreção, modificações químicas e degradação enzimática de alguns componentes da matriz. Essa degradação é catalisada por diferentes enzimas como heparanases, catepsinas, hialuronidases, matriptases, proteases serina e treonina, além da superfamília de metzincinas, que incluem as ADAMs (uma desintegrina e metaloproteinase), ADAMTs (ADAMs com domínio de trombospondina), MMPs (metaloproteinases) e seus inibidores, TIMPs (inibidores teciduais de MMPs). De fato, um aumento na expressão dessas enzimas é comumente observado em diferentes tumores humanos, como o aumento da atividade de MMPs que foi associado ao fenótipo invasivo em cânceres de bexiga e colorretal.

A presença e a ativação constantes dessas proteases, as quais podem ser produzidas por fibroblastos, células do sistema imune e pelas próprias células tumorais no microambiente, somada a síntese e secreção exacerbadas de elementos da matriz, leva à destruição progressiva da MEC sadia com consequente substituição por uma MEC "doente" que auxilia a progressão tumoral. Como consequência dessa degradação, principalmente por MMPs, muitos fatores de crescimento até então "presos" na MEC tornam-se biodisponíveis às células tumorais e do estroma, e, em última instância, promovem a proliferação das células tumorais, recrutamento de células inflamatórias e angiogênese.

Além disso, muitas MMPs também estão envolvidas no remodelamento da membrana basal, que representa uma etapa importante não só para a progressão de tumores primários, mas também para a disseminação metastática. Perturbações em sua estrutura, por exemplo, implicam em alterações na polarização ápico-basal de células epiteliais, facilitando a transformação maligna. Em adição, qualquer disrupção em sua estrutura facilita o extravasamento de células metastáticas. A participação dessas enzimas também foi observada nos nichos metastáticos, onde essas proteases desempenham importante papel no remodelamento da MEC necessário para a invasão de células tumorais e estromais.

A complexidade da participação da MEC na progressão de tumores aumenta frente aos estudos que mostram que os componentes não estruturais de matriz, as proteínas matricelulares como osteopontina, tenascina e periostina, por exemplo, auxiliam na transição epitélio-mesênquima, migração e invasão das células malignas em diferentes modelos experimentais.

Finalmente, estudos mais recentes sugerem que a MEC é um componente essencial na manutenção do nicho de células-tronco tumorais. Acredita-se que a MEC é responsável pela manutenção da capacidade de autorrenovação e diferenciação das células-tronco, o que ocorre através de moléculas sinalizadoras específicas existentes na matriz. Desse modo, o estudo da composição e da topografia da MEC e a sua influência na desregulação e na progressão do câncer podem ajudar no desenvolvimento de novas estratégicas terapêuticas.

RESUMO

É amplamente aceito que os tumores evoluem por seleção clonal de populações celulares que proliferam numa maneira descontrolada, acumulam mutações e competem por espaço e nutrientes. Para a iniciação e a progressão tumoral, agentes específicos, tais como a presença continuada do carcinógeno (radiação ionizante, espécies reativas de oxigênio e vírus oncogênicos) e as alterações nutricionais dentro do neoplasma, são importantes fatores que favorecem a instabilidade genética.

Os cânceres são doenças heterogêneas que envolvem alterações genéticas aberrantes em células tumorais, mas que também divergem pela natureza da composição microambiental e de suas populações de células estromais ou estados de ativação celular. Como um importante fator no microambiente tumoral, a matriz extracelular que fornece o arcabouço estrutural envia sinais regulatórios, fornece substratos diversos para as células teciduais, promove diretamente a transformação celular e desregula o comportamento das células estromais, gerando condições microambientais tumorigênicas.

O ambiente de um tumor atua como uma das pressões seletivas, em que diferenças regionais no suplemento de oxigênio, acidez, suplemento de nutrientes, a presença ou ausência de infiltrados imunocompetentes selecionam as células mais adaptadas ao crescimento. Em condições microambientais severas, como hipóxia e matriz extracelular heterogênea, o tumor cresce como uma massa invasiva, dominado por poucos clones com características agressivas. Por outro lado, em condições microambientais moderadas, como normóxia e matriz extracelular homogênea, clones com características agressivas similares coexistem com um fenótipo menos agressivo numa massa tumoral não invasiva.

Diante do papel regulatório do microambiente tumoral, sugestões terapêuticas que visem à reeducação dos componentes estromais podem ser uma estratégia efetiva no tratamento do câncer. O resultado efetivo da terapia não dependerá do desenvolvimento de drogas mais citotóxicas, mas a partir da compreensão de como os fatores microambientais e evolucionários conferem resistência a uma ou mais drogas terapêuticas.

PONTO DE VISTA

Tumores como um sistema de seleção darwiniano

Tumores podem ser definidos como um nicho ecológico onde as diferentes populações celulares interagem entre si, delineando o crescimento e a progressão do tumor, além da resposta às terapias comumente utilizadas. Essas populações são constituídas por células malignas e por células não transformadas, as células estromais, que são recrutadas para esse nicho denominado microambiente tumoral. Essa relação dinâmica e bidirecional entre esses dois componentes celulares define a história natural da neoplasia. De fato, essa interdependência entre ambos os tipos celulares pode ser exemplificada pela grande quantidade de dados epidemiológicos que relatam a existência de uma correlação positiva entre câncer e inflamação – geralmente, tecidos que vivenciam um processo inflamatório crônico apresentam elevada incidência de câncer. Ainda, nessa mesma temática, o crescimento contínuo de tumores é indubitavelmente dependente de vasos sanguíneos e, desse modo, a presença de outros tipos celulares, como as células endoteliais e pericitos, é crucial para a progressão tumoral e o estabelecimento de metástases em tumores sólidos. Diante desse cenário, é fácil perceber que o câncer é uma doença heterogênea em sua composição; entretanto, essa heterogeneidade aumenta ainda mais ao se dissecar a natureza genética das células malignas de um tumor. Com o avanço nas técnicas de sequenciamento do genoma, sabe-se que um mesmo tumor é constituído por uma constelação de mutações que variam de acordo com a microrregião sequenciada. Na verdade, o parênquima tumoral é constituído por subpopulações de células tumorais geneticamente diferentes entre si, estabelecendo uma heterogeneidade intratumoral que também interfere na progressão da doença e, mais ainda, na resposta às terapias convencionais, sendo comum a sobrevivência da subpopulação ou clone tumoral mais resistente

> ... É QUASE IMEDIATO PENSAR QUE OS TUMORES SÃO GOVERNADOS POR PRINCÍPIOS EVOLUTIVOS DARWINIANOS, E DE FATO O SÃO...

e, consequentemente, responsável pela recidiva da doença. Um nível maior de complexidade acerca da natureza tumoral é ainda ressaltado quando se analisam os componentes acelulares presentes nesse tecido doente. De fato, podemos dizer que os tumores dependem do contexto no qual estão inseridos, isto é, da matriz extracelular. A matriz sofre alterações dinâmicas e constantes ao longo da progressão do tumor e essa condição patológica propicia o crescimento das células malignas, expondo a dependência dessas células pelos elementos de matriz. Não bastasse todas essas inter-relações entre as diferentes identidades celulares e componentes acelulares do microambiente, fatores físico-químicos, como baixo pH e regiões de hipóxia, também aparecem como importantes moduladores da progressão de tumores sólidos. Na realidade, podemos dizer que esses fatores atuam como verdadeiras pressões seletivas na massa tumoral, atuando sobre os diferentes genótipos/fenótipos de células malignas e selecionando os que apresentarem algum tipo de vantagem que permita sua propagação. Assim, é quase imediato pensar que os tumores são governados por princípios evolutivos darwinianos, e de fato o são, porém em uma escala de tempo assustadoramente menor do que a observada na evolução das espécies. Desse modo, o grande desafio de propostas terapêuticas mais eficazes na erradicação ou no controle da doença, principalmente em seus estágios mais avançados, é compreender as bases moleculares e celulares que regem essa evolução no microambiente tumoral, bem como antecipar o passo seguinte desse processo evolutivo.

Luciana Nogueira de Sousa Andrade
Faculdade de Medicina da Universidade de São Paulo/Instituto do Câncer do Estado de São Paulo (ICESP)

PARA SABER MAIS

- Nowell PC. The clonal evolution of tumor cell populations. Science. 1976;194:23-28.

Descreve o câncer como um processo evolucionário. Prediz sequências de expansões clonais, variação individual em resposta a intervenções e resistência terapêutica.

- Rowley DR. Reprogramming the Tumor Stroma: A New Paradigm. Cancer Cell. 2014;26:451-452.

Aborda o papel da vitamina D na reprogramação do estroma no microambiente tumoral e pode representar uma nova forma de tratamento a partir de modelos de câncer pancreático.

- Lu P, Weaver VM, Werb Z. The extracellular matrix: a dynamic niche in cancer progression. J Cell Biol. 2012;196(4):395-406.

Descreve as principais alterações que ocorrem na MEC ao longo da progressão tumoral, bem como suas funções que promovem as diferentes etapas desse processo.

BIBLIOGRAFIA GERAL

1. Barcellos-de-Souza P, Gori V, Bambi F et al. Tumor microenvironment: Bone marrow-mesenchymal stem cells as key players. Biochimica et Biophysica Acta. 2013;1836:321-335.

2. Bissell MJ, Radisky D. Putting tumours in context. Nat Rev Cancer. 2001;1(1):46-54.

3. Bruno A, Pagani A, Pulze L et al. Orchestration of angiogenesis by immune cells. Frontiers in Oncology. 2014;4:1-8.

4. Egeblad M, Rasch MG, Weaver VM. Dynamic interplay between the collagen scaffold and tumor evolution. Curr Opin Cell Biol. 2010;22(5):697-706.

5. Franklin RA, Liao W, Sarkar A, et al. The cellular and molecular origin of tumor-associated macrophages. Science. 2014;344:921-925.

6. Ha SY, Yeo SY, Xuan YH, Kim SH. The Prognostic Significance of Cancer-Associated Fibroblasts in Esophageal Squamous Cell Carcinoma. Plos One. 2014;9:1-9.

7. Hanahan D, Coussens LM. Accessories to the Crime: Functions of Cells Recruited to the Tumor Microenvironment. Cancer Cell. 2012;21:309-322.

8. Hefetz-Sela S, Scherer PE. Adipocytes: Impact on tumor growth and potential sites for therapeutic intervention. Pharmacology & Therapeutics. 2013;138:197-210.

9. Hida K, Ohga N, Akiyama K et al. Heterogeneity of tumor endothelial cells. Cancer Science. 2013; 104:1391-1395.

10. Kaplan RN, Riba RD, Zacharoulis S, Bramley AH, Vincent L, Costa C et al. VEGFR1-positive haematopoietic bone marrow progenitors initiate the pre-metastic niche. Nature. 2005;438(7069):820-7.

11. Ko SY, Naora H. Therapeutic strategies for targeting the ovarian tumor stroma. World Journal of Clinical Cases. 2014;2:194-200.

12. Kucerova L, Zmajkovic J, Toro L et al. Tumor-driven Molecular Changes in Human Mesenchymal Stromal Cells. Cancer Microenvironment. 2014;1-14.

13. Madar S, Goldstein I, Rotter V. 'Cancer associated fibroblasts' - more than meets the eye. Trends in Molecular Medicine. 2013;1-7.

14. Merlo LM, Pepper JW, Reid BJ, Maley CC. Cancer as an evolutionary and ecological process. Nat Rev Cancer. 2006;12:924-935.

15. Ruffel B, DeNardo DG, Affara NI et al. Lymphocytes in cancer development: polarization towards pro-tumor immunity. Cytokine Growth Factor. 2010;21:3-10.

16. Seano G, Daubon T, Génot E et al. Podosomes as novel players in endothelial biology. European Journal of Cell Biology. 2014;1-8.

17. Strommes IM, DelGiorno KE, Greenberg PD et al. Stromal reegineering to treat pancreas cancer. Carcinogenesis. 2014;0:1-10.

18. Tlsty TD, Coussens LM. Tumor Stroma and Regulation of Cancer Development. The Annual Review of Pathology: Mechanisms of Disease. 2006;1:119-150.

19. Vannucci L. Stroma as an Active Player in the Development of the Tumor Microenvironment. Cancer Microenvironment. 2014;1-8.

20. Wagner M, Dudley AC. A three-party alliance in solid tumors Adipocytes, ma-crophages and vascular endothelial cells. Landesbioscience. 2013;2:67-73.

21. Wong GS, Rustgi AK. Matricellular proteins: priming the tumour microenvironment for cancer development and metastasis. Br J Cancer. 2013;108(4):755-61.

22. Zhou J, Xiang Y, Yoshimura T et al. The Role of Chemoattractant Receptors in Shaping the Tumor Microenvironment. BioMed Research International. 2014;1-33.

Células-Tronco Tumorais

11

Ana Carolina Ferreira Cardoso
Luciana Nogueira de Sousa Andrade

INTRODUÇÃO

O câncer originalmente surge a partir de uma célula normal que ganha a habilidade de proliferar de forma descontrolada e eventualmente se torna maligna. Inúmeros ciclos de divisão dessa célula maligna irão promover a expansão de diversas subpopulações celulares que constituirão a massa tumoral juntamente com os outros componentes do microambiente. Uma questão central na biologia tumoral é: quais células, dentro de um tecido normal, podem ser transformadas e adquirir a capacidade de formar tumores?

No contexto mais avançado da doença, sabe-se que, apesar dos inúmeros avanços no tratamento do câncer, muitos pacientes não respondem às terapias e estão sujeitos à progressão e recorrência do tumor, e à diminuição da taxa de sobrevivência. Atualmente já existe a noção de que o tumor não é simplesmente uma "bolsa" cheia de células tumorais fenotipicamente iguais. Pelo contrário, os tumores são heterogêneos, *i.e*, representam complexos ecossistemas contendo células tumorais em diferentes estados fenotípicos, além de células endoteliais, estromais e de origem hematopoiética, por exemplo, o que favorece o sucesso evolutivo do tumor e faz com que ocorra tal impacto na terapia. Com isso, uma segunda questão central da biologia tumoral é: quais são os mecanismos envolvidos nessa heterogeneidade intratumoral e o que afeta a eficácia de alguns tratamentos que possuem como alvo apenas algumas subpopulações de células tumorais?

Portanto, o modelo baseado nas células-tronco tumorais surge com o intuito de responder, ao menos em parte, as duas questões relatadas acerca da tumorigênese e da heterogeneidade intratumoral, gerando muito entusiasmo e otimismo na área da pesquisa sobre a biologia tumoral ao longo das últimas décadas.

Ao final deste capítulo espera-se que leitor compreenda, principalmente: (i) as características que definem o fenótipo de célula-tronco; (ii) a evolução do modelo de célula-tronco tumoral ao longo dos últimos anos; (iii) o conceito de plasticidade fenotípica e (iv) as implicações terapêuticas das células-tronco tumorais.

DESTAQUES

- Células-tronco adultas e células-tronco tumorais – características e vias de sinalização.
- Conceito de células-tronco tumorais – perspectiva temporal.
- Modelo atual de células-tronco tumorais baseado na plasticidade fenotípica.
- Implicações terapêuticas – resistência ao tratamento e recorrência tumoral.

CÉLULAS-TRONCO ADULTAS E O CONCEITO DE CÉLULAS-TRONCO TUMORAIS

Autorrenovação: é uma divisão celular mitótica especializada na qual a célula-tronco dá origem a uma (divisão assimétrica) ou duas (divisão simétrica) novas células-tronco filhas ou células diferenciadas.

Diferenciação: é o processo geral pelo qual as células progenitoras definem, por ativação de mecanismos genéticos e epigenéticos, determinadas características especializadas de uma célula madura.

Alguns tecidos humanos são claramente organizados em hierarquias celulares com uma pequena população de células-tronco específicas, responsáveis tanto pelo desenvolvimento como pela manutenção desse tecido durante o tempo de vida do indivíduo. Células-tronco adultas normais são células somáticas definidas pela característica de perpetuação desse estado fenotípico através da habilidade de **autorrenovação** e também da geração de células maduras de um determinado tipo de tecido através da **diferenciação**. Em outras palavras, as células com habilidade de autorrenovação passam por inúmeras divisões celulares, sendo que, a cada divisão, pelo menos uma das células-filhas mantém essa capacidade de divisão ilimitada, enquanto a outra célula progenitora terá potencial limitado de divisão e constituirá as células diferenciadas do tecido. A habilidade de autorrenovação permite a expansão da subpopulação de células-tronco no tecido em resposta a sinais sistêmicos ou locais que desencadeiam as sinalizações de proliferação. Com base nessas propriedades, as células-tronco adultas formam uma população duradoura de células que irão continuamente gerar novas células-tronco e células diferenciadas (**Figura 11.1**) para constituir a organização tecidual, sendo essa hierarquia importante para o controle homeostásico de tecidos adultos, principalmente aqueles com característica de reciclagem celular intensa, como o epitélio e o sangue.

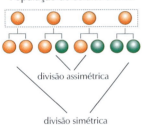

FIGURA 11.1. Divisões simétricas e assimétricas das células-tronco. Cada célula-tronco (círculo laranja) pode se dividir de forma simétrica, onde cada célula-tronco dá origem a duas novas células-tronco ou duas células diferenciadas (círculo verde), ou de forma assimétrica, onde cada célula-tronco dá origem a uma nova célula-tronco e outra célula filha diferenciada. Com essas possibilidades de divisões celulares, as células-tronco são capazes de manter um balanço entre o número de células-tronco e diferenciadas de um determinado tecido (adaptado de Morrison SJ & Kimble J, 2006).

A descoberta da existência de células-tronco adultas conduziu à ideia de que o câncer pode se originar a partir das células-tronco normais existentes em um determinado tecido do indivíduo, fazendo alusão à primeira questão central abordada na introdução. A maioria das mutações que dão origem ao câncer afeta, principalmente, a maquinaria celular que regula a divisão celular, o reparo ao dano no DNA e os processos de sobrevivência e morte celular. Por isso, as células-tronco podem ser alvos preferenciais dessas mutações, uma vez que elas compõem a população duradoura de células de um tecido (através do crescimento ilimitado) e estão, portanto, mais expostas aos estresses genotóxicos que levam às mutações oncogênicas, quando comparadas às populações de células mais diferenciadas, cujo tempo de vida é mais limitado. Outra possibilidade são as células progenitoras das células-tronco adquirirem, em determinado momento, a habilidade de autorrenovação e, subsequentemente, tornarem-se alvos dessas lesões genéticas.

Dessa forma, a hipótese das células-tronco tumorais (CSC – *cancer stem cells* ou células iniciadoras de tumor) propõe a existência de subpopulações de células tumorais que possuem elevada habilidade de regenerar tumores quando implantadas experimentalmente em animais apropriados, o que torna implícita a capacidade dessas células se dividirem simétrica e assimetricamente, originando progênies que mantêm essa característica de célula-tronco tumoral (com potencial de autorrenovação), assim como progênies que se diferenciam em outros subtipos celulares, os quais irão formar a massa tumoral. Em analogia ao desenvolvimento dos tecidos normais, a ideia de hierarquia e diferenciação das progênies sugere que alterações epigenéticas e eventos de sinalização também regulem a organização estrutural do tumor. Portanto, independentemente da célula de origem, uma célula-tronco normal adulta ou uma célula progenitora, a CSC é definida pelas propriedades que também caracterizam as células-tronco normais, como a habilidade de autorrenovação e diferenciação. Entretanto, o que distingue o tecido transformado do tecido normal é a perda dos mecanismos homeostáticos que mantêm o equilíbrio entre as proporções das células-tronco normais e células diferenciadas.

A EVOLUÇÃO DO CONCEITO DE CÉLULA-TRONCO TUMORAL

Teoria da Célula-tronco Tumoral: um Conceito ainda Emergente

No final do século XX, a pesquisa do câncer foi dominada pelo modelo de evolução clonal proposto primeiramente por Peter Nowel, um conceito em que a alta instabilidade genética leva ao surgimento de diferentes subpopulações de células tumorais que são selecionadas ao longo do tempo pela maior habilidade proliferativa e capacidade de gerar novos tumores (**Figura 11.2 A**). A teoria da célula-tronco tumoral surgiu com a proposta de que apenas uma subpopulação de células tumorais, as CSCs, seria capaz de regenerar novos tumores similares aos de origem, uma vez que somente elas possuem a habilidade de autorrenovação e diferenciação (**Figura 11.2 B**). Essa "raiz do câncer" operaria como espelho da organiza-

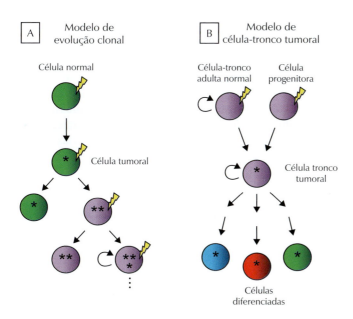

FIGURA 11.2. Dois modelos propostos para a tumorigênese. (**A**) No modelo da evolução clonal, qualquer célula normal, diferenciada ou não (círculo verde), pode ser alvo de transformação (raios amarelos). Posteriormente, uma célula tumoral (um asterisco) pode adquirir mutações adicionais e originar novas subpopulações com capacidades tumorigênicas aleatoriamente distintas. Células com maior vantagem adaptativa (dois ou mais asteriscos) serão predominantes no tumor. (**B**) No modelo da célula-tronco tumoral, a célula-tronco normal ou a progenitora serão alvos da transformação, dando origem às CSCs. Estas, com a habilidade de autorrenovação e diferenciação, serão as responsáveis pela expansão de novas CSCs e de subpopulações de células tumorais diferenciadas (círculos azul, vermelho e verde) no tumor (adaptado de Campbell LL e Polyak K, 2007).

ção hierárquica dos tecidos normais, com uma pequena população de células-tronco no ápice da hierarquia sendo responsável pela derivação de novos tipos celulares mais diferenciados. Portanto, as células-tronco tumorais poderiam ser referidas como força dirigente da tumorigênese devido à habilidade de autorrenovação e diferenciação em distintos tipos celulares.

Mais recentemente, evidências indicam para a habilidade de autorrenovação também das células diferenciadas, a partir de novas alterações genéticas e modificações epigenéticas. Apesar de terem sido inicialmente conflitantes, os modelos de seleção clonal e de célula-tronco tumoral não são mutuamente exclusivos, ao contrário, diversos tipos de tumores podem ter comportamentos diferentes a partir da influência do microambiente tumoral governando tais alterações fenotípicas. Por isso, podemos dizer que o conceito anterior de células-tronco tumorais representa um modelo estático, sendo, por sua vez, substituído mais recentemente por um conceito de um modelo dinâmico, onde a condição **multipotente** das células tumorais seja uma característica transiente. Esse tema será mais bem detalhado no tópico "O Modelo Atual das CSCs baseado na Plasticidade Celular e Heterogeneidade Tumoral", mais adiante.

> **Multipotente:** *é um dos subtipos de classificação das células-tronco que leva em consideração a capacidade de diferenciação, ou seja, gerar novas células especializadas quando em condições favoráveis. Células-tronco multipotentes são capazes de gerar um número limitado de células especializadas, diferentemente das células-tronco pluripotentes ou totipotentes. As células-tronco de um indivíduo adulto são classificadas como células multipotentes.*

VIAS DE SINALIZAÇÃO QUE CONTROLAM A FUNÇÃO DAS CSCs

Com base na informação de que células-tronco normais e CSCs possuem como principal característica a habilidade de autorrenovação, é plausível que elas compartilhem alguns mecanismos moleculares essenciais na regulação dessa função. Apesar da dificuldade de se estudar esses mecanismos moleculares, principalmente pelas células-tronco constituírem a menor parte da população de células de um tecido específico, várias vias de sinalização têm sido elucidadas na biologia de células-tronco normais e CSCs. Além disso, o conhecimento dessas vias específicas e de outras que regulam a manutenção e sobrevivência das CSCs ganhou ainda mais importância no âmbito do desenvolvimento de novas estratégias para a terapia de diferentes tipos de câncer. As principais vias envolvidas com autorrenovação associando células-tronco normais e CSCs estão resumidas na **Tabela 11.1**.

TABELA 11.1. *Vias de sinalização associadas às células-tronco normais e CSCs.*

Vias	Células-tronco Normais	CSCs
Bmi-1	• Necessária para autorrenovação de células-tronco neurais e hematopoiéticas • Bmi-1 regula negativamente o *locus* Ink4a/Arf	• Está altamente regulado em AML e meduloblastoma • A superexpressão em células-tronco leucêmicas potencializa a habilidade de autorrenovação
Shh	• Envolvida na manutenção das células-tronco hematopoiéticas e na expansão das células progenitoras • Essencial no desenvolvimento da pele, do folículo capilar e da glândula sebácea • Envolvida no desenvolvimento cerebral pós-natal e adulto	• A ativação da via está envolvida na carcinogênese da pele (carcinoma basocelular) e do cérebro (meduloblastoma) • Mutação no gene SHH está relacionada com a síndrome de Gorlin
Wnt/β-catenina	• Envolvida na manutenção das células-tronco hematopoiéticas e das células progenitoras • Regula a manutenção das células epiteliais intestinais • Envolvida nas respostas regenerativas durante o reparo tecidual	• A superexpressão do gene WNT é vista em muitos tipos de câncer em humanos • O acúmulo de β-catenina está envolvido com câncer de mama, melanoma, sarcoma, leucemia mieloide, mieloma múltiplo, tumores de cérebro • Mutação em β-catenina está associada com carcinoma do endométrio, de próstata e hepatocelular • Mutações tanto em β-catenina quanto nos genes APC são comuns em câncer colorretal
Notch	• Envolvida na manutenção das células-tronco hematopoiéticas e neurais • Ativa genes envolvidos na diferenciação e autorrenovação de células	• Mutações ou ativação aberrante de Notch1 são relatadas em T-ALL humana e murina
Família Hox	• Envolvida na autorrenovação das células-tronco hematopoiéticas e na proliferação e diferenciação das células progenitoras	• A superexpressão do gene HOX9 está relacionada com o pior prognóstico de paciente com AML • A superexpressão do gene HOX11 é vista em T-ALL • Hoxb3, Hoxb8 e Hoxa10 estão associados com a leucemogênese em camundongos
Pten	• Envolvida na manutenção das células-tronco hematopoiéticas e neurais	• A perda do gene PTEN leva à formação de vários tumores, incluindo a doença mieloproliferativa • A mutação do gene PTEN está envolvida no glioblastoma multiforme, carcinoma de próstata e carcinoma endometrial
Proteínas transportadoras	• Proteínas marcadoras de células-tronco, como as da subfamília ABCG, responsáveis pela caracterização do fenótipo de *side-population*	• ABCG2, ABCB1 e CEACAM6 estão hiper-regulados em células tumorais do sistema gastrointestinal • A hiper-regulação dos transportadores ABCG está implicada na quimiorresistência das células tumorais
Telomerase	• Altamente expressa na população de células com habilidade de autorrenovação	• Superexpressa em células tumorais

AML: *acute myeloid leukemia* – leucemia mieloide aguda; APC: *adenomatous polyposis coli*; PTEN: *phosphatase and tensin homolog*; Shh/SHH: *sonic hedgehog*; T-ALL: *T cell acute lymphoblastic leukemia* – leucemia linfoblástica aguda de célula T; WNT: *wingless-int*; *side-population*: termo técnico-experimental usado para identificar, por citometria de fluxo, a população de células com fenótipo tronco baseado na atividade das proteínas transportadoras ABC.

Células-Tronco Tumorais

MARCADORES PARA IDENTIFICAÇÃO DAS CSCs

A identificação das CSCs em vários tumores tem sido feita principalmente através da combinação de antígenos de superfície celular e algumas proteínas celulares, entretanto esses marcadores não são sempre confiáveis e precisam ser usados com cautela. Primeiro porque alguns marcadores são derivados de estudos em linhagens celulares ou em modelos animais, sendo necessária a validação em amostras de tumores humanos. Segundo, marcadores para identificar CSCs por um tipo de método podem não ser específicos se utilizados em outro método, como exemplo do CD133, cuja identificação é compatível com a detecção por citometria de fluxo e não por imunoistoquímica ou métodos baseados na quantificação de RNAm. CD133, por exemplo, é um antígeno de superfície celular expresso por células-tronco adultas normais e também pelas CSCs encontradas em tumores de cérebro, fígado, pâncreas, próstata e outros, e é analisado pelo método de citometria. Terceiro, alguns marcadores não são uniformemente específicos para identificação das CSCs, como exemplo dos marcadores CD44, CD90, CD34 e o próprio CD133, que podem ser influenciados por alterações epigenéticas, passando por flutuações na expressão dentro de um mesmo tumor e/ou entre tumores. Com base nesses poréns, o uso combinado de diferentes marcadores aprimora a confiabilidade dos resultados.

Além disso, como falta uma função biológica desses marcadores de superfície associada à manutenção do fenótipo de célula-tronco, parece mais vantajosa a utilização de marcadores cujas funções necessariamente suportam o fenótipo de uma célula-tronco. Assim, a perda desses marcadores é menos provável, uma vez que isso acarretaria a perda das propriedades funcionais da célula-tronco. Por isso, o foco tem sido identificar enzimas ou vias de sinalização que diretamente estão envolvidas na manutenção de um fenótipo tronco.

O primeiro marcador identificado que atende essas características foi o ALDH1 (*aldehyde dehydrogenase isoform 1*), cuja atividade tem sido utilizada para identificação de células-tronco normais e CSCs em tumores de mama, cólon, fígado, pulmão, pâncreas, leucemias, entre outros. ALDH1 é uma enzima responsável pela oxidação de grupamentos aldeído, transformando-os em ácido carboxílico, função importante em processos biológicos como a detoxificação celular de aldeídos gerados de forma endógena ou exógena.

Os transportadores ABC (*ATP-binding cassette transporters*) também têm sido utilizados para identificação de CSCs. Eles constituem uma superfamília de proteínas transmembranas altamente conservada que utiliza a energia proveniente do ATP para translocar diferentes substratos através das membranas celulares, como produtos metabólicos, lipídeos, esteróis e drogas, funcionando como verdadeiras bombas celulares. Como a proteção das células-tronco contra dano ou morte por toxinas é uma função crítica para a manutenção de um organismo, um dos principais mecanismos dessa proteção é a expressão dos transportadores ABC. Assim, alguns protocolos de identificação de células-tronco utilizam o corante Hoechst, que é incorporado pela célula e posteriormente excluído para o meio extracelular pelos transportadores ABC presentes nas CSCs, por exemplo, sendo que as não CSC retêm esse corante no meio intracelular devido à deficiência de extrusão.

A escolha de outros marcadores tem focado em vias de sinalização e perfis transcricionais que são sabidamente essenciais na biologia normal das células-tronco, como as vias do Wnt, TGF-β (*transformig growth fator-β*) e Hedgehog, além dos fatores de transcrição Oct-3/4, Nanog e SOX 2/9 operantes em células-tronco embrionárias.

Estratégias de Detecção das CSCs e suas Controvérsias

A evidência definitiva para a existência das CSC foi em 1997, após ser observado que células leucêmicas possuíam propriedades funcionais características de células-tronco, pois, ao isolar subpopulações de células que expressavam o marcador $CD34^+CD38^-$ (que caracteriza a população das células-tronco hematopoiéticas) e, posteriormente, transplantar em camundongos imunocomprometidos NOD/SCID, esses camundongos eram capazes de reconstituir a totalidade de fenótipos de células tumorais encontradas em pacientes com leucemia mieloide aguda. Essas células foram então denominadas de LSCs (*leukaemic stem cells*). Esse achado fez nascer a necessidade de definir as CSCs por estudos funcionais em vez de apenas decifrar os perfis de marcadores de superfície celular, como vinha sendo até determinado momento.

Outro marco para a confirmação da existência das CSCs veio quase 5 anos depois, com a descoberta dessas células em tumores sólidos, como demonstrado em tumores de mama e cérebro. A partir disso, CSCs também foram identificadas em outros tipos de tumores sólidos, incluindo câncer de pulmão, cólon, próstata e pâncreas, dando mais suporte ao modelo de que o câncer pode ser derivado de uma subpopulação de CSCs com habilidade de autorrenovação capaz de iniciar e manter o crescimento tumoral. Uma perspectiva histórica das principais descobertas sobre a existência das CSCs está resumida na **Figura 11.3**.

Para a confirmação da presença de CSCs, o principal ensaio funcional faz uso da dissociação da massa tumoral de um paciente ou de um modelo animal, compondo uma suspensão celular composta por células tumorais e células do microambiente tumoral. A partir do uso combinado de marcadores de célula-tronco (como falado anteriormente), as CSCs são isoladas e posteriormente inoculadas em camundongos imunodeficientes, sendo a proporção dos tumores gerados relacionada com a frequência das ***células iniciadoras tumorais*** presentes no tipo de tumor estudado (**Figura 11.4**), lembrando que os tumores que seguem o modelo de CSC possuem uma pequena proporção de células iniciadoras tumorais.

Esse método é atualmente aceito como padrão-ouro para o estudo das CSCs, porém algumas críticas ainda existem pelo fato de

Células iniciadoras tumorais: são as células com capacidade de regenerar tumores em animais imunodeficientes e sustentar essa característica, ou seja, manter essa capacidade após sucessivos transplantes em novos animais imunodeficientes. Célula iniciadora tumoral é um termo técnico para designar as CSCs.

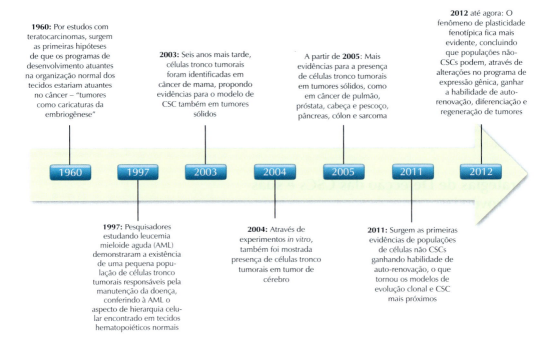

FIGURA 11.3. *Perspectiva histórica dos principais marcos na pesquisa das células-tronco tumorais.*

NOD/SCID interleukin-2 receptor gamma chain null são camundongos geneticamente modificados (nonobese diabetic-severe combined immunodeficiency) e, atualmente, constituem o melhor modelo animal utilizado para xenotransplantes, especialmente para os ensaios envolvendo CSCs. Esses animais possuem inúmeras disfunções imunológicas, incluindo a perda da habilidade de produção de citocinas e funcionalidade das células T, B e natural killer.

o mesmo mensurar a habilidade das células tumorais crescerem em hospedeiros de espécie diferente e não refletir necessariamente a real frequência de CSC presentes no tumor *in situ*, já que a presença de um microambiente tumoral apropriado é extremamente importante para a tumorigênese. Além disso, outros passos dessa técnica podem criar viés nos dados encontrados, como a natureza das enzimas proteolíticas, o tempo e a temperatura de incubação padronizados para o procedimento de dissociação das células tumorais, o que pode gerar resultados subestimados durante o isolamento das CSCs.

Ainda assim, uma das maiores limitações para a instrumentalização do modelo hierárquico das CSCs é considerar os tumores como sendo geneticamente homogêneos para esse procedimento experimental citado anteriormente, ou seja, como se todas as células da massa tumoral, independentemente do estado fenotípico, fossem geneticamente iguais. Hoje sabe-se que tumores são muito heterogêneos, compostos por subpopulações geneticamente diferentes sujeitas às forças da evolução, como proposto no modelo de evolução clonal. Mais atualmente, algumas dessas barreiras já têm sido ultrapassadas, como o uso de animais mais imunocomprometidos (exemplo do camundongo *NOD/SCID interleukin-2 receptor gamma chain null*), a retirada de inúmeras biópsias de diferentes regiões de um mesmo tumor a fim de aumentar o poder amostral dessas subpopulações geneticamente distintas, além também de realizar o sequenciamento gênico do tumor para tentar agrupar as subpopulações semelhantes entre si.

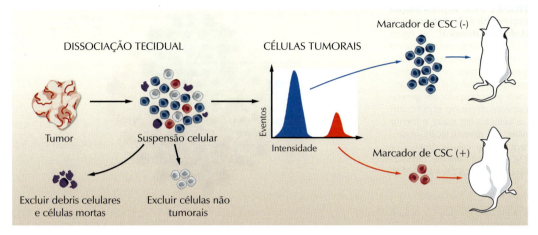

O MODELO ATUAL DAS CSCs BASEADO NA PLASTICIDADE CELULAR E HETEROGENEIDADE TUMORAL

A heterogeneidade intratumoral pode ser definida como a combinação das diferentes subpopulações de células tumorais que surgem a partir de influências genéticas e não genéticas, as quais se incluem a *epigenética*, a plasticidade fenotípica e a diferenciação de CSC (**Figura 11.5**). A heterogeneidade intratumoral e a forma como ela evolui durante a progressão tumoral impõem grande desafio para uma efetiva terapia contra o câncer, uma vez que o diagnóstico e a terapia são baseados em biópsias de pequenas regiões do tumor, as quais podem não necessariamente representar as informações biológicas do tumor como um todo. Além disso, a heterogeneidade também explica as diferenças encontradas nas respostas terapêuticas de pacientes com o mesmo tipo tumoral.

Em relação à influência genética, o aumento da instabilidade genética se traduz em diferenças fenotípicas entre as células tumorais e tal diversidade genotípica se torna ainda mais proeminente. Além disso, o desenvolvimento do câncer também está associado a inúmeras alterações epigenéticas que afetam aspectos da biologia tumoral e estados de diferenciação celular. Dois aspectos interessantes a respeito da epigenética são, primeiro, o silenciamento epigenético que frequentemente afeta várias regiões do genoma, o que gera consequências fenotípicas mais complexas que as provenientes de uma mutação específica em um único gene, por exemplo. Segundo, a modulação gênica por alterações epigenéticas pode ser um evento reversível após múltiplos ciclos de duplicação celular, sendo que os fenótipos provenientes desse mecanismo não são fixos e, portanto, contribuem para a diversidade intratumoral.

Como descrito anteriormente, o conceito de evolução clonal explica a coexistência de inúmeras subpopulações geneticamente distintas que divergiram ao longo do tempo e passaram por diferentes pressões seletivas. Dessa forma, o câncer é retratado como o resultado

FIGURA 11.4. *Ensaio para a prospecção das células-tronco.* O primeiro passo é realizar a dissociação do tumor primário (nos casos de tumores sólidos), que é feita de forma otimizada para garantir a preservação da viabilidade celular e integridade dos marcadores de superfície. Após esse passo, debris celulares e células mortas são excluídos e é realizada a marcação para identificação dos tipos celulares que compõem o tumor, isolando as células com fenótipo de célula-tronco. CSC e não-CSC, por sua vez, são transplantadas em animais imunocomprometidos para verificação do potencial tumorigênico de cada população (adaptado de Shackleton M, Quintana E, Fearon ER e Morrison SJ, 2009).

Epigenética: é o estudo das mudanças na expressão gênica que não são atribuídas somente por alterações na sequência de DNA. Os mecanismos epigenéticos são importantes por modularem o potencial transcricional de um gene, seja pelo silenciamento ou pela ativação do mesmo. Os principais mecanismos incluem, por exemplo, a metilação do DNA, acetilação de histonas e RNAs não codificantes.

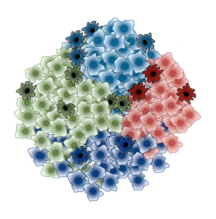

FIGURA 11.5. *Representação esquemática da heterogeneidade intratumoral.* A figura representa uma massa tumoral composta por inúmeras células genética (cores) e funcionalmente (morfologia) diferentes. Entre as subpopulações geneticamente diferentes encontram-se células com maior e menor nível de diferenciação, representando as células não-CSC e CSC, respectivamente (adaptado de Kreso A & Dick JE, 2014).

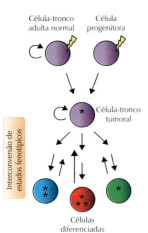

FIGURA 11.6. *Modelo atual das células-tronco tumorais.* As células-tronco normais ou progenitoras (círculo roxo) serão alvos da transformação, dando origem às CSCs. Estas, com a habilidade de autorrenovação e diferenciação, serão as responsáveis pela expansão de novas CSCs e de subpopulações de células tumorais diferenciadas, as não CSCs (círculos azul, vermelho e verde), e geneticamente distintas (asteriscos) no tumor. Por sua vez, as células diferenciadas são capazes de readquirir o potencial de autorrenovação e assumir o ápice de uma nova ascensão hierárquica celular, dando origem a novas CSCs e não-CSCs (adaptado de Campbell LL & Polyak K, 2007).

das forças de seleção natural que agem sobre essas diferentes subpopulações, o que é considerado um processo essencialmente darwiniano, uma vez que a diversidade genotípica é herdável e os fenótipos são "testados" pela seleção, resultando no favorecimento das populações mais adaptadas. O conceito de evolução clonal surgiu para explicar a heterogeneidade dos tumores e a vantagem seletiva de algumas populações resistentes à terapia e responsáveis pela proliferação e reconstituição da massa tumoral, processo na clínica conhecido por recidiva tumoral.

Já o modelo das CSCs vem sendo mais recentemente referido para explicar como essa diversidade de células tumorais é organizada dentro de um determinado tumor. De acordo com esse modelo, as pequenas subpopulações de CSCs têm o papel de controlar a progressão tumoral, detendo a maioria, se não todo, o potencial tumorigênico e metastático de um tumor, enquanto o restante das subpopulações de células neoplásicas que constituem a maior parte da massa tumoral, as células não-CSCs, não possui essas características. Dessa forma, o modelo das CSCs oferece uma perspectiva que permite aumentar o entendimento dos mecanismos biológicos que permeiam a agressividade tumoral. Por exemplo, tumores que possuem alta quantidade de CSCs têm se mostrado mais agressivos e com pior prognóstico clínico. Além disso, sabe-se que a maior porção de células que constituem o tumor é representada pelas células não-CSCs e as CSCs são conhecidas pela elevada resistência às quimio e radioterapias atuais, portanto, a recorrência tumoral pode ser explicada pela expansão da população de CSC, já que o tratamento combate a porção não-CSC e as CSCs se tornam a população remanescente no tumor. Esta observação explica porquê o entendimento mais profundo sobre a biologia das CSCs é essencial para o desenvolvimento de novas terapias com maior chance de sucesso na oncologia clínica.

Assim como as células-tronco normais, as CSCs se localizam no ápice da hierarquia celular e se diferenciam de maneira unidirecional em uma progênie não-CSC. Implícita nessa representação estava a ideia de que as não-CSCs eram incapazes de iniciar a ascensão dessa hierarquia celular e assumir um estado fenotípico de CSC; entretanto, diversos estudos mais atuais mostram que algumas não-CSCs são capazes de entrar no estado fenotípico de uma CSC e dar origem à ascensão de uma nova subpopulação tumoral (**Figura 11.6**).

De fato, nem todos os cânceres aderem ao modelo unidirecional ou estático das CSCs, o que evidencia que os conceitos de CSC e evolução clonal não são mutuamente exclusivos. Dois estudos recentes utilizando modelos de leucemia linfoide aguda (LLA) contribuíram com a ideia da convergência entre esses dois modelos através da identificação de uma assinatura genética entre subpopulações de CSCs. Os resultados mostram que a LLA possui arquitetura populacional dinâmica e não linear, ou seja, de origem multiclonal, sendo que populações de CSCs são genotipicamente diferentes, além de distintas também nas características funcionais como habilidade de autorrenovação e formação de tumores a partir de xenotransplantes. Dessa forma, existem diferentes subpopulações de CSCs que dividem as mesmas características básicas de um fenótipo-tronco – *stemness* – e são geneticamente diferentes, estando também sujeitas, portanto, às forças da seleção natural ao longo da evolução do tumor.

Em adição à diversidade genética, o fenômeno da ***plasticidade celular*** também pode contribuir para a heterogeneidade fenotípica e funcional de tumores. Isso sugere que qualquer célula pode passar por mudanças reversíveis de fenótipo e adquirir capacidade tumorigênica, o que contrasta com os modelos que atribuem a diversidade fenotípica a partir da diferenciação hierárquica de CSCs em uma progênie não tumorigênica ou a partir de alterações genéticas irreversíveis, como definido pela evolução clonal. Estudos em melanoma mostraram que a capacidade tumorigênica reflete um estado fenotípico reversível, já que células tumorais fenotipicamente diferentes derivadas de pacientes foram capazes de formar tumor e recapitular a heterogeneidade observada nos tumores de onde elas foram derivadas. Assim, melanomas não adotam uma hierarquia que consiste de pequenas subpopulações de células tumorigênicas e de populações de células não tumorigênicas que compõem a maior parte do tumor.

Mais especificamente, uma ***desmetilase*** da histona 3 K4 foi utilizada como biomarcador do fenótipo tronco, sendo que a expressão dessa enzima caracteriza uma pequena subpopulação de células com baixa capacidade proliferativa e potencial de autorrenovação em melanomas. Nesse estudo, a plasticidade fenotípica foi evidenciada ao perceberem que as células que expressam essa desmetilase são essenciais para a manutenção do crescimento tumoral, uma vez que populações de células positivas para essa enzima surgiram a partir de populações originalmente negativas, mesmo quando iniciadas a partir de uma única célula negativa. Esse trabalho mostra, portanto, que alguns genes podem ter a expressão transientemente ou estocasticamente modulada, conferindo a capacidade de adquirir propriedades de CSC por populações de células inicialmente não tumorigênicas.

Em outro estudo utilizando tumores de mama como modelo, subpopulações de células de determinado estado fenotípico (células da região basal, luminal e células *stem-like*) foram isoladas da massa tumoral e após diversas duplicações celulares, cada subpopulação re-

Stemness: *é o termo utilizado para caracterizar as células- -tronco em relação aos outros tipos celulares, pois ele remete às habilidades únicas das células-tronco embrionárias e adultas de autorrenovação e geração de inúmeras linhagens através da diferenciação. Esse termo vem sendo atualmente empregado para definir essas habilidades também nas CSCs.*

Plasticidade celular ou plasticidade fenotípica: *é a habilidade da célula mudar o próprio fenótipo em resposta a alguma alteração do ambiente, o que pode ou não ser permanente durante o "tempo de vida" celular. Essas respostas fenotípicas incluem mudanças na morfologia ou função celular que podem não estar necessariamente relacionadas com alterações no perfil transcricional da célula.*

Desmetilase: *são enzimas que removem o grupo metil (CH_3-) dos ácidos nucleicos, proteínas (em particular as histonas) e outras moléculas. Essas enzimas são importantes durante os eventos epigenéticos, pois elas regulam o perfil transcricional de determinados genes, por controlarem os níveis de metilação que ocorrem no DNA ou nas histonas, o que altera o estado de condensamento da cromatina.*

Stem-like *é um termo utilizado para referenciar uma célula com capacidades de célula- -tronco, levando em consideração a plasticidade fenotípica que pode estar envolvida na transição de fenótipos e não só a origem embriológica da célula em questão. É, portanto, um termo mais recente. Também podemos encontrar os termos: cancer stem-like cell (like-CSC) ou em português: célula tipo tronco tumoral (tipo CSC).*

tomou o padrão das proporções fenotípicas visto no tumor parental. Assim, até as células mais diferenciadas como as da região basal foram capazes de gerar células com fenótipo *stem-like*. Ou seja, essas células são capazes de transitar entre estados celulares através da interconversão de fenótipos, a fim de restaurar com o tempo um "equilíbrio fenotípico" na população das células tumorais.

Essa plasticidade de fenótipos é reportada como resultado de condições microambientais diversas presentes na massa tumoral, como estímulos de crescimento celular ou quando em contextos relacionados a estresse. Dentre alguns fatores implicados na reprogramação de células não-CSC em células tipo-CSC está o estímulo por HGF (*hepatocyte growth factor* – fator de crescimento do hepatócito), a sinalização via HIF2α (*hypoxia-inducible factor* 2α – fator induzível por hipóxia) e a indução da EMT (*epithelial-mesenchymal transition* – transição epitélio-mesenquimal). HGF é um fator de crescimento celular secretado por células mesenquimais. Em câncer de cólon foi mostrado que ele é secretado em grande quantidade pelos miofibroblastos associados ao tumor e desencadeia uma cascata de sinalização nas células tumorais (não-CSCs), revertendo o estado de diferenciação delas, ou seja, estimulando a reprogramação para um fenótipo tipo-CSCs. HIF2α pertence ao grupo de fatores de transcrição HIF, que funcionam como sensores da disponibilidade de oxigênio celular e, na ausência deste, regulam um programa transcricional que culmina na ativação de genes executores de respostas adaptativas frente à hipóxia (para mais informações, consultar o Capítulo 8 – Metabolismo Tumoral).

Em glioblastoma, HIF2α foi importante para a manutenção da fração de CSC, assim como para promover a interconversão de células não -CSCs em células tipo-CSCs. EMT é um programa biológico crucial em muitas interconversões de tipos celulares que ocorrem na organogênese durante o desenvolvimento normal do indivíduo (Para mais informações, consultar o Capítulo 13 – Invasão Tumoral e Metástase). Evidências recentes mostraram que a indução da EMT em células epiteliais normais e neoplásicas de mama resultou na aquisição de características mesenquimais e na expressão de marcadores de células-tronco. Dessa forma, células tumorais podem usar os componentes do programa de EMT como rota para entrar no processo de diferenciação celular e aquisição de um fenótipo tipo-CSC.

Portanto, a partir da perspectiva temporal da evolução do modelo das CSCs dada, junto às suas controvérsias, pode-se dizer que estamos numa curva ascendente de geração de conhecimento sobre esses fenômenos, sendo que o consenso emergente no que diz respeito à definição das CSCs é a noção do conceito de "estado celular" em vez de fenótipo celular, já que a aquisição das características de célula-tronco (*stemness*) é um processo essencialmente dinâmico e reversível.

CSCs NO TRATAMENTO CONTRA O CÂNCER

A resistência à quimioterapia, radioterapia e terapias alvo dirigidas é uma das questões que assombram a eficiência dos tratamentos atuais contra o câncer. Com base nos inúmeros estudos atualmente divulgados, as CSCs surgem como principais vilãs no que diz respeito à resistência ao tratamento e recorrência tumoral, isso porque vem sendo postulado que essas células são capazes de resistir aos tratamentos convencionais e, devido à habilidade de autorrenovação e diferenciação, promover a expansão de novas células malignas e reconstituir a massa tumoral (**Figura 11.7**).

A resistência das CSCs à terapia pode ser atribuída a múltiplos fatores, como a superexpressão dos transportadores de drogas (família ABC) e de enzimas intracelulares responsáveis pela detoxificação, resultando no aumento do efluxo e na metabolização das drogas utilizadas; a hiper-regulação de proteínas antiapoptóticas; a maior eficiência da maquinaria de reparo ao dano no DNA; alteração na cinética do ciclo celular; e influência do microambiente onde as CSCs estão contidas. Implicado nessas características, a dificuldade no tratamento também reflete o conceito de "estado" celular reversível das CSCs, sendo que as terapias atuais contra as CSCs enfrentam a dificuldade

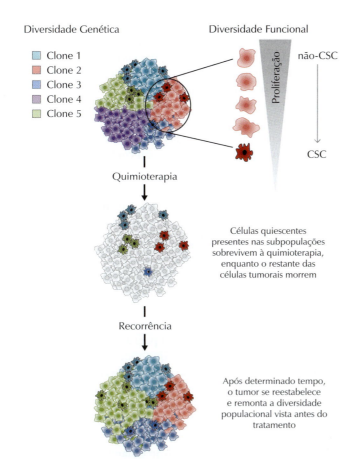

FIGURA 11.7. Diversidade funcional tumoral e a resposta ao tratamento. Cada clone ou subpopulação (representados pelas diferentes cores) contém uma mistura de células que variam funcionalmente no que diz respeito à proliferação, por exemplo, estando embutida nesse aspecto a presença dos estados fenotípicos CSC e não CSC. A quimioterapia pode reduzir a maior parte da massa tumoral através da eliminação das células com alta capacidade proliferativa (representadas pelas não CSCs) presentes em cada subpopulação, sendo as células quiescentes (CSC) capazes de sobreviver. Dessa forma, a quimioterapia age como pressão seletiva no microambiente tumoral, gerando novas subpopulações a partir da introdução de mutações, ou selecionando as subpopulações preexistentes com características de resistência a esse tratamento (adaptado de Kreso A e Dick JE, 2014).

Quiescência: *é um estado reversível em que a célula não se divide, mas mantém a habilidade de reentrar no ciclo celular e continuar com o potencial proliferativo. Algumas células-tronco adultas são mantidas nesse estado quiescente e podem ser rapidamente ativadas quando estimuladas, por exemplo, por um dano ao tecido em que elas estão localizadas.*

de utilizar certos alvos moleculares. Como explicado anteriormente, a interconversão de fenótipos é um processo dinâmico e estocástico, resultando em um padrão heterogêneo também entre as subpopulações de CSCs, o que cria a ideia de um alvo móvel, onde o desafio é buscar meios para aperfeiçoar a mira e efetivamente acertar o alvo.

Diferentes aspectos das CSCs têm sido explorados como estratégias de alvo, como o estado de **quiescência**, vias envolvidas na habilidade de autorrenovação, mecanismos de quimio e radiorresistência, e moléculas específicas de superfície celular. Alguns estudos, principalmente com neoplasias do tecido hematopoiético, indicam que as CSCs podem ser seletivamente atacadas sem comprometer a função das células-tronco normais. Entretanto, essa estratégia só poderá ser aplicada se, de fato, o alvo molecular for diferencialmente encontrado nas CSCs e células-tronco normais.

A quiescência é uma propriedade de algumas CSCs, principalmente nas leucemias, e tem sido recentemente explorada como uma possível janela para a intervenção terapêutica. Um exemplo para a leucemia mieloide aguda é o uso de citocinas, como a G-CSF (*granulocyte colony-stimulating fator*), capaz de induzir a entrada no ciclo celular nas células leucêmicas que estão quiescentes, tornando-as alvos para a terapia convencional que se baseia na capacidade proliferativa, como a quimioterapia. Em relação às vias de sinalização frequentemente desreguladas nas CSCs, um progresso considerável tem sido observado nas terapias alvo dirigidas contra Notch e Hedgehog, diferentemente do encontrado para os inibidores da via Wnt, já que a desregulação desta via não necessariamente define as CSCs em todos os tumores. Atualmente, o foco tem recaído sobre a combinação de terapias que usem como alvos as vias de sinalização específicas de CSCs e drogas convencionais usadas na quimioterapia, o que resulta na diminuição global da massa tumoral com eliminação tanto das CSCs como das não-CSCs.

Marcadores diferencialmente expressos entre as células-tronco normais e as CSCs também têm sido alvos para a terapia baseada no uso de anticorpos monoclonais específicos. Como exemplo da leucemia mieloide aguda, três marcadores foram utilizados para diferenciar as células-tronco normais das células-tronco leucêmicas: CD44, IL3R (*interleukin-3 receptor*) e TIM-3 (*T cell immunoglobulin mucin-3*), sendo que o tratamento utilizando anticorpos contra essas moléculas de superfície celular reduziu drasticamente a frequência das células leucêmicas em camundongos com AML.

Diversos estudos apontam ainda para a característica de radiorresistência das CSCs. Duas sugestões que podem explicar a resistência à radiação ionizante pelas CSCs são o fato de elas possuírem mecanismos mais eficientes de reparo aos danos no DNA e também menores níveis intracelulares de ROS (*reactive oxygen species*) comparadas às células não tumorigênicas. O bloqueio de moléculas envolvidas na via de reparo ao DNA, por exemplo, mostrou-se eficiente para a sensibilização de CSCs de mama e cérebro ao tratamento com a radiação.

Pensando na importância do microambiente tumoral para a manutenção do estado fenotípico das CSCs, outras estratégias terapêuticas atualmente testadas têm utilizado como alvo os componentes de vias de sinalização responsivos a determinados fatores de crescimento e citocinas, como o HGF (*hepatocyte growth factor*), VEGF (*vascular endothelial growth factor*) e IL-8 (*interleukin-8*), respectivamente. Como exemplo em câncer de pâncreas, a inibição do receptor de HGF diminuiu a população de CSCs e preveniu novos focos metastáticos. Em câncer de mama, a utilização de um inibidor da via IL-8 e seu respectivo receptor também foi capaz de reduzir a tumorigenicidade e formação de metástases, quando combinado à quimioterapia. Além disso, a terapia baseada na utilização de pequenas moléculas como miRNA (*microRNA*) e siRNA (*small interfering RNA*) estão surgindo como novos modelos de intervenção terapêutica contra as CSCs. Como exemplo, a entrega sistêmica do miRNA miR-34a, que tem como alvo o marcador CD44 de CSC, foi capaz de inibir a metástase em modelo de câncer de próstata, além de prolongar a taxa de sobrevivência de camundongos.

RESUMO

A hipótese das células-tronco tumorais (CSC – *cancer stem cells*) propõe a existência de subpopulações de células tumorais que possuem elevada habilidade de regenerar tumores quando implantadas experimentalmente em modelos animais específicos, o que torna implícita a capacidade dessas células de se dividirem simétrica e assimetricamente, originando progênies que mantêm essa característica de célula-tronco tumoral (com potencial de autorrenovação), assim como progênies que se diferenciam em outros subtipos celulares, os quais irão formar a massa tumoral.

Já que somente as CSCs possuem a habilidade de autorrenovação e proliferação ilimitada, é provável que a maioria das CSCs se origine de outras CSCs e não das não-CSCs, que não possuem tal habilidade de autorrenovação. Entretanto, também é possível que ocorram mutações na subpopulação das não-CSCs, as quais eventualmente irão conferir a habilidade de autorrenovação, transformando então as não-CSCs em uma CSC. Portanto, durante a progressão, a fração de CSCs de uma massa tumoral pode ser composta por CSCs que são provenientes de outras CSCs (por divisões simétricas ou assimétricas), assim como também CSCs provenientes da conversão de não-CSCs em CSCs (através de fenômenos como o da plasticidade fenotípica, transição epitélio-mesenquimal ou eventos estocásticos).

Concluindo, o potencial de crescimento tumoral ilimitado é exibido pelas células que possuem as propriedades de *stemness*, como exemplo da autorrenovação e diferenciação. Portanto, entender as circunstâncias que levam à característica de *stemness* nos tumores permitirá que se tenha mais compreensão sobre as células responsáveis pela manutenção do crescimento tumoral. Diversos estudos em inúmeros tipos de câncer têm mostrado que células com propriedades de célula-tronco são "equipadas" com uma maquinaria inata que as protege dos tratamentos convencionais, como a quimioterapia e radioterapia. Ainda assim, a presença de CSCs vem sendo correlacionada com o pior prognóstico dos pacientes, mostrando cada vez mais a importância desse "estado celular" para o sucesso tumoral e, consequentemente, o desafio na busca de novas alternativas para o tratamento efetivo contra o câncer.

PONTO DE VISTA

Pluripotência e tumores: mais do que uma mera coincidência

O conhecimento científico decididamente não é imutável, pelo contrário, alguns dogmas já foram derrubados e certamente muitos outros ainda o serão. Com relação às famosas células-tronco, não há dúvidas sobre sua capacidade de autorrenovação e diferenciação. Porém, há poucos anos atrás, o mundo científico se deparou com um grande avanço até então pouco imaginado: reverter o fenótipo diferenciado de uma célula somática adulta para o fenótipo-tronco através de uma metodologia relativamente simples e reprodutível em vários laboratórios. Em outras palavras, em 2006 aprendemos que praticamente qualquer célula somática do organismo pode sofrer uma reprogramação nuclear e voltar a apresentar as mesmas características da célula que um dia a originou: a capacidade de autorrenovação e de diferenciação em outros tipos celulares. Ainda mais incrível foi perceber que para se conseguir esse grande feito é necessário reexpressar somente quatro genes na célula somática ou até menos no caso de alguns tipos celulares! Indubitavelmente, esse é um marco para a medicina regenerativa e de transplantes; entretanto, podemos nos perguntar: como a comunidade científica dentro da área de oncologia pode se beneficiar com essa descoberta? Na realidade, sabemos que os tumores utilizam vários mecanismos operantes em tecidos normais para crescerem e se propagarem. Obviamente, os tumores utilizam essas vias "normais" de modo exacerbado, descontrolado, o que diferencia esse tecido doente de um tecido sadio. Assim, não é surpreendente identificar certas semelhanças entre tumores, uma célula-tronco embrionária e o processo de diferenciação celular observado em organismos multicelulares. Atualmente, foi consolidada a noção da existência de uma subpopulação de células com capacidade de autorrenovação e diferenciação em muitos tumores. Não por acaso, essas células foram denominadas células-tronco tumorais, justamente por compartilharem essas propriedades com células-tronco normais. No mesmo sentido, sabemos que os tumores são extremamente heterogêneos quanto à composição genética das células tumorais. Assim, encontramos células malignas com fenótipo-tronco e células mais diferenciadas dentro da massa tumoral. Não bastasse tal semelhança com a hierarquia celular presente nos tecidos, estamos aprendendo que a progênie tumoral – células tumorais mais diferenciadas – também pode voltar no tempo e readquirir o fenótipo de uma célula-tronco, assim como observado em uma placa de cultivo celular em 2006! Esse fenômeno traz mais um nível de complexidade para o tratamento do câncer, uma vez que muitos trabalhos mostraram que essas células tumorais com fenótipo-tronco são mais resistentes a quimio e radioterapia, sendo responsáveis pela recidiva da doença. O desafio agora é descobrir quais são os mecanismos operantes nas células-tronco tumorais que medeiam esse fenômeno e assim criar estratégias terapêuticas que resultem na eliminação dessas células. Assim como a célula tumoral, ainda temos muito o que aprender com as células-tronco embrionárias.

> ... ESTAMOS APRENDENDO QUE A PROGÊNIE TUMORAL – CÉLULAS TUMORAIS MAIS DIFERENCIADAS –TAMBÉM PODE VOLTAR NO TEMPO E READQUIRIR O FENÓTIPO DE UMA CÉLULA-TRONCO...

Luciana Nogueira de Sousa Andrade

Faculdade de Medicina da Universidade de São Paulo/Instituto do Câncer do Estado de São Paulo (ICESP)

PARA SABER MAIS

- Lobo NA, Shimono Y, Qian D, Clarke MF. The biology of cancer stem cells. Annu Rev Cell Dev Biol. 2007;23:675-99.

Uma revisão detalhada sobre as principais características das células-tronco tumorais.

- Valent P, Bonnet D, De Maria R et al. Cancer stem cell definitions and terminology: the devil is in the details. Nature Reviews Cancer. 2012; 48:1-9.

Descreve de forma conceitual a terminologia usada no modelo das células-tronco tumorais.

- Kreso A, Dick JE. Evolution of the cancer stem cell model. Cell Stem Cell. 2014;14:275-291.

Uma revisão detalhada sobre a evolução do modelo de célula-tronco tumoral e evolução clonal, além de abordar os temas de heterogeneidade tumoral, diversidade genética e não genética, e plasticidade celular.

BIBLIOGRAFIA GERAL

1. Almendro V, Marusik A, Polyak K. Cellular heterogeneity and molecular evolution in cancer. Annu. Rev. Pathol. Mech. Dis. 2013;8:277-302.

2. Bonnet D, Dick JE. Human acute myeloid leukemia is organized as a hierarchy that originates from a primitive hematopoietic cell. Nat Med. 1997;3(7):730-7.

3. Campbell LL, Polyak K. Cancer Stem Cells or Clonal Evolution? Cell Cycle. 2007;6(19):2332-2338.

4. Greaves M, Maley CC. Clonal evolution in cancer. Nature. 2012;481(7381):306-313.

5. Kreso A, Dick JE. Evolution of the cancer stem cell model. Cell Stem Cell. 2014;14:275-291.

6. Lapidot T, Sirard C, Vormoor J, Murdoch B, Hoang T, Caceres-Cortes et al. A cell initiating human acute myeloid leukaemia after transplantation into SCID mice. Nature. 1994;367(6464):645-648.

7. Medema JP. Cancer stem cells: the challenges ahead. Nature Cell Biology. 2013;15:338-344.

8. O'Connor ML, Xiang D, Shigdar S, MacDonald J, Li Y, Wang T et al. Cancer stem cells: A contentious hypothesis now moving forward. Cancer Letters. 2014;344:180-187.

9. Pattabiraman DR, Weinberg RA. Tackling the cancer stem cells — what challenges do they pose? Nature Drug Discovery. 2014;13:497-512.

10. Reya T, Morrison SJ, Clarke MF, Weissman IL. Stem cells, cancer, and cancer stem cells. Nature. 2001;414(6859):105-111.

11. Shackleton M, Quintana E, Fearon ER, & Morrison SJ. Heterogeneity in cancer: cancer stem cells versus clonal evolution. Cell. 2009;138:822-829.

12. Tan BT, Park CY, Ailles, LE, Weissman IL. The cancer stem cell hypothesis: a work in progress. Laboratory Investigation. 2006;86:1203-1207.

13. Visvader JE, Lindeman GJ. Cancer Stem Cells: current status and evolving complexities. Cell Stem Cell. 2012;10(6):717-728.

14. Vlashi E, Pajonk F. Cancer stem cells, cancer cell plasticity and radiation therapy. Seminars in Cancer Biology. 2014 oct.;1-2. DOI: 10.1016/j.semcancer.2014.07.001.

Angiogênese Tumoral

12

Igor de Luna Vieira
Rodrigo Esaki Tamura
Roger Chammas

INTRODUÇÃO

No ano de 1955, Thomlinson e Gray analisaram tecidos tumorais e observaram que a difusão radial do oxigênio em tecidos sólidos ocorre a uma distância máxima de até 150 a 200 μm dos capilares, a partir dessa distância as células do tecido tumoral começam a apresentar sinais de anóxia e necrose.

Mais tarde, em 1971, Judah Folkman propôs o fenômeno da angiogênese tumoral, demonstrando que os tumores desenvolveram mecanismos para induzir a formação de novos vasos para poderem progredir. Portanto, sugerindo que agentes antiangiogênicos podem ser potentes agentes antitumorais.

As células tumorais, como as demais células, necessitam de um constante suporte de nutrientes, trocas gasosas e retiradas de metabólitos. Este suporte é em parte garantido por difusão e em parte por vasos sanguíneos, que também servem como portas de entrada e saída para o sistema imune e migração de células provenientes da medula óssea. A ativação da angiogênese nos tumores é essencial para a tumorigênese, pois a massa tumoral não ultrapassa o tamanho de 2 mm^3, permanecendo em um estado dormente, se o tumor não apresentar esta função. Ainda, a vasculatura tumoral pode facilitar a disseminação de metástases pelo corpo.

Ao final deste capítulo espera-se que o leitor compreenda: (i) o papel da angiogênese tumoral como fator fundamental para evolução do tumor; (ii) o mecanismo geral e molecular da formação de vasos; (iii) a influência do estroma e do sistema imune na angiogênese; (iv) as características únicas dos vasos tumorais e sua influência na metástase, (v) a plasticidade das células tumorais no mimetismo de vascularização e, (vi) tratamentos angiogênicos atuais.

DESTAQUES

- Importância da vasculatura tumoral para o tumor.
- Difusão do oxigênio pelo tecido.
- Tumores com característica angiogênica são mais agressivos.

MECANIMOS GERAIS DA ANGIOGÊNESE TUMORAL

O sistema circulatório é formado durante a embriogênese, através da vasculogênese são formados o coração e os primeiros vasos sanguíneos, incluindo os vasos placentários, a partir desses primeiros vasos preexistentes ocorre uma remodelação da rede através da angiogênese. Nos adultos esses processos só voltam a ocorrer normalmente no reparo tecidual e durante o ciclo reprodutivo feminino.

Interações heterotípicas: são interações entre células de diferentes tipos.

Células endoteliais (CEs): formam o lúmen dos capilares, são circundadas por pericitos e células da musculatura lisa.

Pericitos: são derivados de células mesenquimais, têm a função de auxiliar as células endoteliais e produzem fatores responsáveis pela homeostase dos vasos.

Hipóxia: é o estado de baixo teor de oxigênio em um tecido.

Anóxia é a privação total de oxigenação.

Diferentemente da formação dos vasos normais, determinada através de processos fisiológicos, a arquitetura da vasculatura tumoral é principalmente definida por **interações heterotípicas** entre as células vasculares (**células endoteliais**, **pericitos** e células da musculatura lisa) e células não vasculares (células tumorais e do estroma).

Existem três subdivisões do fenômeno do crescimento da vasculatura do tumor: a angiogênese, que envolve o brotamento a partir de vasos preexistentes, a vasculogênese, pela construção de vasos a partir de células provenientes da medula óssea e a arteriogênese, na maturação dos vasos pela migração de células da musculatura lisa e dos pericitos (**Figura 12.1**).

O complexo processo de indução de angiogênese tumoral acontece pela combinação de eventos simultâneos envolvendo células tumorais e não tumorais, entre os quais devem ser destacados: (A) baixa concentração de oxigênio, condição conhecida como **hipóxia**, que estimula as células locais a aumentar a produção de fatores pró-angiogênicos; (B) sinalização extracelular estimulando células endoteliais. Sinais estimulatórios liberados pelas células tumorais e não tumorais no microambiente induzem quebra da homeostasia entre os fatores pró e antiangiogênicos, promovendo mudanças em múltiplos tipos celulares e estimulando as células endoteliais (CEs) próximas ao microambiente tumoral a iniciar o processo de divisão, migração e formação de novos capilares em direção à fonte de estímulo pró-an-

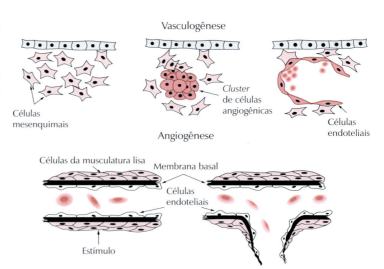

FIGURA 12.1. *Angiogênese e vasculogênese.* Vasculogênese é a formação de novos vasos por células progenitoras. Angiogênese é a ramificação de vasos preexistentes (adaptado de Chinoy MR, 2003).

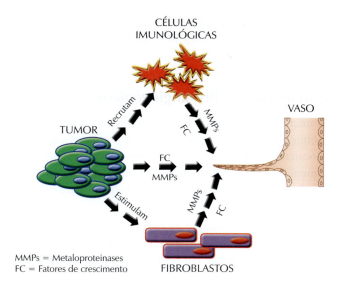

FIGURA 12.2. Eventos indutores de angiogênese. Células tumorais liberam fatores pró-angiogênicos, além de recrutarem células do sistema imune e da medula óssea e estimularem as células do microambiente tumoral para induzirem a angiogênese.

giogênico; (C) recrutamento de células precursoras. Tumores sólidos liberam fatores quimiotáticos e recrutam células provenientes da medula óssea, que migram para o sítio tumoral ou metastático e auxiliam a tumorigênese, tanto através da produção de fatores de crescimento, como pela diferenciação em células da vasculatura tumoral complementando a construção de novos vasos do tumor **(Figura 12.2)**; (D) presença de inflamação tumoral. A inflamação no microambiente tumoral recruta uma gama de células específicas, entre as quais estão as células inflamatórias que liberam fatores solúveis pró-angiogênicos; (E) mimetismo de vascularização. As células tumorais apresentam uma grande plasticidade, de modo que elas próprias também podem formar um sistema de canais de vascularização ao mimetizarem células vasculares em mecanismos dependente e independente dos vasos tumorais. Dessa maneira, inúmeros tipos celulares além das células endoteliais participam na construção dessa rede de vascularização do tumor.

Plasticidade tumoral: é a característica que os tumores têm em se adaptar, resistir a outros ambientes ou adquirir outras características.

ANGIOGÊNESE TUMORAL: BASES MOLECULARES

Durante a homeostasia e em processos fisiológicos normais os fatores pró e antiangiogênicos encontram-se em equilíbrio. Porém, no momento em que esse equilíbrio é deslocado em favor dos fatores pró-angiogênicos, dispara-se o **gatilho angiogênico**, momento em que o tumor começa a induzir angiogênese. Alguns dos fatores pró-angiogênicos incluem os fatores de crescimento de endotélio vascular (VEGF), o fator de crescimento derivado de plaquetas (PDGF), fatores de crescimento de fibroblásticos (FGFs) e muitos outros.

Gatilho angiogênico: condição fisio(pato)lógica, em que há ativação da formação de vasos a partir de sinais frequentemente estromais.

Esses fatores pró-angiogênicos podem ser produzidos tanto por células tumorais quanto por outras células do microambiente tumoral, como também podem já se encontrar presentes, mas sequestrados em condições normais na **matriz extracelular** (MEC). O aumento ou

Matriz extracelular (MEC): é composta de colágenos, fibronectina, proteoglicanos e outros, que fornecem suporte e sustentação para os tecidos, cada tecido apresenta composições distintas, criando microambientes diferenciados.

Normóxia: é o estado de oxigenação normal de um tecido.

Fatores de transcrição: são proteínas regulatórias, cuja principal função é a ativação da transcrição de determinado grupo de genes.

Fatores pró-mitóticos: proteínas relacionadas com a progressão do ciclo celular.

a liberação desses fatores costuma ocorrer em condições de hipóxia, acidose, mutações genéticas com ativação de oncogenes ou inativação de supressores de tumor e ativação de resposta imune inflamatória.

Indução de Fatores Pró-angiogênicos

O microambiente tumoral apresenta regiões de **normóxia**, onde o fornecimento de oxigênio e nutrientes é normal, e regiões de hipóxia, localizadas em áreas mais distantes dos vasos tumorais, onde o suprimento inadequado de nutrientes, altos níveis de dióxido de carbono, lixo metabólico e baixo pH contribuem para a morte das células próximas.

Para corrigir essa situação de hipóxia, as células tumorais produzem o fator induzido por hipóxia 1 (HIF-1), que funciona como um **fator de transcrição** de fatores de crescimento, essa proteína é responsável por forçar o retorno das condições de normóxia, como consequência induz a angiogênese via transcrição de uma gama de **fatores pró-mitóticos** e angiogênicos, como os fatores de crescimento de endotélio vascular (VEGFs) (**Figura 12.3**).

O VEGF, é o fator pró-angiogênico mais estudado e caracterizado pela literatura científica, possui grande importância na angiogênese e na tumorigênese, estudos mostram que se o gene do VEGF for deletado do genótipo das células tumorais, o tumor não consegue adquirir o fenótipo angiogênico e crescer além de 2 mm^3 e nem mesmo as células do estroma conseguem compensar a sua produção.

Os fatores VEGF-A e VEGF-B possuem diversas funções na angiogênese, como alargamento, ramificação, brotamento dos vasos e manutenção da homeostase vascular. Essas funções são iniciadas quando os fatores se ligam aos seus respectivos receptores, VEGFR1 (Flt1), que é um fraco sinalizador, e VEGFR2 (Flt2, KDR), forte indutor de sinais. Diferentes trabalhos mostram uma relação direta entre fatores pró-angiogênicos e a malignidade do tumor, de modo

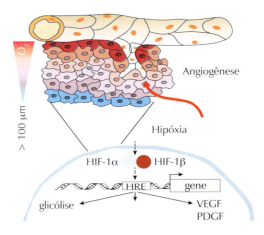

FIGURA 12.3. *Hipóxia induz ativação de HIF-1*, gera a expressão de genes relacionados com a angiogênese (adaptado de Carmeliet P e Jain RK, 2000).

que a densidade de vasos está diretamente relacionada com as taxas de VEGF.

Os receptores do fator de crescimento epidérmico (EGFR/HER-2) encontram-se alterados em diversos tumores e sua alta ativação induz a expressão de genes como o VEGF e bFGF, que induzem angiogênese.

Outro fator pró-angiogênico importante é o fator de crescimento derivado de plaquetas (PDGF), que está envolvido na vasculogênese e arteriogênese. Este fator liga-se a um **receptor tirosina quinase** (PDGFR), ativando-o e promovendo a progressão do ciclo celular e migração. Este fator tem como principal função angiogênica a maturação dos vasos recentes, atraindo células da musculatura lisa dos vasos e pericitos. Os PDGFs também participam do recrutamento dos progenitores de pericitos perivasculares da medula óssea.

Os fatores de crescimento de fibroblasto (FGFs) possuem propriedades na angiogênese e arteriogênese. A ativação dos receptores específicos, FGFRs, em células endoteliais e outras do microambiente induzem proliferação e diferenciação, além de manter a indução de angiogênese diretamente por induzir essas células a produzir outros fatores angiogênicos, como o VEGF.

As angiopoietinas participam da manutenção dos vasos e da arteriogênese pelo estímulo e recrutamento de pericitos para os vasos recém-formados **(Figura 12.4)**. A angiopoietina 1 (ANG1) tem função pró-angiogênica, participando da maturação dos vasos, migração, adesão e sobrevivência das células endoteliais, já a angiopoietina 2 (ANG2) funciona de maneira antiangiogênica, ao romper a interação entre o endotélio e as células perivasculares, promovendo a morte celular. Ambas se ligam ao mesmo receptor Tie2, expresso especificamente no tecido endotelial vascular.

As efrinas e semaforinas são responsáveis pela distribuição organizada dos vasos no tumor, tendo funções de separar os vasos e deixá-los em distâncias confortáveis para distribuição de oxigênio e nutrientes que estes vasos vão promover.

As **integrinas** presentes nas células endoteliais (ECs) têm um

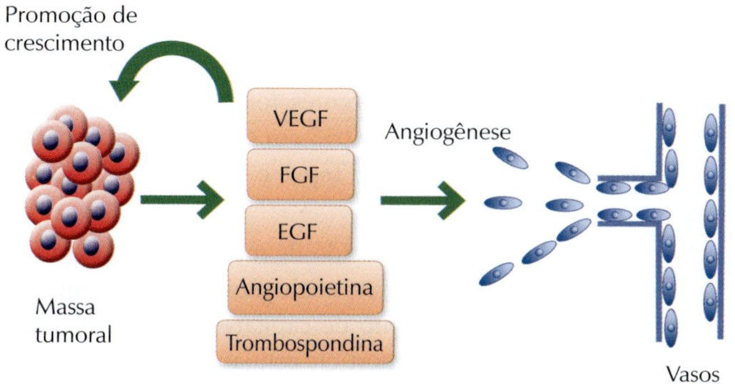

> **Receptores tirosina quinase:** *receptores transmembrana, a porção extracelular se liga a citocinas, fatores de crescimento e outros e a porção citoplasmática apresenta atividade de tirosina quinase.*

FIGURA 12.4. Fatores relacionados com a angiogênese. *As células tumorais liberam diferentes fatores pró-angiogênicos, como VEGF, FGF, EGF e outros, que promovem a angiogênese tumoral (adaptado de Leyva-Illades D et al., 2012).*

Integrinas: *família de proteínas transmembranas que intermedeiam a interação da célula e da MEC, integrando sinais extracelulares, que serão transduzidos intracelularmente.*

importante papel na manutenção do processo de angiogênese, essas proteínas de membrana estão em contato direto com a matriz extracelular. As integrinas funcionam em cooperação com receptores de fatores de crescimento ou de citocinas, e têm a função de determinar se a célula está em um ambiente apropriado para sobrevida, migração ou invasão.

Liberação de Fatores Pró-angiogênicos

Em alguns modelos tumorais, mesmo que não haja aumento de expressão de fatores como VEGF, foi observado o aumento da presença de fatores pró-angiogênicos. Isso ocorre pela ação de *metaloproteinases* (MMPs), proteases que dissociam a MEC e iniciam a liberação de fatores de crescimento vascular, como o VEGF, que normalmente fica sequestrado na matriz. A liberação desses fatores induz a formação de novos vasos.

Metaloproteinases de matriz (MMPs): *endopeptidases que participam da degradação de proteínas da MEC.*

A degradação da matriz ainda é necessária para abrir espaço para a migração dos novos capilares sanguíneos em direção a esta fonte dos fatores angiogênicos, favorecendo a proliferação dos pericitos e células musculares lisas que vão completar esses novos vasos, tornando-os maduros.

Uma importante fonte de MMPs são células do sistema imune. As células tumorais do microambiente inflamado recrutam células inflamatórias como mastócitos e macrófagos, que atuam com caráter pró-tumoral ao liberarem MMPs.

Fatores Antiangiogênicos

Em contrapartida, existem vários inibidores da angiogênese que inativam essa característica, podendo até destruir os vasos, como o caso da proteína trombospondina-1 (Tsp-1), secretada por vários tipos de células incluindo as tumorais; seu efeito é via FasL, que ativa sinalização de morte por apoptose pela via de caspases em células endoteliais que estão se multiplicando ou que formaram vasos recentes e ainda não estão maduras (sem a cobertura por pericitos e células da musculatura lisa).

A proteína Tsp-1 é induzida pelo supressor de tumor p53. Quando está ativo, p53 funciona como um indutor de parada na proliferação celular e crescimento do tumor. Sendo um dos genes mais frequentemente mutados em diferentes formas de câncer. Estudos mostram que a perda da função de p53 em tumores leva a uma acentuada diminuição da produção de Tsp-1 e consequente indução de angiogênese.

As proteínas inibidoras de tecido de metaloproteinase (TIMPs) são outros importantes inibidores angiogênicos que bloqueiam as MMPs e impedem o alongamento de capilares mediados pela MEC via ligação com integrinas de superfície celular, que desligam a sinalização dos receptores de VEGF, MMPs e FGF.

Mecanismo de Formação de Novos Vasos

O brotamento de novos vasos no tumor ocorre através de um mecanismo de células da extremidade (*tip cells*) e células-eixo (*stalk cells*). O processo se inicia com a ativação de células que assumem o papel de liderança na organização do brotamento, estas **células iniciadoras** de brotamento (células de extremidade) emitem protrusões citoplasmáticas, *filopódias*, em resposta à ativação de vias de sinalização de VEGF, deflagrando por sua vez a sinalização de DLL4, ligante de Notch.

O fator VEGF-A interage com o receptor VEGFR2 presente na célula endotelial da extremidade. Nessas células que iniciam o fenótipo de células de extremidade ocorre o aumento da produção da proteína de membrana DLL4, que se liga ao receptor Notch-1 da célula vizinha (célula-eixo). O Notch-1 ativado por DLL4 bloqueia a produção de VEGFR2, levando as células-eixo endoteliais a cessarem os estímulos angiogênicos, mesmo na presença de altos níveis de VEGFs. O fator Notch-1 ativado aumenta a produção de VEGFR1, que tem alta afinidade por VEGFs, embora este receptor ativo seja dispensável para angiogênese.

Nesse mecanismo proposto, as células da extremidade expressam altos níveis de DLL4 e VEGFR2, o que as torna não proliferativas e ao mesmo tempo apresentam filopodia com ramificações se estendendo por quimiotaxia em direção à fonte de estímulo angiogênico. A célula-eixo por sua vez prolifera e promove a aproximação da célula de extremidade ao estímulo angiogênico (**Figura 12.5**).

As caderinas de endotélio vascular (VE-caderinas) são componentes transmembrana vitais, envolvidos na adesão dependente de cálcio entre as células endoteliais, e promovem estabilização dos vasos por inibição dos sinais de VEGFR2 e ativam as vias de TGF-β. Estas moléculas estão localizadas na membrana entre células adjacentes e são reguladas pela concentração de oxigênio, quando em um ambiente de hipóxia são endocitadas. A redução das caderinas entre as células causa uma ruptura da monocamada das células endoteliais e essa dissociação da estrutura funciona como suporte para a formação de novos vasos. A presença das caderinas na filopodia das células da extremidade garante a estabilização do brotamento de novos vasos.

Células iniciadoras de brotamento ou da extremidade (tip cells): são células endoteliais que recebem toda a gama de fatores pró-angiogênicos e iniciam o brotamento de novos vasos em direção à fonte de estímulos.

Filopódia: protrusão citoplasmática que inicia o processo de migração celular em direção à fonte de estímulos. Evidencia-se durante a formação de novos vasos, onde estruturas finas e filamentosas são formadas na borda das células e realizam a migração, dissociam a matriz extracelular e decodificam informações extracelulares ("atividade sensorial").

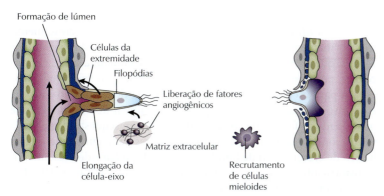

FIGURA 12.5. Mecanismo da filopodia das células iniciadoras de brotamento. VEGF-A liga-se ao seu receptor na célula da extremidade, que é ativo e induz expressão de DLL4, que se liga ao receptor Notch-1 da célula-eixo vizinha promovendo sua proliferação (adaptado de Carmeliet P e Jain RK, 2011).

FIGURA 12.6. *Maturação do vaso após o fenômeno de brotamento.*
(Adaptado de Carmeliet P e Jain RK, 2011).

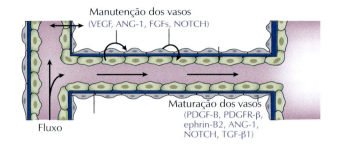

A estabilização dos vasos necessita do recrutamento de pericitos, células musculares lisas e da deposição de MEC. Os principais fatores responsáveis pela maturação dos vasos são ANG1 e PDGF, que participam do recrutamento das células murais, e TGF-β, que induz aumento da produção de MEC e estabiliza os vasos **(Figura 12.6)**.

ESTROMA COMO INDUTOR DE ANGIOGÊNESE

O estroma é composto pela MEC e células de suporte (células não tumorais) como fibroblastos e pericitos, essa matriz e as células do estroma são essenciais na modulação da angiogênese.

A angiogênese intensifica-se quando as células tumorais se tornam invasivas e penetram no tecido, entrando em contato direto com células do estroma, como as células dos vasos e os fibroblastos próximos ao tumor.

*O tumor apresenta **estroma desmoplásico**, onde as células do estroma podem modificar seu genótipo para sobreviver ao estresse fisiológico do novo ambiente criado pelo tumor.*

No microambiente, as células tumorais produzem fatores que estimulam a proliferação delas próprias e das células do estroma. O estroma também produz fatores mitóticos para células tumorais e células do estroma.

Estromalização: *fenômeno de ampliação das células e das estruturas do estroma, geralmente estimulado pelo fator PDGF.*

As células tumorais atuam sobre o estroma, ao produzirem enormes quantidades de fatores de crescimento, entre estes o fator de crescimento derivado de plaquetas (PDGF), poderoso mitógeno que estimula o fenômeno de proliferação das células do estroma, conhecido como **estromalização**. Este fator tem um papel fundamental também em atrair pericitos e células musculares lisas, conhecidas como **células murais,** que complementam os vasos inicialmente formados por células endoteliais e tornam esses vasos maduros, fenômeno denominado arteriogênese.

*Os vasos sanguíneos normais ou tumorais possuem células endoteliais e **células murais** (células musculares e pericitos).*

TGFβ: *Fator de crescimento de transformação beta é uma citocina responsável pelo controle de proliferação e diferenciação celular.*

Além do PDGF, outro fator liberado é o fator de crescimento transformante beta (TGF-β), que atrai os CAFs, e os induz a produzir MMPs, que remodelam a MEC. As MMPs degradam a matriz extracelular, permitindo a remodelagem da estrutura do tumor, abrindo espaço para o crescimento do tumor, entrada de células do estroma e de vasos funcionais e essa degradação também libera uma grande quantidade de fatores de crescimento que foram sequestrados e inativados por essa matriz e que agora estão livres para agir, como o fator básico de crescimento de fibroblastos (bFGF), o fator de crescimento transformante (TGF-β1), PDGF, interferon-gama (INF-γ), VEGF e muitos outros fatores de células epiteliais.

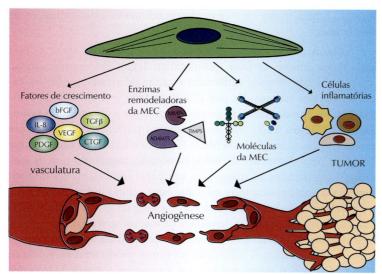

FIGURA 12.7. *Miofibroblastos modulando a angiogênese.* Os fibroblastos associados ao tumor liberam diferentes fatores pró-angiogênicos, que ativam diretamente a angiogênese, como também remodelam a MEC e recrutam células inflamatórias (Adaptado de Vong S e Kalluri R, 2011).

Os **fibroblastos associados ao tumor (CAFs)** presentes no estroma secretam ainda mitógenos como o fator de crescimento de fibroblastos (FGFs), que estimula a proliferação de células epiteliais. Outro fator liberado pela inflamação do tumor, o TGF-β, estimula estes fibroblastos a se diferenciarem em miofibroblastos, que auxiliam na tumorigênese via angiogênese, por liberarem o fator derivado de estroma 1 (SDF-1) e o ligante de receptor de quimiocina 12 (CXCL12), que são usados para atrair e recrutar **células precursoras endoteliais circulantes (PECs)**. O fator de crescimento VEGF também produzido por estes miofibroblastos ajuda a induzir as PECs a se diferenciarem em células endoteliais para formarem a nova vasculatura tumoral (**Figura 12.7**). A invasibilidade do tumor atua concomitantemente com o aumento da angiogênese tumoral, demonstrando que o contato entre as células tumorais e não tumorais é um fator importante para a evolução do tumor.

Fibroblastos associados ao tumor (CAFs): fibroblastos que apresentam características pró-tumorais, podendo participar tanto da iniciação, quanto da progressão do câncer.

PECs, células precursoras endoteliais circulantes: são células provenientes da medula óssea.

SISTEMA IMUNE COMO INDUTOR DE ANGIOGÊNESE

A inflamação no ambiente tumoral é um evento que pode estimular a estromalização e indução da angiogênese tumoral dependente e independente do enriquecimento do estroma por outros fatores.

No sítio tumoral inflamado, plaquetas sanguíneas se agregam e liberam grânulos contendo PDGF e TGF-β. Como mencionado anteriormente, PDGF é um potente mitógeno de células do estroma, enquanto TGF-β atrai fibroblastos e induz estas células a liberarem MMPs, que remodelam a matriz local abrindo espaço para a entrada de novas células e vasos sanguíneos. A dissociação da matriz libera inúmeros fatores de crescimento contidos nessa matriz que agora se tornam solúveis e ativos. Fatores vasoativos liberados pelo sítio da inflamação aumentam a permeabilidade de vasos sanguíneos próximos,

Metástase: disseminação da célula tumoral para um sítio distante.

Macrófagos associados ao tumor (TAMs): macrófagos encontrados no infiltrado leucocitário, podendo ter atividade anti e pró-tumoral.

levando a uma maior chance de desprendimento e disseminação de **metástases**.

Alguns fatores pró-angiogênicos são capazes de atrair células do sistema imune. O fator quimiotático 1 (MCP-1) produzido no microambiente tumoral inflamado é capaz de atrair monócitos, estas células são estimuladas por VEGF e o fator estimulador de colônia 1 (CSF-1) e diferenciam-se em **macrófagos associados ao tumor (TAMs) (Figura 12.8)**. Foi observada em tumores uma correlação direta entre a quantidade de MCP-1, TAMs e o nível de angiogênese (medido pela densidade de vasos tumorais), sugerindo que os macrófagos associados ao tumor têm um papel importante na tumorigênese via angiogênese tumoral e que estas células induzem aumento no nível de vascularização. Essa correlação é de grande importância clínica, de modo que a alta densidade de macrófagos e a densa rede de vascularização no tumor são indicativas de um mau prognóstico para o paciente. Macrófagos associados ao tumor produzem: EGF, VEGF, IL-8 e MMPs. Em alguns carcinomas, a principal fonte de MMPs que degradam a matriz e abrem espaço para o crescimento tumoral e aumento da vasculatura vem dos TAMs.

Além dos monócitos, os neutrófilos também podem ser recrutados para o microambiente tumoral por fatores quimiotáticos liberados pelas células tumorais e pelo estroma. Os tumores apresentam uma grande quantidade de neutrófilos e seu número é aumentado em tumores invasivos. A IL-8 é o fator quimiotático mais conhecido, por ser superexpresso no microambiente tumoral e atrair os neutrófilos circulantes. Outros fatores conhecidos por atrairem essas células são as interleucinas 1,3,5,6 e citocinas inflamatórias. No sítio tumoral os neutrófilos passam a produzir fato-

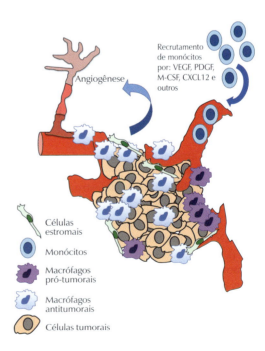

FIGURA 12.8. Macrófagos no microambiente tumoral. Monócitos são recrutados para o sítio tumoral e induzem a liberação de fatores pró-angiogênicos (adaptado de Owen JL e Mohamadzadeh M, 2013).

res pró-angiogênicos, como VEGFs, FGFs, MMP-9 e a proteína oncostatina M, conhecida por estimular células tumorais a liberar fatores de crescimento. Além disso, a interação de neutrófilos com **moléculas de adesão de células endoteliais** (ICAM-1) também estimula a angiogênese pela indução de proliferação das células endoteliais.

Assim, os fatores de crescimento liberados por plaquetas, a degradação da matriz extracelular e a liberação de fatores quimiotáticos para células do sistema imune acabam atraindo monócitos, macrófagos, neutrófilos, eosinófilos, mastócitos e linfócitos, que limpam o sítio da lesão e juntos liberam fatores mitogênicos, FGFs, VEGF, entre outros que estimulam células endoteliais da vizinhança a construírem novos capilares.

Moléculas de adesão de células endoteliais: pertencentes à família das imunoglobulinas, participam da resposta inflamatória e da sinalização intracelular.

LINFANGIOGÊNESE

Os **vasos linfáticos** são essenciais para manter a homeostasia de fluidos no tecido e o tráfego de células do sistema imune. A função desses vasos é formar um sistema de "esgoto" para o tecido, onde os ductos linfáticos drenam os fluidos dos interstícios entre as células e levam esse fluido para a circulação venosa; esse sistema também permite que células apresentadoras de antígeno do sistema imune transportem antígenos para os nódulos linfáticos, onde a resposta imune é iniciada.

Vasos linfáticos: participam do transporte da linfa dos tecidos, sendo essenciais para a remoção de fluidos do espaço intersticial.

Os vasos sanguíneos tumorais apresentam significativo vazamento de fluidos para os espaços parenquimatosos do tumor, devido à má formação estrutural dos vasos intratumorais. O crescimento da massa tumoral exerce pressão nos vasos linfáticos, causando seu colapso em algumas áreas, já os capilares sanguíneos possuem uma maior capacidade de resistir a essa pressão devido à sua pressão hidrostática interna, ausente nos vasos linfáticos.

Em adultos, a linfangiogênese é ativada em processos de reparo, respostas inflamatórias e metástase tumoral. A formação de vasos linfáticos opera por mecanismos similares aos dos vasos sanguíneos.

No desenvolvimento tumoral, os vasos linfáticos são importantes reguladores do balanço entre os fluidos do microambiente tumoral. Esses vasos também são usados para disseminação de metástases pelo organismo, tanto através de vasos linfáticos preexistentes, como pela formação de novos vasos através de linfangiogênese induzida pelo tumor. O sistema linfático do tumor é construído por células endoteliais originárias da mesma população de células-tronco embrionárias que geram os vasos e capilares sanguíneos.

Os fatores VEGF-C e VEGF-D secretados por tumores estimulam a linfangiogênese, além de estimular a angiogênese. O VEGF-C é o principal fator modulador da vasculatura linfonodal, que interage com VEGFR-3 presente principalmente nos vasos linfáticos, e embora também esteja presente nos vasos sanguíneos, sua principal função está relacionada com a linfangiogênese. O uso de inibidores da via de VEGFR-3 impede significantemente a disseminação metastática linfonodal.

FIGURA 12.9. Bases da linfangiogênese. Os vasos linfáticos apresentam receptores de VEGFR-2, VEGFR-3 e PDGFR, que podem ser ativos por fatores pró-angiogênicos como VEGF-C e PDGF, que induzem a linfangiogênese (adaptado de Stacker AS et al., 2014).

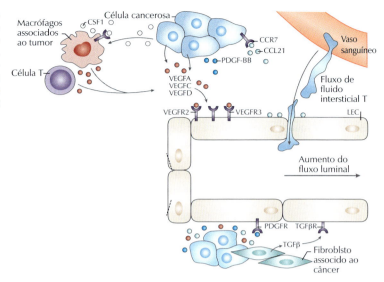

Fator de estimulação de colônia de macrófagos (M-CSF): citocina que regula a diferenciação de células hematopoiéticas em macrófagos.

Os macrófagos também atuam sobre a linfangiogênese, uma vez que o uso de inibidores de *fator de estimulação de colônia de macrófagos* (**M-CSF**) bloqueia tanto a angiogênese como a linfangiogênese. As células do estroma também participam da linfangiogênese por produzirem VEGF-C e VEGF-D (**Figura 12.9**).

CARACTERÍSTICAS DOS VASOS TUMORAIS

Os capilares de tumores sólidos ou adjacentes ao tumor apresentam uma estrutura diferenciada, não organizada, com diâmetro variando em até três vezes maior que os capilares comuns dos tecidos do corpo. Essa estrutura diferenciada é dada por vasos tortuosos e colapsados, que circulam de volta para o mesmo vaso e ainda terminam em bolsas sem saída (**Figura 12.10**) . As paredes dos vasos tumorais podem ser até dez vezes mais permeáveis que os vasos normais, permitindo constantes vazamentos e disseminação de metástases. Essa característica é devida à produção desregulada dos fatores de crescimento, que são responsáveis por iniciar o crescimento dos capilares. Esta superprodução de fatores pró-angiogênicos atrai e estimula as células endoteliais a se dividirem e recrutarem pericitos e células da musculatura lisa próprias de capilares, permitindo que esses vasos recém-formados se tornem maduros, porém desorganizados.

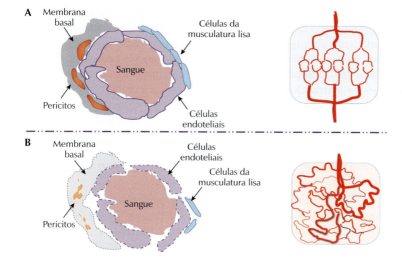

FIGURA 12.10. Comparação entre as estruturas dos vasos normal e tumoral. *Vasos tumorais apresentam-se tortuosos, com uma membrana basal frouxa e irregular (adaptado de Azzi S et al., 2013).*

METÁSTASE ENVOLVIDA NA ANGIOGÊNESE

Além dos benefícios pró-tumorais da angiogênese, como suporte para o crescimento populacional devido à formação de uma rede de distribuição de nutrientes, oxigenação e metabólitos, essa nova rede de vascularização tem implicação no semeio de células tumorais da vascularização intratumoral para o sistema. A angiogênese promove metástase pela disseminação de células tumorais que se desprenderam do tumor primário e penetraram na circulação, devido à criação de novos capilares tumorais altamente permeáveis. Esses capilares novos possuem membrana basal fina e frouxas junções celulares que disseminam as células tumorais para a circulação do indivíduo. Além disso, a linfangiogênese também favorece a disseminação metastática.

MIMETISMO DE VASCULARIZAÇÃO

Análise da expressão gênica de células provenientes de tumores altamente agressivos indicou que essas células apresentam alta expressão de genes associados a células não tumorais com os fenótipos de células endoteliais, fibroblastos, células hematopoiéticas e outros tipos celulares, de modo diferente de células de tumores fracamente metastáticos. Essas descobertas indicam que essas células tumorais revertem seu fenótipo para um tipo próximo ao embrionário. Muitas características do fenótipo embrionário são interessantes para a tumorigênese, como o recrutamento e a formação de uma rede vascular, construída por vasculogênese.

Em 1999 foi publicado o primeiro trabalho sobre mimetismo de vascularização em ensaios *in vivo* e *in vitro*. Esse fenômeno é observado em células tumorais altamente metastáticas, que passam a expressar genes de células endoteliais e produzem matriz extracelular específica de células endoteliais, apresentando uma rica vasculogenia formada pelas próprias células tumorais.

Fosfatidilinositol 3-quinase: envolvido na transdução de sinal, proliferação, diferenciação e sobrevivência celular.

Lamininas: glicoproteínas componentes da MEC que participam de atracamento, migração e organização celular.

Anastomose: reconexão de duas vias que haviam se separado.

Essa rede de vascularização mimética das células do tumor funciona como uma rede de condução de fluidos intratumorais. Esse mimetismo abrange várias moléculas de sinalização que estão envolvidas na vasculogênese embrionária, como as VE-caderinas, **fosfatidilinositol 3-quinase** (PI3K), quinases de adesão focal, metaloproteinases de matriz (MMPs) e **laminina** 5. Foi observado que essas redes similares a vasos formam voltas e arcos em torno das células tumorais e podem ser chamadas de "canais vasculares", apresentando em seu interior até mesmo eritrócitos e plasma. Pesquisas atuais com melanoma mostraram o fenômeno de **anastomose** (quando dois vasos se fundem) entre os vasos tumorais endoteliais e os canais vasculares de mimetismo.

Os vasos miméticos têm função de perfusão de fluidos e funcionam independente e/ou simultaneamente com os vasos tumorais endoteliais do tumor. Essa característica de mimetismo mostra o envolvimento da desregulação do fenótipo tumor-específico e a transdiferenciação de tumores agressivos em outros fenótipos, como os de células endoteliais. Apesar de esses estudos em mimetismo de vascularização serem recentes, eles começam a elucidar a plasticidade das células tumorais na angiogênese tumoral (**Figura 12.11**).

Ensaios clínicos mostram um mau prognóstico para indivíduos com tumores portadores de mimetismo de vascularização. Esse fenótipo de mimetismo também é observado em outros tipos tumorais como câncer de mama, próstata, ovários e alguns sarcomas.

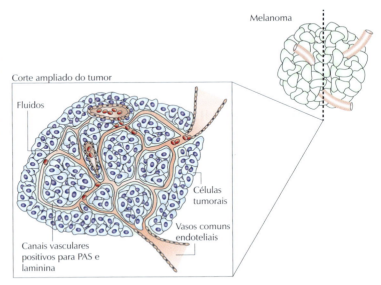

FIGURA 12.11. Mecanismo geral do mimetismo de vascularização identificado pela marcação positiva por ácido periódico de Schiff (PAS) e laminina. Na figura é esquematizado um vaso tumoral irrigando o tumor e dentro do tumor, canais vasculomiméticos, como originalmente identificado usando-se colorações para glicoproteínas de membrana basal (PAS ou imunorreatividade para laminina). (Adaptado de Hendrix MJ et al., 2003).

TRATAMENTOS ANTIANGIOGÊNICOS

Depois que Judah Folkman publicou em 1971 a hipótese de que o crescimento tumoral é dependente da angiogênese, muitos esforços foram realizados para identificar e produzir novas terapias com efeitos diretos na vasculatura tumoral; todos esses esforços tiveram como objetivo bloquear o crescimento tumoral ou estrangular o tumor pela destruição dos vasos. Seus esforços permitiram o desenvolvimento da linha de tratamento antiangiogênico.

As células tumorais apresentam instabilidade genômica, e heterogeneidade, assim é frequente o desenvolvimento de resistência aos agentes quimioterápicos usuais voltados às células tumorais, que proliferam descontroladamente. Terapias antiangiogênicas atuam sobre células vasculares e fornecem um alvo de tratamento alternativo. As células da vasculatura (células endoteliais, pericitos e musculares lisas) são geneticamente normais, e devido a esse fator as drogas antiangiogênicas podem ter um efeito mais intenso e prolongado em destruir os vasos e assim causar um colapso na oxigenação, entrega de nutrientes e desestabilizar a estrutura do tumor, acarretando um efeito antitumoral mais eficiente.

O desenvolvimento de vasos pela angiogênese necessita da cooperação de vários fatores de crescimento, receptores de membrana, inibidores de crescimento, tipos celulares e certas condições para ocorrer. O entendimento desses processos angiogênicos possibilitou a identificação de alguns alvos terapêuticos dirigidos para a inibição da angiogênese tumoral e consequente retardo no crescimento do tumor. Alguns desses alvos são utilizados nas terapias anticâncer.

Considerando que a massa tumoral não pode crescer mais que 2 mm^3 sem o aporte de vasos sanguíneos, o tratamento antiangiogênico representa uma estratégia altamente eficiente para impedir a progressão tumoral.

Novos tratamentos anticâncer e antiangiogênicos estão em desenvolvimento para agir de acordo com a assinatura molecular expressa pelas células tumorais e células do microambiente tumoral (células endoteliais, musculares, pericitos, fibroblastos, células imunes, entre outras). Na clínica, estratégias antiangiogênicas normalmente se encontram combinadas com quimioterápicos tradicionais voltados contra as células tumorais, atuando assim em diferentes frentes para obter uma eficácia antitumoral maior.

Outra vantagem do uso da terapia antiangiogênica é apresentar reduzidos efeitos adversos, quando comparados com os quimioterápicos tradicionais, pois em adultos o processo de angiogênese não é comum, com poucas exceções.

Os agentes antiangiogênicos podem atuar como inibidores de fatores de crescimento endoteliais, inibidores da transdução de sinais de células endoteliais, inibidores da proliferação e sobrevivência endotelial, inibidores de MMPs, entre outras estratégias.

Terapias direcionadas para a vasculatura do tumor utilizam proteínas como angiostatina e endostatina, por serem biologicamente ati-

Anticorpos monoclonais (mAbs): anticorpos produzidos a partir de linfócitos B, por exemplo fusionados a células de mieloma (levando à formação de hibridomas), que são ulteriormente humanizados. Têm a propriedade de reconhecer antígenos específicos e podem induzir uma resposta imune ou neutralizar o antígeno, como no caso de anticorpos antiangiogênicos.

vas, apenas para as células endoteliais, esses tratamentos mostraram resultados modestos e altos custos para realização. Os interferons α e β são fortes supressores da síntese de fatores de crescimento como bFGF e IL-8.

O uso de ***anticorpos monoclonais*** como tratamento antiangiogênico adjuvante de quimioterapia para tumores começou a ser avaliado na década de 1990 e hoje representa uma grande promessa para tratar alguns tipos de câncer. A maioria dos alvos antiangiogênicos testados falhou em testes pré-clínicos e clínicos. As terapias-alvo para as isoformas de VEGF e seus receptores VEGFRs foram as poucas que funcionaram, contudo outros alvos angiogênicos estão sendo estudados, como os inibidores de ANGs.

Avastin (bevacizumab) foi o primeiro anticorpo monoclonal recombinante humanizado com efeito antiangiogênico aprovado pela FDA. Avastin (bevacizumab) tem função de neutralizar o fator de crescimento VEGF-A; foi aprovado em fevereiro de 2004 para uso como tratamento coadjuvante de quimioterapia do câncer colorretal metastático. Quando foi usado em conjunto com quimioterapia, aumentou a sobrevida dos pacientes de 2 a 4 meses. O tratamento com bevacizumab bloqueou o crescimento de tumores primários e metástases em camundongos; já em humanos apresentou efeito fraco, isso mostra a dificuldade da pesquisa oncológica para desenvolver tratamentos em humanos. Outras abordagens para neutralização de VEGF foram desenvolvidas: Zaltrap (aflibercept, domínio solúvel do receptor de VEGF) e os anticorpos Cyramza (ramucirumab), que se liga de forma antagonista ao receptor VEGFR2 e Lucentis (ranibizumab), similar ao bevacizumab.

Pequenas moléculas também são utilizadas para inibir os receptores tirosina quinase envolvidos na angiogênese. Inibidores de tirosina quinase (TKIs) para multialvos, que bloqueiam vias de fatores de crescimento como os VEGFs, também foram aprovados, como Nexavar (sorafenib), Stutent (sunitinib) entre outros. Os efeitos colaterais dos inibidores de VEGF e do seu receptor são os mesmos, mal-estar, erupções cutâneas, reações cutâneas nas mãos e nos pés, mielossupressão e hipertensão. Terapias antiangiogênicas combinadas com quimioterápicos ou terapias alvo-dirigidas têm sido testadas em centenas de protocolos clínicos registrados no *National Institutes of Health* (clinicaltrials.gov) e ilustram a necessidade de se alvejar simultaneamente mais de uma característica da massa tumoral para se ganhar eficiência naqueles casos de manejo mais difícil.

RESUMO

O fenômeno de angiogênese tumoral é específico para cada tipo de tumor e confere uma importante característica pró-tumoral que, na sua ausência, impossibilita o tumor de crescer e disseminar-se para o corpo. A formação de novos vasos tumorais realiza-se por eventos múltiplos, incluindo relações entre as células tumorais e não tumorais, produção exacerbada de fatores angiogênicos das células tumorais e do microambiente e também é influenciada pela vinda de células inflamatórias e células-tronco da medula, que funcionam como fábricas de fatores angiogênicos. Todos esses eventos simultâneos coordenam o brotamento de células endoteliais da margem do tumor a migrarem em direção ao tumor, formando novos vasos desorganizados que perfundem a massa tumoral e desenvolvem uma nova rede de vascularização específica, com função de nutrição, trocas gasosas e porta de entrada e saída para o sistema imune e metástases.

A possibilidade de destruir os vasos ou mesmo estagnar seu crescimento tem funcionado como objetivo das terapias antiangiogênicas, atualmente com utilização de anticorpos monoclonais ou mesmo proteínas recombinantes com alvos moleculares específicos no desenvolvimento e na manutenção dos vasos tumorais.

PONTO DE VISTA

Terapias anti-VEGF: muito além da antiangiogênese

A ideia lançada por Folkman e posteriormente posta à prova com várias abordagens que neutralizam de uma maneira ou de outra a sinalização dependente de VEGF chama a atenção por sua aparente lógica. Nada mais apropriado na estratégia da guerra contra o câncer do que sitiar o inimigo, cortando-lhe o acesso a nutrientes, inibindo a formação de vasos, críticos para o desenvolvimento do tumor. Muito provavelmente haverá sim um componente antiangiogênico nas terapias anti-VEGF. Contudo, VEGF é uma citocina extremamente pleiotrópica – vale dizer que, quando neutralizamos sua atividade, não estamos somente neutralizando a formação de vasos novos, mas várias outras funções da citocina: indução de permeabilidade vascular, manutenção de estado indiferenciado de células dendríticas, funcionalidade de pericitos, para citar funções mais relacionadas ao microambiente tumoral.

A terapia anti-VEGF é um excelente exemplo de que terapias combinadas, com alvos distintos da célula tumoral propriamente dita, são um caminho possível e promissor para a terapia contra tumores. A interpretação dos resultados obtidos, porém, deverá ir além da sedutora ideia de Folkman. O efeito observado, não em monoterapia, mas em terapia combinada com quimioterápicos, poderia ser atribuído a uma melhor entrega dos medicamentos à massa tumoral na vigência do tratamento com anti-VEGF. Flutuações da permeabilidade vascular devidas a uma situação de normalização da vasculatura tumoral poderiam, em parte, ser responsáveis pelos efeitos observados.

De qualquer maneira, em algumas situações a terapia anti-VEGF é eficiente. Estudar sistematicamente aquelas condições em que os tumores são refratários a esta abordagem terapêutica, abrindo-se o leque de possibilidades de interpretação da terapia para além da antiangiogênese poderá ser útil para se propor terapias inovadoras, cujo alvo seja o microambiente tumoral.

> ...UM CAMINHO POSSÍVEL E PROMISSOR PARA AS TERAPIAS CONTRA TUMORES...

Ainda, a análise detida dos casos que respondem à terapia, comparando-os com os que não respondem, tem trazido interessantes propostas de marcadores clínicos ou biomarcadores, cuja avaliação trará impacto no manejo dos pacientes com câncer.

Roger Chammas
Faculdade de Medicina da Universidade de São Paulo/Instituto do Câncer do Estado de São Paulo (ICESP)

PARA SABER MAIS

- Weinberg R. A Biologia do Câncer. Massachusetts: Artmed; 2008. p. 13.

Folkman J. Angiogenesis: an organizing principle for drug discovery? Nat Rev Drug Discov. 2007;4:273-86.

BIBLIOGRAFIA GERAL

1. Adams RH, Alitalo K. Molecular regulation of angiogenesis and lymphangiogenesis. Nat Rev Mol Cell Biol. 2007;6:464-78.

2. Al-Husein B, Abdalla M, Trepte M, Deremer DL, Somanath PR. Antiangiogenic therapy for cancer: an update. Curr Oncol Rep. 2012;12:1095-111.

3. Azzi S, Hebda JK, Gavard J. Vascular permeability drug delivery in cancers. Front Oncol. 2013;2013:3-211.

4. Bergers G, Benjamim LE. Tumorigenesis and the angiogenic switch. Nat Rev Cancer. 2003;6:401-10.

5. Carmeliet P, Jain RK. Angiogenesis in cancer and other diseases. Nature. 2000;407:249-257.

6. Carmeliet P, Jain RK. Molecular mechanisms and clinical aplications of angiogenesis. Nature. 2011;7347:298-307.

7. Carmeliet P. Angiogenesis in health and disease. Nat Med. 2003;9:653-660.

8. Ferrara N, Kerbel RS. Angiogenesis as a therapeutic target. Nature. 2005;438:967-974.

9. Folkman J, Shing Y. Angiogenesis. J Biol Chem. 1992;267:10931-10934.

10. Hendrix MJ, Seftor EA, Hess AR, Seftor RE. Vasculogenic mimicry and tumor cell plasticity: lessons from melanoma. Nat Rev Cancer. 2003;6:411-21.

11. Kumar V, Abbas AK, Fausto N, Aster JC. Patologia: Bases patológicas das doenças. Rio de Janeiro: Elsevier; 2010. p. 99-106.

12. Leyva-Illades D, McMillin M, Quinn M, DeMorrow S. Cholangiocarcinoma pathogenesis: Role of the tumor microenvironment. Transl Gastrointest Cancer. 2012;1:71-80.

13. Owen JL, Mohamadzadeh M. Macrophages and chemokines as mediators of angiogenesis. Front Physiol. 2013;2012.00159.

14. Rundhaug JE. Matrix metalloproteinases and angiogenesis. J Cell Mol Med. 2005;2:267-285.

15. Stacker SA, Williams SP, Karnezis T, Shayan R, Fox SB, Achen MG. Lymphangiogenesis and lymphatic vessel remodeling in cancer. Nat Rev Cancer. 2014;3:159-72.

16. Tammela T, Alitalo K. Lymphangiogenesis: Molecular mechanisms and future promise. Cell. 2010;4:460-79.

17. Thomlinson RH, Gray LH. The histological structure of some human lung cancers and the possible implicattions for radiotherapy. Br J Cancer. 1955;4:539-49.

18. Thurston G, Noguera-Troise I, Yancopoulos GD. The Delta paradox: DLL4 blockade leads to more tumour vessels but less tumour growth. Nat Rev Cancer. 2007;7:327-331.

19. Tung JJ, Tattersall IW, Kitajewki J. Tips, stalks, tubes: notch-mediated cell fate determination and mechanisms of tubulogenesis during angiogenesis. Cold Spring Harb Perspect Med 2012;2:a006601.

20. Vong S, Kalluri R. The role of stromal myofibroblast and extracellular matrix in tumor angiogenesis. Genes Cancer. 2011;12:1139-45.

21. Weis S, Cheresh DA. Tumor angiogenesis: molecular pathways and therapeutic targets. Nat Med. 2011;11:1359-70.

Invasão Tumoral e Metástase

13

Angélica Patiño Gonzalez
Camila Morais Melo
Roger Chammas

INTRODUÇÃO

A metástase é o resultado final de múltiplos processos que envolvem a propagação das células tumorais de neoplasias primárias a órgãos distantes, sua adaptação a microambientes distintos e, consequentemente, a manutenção do crescimento tumoral nesses novos órgãos. A metástase é um aspecto importante na sobrevida do paciente, uma vez que é responsável por aproximadamente 90% da mortalidade dos pacientes com câncer. Apesar das melhorias no diagnóstico, nas técnicas cirúrgicas e nas terapias locais e sistêmicas, a maioria dos óbitos por câncer é devida às metástases, frequentemente, resistentes às terapias convencionais.

Assim, nossa habilidade de tratar efetivamente o câncer é altamente dependente da nossa capacidade de interferir no processo metastático.

No entanto, a disseminação metastática é um processo ineficiente, pois somente uma pequena parcela de células tumorais adquire o potencial de formar metástases. Pacientes podem apresentar células tumorais na circulação sanguínea e não possuir metástases.

Uma das maiores barreiras ao tratamento é a heterogeneidade das células cancerosas no tumor primário e no sítio metastático. O microambiente do órgão específico pode modificar a resposta do tumor metastático à terapia sistêmica. Dessa forma, é importante entender a patogênese da metástase desde os níveis molecular e celular até sistemicamente.

Ao final deste capítulo espera-se que o leitor compreenda: (i) as etapas do processo metastático; (ii) a transição epitélio-mesênquima e (iii) o conceito de nicho pré-metastático.

DESTAQUES

- Como as células tumorais saem do tumor primário e geram tumores em outros órgãos?
- Porque as metástases ocorrem em órgãos específicos?
- Porque metástases aparecem anos após a excisão cirúrgica do tumor primário?

PROCESSO METASTÁTICO

O processo metastático envolve múltiplas etapas como a disseminação de células cancerosas para órgãos anatomicamente distantes e sua posterior adaptação ao novo microambiente tecidual. Cada um desses eventos é impulsionado pela aquisição de alterações genéticas e/ou epigenéticas nas células tumorais e pela interação dessas com as células do estroma adjacente, facilitando ou impedindo o processo de invasão e metástase.

Para a metástase ser formada, a célula tumoral necessita passar por uma sucessão de eventos complexos, chamada de cascata de invasão e metástase (**Figura 13.1**). Nessa cascata, as células do tumor primário (i) perdem a adesão célula-célula, (ii) invadem localmente a **matriz extracelular** (ECM, do inglês *extracellular matrix*), (iii) migram ativamente pelo estroma, (iv) invadem a membrana basal, (v) intravasam o endotélio dos vasos sanguíneos, (vi) sobrevivem ao rigoroso ambiente da circulação, (viii) extravasam pelo endotélio vascular, (ix) sobrevivem no parênquima do órgão-alvo, primeiramente em forma de micrometástase e (x) reiniciam seus programas proliferativos nos sítios metastáticos e geram crescimento de neoplasias detectáveis clinicamente.

Matriz extracelular: é composta por colágeno, proteoglicanos, glicoproteínas e integrinas.

FIGURA 13.1. Etapas do processo metastático. A pequena quantidade de células tumorais que adquirem propriedades migratórias e invasivas deixa o tumor primário, invade o tecido adjacente e migra para os vasos sanguíneos. Algumas intravasam pelos vasos migrando através das junções das células endoteliais, sobrevivem ao estresse circulatório e extravasam, invadem tecidos distantes e podem entrar em estado de dormência ou proliferação. Somente uma pequena parcela dessas células origina macrometástases (adaptado de Reymond N, d'Água BB e Ridley AJ, 2013).

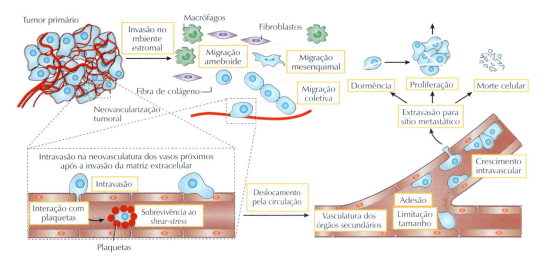

INVASÃO

A arquitetura do epitélio normal age como uma barreira para a invasão e deve ser rompida pelas células neoplásicas na evolução dos carcinomas, que correspondem a pouco mais de três a cada quatro cânceres em adultos.

A invasão local envolve a entrada das células tumorais no estroma associado ao tumor primário e em seguida ao parênquima do tecido normal adjacente ao tumor. Para invadir o estroma, a célula tumoral deve alterar as interações célula-célula (caderinas e *integrinas*) e violar a *membrana* ou *lâmina basal.*

A perda funcional de *E-caderina* está associada ao desenvolvimento de diversas neoplasias (ex., carcinomas de mama, cólon, próstata, estômago, fígado, pele, rim e pulmão). As células passam a expressar N-caderina, a qual potencializa as interações com fibroblastos e células endoteliais. Em melanomas, a perda de E-caderina permite que as células tumorais saiam da epiderme e invadam a derme. Por sua vez, a expressão de N-caderina em células de carcinoma de mama está relacionada com o aumento da motilidade e invasão.

Na maioria das neoplasias malignas existem dois tipos de invasão: a invasão por agregados celulares (invasão coletiva) e por célula única (invasão individual). Na invasão coletiva, as células unidas por interações célula-célula formam uma unidade assimétrica onde, no *front* de migração, encontram-se as células com características mais migratórias, as quais "arrastam" as demais células pela força motriz gerada. A invasão individual ocorre por dois programas distintos: (i) *invasão mesenquimal* dependente de proteases e integrinas, ou (ii) *invasão ameboide* independente de proteases e integrinas, mas dependente de quinases.

Em resposta às influências no microambiente, as células tumorais podem mudar entre as várias estratégias de invasão. Assim, uma forte supressão da invasão de uma única célula requer inibição concomitante de ambos os programas de invasão. Alguns reguladores da invasão agem como fatores pleiotrópicos que modulam simultaneamente componentes das duas vias (ex., o microRNA, miR-31, inibe a invasão do câncer de mama via supressão de α_5 integrina da via mesenquimal e Rho [organização do citoesqueleto] da via ameboide).

TRANSIÇÃO EPITÉLIO-MESÊNQUIMA

Para que ocorra o evento metastático, as células neoplásicas passam por um processo denominado transição epitélio-mesênquima (EMT, do inglês *epithelial-mesenchymal transition*), processo que envolve a dissolução das junções aderentes e perda da polaridade celular para que a célula tumoral de origem epitelial passe a expressar um conjunto de genes característicos de células de origem mesenquimal (como as células do tecido conjuntivo) e, dessa forma, adquirir a capacidade de migrar e invadir o estroma adjacente. Em resumo, a EMT se dá entre um fenótipo menos migratório, epitelial, para um mais migratório, fibroblástico.

Integrinas: são glicoproteínas heterodiméricas integrais de membrana que integram os meios intra e extracelular. São compostas de uma cadeia α e uma β.

Membrana basal: é uma matriz extracelular especializada e responsável por organizar os tecidos epiteliais, separa os compartimentos epitelial e estromal e interage em eventos de proliferação, invasão e sobrevivência das células tumorais via moléculas de adesão.

E-caderinas: são moléculas de adesão dependentes de Ca^{2+} e medeiam a interação homotípica célula-célula nas junções aderentes. A inibição de sua expressão em células neoplásicas facilita a invasão tumoral, enquanto sua presença diminui a proliferação e inibe a invasão e metástases.

Invasão mesenquimal: capacidade da célula alongar sua morfologia e alterar sua polaridade. Esse movimento envolve tração e é gerado por adesão mediada por integrinas, requer proteólise extracelular da célula invasiva e depende de protrusões.

Invasão ameboide: capacidade da célula arredondar sua morfologia. Esse movimento não requer integrinas para a tração, mas depende de sinalização de quinases, que aumentam a contração de miosinas e a invasão ocorre na ausência de proteólise extracelular.

Como comentado anteriormente, a perda funcional de E-caderina é importante na dissolução das junções aderentes. Isso pode ser ocasionado por diversos fatores de transcrição e microRNAs que reprimem diretamente os níveis de E-caderina. Além disso, a EMT envolve a aquisição de fatores de motilidade e/ou dispersão que interagem com receptores específicos, muitos com atividade de tirosino-quinase, não só atuando na transição de fenótipos como também agindo como fatores de crescimento (ex., membros da família de EGF [do inglês, *epidermal growth factors*] e seus receptores, c-met e receptores de EGF).

Metaloproteinases: *são um grupo de enzimas zinco-cálcio dependentes que regulam o mecanismo fisiológico e patológico dos tecidos com base de colágeno.*

É necessária também a modificação da matriz extracelular mediada por moléculas da superfamília das integrinas e a ação das **metaloproteinases** para que ocorra um "afrouxamento" do tecido, e assim, permitir a passagem das células metastáticas. Uma das primeiras barreiras que devem ser quebradas é a perda da membrana basal dando acesso ao estroma onde estão localizados os vasos sanguíneos. Essa perda é devida à proteólise ativa efetuada por metaloproteinases da matriz (MMPs, do inglês *matrix metalloproteinases*) e enzimas que degradam os polissacarídeos complexos como os glicosaminoglicanos (ex., hialuronidases, heparanases e condroitinases). No tecido normal, a atividade das MMPs é cuidadosamente controlada por mecanismos transcricionais e pós-traducionais. No entanto, as células tumorais interferem no controle da atividade das MMPs, aumentado suas funções de degradação da membrana basal, promoção da invasão e proliferação das células cancerosas.

Uma vez que as células tumorais conseguem ultrapassar a membrana basal, elas se inserem no estroma. Esse torna-se mais "reativo" e adquire vários atributos do estroma de tecidos em cicatrização de feridas ou de ambientes cronicamente inflamados. As células invasoras encontram fibroblastos e miofibroblastos, células endoteliais, adipócitos e várias células derivadas da medula óssea como células-tronco mesenquimais, macrófagos e outras células imunes. Estas células do estroma são capazes de realçar ainda mais o fenótipo agressivo das células tumorais através de vários tipos de sinais (ex., a invasividade do câncer de mama pode ser estimulada pela secreção de interleucina-6 [IL-6] pelos adipócitos, linfócitos T CD4+ promovem a invasão desse tipo tumoral ao estimular a produção de EGFR [do inglês *epidermal growth factor receptor*] pelos macrófagos associados ao tumor).

Assim, as células tumorais estimulam a formação de um estroma inflamado e este retribui reforçando o fenótipo maligno das células neoplásicas. É evidente que a entrada das células neoplásicas no estroma adjacente fornece múltipas oportunidades para as células acessarem diretamente a circulação sistêmica e, desse modo, disseminarem-se para locais distantes.

INTRAVASÃO

A intravasão envolve a entrada das células tumorais na luz dos vasos sanguíneos e/ou linfáticos. Embora a disseminação linfática das células tumorais seja rotineiramente observada em tumores humanos e represente um importante marcador prognóstico para a progressão da doença, a disseminação pela circulação sanguínea representa o principal mecanismo metastático.

A intravasão pode ser facilitada por alterações moleculares que permitem que as células tumorais atravessem o pericito e a barreira de células endoteliais que formam as paredes de vasos (ex., a citocina TGF-β [do inglês *transforming growth factor beta*] aumenta a intravasão do câncer de mama).

As células tumorais estimulam a formação de novos vasos sanguíneos dentro de seu microambiente pelo processo denominado angiogênese. Em contraste com os vasos sanguíneos presentes em tecidos normais, a neovascularização gerada pelas células neoplásicas é tortuosa, com tendência para vazamentos e em estado de contínua reconfiguração. As interações fracas entre as células endoteliais adjacentes que formam a microvasculatura tumoral facilitam a intravasão. A principal molécula envolvida é o VEGF (do inglês *vascular endotelial growth factor*).

Uma vez que as células tumorais intravasaram com êxito para a luz dos vasos sanguíneos podem, através da circulação, disseminar para qualquer parte do hospedeiro. Mas as células tumorais circulantes (CTCs, do inglês *circulating tumor cells*) precisam sobreviver a uma variedade de tensões para chegar a órgãos distantes, como privação da adesão dependente de integrinas presentes nos componentes de matriz extracelular, normalmente essencial para sobrevivência celular. Na ausência dessa ancoragem, as células epiteliais normalmente sofrem morte por **anoikis** (ver Capítulo 09 – Morte Celular no Câncer).

Anoikis: *morte celular decorrente da perda de ancoragem ao substrato.*

Ainda não sabemos quanto tempo as células cancerosas permanecem na circulação. Alguns estimam que seu tempo de permanência em pacientes de câncer de mama pode ser de várias horas. No entanto, devido ao tamanho das células tumorais (20-30 μm) e ao diâmetro dos vasos capilares (8 μm), provavelmente a grande maioria das CTCs ficam presas em vários leitos capilares durante sua primeira passagem através da circulação. Portanto, é possível que muitas células tumorais passem apenas breves períodos de tempo na corrente sanguínea, escapando da circulação muito antes que os alarmes de *anoikis* sejam disparados.

Além das tensões impostas pelo desprendimento da ECM, as CTCs devem superar os danos causados pelo ***shear stress*** e pelas interações com as células do sistema imune.

Shear stress: *força física exercida nas células devido ao fluxo sanguíneo.*

Convenientemente, as células tumorais parecem evitar essas duas ameaças através de um mecanismo único que depende da formação de êmbolos relativamente grandes em interações com as pla-

Invasão Tumoral e Metástase

quetas no sangue. Dessa forma, as células tumorais "revestidas" por plaquetas são mais eficientes em persistir dentro da circulação até aderirem nos distantes órgãos-alvo.

Uma vez alojadas na microvasculatura dos órgãos distantes, as CTCs podem apresentar crescimento intraluminal e formar microcolônias que eventualmente rompem as paredes ao redor dos vasos, ocorrendo formação tumoral em contato direto com o parênquima do tecido. As células cancerosas podem também extravasar pelo endotélio vascular para o parênquima do tecido, em um processo inverso da etapa anterior de intravasão, porém distinto mecanicamente.

Embora a intravasão possa ser promovida por células presentes no estroma do tumor primário, tais como os macrófagos associados ao tumor, a etapa de extravasamento não é favorecida por essas células. Os macrófagos que residem nos tumores primários são fenotipicamente distintos daqueles presentes nos locais de formação das metástases. Além disso, a neovascularização formada nos tumores primários é tortuosa e possui vazamentos, enquanto os vasos dos sítios de metástases tendem a ser altamente funcionais e apresentar baixa permeabilidade intrínseca.

EXTRAVASÃO

As características específicas do microambiente do sítio metastático podem influenciar o destino das células tumorais circulantes. Com o intuito de superar as barreiras físicas dos tecidos com baixa permeabilidade intrínseca, os tumores primários são capazes de secretar fatores que perturbam esses microambientes e induzem um aumento da permeabilidade vascular mesmo antes da chegada das CTCs (ex., a secreção das proteínas angiopoietinas dos tipos 4 e 2, bem como dos fatores EREG, COX-2, MMP-1, MMP-2, MMP-3, MMP-10, fator de crescimento placentário e VEGF).

Para iniciar a formação das micrometástases, as CTCs devem sobreviver no parênquima do tecido em que se encontram. O microambiente desse tecido difere do local de formação do tumor primário em relação aos tipos de células presentes no estroma, os constituintes da ECM, fatores de crescimento e citocinas disponíveis e até mesmo a arquitetura tecidual. As células tumorais revertem esses problemas através do estabelecimento de um nicho pré-metastático. Ao mesmo tempo, as células cancerosas disseminadas devem utilizar programas autônomos a fim de se adaptar às exigências impostas pelos tecidos invadidos.

A sobrevivência das células tumorais no microambiente do tecido invadido não garante o sucesso na proliferação e na formação das metástases macroscópicas. Parece que a grande maioria das células tumorais disseminadas sofre atritos lentos durante semanas ou meses e persiste como microcolônias em um estado de aparente dormência, mantendo a viabilidade na ausência de qualquer ganho líquido ou perda de algumas células.

O processo de metástase é descrito como ineficiente, pois estima-se que somente uma a cada 10.000 células tumorais presentes na circulação tem a capacidade de gerar um nódulo metastático.

O sucesso na colonização no órgão-alvo pode ser influenciado pela capacidade de autorrenovação das células tumorais disseminadas. Apenas uma subpopulação das células neoplásicas denominadas células iniciadoras de tumor (TICs, do inglês *tumor-initiating cells*) possui essa extensa capacidade de autorrenovação, expressando fatores de transcrição envolvidos na transição epitélio-mesênquima, tais com Snail, Twist e ZEB1 e miRNAs.

Ao resolver as incompatibilidades microambientais e ativar as vias de autorrenovação, uma minoria das células tumorais disseminadas tem sucesso na conclusão do processo de colonização metastática e, assim, gera metástases macroscópicas clinicamente detectáveis **(Figura 13.2)**.

Dessa maneira, através da acumulação de alterações genéticas e/ou epigenéticas, bem como a cooperação das células não neoplásicas do estroma, as células tumorais são capazes de completar um complexo processo biológico que culmina na formação de proliferações macroscópicas, com risco de vida para o paciente.

TEORIA SEMENTE E SOLO

O que determina que as células tumorais tenham preferência por alguns órgãos específicos e não por outros? Por que existe esse fenômeno de *organotropismo das metástases*?

Quando as células tumorais migram do tumor primário, estas percorrem o organismo pela circulação sanguínea e/ou linfática. Com base nisso, seria lógico pensar que a frequência de aparecimento das metástases nos órgãos fosse um processo randômico.

Entretanto, no século XIX, o cirurgião inglês Stephen Paget não testemunhava isso. Ele analisou necrópsias de pacientes com câncer de mama e descobriu que o fígado tinha mais metástases do que o baço, apesar de ambos terem um fluxo sanguíneo parecido. Assim, considerou que as lesões metastáticas ocorrem preferencialmente em determinados órgãos.

Ele propôs que se as células tumorais fossem como sementes espalhadas, a resposta a essa questão estaria alojada no solo. Só em solo fértil elas irão proliferar. Desta forma, estabeleceu **a teoria da semente e do solo**, na qual as células tumorais precisam de órgãos que ofereçam as condições necessárias para sua sobrevivência e proliferação. Não obstante, a teoria não foi levada em consideração por bastante tempo.

Quarenta anos após a sua publicação, o patologista norte-americano James Ewing propôs uma teoria diferente. Segundo ele, o fenômeno de organotropismo das metástases é explicado a partir de um ponto de vista apenas mecânico, uma vez que depende da estrutura anatômica vascular, do fluxo sanguíneo e da drenagem linfática. Nesta

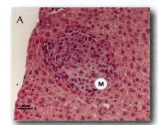
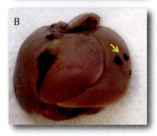

FIGURA 13.2. Metástase hepática.
A. *Fotomicrografia representativa de micrometástase hepática murina. Coloração por hematoxilina-eosina. M. micrometástase.*
B. *Fotografia de fígado murino contendo macrometástases. Seta amarela indica nódulo metastático.*

Organotropismo das metástases: afinidade das células tumorais por órgãos específicos para desenvolverem metástases.

Microambiente tumoral: sistema complexo de múltiplas células não tumorais e proteínas que contribuem na progressão do tumor (ex., células endoteliais, pericitos, fibroblastos, células da imunidade). (ver Capítulo 10 – Introdução ao Microambiente Tumoral).

teoria, as células tumorais são retidas sem especificidade no primeiro órgão que encontrem pela circulação. Diferente da teoria da semente e do solo, a teoria de Ewing prevaleceu por mais de 50 anos.

Mais para frente foram publicados vários experimentos que elucidariam a questão. Um deles foi o trabalho de Isaiah J. Fidler.

Em um primeiro experimento, injetaram-se células de melanoma nos camundongos. Fidler analisou o que acontecia com essas células. Descobriu que elas ficavam retidas nos órgãos do camundongo, mas uma grande parte morria semanas depois. Só sobreviveram aquelas que tinham ficado no pulmão, dando origem à metástase. Dessa forma, percebeu-se que não era suficiente que as células tumorais chegassem aos órgãos para gerar focos metastáticos.

Outro experimento foi então delineado. Junto com Ian Hart, enxertaram tecido embrionário de pulmão e rim no flanco de camundongos isogênicos (geneticamente idênticos) e depois injetaram células de melanoma. Se fosse um fenômeno dependente somente do fluxo sanguíneo, a probabilidade de ter metástases em ambos os enxertos seria igual. No entanto, apesar de encontrar o mesmo número de células tumorais retidas nos tecidos enxertados, só o enxerto de pulmão e o próprio pulmão do camundongo desenvolveram metástases. Concluíram então que o processo metastático depende tanto das características das células tumorais como da presença de um "solo fértil para ter germinação".

Atualmente é considerado que as duas teorias se complementam; a teoria da semente e do solo e a teoria anatômica/mecânica, uma vez que os dois fatores contribuem durante o processo metastático.

NICHO PRÉ-METASTÁTICO

O que seria para uma célula tumoral, um solo fértil? Por que alguns órgãos são mais receptivos do que outros para a formação de metástases?

Por definição, solo fértil não é somente o ambiente que já tem as condições necessárias para a semente desenvolver-se, mas também aquele capaz de fornecer o que ela vai precisar conforme cresce. No contexto tumoral esse solo é conhecido como microambiente hospedeiro.

Mesmo antes da célula tumoral ter saído para formar lesões secundárias, o microambiente do tecido-alvo já está em processo de "fertilização". Inicia com o nicho pré-metastático que, em outras palavras, é a preparação do lugar para o recebimento da célula tumoral.

Apesar de desconhecermos muitos dos mecanismos celulares e moleculares envolvidos na seleção do local de metástase, tem sido demonstrado que como parte do processo ocorre aumento da expressão de *fibronectina* nos órgãos-alvo mediada por células do estroma e/ou *stromal like-cells* sob o controle das células do tumor primário.

Fibronectina: é uma glicoproteína produzida pelos fibroblastos que participa na adesão das células à matriz extracelular.

As células progenitoras hematopoiéticas derivadas da medula óssea que expressam receptor 1 de VEGF migram nesses órgãos,

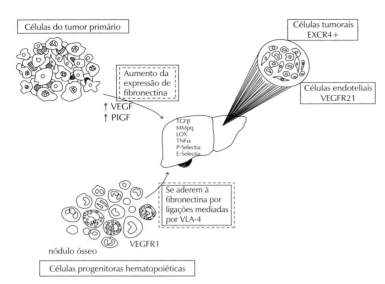

FIGURA 13.3. Formação do nicho pré-metastático. As células progenitoras da medula óssea migram ao local do nicho e adaptam-no para o recebimento das primeiras células tumorais e não tumorais.

induzidas por sinalizações quimiotáticas, e aderem-se à fibronectina através de ligações mediadas por VLA-4 (integrina $\alpha4\beta1$). Essa interação aumenta a expressão de metaloproteinases, incluindo a metaloproteinase de matriz 9 (MMP9), que vão degradar a membrana basal e alterar o microambiente em favor da colonização deste por outras células. No final, o nicho pré-metastático é formado, e terá um número aumentado de fibroblastos, além de uma matriz extracelular provisional apresentando citocinas, adequada para o recebimento das células tumorais migratórias **(Figura 13.3)**.

Dias após a formação do nicho, aparecerão as primeiras células tumorais que expressam o receptor de quimiocinas tipo 4 ($CXCR4^+$), e células endoteliais que expressam o receptor de fator de crescimento vascular endotelial 2 ($VEGFR2^+$). Assim, tanto células do tumor primário quanto células não tumorais recrutadas estão envolvidas na escolha do local da metástase.

Dependendo do tipo do tumor primário, serão formados nichos em regiões específicas **(Tabela 13.1)**. Por exemplo, células de carcinoma pulmonar (LLC, do inglês *Lewis lung carcinoma*) podem induzir a formação de nichos nos pulmões, enquanto células de melanoma podem induzir nichos em múltiplos órgãos como pulmão, fígado, baço e rim.

Pesquisas mais recentes demonstraram que o microambiente secundário compartilha características do microambiente primário. Parece que após as células tumorais terem colonizado, elas recriam no local secundário o nicho primário. Este fenômeno de mimetismo do microambiente ainda está sendo estudado.

FENÓTIPO METÁSTATICO E EXOSSOMOS

Dada a complexidade do processo metastático, além da dinâmica vascular e o nicho pré-metastático, considera-se que a seletividade por órgãos-alvo reflete um conjunto enorme de variáveis. Pesquisas que estão na procura destas variáveis têm achado, entre outros, o fenótipo metastático e os **exossomos** das células tumorais, como fatores importantes na formação de metástases.

As células tumorais podem ter ou adquirir funções específicas que permitem a invasão em um local de metástase. Estes fenótipos, conhecidos como fenótipos metastáticos, evoluíram através de alterações genéticas ou epigenéticas. Para ilustrar, só células com fenótipo para invadir órgãos com barreiras como o cérebro e o pulmão, vão consegui-lo.

Os exossomos derivados das células do tumor primário contribuem no curso e no tropismo das metástases. Além de conter citocinas e fatores de crescimento, têm também microRNAs, mRNAs e proteínas, e estão envolvidos na comunicação intercelular local e sistêmica.

Exossomos derivados de melanoma, por exemplo, induzem as células progenitoras da medula óssea, as quais, como já foi descrito, participam na formação do nicho, a desenvolverem fenótipos pró-vasculogênicos e pró-metastáticos através do aumento da expressão da oncoproteína MET. Além disso, o conteúdo característico deles por moléculas como proteína de choque térmico 70 (HSP70), proteína relacionada a tirosinase 2 (TYRP2), integrina ligante de fibronectina (VLA-4) e outros, constituem uma 'assinatura exossomal' para melanoma.

> **Exossomos:** nanovesículas (30-120 nm) secretadas pelas células, que contêm ácidos nucleicos e proteínas. Parecem estar envolvidos no processo de comunicação intercelular.

TABELA 13.1. Locais de metástase. Locais onde mais comumente ocorre metástase e os tumores primários que as geram.

Local de Metástase	Tumores Primários
Pulmão	Mama Cólon e reto Rim Leiomiossarcoma uterino Coriocarcinoma Melanoma
Fígado	Cólon e reto Estômago Pâncreas Mama Pulmão
Osso	Próstata Tireoide Mama Pulmão Rim
Cérebro	Pulmão Mama Melanoma Rim

ESTADOS DE DORMÊNCIA

Há casos de pacientes que, achando ter sua doença curada, apresentam metástase muitos anos depois; como também, há casos de pacientes com diagnóstico recente que já têm o câncer disseminado. Por que existem essas diferenças entre os tipos de câncer? Como a célula tumoral consegue sobreviver e proliferar de novo muitos anos depois?

Após as células terem migrado do tumor primário e disseminado na corrente sanguínea, passam a ser chamadas *células tumorais circulantes* (do inglês, *circulating tumor cells – CTC*); quando se estabelecem nos órgãos secundários as células são conhecidas como *células tumorais disseminadas* (do inglês *disseminated tumor cells – DTC*).

Existem dois períodos nas DTC, infiltração e colonização. O tempo entre um período e outro é conhecido como o tempo de latência metastática. Na infiltração, a célula está presente no local secundário, porém é somente na colonização que essa célula prolifera e estabelece as lesões metastáticas. Apesar de chegar ao órgão-alvo e ter um nicho pronto para sua chegada, a célula ainda enfrentará condições adversas.

No microambiente, por conta da presença de neutrófilos e secreção de trombospondina-1 (TSP-1) pelas células GR1$^+$ derivadas da medula óssea, a célula tumoral pode ser morta ou inativada. Uma das estratégias desenvolvidas para a sobrevivência nestas condições é entrar em dormência (**Figura 13.4**).

Quando a DTC entra em dormência celular, fica em um estado de quiescência em G0 que ocorre pela integração de sinais de estresse ou mitógenos provenientes do microambiente.

Além das células tumorais, as micrometástases também podem entrar em um estado de dormência, conhecido como dormência de massa tumoral. Para crescer as lesões metastáticas precisam de vascularização, sem ela, o tamanho fica limitado a 1 ou 2 mm porque a taxa de proliferação é contrabalanceada pela taxa de apoptose.

Na dormência imune, conhecida também como *immunoediting*, o sistema imune não consegue eliminar o câncer, mas evita que ele

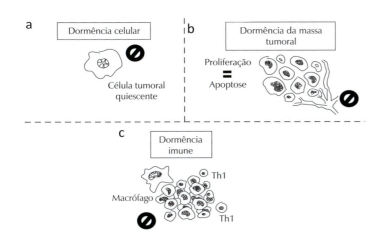

FIGURA 13.4. *Estados de dormência tumoral.* **a.** Dormência celular, a célula está parada em G0. **b.** Dormência da massa tumoral, o tumor não cresce por falta de microvascularização. **c.** Dormência imune, o sistema imune não consegue eliminar o tumor, mas também não o deixa progredir.

progrida. Para isto participam o sistema imune adaptativo, as células T e citosinas da resposta T_h1.

Em consequência a esses estados de dormência, os pacientes podem estar assintomáticos até que sejam desenvolvidos os mecanismos necessários para 'acordar'.

Na dormência de massa tumoral, o mecanismo que faz ultrapassar deste estado é o chamado "gatilho angiogênico". Uma vez que as lesões tumorais contam com microvascularização, a taxa de proliferação pode superar a taxa de apoptose. Assim, evoluem para macrometástases.

No caso da dormência imune, esta termina exercendo uma pressão seletiva para células menos imunogênicas, que deixam de expressar MHC-1 e outras moléculas de reconhecimento, como também promove estados de imunossupressão. As células, não sendo mais detectadas pelo sistema imune, estarão livres para a invasão.

Então, quando o tempo de latência é curto como acontece, por exemplo, com o adenocarcinoma de pâncreas e o câncer de pulmão, a célula tumoral já havia desenvolvido o fenótipo metastático dentro do tumor primário e não entrou em dormência.

Pelo contrário, em tempos de latência maiores, como no câncer de próstata ou de mama, as células tumorais não estão 'prontas' para colonizar os órgãos. Durante a latência, as células adquirem as características necessárias e/ou o microambiente será adaptado para obter as condições apropriadas. Assim, até anos depois inclusive é quando irão conseguir colonizar.

RESUMO

- Invasão e metástase são responsáveis por cerca de 90% das mortes associadas a câncer.
- A cascata metastática envolve perda da adesão célula-célula, invasão local, migração pelo estroma, invasão da membrana basal, intravasão do endotélio dos vasos sanguíneos, sobrevivência ao rigoroso ambiente da vascularização, extravasão pelo endotélio vascular, sobrevivência no parênquima do órgão-alvo, micrometástase e reinício dos programas proliferativos nos sítios metastáticos e geração de neoplasias detectáveis clinicamente.
- Muitos desses passos podem ser executados pelas células tumorais por ativarem o programa de transição epitélio-mesênquima (EMT). A EMT envolve perda de expressão de genes da célula endotelial e aquisição de expressão de genes de células mesenquimais. Assim, as células adquirem características de invasão, mobilidade e resistência à apoptose;
- As metástases se desenvolvem com preferência por órgãos específicos (organotropismo), uma vez que dependem de múltiplas interações entre as células tumorais e não tumorais, assim como de fatores mecânicos.
- A chegada da célula tumoral no local de invasão não é suficiente para a formação da lesão metastática, pois antes tem de existir um processo de adaptação do órgão-alvo (formação do nicho pré-metastático) e o desenvolvimento de caracteres metastáticos na célula (fenótipo metastático), entre outros fatores.
- Através dos estados de dormência as células tumorais conseguem sobreviver por períodos longos de tempo, até que se estabeleçam as condições apropriadas para sua proliferação. É por isto que o aparecimento de metástases no paciente pode ocorrer anos depois e mesmo quando já foi erradicado o tumor primário.
- O entendimento do processo metastático é complexo e ainda estão sendo estudados muitos dos mecanismos que dele participam.

PONTO DE VISTA

Metástase: a fuga frequente

Imagine uma célula tumoral, ao final de um longo processo de progressão tumoral: as condições de sobrevivência em seu tecido de origem, deterioradas pelo excesso de células tumorais e vasos insuficientes para o influxo de nutrientes e o efluxo do lixo metabólico, refletem sinais de estresse tecidual. O colapso do superorganismo, um tecido em que antes se mantinha a homeostase, leva algumas células à reprogramação de programas genéticos – não de luta, mas de fuga. Células se desprendem da massa tumoral e migram ativamente para fora do tecido de origem, seguindo o caminho aberto por leucócitos que recirculam profissionalmente ou então células tumorais que se reprogramam assumindo características de células mesenquimais ou dos mesmos leucócitos. A migração para fora da massa tumoral ora mantém as características de tecido (migração coletiva), ora assume a característica ancestral da migração da célula isolada (migração ameboide). De qualquer forma, a mudança de comportamento requer uma reprogramação de expressão gênica – a busca por um genótipo metastático não trouxe resultados consistentes; mas claramente há um fenótipo metastático. Alvejar este fenótipo com medicamentos tem se mostrado pouco eficiente. Novamente, a especificidade é pequena, o que limita muito o índice terapêutico de abordagens antimetastáticas. Contudo, a eficiência do processo também é pequena e, aparentemente, não por conta do processo de saída da célula tumoral do seu sítio primário. À medida que temos a habilidade de avaliar a presença de células tumorais circulantes, isoladas ou não, percebemos que o gargalo do processo não é o processo de invasão local e intravasão. A manutenção de uma célula viável em circulação e seu alojamento em tecidos com condições adequadas para o crescimento do nódulo metastático parece a fase limitante do processo.

De um lado, a interação das células tumorais com plaquetas parece aumentar a eficiência do processo de metástase: tem-se aí um potencial alvo para intervenção. De outro lado, parece haver um sistema muito eficiente de comunicação entre células tumorais (em estresse ou não?) e outros compartimentos da economia do hospedeiro que levam à mobilização de células da medula óssea, que, por sua vez, alojam-se em tecidos específicos, criando condições (ou nichos) para a instalação de células tumorais ao longo da jornada da metástase. Os achados do grupo de Lyden mudam paradigmas. Se estendidos a diversos tumores, as evidências apontadas por este grupo poderão ser úteis para a criação de sistemas de diagnóstico de um quadro de tendência à metástase (diátese metastática), da mesma forma que hoje diagnosticamos a diátese trombótica, por exemplo.

...A ESCALA SISTÊMICA DO CÂNCER...

Metástases ilustram a escala sistêmica do câncer, e como tal, múltiplos compartimentos do organismo são envolvidos no seu desenvolvimento. Conhecer estes compartimentos e usar a informação para diagnóstico precoce da "diátese metastática", ou mesmo buscar alvejar a construção do nicho pré-metastático, poderá modificar a evolução da fase sistêmica dos cânceres.

Roger Chammas
Faculdade de Medicina da Universidade de São Paulo/Instituto do Câncer do Estado de São Paulo (ICESP)

PARA SABER MAIS

- Hart IR, Fidler IJ. Role of organ selectivity in the determination of metastatic patterns of B16 melanoma. Cancer Res. 1980;40:2281-2287.

O experimento que comprova a necessidade de um 'solo fértil' para ter metástase

- Kaplan RN, Riba RD, Zacharoulis S, Bramley AH, Vincent L, Costa C, MacDonald DD et al. VEGFR1-positive haematopoietic bone marrow progenitors initiate the pre-metastatic niche. Nature. 2005;438:820-827.

O experimento que descobriu a participação das células progenitoras da medula óssea na formação do nicho pré-metastático:

- Peinado H, Aleckovic M, Lavotshkin S, Matei I, Costa-Silva B, Moreno-Bueno et al. Melanoma exosomes educate bone marrow progenitor cells toward a pro--metastatic phenotype through MET. Nat Med. 2012;18(6):883-91.

O experimento que demostrou o papel dos exossomos dos tumores primários na formação do nicho pre-metastático.

BIBLIOGRAFIA GERAL

1. Quail DF, Joyce JA. Microenvironmental regulation of tumor progression and metastasis. Nature Medicine. 2013;19:1423-1437.

2. Nguyen DX, Bos PD, Massagué J. Metastasis: from dissemination to organ--specific colonization. Nature Reviews Cancer. 2009;9:274-284.

3. Fidler IJ. The pathogenesis of cancer metastasis: the 'seed and soil' hypothesis revisited.Nature Reviews Cancer. 2003;3(6):453-8.

4. Kalluri R, Weinberg RA. The basics of epithelial-mesenchymal transition. The Journal of Clinical Investigation. 2009;119:1420-1428.

5. Langley RR, Fidler IJ. The seed and soil hypothesis revisited – the role of tumor-stroma interactions in metastasis to different organs. Int J Cancer. 2011;128(11):2527-35.

6. Reymond N, Borda d'Água B, Ridley AJ. Crossing the endothelial barrier during metastasis. Nature Reviews Cancer. 2013;13:858-870.

7. Sceneay J, Smyth MJ, Möller A. The pre-metastatic niche: finding common ground. Cancer Metastasis Rev. 2013;32(3-4):449-6.

8. Talmadge JE, Fidler IJ. AACR centennial series: the biology of cancer metastasis: historical perspective. Cancer Res. 2010;15:70.

9. Wan L, Pantel K, Kang Y. Tumor metastasis: moving new biological insights into the clinic. Nature Medicine. 2013;19(11):1450-1464.

Imunologia de Tumores

14

Ruan F. V. Medrano
Elaine Guadelupe Rodrigues

INTRODUÇÃO

No decorrer deste livro aprendeu-se que os mamíferos podem impedir o desenvolvimento de células tumorais através de mecanismos como reparo de DNA e apoptose (morte celular). Estes e outros processos atuam de maneira efetiva para impedir que alterações ou mutações que possam favorecer a tumorigênese se perpetuem nas células-filhas. E são desencadeados pela própria célula que sofreu o insulto oncogênico para atuar contra si mesma cometendo, se não for possível o reparo, um ato de suicídio, sendo por isso caracterizados como mecanismos intrínsecos (passam-se no interior das células). Porém, caso essas defesas intrínsecas falhem, o organismo ainda possui uma barreira extrínseca: o sistema imunológico.

O sistema imunológico é conhecido por detectar e gerar respostas eficazes na eliminação de agentes invasores, ou seja, organismos estranhos ao hospedeiro, principalmente, os que representam perigo, como bactérias, fungos e vírus. De fato, a primeira demonstração de que o sistema imune é capaz de combater tumores utilizou-se do mesmo conceito de agente invasor. Em 1891, o médico William Coley tratou com sucesso alguns pacientes com sarcomas, injetando diretamente nos tumores produtos bacterianos de *Streptococcus pyogenes e Serratia marcescens*, transformando assim os tumores em algo estranho e perigoso ao hospedeiro, que deveria ser eliminado.

Este breve relato levanta importantes questões, como: do ponto vista imunológico, seriam os tumores semelhantes aos agentes invasores? Como ocorreu a resposta imune na terapia de Coley? Como os tumores reagiram a esta resposta? Dessa forma, ao final deste capítulo espera-se responder estas perguntas para que o leitor compreenda que: (i) os tumores, apesar de serem algo próprio do hospedeiro, são vistos como perigo; (ii) a resposta imune antitumoral envolve tanto componentes imunes inatos quanto adaptativos; (iii) porém, o tumor subverte estes mecanismos imunes e (iv) portanto, a relação existente entre o tumor e o sistema imune pode ser considerada como um processo dinâmico que está em constante evolução.

DESTAQUES

- A relação entre o sistema imunológico e o câncer pode ser ilustrada pela teoria da imunoedição tumoral.
- Células *natural killers*, linfócitos T-*helper* e T citotóxicos são as principais células efetoras de resposta imune antitumoral.
- A evasão imune realizada pelos tumores envolve linfócitos T reguladores, células mieloides supressoras e as moléculas IDO e interleucina 10.

DA IMUNOVIGILÂNCIA PARA A TEORIA DA IMUNOEDIÇÃO TUMORAL: COMPREENDENDO A RELAÇÃO ENTRE O SISTEMA IMUNE E O CÂNCER

No protocolo de vacinação de Coley (citado anteriormente), a ativação do sistema imunológico foi induzida na vigência de tumores já estabelecidos, e mesmo assim, em muitos pacientes a regressão da doença foi observada. Apesar dessa evidência implicar que o sistema imune de pacientes com câncer poderia ser utilizado para combater a progressão tumoral, outra importante pergunta precisava ser respondida: poderia esse sistema prevenir o desenvolvimento de células tumorais, protegendo o organismo contra a transformação maligna?

As primeiras tentativas para responder essa pergunta começaram em 1950, com experimentos em que tumores de uma linhagem de camundongos eram transplantados em outra linhagem, por exemplo, de camundongos C57BL/6 para Balb/c, e observou-se o não desenvolvimento tumoral no animal transplantando. O que na época pensou-se ser uma resposta imune antitumoral, na verdade era uma resposta imune de rejeição ao transplante decorrente da incompatibilidade do complexo **MHC** (do inglês, *major histocompatibility cluster*) desses camundongos **alogênicos,** e não decorrente da natureza do tumor (em humanos o MHC é chamado de HLA, de *human leucocyte antigen*, mas neste livro usaremos MHC por ser mais conhecido e aplicado também para espécies murinas).

Outra tentativa foi feita em camundongos **Nudes** imunodeficientes, com base na premissa de que se estes camundongos não possuem sistema imune competente, deveriam, então, ser mais suscetíveis a insultos oncogênicos. Contudo, contrariando a hipótese inicial, esses animais não apresentaram maiores taxas de desenvolvimento dos tumores em comparação a camundongos imunocompetentes, o que foi visto como um duro golpe na demonstração da capacidade do sistema imune de proteger contra o desenvolvimento tumoral. Hoje sabe-se que os camundongos Nudes, apesar de não possuírem linfócitos T, apresentam uma alta atividade de outras células imunes muito importantes na ação antitumoral, as células *natural killers*, e por isso conseguem suplantar, de algum modo, a ausência dos linfócitos T.

Por fim, em outra abordagem com maior sucesso, tumores imunogênicos induzidos pelo carcinógeno químico 3-MCA *(3-methylcholanthrene)* foram retirados do hospedeiro A, irradiados para evitar a proliferação das células e em seguida transplantados para hospedeiros singênicos *naïves*, ou seja, camundongos geneticamente idênticos e não imunizados. Em seguida, estes animais receberam células tumorais viáveis do hospedeiro A ou de outro hospedeiro singênico B. Como resultado, observou-se que a imunização com as células tumorais do hospedeiro A impediam a formação tumoral apenas dos tumores que vieram do hospedeiro A, mas não de B. Em outras palavras, a imunidade era específica para cada tumor individual e não induzia proteção contra tumores não relacionados.

Em vistas dessas e de outras observações experimentais, Paul Erlich, MacFarlene Burnet e Lewis Thomas, articularam a teoria da imunovigilância tumoral em que se atribui ao sistema imunológico a função fisiológica de não somente combater organismos infecciosos, mas também a capacidade de reconhecer células tumorais nascentes

MHC: *são moléculas de superfície celular codificadas por uma grande família de genes extremamente polimórficos. Essas moléculas medeiam interações entre as células imunes com as outras células do organismo, pois apresentam os peptídeos derivados de proteínas produzidas na própria célula (MHC de classe I) ou de proteínas fagocitadas que foram produzidas em outras células ou organismos (MHC de classe II), permitindo discriminar o que é próprio do não próprio. Por isso estão envolvidas com a taxa de sucesso em transplantes e com doenças autoimunes. No decorrer deste capítulo o MHC e as suas funções serão mais detalhados.*

Camundongos alogênicos: *genética diferente, mas da mesma espécie.*

Camundongos nudes: *são camundongos que possuem uma mutação genética que causa perda do timo e por isso possuem um sistema imunológico deficiente em células T e B.*

nos diversos tecidos, e uma vez tendo-as reconhecido, eliminá-las para impedir que o tumor se estabeleça no organismo.

Porém, é importante ressaltar que por falta de provas mais concretas e de certo ceticismo de muitos pesquisadores, essa hipótese não teve uma ampla aceitação pela comunidade científica, ficando por muitos anos em debate. Somente na década de 1990, utilizando camundongos **knockout** para os genes **interferon-gama** (deficiente para a sinalização de IFN do tipo II) ou Rag2$^{-/-}$ (fator de transcrição necessário para o desenvolvimento de células T, B e *natural killer*), foi possível observar uma maior suscetibilidade para o desenvolvimento de tumores induzidos por carcinógenos, na ausência de componentes essenciais do sistema imune adaptativo.

O uso desses animais imunodeficientes em moléculas importantes para a resposta imune adaptativa confirmou a teoria da imunovigilância, mas brilhantemente o pesquisador Robert Schreiber foi além, para descrever o que hoje se denomina a teoria de imunoedição tumoral. A base dessa teoria foi obtida de experimentos em que sarcomas 3-MCA foram induzidos em camundongos imunodeficientes RAG2$^{-/-}$ ou camundongos imunocompetentes RAG2$^{+/+}$ e uma vez estabelecidos foram transplantados para novos hospedeiros imunocompetentes *naïves*. O que se observou foi surpreendente: todos os tumores que se originaram dos animais imunocompetentes tiveram sucesso em formar tumores nos novos hospedeiros, porém em grande contraste, apenas uma pequena parte dos tumores que se originaram dos animais imunodeficientes se estabeleceram nos animais enxertados, sendo a grande maioria fortemente rejeitados pelo sistema imunológico (**Figura 14.1**).

> **Camundongos knockout:** são camundongos geneticamente modificados que tiveram um gene de interesse inativado, conferindo perda de função ao seu fenótipo.
>
> **Interferon-gama (IFN-γ):** citocina produzida por linfócitos T CD4$^+$, CD8$^+$ ou células natural killer que tem propriedades antivirais, antitumorais e de imunorregulação. Ligam-se ao receptor IFNGR1/2 e ativam a via JAK-STAT com mais de 30 genes modulados. Entre as ações descritas para esta citocina estão: promover a atividade das células natural killers, aumentar a apresentação de antígenos e atividade lítica de macrófagos, promover uma resposta do tipo T_h1 (explicada no decorrer do capítulo), elevar a expressão de moléculas de MHC-I. Realmente, essa citocina é tão importante que camundongos IFN-γ deficientes são mais suscetíveis à indução de tumores por carcinógenos do que os animais selvagens.

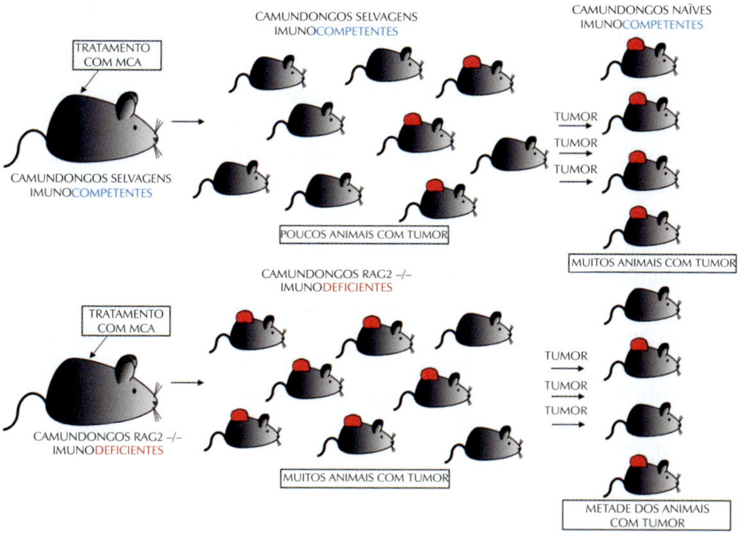

FIGURA 14.1. *Influência do sistema imune no desenvolvimento de tumores.* Camundongos selvagens imunocompetentes ou camundongos Rag2 knockout imunodeficientes foram tratados com o carcinógeno MCA e observou-se a formação de tumores. No grupo dos imunocompetentes somente a minoria dos animais desenvolveu tumores, enquanto no grupo de imunodeficientes a maioria apresentou desenvolvimento tumoral, comprovando que o sistema imune é importante no controle antitumoral. Contudo, se esses tumores forem transplantados para novos hospedeiros naïves e imunocompetentes, observa-se que os tumores isolados dos animais imunocompetentes foram mais agressivos do que os tumores isolados dos animais imunodeficientes. Esta observação revela que, embora o sistema imune combata o desenvolvimento de tumores em um primeiro momento, ele seleciona as variantes tumorais menos imunogênicas, que se desenvolvem com mais eficiência em novos hospedeiros (adaptado de Schreiber RD, Old LJ e Smyth MJ, 2011).

Imunologia de Tumores

Imunogenicidade: é a capacidade de uma molécula de provocar uma resposta imunológica, seja esta humoral ou celular.

Resposta inata: pode ser considerada como uma resposta imune de baixa especificidade e também como a primeira linha de defesa do organismo. Reconhece e responde aos patógenos de maneira genérica, imediata e sem conferir uma proteção prolongada após o combate. Entre as suas funções está recrutar células ao sítio da infecção, identificação e remoção de organismos estranhos e ativação do sistema adaptativo. Os macrófagos, neutrófilos e as células natural killers são as principais células dessa resposta.

Resposta adaptativa: também conhecida como resposta adquirida, é, ao contrário da inata, altamente específica contra seus alvos. Possui os componentes humoral (anticorpos) e celular para eliminar tanto o organismo patogênico quanto as suas toxinas. Outra diferença é que a proteção originada pode ser mantida por longos períodos pela geração de células de memória. Além disso, tem a função de reconhecer o que é próprio do não próprio. As principais células desta resposta são as células dendríticas, linfócitos T e B.

Damage-associated molecular pattern molecules (DAMPs): são padrões de moléculas associadas ao perigo que podem iniciar uma resposta imune ao se ligarem a receptores específicos, presentes na superfície celular ou no citoplasma.

Neutrófilos: são as células mais abundantes do sistema imune. Morfologicamente têm núcleos formados por dois a cinco lóbulos ligados por segmentos de cromatina. São células fagocíticas e no início da inflamação são as primeiras células a chegar ao sítio inflamatório. Podem combater infecções bacterianas e também células tumorais. Evidências recentes têm mostrado que os neutrófilos podem induzir morte celular e regular a angiogênese tumoral.

A partir dessa observação foi demonstrado que o sistema imune também pode influenciar na **imunogenicidade** dos tumores, pois quando originados em animais imunodeficientes eram mais imunogênicos (classificados como "não editados" pelo sistema imune) do que os tumores desenvolvidos em animais imunocompetentes ("editados" pelo sistema imune). Ou seja, aparentemente as células tumorais imunogênicas são eliminadas pelo sistema imune. Entretanto, durante a tumorigênese, esta imunogenicidade pode ser perdida e o tumor pode então fugir do controle imunológico e progredir mesmo na presença do sistema imune.

Este papel pró e antitumoral exercido pelo sistema imune não era contemplado dentro da teoria da imunovigilância, e por isso esse conceito foi reformulado e a hipótese mais aceita no campo da imunologia de tumores é a imunoedição tumoral. Esta é dividida em três fases contínuas e progressivas: eliminação (primeira), equilíbrio (segunda) e evasão (terceira). Entretanto, devido à influência de fatores externos como condições ambientais, imunodeficiências adquiridas ou envelhecimento, em alguns casos, os tumores podem entrar diretamente na fase de equilíbrio ou evasão, sem passar pela eliminação. Deste modo, essas distintas fases serão usadas como pano de fundo no decorrer deste capítulo para que compreendamos com maior profundidade a maneira gradativa e sequencial com que o sistema imune e o câncer se relacionam.

A FASE DE ELIMINAÇÃO E O PAPEL DAS CÉLULAS NATURAL KILLERS

A fase de eliminação pode ser descrita como uma versão atualizada da hipótese de imunovigilância, na qual as **imunidades inata e adaptativa** trabalham em conjunto para eliminar tumores nascentes, muito antes de serem clinicamente detectáveis. Se este processo é bem-sucedido, o hospedeiro permanece livre de tumores. Essa eliminação ocorre, possivelmente, através da produção de sinais clássicos de perigo durante a fase inicial do desenvolvimento tumoral, tais como **DAMPs**, HSP (*heat shock proteins*) e interferons do tipo I. Esses sinais ativam células dendríticas e promovem uma resposta mediada por células T efetoras. Entretanto, componentes do sistema imune inato também têm um papel decisivo. Destas, as células *natural killer* (NK) são as células da resposta imune inata mais bem estudadas, e o modo como elas percebem os tumores e os combatem será discutido nesta sessão. Embora outras células como os macrófagos e **neutrófilos** também sejam importantes, aprofundaremo-nos apenas nas NK, lembrando que os macrófagos são discutidos com grande detalhe no Capítulo 15.

As células NK têm origem na medula óssea a partir do mesmo precursor linfoide dos linfócitos e por isso são consideradas um subgrupo de linfócitos. Contudo, possuem grânulos no seu citoplasma e são caracterizadas pela ausência de CD3 e pela expressão de CD56 e CD16 na sua superfície. As primeiras observações funcionais dessas células revelaram uma potente habilidade seletiva de matar células tumorais ou células infectadas por vírus, mas sem matar células sadias e ainda sem a necessidade de imunização anterior.

CAPÍTULO 14

Mais interessante ainda foi observar que a atividade citotóxica das NK não era restrita ao MHC de classe I como a dos linfócitos e que também de algum modo a baixa expressão do complexo de histocompatibilidade nas células-alvo aumentava a atividade citotóxica das células NK. Uma estratégia frequentemente utilizada por células tumorais ou células infectadas por vírus é diminuir a expressão de moléculas do MHC para se tornarem menos visíveis ao sistema imune. Entretanto, a capacidade das NKs de detectar essa diminuição supera essa estratégia de evasão. Simplificadamente, o receptor inibitório nomeado KIR (*killer inibitory receptor*), expresso na superfície das células NK, é o responsável pelo reconhecimento do MHC de classe I na célula-alvo. A ligação entre o KIR e o MHC provoca uma série de sinais inibitórios na NK que impedem o ataque dessa célula. Mas quando o KIR não encontra o MHC, a NK é ativada e elimina a célula-alvo.

Este é primeiro tipo de reconhecimento tumoral apresentado, e é denominado de teoria do *missing self*, ou falta de reconhecimento do que é próprio: células NK reconhecem células que fazem parte do organismo pelo MHC, porém, na ausência desse sinal, a mensagem recebida é outra: a de célula estranha.

As células tumorais também podem interagir com as células NK de outra importante maneira: ativando-as. Essas interações ocorrem quando as células tumorais externalizam através de ligantes de superfície o estresse que estão sofrendo. O estresse provocado por dano ao DNA, infecção viral ou até transformação celular pela ativação de oncogenes pode induzir a expressão de ligantes como MICA, RAET1-D, ULBP1 ou H60. As células NK reconhecem esses ligantes nas células-alvo através do receptor NKG2D e são então fortemente ativadas, aumentando a sua atividade citotóxica.

Este é o segundo modo pelo qual o sistema imune pode reconhecer a célula tumoral e é conhecido como teoria de *altered self*, onde há o reconhecimento do próprio alterado sinalizando um estresse ou perigo. Nesse caso a mensagem recebida é: perigo!

Em resumo, as células NK reconhecem dois tipos de sinais emitidos pela célula-alvo, os inibitórios e os ativadores. Os inibitórios visam impedir que a células NK ataquem células próprias e sadias. Já os sinais ativadores objetivam alertar que as células estão sofrendo algum estresse potencialmente perigoso para o organismo. Esses dois sinais podem ser emitidos ao mesmo tempo e desencadeiam mensagens opostas, e evidências recentes sugerem que um balanço entre esses sinais determinará se a NK se tornará ativa ou não.

Uma vez que a célula NK se comprometeu com o ataque, esta pode atuar por mecanismos citolíticos e expor a célula-alvo a proteínas tóxicas para provocar a lise de sua membrana citoplasmática. Para isso a célula NK, através de um processo de desgranulação, secreta primeiramente perforina que forma poros na membrana celular da célula-alvo e permite que a granzima, uma serina protease, penetre nas células-alvo para induzir apoptose pelo engajamento de proteínas pró-apoptóticas, como as caspases. Além disso, após o ataque as células NK também podem secretar citocinas imunomodulatórias como IFN-γ, com o objetivo de recrutar outras células imunes para o ataque **(Figura 14.2)**.

Imunologia de Tumores

FIGURA 14.2. Mecanismos de ativação/inibição das células natural killers. *Inibição da ativação das células NK ocorre após a interação do seu receptor inibitório KIR com o MHC de classe I de uma célula-alvo saudável, que não expressa moléculas ligadas ao estresse e não ativa eficientemente os receptores ativadores das células NK, por exemplo, NGG2D. Essa interação não habilita a célula NK a matar a célula-alvo. De acordo com a teoria do missing self, quando o KIR das células NK não interage com o MHC-I de uma célula-alvo tumoral, que por sua vez expressa ligantes de receptores ativadores das células NK, como por exemplo os ligantes ULBP1 e RAET-1D que se acoplam ao receptor NKG2D; a célula NK é então ativada para matar. Outro mecanismo de ativação é descrito pela teoria do altered self, onde a célula-alvo tumoral expressa o MHC-I, mas devido ao estresse decorrente da transformação tumoral, também expressa grande quantidade dos ligantes de NKG2D. Se houver uma maior expressão/ativação dos receptores ativadores em comparação aos receptores inibidores, ocorrerá a ativação das células NK, com secreção de citocinas, como o IFN-γ, e proteínas tóxicas como perforina/granzimas para matar a célula-alvo (adaptado de Vivier E et al., 2012).*

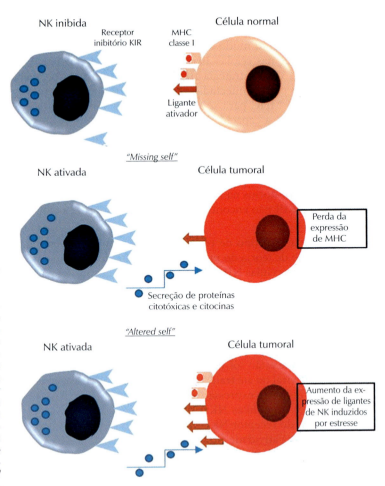

A FASE DO EQUILÍBRIO, OS ANTÍGENOS TUMORAIS E A RESPOSTA IMUNE ADAPTATIVA

No equilíbrio, o crescimento tumoral é combatido principalmente por mecanismos imunes adaptativos. Células T, interleucina 12, IFN-β, IFN-γ são necessários para manter o tumor em um estado de dormência, às vezes por até mais de 20 anos em alguns indivíduos. Aparentemente, componentes da resposta inata, como as células NK, não desempenham um papel fundamental nesta etapa. A edição tumoral ocorre nesta fase, e devido a uma constante pressão seletiva do sistema imune e à instabilidade genética das células tumorais, variantes menos imunogênicas do tumor podem surgir. Estas variantes não serão tão eficientemente reconhecidas pelo sistema imune, ficam resistentes aos mecanismos antitumorais, ou induzem um ambiente altamente imunossupressor propiciando que o tumor fuja do controle imunológico e entre na fase da evasão, em que as células tumorais proliferam, causando a doença câncer em si.

Antes de continuarmos, é importante destacar que a resposta imune adaptativa é antígeno-específica, e por isso antes de entendermos como o sistema imune adaptativo atua é necessário compreendermos o que são e como surgem esses antígenos tumorais.

Antígenos Tumorais

Antígenos são definidos como proteínas, polissacarídeos ou moléculas nucleares que são capazes de induzir uma resposta imune adaptativa. Três classes de antígenos tumorais têm o potencial de provocar essa resposta imune que é estritamente específica às células tumorais: (i) antígenos virais; (ii) antígenos provenientes de mutações gênicas e (iii) antígenos codificados por genes germinativos.

A capacidade que certos vírus, como o HPV e HBV, têm de promover a transformação maligna tem sido considerada como indutora de uma importante classe de tumores, como por exemplo, o carcinoma cervical e o hepatocarcinoma. Contudo, células infectadas por vírus oncogênicos não expressam apenas os oncogenes virais, elas também expressam em sua superfície proteínas codificadas pelo genoma viral. Desse modo as células tumorais passam a ser percebidas pelo sistema imune como um organismo estranho e a resposta imune induzida é basicamente contra essas proteínas virais. Assim, antígenos virais se tornam úteis tanto na prevenção como no tratamento, porém como o papel dos vírus na transformação celular foi bem discutido no Capítulo 4, descreveremos mais detalhadamente os outros tipos de antígenos.

Genes mutados contribuem fortemente para a imunogenicidade dos tumores humanos, pois mutações podem produzir novos peptídeos antigênicos por mudar um aminoácido por outro, alternar a matriz de leitura ou por estender a sequência codificante além do códon de parada. Em pacientes com câncer, aproximadamente metade dos antígenos tumorais reconhecidos por células T são oriundos de genes mutados, sendo a outra metade codificada por genes germinativos. Todavia, em alguns casos, a maioria das células T tumor-específicas reconhece antígenos mutados, sugerindo que a contribuição desses antígenos para a imunogenicidade do tumor deve variar de acordo com a taxa de mutação desse tumor. Por exemplo, uma maior contribuição é esperada em carcinomas de pulmão provenientes de fumantes ou em melanomas induzidos pela exposição à radiação ultravioleta. A maioria desses antígenos tumorais é formada por ***mutações passageiras***.

Até o presente, antígenos mutados não foram utilizados em vacinas terapêuticas para o câncer, uma vez que o perfil antigênico de cada tumor deve ser único e bem diverso em relação a outros tumores de mesmo tipo, o que dificulta a geração de uma vacina comum a muitos pacientes.

Genes germinativos são uma importante fonte de antígenos tumorais, e uma das famílias mais bem caracterizadas é a família MAGE, que compreende mais de 25 genes localizados no cromossomo X. No total mais de 60 *câncer-genes* germinativos foram identificados, sendo que estes possuem baixo grau de conservação entre espécies e muitos ainda têm sua função desconhecida.

Mutações passageiras: são mutações gênicas que não têm efeito na adaptação da célula tumoral ao microambiente, não conferindo uma vantagem clara ao clone tumoral que surge. Ao contrário, as mutações drivers conferem uma vantagem seletiva, como por exemplo, aumento da sobrevida ou da proliferação, e por isso tendem a gerar a expansão clonal dos clones que as desenvolvem.

Imunologia de Tumores

Ao contrário dos antígenos mutados, os antígenos germinativos são expressos de maneira mais uniforme por uma parte dos tumores e por isso podem ser usados como alvos terapêuticos de vacinação. Porém, é indicado que cada tumor seja avaliado para o perfil de antígenos germinativos expressos. O mecanismo que leva à ativação desses genes que deveriam estar silenciosos nos indivíduos adultos envolve principalmente a desmetilação da região promotora de genes que são metilados em células normais, mas não em células germinativas. Essa desmetilação parece ser mais frequente em tumores avançados, em decorrência da sua progressão.

É importante destacar que apesar de esses genes também serem expressos por células germinativas masculinas e trofoblastos, essas células não possuem moléculas de MHC de classe I e dessa maneira não podem apresentar esses antígenos para as células T; a utilização desses antígenos para fins imunoterapêuticos é segura, ou seja, sem indução de autoimunidade.

Além desses antígenos, que são específicos para tumores, existem antígenos com menor especificidade tumoral, que são os antígenos de diferenciação e os antígenos derivados de proteínas superexpressas.

Antígenos de diferenciação são expressos tanto nas células tumorais quanto nas células normais do tecido de origem do tumor. Mas só foram bem caracterizados em pacientes com melanoma, em que se observou uma resposta espontânea de células T contra o melanoma, mas também contra melanócitos normais. Os principais antígenos dessa classe já reconhecidos são os derivados da tirosinase, Melan-A, GP-100. Ainda não está claro por que o sistema imune não é completamente tolerante a esses antígenos presentes em melanócitos.

A superexpressão de proteínas se baseia no limiar de antígenos que uma célula expressa para ser reconhecida por linfócitos T. Assim, se as células tumorais apresentam uma molécula em uma quantidade acima do limiar que é exibido por células normais, o sistema imune pode montar uma resposta imune antitumoral. Como exemplo o receptor do fator de crescimento, HER2, que é superexpresso em vários tumores epiteliais, já teve muitos peptídeos antigênicos definidos e utilizados em esquemas de vacinação sem que fossem observadas reações adversas. Além disso, HER2 é alvo de anticorpos monoclonais que são utilizados no tratamento do carcinoma de mama.

Em resumo, como consequência das alterações gênicas decorrentes do processo de transformação, a célula tumoral passa a ter um perfil antigênico diferente da célula não transformada, e por isso essa célula pode ser reconhecida pelo sistema imune adaptativo como "estranha", vindo a desencadear uma resposta imune adaptativa.

Resposta Imune Adaptativa

A indução de uma resposta imune adaptativa envolve pelo menos dois processos que serão mais bem explicados a seguir: (i) reconhecimento e apresentação dos antígenos e (ii) ativação dos linfócitos.

Para os linfócitos serem ativados, seus receptores antígeno-específicos (TCR para os linfócitos T e BCR para os linfócitos B) devem reconhecer moléculas do MHC contendo peptídeos tumor-específicos na superfície das células apresentadoras de antígenos (APCs), e também receber sinais coestimulatórios. Todo este processo é chamado de apresentação de antígeno e é realizado por APCs profissionais, que providenciam também os sinais coestimulatórios.

Vários tipos de células do sistema imune são capazes de funcionar como APCs, como por exemplo, as células dendríticas, os macrófagos, linfócitos B (que além de peptídeos podem reconhecer lipídeos e polissacarídeos), entre outras. Porém, as células dendríticas (DC) são consideradas as mais eficientes nesta tarefa, pois residem em quase todos os tecidos do organismo e podem estimular linfócitos T *naïves* de maneira superior a outras APCs.

As DC têm origem hematopoiética, diferenciam-se dos monócitos, morfologicamente possuem várias projeções celulares e fenotipicamente a sua população convencional pode ser caracterizada pela expressão de CD45, MHC-II, CD11c (existem várias outras subpopulações de DCs com funções específicas que são caracterizadas por outros marcadores). Nos tecidos elas permanecem na sua forma imatura, que é muito eficiente em adquirir e processar antígenos. Esta busca antigênica é realizada de três maneiras: macropinocitose, endocitose via receptor de manose ou fagocitose. E como a macropinocitose e a expressão do receptor de manose é constitutiva, pode-se dizer que essas células estão constantemente "provando" o seu ambiente extracelular.

Por sua vez, o processamento de antígenos pode ser realizado de duas maneiras: via intrínseca, em que proteínas sintetizadas pelas próprias DC são degradadas pelo proteassoma, imunocomplexos proteolíticos localizados no citoplasma, que em conjunto com o transportador TAP (*transporter associated with antigen processing*) leva os peptídeos processados para o retículo endoplasmático, onde são associados a moléculas recém-sintetizadas de MHC de classe I.

Na via extrínseca, os antígenos são captados no ambiente extracelular, ou seja, estes antígenos podem ser provenientes de outros tipos de célula ou até mesmo de microrganismos. E após serem fagocitados são encaminhados por endossomos para degradação por proteases até que atinjam compartimentos onde serão associados a moléculas de MHC de classe II. Dessa forma, a DC pode apresentar antígenos tanto para linfócitos T CD8[+] via MHC de classe I como para linfócitos T CD4[+] via MHC de classe II.

Quando DCs fagocitam um antígeno, essas células, até então imaturas, têm agora a missão de migrar para o linfonodo drenante e apresentar esse antígeno para linfócitos T *naïve*. Para realizar apropriadamente esse papel, durante o caminho ao linfonodo elas passam por um processo de maturação no qual aumentam a expressão de moléculas de superfície, principalmente as moléculas coestimulató-

IL-12: *interleucina produzida por macrófagos e células dendríticas no processo de apresentação de antígenos. Sua principal função antitumoral é diferenciar a resposta de linfócito T naïve para um perfil T_h1, para que estes produzam IFN-γ e TNF-α. Além disso, a IL-12 pode aumentar a atividade citotóxica das células NK.*

IL-1β: *é um membro das interleucinas do tipo 1, que é produzida imatura por macrófagos e células dendríticas e para se tornar ativa (madura) precisa ser clivada pela caspase-1 presente no inflamossomo. Possui uma importante função como mediadora da inflamação e está envolvida na proliferação, diferenciação e atividade dos linfócitos T.*

Rearranjo gênico: *ou rearranjo VDJ (variable diverse joining), é um mecanismo genético complexo que ocorre nos estágios iniciais da formação de imunoglobulinas ou do TCR para que de maneira randômica diferentes regiões gênicas sejam selecionadas para gerar proteínas que se liguem aos antígenos de bactérias, fungos, vírus, tumores, etc.*

Epítopo: *é a parte do antígeno que induz a resposta imune e interage com os receptores celulares. Também é reconhecido pelos anticorpos.*

Sistema complemento: *complexo de pequenas proteínas encontradas no sangue e produzidas pelo fígado que tem a função de complementar a ação de anticorpos e fagócitos. São produzidas inativas e quando ativadas por proteases ou citocinas, por exemplo, iniciam uma cascata que forma poros na célula-alvo, induzindo a morte da mesma.*

rias (CD80, CD86), quimiocinas (CCR7) e citocinas (como **IL-12 e IL-1β**).

Agora no linfonodo, a interação entre a DC com as células T se inicia quando o TCR encontra um peptídeo complementar ligado ao MHC, induzindo uma mudança conformacional para favorecer o contato físico entre essas células e uma cascata de sinalização para a ativação da célula T. Este contato é muito importante para a função efetora do linfócito, pois facilita a liberação de citocinas e a interação do receptor CD28 da célula T, com os seus ligantes na DC, os B7.1 (CD80) e B7.2 (CD86). A ativação desses correceptores é considerada como um segundo sinal ativador determinante para indução de células T efetoras, e caso não ocorra essa interação, os linfócitos poderão se tornar anérgicos em vez de ativados.

Os linfócitos são originados imaturos na medula óssea fetal e podem ser classificados em dois principais tipos, com diversos subtipos, de acordo com o local onde se diferenciam e com os marcadores de superfície. A diferenciação ocorre na própria medula óssea para os linfócitos B e no timo para os linfócitos T, que são os órgãos linfoides primários. Ainda nesses órgãos essas células passam por um processo de **rearranjo gênico** que leva à formação do repertório de linfócitos maduros. Em seguida, são levadas pela circulação sanguínea até os órgãos linfoides secundários, como linfonodos, nódulos linfáticos e baço, onde esperam o encontro com as células APCs.

Os linfócitos B são caracterizados fenotipicamente, sobretudo pela expressão do BCR (CD79A e CD79B). Quando são ativados se diferenciam em plasmócitos e passam a produzir anticorpos, sendo que alguns linfócitos B podem se diferenciar em células B de memória para reagir mais rapidamente frente a uma segunda exposição ao antígeno.

Anticorpos ou imunoglobulinas (Ig) são glicoproteínas plasmáticas que reconhecem e ligam-se especificamente ao **epítopo** do antígeno que provocou a resposta imune. Podem eliminar microrganismos circulantes que habitam o espaço extracelular, como bactérias, fungos e vírus, e de maneira semelhante também podem reconhecer antígenos tumorais e ligarem-se na célula tumoral que os expressa. Essa ligação, em um processo chamado de opsonização, pode facilitar a fagocitose dessa célula tumoral por células APC para favorecer o processo de apresentação de antígeno. Outra possibilidade é a ativação do **sistema complemento** presente no plasma, que reconhece complexos de antígenos-anticorpos, liga-se a esses complexos e através de canais provoca a formação de poros na membrana celular e causa a sua morte. O anticorpo, após sua ligação ao antígeno na superfície da célula tumoral, pode também levar esta à apoptose se ocorrer a ativação de vias de sinalização intracelulares ligadas a esse processo.

Os linfócitos T maduros se diferenciam em duas principais subpopulações definidas pela expressão das moléculas coestimulatórias CD4 e CD8. Os linfócitos CD4$^+$ são chamados de *helper* (T_h), ou em

CAPÍTULO 14

português auxiliadores, e têm o papel de regular, direcionar o perfil da resposta imune; já os CD8+ são denominados citotóxicos, pois têm a função de combater, matar o organismo que provocou a resposta imune.

Dependendo dos sinais emitidos durante a apresentação de antígenos pelas DCs, os linfócitos T_h podem assumir diferentes perfis de resposta e assim contribuir para a ativação de linfócitos citotóxicos (resposta de perfil T_h1) ou linfócitos B (perfil T_h2). A capacidade de auxiliar tanto a resposta humoral quanto a celular é mediada pelos padrões de citocinas distintos que são secretados por um perfil ou outro. As principais citocinas secretadas no perfil T_h1 são o IFN-γ e o **TNF-α** (também conhecido como fator de necrose tumoral) e estimulam macrófagos, linfócitos CD8+ e células NK. As principais citocinas do perfil T_h2 são a **IL-4** e a **IL-5,** que estimulam eosinófilos e basófilos em resposta a alérgenos ou toxinas. O perfil T_h2 também regula o **switching de isotipos** dos anticorpos. E devido a essa influência sobre a produção de anticorpos e respostas alérgicas, o perfil T_h2 tem uma baixa correlação com a sobrevida de pacientes com câncer. Em contrapartida, o perfil T_h1 é associado com uma resposta imune antitumoral eficaz e com um prognóstico favorável em diversos tipos de tumores.

Os linfócitos T citotóxicos, assim como as células NK, são especializados em matar as células-alvo e podem fazer isso por dois mecanismos, o citolítico (explicado anteriormente para as células NK) e o citotóxico. Neste último, a indução de morte ocorre pelo receptor de morte Fas, que é expresso em muitos tipos celulares do organismo. O ligante desse receptor, chamado de FasL, é expresso pelos linfócitos citotóxicos ativados e a sua ligação com o seu respectivo receptor na célula-alvo ou tumoral provoca uma série de eventos intracelulares que culminam na ativação de caspase 3 e assim a morte dessa por apoptose (explicada no Capítulo 9).

Em resumo, o reconhecimento dos antígenos tumorais e a consequente eliminação das células tumorais que os expressam ocorrem graças a processos celulares e moleculares finamente regulados que compõem a chamada imunidade adaptativa. Porém, ressaltamos que esses processos e os mecanismos inatos ocorrem de maneira interligada e complementar no combate efetivo ao câncer. Na verdade, o importante é que o leitor compreenda que existe um sistema formado por células inatas, adaptativas e tumorais que estão em processo dinâmico de evolução com diversas possibilidades e que, como será explicado a seguir, uma dessas possibilidades é que o tumor desenvolva meios para contra-atacar o sistema imune **(Figura 14.3).**

TNF-α: *é uma citocina pró-inflamatória com ação sistêmica, que age durante a fase aguda da inflamação. É produzida por macrófagos, linfócitos T CD4+, NK, neutrófilos, entre outras células. Sua principal função é a regulação da resposta imune com caráter inflamatório, mas pode também induzir apoptose, inflamação, febre e caquexia em algumas doenças, como no câncer. Sua ação antitumoral tem se mostrado crítica para o sucesso da resposta imune, de modo que camundongos knockout para TNF-α falham em montar uma eficiente resposta antitumoral. Atua fortemente sobre os macrófagos, aumentando a sua capacidade fagocítica e de secretar óxido nítrico. Nos linfócitos age polarizando a resposta para um perfil T_h1, aumentando a expressão de IFN-γ.*

IL-4: *é uma citocina essencial para a polarização dos linfócitos T helper para um perfil T_h2. Estimula a atividade dos linfócitos B, aumenta MHC de classe II e diminui a expressão de IFN-γ. Também está envolvida no fenótipo M2 dos macrófagos (este fenótipo e o M1 serão mais bem explicados no Capítulo 15).*

IL-5: *citocina produzida por linfócitos T_h2 e mastócitos. Estimula a secreção de anticorpos pelos plasmócitos e a atividade dos eosinófilos.*

Switching de isotipos: *mecanismo que ocorre nos linfócitos B durante a produção de imunoglobulinas que permite uma mudança de isotipo, por exemplo, de uma IgM para IgG. Este processo permite a manutenção da especificidade do anticorpo pelo antígeno, mas em geral aumenta a afinidade com que este anticorpo irá interagir com o seu alvo.*

Imunologia de Tumores

FIGURA 14.3. Resposta imune adaptativa protetora contra tumores. Células dendríticas maduras, expressando sinais coestimulatórios (CD80, CD86, IL-12), apresentam antígenos tumorais via MHC-I para linfócitos naïves T CD8+ e via MHC-II para linfócitos T helper CD4+. Se essa interação ocorrer em um ambiente inflamatório, os linfócitos T helper ativados pelas DCs adquirem um perfil T_{h1} que direciona uma resposta celular através da secreção de TNF-α e IFN-γ. Essas citocinas ativam funções citotóxicas de células NK, macrófagos, mas principalmente dos linfócitos T citotóxicos. Outra possibilidade é que a resposta imune assuma um perfil humoral, em conjunto com a resposta celular, ou prioritariamente, diferenciando linfócitos B em plasmócitos para secretar anticorpos com funções antitumorais. Por sua vez, os linfócitos T citotóxicos combatem diretamente as células tumorais através da secreção de perforina e granzima (via citolítica) ou pela via de morte extrínseca de Fas e Trail (adaptado de Pacheco R, Contreras F e Prado C, 2012).

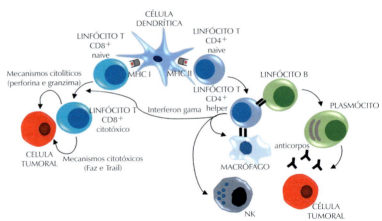

Tolerância imune: definida como um estado de não responsividade do sistema imune para antígenos, substâncias ou tecidos que têm a capacidade de provocar uma reposta imune, sendo um mecanismo necessário para prevenir autoimunidade. Resulta da tolerância central na qual os linfócitos T em desenvolvimento no timo que possuírem uma alta afinidade do seus TCR pelo complexo MHC dos timócitos serão eliminados (seleção negativa). Entretanto, apenas a eliminação desses linfócitos T potencialmente auto reativos não é suficiente, pois nem todos os auto antígenos são expressos no timo. Através da tolerância periférica esses linfócitos que escaparam da seleção negativa no timo são inativados na periferia por mecanismos como deleção, supressão por Treg ou mantidos em um estado que não proliferam e não respondem a antígenos.

A FASE DA EVASÃO TUMORAL E OS SEUS MECANISMOS DE IMUNOSSUPRESSÃO

O câncer pode escapar do controle imunológico por diversos mecanismos. Entre os principais, alterações genéticas podem levar a perda de antígenos imunogênicos, resistência aumentada às vias de citotoxicidade e expressão reduzida de proteínas de MHC. Além desses, os tumores podem escapar também pelo estabelecimento de um ambiente fortemente imunossupressor. Este estado é adquirido pela secreção de citocinas supressoras como TGF-β (*transforming growth factor-beta*), IDO (*indoleamine 2,3-di-oxygenase*) e interleucina 10 (IL-10). Além disso, células imunossupressoras como as células T reguladoras e células mieloides supressoras (MDSC – *myeloid derived supressor cell*) são recrutadas para o microambiente tumoral e fortalecem os mecanismos de evasão imune. Como resultado final o sistema imunológico deixa de funcionar com a barreira extrínseca antitumoral, não sendo capaz de controlar o desenvolvimento do tumor.

O sistema imunológico necessita de um meio para manter a homeostasia tecidual, regular as respostas imunes que ocorrem e induzir **tolerância imune**. Caso contrário, células T autorreativas (que reagem contra autoantígenos) ou respostas inflamatórias exacerbadas poderiam atacar o próprio organismo e provocar doenças autoimunes. Entre as células responsáveis por essa tolerância imunológica, uma população de linfócitos T CD4+, chamada de T reguladora (Treg), é dotada da capacidade de impedir atividades pró-inflamatórias de outras células imunes, especialmente linfócitos T efetores. Assim como os outros linfócitos T, as Treg também são originadas no timo, porém recentemente se descobriu que em microambientes desprovidos de inflamação e na presença de TGF-β, como nos tumores, **células dendríticas tolerôgenicas** apresentam antígenos em associação a uma coestimulação negativa que pode gerar linfócitos Treg. A maioria dos linfócitos Treg naturalmente induzidos expressa constitutivamente CD25$^+$ (cadeia alfa do receptor da **IL-2**) e também o fator de transcrição Foxp3, reconhecido como principal regulador da função supressora dessas células. De fato, a importância desse fator de transcrição é bem demonstrada na rara síndrome monogênica IPEX (do inglês, *immunodeficiency, polyendocrinopathy and enteropathy, X-linked syndrome*) em que uma mutação no gene da Foxp3 causa nefropatias, dermatites, doenças autoimunes como diabetes do tipo I e severas reações alérgicas.

As Treg inibem respostas imunes através de vários mecanismos como consumo de aminoácidos essenciais para a manutenção dos linfócitos, expressão de citocinas supressoras como IL-10 e TGF-β e por fornecer sinais negativos para as DCs. Esses sinais negativos são usualmente transmitidos por dois receptores de superfície que estão ganhando muito destaque no campo das imunoterapias: o CTLA-4 (do inglês, *cytotoxic T-lymphocyte-associated antigen 4*) e o PD-1 (*programmed cell death- 1*). O mecanismo proposto pelo qual o CTLA-4 atua se baseia no fato que de este possuir uma maior afinidade com as moléculas coestimulátorias CD80/86 das DCs do que com o CD28 dos linfócitos T *naïves* (lembre-se que essas moléculas foram descritas no texto acima). Desse modo as células Treg se ligam preferencialmente a DCs do que ao linfócito T *naïve*, inibindo o processo de apresentação de antígenos. Ainda, é possível que essa ligação CTLA-4 com o CD80/86 transmita sinais negativos para as DC ou linfócitos T. De fato, tão forte é este mecanismo de regulação imune que recentemente tem se demonstrado, tanto em modelos experimentais quanto na clínica, que o bloqueio da via do CTLA-4 por anticorpos monoclonais aumenta fortemente a resposta imune antitumoral e prolonga de forma significativa a sobrevida de pacientes com melanoma.

A via do PD1 tem como função limitar a atividade dos linfócitos T nos tecidos periféricos no momento da resposta inflamatória. Obviamente, este mecanismo é muito explorado pelos tumores. Outra diferença é que o PD1 é amplamente expresso por diversas células, incluindo células NK, linfócitos T e B ativados, e os seus ligantes (PD-L1 e PD-L2) são expressos em macrófagos, DC maduras, linfócitos Treg e até por células não imunes, como as tumorais. Na verdade, esse é um mecanismo que muitas células utilizam para se proteger do sistema imune em um ambiente inflamatório. Quando ocorre a ligação do PD-1 com o seu ligante, uma cascata inibitória sobre a atividade de linfócitos é desencadeada, reduzindo a sobrevida, proliferação celular e expressão de IFN-γ e IL-2 por essas células. Além disso, pode acarretar um estado de **exaustão** ou até morte por apoptose. A "gravidade" dos efeitos vai depender do nível de estimulação recebida pelo TCR durante a apresentação de antígeno, que pode aumentar a expressão da proteína antiapoptótica Bcl-2 para reduzir os efeitos inibitórios do PD1. Assim, como o CTLA-4, o bloqueio por anticorpos da PD1/PD-L1 também tem revelado resultados muito satisfatórios na clínica, que serão explicados com maiores detalhes no Capítulo 21.

Células dendríticas tolerôgenicas: *células dentríticas imaturas para se tornarem maduras e induzirem uma resposta efetora precisam mais do que simplesmente captar antígenos, também necessitam de sinais inflamatórios ou de perigo presentes no tecido no momento da captura do antígeno. Porém, na ausência desses sinais inflamatórios ou de perigo, e na presença de sinais supressores, como os emitidos pelo microambiente tumoral, as DCs imaturas podem adquirir um fenótipo tolerogênico. Essas células dendríticas tolerogênicas podem suprimir ou regular negativamente a resposta efetora dos linfócitos por diversos mecanismos, como secreção de IDO, citocinas anti-inflamatórias como IL-10 e também podem induzir a diferenciação de linfócitos T naïve em T reguladores, antígeno-específicos.*

IL-2: *citocina fundamental no desenvolvimento e diferenciação dos linfócitos T e B e para aquisição de suas funções efetoras.*

Exaustão: *exposição persistente e prolongada, observada em estados de inflamação crônica, que induz um estado progressivo de perda das funções efetoras de células T. Representa um estado de não responsividade a um determinado antígeno.*

Anergia: *descrita como um estado disfuncional de células T estimuladas in vitro na ausência de sinais coestimulatórios. Uma característica funcional é a inabilidade de produzir IL-2 ou proliferar em resposta ao antígeno em condições ótimas. Observa-se um estado de não responsividade in vivo com características semelhantes a anergia, provocado pela estimulação subótima in vivo.*

Imunologia de Tumores

A IL-10 é uma potente citocina imunossupressora produzida por vários tipos celulares, incluindo células Treg, linfócitos B, macrófagos, DC, eosinófilos. Além dessas células, e embora iniba respostas imunes adaptativas com o perfil T_h1, linfócitos T CD4$^+$, com o próprio perfil T_h1, também podem produzir essa citocina como um mecanismo regulatório da ação do IFN-γ para atingir um balanço na resposta imune inflamatória. Já foi demonstrado que a IL-10 pode prejudicar a proliferação de linfócitos T, diminuir a produção de citocinas inflamatórias e alterar a capacidade efetora e citotóxica de linfócitos T. Nas DCs a IL-10 pode regular negativamente a expressão das moléculas coestimulatórias CD80/86, de MHC de classe II, e diminuir a expressão de IL-12. Assim, linfócitos T que foram primados na presença dessa citocina falham em responder à reestimulação do antígeno e tornam-se *anérgicos* (Figura 14.4).

Células mieloides supressoras (MDSCs) pertencem a uma população celular heterogênea de células progenitoras mieloides (*i.e.*, células dendríticas, macrófagos imaturos e granulócitos) que possuem uma potente atividade imunossupressora. São caracterizados em camundongos pela expressão de CD11b$^+$ e GR1 (marcador granulocítico que compreende dois marcadores de superfície Ly6C e LY6G), com correspondentes humanos. Em indivíduos saudáveis as células progenitoras mieloides terminam a sua diferenciação, porém em pacientes com câncer essas células progenitoras respondem a citocinas produzidas no microambiente tumoral como IL-6, GM-CSF e migram da medula óssea até o foco tumoral primário ou metastático. No microambiente tumoral essas células têm a sua diferenciação inibida e começam a produzir enzimas imunossupressoras como arginase I e óxido nítrico sintase, e ainda citocinas tolerogênicas IL-10 e TGF-beta. Todos esses fatores atenuam a ação das células NK e dos linfócitos T CD8$^+$. Recentemente, a capacidade das MDSCs de prejudicar a eficácia de várias imunoterapias vem sendo reconhecida nos protocolos clínicos, e por isso estratégias que consigam promover a diferenciação dessas células ou atenuar os seus efeitos imunossupressores estão se tornando um potencial alvo terapêutico em estudo.

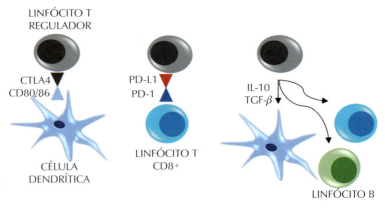

FIGURA 14.4. Mecanismos supressores dos linfócitos T reguladores. *Linfócitos Treg podem atuar por vários mecanismos para induzir tolerância imune e/ou suprimir respostas inflamatórias. O CTLA4 da Treg possui alta afinidade pelas moléculas coestimuladoras CD80/86 das DCs, e por isso impede que os CD28 dos linfócitos T naïve interajam com as DCs para serem ativados. Já o PD-1 tem como função regular negativamente a resposta inflamatória dos linfócitos T. Quando o PD-1 interage com o seu ligante (PD-L1 ou PD-L2), uma cascata inibitória sobre a atividade de linfócitos é desencadeada, reduzindo a sobrevida, proliferação celular e expressão de IFN-γ e IL-2. Outra importante via de ação dos linfócitos Treg é a secreção de citocinas supressoras como a IL-10 e TGF-β, que podem alterar a capacidade efetora e citotóxica de linfócitos T. Entre esses mecanismos, as vias do CTLA4 e PD-1 têm se mostrado muito relevantes como alvos clínicos para inibição dessas células. Seu ligante, uma cascata inibitória sobre a atividade de linfócitos, é desencadeado, reduzindo a sobrevida e a proliferação.*

Em resumo, para o estabelecimento e a progressão de um tumor, as células tumorais precisam superar mecanismos imunes capazes de reconhecê-las e eliminá-las. Para isso, frequentemente os tumores criam um ambiente altamente imunossupressor que frustra muitos dos ataques imunes e promove a sua progressão através de várias interações entre diferentes células do hospedeiro e do tumor. Entre as células do hospedeiro, as células T reguladoras e as mieloides supressoras contribuem fortemente para o estabelecimento desse ambiente supressor. Elas inibem ambas respostas imunes inatas e adaptativas através de diversos mecanismos, como a ativação dos receptores inibitórios CTLA-4, PD1 ou ainda a expressão de citocinas anti-inflamatórias IL-10 e TGF-β. Portanto, essas vias representam um obstáculo a ser superado quando se visa restabelecer a capacidade do sistema imune de combater o câncer.

Para finalizar, apresentamos a seguir a **Figura 14.5** que sumariza todas as etapas da imunoedição descritas ao longo deste capítulo. Também gostaríamos de ressaltar que embora pareça que o sistema imune está muito comprometido pelo desenvolvimento tumoral, diferentes estratégias imunoterapêuticas (descritas no Capítulo 21) demonstram que não só sua restauração é possível, mas essencial para o sucesso de muitos tratamentos. O que se pode pensar é que temos uma balança que na fase da eliminação tem maior peso para o sistema imune, no equilíbrio ambos os lados possuem o mesmo peso, e na fase da evasão, o câncer tem maior peso. Entretanto, ao se empregar uma imunoterapia é possível reverter essa balança para que o sistema imune volte a ter maior peso, retornando ao estágio de equilíbrio ou eliminação. Assim, para realizar essa tarefa com maior êxito, a compreensão dos mecanismos imunes antitumorais, e principalmente dos supressores tumorais, levará a uma maior eficiência das terapias e aumento da sobrevida dos pacientes.

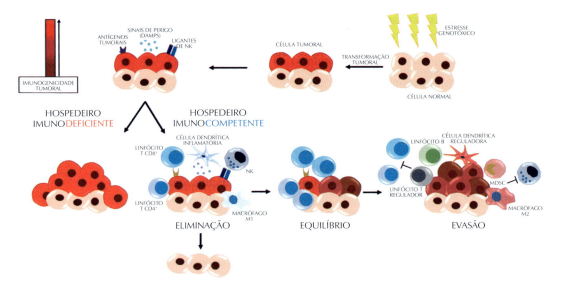

FIGURA 14.5. A teoria da imunoedição tumoral. Esta teoria descreve um processo no qual os componentes da imunidade inata (células NK, macrófagos) e adaptativa (DCs, linfócitos T CD8+, T CD4+) interagem com as células tumorais altamente imunogênicas presentes no início do desenvolvimento tumoral (em laranja) para eliminá-las e impedir o desenvolvimento de tumores (primeira fase, eliminação). Entretanto, devido à instabilidade genética, variantes tumorais menos suscetíveis ao ataque do sistema imune podem aparecer (células em marrom escuro ou roxo), mas que se mantêm em um estado de dormência proliferativa devido a um constante controle realizado pelo sistema imune (segunda fase, equilíbrio). Estas variantes tumorais podem em algum momento evadir ou subverter o controle do sistema imune. Entre os mecanismos utilizados para este fim, o recrutamento de linfócitos T reguladores, células mieloides supressoras (MDSC), secreção de IDO e citocinas como a IL-10 são críticos para o estabelecimento de um ambiente altamente imunossupressor (terceira fase, evasão). Dessa maneira, o tumor escapa do controle imunológico e passa a ser clinicamente detectável (adaptado de Vesely MD et al., 2011).

RESUMO

O microambiente tumoral é composto por células tumorais e do sistema imune, além de outros tipos celulares que estão em uma complexa inter-relação. Esta relação possui vários protagonistas que se alternam durante a escala de progressão tumoral, conferindo um aspecto dinâmico, e em consequência da grande capacidade adaptativa dos tumores, também cria um carácter evolutivo. Em outras palavras, o sistema imune pressiona a evolução dos tumores e os tumores pressionam a evolução do sistema imune.

De maneira mais ilustrativa, a escala evolutiva pode ser entendida como se observássemos as fotografias que, juntas e em sequência, formarão um filme. As fotografias seriam os diferentes estágios da trajetória evolutiva dos tumores, que didaticamente pode ser dividida em três momentos: eliminação, equilíbrio e evasão.

Na eliminação, células tumorais nascentes emitem sinais de perigo e expressam ligantes ativadores das células NK que as tornam ativas, e através da secreção de perforina e granzimas eliminam as células tumorais.

Na fase do equilíbrio, as alterações genéticas geram diferentes classes de antígenos tumorais, que modulam a imunogenicidade tumoral e permitem que o sistema imune discrimine o que é normal e o que é tumoral. Esses antígenos são captados por células dendríticas que migram para os linfonodos e apresentam-nos para linfócitos T e B *naïves*. Uma vez ativados, os linfócitos B passam a secretar anticorpos na circulação sanguínea que podem eliminar as células tumorais por citotoxicidade mediada por anticorpos. No entanto, as células que desempenham um papel central no combate ao câncer são os linfócitos T CD4$^+$ T$_h$1 e T CD8$^+$ citotóxicos, que por meio da secreção de IFN-γ e da via extrínseca de morte por Fas, respectivamente, mantêm o tumor sob controle imune por muitos anos.

Entretanto, devido à pressão seletiva do sistema imune, variantes tumorais imunossupressoras ou resistentes aos mecanismos imunes efetores são selecionadas e passam a compor a maior parte do tumor, entrando na fase da evasão. Agora as células tumorais não só apresentam menos antígenos, como também recrutam células imunossupressoras que inibem as células efetoras locais. Entre estas, os linfócitos T reguladores merecem destaque, pois através das vias do CTLA-4 e PD-1, além de outras, podem suprimir muitas respostas efetoras. Células mieloides supressoras que são recrutadas para o tumor também exercem importante papel regulador da resposta efetora local. Felizmente, nos dias de hoje, várias estratégias estão sendo utilizadas com sucesso para restabelecer a capacidade do sistema imune de combater as células tumorais, sendo então a imunoterapia do câncer reconhecida como uma eficiente e promissora estratégia terapêutica.

PONTO DE VISTA

A resposta imune como um novo e promissor alvo terapêutico antitumoral

A resposta imune antitumoral, que a princípio não foi aceita por toda a comunidade científica, atualmente é entendida como uma nova e promissora alternativa para o estabelecimento de protocolos terapêuticos antitumorais. Desde as primeiras tentativas de William Coley em tratar tumores com extratos bacterianos até o momento, foram descobertos vários fatores da resposta imune envolvidos na rejeição de tumores. O desenvolvimento de camundongos geneticamente modificados em fatores da resposta imune permitiu um grande avanço nesses estudos, que demonstraram a coexistência no microambiente tumoral de fatores capazes de eliminar o tumor, mas ao mesmo tempo também de fatores reguladores que suprimem essa resposta protetora. Mais importante foi a descoberta de que o sistema imune é capaz de "editar" o tumor, de forma a selecionar as variantes menos imunogênicas que surgem em decorrência da instabilidade genética dessas células transformadas, que agora são capazes de evadir a resposta antitumoral primeiramente induzida pelas variantes mais imunogênicas. O importante papel da resposta imune antitumoral vem sendo observado recentemente na maior efetividade de alguns quimioterápicos (mas não todos), que ao mesmo tempo que apresentam um efeito direto sobre a célula tumoral, nesse processo levam a célula tumoral a produzir determinados DAMPs que induzem uma resposta imune protetora específica contra esse tumor, efeito denominado de "morte celular imunogênica". Os avanços conseguidos no estudo da resposta antitumoral nos permitem hoje saber que somente a estimulação de uma resposta imune efetora não é suficiente para eliminar o crescimento tumoral, mas que também temos que interferir nos processos imunossupressores presentes no microambiente tumoral. Desta forma, a indução de uma resposta imune efetora antitumoral deve não somente ser baseada no uso de imunomoduladores que levarão ao aumento da resposta protetora pró-inflamatória, mas também de inibidores da resposta reguladora, e nesse contexto podemos pensar nos anticorpos anti-CTLA4 e anti-PDL1 aqui descritos, e ainda na adição de neutralizadores das citocinas anti-inflamatórias (IL-10 e TGF-beta), ou então na inibição das células com atividade imunossupressora presentes no microambiente tumoral, os linfócitos T reguladores e as células mieloides supressoras.

> ... A INDUÇÃO DE UMA RESPOSTA IMUNE EFETORA ANTITUMORAL DEVE NÃO SOMENTE SER BASEADA NO USO DE IMUNOMODULADORES QUE LEVARÃO AO AUMENTO DA RESPOSTA PROTETORA PRÓ-INFLAMATÓRIA, MAS TAMBÉM DE INIBIDORES DA RESPOSTA REGULADORA ...

Ainda temos poucas opções imunoterapêuticas sendo utilizadas na clínica médica, mas acreditamos que o acúmulo de conhecimentos a respeito da resposta imune antitumoral levará, em futuro próximo, à utilização dessa alternativa terapêutica juntamente com os químio/radioterápicos em protocolos antitumorais. A associação de várias alternativas terapêuticas permitirá o controle do desenvolvimento tumoral, com a inibição da proliferação e/ou eliminação das diversas variantes tumorais selecionadas durante o tratamento do câncer.

Elaine Guadelupe Rodrigues, Ph.D.

Professora Adjunta, Chefe do Laboratório de Imunobiologia dos Tumores, Departamento de Microbiologia, Imunologia e Parasitologia, Escola Paulista de Medicina – Universidade Federal de São Paulo (EPM-UNIFESP).

PARA SABER MAIS

- Schreiber RD, Old JL, Smyth MJ. Cancer Immunoediting: Integrating Immunity's Roles in Cancer Suppression and Promotion. Science. 2011;331(6024):1565-1570.

Revisão que sumariza as principais evidências utilizadas para propor a teoria da imunoedição tumoral.

- Chen DS, Mellman I. Oncology Meets Immunology: The Cancer-Immunity Cycle. Immunity. 2013;39(1):1-10.

Revisão que explica com grande detalhe e de forma didática os passos da elaboração de uma resposta imune antitumoral.

- Galon J, Angell HK, Bedognetti D, Marincola FM. The continuum of cancer immunosurveillance: prognostic, predictive, and mechanistic signatures. Immunity. 2013 Jul 25;39(1):11-26.

Revisão que propõe a interpretação do contexto imune de tumores, discutindo fatores como tipo, orientação, localização, densidade e função das células imunes em tumores humanos.

BIBLIOGRAFIA GERAL

1. Bindea G, Mlecnik B, Tosolini M, Kirilovsky A, Waldner M, Obenauf AC et al. Spatiotemporal dynamics of intratumoral immune cells reveal the immune landscape in human cancer. Immunity. 2013;39(4):782-95.

2. Chandra D, Gravekamp C. Myeloid-derived suppressor cells: Cellular missiles to target tumors. Oncoimmunology. 2013;2(11):e26967.

3. Coulie PG, Van den Eynde BJ, van der Bruggen P, Boon T. Tumour antigens recognized by T lymphocytes: at the core of cancer immunotherapy. Nat Rev Cancer. 2014;14(2):135-46.

4. Dennis KL, Blatner NR, Gounari F, Khazaie K. Current status of interleukin-10 and regulatory T-cells in cancer. Curr Opin Oncol. 2013;25(6):637-45.

5. Diamond MS, Kinder M, Matsushita H, Mashayekhi M, Dunn GP, Archambault JM, et al. Type I interferon is selectively required by dendritic cells for immune rejection of tumors. J Exp Med. 2011;208(10):1989-2003.

6. Dranoff G. Cancer Immunology and Immunotherapy. London: Springer; 2011.

7. Escors D. Tumour immunogenicity, antigen presentation and immunological barriers in cancer immunotherapy. New J Sci. 2014;2014.

8. Ferreira CG, Rocha JC. Oncologia Molecular. São Paulo: Atheneu; 2004.

9. Gajewski TF, Schreiber H, Fu YX. Innate and adaptive immune cells in the tumor microenvironment. Nat Immunol. 2013;14(10):1014-22.

10. Pardoll DM. The blockade of immune checkpoints in cancer immunotherapy. Nat Rev Cancer. 2012;12(4):252-64.

11. Parmiani G, Lotze MT. Tumor Imunnology: Molecurlay Defiened Antigens and Clinical Applications. 1 ed. London: Taylor e Francis; 2002.

12. Prendergast GC, Smith C, Thomas S, Mandik-Nayak L, Laury-Kleintop L et al. Indoleamine 2,3-dioxygenase pathways of pathogenic inflammation and immune escape in cancer. Cancer Immunol Immunother. 2014;63(7):721-35.

13. Robson NC, Hoves S, Maraskovsky E, Schnurr M. Presentation of tumour antigens by dendritic cells and challenges faced. Curr Opin Immunol. 2010;22(1):137-44.

14. Siveen KS, Kuttan G. Role of macrophages in tumour progression. Immunol Lett. 2009;123(2):97-102.

15. Schietinger A, Greenberg PD. Tolerance and exhaustion: defining mechanisms of T cell dysfunction. Trends Immunol. 2014;35(2):51-60.

16. Viola A, Sarukhan A, Bronte V, Molon B. The pros and cons of chemokines in tumor immunology. Trends Immunol. 2012;33(10):496-504.

17. Vitale M, Cantoni C, Pietra G, Mingari MC, Moretta L. Effect of tumor cells and tumor microenvironment on NK-cell function. Eur J Immunol. 2014;44(6):1582-92.

18. Weniberg RA. The Biology of Cancer. 2 ed. New York: Garland Science; 2014.

19. Wrzesinski SH, Wan YY, Flavell RA. Transforming growth factor-beta and the immune response: implications for anticancer therapy. Clin Cancer Res. 2007;13(18 Pt 1):5262-70.

20. Zitvogel L, Apetoh L, Ghiringhelli F, André F, Tesniere A, Kroemer G. The anticancer immune response: indispensable for therapeutic success? J Clin Invest. 2008;118(6):1991-2001.

Inflamação e Câncer

15

Mariana Barbosa de Souza Rizzo
Ana Paula Lepique

INTRODUÇÃO

No capítulo anterior, discutiu-se a imunologia dos tumores, com enfoque na resposta imunológica antitumoral e nos mecanismos de escape imune desenvolvidos pelas células neoplásicas. O papel do sistema imunológico no sítio tumoral, bem como no indivíduo com câncer é, entretanto, mais amplo e complexo. De maneira geral, as células e moléculas que compõem o sistema imunológico apresentam papel antitumoral nas fases iniciais da carcinogênese e são responsáveis então pela eliminação ou imunoedição dos tumores. Nos estágios posteriores do desenvolvimento tumoral, as células e moléculas imunológicas passam a compor o microambiente tumoral, infiltram tecidos neoplásicos e, moduladas pelo tumor, podem assumir papel pró-tumoral.

Hanahan e Weinberg, no artigo publicado em 2011, incluíram a inflamação dentre as características permissivas que contribuem para a aquisição de capacidades essenciais pela célula tumoral. Tumores também tendem a surgir em sítios de inflamação crônica, como sugerido por Rudolf Virchow já em 1863, quando observou a infiltração de tecidos neoplásicos por leucócitos. A relação causal entre inflamação e câncer vem sendo confirmada por numerosas observações epidemiológicas de associação entre condições inflamatórias crônicas e o desenvolvimento de tumores, além da redução do risco de câncer nos indivíduos em uso contínuo de medicamentos anti-inflamatórios. Então, parece que a resposta imunológica aguda é capaz de provocar a regressão tumoral, mas que as condições de inflamação crônica que antecedem a carcinogênese ou que surgem posteriormente à imunoedição do tumor têm papel pró-neoplásico.

Ao final deste capítulo espera-se que o leitor compreenda: (i) as evidências epidemiológicas da relação entre inflamação e câncer; (ii) os papéis múltiplos e divergentes dos processos inflamatórios nos diferentes estágios de desenvolvimento tumoral e (iii) os aspectos biológicos envolvidos na inflamação como fator de risco para a carcinogênese e na modulação da resposta inflamatória pelo tumor.

DESTAQUES

- Neoplasias associadas a processos inflamatórios.
- A modulação da resposta inflamatória pelo tumor.
- Inflamação como alvo terapêutico em câncer.

INFLAMAÇÃO E CÂNCER: ASPECTOS EPIDEMIOLÓGICOS

Doenças metabólicas, inflamação e câncer: a obesidade e o diabetes mellitus são doenças metabólicas bastante incidentes em nosso meio e dentre todos os riscos a que estas condições predispõem, está também o maior risco de desenvolvimento de câncer. A obesidade apresenta associação epidemiológica com câncer de próstata, esôfago, pâncreas, mama, endométrio, rim, bexiga e colorretal, e o diabetes mellitus é associado a todos estes, além de câncer do trato urinário e gástrico. Os estudos realizados até o momento mostram que cerca de 20% dos casos mundiais de câncer são decorrentes da obesidade (IMC >30) e que tanto a obesidade quanto o diabetes acarretam também um pior desfecho da doença nos indivíduos acometidos. A obesidade e o diabetes compartilham dos mesmos mecanismos principais de indução da carcinogênese, sendo estes a hiperinsulinemia crônica, resistência à insulina e a inflamação crônica induzida por tais condições. No indivíduo obeso, a elevação dos níveis de hormônios esteroides sexuais produzidos pelo tecido adiposo é também um mecanismo importante de indução da carcinogênese. Em condições de obesidade, sobrepeso e sedentarismo, o tecido adiposo estabelece um estado de inflamação crônica e produz elevados níveis de citocinas (adipocinas), tais como leptina, adiponectina, TNF-α e interleucinas, sabidamente ativadoras de cascatas de sinalização com potencial carcinogênico. Também o diabete não controlado, induz condições inflamatórias crônicas com produção aumentada de IL-6, TNF-α, proteína C-reativa e outros mediadores inflamatórios. Essa condição de inflamação crônica induzida, agindo através dos diversos mecanismos que serão discutidos mais adiante, é amplamente associada ao risco de desenvolvimento de câncer.

A depender do sítio anatômico de origem, as neoplasias possuem diferentes fatores de risco para o seu surgimento. Sabe-se, porém, que o câncer é uma doença multifatorial e que, muitas vezes, duas ou mais causas podem cooperar para a iniciação, promoção e progressão tumoral.

Numerosos estudos têm demonstrado que células em sítios de inflamação crônica estão mais propensas à transformação maligna. De fato, uma característica marcante da inflamação é sua habilidade em fornecer a maioria, se não todas, as capacidades moleculares e celulares que são requeridas para a tumorigênese. Além disso, associações epidemiológicas diversas têm sido estabelecidas entre condições de inflamação crônica e o desenvolvimento de neoplasias, embora sobre alguns casos ainda não exista consenso na literatura (**Tabela 15.1**).

No trato gastrointestinal, a inflamação crônica, seja desencadeada por doenças autoimunes ou por infecções viral e bacteriana, aparece como principal fator de risco para a carcinogênese. Os exemplos desta associação são variados e apresentam tanto evidências epidemiológicas como podem ser explicados por aspectos biológicos, que serão detalhados mais adiante neste capítulo.

A doença do refluxo gastroesofágico (DRGE) é um fator de risco para o desenvolvimento de tumores a partir de células do revestimento mucoso de sítios anatômicos diferentes do estômago. Indivíduos acometidos pela DRGE apresentam um aumento de até 30 vezes do risco para o adenocarcinoma de esôfago. O refluxo do ácido gástrico causa danos à mucosa do esôfago provocando esofagite crônica devido à regeneração repetida da mucosa danificada e à infecção por patógenos, facilitada pela quebra da barreira epitelial nesta área. Esse processo inflamatório crônico leva à metaplasia da mucosa, transformando o epitélio escamoso em epitélio colunar, passando a ser conhecida como "mucosa de Barrett", com maior risco de transformação maligna.

Cerca de 80% dos adenocarcinomas gástricos estão associados à infecção pela bactéria *Helicobacter pylori* (*H. pylori*), embora apenas 3% de todos os indivíduos infectados venham a desenvolver câncer gástrico durante a vida. Neste caso, a infecção crônica é necessária para haver transformação maligna. Além de secretar fatores de virulência capazes de ativar crescimento e mobilidade celular e também transição epitélio-mesenquimal, a bactéria *H. pylori*, especialmente as cepas cagA+, é fortemente imunogênica e mantém o tecido gástrico cronicamente inflamado. Além da infecção por *H. pylori*, também o refluxo biliar e a gastrite autoimune mediada por células T são crônicos e esta inflamação induz metaplasia intestinal do epitélio gástrico e possivelmente a carcinogênese gástrica.

Colite ulcerativa e doença de Crohn são doenças inflamatórias do intestino e os indivíduos acometidos por tais doenças apresentam 1,7 vez o risco de desenvolvimento de carcinoma colorretal, sendo que este risco aumenta em 1% ao ano após 10 anos de acometimento por essas doenças inflamatórias. Além disso, indivíduos acometidos por tais doenças podem apresentar câncer colorretal precoce, de 7 a 12 anos mais cedo que os indivíduos sem esse fator de risco.

A pancreatite crônica aumenta em dez vezes o risco de adenocarcinoma pancreático e aproximadamente 40% dos indivíduos com pancreatite crônica desenvolvem câncer pancreático durante a vida. Há, segundo estudos, cooperação entre amplificação de K-ras, frequentemente encontrada em carcinoma pancreático, com inflamação. A pancreatite crônica aumentaria a permissividade para a transformação maligna por K-ras através da reversão da senescência celular induzida por este oncogene. A inflamação crônica sustentada por tabagismo, obesidade, diabetes e etilismo também pode aumentar o risco de transformação maligna neste sítio anatômico.

A infecção viral, o tabagismo e o etilismo são fatores de risco bem estabelecidos para o hepatocarcinoma e podem cooperar entre si na indução deste tipo de tumor maligno. O vírus da hepatite B (sigla em inglês, HBV) é o mais prevalente na indução do hepatocarcinoma e, secundariamente, o vírus da hepatite C (sigla em inglês, HCV). Há indícios, por enquanto não totalmente confirmados, de que o mais importante mecanismo de transformação maligna celular utilizado pelo HBV seria a mutagênese insercional, sendo a inflamação neste caso apenas auxiliar no processo. Já a carcinogênese associada ao HCV, um vírus de RNA, parece ser originária principalmente do processo de inflamação crônica decorrente da infecção.

Os colangiocarcinomas são neoplasias das vias biliares que podem ser intra ou extra-hepáticas, as últimas compreendendo neoplasias do ducto hepático comum, junção dos ductos hepáticos, ducto biliar e ducto peri-hilar. Essas neoplasias também apresentam, como fatores de risco, condições inflamatórias crônicas, como a litíase biliar e a infecção parasitária, principalmente por *Opisthorchis viverrini* e *Clonoschis sinensi*, que tornam as vias biliares mais suscetíveis à transformação maligna.

Também o linfoma de tecido linfoide associado à mucosa (MALT) gástrica e do intestino delgado possui gênese inflamatória a partir da inflamação crônica estabelecida por infecção com *Campylobacter jejuni*, HCV e *H. pylori* ou por doença autoimune.

Principal doença autoimune associada ao desenvolvimento de hipotireoidismo, a tireoidite de Hashimoto (TH), aparece muitas vezes sincrônica ao surgimento do carcinoma papilífero da tireoide. Essa doença autoimune é caracterizada por infiltrado intenso de LT (linfócito T) e LB (linfócito B) e pela presença de autoanticorpos específicos. Essa associação, apesar da sincronicidade entre a TH e o carcinoma papilífero de tireoide, ainda não é totalmente estabelecida, uma vez que a autoimunidade, mediada pela inflamação crônica, pode ter originado a transformação maligna, mas que, diferente disso, células tumorais preexistentes podem ter desencadeado autoimunidade devido à imunidade antitumoral.

A microbiota como um **link** *entre inflamação e câncer.*

Aproximadamente 20% de todas as neoplasias possuem etiologia infecciosa. De fato, existe associação bem estabelecida entre alguns oncovírus e câncer, e embora com menos evidências, bactérias e parasitas também parecem exercer papel na transformação maligna. As vias pelas quais se dá a indução da carcinogênese pelos membros da microbiota podem ser diretas, quando estes possuem oncoproteínas, por exemplo, ou indiretas, quando se dá através do estímulo inflamatório. Alguns vírus conhecidos como fatores de risco para neoplasias são o HPV, HBV, HCV e EBV.

Dentre as bactérias, a H. pylori é a mais fortemente associada ao câncer, sendo o principal fator de risco para o adenocarcinoma gástrico através, dentre outros mecanismos, da sinalização aberrante de β-catenina. Embora não haja evidências tão fortes, membros da flora bacteriana comensal presentes na cavidade oral e no trato gastrointestinal podem também estar envolvidos na inflamação promotora de tumor, especialmente quando em disbiose.

O câncer de próstata tem como fatores de risco principais a idade avançada e o histórico familiar. Entretanto, a inflamação prostática que pode ser detectada em aproximadamente 80% dos homens adultos, mesmo que na maior parte deles com ausência de sintomas, parece ser um fator de contribuição para a carcinogênese nessa região anatômica. Dentre as causas da prostatite estão as infecções bacterianas, por *E. coli* e *Enteroccocus spp.* principalmente, fatores da dieta, presença de corpos amiláceos e cálculos que geram traumas físicos no epitélio glandular, alterações hormonais e refluxo urinário. O tecido prostático inflamado cronicamente em decorrência de alguma dessas causas apresenta infiltração de linfócitos e macrófagos e elevada expressão de citocinas como a IL-6 e MIC-1, condição esta que já o predispõe à carcinogênese. Além disso, este tecido pode apresentar atrofia inflamatória proliferativa, caracterizada pela presença de células epiteliais em regeneração e por infiltrado inflamatório celular, potencialmente uma lesão pré-neoplásica.

Outra neoplasia que apresenta forte associação com um agente infeccioso é o carcinoma cervical. É de amplo conhecimento que quase a totalidade da população mundial é exposta ao papilomavírus humano (sigla em inglês, HPV) em algum momento durante a vida. Entretanto, apenas cerca de 10% das mulheres expostas apresentam falha na eliminação do patógeno pelo sistema imunológico e desenvolvem infecção persistente. Ainda, apenas cerca de 0,1% das mulheres com infecção persistente do HPV desenvolvem carcinoma do colo do útero, uma vez que as lesões pré-neoplásicas podem regredir e ser completamente eliminadas. Apesar disso, o HPV é o principal fator etiológico do carcinoma cervical, já que se aceita que 100% das neoplasias desse sítio são positivas para a presença de HPV de alto risco, com predominância do tipo 16. A carcinogênese induzida pelo HPV apresenta como mecanismos principais a inativação das proteínas celulares pRb e P53 pelas oncoproteínas virais E6 e E7, respectivamente. Outros fatores são considerados como coparticipantes na transformação maligna da célula, como tabagismo, fatores hormonais e a inflamação, por exemplo. A inflamação, seja ela desencadeada por processos paralelos ou pela própria infecção pelo HPV, é responsável por mecanismos que potencializam a carcinogênese e que possivelmente têm um papel determinante nesse processo. Entretanto, ainda há ampla discussão na literatura sobre a existência e a importância da inflamação crônica na carcinogênese cervical induzida pelo HPV.

TABELA 15.1. *Associações entre condições inflamatórias crônicas e neoplasias de diferentes localizações, com base em evidências epidemiológicas.*

Condição Inflamatória	Neoplasia Associada
Esôfago de Barrett / esofagite crônica	Carcinoma de esôfago
Colite ulcerativa / doença de Crohn	Câncer colorretal
Infecção crônica por hepatite B ou C / cirrose crônica	Hepatocarcinoma
Pancreatite crônica (associada ou não ao etilismo)	Câncer pancreático
Infecção crônica por *H. pylori* / gastrite crônica	Câncer gástrico
Infecção crônica por HPV	Carcinoma cervical
Tireoidite de Hashimoto	Carcinoma papilífero de tireoide
Prostatite crônica	Carcinoma de próstata
Queimadura térmica ou solar	Câncer de pele
Asbestose	Mesotelioma
Inflamação da pele associada à radiação UV	Melanoma
Periodontite e líquen plano	Carcinoma epidermoide da cavidade bucal
Silicose / asbestose / bronquite	Carcinoma pulmonar
Líquen escleroso	Carcinoma vulvar
Doença inflamatória pélvica	Carcinoma de ovário
Sialadenite	Carcinoma da glândula salivar

INFLAMAÇÃO E CÂNCER: MECANISMOS BIOLÓGICOS

Muitos mecanismos e vias de sinalização celular utilizados pelo sistema imunológico durante o processo de cicatrização e de reparo tecidual, em uma situação de inflamação crônica, são observados ativos durante a progressão tumoral. Características semelhantes também são compartilhadas pelo tecido cronicamente inflamado e pelo estroma do tumor, como o remodelamento tecidual, a neoangiogênese e a infiltração de monócitos e leucócitos. Inflamação e câncer estão intimamente relacionados, como já vimos nas evidências epidemiológicas e como veremos ao estudar os mecanismos biológicos dessa associação **(Figura 15.1)**.

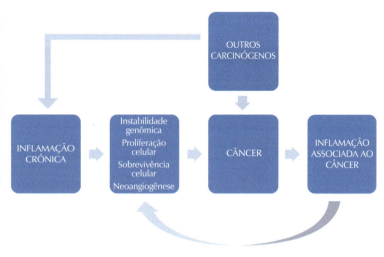

FIGURA 15.1. *O ciclo estabelecido entre inflamação e câncer.* *A inflamação crônica, gerada por doença autoimune, por falha na resolução de uma inflamação aguda ou pela exposição contínua a um carcinógeno, propicia um microambiente favorável à carcinogênese. O câncer estabelecido, tenha ele gênese inflamatória ou não, na grande maioria das vezes apresenta um componente inflamatório associado, que favorece a progressão tumoral.*

A Carcinogênese Desencadeada pela Inflamação Crônica

O tecido epitelial de revestimento sabidamente apresenta um componente imunológico que o auxilia na resposta a agentes invasores e no reconhecimento de eventos anormais. Mas então por que surgem tantos carcinomas nesses tecidos sem que o sistema imunológico os elimine? Como já abordado no capítulo anterior, a vigilância imunológica exercida durante as etapas iniciais da carcinogênese acaba por realizar uma pressão seletiva em que as células malignas com capacidade de escapar de tal vigilância dão origem a um tumor primário não mais imunogênico.

Em alguns casos, a inflamação não apenas é ineficiente no combate tumoral, como também passa a ser um fator de iniciação e promoção da carcinogênese. Enquanto a inflamação aguda atua na regressão do câncer por meio principalmente das células antitumorais *natural killer* (NK) e linfócitos T citotóxicos (sigla em inglês, CTL), a não resolução dessa inflamação, conhecida por inflamação crônica, através de mecanismos diversos que serão mais detalhados, é permissiva e promove a carcinogênese no tecido hospedeiro.

Durante a inflamação crônica, o tecido está sob estresse oxidativo. Ativados por TNF (fator de necrose tumoral), IL-1β (interleucina 1β) e o IFN-γ (interferon γ), fagócitos mononucleares e leucócitos produzem espécies reativas de oxigênio (sigla em inglês, ROS) e espécies reativas de nitrogênio (sigla em inglês, RNS), capazes de gerar quebras da fita de DNA.

A instabilidade genômica desencadeada por essa condição aumenta a taxa de mutações no genoma do hospedeiro. Entretanto, o reparo do DNA é suprimido em tecidos inflamados, o que permite a perpetuação de mutações e aumenta o risco de um evento carcinogênico. O reparo de bases mal pareadas (sigla em inglês, MMR) é inibido por moléculas de óxido de nitrogênio (NO) e por HIF-1α, este último induzido por TNF, IL-1β e prostaglandina E2 (sigla em inglês, PGE2) produzidos durante a inflamação. Essas moléculas disparam vias de sinalização que podem culminar em hipermetilação dos promotores de genes que codificam proteínas de reparo e na sua regulação transcricional.

Também a apoptose induzida por dano ao DNA está suprimida no tecido inflamado cronicamente, o que protege o infiltrado celular inflamatório da morte e aumenta o seu tempo de ação efetora durante a inflamação. As citocinas inflamatórias como IL-4 e IL-13, por meio da indução da expressão de citidina desaminase induzida por ativação (sigla em inglês, AID), induzem mutações no gene p53, inativando a função da principal proteína pró-apoptótica das células. Produzida pelos macrófagos principalmente, a proteína do fator inibitório da migração de macrófagos (sigla em inglês, MIF) também inibe a função da proteína P53, possivelmente por ligar-se ao seu sítio ativo.

O tecido que está sob inflamação crônica é caracterizado por elevada taxa de proliferação celular que, em condições fisiológicas normais, auxilia na regeneração do tecido danificado. Essa proliferação persistente, contudo, aumenta a taxa de mutações aleatórias e as desencadeadas pelo estresse oxidativo, além de facilitar a perpetuação do dano ao genoma celular.

Mutações ativadoras de oncogenes, como por exemplo, o Ki-ras (*Kirsten rat sarcoma viral oncogene homolog*) e seus efetores, mutações inativadoras da P53, sinalização de IL-6 (interleucina 6) e STAT-3 (*signal transducer and activator of transcription 3*), levando a um estado mutagênico, e a ativação de NFκB (*nuclear factor kappa* B) desencadeada por TNF e IL-1 (interleucina 1), exemplificam a sinalização tumorigênica perpétua presente no tecido sob inflamação crônica.

Então, a capacidade celular diminuída de reparo do DNA, apoptose e controle do ciclo celular somada ao dano oxidativo presente no sítio de inflamação crônica explicam o risco aumentado de desenvolvimento tumoral em pacientes com doença inflamatória crônica

O Papel da Inflamação Associada ao Câncer

Os tumores malignos são descritos muitas vezes como feridas que nunca cicatrizam. Isto porque apresentam um infiltrado inflamatório peritumoral crônico e compartilham de muitas das características do processo de cicatrização, como por exemplo, elevadas taxas de proliferação e sobrevivência celular.

A progressão tumoral é dependente de uma rede de interações entre células tumorais e o estroma circundante. A habilidade das células neoplásicas em modular o componente inflamatório presente no estroma parece ser determinante no processo de progressão do câncer, mesmo em tumores não associados a condições inflamatórias preexistentes.

Além da inibição, exercida pelo próprio tumor, da função antitumoral de células imunológicas infiltrando o tecido neoplásico, há também ativação de vias e indução da produção de fatores pró-tumorais desencadeada pelo mesmo tumor nas próprias células inflamatórias (**Figura 15.2**).

Componente Humoral da Inflamação Associada ao Câncer

As neoplasias, de maneira geral, apresentam redução da imunidade mediada por células, resultando em escape destas células malignas da vigilância imunológica, e aumento na imunidade humoral, frequentemente associado à promoção do tumor. Provavelmente, as citocinas pró-inflamatórias são primeiramente produzidas pelas células tumorais e então responsáveis por induzir infiltração de células imunológicas, que passarão a contribuir com a elevada resposta imunológica humoral. Essa resposta humoral, quando associada à doença autoimune e ao câncer, é predominantemente do tipo T_h2, composta de IL-4, IL-10, IL-6, IL-13 e IL-23.

As imunoglobulinas (Ig) formam outro componente da imunidade humoral, ainda não suficientemente estudado em câncer, mas que parece contribuir para a promoção neoplásica de células iniciadas, apesar do seu papel já bem estabelecido na eliminação de células apresentando antígenos específicos, através do mecanismo de citotoxicidade mediada por anticorpos. Embora seja sabido que pacientes com câncer possuem autoanticorpos para alguns antígenos tumorais, como c-Myc, P53 e HER-2, estudos têm demonstrado que estes estão relacionados ao crescimento tumoral, ao aumento da inflamação associada ao tumor e à diminuição da resposta citotóxica, e que não necessariamente estão no estroma para combater as células apresentando antígenos tumorais, mas por permeabilidade aumentada dos vasos sanguíneos infiltrando o tecido neoplásico ou por produção de linfócitos B locais. Esses anticorpos depositados no estroma tumoral promovem a neoangiogênese por meio do VEGF produzido pelos macrófagos e granulócitos que recrutam e pelas vias inflamatórias crônicas que ativam. Além disso, anticorpos podem ativar mastócitos, neutrófilos e outras células inflamatórias através de receptores Fc, levando ao aumento da inflamação local e colaborando, em alguns casos, com a progressão tumoral.

Citocinas, quimiocinas e fatores de crescimento produzidos pelo infiltrado inflamatório peritumoral, mas também pelas células tumorais, muitas vezes em resposta ao estímulo exercido por esse mesmo infiltrado, permeiam todos os estágios da progressão tumoral. Além da indução da neoangiogênese, atuam também na transição epitélio-mesenquimal, na degradação da matriz extracelular, na migração e invasão celular e na colonização metastática de tecidos distantes.

Uma característica importante adquirida pelo tumor durante a progressão neoplásica é a alta capacidade neoangiogênica, uma vez que com o seu crescimento, os vasos periféricos do tecido hospedeiro deixam de ser suficientes para a sua oxigenação e nutrição. Alguns fatores produzidos por fagócitos do infiltrado inflamatório peritumoral, tais como TNF, IL-1, IL-6 e IL-8, possuem ação pró-angiogênica e induzem a produção do fator de crescimento do endotélio vascular (sigla em inglês, VEGF), capaz de potencializar o surgimento de novos vasos no tecido tumoral. Também, o TNF produzido pelas células deste infiltrado inflamatório é capaz de induzir o aumento da permeabilidade do endotélio vascular, o que facilita o aporte nutricional do tumor e a intravasão das células tumorais na corrente sanguínea durante o processo metastático.

As metaloproteinases de matriz (sigla em inglês, MMPs) são as mais importantes proteínas de degradação da matriz extracelular, produzidas durante o processo fisiológico normal de inflamação para facilitar o trânsito das células imunológicas no tecido a ser reparado. Também na inflamação associada ao câncer, as células inflamatórias produzem ou induzem a produção pelas células tumorais de MMPs e de catepsinas que, através da degradação da matriz extracelular, auxiliam na migração das células neoplásicas e na invasão dos tecidos adjacentes.

As citocinas TNF, IL-1 e IL-6, através da ativação de duas vias inflamatórias principais, a NFκB e a STAT-3, inibem a expressão da proteína E-caderina e induzem a maior expressão de MMPs. Esse fenótipo, somado a alterações na expressão de algumas outras proteínas como, por exemplo, a elevação nos níveis de vimentina, é conhecido como processo de transição epitélio-mesenquimal (sigla em inglês, EMT) e é requisito indispensável para o sucesso metastático da célula neoplásica. Na EMT, a célula tumoral perde a morfologia epitelial e adquire morfologia fibroblástica, perde as junções epiteliais e adquire moléculas de adesão às células mesenquimais e produz moléculas de degradação da matriz extracelular, entre outros mecanismos, que auxiliam no processo de migração e invasão tecidual.

A ativação constitutiva do eixo IL-6/STAT3, importante via participante do processo inflamatório, parece ter um papel determinante na transição epitélio-mesenquimal, através da ativação de fatores como Oct2.

Também na etapa de colonização metastática, o componente inflamatório associado ao tumor exerce papel importante. Os receptores de quimiocina CXCR expressos na membrana da célula tumoral, uma vez que são sensíveis ao gradiente de quimiocinas do organismo, auxiliam no direcionamento da migração órgão-específica da célula metastática.

Câncer, inflamação sistêmica e caquexia: a caquexia, redução da massa muscular, é detectada em 50% dos pacientes com câncer e a causa de morte em cerca de 30%. A anorexia isolada não explica a caquexia, uma vez que a última não aparece obrigatoriamente associada à primeira. Além disto, a caquexia, diferentemente da anorexia, não possui mecanismos de conservação da massa muscular, permitindo igual perda de tecido adiposo e tecido muscular no paciente com câncer. Além do fator anoréxico, contribuem para a atrofia muscular o maior gasto de energia devido à elevada taxa metabólica basal e o alto consumo de carboidrato pelas células tumorais. Ainda de maior importância parecem ser os fatores procaquéticos, produzidos em sua maior parte pelos tecidos normais do indivíduo com câncer em resposta à inflamação sistêmica persistente desencadeada pelo tumor. Dentre estes fatores, os principais são o TNF-α e a IL-6, mas a IL-1 e o IFN-γ possivelmente também têm algum papel. O próprio tumor também é capaz de produzir alguns desses fatores, como o fator indutor de proteólise (PIF) e o fator mobilizador de lipídeo (LMF), que levam à perda de massa muscular e de peso. O TNF-α, a IL-6 e o PIF, através das vias de sinalização NFκB e STAT-3, ativam a via ubiquitina-proteassomal, até o momento a principal responsável pela degradação muscular na caquexia. Então, a patologia da caquexia associada ao câncer é altamente dependente da resposta imunológica do paciente.

Componente Celular da Inflamação Associada ao Câncer

A habilidade das células neoplásicas em modular a resposta imunológica ao tumor abrange o seu potencial de inibição da ação efetora das células imunológicas antitumorais, como as células NK e os LTCD8 e de indução de LTreg (linfócito T regulador) e de células mieloides reguladoras. As células mieloides reguladoras são os macrófagos M2, as células dendríticas reguladoras, os neutrófilos N2 e as células mieloderivadas supressoras. Esses tipos celulares apresentam polarização para um fenótipo pró-tumoral e têm sido associados especialmente com a promoção de invasão e metástase.

Célula Mieloderivada Supressora (MDSC)

As células mieloderivadas supressoras (sigla em inglês, MDSC) compõem uma população heterogênea de células mieloides imaturas derivadas da medula óssea, incluindo progenitores mieloides e precursores de macrófagos, granulócitos e células dendríticas. As MDSCs podem ser identificadas pela expressão dos marcadores de superfície CD11b e Gr-1 em camundongos e CD11b, CD11c e CD33 em humanos, sendo ainda subdivididas em MDSCs granulocíticas (CD11b$^+$/Ly-6C$^+$) e monocíticas (CD11b$^+$/LY-6G$^+$). Em condições normais, essas células progenitoras se diferenciam nos tipos celulares específicos, porém na infecção, doença autoimune e câncer a diferenciação não ocorre e a população dessas células se expande.

A via de sinalização celular STAT-3, quando ativada constitutivamente nas células mieloides imaturas, inibe sua diferenciação e maturação e eleva sua proliferação, induzindo o fenótipo de MDSCs. As MDSCs estão presentes na medula óssea, no baço, no fígado e também no estroma tumoral. Algumas moléculas secretadas tanto pelo tumor quanto por células do infiltrado inflamatório peritumoral, como a integrina α4β1, VCAM-1 (*vascular cell adhesion molecule 1*), fibronectina CS-1 (*fibronectin connecting segment 1*), CCL2 (*chemokine [C-C motif] ligand 2*), MCP-1, S100A8, S100A9 e MMP-9 induzem o recrutamento de MDSCs para o sítio tumoral. Outras, como PGE2, COX2 (ciclo-oxigenase-2), VEGF, GM-CSF (*granulocyte macrophage colony-stimulating fator*), GCSF (*granulocyte colony-stimulating fator*) e M-CSF (*macrophage colony-stimulating factor*) ativam a mielopoiese e inibem a diferenciação das células mieloides imaturas, aumentando a quantidade de MDSCs no tecido neoplásico.

Uma vez no microambiente tumoral, as MDSCs são capazes de inibir a função de LT por reduzir a disponibilidade de aminoácidos necessários para sua atividade, por aumentar o estresse oxidativo com a produção de ROS e RNS, inibindo o trânsito e a viabilidade dessas células, e por induzir a atividade de LTreg. Além disso, por meio da secreção de quimiocinas, fatores de crescimento, fatores angiogênicos e mediadores inflamatórios como VEGF, IL-6 e MMP-9, por exemplo, as MDSCs associadas ao tumor induzem a transição epitélio-mesenquimal, a degradação da matriz extracelular na fronte de invasão , a promoção do nicho pré-metastático e a redução da resposta imunológica no sítio pré-metastático. Então, esse tipo celular é polarizado pelo próprio tumor e pelo estroma tumoral para um fenótipo que inibe a vigilância imunológica e favorece a progressão neoplásica.

Macrófago Associado ao Tumor (TAM)

Os macrófagos são células mononucleares que, na homeostase, têm funções relacionadas ao remodelamento tecidual por meio de fagocitose, produção de fatores de crescimento, angiogênicos e de degradação da matriz extracelular. Sua função na defesa contra patógenos se dá através da fagocitose, apresentação de antígenos via MHC II (complexo principal de histocompatibilidade classe II), produção de ROS, RNS e citocinas inflamatórias.

Os macrófagos são diferenciados no tecido a partir do recrutamento de monócitos circulantes no sangue que têm origem na medula óssea, derivados de progenitores mieloides. No tecido, os macrófagos apresentam ampla diversidade fenotípica, morfológica e funcional em resposta a sinais do microambiente onde estão localizados.

Sob estímulos de IFN-γ e LPS (lipopolissacarídeo), os macrófagos são polarizados para um perfil clássico denominado M1 que, por meio de ativação da via NFκB, induzem a produção de IL-12 (interleucina 12), IL-23 (interleucina 23), TNF-α, ROS, iNOS (*inducible nitric oxide synthase*), CXCL9 (*chemokine [C-X-C motif] ligand 9*) e CXCL10 (*chemokine [C-X-C motif] ligand 10*). Esse subtipo de macrófagos ativado por sinais Th1 também atrai células do tipo Th1 para o microambiente tumoral, sendo então pró-inflamatório.

Macrófagos polarizados para um perfil alternativo M2 sob estímulo de fatores Th2 como IL-4 (interleucina 4), IL-2 (interleucina 2), IL-33 (interleucina 33) e IL-13 (interleucina 13), ou ainda sob estímulo de PGE2, hipóxia e metabólitos tumorais, participam da resposta Th2 na eliminação de parasitas, promovem o remodelamento tecidual, possuem funções imunorreguladoras e atenuam a inflamação, principalmente por ativação da via STAT6 e consequente produção de IL-10 (interleucina 10), IL-1decoyR, IL-1RA (*interleukin-1 receptor antagonist*).

Deve-se considerar, entretanto, que existem numerosos fenótipos intermediários entre M1 e M2, com funções variadas e também intermediárias entre esses dois extremos.

Os macrófagos recrutados, diferenciados e localizados no tecido neoplásico são chamados macrófagos associados ao tumor (TAM). Quando no tecido sob inflamação crônica, macrófagos pró-inflamatórios liberam moléculas como ROS e RNS capazes de induzir mutações no DNA das células locais, podendo assim contribuir para a transformação maligna. Nos tumores já estabelecidos, TAMs são, na maioria das vezes, predominantemente do tipo M2, com ação pró-tumoral. Os macrófagos associados ao tumor do tipo M2 contribuem para o aumento da angiogênese através da liberação de IL-8, COX-2

Inflamação e Câncer

(ciclo-oxigenase-2), EGF (*epidermal growth factor*), FGF (*fibroblast growth factor*), VEGF (*vascular endothelial growth factor*), PDGF (*platelet-derived growth factor*) e TGF-β (*transforming growth factor-β*). Além disso, estudos têm mostrado seu papel no processo metastático por facilitarem a migração celular através da interação macrófago-célula tumoral e da produção de EGF, bem como pela produção de proteínas de degradação da matriz extracelular que propiciam e auxiliam a invasão tecidual por essas células.

A polarização dos macrófagos associados ao tumor em M1 ou M2 depende do tecido e tipo tumoral, do estágio de progressão da doença e da localização no interior do tecido neoplásico. É comum a observação dos dois subtipos de macrófagos dentro de um mesmo tumor, distribuídos de acordo com áreas de hipóxia.

Neutrófilo Associado ao Tumor (TAN)

Os neutrófilos são células mieloides e compõem a população predominante (30 a 70%) dentre os leucócitos circulantes em humanos. Essas células têm como função principal a fagocitose na defesa do hospedeiro contra infecções e na cicatrização. Pouco é sabido sobre os neutrófilos presentes nas neoplasias humanas, mas a maior parte dos estudos associa estes ao pior prognóstico da doença em diferentes regiões anatômicas. A exemplo dos macrófagos associados ao tumor que são predominantemente do tipo M2 com fenótipo pró-tumoral, os neutrófilos associados ao tumor (sigla em inglês, TAN), com fenótipo pró-tumoral, são denominados N2. A origem dos neutrófilos associados ao tumor também não é bem conhecida, mas hipotetiza-se que sejam originados de MDSCs granulocíticas já presentes no tecido tumoral, devido às semelhanças de marcadores de superfície, ou de neutrófilos normais circulantes.

Estudos prévios, porém, observaram diferenças marcantes entre o transcriptoma de TANs e dessas duas populações celulares, com elevada expressão, sinalizada por NFκB, de genes antiapoptóticos e de CCL-2, CCL-3, CCL-4, CCL-8, CCL-12, CCL17, CXCL-1, CXCL-2, CXCL-9 e CXCL-16 por TANs. O que se sabe é que as células tumorais e as demais células do estroma produzem uma gama de moléculas, tais como G-CSF, VEGF, IL-1β, IL-8 e IL-6, que são capazes de recrutar neutrófilos circulantes da corrente sanguínea para o tecido tumoral. Uma vez no sítio tumoral, como ocorre também na polarização de outras células mieloides reguladoras, os neutrófilos são modulados por fatores secretados pelo tumor e por outras células estromais e passam eles também a secretar moléculas que, através de uma conversa cruzada com as células tumorais, induzem a genotoxicidade, neoangiogênese, proliferação, invasão e sobrevivência celular e metástase. Como as demais células fagocíticas, os neutrófilos produzem ROS e consequentemente induzem mutações e danos ao DNA celular, participando dessa forma do processo carcinogênico.

Nesse estágio inicial da transformação maligna, os neutrófilos presentes no sítio tumoral parecem mesmo ter fenótipo citotóxico, gerando estresse oxidativo com a produção de TNF-α, NO (óxido nítrico) e H_2O_2 (peróxido de hidrogênio). Nos estágios mais avançados da carcinogênese, os TANs apresentam maior produção de fatores que contribuem para a progressão neoplásica, como fatores angiogênicos e de degradação da matriz extracelular. Uma molécula-chave da ação pró-tumoral dos neutrófilos é a MMP-9, com capacidade indutora do crescimento do tumor, de neoangiogênese, invasão celular e metástase. Outra molécula importante é a oncostatina M, produzida nos neutrófilos associados ao tumor sob estímulo de GM-CSF tumoral, que induz a produção de VEGF pela célula neoplásica, estimulando a invasividade do tumor. A capacidade invasiva da célula tumoral durante a progressão neoplásica é facilitada também pelas enzimas colagenase IV e heparanase, secretadas pelos TANs. A proteína NE (*neutrophil elastase*) secretada pelos TANs, além de induzir a transição epitélio-mesenquimal, ativa a via Akt na célula tumoral, responsável pelo aumento da sobrevivência e da proliferação dessas células.

Célula Dendrítica

As células dendríticas são derivadas da linhagem hematopoiética e participam das respostas inata e adquirida, apresentando alta plasticidade funcional dependendo do estímulo recebido. Em condições fisiológicas, células dendríticas imaturas são altamente fagocíticas e, após ativação por citocinas, DAMPs (sigla em inglês de padrões moleculares associados a danos) ou PAMPs (sigla em inglês de padrões moleculares associados a patógenos), tornam-se maduras e migram para órgãos linfoides secundários onde apresentam esses antígenos aos LTCD4 e LTCD8, ativando-os. Quando maduras, as células dendríticas expressam IL-12, TNF-α, IL-1 e IL-6, mas com a expressão de IDO (*indoleamine 2,3-dioxygenase*), IL-10, TGF-β e arginase, apresentam propriedades tolerogênicas. Por exemplo, com a expressão de IDO, as células dendríticas induzem a redução de triptofano e a produção de metabólitos dessa degradação no meio, o que leva à geração de LTreg.

As células dendríticas são subdivididas em dois grupos principais, sendo as células derivadas da linhagem mieloide, compostas pelas células de Langerhans, células dendríticas intersticiais e células dendríticas derivadas de monócitos; e as células derivadas da linhagem linfoide, que compreendem as células dendríticas plasmocitoides.

As células dendríticas mieloides são caracterizadas pela alta expressão de CD11c e baixa expressão de CD123 na membrana, elevada produção de TNF-α e são encontradas nos tecidos epiteliais, na corrente sanguínea e nos órgãos linfoides periféricos. Esse grupo é conhecido como o tipo clássico e é o mais numeroso dentre as células dendríticas.

As células dendríticas plasmocitoides são caracterizadas por apresentar baixa expressão de MHC II (*major histocompatibility complex II*), das moléculas co-estimuladoras CD80/CD86 e CD40, de integrina CD11c e de TLR (*toll-like receptor*) 7 e 9, mas expressam níveis elevados de CD123 e CD56 na membrana e de IFN-α.

Existe uma discussão sobre se as células dendríticas mieloides têm funções imunoestimuladoras, enquanto as plasmocitoides apresentam propriedades tolerogênicas, mas as evidências ainda são insuficientes para uma conclusão. Em condições adequadas, DCs plasmocitoides também são capazes de processar e apresentar antígenos, produzir granzima e perforina e montar respostas inflamatórias contra células infectadas com vírus e células tumorais.

Quanto ao papel das células dendríticas nos tumores, é bem estabelecido que estas apresentam importante função na resposta imunológica antitumoral, uma vez que exibem antígenos tumorais específicos sendo capazes de ativar linfócitos T e B. Entretanto, após o escape imune de células neoplásicas, fatores solúveis secretados pelo tumor já estabelecido prejudicam a diferenciação e maturação funcional das células dendríticas presentes no sítio tumoral e, hipotetiza-se, também das que estão localizadas na corrente sanguínea. As células dendríticas presentes no microambiente tumoral são tanto plasmocitoides quanto mieloides, mas cerca de 2/3 destas células encontram-se imaturas, com deficiência na apresentação de antígenos tumorais e na indução da proliferação de linfócitos, com menor expressão de moléculas coestimuladoras e de IL-12 e com menor motilidade e atividade endocítica.

Então, fatores solúveis secretados pelo tumor, como osteopontina, lactato, TGF-β, PGE-2, VEGF, β-defensina, CXCL12, CXCL8 e HGF parecem alterar a polarização das células dendríticas e gerar um acúmulo dessas células no microambiente tumoral, com consequente inibição da imunidade antitumoral e indução de LTreg e MDSC. Além disso, células dendríticas imaturas acumuladas no sítio tumoral induzem neoangiogênese e metástase através da secreção de VEGF, TNF-α, CXCL-8 e osteopontina, de forma direta ou por intermédio de monócitos que, em resposta a esses fatores, produzem IL-1, também angiogênica. Além de todas essas contribuições para a neoangiogênese associada ao tumor, existem evidências de que as células dendríticas imaturas podem atuar também como células progenitoras endoteliais.

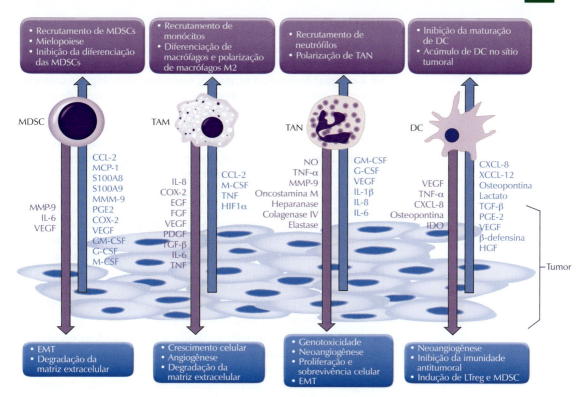

FIGURA 15.2. Inflamação associada ao câncer: componentes celulares e humorais. O microambiente tumoral apresenta um vasto e diversificado componente inflamatório. O infiltrado inflamatório celular presente no estroma e o tumor estabelecem uma conversa através de fatores solúveis, representados principalmente por citocinas, que induzem por um lado a modulação da inflamação para um fenótipo pró-tumoral e, por outro, mecanismos de progressão do tumor.

RESUMO

O sistema imunológico é o mais importante aliado do organismo na vigilância e eliminação de células transformadas e que possam vir a originar tumores. Entretanto, respostas imunológicas crônicas, diferentes das respostas agudas, estabelecem um ambiente de intenso e contínuo estresse oxidativo, alta proliferação e sobrevivência celular, bastante propício para a iniciação e promoção da carcinogênese. Evidências crescentes existem para a associação de condições inflamatórias crônicas a neoplasias, como, por exemplo, para inflamação crônica do intestino e câncer colorretal.

Sob outro aspecto, como detalhado no capítulo anterior, o escape celular da resposta imunológica citotóxica acaba por transformar essa vigilância em um mecanismo de imunoedição tumoral, responsável pelo estabelecimento de uma neoplasia resistente e não mais responsiva ao combate antitumoral. A partir deste momento, os componentes celulares e humorais do sistema imunológico presentes no microambiente tumoral passam a ser controlados e modulados por fatores tumorais para então exercer funções que podem ser favoráveis ao desenvolvimento e à progressão neoplásica.

A inflamação associada ao tumor e o seu papel na progressão neoplásica são dinâmicos e variáveis, de acordo com o sítio tumoral e com fatores individuais do hospedeiro mas, de maneira geral, macrófagos e neutrófilos alternativamente ativados, células dendríticas imaturas e células mieloderivadas supressoras, bem como as vias inflamatórias STAT-3 e NFκB parecem ser de suma importância neste processo. De acordo com o que vimos neste capítulo, é bastante evidente que a inflamação é mesmo uma característica permissiva e favorável a todas as etapas da transformação e progressão neoplásica, embora sejam ainda necessários muitos estudos para compreendermos mais a fundo os detalhes desta associação.

PONTO DE VISTA

Inflamação como alvo terapêutico

O papel da inflamação em câncer tem sido amplamente investigado por vários grupos de pesquisa em todo o mundo. A inflamação é parte integrante do processo de indução, progressão e crescimento tumoral, com variações entre diferentes tipos de tumor. Há casos em que a inflamação crônica é, comprovadamente, um fator de progressão tumoral, há outros em que a exposição crônica a antígenos dispara mecanismos de controle que suprimem respostas imunes eficientes e com isso a inflamação tem efeito pró-tumoral através de mecanismos de evasão e angiogênese. Na grande maioria dos casos, tumores são detectados após observação de efeitos clínicos, ponto no qual os mecanismos discutidos nesse capítulo já estão estabelecidos. Aos poucos, através do acompanhamento de pessoas com doença clinicamente indetectável, esses mecanismos tornam-se mais claros e, no futuro, esperamos que sejam mais fáceis de controlar ou modular. Com isso, o estudo do papel da inflamação em câncer tem sido uma área importante de pesquisa nos últimos anos.

> ... A INFLAMAÇÃO É PARTE INTEGRANTE DO PROCESSO DE INDUÇÃO, PROGRESSÃO E CRESCIMENTO TUMORAL, COM VARIAÇÕES ENTRE DIFERENTES TIPOS DE TUMOR....

Ana Paula Lepique
Universidade de São Paulo, Instituto de Ciências Biomédicas, Departamento de Imunologia.

PARA SABER MAIS

- Colotta F1, Allavena P, Sica A et al. Cancer-related inflammation, the seventh hallmark of cancer: links to genetic instability. Carcinogenesis. 2009;30(7):1073-81.

Propõe a inflamação como a sétima característica essencial ao câncer.

- Porta C1, Larghi P, Rimoldi M et al. Cellular and molecular pathways linking inflammation and cancer. Immunobiology. 2009;214(9-10):761-77.

Resume as principais vias moleculares e celulares que relacionam câncer e inflamação.

- Balkwill FR, Mantovani A. Cancer-related inflammation: common themes and therapeutic opportunities. Semin Cancer Biol. 2012;22(1):33-40.

Aborda o potencial de aplicação do conhecimento existente sobre inflamação e câncer na prevenção e no tratamento da doença.

BIBLIOGRAFIA GERAL

1. Alexandrescu DT, Riordan NH, Ichim TE et al. On the missing link between inflammation and cancer. Dermatology Online Journal. 2011;17(1):10.

2. Balkwill F, Mantovani A. Inflammation and cancer: back to Virchow? Lancet. 2001;357(9255):539-45.

3. Coussens LM, Zitvoge L, Palucka AK. Neutralizing Tumor-Promoting Chronic Inflammation: A Magic Bullet? Science. 2013;339(6117):286-91.

4. Demaria S, Pikarsky E, Karin M et al. Cancer and Inflammation: Promise for Biological Therapy. Immunother. 2010;33(4):335-51.

5. Elinav E, Nowarski R, Thaiss CA et al. Inflammation-induced cancer: crosstalk between tumours, immune cells and microorganisms. Nature reviews. 2013;13:759-71.

6. Fridlender ZG, Albelda SM. Tumor-associated neutrophils: friend or foe? Carcinogenesis. 2012;33(5):949-55.

7. Galdiero MR, Bonavita E, Barajon I et al. Tumor associated macrophages and neutrophils in cancer. Immunobiology. 2013;218:1402-10.

8. Gregory AD,Houghton AM. Tumor-Associated Neutrophils: New Targets for Cancer Therapy. Cancer Res. 2011;71:2411-16.

9. Grivennikov SI. Inflammation and colorectal cancer: colitis-associated neoplasia. Semin Immunopathol. 2013;35(2):229–44.

10. Inman KS, Francis AA, Murray NR. Complex role for the immune system in initiation and progression of pancreatic cancer. World J Gastroenterol. 2014;20(32):11160-81.

11. John Condeelis J, Pollard JW. Macrophages: Obligate Partners for Tumor Cell Migration, Invasion, and Metastasis. Cell. 2006;124:263-66.

12. Keskinov AA, Shurin MR. Myeloid regulatory cells in tumor spreading and metastasis. Immunobiology. 2014; [Epub ahead of print]

13. Lewis CE, Pollard JW. Distinct Role of Macrophages in Different Tumor Microenvironments. Cancer Res. 2006;66:605-12.

14. Lu H, Ouyang W, Huang C. Inflammation, a Key Event in Cancer Development. Mol Cancer Res. 2006;4(4):221-33.

15. Ma Y, Shurin GV, Peiyuan Z, Shurin MR. Dendritic Cells in the Cancer Microenvironment. Journal of Cancer. 2013;4(1):36-44.

16. Momi N, Kaur S, Krishn SR, Batra SK. Discovering the route from inflammation to pancreatic cancer. Minerva Gastroenterol Dietol. 2012;58(4):283-97.

17. Morrison WB. Inflammation and Cancer: A Comparative View. J Vet Intern Med. 2012;26:18-31.

18. Onesti JK, Guttridge DC. Inflammation Based Regulation of Cancer Cachexia. [Epub 2014 May 4].

19. Pérez-Hernández AI, Catalán V, Gómez-Ambrosi J et al. Mechanisms linking excess adiposity and carcinogenesis promotion Front Endocrinol (Lausanne). 2014; 5:65-81.

20. Qian BZ, Pollard JW. Macrophage diversity enhances tumor progression and metastasis. Cell. 2010;141(1):39-51.

21. Schmid MC, Varner JA. Myeloid cells in the tumor microenvironment: modulation of tumor angiogenesis and tumor inflammation. Oncol. [Epub 2010 May 16].

22. Sfanos KS, De Marzo AM. Prostate cancer and inflammation: the evidence. Histopathology. 2012;60(1):199-215.

23. Solinas G, Germano G, Mantovani A, Allavena P. Tumor-associated macrophages (TAM) as major players of the cancer-related inflammation. J Leukoc Biol. 2009;86(5):1065-73.

24. Stockmann C, Schadendorf D, Klose R, Helfrich I. The impact of the immune system on tumor: angiogenesis and vascular remodeling. Front Oncol. 2014;8:4-69.

25. Tan T, Coussens LM. Humoral immunity, inflammation and cancer. Current Opinion in Immunology. 2007;19:209-16.

26. Ullman TA, Itzkowitz SH. Intestinal inflammation and cancer. Gastroenterology. 2011;140(6):1807-16.

27. Visser KE, Eichten A, Coussens LM. Paradoxical roles of the immune system during cancer development. Nat Rev Cancer. 2006;6(1):24-37.

28. Xu CX, Zhu HH, Zhu YM. Diabetes and cancer: Associations, mechanisms, and implications for medical practice. World J Diabetes. 2014;5(3):372-80.

Evolução do Diagnóstico do Câncer

16

Rodrigo Santa Cruz Guindalini
Sheila Aparecida Coelho Siqueira
Maria Aparecida A. Koike Folgueira

INTRODUÇÃO

Ao final deste capítulo espera-se que o leitor compreenda a evolução histórica do diagnóstico de câncer e tenha noções básicas sobre: (i) classificação histológica tumoral; (ii) utilidade de imunoistoquímica no diagnóstico de tumores de origem desconhecida e (iii) exames radiológicos envolvidos no diagnóstico, estadiamento e planejamento terapêutico do paciente oncológico.

PERSPECTIVAS HISTÓRICAS DO DIAGNÓSTICO DO CÂNCER

Desde os primeiros registros médicos, o câncer tem sido descrito como uma doença na história da medicina. Nossa descrição mais antiga de câncer (embora a palavra câncer não tenha sido utilizada na época) foi descoberta no Egito e remonta a cerca de 3000 a.C. É o chamado Papiro Edwin Smith e é uma cópia de parte de um livro do antigo Egito de cirurgia do trauma. Ele descreve oito casos de tumores ou úlceras de mama que foram removidos por cauterização com uma ferramenta chamada broca de fogo.

Após a queda do Egito, os próximos capítulos da história médica e científica foram escritos na Grécia e em Roma. Hipócrates e Galeno dominaram o pensamento médico durante 1.500 anos. Hipócrates acreditava que o corpo continha quatro humores (fluidos corporais), (a) sangue, (b) fleuma, (c) bile amarela e (d) bile negra. Qualquer desequilíbrio desses fluidos resultaria em doenças e o câncer era atribuído ao excesso de bile negra em um determinado órgão. Esta teoria de câncer foi passada para os romanos e abraçada pelo influente médico Galeno, mantendo-se como padrão incontestável durante a Idade Média por mais de 1.300 anos. Hipócrates descreveu vários tipos de câncer, nomeando-os com a palavra grega *karkinos* (caranguejo). Este nome deriva da aparência da superfície de um corte de um tumor maligno sólido com seus vasos sanguíneos esticados por todos os lados e o corpo do caranguejo e suas patas. O médico romano Celsus traduziu posteriormente o termo grego para câncer, a palavra latina para caran-

DESTAQUES

- A análise microscópica de tecidos tumorais proporcionou grandes avanços para a compreensão sobre a origem das células tumorais.
- A análise histológica de um fragmento tumoral é o padrão-ouro para o diagnóstico de neoplasias sólidas.
- A imunoistoquímica é um método fundamental para diagnóstico e manejo clínico de pacientes com carcinomas metastáticos com sítio primário desconhecido.
- Exames de imagem estão desempenhando um papel cada vez mais importante em todas as fases do manejo do paciente oncológico.

guejo. Galeno, por sua vez, utilizou a palavra oncos (inchaço) para descrever tumores.

Durante a Idade Média (até o século XVI), os antigos ensinamentos de Galeno continuaram a inspirar os médicos em Constantinopla, Cairo, Alexandria e Atenas em um momento em que as magias e mitos dominavam o Ocidente. Câncer continuou a ser explicado como o resultado do excesso de bile negra, curável apenas em seus estágios iniciais.

No século XVII, a velha teoria da doença com base em humores corporais foi descartada quando o médico italiano Gaspare Aselli descobriu os vasos do sistema linfático e Stahl e Hoffman teorizaram que o câncer era o resultado de anormalidades da linfa. A teoria da linfa ganhou apoio rapidamente, sendo adotada pelo cirurgião escocês John Hunter, que acreditava que o câncer deveria ser removido se ainda não tivesse se espalhado para tecidos próximos.

Em 1838, o patologista alemão Johannes Muller demonstrou que o câncer é feito de células e não linfa, mas acreditava que as células cancerosas não vinham de células normais. Muller propunha que as células cancerosas se desenvolviam a partir de elementos de brotamento (blastema) entre os tecidos normais. No entanto, seu aluno, Rudolph Virchow (1821-1902), o famoso patologista alemão, determinou que todas as células, incluindo as cancerosas, eram derivadas de outras células.

Durante os séculos XVIII e XIX, inúmeras teorias sobre o câncer surgiram, incluindo: (a) teoria da irritação crônica, (b) teoria do trauma e (c) teoria do parasita/doença infecciosa. Esta última, proposta pelo holandês Nicholas Tulp, postulava que câncer era contagioso. Na verdade, o primeiro hospital especializado em câncer na França foi forçado a se mudar da cidade em 1779, porque as pessoas temiam que câncer se espalhasse por toda a cidade. Embora o câncer humano, em si, não seja contagioso, agora sabemos que certos vírus, bactérias e parasitas podem aumentar o risco de uma pessoa desenvolver a doença.

No final do século XIX, o desenvolvimento de melhores microscópios não só ajudou a documentar e definir organismos causadores de doenças, mas também tornou possível o exame detalhado das células e suas atividades. Estudos de tecidos tumorais revelaram que células cancerosas eram bastante diferentes na aparência das células normais do tecido circundante ou das células que lhes deram origem. Os pesquisadores começaram a se concentrar em questões como a origem das células e a relação da doença com o comportamento de uma célula. Foi a invenção do microscópio que revelou a célula cancerosa propriamente dita.

Nesse contexto, pesquisadores começaram a diagnosticar e classificar os tumores baseando-se nas semelhanças e diferenças microscópicas entre as células tumorais e seu tecido de origem. Esse modelo de classificação tumoral continua sendo o mais utilizado até o momento. Recentes avanços no entendimento sobre a biologia molecular do câncer e a inclusão destes conhecimentos às novas classificações tumorais está sendo fundamental para o aperfeiçoamento/refinamento do diagnóstico do câncer.

BIÓPSIA

A biópsia é realizada através de punção por agulha ou procedimento cirúrgico para a retirada de um fragmento do tumor (benigno ou maligno). O exame histológico permite a análise das características das células tumorais e da organização estrutural do tecido. A biópsia e a análise histológica constituem atualmente o padrão-ouro para o diagnóstico de neoplasias sólidas, pois permitem avaliar um aspecto importante de tumores malignos, que é a invasão de tecidos adjacentes.

CLASSIFICAÇÃO TUMORAL

Clinicamente, é fundamental a distinção entre tumores benignos e malignos. Esta distinção normalmente é realizada através de morfologia e, em última análise, através do comportamento biológico do tumor.

Os quatro critérios a seguir são fundamentais para diferenciar tumores benignos de malignos (i, ii e iii avaliados pelo exame histológico da biópsia):

i.   diferenciação e anaplasia (organização da estrutura do tecido e características celulares);

ii. taxa de crescimento (avaliada pelo tempo de duplicação tumoral e presença de mitoses);

iii. invasão local;

iv. metástases (presença avaliada através de exame físico, exames de imagem e exame da peça cirúrgica).

A **Tabela 16.1** mostra as principais características morfológicas utilizadas para diferenciar tumores benignos e malignos (vide também o Capítulo 2).

Revisitaremos alguns conceitos essenciais do diagnóstico anatomopatológico de tumores; como discutido no Capítulo 2, além de verificar se o tumor é benigno ou maligno é necessário classificá-lo histologicamente. Esta classificação é realizada de acordo com a origem

TABELA 16.1. *Características morfológicas de tumores benignos e malignos.*

Características	Tumores Benignos	Tumores Malignos
Grau de diferenciação e anaplasia	Bem diferenciado; estrutura típica do tecido de origem; ausência de anaplasia	Pouco/moderadamente diferenciado; perda do padrão de organização estrutural, células anaplásicas
Taxa de crescimento	Lento, progressivo, regressão possível, poucas ou raras células mitóticas	Varia entre lento e rápido; figuras mitóticas numerosas e anormais
Invasão local	Coeso, expansivo, bem delimitado, frequentemente encapsulado	Infiltração local, destrutiva, com uma tendência à dissociação
Metástases	Ausência	Podem estar presentes ao diagnóstico ou ocorrer no acompanhamento

Evolução do Diagnóstico do Câncer

TABELA 16.2. *Classificação histológica tumoral. Exemplos.*

Tecido de Origem	Tumor Benigno	Tumor Maligno
Tumores Epiteliais		
Epitélio estratificado escamoso	Papiloma escamoso	Carcinoma epidermoide
Células basais da pele		Carcinoma basocelular
Epitélio transicional (urotélio)	Papiloma de células transicionais (urotelial)	Carcinoma de células transicionais (urotelial)
Revestimento epitelial de glândulas ou de dutos (Figura 16.1)	Adenoma, papiloma, cistoadenoma	Adenocarcinoma, adenocarcinoma papilífero, cistoadenocarcinoma
Tumores neuroendócrinos		
Células/órgãos endócrinos	ex., insulinoma, feocromocitoma, etc.	ex., insulinoma maligno, feocromocitoma maligno
Tumores Neuroectodérmicos		
Melanócitos	Nevo melanocítico	Melanoma maligno
Tumores Mesenquimais		
Tecido conjuntivo	Fibroma	Fibrossarcoma
Tecido adiposo	Lipoma	Lipossarcoma
Cartilagem	Condroma	Condrossarcoma
Osso	Osteoma	Osteossarcoma
Músculo liso	Leiomioma	Leiomiossarcoma
Músculos esqueléticos	Rabdomioma	Rabdomiossarcoma
Vasos	Hemangioma, linfangioma	Hemangiossarcoma, linfangiossarcoma
Mesotélio	Mesotelioma benigno	Mesotelioma maligno
Tumores Linfo-hematopoiéticos		
Medula óssea		Leucemia mieloide, plasmocitoma
Sistema linfático		Linfoma de Hodgkin, linfoma não Hodgkin
Tumores Mistos com Mais de um Tipo de Célula Neoplásica		
Tumores de células germinativas	Teratoma maduro	Teratoma maligno, seminoma, carcinoma embrionário
Tumores embrionários (blastomas)		
		Nefroblastoma (tumor de Wilms), neuroblastoma, etc.

embrionária do tecido do qual deriva o tumor. Neoplasias malignas originárias de tecido de revestimento interno ou externo são classificadas como carcinomas e, quando o epitélio de origem for glandular, passam a ser chamadas de adenocarcinomas.

Para neoplasias malignas oriundas dos tecidos conjuntivos ou mesenquimais realiza-se o acréscimo de sarcoma ao vocábulo que corresponde ao tecido. Por sua vez, os tumores de origem nas células blásticas, que ocorrem mais frequentemente na infância, têm o sufixo "blastoma" acrescentado ao vocábulo que corresponde ao tecido original. A **Tabela 16.2** resume esta classificação histológica tumoral.

Os tumores malignos indiferenciados podem ser ainda subclassificados de acordo com a expressão de alguns antígenos e pela expressão gênica. Estes antígenos são normalmente identificados através da utilização da imunoistoquímica (IHQ).

IMUNOISTOQUÍMICA

O exame IHQ baseia-se na detecção de antígenos específicos em secções do tecido através da utilização de anticorpos monoclonais ou policlonais.

As neoplasias são neoformações teciduais que, apesar de se originarem em tecidos normais, muitas vezes perdem sua capacidade de diferenciação celular (no caso das malignas), tornando-se em algumas situações impossível ou duvidoso um diagnóstico morfológico baseado nas características celulares da lesão. Daí a necessidade da IHQ para elucidar a origem tecidual e, portanto, o diagnóstico da lesão.

Na técnica de IHQ, anticorpos são utilizados para determinar a distribuição nos tecidos de um antígeno de interesse. É amplamente utilizada para o diagnóstico de câncer, porque há expressão de novo ou hiperexpressão de antígenos específicos tumorais em certos tipos de cânceres (**Figura 16.2**).

A realização da IHQ requer a disponibilidade de um fragmento tecidual; este é processado em secções com um micrótomo e, em seguida, as secções são incubadas com um anticorpo direcionado ao antígeno tumoral de interesse. Este anticorpo pode estar ligado a um fluorocromo ou pode ser revelado através de uma reação secundária que produzirá cor. A marcação celular positiva pode então ser visualizada por microscopia óptica (cor) ou de fluorescência.

Nas últimas décadas, os métodos de amplificação em imunoistoquímica como o complexo avidina-biotina-peroxidase e polímeros-peroxidase permitiram o seu uso na rotina do patologista.

Atualmente, a IHQ se tornou uma técnica crucial no manejo do paciente oncológico, possuindo importantes aplicações clínicas, tais como auxiliar na classificação de tumores malignos indiferenciados e na determinação do sítio primário de carcinomas metastáticos. Serve também como biomarcador prognóstico e biomarcador preditor de resposta terapêutica.

Classificação de Tumores Malignos Indiferenciados

Este diagnóstico engloba várias entidades clínicas de comportamento, proposta de tratamento e prognósticos diferentes entre si. Certos carcinomas anaplásicos, linfomas, melanomas e sarcomas podem ser histologicamente muito semelhantes. Um painel de anticorpos é escolhido para resolver este tipo de desafio diagnóstico. Anticorpos específicos para filamentos intermediários permitem, por

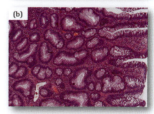
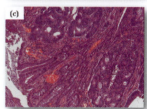

FIGURA 16.1. *(a) Revestimento epitelial de glândulas do intestino grosso; (b) adenoma intestinal e (c) adenocarcinoma intestinal.*

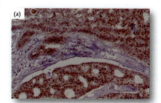
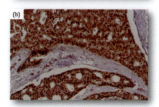

FIGURA 16.2. *Receptores de estrógeno (a) e receptores de progesterona (b) identificados por imunoistoquímica em carcinoma ductal invasivo de mama.*

exemplo, a diferenciação entre neoplasias epiteliais que expressam citoqueratinas e neoplasias musculares que expressam desmina. Outros anticorpos utilizados são a proteína S100 expressa em melanomas e antígeno leucocitário comum (CD45).

Carcinomas com Sítio Primário Desconhecido

Os carcinomas com sítio primário desconhecido são neoplasias epiteliais malignas diagnosticadas através da apresentação secundária ou metastática da doença. Neste caso, a história, o exame clínico do paciente, os exames de imagem, a biópsia e a análise histológica do tumor não permitem a localização do sítio primário.

A IHQ visa à identificação de antígenos celulares característicos de alguns tecidos que podem sugerir o provável sítio primário da lesão. Podem ser utilizados anticorpos contra filamentos intermediários (citoqueratina e vimentina), proteases (antígeno prostático específico), fatores de transcrição (TTF-1), receptores hormonais (receptores de estrógeno e progesterona), entre outros.

A seleção de anticorpos é feita baseada na história clínica, nas características morfológicas e nos resultados de outras investigações relevantes ao caso em questão, como exames de imagem. A **Tabela 16.3** mostra exemplos de como a IHQ pode ser utilizada neste cenário.

TABELA 16.3. *Estudo imunoistoquímico para carcinomas metastáticos com sítio primário desconhecido.*

Anticorpos/Sítio tumoral	CK7	CK20	CK5/6	CEA	Cdx2	Vimentina	TTF-1	CA 19.9	CA 125	RE	BER-EP4	CD10	S-100
Biliar	+	–*	–*	+*	+	–*	–	+*	+*	–	+	(o)–	–
Bexiga	+	+*	+*	–*	–	–*	–	+*	–*	–	–*	+*	(o)–
Mama	+	(o)–	–*	+*	–	–	–	–*	–*	+*	+	(o)–	–*
Colorretal	(o)–	+	–*	+	+	(o)–	–	+*	–*	(o)–	+	–*	–
Endocervical	+	–	–	+*	–*	–	–	(o)–	(o)	(o)	+	–	–
Endométrio	+	(o)–	+*	(o)–	–*	+	–	+*	+*	+	+	–	(o)
Gástrico	+*	+*	(o)–	+*	+	–	–	+*	(o)–	–	+	(o)–	–*
Hepatocelular	–	–	–	+*	+	–	–		–	–	–	+*	–
Adenocarcinoma de pulmão	+	–*	(o)–	+	–*	–*	+*	–*	–*	(o)–	+	–*	+*
Células de Merkel	–	+	–	–	–	(o)–	(o)				+		–
Ovário mucinoso	+	+*	–	+*	+	–*	–	+*	–*	–	–*	–	–
Ovário seroso	+	–*	(o)–	–	+	+	(o)–	+*	+*	+*	+	–*	–*
Pâncreas	+	–*	–*	+*	+	–	–	+*	+*	–	+	–*	–
Próstata	–	–	–	–	–	–	–	(o)–	–	–	+	+*	–
Renal	–	–	(o)–	–	–	+*	–	(o)–	(o)–	–	–*	+	+*
Célula escamosa	–	–	+	+*	–	–*	–	–*	–	–	–*	–	–
Tireoide	+	–	(o)–	–	+	+	+	–*	–*	(o)	+	–	+

+: positivo; +*: usualmente positivo; –*: usualmente negativo; (o): ocasionalmente raras células positivas; –: negativo.

MÉTODOS DE IMAGEM

Vários métodos de imagem estão desempenhando um papel cada vez mais importante em todas as fases do manejo do paciente oncológico. Com os rápidos avanços tecnológicos, atualmente os exames radiológicos são capazes de fornecer dados morfológicos, estruturais, metabólicos e informações funcionais do câncer, contribuindo na tomada de decisão clínica nos seguintes cenários: rastreamento, diagnóstico, orientação de procedimentos minimamente invasivos (como biópsias percutâneas guiadas por imagem), estadiamento, planejamento terapêutico, acompanhamento de resposta terapêutica, detecção de recorrência e condução de cuidados paliativos.

Os métodos mais utilizados na rotina são ultrassonografia, tomografia computadorizada (TC), ressonância magnética (RM) e, mais recentemente, o PET-TC, a tecnologia que integra a tomografia por emissão de pósitrons (PET) com a tomografia computadorizada (TC).

Ultrassonografia

A ultrassonografia é um método que pode ser utilizado em determinadas situações para rastreamento de lesões mamárias e de tireoide e para guiar biópsias de lesões suspeitas em tumores de tireoide, mama, próstata e fígado, dentre outros. Apesar de muito popular, o fato de ser operador dependente confere uma grande limitação ao método.

Como não utiliza radiação ionizante, o acompanhamento do paciente com exames seriados pode ser realizado para verificar se há recorrência em determinados tumores.

Avanços recentes deste método de imagem incluem a elastografia, o uso de agentes de contraste com microbolhas e a imagem fotoacústica.

Tomografia Computadorizada

Novos aparelhos de TC são caracterizados pela presença de multidetectores e tubos de alta potência de raios X. Estes são capazes de realizar aquisições de grandes volumes com alta qualidade de imagem em um curto período de tempo (1 ciclo respiratório), como o estudo concomitante do tórax, abdome e cérebro, sem necessariamente aumentar a dose de radiação à qual o paciente é exposto. A utilização de agentes de contraste podem auxiliar no diagnóstico de lesões neoplásicas.

As desvantagens da TC são a exposição do paciente à radiação ionizante e o risco de reações alérgicas e insuficiência renal após o uso do meio de contraste iodado. Apesar disso, a TC é um dos métodos mais solicitados para estadiamento e acompanhamento de resposta ao tratamento das neoplasias sólidas.

Ressonância Magnética

A RM é um método de imagem que utiliza a manipulação de campos magnéticos para geração de imagens. Inúmeras sequências podem ser geradas, tornando possível a caracterização mais detalhada de lesões suspeitas, principalmente em órgãos sólidos. Pode ser otimizada com contraste paramagnético a base de gadolínio, o qual raramente provoca reações alérgicas. Traz como grande desvantagem o tempo prolongado de aquisição de imagens. Neste período, o paciente deve permanecer sem se movimentar e, em algumas situações, controlando o ritmo respiratório. Tais exigências podem inviabilizar a utilização desse método para pacientes com dor, claustrofóbicos e não colaborativos.

Atualmente, o método destaca-se pela importância no diagnóstico de neoplasias intracranianas, avaliação de nódulos hepáticos, dentre eles o hepatocarcinoma, e no estadiamento de neoplasias pélvicas, como o câncer de reto e colo uterino. Além disso, seu uso é recomendado para o rastreamento de câncer de mama em mulheres jovens com alto risco de desenvolver a doença, em especial as pacientes carreadoras de mutação nos genes BRCA1 ou BRCA2.

Tomografia por Emissão de Pósitrons – Tomografia Computadorizada

Tomografia por emissão de pósitrons (PET) utiliza radioisótopos emissores de pósitrons, criados em cíclotron, como 18F, 11C, 64Cu, 124I, 86Y, 15O e 13N. O isótopo mais utilizado é o 18F, pela praticidade do seu transporte e meia-vida de 109.8 minutos. Este isótopo então é ligado ao 2 fluoro-d-desoxiglicose (FDG), formando o traçador 18F-FDG, um análogo da glicose. Este análogo é transportado através da membrana celular para dentro das células pelas proteínas transportadoras de glicose, como a Glut 1 e a Glut 3 que, por sua vez, estão hiperexpressas em células cancerosas. Uma vez dentro da célula, o 18F-FDG é fosforilado pela hexoquinase; tal forma fosforilada não pode ser mais metabolizada e se acumula dentro das células, principalmente naquelas que se encontram em rápido processo de divisão, como as células tumorais. Em altas concentrações, a radiação emitida pelo radioisótopo é então detectada por sensores do aparelho, identificando, com isso, as áreas corporais com maior metabolismo de glicose. Para localizar anatomicamente tais locais de concentração do traçador, um exame de tomografia do corpo todo é associado ao método. Portanto, a PET-TC não somente identifica o local do tumor e sua relação com estruturas adjacentes, como também avalia o metabolismo tumoral.

Em 2014, a Agência Nacional de Saúde ampliou o uso do exame de PET-TC oncológico, passando de três para oito indicações: além de câncer de pulmão de células não pequenas, linfoma e câncer colorretal, o exame passa a ser indicado também para a avaliação de nódulo pulmonar solitário, câncer de mama metastático, câncer de cabeça e pescoço, melanoma e câncer de esôfago. As indicações de cobertura obrigatória estão descritas na **Tabela 16.4**.

TABELA 16.4. *Indicações aprovadas para a realização de PET-TC em oncologia em 2014.*

Indicações	Estadiamento	Monitoração Terapêutica	Avaliação de Recorrência
Câncer de pulmão não pequenas células	x		x
Câncer de cabeça e pescoço	x		
Esôfago	x		
Linfoma	x	x	x
Melanoma	x		x
Nódulo pulmonar solitário	x		
Colorretal	x*		x
Mama	x*		
* Para câncer de mama e colorretal quando os exames de imagem convencionais apresentarem achados suspeitos de metástases.			

Vale lembrar que os exames de imagem auxiliam na identificação do sítio primário da lesão e podem guiar o sítio da biópsia, porém o diagnóstico de certeza é confirmado através do exame histológico do tumor.

CONCLUSÃO

O acúmulo do conhecimento sobre a origem e a evolução das células neoplásicas está revolucionando o diagnóstico do câncer. A utilização conjunta de análise histopatológica e exames de imagem define na maioria dos casos o diagnóstico e o estadiamento do câncer, sendo estas informações fundamentais para o manejo clínico do paciente oncológico. A incorporação de novas tecnologias neste cenário, como exames de imagem que avaliam metabolismo tumoral e assinaturas genéticas, tem o potencial de fornecer informações complementares para melhorar a classificação/estadiamento tumoral e o planejamento terapêutico.

RESUMO

Os primeiros relatos de casos de câncer foram encontrados no Antigo Egito em papiros de aproximadamente 3000 a.C. Por muito tempo a doença foi considerada um mal incurável e pouco se sabia sobre sua origem, evolução e formas de tratamento. No entanto, os avanços científicos do último século têm revolucionado este cenário.

O acúmulo do conhecimento sobre as células, impulsionado principalmente pelo desenvolvimento, aperfeiçoamento e amplo uso do microscópio deu origem a inúmeras novas teorias da carcinogênese. Desta forma, em conjunto com métodos de imagem que proporcionaram uma visão global da extensão da neoplasia e sua relação com os órgãos adjacentes, classificações tumorais com implicações clínicas foram desenvolvidas. Através de fragmentos tumorais, estudos em nível celular e molecular utilizando técnicas de imunoistoquímica e biologia molecular trouxeram à tona descobertas sobre mecanismos que auxiliam o câncer a se desenvolver; estes, por sua vez, serviram de base para o desenvolvimento de terapias inteligentes que têm como objetivo interromper as vias de sinalização intra e intercelular, as chamadas terapias-alvo, levando células tumorais à apoptose.

No entanto, ainda há muito espaço para o refinamento do diagnóstico e da classificação dos cânceres. Novas pesquisas nas áreas da genômica e métodos de imagem estão trazendo inúmeros questionamentos aos métodos atuais de classificação. Em breve, estes novos conhecimentos deverão ser incorporados, podendo provocar, com isso, impactos significativos não só na classificação tumoral, como também no manejo clínico-cirúrgico dos pacientes oncológicos.

Portanto, a evolução do diagnóstico do câncer continua em ritmo acelerado. Novas teorias da carcinogênese, novos métodos diagnósticos e novas classificações tumorais deverão incorporar-se na prática clínica em um futuro próximo.

Diagnóstico em tempo real

No momento do diagnóstico de um tumor, frequentemente se passaram anos, até mesmo décadas, desde que as primeiras alterações genéticas que conduzem o processo carcinogênico foram geradas. São necessárias centenas de milhões de células em uma massa tumoral para que os métodos diagnósticos mais sensíveis nos auxiliem a fazer um diagnóstico da existência da lesão. Parece claro que a melhora do manejo do paciente com câncer será tão mais exitosa quanto mais precocemente fizermos o diagnóstico da neoplasia. Contudo, ainda hoje, no momento do diagnóstico, acumulam-se inúmeras mutações em uma massa tumoral e, como já discutido, diferentes genótipos coexistem na massa tumoral, gerando diferentes fenótipos e até mesmo cooperando entre si, provocando o que chamamos de câncer. A heterogeneidade dos tumores é uma característica que vem chamando a atenção dos patologistas há vários anos. Como definir qual o limite de positividade de um dado marcador? Qual a fração de células reativas para um dado anticorpo que será considerada o limiar de positividade, direcionando condutas terapêuticas? Qual o significado da fração de células negativas para este mesmo marcador em um mesmo tumor? Peguemos como exemplo a marcação de células positivas para os receptores de estradiol e progesterona, ou mesmo o antígeno de superfície erb-B2, no caso da classificação de cânceres de mama. Estes exames nos indicam a possibilidade de tratamento com hormonoterapia e anticorpos contra erb-B2, respectivamente. O que acontece com as populações celulares que são negativas para estes marcadores, na vigência do tratamento?

> ... [NOSSO DESAFIO É SABER] COMO ESTES CÂNCERES EVOLUEM DINAMICAMENTE AO LONGO DO TRATAMENTO...

E, se o paciente tiver metástases, será que o perfil da metástase é o mesmo perfil do tumor primário (ou mesmo de uma primeira metástase analisada)? Como discutido, o padrão-ouro do diagnóstico, que nos indica inclusive condutas, é a análise histológica do tumor, seguida de análise imunoistoquímica, para a avaliação de algumas das características-chave do fenótipo tumoral. Embora esta avaliação seja suficiente em um número expressivo de casos, o que nos tem levado a uma significativa melhora no manejo dos pacientes com câncer nos dias de hoje, é necessário aprimorar esta forma de diagnóstico. Esta necessidade advém da própria instabilidade genômica da doença, que gera grande variabilidade de genótipos e fenótipos em um mesmo tumor.

Idealmente, formas de avaliação que não sejam dependentes de novas biópsias invasivas, ou pelo menos minimamente invasivas, são requeridas. A perspectiva de se adicionar uma dimensão funcional, na escala molecular, aos exames de imagem (ultrassom, PET, SPECT e ressonância magnética), começa a preencher o nicho desta nova geração de formas diagnósticas. Espera-se, no futuro, que estes exames de imagem nos possam indicar em tempo real, e com precisão cada vez maior não só o diagnóstico dos cânceres que um paciente apresenta, mas como estes cânceres evoluem dinamicamente ao longo do tratamento.

Roger Chammas

Faculdade de Medicina da Universidade de São Paulo/Instituto do Câncer do Estado de São Paulo (ICESP)

PARA SABER MAIS

- Sudhakar A. History of Cancer, Ancient and Modern Treatment Methods. J Cancer Sci Ther 2009;1(2):1-4. doi:10.4172/1948-5956.100000e2.

Descreve resumidamente as teorias primitivas de origem do câncer até as teorias mais modernas.

- Varadhachary GR, Raber MN. Cancer of Unknown Primary Site. N Engl J Med. 2014;371:757-765. doi: 10.1056/NEJMra1303917.

Revisão sobre avanços no diagnóstico e no tratamento do câncer de origem primária desconhecida.

- Fass L. Imaging and cancer: A review. Molecular Oncology. 2008;2:115-152.

Descreve resumidamente a aplicação de vários métodos de imagem no manejo do paciente oncológico.

BIBLIOGRAFIA GERAL

1. Sudhakar A. History of Cancer, Ancient and Modern Treatment Methods. Journal of cancer science & therapy. 2009;1(2):1-4. doi: 10.4172/1948-5956.100000e2.

2. Varadhachary GR, Raber MN. Cancer of unknown primary site. The New England journal of medicine. 2014;371(8):757-765. doi: 10.1056/NEJMra1303917.

3. Fass L. Imaging and cancer: a review. Molecular oncology. 2008;2(2):115-152. doi: 10.1016/j.molonc.2008.04.001.

4. Papavramidou N, Papavramidis T, Demetriou T. Ancient Greek and Greco-Roman methods in modern surgical treatment of cancer. Annals of surgical oncology. 2010;17(3):665-667. doi: 10.1245/s10434-009-0886-6.

5. Gokhale S. Ultrasound characterization of breast masses. The Indian journal of radiology & imaging. 2009;19;(3):242-247. doi: 10.4103/0971-3026.54878.

6. Thian YL, Riddell AM, Koh DM. Liver-specific agents for contrast-enhanced MRI: role in oncological imaging. Cancer imaging: the official publication of the International Cancer Imaging Society. 2013;13(4):567-579. doi: 10.1102/1470-7330.2013.0050.

7. James ML, Gambhir SS. A molecular imaging primer: modalities, imaging agents, and applications. Physiological reviews. 2012;92(2):897-965. doi: 10.1152/physrev.00049.2010.

8. Gonzalez-Guindalini FD, Botelho MP, Harmath CB, Sandrasegaran K, Miller FH, Salem R et al. Assessment of liver tumor response to therapy: role of quantitative imaging. Radiographics: a review publication of the Radiological Society of North America, Inc. 2013;33(6):1781-1800. doi: 10.1148/rg.336135511.

Biomarcadores no Câncer

17

Lucas Boeno Oliveira
Maria Aparecida A. Koike Folgueira

INTRODUÇÃO

O câncer sempre foi uma doença desafiadora para médicos e pesquisadores. Sendo assim, a análise em nível molecular é hoje uma ferramenta indispensável no combate ao câncer. Biomoléculas que, de alguma forma, indicam uma condição biológica são chamados biomarcadores.

Biomarcadores têm muitas aplicações potenciais em oncologia, incluindo a avaliação de risco, rastreamento, diagnóstico diferencial, determinação do prognóstico, previsão de resposta ao tratamento e monitoramento da progressão da doença.

Alguns biomarcadores já fazem parte da rotina clínica para o diagnóstico e o acompanhamento do tratamento dos mais importantes tipos de câncer, entre eles antígeno prostático específico (PSA), antígeno carcinoembriônico (CEA), alfafetoproteína (AFP), gonadotrofina coriônica humana (beta-hCG), CA125, receptor de estrógeno (ER), receptor de progesterona (PR), receptor tipo 2 do fator de crescimento epidérmico humano (HER-2). Existem também painéis que avaliam a expressão transcricional e mutações gênicas de vários biomarcadores simultaneamente e já podem ser utilizados em alguns casos.

A pesquisa com biomarcadores é cada dia mais intensa e se impulsiona a cada avanço tecnológico permitido por novas técnicas biomoleculares. É possível que, em pouco tempo, marcadores tumorais permitirão um cuidado totalmente individualizado de cada caso.

Ao final deste capítulo espera-se que o leitor compreenda: (i) o que são os biomarcadores, (ii) como são utilizados e (iii) alguns dos principais biomarcadores da atualidade.

DESTAQUES

- Definição e classificação de biomarcadores.
- A introdução dos primeiros biomarcadores tumorais.
- Principais biomarcadores na atualidade.
- Perspectivas de sua aplicação.

O QUE SÃO OS BIOMARCADORES?

O termo biomarcador refere-se a uma *molécula biológica* encontrada no sangue e em outros fluidos ou tecidos corporais, que pode ser usada como indicador de uma condição biológica ou doença. Em oncologia, utiliza-se também o termo "marcadores tumorais", que engloba também moléculas inorgânicas, porém os marcadores tumorais conhecidos e utilizados até o momento são biomoléculas, sendo assim o nome "biomarcadores" é o mais apropriado para classificar estas moléculas.

Moléculas biológicas são todas as moléculas orgânicas (compostas por carbono) produzidas por uma célula viva. Os principais exemplos são proteínas, ácidos nucleicos, carboidratos e lipídeos.

Existe uma enorme variedade de biomarcadores, que podem ser proteínas, incluindo enzimas (ex., PSA, uma serina protease), receptores de membrana celular (HER-2) ou anticorpos; ácidos nucleicos (ex., genes mutados, microRNAs ou outros RNAs não codificantes); pequenos peptídeos; entre outras categorias.

Um marcador pode ser definido como uma substância objetivamente mensurável que pode ser usada como indicador de uma condição biológica ou doença.

Em câncer, os biomarcadores são produzidos pelas células cancerosas ou pelas células normais em resposta à presença do câncer. Podem desempenhar diversos papéis, auxiliando na detecção da doença, predição do prognóstico ou predição de resposta a um agente farmacológico.

Muitos biomarcadores proteicos são avaliados quanto a sua concentração na amostra avaliada, pois estão presentes também no tecido sadio, mas em concentração diferente.

Alguns biomarcadores podem ser detectados na circulação (sangue, soro ou plasma), excreções ou secreções (fezes, urina, saliva), e, portanto, facilmente avaliados de forma não invasiva e em série. Outros podem ser derivados de tecido, e necessitam da realização de uma biópsia tumoral.

Biomarcadores podem ser utilizados para a avaliação do paciente em várias situações clínicas, isto criou diferentes formas de categorizar estas substâncias.

Genes são avaliados quanto à sequência genética: mutações germinais ou somáticas, na sequência codificante ou em regiões reguladoras da expressão, que podem ser refletidas em proteínas mutadas, silenciadas ou de expressão alterada. Elementos de epigenética também são possíveis biomarcadores, uma vez que eles podem alterar a expressão gênica.

Biomarcadores de *predisposição*, ou de avaliação de risco: são utilizados para definir indivíduos ou populações com maior risco de desenvolver a doença. Alguns são marcadores de predisposição genética. Podemos citar a mutação nos genes *BRCA1* ou *BRCA2*, associados à predisposição a câncer de mama e ovário. Neste caso, é interessante a pesquisa da mutação em outros membros da família para aconselhamento genético e medidas de rastreamento e prevenção.

Atualmente, alguns casos são avaliados não mais utilizando biomoléculas individuais, mas um perfil que avalia um grande número de biomarcadores simultaneamente, qualitativa ou quantitativamente.

Biomarcadores de *rastreamento*, ou de detecção precoce: usados para auxiliar na detecção precoce do câncer, quando o indivíduo ainda não apresenta sintomas da doença. Isto permite a prevenção secundária, uma intervenção cujo foco é a identificação e o tratamento de lesão precursora do câncer ou lesão cancerosa em estágio inicial, que pode impedir a morte por câncer. Como o rastreamento é realizado em pessoas assintomáticas, ele deve oferecer um possível benefício, que suplante os malefícios. Neste caso, é importante analisar as características do teste (biomarcador). O rastreamento é mais eficiente quando a doença-alvo é comum na população a ser rastreada. Pode-se citar como exemplo o PSA, utilizado contra o câncer de próstata.

Biomarcadores de *diagnóstico*: podem auxiliar no diagnóstico do tipo, do estágio e do grau da doença. O cromossomo Philadelphia é utilizado para identificar casos de leucemia mieloide crônica dentre outros casos de leucemia (este biomarcador também é aumentado em leucemia linfoide aguda).

Biomarcadores *farmacológicos*: são utilizados para avaliar a farmacocinética dos medicamentos; sua absorção, distribuição, biotransformação e eliminação. Medem os efeitos do tratamento de drogas em um alvo específico (como indução de apoptose, inibição de enzimas ou redução da angiogênese) ou demonstram os efeitos colaterais de uma droga. Podemos citar a enzima tiopurina metiltransferase, que faz parte da via de inativação da mercaptopurina, um quimioterápico. A presença de determinado polimorfismo genético pode causar ausência de atividade enzimática. O indivíduo portador desta alteração, se receber doses habituais do fármaco, tem um acúmulo da forma ativa do mesmo e um excesso de toxicidade.

Biomarcadores *preditivos*: auxiliam a predizer se uma subpopulação de pacientes responderá a certa terapia. Exemplo clássico é a expressão de receptores hormonais em câncer de mama, usados para a indicação de hormonoterapia.

Biomarcadores *prognósticos*: usados para predizer o provável curso da doença, sua provável taxa de crescimento ou seu potencial metastático, estatísticas sobre sobrevida geral e sobrevida livre de doença. Podemos citar o câncer de mama com expressão do receptor HER2, que indica um prognóstico mais agressivo da doença.

Biomarcadores de *monitoramento*, ou resposta ao tratamento: avaliam precocemente a eficácia de uma intervenção terapêutica. Por exemplo, células do câncer de ovário podem produzir a proteína CA125, a qual pode estar elevada no sangue. Ao se realizar o tratamento, espera-se a redução da sua concentração. Se isso não ocorre, suspeita-se de resistência ao tratamento.

Biomarcadores de *recidiva*, ou de recorrência: utilizados para detectar a recorrência ou recidiva da doença. Podemos citar casos de câncer colorretal com CEA (antígeno carcinoembriônico) elevado, o qual normaliza após o tratamento. A detecção de novo aumento dessa proteína no sangue pode indicar a recorrência no tumor.

Em certos casos, os biomarcadores são também alvos de terapias contra a doença, pois as modificações na concentração ou na característica de certa biomolécula podem, além de indicar, contribuir efetivamente para a condição patológica. Porém, isso não ocorre sempre, e devem-se distinguir biomarcadores de alvos, que em muitos casos não são equivalentes.

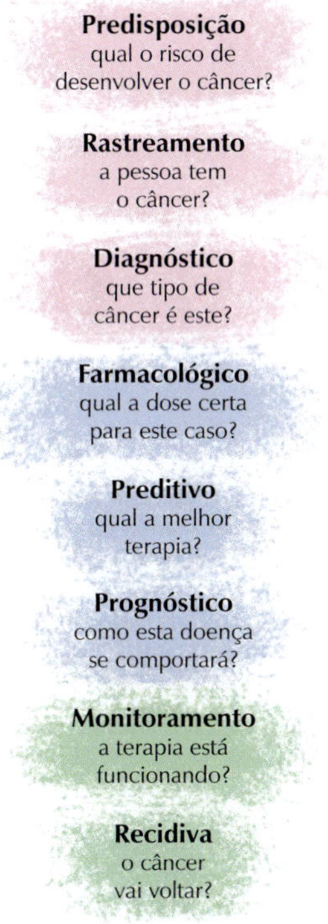

A acurácia de um teste, ou habilidade de discriminar a doença, é determinada por dois índices: sensibilidade e especificidade. Sensibilidade é a habilidade do teste de rastreamento detectar a doença, quando ela está presente. Especificidade é a habilidade do teste de descartar a doença, quando ela não está presente.

O termo "sensibilidade" pode ser substituído por valor preditivo positivo e "especificidade" por valor preditivo negativo.

O teste ideal teria alta sensibilidade e ainda alta especificidade. É importante considerar que ainda não se conhece um teste com sensibilidade e especificidade perfeitas.

Predisposição
qual o risco de
desenvolver o câncer?

Rastreamento
a pessoa tem
o câncer?

Diagnóstico
que tipo de
câncer é este?

Farmacológico
qual a dose certa
para este caso?

Preditivo
qual a melhor
terapia?

Prognóstico
como esta doença
se comportará?

Monitoramento
a terapia está
funcionando?

Recidiva
o câncer
vai voltar?

FIGURA 17.1. *Objetivos gerais dos biomarcadores.* As diferentes classes de biomarcadores e suas respectivas perguntas que pretendem responder.

O ADVENTO DOS BIOMARCADORES

Apesar das técnicas de estudo de biomoléculas serem algo recente, o primeiro marcador molecular utilizado pela medicina surgiu em 1847, mais de 50 anos antes da eletroforese, técnica básica para a análise de ácidos nucleicos e proteínas. Henry Bence Jones, um pesquisador inglês formado em física e química, descobriu uma molécula presente na urina de pacientes de mieloma múltiplo, conhecido na época como *mollities ossium*. Se presente na urina, a proteína em questão precipitava-se na forma de cristais quando aquecida a 50-60° C; os cristais se desfaziam quando a urina era fervida e reapareciam quando resfriada (**Figura 17.2**). Essa molécula ficou conhecida como proteína de Bence Jones, sendo mais tarde identificada como a cadeia leve da imunoglobulina. O método para detecção da proteína de Bence Jones foi modificado desde então, mas ela ainda é utilizada atualmente como biomarcador de mieloma múltiplo, sendo encontrada em até 70% dos pacientes desta doença.

Outras proteínas foram identificadas como marcadores de doenças neoplásicas até a primeira metade do século XX, mas a era moderna dos biomarcadores se iniciou na década de 1960, com a descoberta do antígeno carcinoembrionário (*carcinoembryonic antigen*, CEA) e da alfafetoproteína (AFP) através de imunoensaios laboratoriais. Tais descobertas impulsionaram a detecção precoce e o monitoramento da doença através de exames no sangue. Na década de 1980, com o surgimento da técnica do hibridoma, descobriu-se o antígeno associado ao câncer (CA) 125; através de imunoeletroforese e cromatografia, foi descoberto o antígeno prostático específico (PSA).

A descoberta de novos biomarcadores está intimamente ligada à evolução das tecnologias moleculares. Recentes tecnologias *high-throughput* (de alto rendimento), que permitem estudos mais abrangentes, como arranjos de DNA e proteínas, inflamaram as pesquisas com biomarcadores, que se tornam cada vez mais importantes tanto nas pesquisas quanto na prática clínica.

FIGURA 17.2. Os primeiros exames realizados para a proteína de Bence Jones. O exame feito no século XIX necessitava apenas um recipiente, como um balão de vidro, e uma fonte de calor.

IDENTIFICAÇÃO DE NOVOS BIOMARCDORES

A descoberta de novos candidatos a biomarcadores é algo cada vez mais comum na pesquisa, porém existem muitas dificuldades em levar os achados laboratoriais para a clínica.

Biomarcadores potenciais podem ser identificados através de múltiplas abordagens. A abordagem clássica tem sido identificar biomarcadores candidatos com base na biologia do tumor, do meio ambiente circundante ou da metabolização do agente farmacêutico. Com a explosão de novos conhecimentos sobre tumores e o advento de novas tecnologias, a identificação de biomarcadores é agora frequentemente realizada usando técnicas como sequenciamento de larga escala, matrizes de expressão gênica e espectroscopia de massa para identificar rapidamente biomoléculas individuais ou grupos de biomarcadores que diferem entre amostras sadias e doentes.

A grande quantidade de dados gerados usando essas técnicas significa que uma atenção especial deve ser dada ao desenho do estudo e da análise dos dados, a fim de minimizar a possibilidade de identificar associações que são posteriormente determinadas como falso-positivas. Os principais aspectos do desenvolvimento de biomarcadores incluem *design* cuidadoso, estudo de prevenção de erros, testes abrangentes, validação e geração de relatórios precisos dos resultados. A pesquisa deve ter uma boa justificativa, o biomarcador imaginado deve ter por objetivo suprir uma necessidade clínica não satisfeita. O ensaio clínico desenvolvido deve ser preciso e reprodutível, simples e de baixo custo, realizado de acordo com as normas de boas práticas de laboratório clínico. A distribuição do marcador em uma população de amostra deve ser definida, e uma análise da relação entre o biomarcador e o desfecho clínico deve ser realizado. A relação entre o biomarcador e o desfecho clínico pode inicialmente ser avaliada em uma grande análise retrospectiva; em seguida, realiza-se um grande estudo aleatório prospectivo para avaliar o impacto do biomarcador no resultado clínico.

A oncologia é a área terapêutica na qual os biomarcadores mais frequentemente são utilizados, compreendendo cerca de 26% de todos os biomarcadores atualmente utilizados ou em desenvolvimento.

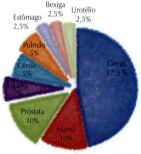

FIGURA 17.3. Áreas de interesse para novos biomarcadores. Descrição dos pedidos de patentes para biomarcadores, por tipo de câncer.

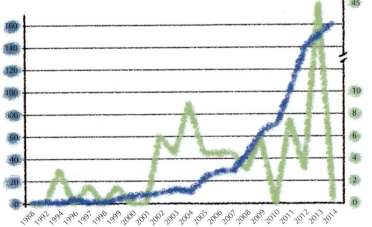

FIGURA 17.4. Diferença entre a pesquisa de novos biomarcadores e a sua aprovação por agências reguladoras. Em azul, o número de artigos científicos relacionados a novos biomarcadores publicados a cada ano (escala à esquerda); em verde, o número de novos biomarcadores aprovados pela agência reguladora norte-americana por ano (escala à direita). Apesar do crescente número de publicações, não se observou um aumento similar no número de novos biomarcadores aprovados por ano. O ano de 2013 foi uma exceção devido a um kit de 45 biomarcadores aprovados simultaneamente.

PRINCIPAIS BIOMARCADORES

Graças aos biomarcadores, o tratamento do câncer de mama passou por várias mudanças nas últimas décadas. Marcadores prognósticos e preditivos específicos permitem a aplicação de terapias mais individualizadas para diferentes subgrupos moleculares de tumor.

A expressão tumoral de receptor de estrogênio (ER) e progesterona (PR) tem desempenhado papel importante na seleção de pacientes que se beneficiam de terapia hormonal. Estas proteínas nucleares ligam-se a seus respectivos hormônios e estimulam a proliferação celular. O receptor de estrogênio é expresso em aproximadamente 2/3 dos carcinomas de mama, sendo chamados ER-positivos (ER+). A expressão de receptores de progesterona reflete a integridade da via hormonal. A ausência de ambos reflete uma acentuada perda de diferenciação e, consequentemente, maior agressividade biológica. A presença de ER e/ou PR indica que parte da proliferação celular é dependente da ação de estrogênio ou progesterona, e, desta forma, médicos podem endereçar o tratamento para inibir esta via.

O receptor tipo 2 do fator de crescimento epidérmico humano (HER-2, ERBB2 ou HER-2/neu) é uma proteína de membrana que inicia uma cascata de eventos de sinalização celular que estimula crescimento e sobrevivência de células epiteliais. Esta proteína tem valor prognóstico e preditivo, sua expressão pode estar aumentada em 20% dos carcinomas mamários e, quando isto acontece, a paciente é candidata ao tratamento utilizando anticorpos monoclonais específicos contra este receptor. O aumento da expressão de HER-2 ocorre pela amplificação do gene no genoma da célula. Este gene pode também ser superexpresso em câncer de estômago.

EGFR (receptor do fator de crescimento epidérmico humano) é da mesma família de HER-2 e mutações que o tornam mais ativo estimulam sua atividade de proteína tirosina quinase, que conduz à ativação de vias de sinalização associadas ao crescimento e à sobrevivência celular. Consequentemente, EGFR tornou-se também alvo para a terapia anticâncer. Inibidores de tirosina quinase de EGFR podem evitar a ativação das vias de sinalização e melhorar as taxas de resposta em pacientes com câncer de pulmão.

A proteína KRAS estimula as vias de sinalização à jusante de EGFR. Mutações no gene *KRAS* levam a uma proteína constitutivamente ativada que estimula continuamente estas vias de proliferação e sobrevivência. Embora alguns inibidores de tirosina quinase possam bloquear a ativação do EGFR, eles não podem bloquear a atividade da proteína KRAS mutada. Assim, pacientes com mutações no *KRAS* tendem a ser resistentes a estes fármacos. Essas mutações são biomarcadores importantes para os cânceres colorretal e de pulmão.

FIGURA 17.5. Biomarcadores e o câncer de mama. Este tipo de câncer no momento é o que mais tem biomarcadores em uso. Entre eles, podemos citar ER, PR, CEA, HER-2, CA15-3, CA27-29, BRCA1, BRCA2, além dos testes Oncotype DX e Mammaprint, que envolvem múltiplos biomarcadores.

FIGURA 17.6. Biomarcadores e o câncer de pulmão. A melhora no entendimento da biologia do câncer de pulmão, o que levou à identificação de vários alvos genéticos, utilizados para explicar os fenômenos clínicos, como a ocorrência de câncer em pessoas que nunca fumaram (nem passivamente). Os biomarcadores mais importantes até o momento são EGFR, KRAS e ALK.

Rearranjos do gene que codifica a quinase do linfoma anaplástico (*ALK*) têm sido associados à proliferação anormal de células de carcinoma de pulmão de células não pequenas (mais comumente adenocarcinomas). A translocação cromossômica mais comum em câncer de pulmão é *EML4-ALK*, que torna a *ALK* constitutivamente expressa e desregula a proliferação celular. O doente cujo tumor expressa a proteína de fusão ALK pode ser submetido à terapia que inibe ALK tirosina quinase.

Mutações no gene *B-RAF* são encontradas em melanoma, câncer de tireoide e colorretal, a mutação mais famosa deste gene é a V600E, de grande valor preditivo. A proteína B-Raf está envolvida com vias de sinalização celular de MAP quinase e ERK, para proliferação e diferenciação.

O antígeno carcinoembriônico (CEA) é uma glicoproteína que está envolvida em processos de adesão celular e pode ser liberada no soro pelas células tumorais. O teste é realizado quando se faz o diagnóstico de câncer colorretal e, se elevado, pode ser utilizado no monitoramento de recidiva da doença. Níveis séricos elevados podem também ser encontrados em pacientes com câncer de mama, ovário, pâncreas, pulmão, entre outros.

A alfafetoproteína (AFP) é produzida no fígado durante o desenvolvimento fetal e acredita-se que desempenhe função similar à albumina. Sua presença na idade adulta indica indiferenciação celular e pode ser um indicativo de câncer de fígado. Sua concentração no sangue pode ser um reflexo do número de células tumorais presentes no organismo, de forma que os níveis de AFP devem diminuir após uma cirurgia e se os níveis voltarem a se elevar suspeita-se de recorrência da doença. AFP também pode estar elevada em carcinoma de células germinativas do testículo não seminomatoso (carcinoma de células embrionárias e tumor de seio endodérmico ou saco vitelínico) ou ovário e ser utilizada para seguimento do tratamento e detecção de recorrência nestes casos.

Outro marcador importante para o seguimento do câncer de testículo é a gonadotrofina coriônica humana (hCG, beta-hCG), uma glicoproteína produzida pelas células trofoblásticas sinciciais, comumente usada para confirmar possíveis casos de gravidez. Esta proteína encontra-se com concentração elevada em pacientes com carcinoma de testículo não seminomatoso (coriocarcinoma) e em alguns casos de carcinoma de testículo seminomatoso. Esse marcador também pode ser utilizado para a verificação da resposta do tumor ao tratamento.

O biomarcador lactato desidrogenase (LDH) é uma enzima abundante em células do organismo, especialmente musculares, e sua presença no sangue é um indicativo de morte celular, que resulta no extravasamento para o plasma. Este marcador é considerado inespecífico, pois se apresenta elevado em condições de injúria celular como lesão muscular, infarto do miocárdio, hemólise, hepatopatia, mas pode também ser utilizado para monitorar o tratamento do carcinoma de células germinativas do testículo.

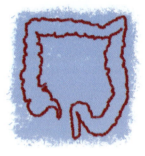

FIGURA 17.7. Biomarcadores e o câncer colorretal. *Genes mutados ou epigeneticamente alterados são os biomarcadores mais comuns. Os principais atualmente são B-RAF, CEA e K-RAS, mas também podemos citar os genes DYPDI (di-hidropirimidina desidrogenase), UGT1A1 (uridina difosfato glicuronosil transferase 1A) e septina-9.*

Existem relatos de homens que inocentemente fizeram uso de produtos designados para teste de gravidez e obtiveram resultados positivos, sendo posteriormente advertidos da possibilidade de um câncer de testículo, detectado graças à brincadeira feita.

O cromossomo Philadelphia, é uma anormalidade cromossômica que corresponde a uma translocação cromossômica recíproca nos cromossomos 9 e 22, associada à leucemia mieloide crônica. Este biomarcador também é conhecido pela fusão *BCR-ABL*, pois o proto-oncogene ABL1 antes situado no cromossomo 9 é translocado para o cromossomo 22, onde passa a ser transcrito devido aos promotores presentes neste. Sua presença indica atividade da doença e volume tumoral.

O antígeno prostático específico (PSA) é o mais notável biomarcador conhecido para o câncer de próstata (**Figura 17.8**). Quando em concentração elevada no sangue, indica possível presença do carcinoma. Entretanto, níveis de PSA no sangue podem estar aumentados por condições além do câncer da próstata, como hiperplasia prostática benigna e prostatite. No entanto, como não há outro biomarcador para separar estes casos, a maioria dos homens com níveis elevados de PSA tende a realizar outros exames para diagnóstico de câncer, como toque retal, e, se necessário, ultrassonografia de próstata com biópsia. Como resultado, muitos homens serão submetidos a uma biópsia para câncer de próstata que eles realmente não têm. Isso pode ser alarmante para os pacientes e suas famílias, e também pode aumentar os custos. Por outro lado, o nível de PSA no sangue pode ser muito útil no monitoramento do câncer, uma vez que tenha sido diagnosticada. Por exemplo, ausência ou decréscimo dos níveis de proteína no sangue são um biomarcador para a eficácia do tratamento.

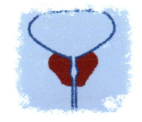

FIGURA 17.8. *Biomarcadores e câncer de próstata.* O PSA se destaca por ser o único biomarcador significativamente utilizado contra um dos tipos de câncer mais incidentes entre os homens mundialmente.

Outros biomarcadores notáveis são os genes BRCA1 e BRCA2, que codificam para proteínas envolvidas no reparo de DNA em células mamárias. Mutações nesses genes prejudicam o processo de reparo e aumentam o risco de erros no genoma e, portanto, aumentam o risco de câncer de mama e ovário.

Mutações no gene BRCA1 ganharam destaque no ano de 2013 quando uma famosa atriz estadunidense decidiu remover os seios devido à presença de mutações neste gene, que lhe conferiam 87% de chance de desenvolver câncer de mama, segundo médicos de sua confiança. Pesquisadores, médicos e opinião pública se dividiram sobre a decisão radical da atriz.

Como mencionado anteriormente, em alguns casos, biomarcadores são analisados exclusivamente em conjunto e não individualmente. Alguns exemplos são o *Oncotype DX* e o *Mammaprint*, que analisam simultaneamente a expressão de diversos genes relacionados ao prognóstico do câncer de mama. Já o *OVA1* combina cinco biomarcadores relacionados ao câncer de ovário, medidos em nível proteico.

Novas possibilidades têm surgido com pesquisas que objetivam o emprego de RNA de interferência, microRNAs, RNAs longos não codificantes e até mesmo células inteiras como novos biomarcadores. Pesquisadores buscam relacionar a presença de células-tronco tumorais na circulação com a presença de neoplasia no organismo. A **Tabela 17.1** lista os principais biomarcadores na atualidade.

TABELA 17.1. *Biomarcadores de destaque na atualidade.*

Marcador	Principais Tipos de Câncer	Amostra	Utilidade
AFP (alfafetoproteína)	Hepático e de células germinativas	Sangue	Diagnóstico, monitoramento e prognóstico
ALK (quinase do linfoma anaplásico)	Pulmonar (células não pequenas) e linfoma anaplásico de células grandes	Tumor	Preditivo e prognóstico
B2M (beta-2microglobulina)	Mieloma múltiplo, leucemia linfoide crônica e alguns linfomas	Sangue ou urina	Diagnóstico, prognóstico e monitoramento
BCR-ABL (cromossomo Philadelphia)	Leucemia mieloide crônica	Sangue ou urina	Diagnóstico e monitoramento
Beta-hCG (gonadotrofina coriônica humana)	Testicular e coriocarcinoma	Sangue ou urina	Diagnóstico, prognóstico e monitoramento
B-RAF	Colorretal e melanoma cutâneo	Tumor	Preditivo
BRCA1/2 (*breast cancer*)	Mamário e ovariano	Sangue	Predisposição
CA15-3 (antígeno associado ao câncer 15-3)	Mamário	Sangue	Monitoramento e recidiva
CA19-9 (antígeno associado ao câncer 19-9)	Pancreático, vesicular, ducto biliar e gástrico	Sangue	Monitoramento
CA27-29 (antígeno associado ao câncer 27-29)	Mamário	Sangue	Monitoramento e recidiva
CA125 (antígeno associado ao câncer 125)	Ovariano	Sangue	Diagnóstico, monitoramento e recidiva
CD20	Linfoma não Hodgkin	Sangue	Preditivo
CEA (antígeno carcinoembriônico)	Colorretal e mamário	Sangue	Diagnóstico, monitoramento e recidiva
CgA (cromogranina A)	Neuroendócrino	Sangue	Diagnóstico, monitoramento e recidiva
c-KIT (fator de crescimento de mastócito/ células-tronco)	Estromal, gastrointestinal e melanoma mucoso	Tumor	Diagnóstico e preditivo
EGFR (receptor do fator de crescimento epidérmico)	Pulmonar (células não pequenas)	Tumor	Preditivo e prognóstico
ER (receptor de estrógeno)	Mamário	Tumor	Preditivo
HER-2(receptor tipo 2 do EGF humano)	Mamário, gástrico e esofágico	Tumor	Preditivo
Imunoglobulinas	Mieloma múltiplo e macroglobulinemia de Waldenström	Sangue ou urina	Diagnóstico, monitoramento e recidiva
K-RAS	Colorretal e pulmonar	Tumor	Preditivo
LDH (lactato desidrogenase)	De células germinativas	Sangue	Diagnóstico, prognóstico e monitoramento
NSE (enolase neurônio-específica)	Neuroendócrino e carcinoide	Sangue	Diagnóstico
PR (receptor de progesterona)	Mamário	Tumor	Preditivo
PSA (antígeno prostático específico)	Prostático	Sangue	Rastreamento, monitoramento e recidiva

Biomarcadores no Câncer

BIOMARCADORES PERSONALIZADOS

Recentes avanços na tecnologia de sequenciamento abriram novas possibilidades para uma nova categoria de biomarcadores, baseados no genoma das células malignas ou perfis proteicos extremamente abrangentes.

Uma abordagem emergente beneficia-se do recente barateamento e agilização do processo de sequenciamento genômico. Atualmente, pode-se sequenciar todo o genoma de um paciente em poucos dias e a um preço equivalente com os gastos de um tratamento de câncer, sendo muito mais barato que alguns procedimentos cirúrgicos, por exemplo. Cientistas sequenciaram todo o genoma de células sadias e tumorais de um mesmo paciente e foram capazes de encontrar alterações genéticas específicas para as células tumorais deste paciente. Uma vez que se pode encontrar DNA de células tumorais circulando no plasma, é proposto mensurar a quantidade de DNA tumoral circulante, medido através das alterações específicas para o tumor. A quantidade de DNA tumoral em circulação pode dar uma estimativa da carga de células tumorais presentes no paciente, indicando o sucesso do tratamento e a chance de recidiva. Muitas destas alterações não tiveram participação no processo de carcinogênese, mas foram "passageiras" no processo, sendo, portanto, improváveis de se encontrar em outros indivíduos; isto torna estes biomarcadores exclusivos para um único indivíduo (**Figura 17.9**). Outra peculiaridade deste tipo de marcador é a necessidade da presença de células tumorais; o biomarcador só poderá ser determinado após o estabelecimento e a detecção da doença.

Outras abordagens pretendem identificar todas as proteínas de superfície das células tumorais e assim criar um perfil personalizado das células malignas, que pode ser reconhecido por equipamentos laboratoriais.

O uso de marcadores tumorais personalizados seria mais recomendado a casos de câncer com menor variedade genética entre as células tumorais. Uma maior variedade genética aumenta a dificuldade em se determinar características únicas das células malignas e exigirá maior resolução da aparelhagem utilizada.

FIGURA 17.9. *Biomarcadores contribuíram muito para a medicina personalizada. Estima-se que num curto período de tempo o tratamento será totalmente individualizado, de acordo com características únicas de cada caso.*

RESUMO

Biomarcadores tumorais são moléculas biológicas produzidas por células cancerosas ou por células normais em resposta à presença do câncer e podem ser encontrados no sangue, outros fluidos ou expressas no próprio tumor, que pode ser usado como indicador de doença. Em alguns casos, o biomarcador pode ser produzido pelos indivíduos saudáveis, mas níveis elevados podem indicar produção desregulada deste biomarcador e, portanto, a presença de um tumor.

Nos estudos de caracterização de tumores, existem duas fronteiras a serem superadas. A primeira delas se refere às grandes diferenças entre cada paciente acometido pelo mesmo tipo de câncer, avaliado pela heterogeneidade da doença. Logo, cada paciente com câncer apresenta singularidades que dificultam prever o comportamento da doença, mesmo após tanto conhecimento adquirido. A segunda barreira diz respeito a pequenas diferenças do tecido tumoral em relação ao tecido normal do qual é originário, pois as células cancerosas, sendo provenientes do próprio organismo do doente, podem produzir as mesmas biomoléculas que as células sadias.

Os biomarcadores são utilizados para avaliar o risco do desenvolvimento do câncer; identificar precocemente novos casos em uma população assintomática; diagnosticar casos de câncer, identificando o tipo e em que estágio a doença se encontra; auxiliam no tratamento, informando o melhor tratamento para o caso ou qual a dose certa a se usar; auxiliam no prognóstico da doença, prevendo seu provável comportamento; avaliam a resposta ao tratamento; informam uma possível recidiva da doença.

Neste capítulo foram descritos biomarcadores que mais frequentemente caracterizam alguns tipos de câncer. Dentre estes, podemos destacar: proteína de Bence Jones, antígeno prostático específico (PSA), antígeno carcinoembriônico (CEA), alfafetoproteína (AFP), gonadotrofina coriônica humana (beta-hCG), antígeno associado ao câncer (CA) 125, receptor de estrógeno (ER), receptor de progesterona (PR), receptor tipo 2 do EGF humano (HER-2) e os genes *KRAS* e *BRAF* por sua importância histórica e atual nas várias frentes de combate ao câncer, como detecção precoce, diagnóstico, seguimento do tratamento, entre outras.

A pesquisa de novos biomarcadores é um campo muito ativo e novos candidatos surgem com frequência. A revolução causada por estas biomoléculas ainda está em andamento e tende a tornar a rotina de combate ao câncer cada vez mais personalizado e cada vez mais molecular.

PONTO DE VISTA

Os próximos alvos

O biomarcador tumoral pode desempenhar várias funções, entretanto persiste a busca pelo marcador ideal. Ele de preferência deve ter alta sensibilidade e alta especificidade para a detecção precoce do câncer, de modo que medidas que reduzam a mortalidade pela doença possam ser adotadas.

Espera-se também que este biomarcador seja um alvo molecular específico para o tratamento da doença, de modo que fármacos possam atuar seletivamente na célula cancerosa.

Além disso, a ação do fármaco que atua neste biomarcador não deve estar associada à toxicidade em outras partes do organismo, para que os efeitos adversos sejam mínimos ou inexistentes.

Encontramo-nos na era do desenvolvimento da pesquisa translacional, em que estudos clínicos estão acoplados à pesquisa de marcadores preditivos de resposta; na era do desenvolvimento do tratamento personalizado dirigido contra alvos moleculares específicos; bem como na era da identificação de mutações em genes de predisposição ao câncer, os quais podem ser marcadores para a indicação de medidas de prevenção e detecção precoce da doença.

> ... PERSISTE A BUSCA PELO MARCADOR IDEAL...

São avanços importantes que, apesar de não esclarecerem a complexidade das alterações que ocorrem no câncer, fornecem substrato para que novas questões sejam abordadas.

Maria Aparecida A. Koike Folgueira
Faculdade de Medicina da Universidade de São Paulo.

PARA SABER MAIS

- American Cancer Society. Tumor Markers Fact Sheet [Internet]. 2013 [Acessado em: 2013 Out 30]. Disponível em: http://www.cancer.org/acs/groups/cid/documents/web-content/003189-pdf.pdf

Documento atualizado e completo dos principais biomarcadores em uso.

- Henry NL, Hayes DF. Cancer biomarkers. Mol Oncol. 2012;6(2):140-6.

Descreve as principais etapas da pesquisa de novos biomarcadores.

- Bigbee, W, Herberman RB. Tumor markers and immunodiagnosis. In: Kufe DW, Pollock RE, Weichselbaum RR et al., eds. Holland-Frei Cancer Medicine. 6ª ed. Hamilton (Canadá): BC Decker; 2003.

Descreve os mais importantes biomarcadores numa linguagem derecionada a estudantes e profissionais de medicina.

BIBLIOGRAFIA GERAL

1. Baron JA. Screening for cancer with molecular markers: progress comes with potential problems. Nat Rev Cancer. 2012;12(5):368-71.

2. Cole KD, He HJ, Wang L. Breast cancer biomarker measurements and standards. Proteomics Clin Appl. 2013;7(1-2):17-29.

3. Diamandis EP. Cancer biomarkers: can we turn recent failures into success?J Natl Cancer Inst. 2010;102(19):1462-7.

4. Duffy MJ, Crown J. A personalized approach to cancer treatment: how biomarkers can help.Clin Chem. 2008;54(11):1770-9.

5. Greenberg AK, Lee MS. Biomarkers for lung cancer: clinical uses.Curr Opin Pulm Med. 2007;13(4):249-55.

6. Hanash S, Taguchi A. The grand challenge to decipher the cancer proteome. Nat Rev Cancer. 2010;10(9):652-60.

7. Ludwig JA, Weinstein JN. Biomarkers in cancer staging, prognosis and treatment selection. Nature Reviews Cancer. 2005;5(11):845-56.

8. Makarov DV, Loeb S, Getzenberg RH et al. Biomarkers for prostate cancer. Annu Rev Med. 2009;60:139-51.

9. Mishra A, Verma M. Cancer Biomarkers: Are We Ready for the Prime Time? Cancers. 2010;2(1):190-208.

10. National Cancer Institute. Tumor Markers [Internet]. (USA); 2011 [Acessado em: 2011 Dez 07]. Disponível em: http://www.cancer.gov/cancertopics/factsheet/detection/tumor-markers

11. Newton KF, Newman W, Hill J. Review of biomarkers in colorectal cancer. Colorectal Dis. 2012;14(1):3-17.

12. Schwarzenbach H, Hoon DS, Pantel K. Cell-free nucleic acids as biomarkers in cancer patients. Nat Rev Cancer. 2011;11(6):426-37.

13. Sociedade Brasileira de Mastologia. Subtipos Moleculares do Câncer de Mama [Internet]. 2011 [revisado 2013 Out 02]. Disponível em: http://www.sbmastologia.com.br/cancer-de-mama/tipos-cancer-de--mama/subtipos-moleculares-do-cancer--de-mama-18.htm

14. Suh KS, Park SW, Castro A et al. Ovarian cancer biomarkers for molecular biosensors and translational medicine. Expert Rev Mol Diagn. 2010;10(8):1069-83.

15. Torti SV, Torti FM. Iron and cancer: more ore to be mined. Nat Rev Cancer. 2013;13(5):342-55.

16. Verma M, Manne U. Genetic and epigenetic biomarkers in cancer diagnosis and identifying high risk populations. Crit Rev Oncol Hematol. 2006;60(1):9-18.

Evolução do Tratamento do Câncer

18

Mauro C. Cafundó de Morais
Gilberto de Castro Júnior

INTRODUÇÃO

O crescente entendimento da biologia do câncer tem revelado outras e melhores maneiras de prevenção, diagnóstico e tratamento dessas doenças, desde a ideia inicial da quimioterapia – a proposta do uso de drogas citotóxicas para inibir a proliferação de células malignas – até os dias de hoje.

A terapia anticâncer foi desenvolvida para eliminar preferencialmente células do tumor por explorar as características que as diferenciam das células normais, tais como sua dependência em proteínas oncogênicas, defeitos nos mecanismos de reparo de DNA, pontos de checagem de ciclo celular e controle das vias de apoptose. A combinação de esquemas terapêuticos para se evitar o surgimento de resistência, bem como procedimentos cirúrgicos de remoção dos tumores e o uso da radioterapia têm se mostrado útil em casos específicos. Descobertas acerca do contexto celular e do microambiente tumoral revelaram que é possível controlar o crescimento de tumores visando o seu suprimento de sangue e privando-o da interação com outras células estromais.

A compreensão dos mecanismos de controle da proliferação celular e das mutações que, acumuladas, levam à promoção e progressão de neoplasias permite o desenvolvimento de drogas que atuam inibindo moléculas específicas críticas para o crescimento e sobrevivência das células tumorais. À medida que novas técnicas de biologia molecular se desenvolvem, pode-se então determinar quais genes estão alterados em um dado tumor e desenhar tratamentos específicos para cada paciente.

Durante a leitura desde capítulo, espera-se que o leitor (i) faça uma reflexão da perspectiva histórica da terapia do câncer; (ii) conheça detalhes das principais abordagens da terapia do melanoma maligno e (iii) adquira bases para conhecer e explorar futuras estratégias de tratamento.

DESTAQUES

- Modalidades de terapia sistêmica.
- Radioterapia do câncer.
- As drogas alvo-específicas e a imunoterapia.
- Melanoma metastático como modelo de tratamento sistêmico.

TERAPIAS CITOTÓXICAS

A descoberta de que o câncer se trata de uma proliferação descontrolada de células trouxe a ideia de que o uso de substâncias capazes de reduzir ou bloquear esse processo poderia representar uma chance de cura para pacientes acometidos desse mal até então considerado incurável. A era da quimioterapia moderna começou na década de 1940 com o uso de derivados do gás mostarda e antimetabólicos antagonistas do ácido fólico.

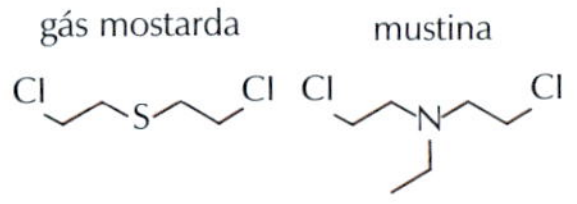

O uso de armas químicas durante a Primeira Guerra Mundial revelou o poder do gás mostarda e todo seu potencial carcinogênico. Com o desencadear da Segunda Guerra Mundial, dois pesquisadores americanos, Louis S. Goodman e Alfred Gilman trabalhavam em estudos sobre potencial terapêutico de agentes químicos de guerra. Após verificar diversos agentes voláteis, eles conseguiram substituir o enxofre da molécula de gás mostarda por nitrogênio, produzindo assim o nitrogênio mostarda (**Figura 18.1**). Pouco depois, a autópsia de soldados expostos ao gás mostarda revelou o aparecimento de profunda supressão mieloide e linfoide. O relatório do médico do exército, Dr. Stewart Francis Alexander, recomendava que o gás mostarda fosse capaz de reduzir a divisão de certos tipos de células somáticas e, portanto, poderia ser usado na supressão de certos tipos de células cancerosas. A partir de então, Goodman e Gilman estabeleceram um modelo animal de linfomas em camundongos para testar a hipótese de que substâncias derivadas do gás mostarda apresentariam

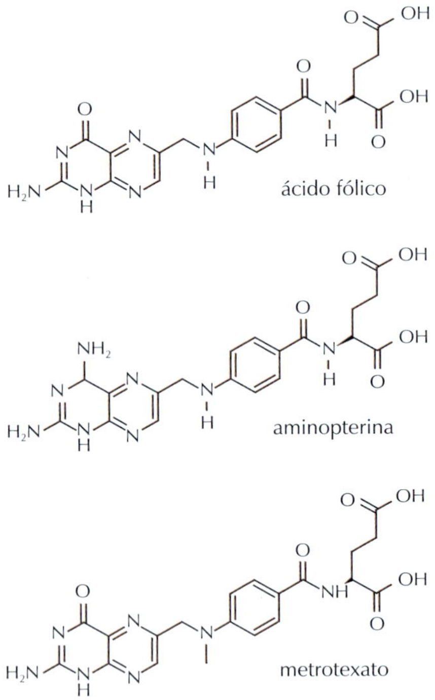

FIGURA 18.1. Estrutura química do gás mostarda e mustina (derivado nitrogênio mostarda). *O gás mostarda foi usado como arma química durante a Primeira Guerra Mundial, e recebeu esse nome por apresentar um odor característico. A mustina, feita a partir da substituição do enxofre por nitrogênio, foi o primeiro agente alquilante usado na terapia citotóxica.*

FIGURA 18.2. Ácido fólico e análogos antifolatos. *Farber, considerado o pai da quimioterapia moderna, pensou no uso dos antifolatos para o tratamento da leucemia infantil na década de 1950. O ácido fólico e seus metabólitos são cofatores essenciais na síntese de ácido timidílico e purinas. Aminopterina e metrotexato são inibidores da enzima di-hidrofolato redutase (DHFR). A inibição de DHFR leva à morte celular devido ao papel essencial dos ácidos folínicos na síntese de DNA.*

ação antitumoral. Em colaboração com um cirurgião torácico, Gustaf Lindskog, eles injetaram mustina, um protótipo do nitrogênio mostarda em um paciente com linfoma não Hodgkin, e observaram uma significativa redução das massas tumorais. Apesar de o efeito durar apenas algumas semanas, foi possível perceber que o câncer poderia ser tratado com agentes farmacológicos.

Após a Segunda Guerra Mundial, a partir de estudos sobre os efeitos do ácido fólico em pacientes com leucemia, Sidney Farber elaborou outro plano para o tratamento farmacológico contra o câncer (**Figura 18.2**). O ácido fólico, essencial para o metabolismo do DNA, descoberto 10 anos antes, parecia atuar estimulando a proliferação de células em leucemia linfoblástica aguda (LLA), quando administrado em crianças com esse tipo de câncer. A partir disso, Farber pensou que o uso de antagonistas do ácido fólico poderia bloquear a função de enzimas que usam o ácido fólico como substrato e assim suprimir a proliferação acelerada de células. Em 1948 foi descrito que o uso do antifolato aminopterina, quando administrado em crianças com LLA, levava a uma remissão temporária da proliferação de células malignas, e restabelecia a função normal da medula óssea. Alguns anos mais tarde, Jane C. Wright, com ajuda de Farber, demonstrou o uso de metotrexato (outro análogo de folato) em tumores sólidos da mama. Embora esses tratamentos apresentassem inúmeras dificuldades, tais como pouco tempo de remissão da doença e reações adversas graves, formavam assim as bases da quimioterapia moderna. O desenvolvimento de drogas para o câncer cresceu exponencialmente desde então (**Figura 18.3**).

Este período ficou marcado por importantes avanços no campo da farmacologia e química medicinal. A descoberta de novas drogas era baseada em programas de prospecção. Isso revelou o papel de produtos naturais junto com a **química combinatória** como um importante fator no desenvolvimento científico. Os poucos casos de sucesso das drogas citotóxicas, as inúmeras reações adversas revelaram a necessidade de novas estratégias na terapia sistêmica do câncer.

Os principais agentes citotóxicos em uso na prática clínica diária são apresentados na **Tabela 18.1**, a qual contém ainda os respectivos mecanismos de ação, principais efeitos colaterais e usos clínicos.

Química combinatória: é um método de síntese química com o qual é possível preparar milhares de substâncias em um único processo. Essa grande coleção de substâncias pode ser elaborada in silico formando compostos, misturas ou substâncias individuais, que serão avaliadas quanto à utilidade de seus componentes.

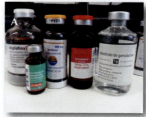
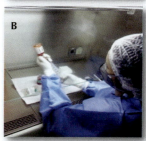

FIGURA 18.3. *Frascos de agentes quimioterápicos e manipulação.* Frascos de agentes quimioterápicos (A), farmacêutica prepara doxorrubicina para dispensação em cabine de segurança (B) e bolsa com agente quimioterápico pronta para a dispensação (C) (Fonte: Divulgação ICESP, Mauro Cafundó de Morais).

TABELA 18.1. *Principais agentes de quimioterapia citotóxica.* *(A)* Muitos agentes não atuam diretamente sobre a inibição de processos do DNA, podendo ser dependentes de ativação pela célula tumoral. *(B)* Uma vez que a quimioterapia citotóxica afeta células que se dividem rapidamente, toxicidade na pele e nas mucosas, mielossupressão e alopecia são efeitos bastante frequentes.

Droga	Classe Farmacológica	Mecanismo de Ação [A]	Indicações Selecionadas	Principais Efeitos Adversos [B]
Asparaginase	Enzima natural	Clivagem de L-asparagina e bloqueio da síntese de proteínas	Leucemia linfoide aguda	Intolerância a glicose e anafilaxia
Bendamustina	Agente alquilante	Ligação cruzada entre fitas de DNA e bloqueio da síntese e função de DNA	Leucemia linfoide crônica	Mielossupressão
Bleomicina	Antibiótico antitumoral	Produção de espécies reativas de oxigênio que causam quebra no DNA	Tumores de células germinativas	Toxicidade pulmonar, reação de hipersensibilidade e toxicidade da pele e mucocutânea
Bortezomibe	Inibidor de proteassoma	Desregulação da degradação de proteínas e inativação da via de NF-κB	Mieloma múltiplo	Neurotoxicidade, toxicidade gastrointestinal e mielossupressão
Busulfano	Agente alquilante	Formação de aductos de DNA	LMC e condicionamento para TMO	Mielossupressão e hepatotoxicidade
Capecitabina	Antimetabólito	Análogo de pirimidina que inibe a síntese de DNA	Câncer colorretal	Diarreia, mucosite, anorexia
Carboplatina	Composto coordenado de platina	Formação de aductos de DNA e quebra de DNA durante a replicação	Tumores de células germinativas, câncer do ovário e do pulmão	Mielossupressão e neurotoxicidade
Carmustina	Agente alquilante	Alquilação de DNA e bloqueio da síntese e função de DNA	Gliomas	Mielossupressão e toxicidade pulmonar
Ciclofosfamida	Agente alquilante do tipo nitrogênio mostarda	Ligação cruzada de DNA e bloqueio da síntese e função de DNA	Câncer de mama e ovário	Urotoxicidade, alopecia, mielossupressão, náuseas e vômitos
Cisplatina	Composto coordenado de platina	Ligação cruzada de DNA e indução de quebra durante a replicação	Tumores de células germinativas, câncer do ovário e do pulmão	Nefrotoxicidade, neurotoxicidade e ototoxicidade
Citarabina	Antimetabólito	Inibição de DNA polimerase	LMA e linfomas não Hodgkin	Mielossupressão e toxicidade gastrointestinal
Cladribina	Antimetabólito	Inibição de DNA polimerase	Leucemias de células pilosas	Mielossupressão
Clorambucil	Agente alquilante	Alquilação de DNA e bloqueio da síntese e função de DNA	Leucemia linfoide crônica	Toxicidade neurológica
Dacarbazina	Agente alquilante não clássico	Inibição da síntese de DNA	Doença de Hodgkin e melanoma metastático	Vômitos, náusea e mielossupressão

TABELA 18.1. *Continuação.*

Droga	Classe Farmacológica	Mecanismo de Ação [A]	Indicações Selecionadas	Principais Efeitos Adversos [B]
Dactinomicina	Antibiótico antitumoral	Inibição da síntese e função de DNA	Tumor de Wilms e sarcoma de Ewing	Alopecia, náusea, vômitos severos e mielossupressão
Daunorrubicina	Antibiótico antitumoral	Inibição da síntese e função de DNA por intercalar com pares de bases	Leucemias mieloides e linfoides	Alopecia, cardiotoxicidade e toxicidade para a pele
Decitabina	Antimetabólito	Inibição de DNA metiltransferase	Síndrome mielodisplásica	Hiperglicemia, hipocalcemia e toxicidade gastrointestinal
Docetaxel	Inibidor de fuso mitótico	Bloqueio da desagregação de tubulina e inibição da mitose	Câncer de mama e de pulmão de células não pequenas	Mielossupressão, edemas, alopecia
Doxorrubicina	Antibiótico antitumoral	Inibição da síntese e função de DNA, por intercalar com pares de bases	Câncer de mama e linfoma não Hodgkin	Mielossupressão, cardiotoxicidade, alopecia
Epirrubicina	Antibiótico antitumoral	Inibição da síntese e função de DNA por intercalar com pares de bases	Câncer de mama	Mielossupressão, cardiotoxicidade, leucemia secundária
Eribulina	Inibidor de microtúbulo	Inibição da dinâmica de microtúbulos	Câncer de mama metastático	Supressão da medula óssea, neuropatia periférica, alopecia
Estramustina	Inibidor de microtúbulo	Inibe a função e estrutura do microtúbulo	Câncer de próstata metastático refratário a hormônios	Ginecomastia
Etoposídeo	Inibidor de topoisomerase natural	Inibição de topoisomerase II e bloqueio do desenrolamento de DNA	Tumores de células germinativas e pulmão de células pequenas	Alopecia, mielossupressão e segunda neoplasia
Fludarabina	Antimetabólito	Metabólitos que inibem a síntese de DNA e RNA	Leucemia linfoide de células B	Efeitos autoimunes severos, diminuição de células $CD4^+$ e $CD8^+$
Gencitabina	Antimetabólito	Inibição da síntese e do reparo de DNA por bloqueio da ribonucleotídeo redutase	Adenocarcinoma pancreático e de pulmão não pequenas células	Mielossupressão, toxicidade pulmonar
Hidroxiureia	Antimetabólito	Inibição da síntese e reparo de DNA por bloqueio da ribonucleotídeo redutase	Desordens mieloproliferativas	Megaloblastose
Idarrubicina	Antibiótico antitumoral	Inibição da síntese e função de DNA por intercalar com pares de bases	Leucemia mieloide aguda	Cardiotoxicidade
Ifosfamida	Agente alquilante do tipo nitrogênio mostarda	Inibição da síntese e função de DNA por metabólitos que formam ligações cruzadas	Câncer testicular e sarcomas	Urotoxicidade, mielossupressão
Irinotecano	Inibidor de topoisomerase	Inibição de topoisomerase I e bloqueio do desenrolamento de DNA	Câncer colorretal metastático	Diarreia, mielossupressão
Ixabepilona	Inibidor de microtúbulo	Inibição de β-tubulina	Câncer de mama metastático	Neuropatia sensorial periférica

Evolução do Tratamento do Câncer

TABELA 18.1. *Continuação.*

Droga	Classe Farmacológica	Mecanismo de Ação [A]	Indicações Selecionadas	Principais Efeitos Adversos [B]
Lomustina	Nitrosureia	Inibição da síntese e função de DNA por alquilação do DNA e RNA	Tumores cerebrais e linfoma de Hodgkin	Mielossupressão e toxicidade pulmonar
Mecloretamina	Agente alquilante do tipo nitrogênio mostarda	Inibição da síntese e função de DNA por metabólitos que formam ligações cruzadas	Linfoma de Hodgkin	Infertilidade, amenorreia e vômitos
Melfalano	Agente alquilante	Inibição da síntese e função de DNA por metabólitos que formam ligações cruzadas	Mieloma múltiplo	Efeitos colaterais gastrointestinais
Mercaptopurina	Antimetabólito	Metabólitos que inibem a síntese de DNA e RNA	Leucemia linfoblástica aguda	Mielossupressão e toxicidade gastrointestinal
Metotrexato	Antimetabólito	Antifolato inibidor de síntese de DNA	Câncer de cabeça e pescoço, doença trofoblástica gestacional	Mielossupressão, mucosite e diarreia
Mitomicina C	Antibiótico antitumoral	Inibição da síntese e função de DNA por alquilação do DNA e RNA	Câncer gástrico e câncer pancreático	Mielossupressão e mucosite
Mitotano	Anti-hormônio	Efeito direto sobre células adrenocorticais, diminuindo os níveis de corticosteroides	Câncer adrenocortical	Anorexia e neurotoxicidade
Oxaliplatina	Análogo de platina	Ligação cruzada de DNA e indução de quebra durante a replicação	Câncer colorretal	Neurotoxicidade e mielossupressão
Paclitaxel	Inibidor de fuso mitótico	Bloqueio da desagregação de tubulina e inibição da mitose	Câncer de ovário e câncer de mama metastático	Neurotoxicidade e mielossupressão
Pemetrexede	Antimetabólito	Antifolato inibidor de síntese de DNA e RNA	Câncer de pulmão de células não pequenas	Mielossupressão e descamação da pele
Procarbazina	Agente alquilante não clássico	Alquilação de DNA e bloqueio da síntese e função de DNA, RNA e proteínas	Gliomas cerebrais e linfoma de Hodgkin	Mielossupressão e mialgia
Temozolomida	Agente alquilante	Alquilação de DNA e bloqueio da síntese e função de DNA, RNA e proteínas	Glioblastoma multiforme	Náuseas e mielossupressão
Topotecano	Inibidor de topoisomerase	Inibição de topoisomerase I e bloqueio do desenrolamento de DNA	Carcinoma metastático de ovário	Alopecia e mielossupressão
Vimblastina	Inibidor de microtúbulo natural	Inibição da polimerização da tubulina e induz quebra do microtúbulo na mitose	Tumor de células germinativas, linfoma de Hodgkin e não Hodgkin	Mielossupressão e sintomas gastrointestinais
Vincristina	Inibidor de microtúbulo natural	Inibição da polimerização da tubulina e induz quebra do microtúbulo na mitose	Leucemia linfoblástica aguda, neuroblastoma e linfoma de Hodgkin	Neurotoxicidade e mielossupressão
Vinorelbina	Inibidor de microtúbulo semissintético	Inibição da polimerização da tubulina	Células de câncer de pulmão não pequenas, câncer de mama	Mielossupressão e sintomas gastrointestinais

CAPÍTULO 18

A RADIOTERAPIA DO CÂNCER

Em 1896, um professor de física, Wilhelm Conrad Roetgen, apresentou a palestra intitulada *Concerning a New Kind of Ray*. Roetgen chamou-o de "raio X", com "X" sendo um símbolo matemático para desconhecida quantidade. Em poucos meses, sistemas eram desenvolvidos para usar os raios X para diagnósticos, e em 3 anos a radiação já estava sendo usada para tratar câncer. Em 1901, Roetgen recebeu o prêmio Nobel em física por sua descoberta. Na França, Marie Curie proporcionou um grande avanço quando descobriu o elemento rádio e cunhou a radioatividade, que em doses diárias durante várias semanas, aumenta consideravelmente as chances de cura do paciente. A terapia radioativa começava com máquinas usadas para diagnósticos em baixa voltagem.

O planejamento e administração de radioterapia foram constantemente melhorados desde então. No início do século XX, pouco depois da radiação ser usada com propósitos de diagnóstico e tratamento, foi descoberto que a radiação pode também causar câncer. Muitos dos primeiros radiologistas usavam a pele do próprio braço para testar a aplicação de radioterapia, procurando por uma dose que fosse capaz de produzir eritema. Não é de se surpreender que muitos deles desenvolveram leucemia por se exporem regularmente à radiação. A terapia radioativa passou a ser aplicada em tumores por causa de seu efeito em controlar o crescimento celular. A radiação ionizante dos raios X atua por causar danos ao DNA das células tumorais, levando à morte celular.

A terapia radioativa, diferente da radiologia que utiliza a radiação para fins de imagens e diagnósticos, atualmente é prescrita com intenção curativa, adjuvante ou paliativa. Também é comum a combinação do tratamento radioativo com outras formas de terapia como cirurgia, quimioterapia e imunoterapia. O tipo de procedimento adotado depende do tipo de câncer, da localização, do estágio e estado geral de saúde do paciente. A irradiação total do corpo (TBI) é uma técnica usada para diminuir a contagem de leucócitos e assim preparar para um transplante de medula. A braquiterapia consiste em usar pequenas fontes de radiação colocadas diretamente dentro do tumor, reduzindo o dano em tecidos saudáveis. Em contrapartida, a radioterapia externa ou teleterapia é o uso de uma fonte de radiação distante do tumor, fora do corpo do paciente, podendo o feixe de radiação ionizante ser administrado com foco na região de interesse.

Avanços na física de radiação e tecnologia de computação durante o final de século XX tornaram possível apontar a radiação em algo mais preciso (**Figura 18.4**). Uma técnica relacionada, terapia radioativa de feixe de prótons conformados, usa uma abordagem similar em focar a radiação no câncer, mas em vez de usar raios X, esta técnica usa feixes de prótons. Prótons causam pouco dano pelos tecidos que eles passam, mas apresentam um efeito de liberar grande quantidade de energia no final de sua via, também reduzindo os danos em tecidos normais próximos. A radioterapia com feixe de intensidade modulada (IMRT) possibilita a realização de tratamentos nos quais a irradiação pode ser "moldada" e adaptada ao formato do local que se deseja tratar, permitindo altas doses e conformidade, preservando

FIGURA 18.4. Aparelho de radioterapia. *Acelerador linear de última geração capacitado para realizar controle de posicionamento do alvo junto com a radiação (Fonte: Divulgação ICESP, Agnaldo Dias).*

Gamma knife: é um aparelho para tratar tumores cerebrais por administração de terapia radioativa de alta intensidade, concentrando a radiação em um pequeno volume tumoral. **Cyberknife** é um sistema de radioterapia com braço robótico que focaliza o feixe em qualquer parte do corpo.

tecidos sadios, aumentando a eficiência do tratamento e realização de tratamento personalizado.

Radiocirurgia estereotáxica ou radioterapia estereotáxica são técnicas utilizadas para administrar uma dose de radiação grande, precisa em um pequeno tumor. Neste procedimento, nenhum corte é feito realmente, o local é tratado com um acelerador linear de partículas, como a *gamma knife* ou *cyberknife*. Radioterapia intraoperatória (IORT) é uma forma de tratamento que proporciona a radiação, no momento da cirurgia (**Figura 18.5**). A radiação pode ser administrada diretamente ao câncer ou para os tecidos circundantes depois da remoção cirúrgica, minimizando as chances de recorrência. IORT minimiza a quantidade de tecido que é exposto à radiação, o que permite uma dose mais elevada de radiação no alvo terapêutico.

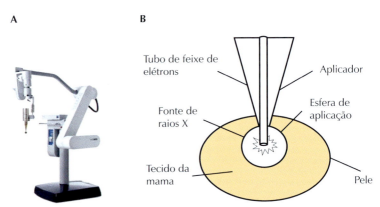

FIGURA 18.5. *Dispositivo e esquema de radioterapia intraoperatória (IORT).* O dispositivo **(A)** e a figura esquemática **(B)** mostram como o aplicador esférico se encaixa no leito do tumor para emitir a radiação ionizante localmente (adaptado de: Vaidya JS et al., 2014).

A MELHOR COMPREENSÃO DA BIOLOGIA DO CÂNCER E O DESENVOLVIMENTO DE TERAPIAS-ALVO

Dentre as mutações observadas no DNA das células malignas, fica clara a existência das chamadas mutações "guiadoras" (*drivers*), realmente responsáveis e essenciais para a condução de carcinogênese, sendo as demais mutações "passageiras" (*passengers*) como aquelas resultantes de instabilidade genômica, mas não essenciais na carcinogênese.

Nas síndromes hereditárias de câncer, uma única mutação em linhagem germinativa torna suscetível ao câncer o indivíduo afetado. Assim foi possível a identificação de diversos genes responsáveis pela iniciação, promoção e progressão tumoral, conhecidos como genes supressores tumorais e proto-oncogenes. Estudos sobre a função desses genes mostraram o impacto que as mutações em um único ponto poderiam desencadear na malignidade. O **sequenciamento em larga escala** do câncer revelou a descoberta de mutações recorrentes específicas em BRAF e PI3K. Apesar de as mutações identificadas nessas análises serem raras e não compartilhadas entre os diversos tipos de câncer, podemos agrupá-las em vias funcionais e assim identificar

O sequenciamento em larga escala consiste em técnicas de biologia molecular para determinar a sequência de bases nitrogenadas em grandes fragmentos de DNA, tais como cromossomos, genomas e fragmentos de RNA.

novos alvos. Essa abordagem apresenta uma dificuldade na diferenciação entre mutações consideradas "passageiras" e "guiadoras" para o processo de carcinogênese.

As terapias-alvo começaram a ser desenvolvidas neste cenário. O desenho racional de fármacos passou a ser considerado no início dos anos 1990, onde a modulação de uma via biológica específica pode ter valor terapêutico **(Tabela 18.2)**. Depois da descrição do **cromossomo Philadelphia (Ph+)** e da hiperativação da proteína bcr-abl, tornou-se possível o desenvolvimento do primeiro fármaco-alvo em uso clínico: o imatinibe. Este foi desenhado e aprovado para tratamento de leucemia mieloide crônica em pacientes Ph+, tornando esta condição fatal em uma doença crônica **(Figura 18.6)**. Seu mecanismo de ação consiste em inibir seletivamente o sítio catalítico tirosina quinase do proto-oncogene *abl*, impedindo a sinalização celular e bloqueando a proliferação das células tumorais.

Assim, embora projetos de sequenciamento de genoma do câncer em larga escala estejam em andamento para diferentes tipos de câncer, com distintas metodologias, a identificação de alvos promissores para drogas necessita de uma combinação com análises biológicas mais detalhadas. O surgimento de novas mutações no sítio de ligação das drogas, a ativação de vias paralelas de compensação em células selvagens, ou mesmo a indução de um estado quiescente das células tumorais revelaram como ocorre o surgimento de resistência às drogas de terapias-alvo. Para contrapor esses mecanismos foi necessário um melhor entendimento do contexto celular no microambiente tumoral.

O cromossomo Philadelphia (Ph+) consiste em uma translocação entre os cromossomos 9 e 22, formando o oncogene bcr-abl no novo cromossomo 22, mais curto. A presença desta anormalidade cromossômica é característica da leucemia mieloide crônica (LMC), porém não exclusiva.

O MICROAMBIENTE TUMORAL COMO ALVO TERAPÊUTICO

O microambiente tumoral refere-se ao conjunto de células presentes na neoplasia com exceção das células tumorais, incluindo fibroblastos, vasos sanguíneos e suas matrizes extracelulares, além de células inflamatórias (macrófagos, linfócitos e neutrófilos). Esse tecido é constantemente regulado pelo tumor pela liberação de moléculas sinalizadoras que promovem, por exemplo, a angiogênese e evasão do sistema imunológico.

O conceito para o uso de agentes antiangiogênicos, ou seja, a inibição do surgimento de novos vasos a partir de vasos preexistentes foi elaborado por Judah Folkman no início dos anos 1970. Folkman fez a observação de que a maioria dos tumores sólidos surge inicialmente como pequenas populações de células, e que o crescimento tumoral necessita de uma nova vascularização, fazendo com que o tumor se mantenha por perfusão. Apesar disso, foi somente em 2004 que o primeiro inibidor de VEGF-A (bevacizumabe) foi aprovado para uso clínico.

Bevacizumabe, um anticorpo monoclonal humanizado direcionado ao VEGF-A circulante, neutraliza este mediador e diminui a angiogênese. Conforme mostrado na **Tabela 18.2**, novas terapias-alvo se encontram em uso clínico.

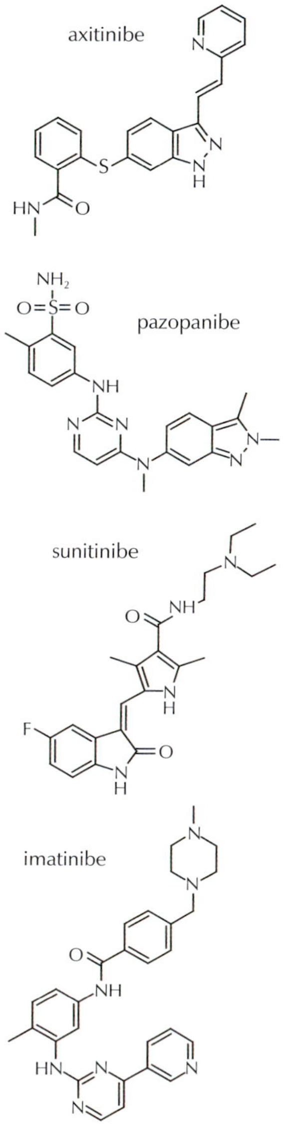

FIGURA 18.6. Estrutura química de fármacos para terapias-alvo. *Inibidores de sítios catalíticos específicos de enzimas em receptores de fatores de crescimento mutados, essenciais no desenvolvimento de tumores.*

TERAPIAS IMUNOLÓGICAS DIRECIONADAS

As vias regulatórias que limitam a resposta do sistema imunológico no câncer foram sendo reveladas. A identificação dos antígenos tumorais trouxe novas perspectivas na terapia antitumoral. Inicialmente usados como marcadores para localização e diagnóstico do câncer, percebeu-se então que é possível aprimorar a resposta imune contra o tumor. Alguns agentes podem atuar em alvos moleculares, suprimindo a resposta imune ou ativando a sinalização que amplifica a resposta imune (imunomodulação). O desenvolvimento de **hibridomas** produtores de anticorpos monoclonais (mAbs) na década de 1970 tornou possível a produção de mAbs direcionados a receptores imunológicos e revelou ser um procedimento útil na terapia antitumoral. Os primeiros anticorpos monoclonais terapêuticos, rituximab e trastuzumabe, foram aprovados no final da década de 1990 para tratar linfoma não Hodgkin CD20$^+$ e câncer de mama Her2$^+$, respectivamente. Essa classe de agentes alcançou um enorme resultado na oncologia, pois ao contrário da quimioterapia e das terapias-alvo, alguns pacientes tiveram remissão duradoura e sem evidência de resistência tumoral.

Hibridomas são linhagens celulares híbridas formadas pela fusão de uma célula B produtora de anticorpos e uma célula de mieloma selecionada. Assim os anticorpos formados por um hibridoma são de especificidade única e, portanto monoclonais.

Uma vez que antígenos tumorais podem ser imunogênicos, o desenvolvimento de vacinas também se revelou promissor. Em 2010, a FDA aprovou sipuleucel-T, a primeira vacina para câncer de próstata metastático refratário a hormônios. Produzida a partir da fosfatase ácida prostática do próprio paciente, ela aumenta a habilidade do sistema imune em regular as células de câncer. Este tratamento tem apresentado benefícios para certos homens com câncer de próstata a viver mais, apesar de não curar a doença.

O antígeno 4 associado ao linfócito T citotóxico (CTLA-4) é um receptor imunológico que atua regulando negativamente as vias de ativação de células T. Dessa forma, ipilimumabe, um anticorpo monoclonal completo (IgG1) que bloqueia CTLA-4, é capaz de promover a imunidade antitumoral. O receptor para morte programada (PD-1) e seu respectivo ligante (PDL-1) contribuem para a exaustão de células T nos tecidos periféricos, atuando em conjunto com CTLA-4 na regulação do sistema imune adaptativo. Portanto, os anticorpos direcionados ao receptor PD-1 (ex., nivolumabe) e ao seu ligante PDL-1 (ex., pembrolizumabe) podem complementar as vias inibitórias de linfócitos e assim aprimorar a resposta antitumoral.

TABELA 18.2. *Terapias-alvo moleculares.* Terapias-alvo moleculares exploram as mutações que receptores de células tumorais apresentam.

Alvo Molecular	Principais Agentes	Mecanismo de Ação
CD20	Ofatumumabe	Liga-se às alças extracelulares de CD20 presentes em células de linfoma não Hodgkin, inibindo o ciclo e a diferenciação celular
	Rituximabe	Liga-se às alças extracelulares de CD20 presentes em células de linfoma não Hodgkin, inibindo o ciclo e a diferenciação celular
CTLA4	Ipilimumabe	Inibe o regulador negativo de células T citotóxicas, aumentando a resposta imune
EGFR	Cetuximabe	Liga-se ao domínio extracelular de EGFR e inibe a sinalização celular do fator de crescimento
	Erlotinibe	Inibição do domínio tirosina quinase de EGFR/HER-1
	Gefitinibe	Inibição do domínio tirosina quinase de EGFR/HER-1
	Panitumumabe	Liga-se ao domínio extracelular de EGFR e inibe a sinalização celular tirosina quinase do fator de crescimento
MEK	Trametinibe	Inibidor de MEK1/2 em melanoma que carrega mutação em BRAF^{V600E}
HER-2	Lapatinibe	Inibidor dos domínios quinase de receptores para fatores de crescimento (ErbB1 e HER-2)
	Pertuzumabe	Inibição da dimerização de HER-2 e consequente diminuição do crescimento tumoral
	Trastuzumabe	Inibição da sinalização intracelular de HER-2/neu e indução de apoptose
mTOR	Tensirolimus	Inibição da formação do complexo mTOR da via PI3K/AKT
	Everolimus	Inibição da formação do complexo mTOR da via PI3K/AKT
PD-1	Nivolumabe	Inibe o regulador negativo de células T citotóxicas, aumentando a resposta imune
PDGFR	Dasatinibe	Inibe múltiplas proteínas quinases (BCR-ABL, c-Kit, EPHA2, família SRC e PDGFR-β)
	Imatinibe	Inibe múltiplos domínios quinases (BCR-ABL, c-Kit, família SCR e PDGFR)
	Nilotinibe	Inibe múltiplas proteínas quinases (BCR-ABL, c-Kit e PDGFR-β)
RANK	Denosumabe	Previne a junção do ligante de RANK nos osteoclastos e diminui a atividade de osteoclastos
VEGFR	Bevacizumabe	Previne a ligação de VEGF com seus receptores (Flt-1 e KDR) em células endoteliais
	Pazopanibe	Inibe múltiplos domínios tirosina quinases (PDGFRα/β, VEGFR1/2, FGFR, Itk, Lck, c-Kit e c-Fms)
	Sorafenibe	Inibe múltiplos domínios quinases (BRAF, CRAF, KIT, FLT-3, RET, VEGFR1/2/3 e PDGRFβ)
	Sunitinibe	Inibe múltiplos domínios quinases (VEGFR1/2/3, PDGRFα/β, KIT, FLT-3, CSF-R1 e RET)

Evolução do Tratamento do Câncer

A EVOLUÇÃO DA TERAPIA SISTÊMICA DO MELANOMA METASTÁTICO COMO MODELO

Tomando como exemplo o desenvolvimento de terapias citotóxicas, o melanoma metastático teve avanços nos últimos anos, pois o seu processo de carcinogênese é cada vez mais bem estabelecido. Apesar de ser uma doença de baixa incidência, com uma estimativa mundial em 6.172 novos casos a cada 100.000 habitantes, o melanoma maligno é de alta letalidade (1.952 para cada 100.000 habitantes). A remoção cirúrgica do melanoma maligno é realizada como curativa apenas nos estádios iniciais da doença, sendo que no estadiamento IV, onde o câncer se apresenta metastático, o tratamento não é curativo. A maioria dos pacientes com doença metastática não responde à terapia convencional, sendo que a terapia citotóxica com dacarbazina, um agente alquilante de DNA, usada como primeira escolha de tratamento, apresenta uma pequena melhora na sobrevida dos pacientes, em relação aos não tratados.

CVD: é o regime de quimioterapia baseado na combinação de agentes citotóxicos cisplatina, vimblastina e DTIC, usado no tratamento de melanoma metastático.

A vantagem de se usar uma quimioterapia combinada com múltiplas drogas em relação a um único agente se tornou evidente ao longo dos anos. Um estudo aleatorizado multicêntrico de fase III desenhado para se comparar um regime de poliquimioterapia (*CVD*) com apenas dacarbazina demonstrou não haver diferença no tempo de sobrevida de pacientes com melanoma em estágio IV (Chapman et al., 1999). Entretanto, a taxa de resposta para pacientes tratados com dacarbazina foi de 10,2% enquanto o regime multidrogas apresentou 18,5% (p = 0,09). Apesar dessa melhora, dacarbazina ainda permaneceu como o tratamento de referência para melanoma de estágio IV devido aos eventos adversos (náuseas, vômitos, supressão da medula óssea, fadiga) serem mais comuns na multiterapia. Ainda dentro da linha citotóxica, um estudo comparando o tratamento de temozolomida com dacarbazina demonstrou não haver diferença de eficácia nos casos de melanoma metastático (**Figura 18.7**) (Middleton et al., 2000). No caso específico de melanoma, outras substâncias citotóxicas não melhoraram os resultados obtidos até então com dacarbazina. Todas associadas com taxas de resposta inferiores a 15%.

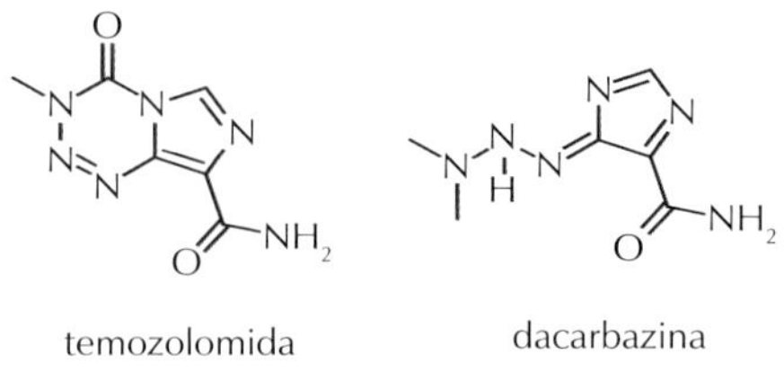

FIGURA 18.7. *Estrutura da dacarbazina (DTIC) e temozolomida (TMZ), agentes alquilantes de DNA.* A DTIC foi elaborada como um antimetabólico inibidor da biossíntese de purinas e exerce sua ação citotóxica pela formação do ânion metildiazônio, que metila o DNA. TMZ foi elaborado como análogo de DTIC para evitar problemas de fotodegradação e não depender da ação enzimática de primeira passagem para a sua ativação.

temozolomida   dacarbazina

CAPÍTULO 18

Com o intuito de melhorar a taxa de resposta de pacientes, foi introduzida a combinação de terapias imunológicas não específicas com quimioterapias convencionais (bioquimioterapia) (Eton et al., 2002). Citocinas como interferon alfa-2b (INFα-2b) e interleucina-2 (IL-2) foram estudadas nos casos de melanoma e apresentaram taxas de resposta em torno de 10 a 20% para formas metastáticas. Entretanto, INFα-2b e IL-2 não trouxeram melhorias na taxa de resposta global quando usadas isoladamente. A bioquimioterapia produziu efeitos tóxicos substancialmente maiores, hemodinâmicos e mielossupressores, quando comparados com quimioterapia. Em geral, citocinas aumentam substancialmente a atividade antitumoral da quimioterapia à custa de uma toxicidade considerável em pacientes com melanoma metastático.

A terapia radioativa para melanoma metastático apresenta pouca eficácia devido ao fato de as células tumorais serem intrinsecamente radiorresistentes. Para pacientes com alto risco de recorrência regional após dissecção dos linfonodos, a radioterapia adjuvante seguida de radioterapia parece diminuir a taxa de ocorrência local, mas não melhora a sobrevida global. A radiocirurgia estereotáxica pode ser efetiva em casos específicos, tais como metástases limitadas após excisão do tumor primário e pode ser relevante para pacientes com múltiplas metástases no cérebro e doença sistêmica controlada.

A identificação de uma mutação somática, considerada "guiadora", no gene codificador da proteína serina-treonina quinase BRAF na maioria dos melanomas ofereceu uma oportunidade de testar terapias-alvo nos oncogenes desta doença. Sorafenib, um inibidor da via de sinalização Raf/Mek/Erk, mesmo sendo bem tolerado, apresentou pouca atividade antitumoral contra melanoma avançado. Mais tarde, o desenvolvimento de inibidores específicos (vemurafenib e PLX4720) de BRAF com mutação V600E ($BRAF^{V600E}$), presente em 40 a 60% dos melanomas, trouxe novas esperanças **(Figura 18.8)**.

Um estudo comparando vemurafenib e dacarbazina em pacientes de melanoma $BRAF^{V600E}$ resultou em uma taxa de sobrevida global de 84% no grupo tratado com o inibidor específico e 64% no grupo que recebeu dacarbazina em 6 meses (Chapman et al., 2011). Além disso, a sobrevida mediana estimada livre de progressão foi de 5,3 meses no grupo com vemurafenib e 1,6 mês no grupo com dacarbazina.

FIGURA 18.8. *Estrutura química de inibidores seletivos de $BRAF^{V600E}$*. *Inibidores seletivos de $BRAF^{V600E}$ foram desenhados a partir de estudos da relação estrutura-atividade das moléculas e otimizados por métodos de química combinatória racional.*

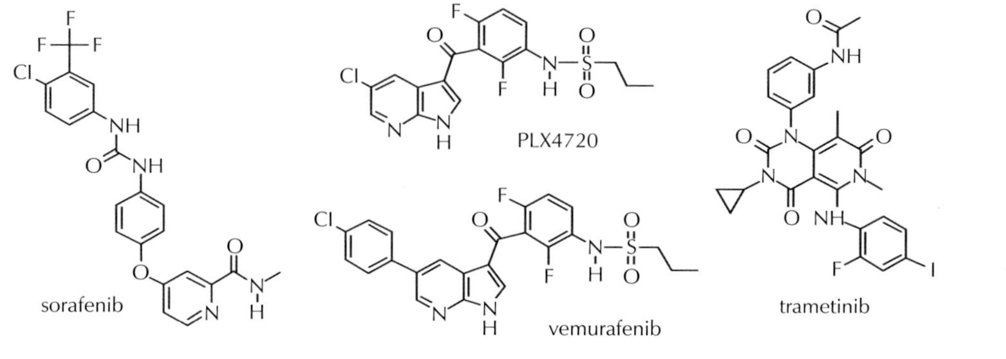

Evolução do Tratamento do Câncer

Vemurafenib ainda foi associado a uma redução relativa de 63% no risco de morte e de 74% no risco de morte ou progressão da doença, quando comparado com dacarbazina (p < 0,001 para ambas as comparações), produzindo melhoras significativas na terapia do melanoma metastático.

Muito recentemente foram publicados dois estudos de fase III que avaliaram a combinação de um inibidor de BRAF (dabrafenib ou vemurafenib) a um inibidor de MEK (trametinibe ou cobimetinibe, respectivamente) *versus* o mesmo inibidor de BRAF isoladamente, nos pacientes com melanoma maligno que alberga as mutações V600E ou V600K. Foi observado aumento de sobrevida livre de progressão, com taxa de risco 0,75 e 0,51 além de aumento de taxas de resposta naqueles pacientes tratados com as combinações de inibidores de BRAF e MEK (Larkin et al., 2014; Long et al., 2014).

Um estudo comparativo de ipilimumabe, um mAb direcionado ao CTLA-4 em linfócitos T, que restaurou a atividade citotóxica em pacientes com melanoma avançado (estágios III ou IV), revelou que a sobrevida global mediana com ipilimumabe foi de 10,1 meses (taxa de risco para morte em comparação com tratamento gp100 apenas, 0,66; p = 0,003) (Hodi et al., 2010). Apesar de reações adversas severas e duradouras, elas podem ser facilmente revertidas com tratamento adequado. Ipilimumabe, portanto, é capaz de melhorar a sobrevida global dos pacientes, e seu uso, mesmo em fase de progressão da doença, pode resultar em benefício clínico para o paciente que recebeu um tratamento anterior. Esses estudos revelam o enorme potencial que anticorpos monoclonais apresentam frente à terapia antitumoral, em comparação com terapias convencionais, representando um importante avanço no tratamento do câncer. Outros mAbs em desenvolvimento nesta indicação (melanoma metastático) são aqueles direcionados ao receptor PD-1, como nivolumabe e pembrolizumabe.

CONSIDERAÇÕES FINAIS

A pesquisa e o desenvolvimento de terapias sistêmicas contra o câncer não partiram de meras observações casuais, mas demonstraram ao longo dos anos um melhor entendimento da biologia do câncer e mudaram paradigmas na pesquisa clínica. Novos conhecimentos moleculares serão rapidamente aplicados no direcionamento de novas terapias contra o câncer. Futuramente, espera-se que diferentes abordagens sejam feitas em vários tipos de câncer, sendo possível um tratamento individualizado para cada tipo de paciente e tumor, considerando-se a diversidade genética dos tumores. Além disso, o controle da doença poderá ser customizado, por bloqueio do processo de progressão tumoral e visando a remissão do mesmo, com o melhor perfil de segurança possível, permitindo uma convivência com a doença sem gerar reações adversas severas e mantendo a qualidade de vida do paciente.

RESUMO

Dentre as modalidades de tratamento do câncer incluem-se aquelas de controle locorregional da neoplasia, como cirurgia e radioterapia, além do tratamento sistêmico do câncer.

Neste capítulo são detalhadas algumas das principais evoluções nestas modalidades terapêuticas, com foco no tratamento sistêmico. Assim sendo, observamos que desde o surgimento da quimioterapia citotóxica clássica a partir da década de 1940, há um incremento gradual das taxas de cura em algumas neoplasias (ex., LLA infantil) e mesmo aumento da sobrevida global em pacientes com neoplasias metastáticas (ex., câncer de mama e câncer de cólon).

Outro ponto importante destacado no capítulo é o advento das terapias-alvo direcionadas a determinadas alterações genéticas condutoras de carcinogênese, já descritas em certas neoplasias, que tiveram profundo impacto no seu tratamento, com janelas de sobrevida e melhor tolerabilidade.

O microambiente tumoral é aqui também citado, dada a importância das terapias antiangiogênicas, assim como recentes avanços em terapias direcionadas aos *checkpoints* imunológicos, como CTLA-4 e PD-1. Futuramente, espera-se que diferentes abordagens sejam feitas em vários tipos de câncer, sendo possível um tratamento individualizado para cada tipo de paciente e tumor, considerando-se a diversidade genética dos tumores.

PONTO DE VISTA

Perspectivas para o tratamento do câncer: *the best is yet to come*

Para a maioria das neoplasias malignas, avanços significativos foram observados nas últimas décadas em termos de melhor compreensão da biologia da célula tumoral. O sequenciamento de última geração permite, por exemplo, conhecer com precisão as alterações na sequência do DNA tumoral que provavelmente são as mais relevantes na carcinogênese.

Mas então o que está por vir? O fato é que muito ainda temos que progredir para observarmos um impacto mais pronunciado dos achados de ciência básica no cotidiano da maioria dos pacientes diagnosticados com câncer.

> ...O FATO É QUE MUITO AINDA TEMOS QUE PROGREDIR PARA OBSERVARMOS UM IMPACTO MAIS PRONUNCIADO DOS ACHADOS DE CIÊNCIA BÁSICA NO COTIDIANO DA MAIORIA DOS PACIENTES...

Permito-me tomar como exemplo os pacientes diagnosticados com câncer de pulmão, a neoplasia maligna responsável pelo maior número de mortes por câncer no mundo (1.600.000 mortes por ano). Conhecemos a fundo as alterações genéticas dos tipos histológicos mais comuns (adenocarcinoma, carcinoma de células escamosas, carcinoma de pequenas células) a partir dos dados do *The Cancer Genome Atlas*. Esses dados, junto com a pesquisa de mutações e fusões genéticas, permitiram conhecer a heterogeneidade de doenças dentro de cada uma das histologias mencionadas, principalmente para o adenocarcinoma. Algumas delas, como a descrição das mutações ativadoras no gene *EGFR* e as translocações de *ALK*, embora observadas numa fração pequena dos pacientes, já levaram ao desenvolvimento de agentes com atividade notável nos pacientes cujos tumores albergam essas alterações, assim como dos testes diagnósticos para a prática cotidiana.

Para a maioria dos portadores de câncer de pulmão avançado/metastático (a apresentação mais comum de câncer de pulmão), cujos tumores não têm ainda uma mutação guiadora caracterizada, o tratamento administrado ainda é a quimioterapia baseada em *doublets* contendo derivados de platina, eventualmente combinada com um agente anti-VEGF nos carcinomas não escamosos.

Vários são os cenários onde veremos as aplicações decorrentes destes avanços: diagnóstico precoce (análise do ar exalado), rastreamento mais eficaz (imagem molecular), desenvolvimento de tratamentos baseados em retratos moleculares personalizados, detecção de progressão e/ou recidiva de maneira menos invasiva (cfDNA circulante). Além disso, terapias imunológicas se revelam com enorme potencial de aplicação em várias neoplasias, incluindo câncer de pulmão. Assim, mais que nunca, devemos fomentar pesquisa clínica em larga escala, para acelerar todo esse potencial desenvolvimento. *The best is yet to come!*

Gilberto de Castro Junior
Oncologia Clínica
Faculdade de Medicina da Universidade de São Paulo/Instituto do Câncer do Estado de São Paulo (ICESP)

PARA SABER MAIS

- Mukherjee S. O imperador de todos os males: uma biografia do câncer. tradução de Berílio Vargas. 1ª ed. São Paulo: Companhia das Letras; 2012.

O livro descreve uma abordagem histórica do câncer, não se limitando apenas à evolução da terapia.

- Haber DA, Gray NS, Baselga J. The evolving war on cancer. Cell. 2011;145(1):19-24.

Artigo de revisão que traz uma perspectiva histórica da última década e algumas considerações futuras da terapia anticâncer.

- Farber S, Diamond LK. Temporary remissions in acute leukemia in children produced by folic acid antagonist, 4-aminopteroyl-glutamic acid. N Engl J Med. 1948;238(23):787-93.

Descreve pela primeira vez a remissão da leucemia aguda em crianças com o uso de antifolatos.

BIBLIOGRAFIA GERAL

1. Burmeister BH, Henderson MA, Ainslie J, Fisher R, Di Iulio J, Smithers BM et al. Adjuvant radiotherapy versus observation alone for patients at risk of lymph-node field relapse after therapeutic lymphadenectomy for melanoma: a randomised trial. Lancet Oncol. 2012; 13(6):589-97.

2. Chapman PB, Einhorn LH, Meyers ML, Saxman S, Destro AN, Panageas KS et al. Phase III multicenter randomized trial of the Dartmouth regimen versus dacarbazine in patients with metastatic melanoma. J Clin Oncol. 1999;17(9):2745-51.

3. Chapman PB, Hauschild A, Robert C, Haanen JB, Ascierto P, Larkin J et al. Improved survival with vemurafenib in melanoma with BRAF V600E mutation. N Engl J Med. 2011;364(26):2507-16.

4. Eton O, Legha SS, Bedikian AY, Lee JJ, Buzaid AC, Hodges C et al. Sequential biochemotherapy versus chemotherapy for metastatic melanoma: results from a phase III randomized trial. J Clin Oncol. 2002;20(8):2045-52.

5. Ferlay J, Soerjomataram I, Ervik M, Dikshit R, Eser S, Mathers C et al. GLOBOCAN 2012 v1.0, Cancer Incidence and Mortality Worldwide: IARC CancerBase No. 11. Lyon, France: International Agency for Research on Cancer; 2013.

6. Flaherty KT, Robert C, Hersey P, Nathan P, Garbe C, Milhem M et al. Improved survival with MEK inhibition in BRAF-mutated melanoma. N Engl J Med. 2012;367(2):107-14.

7. Folkman J. Tumor angiogenesis: therapeutic implications. N Engl J Med. 1971;285(21):1182-6.

8. Goodman LS, Wintrobe MM, Dameshek W, Goodman MJ, Gilman A, McLennan MT. Nitrogen mustard therapy. Use of methyl-bis(beta-chloroethyl)amine hydrochloride and tris(beta-chloroethyl)amine hydrochloride for Hodgkin's disease, lymphosarcoma, leukemia and certain allied and miscellaneous disorders. JAMA. 1984;251(17):2255-61.

9. Hodi FS, O'Day SJ, McDermott DF, Weber RW, Sosman JA, Haanen JB et al. Improved survival with ipilimumab in patients with metastatic melanoma. N Engl J Med. 2010;363(8):711-23.

10. Instituto Nacional de Câncer José Alencar Gomes da Silva, Coordenação de Prevenção e Vigilância. Estimativa 2014: Incidência de Câncer no Brasil. Rio de Janeiro: INCA; 2014.

11. Ji Z, Flaherty KT, Tsao H. Targeting the RAS pathway in melanoma. Trends Mol Med. 2012;18(1):27-35.

12. Johnson DB, Rioth MJ, Horn L. Immune Checkpoint Inhibitors in NSCLC. Curr Treat Options Oncol. 2014; [Epub ahead of print].

13. Larkin J, Ascierto PA, Dréno B, Atkinson V, Liszkay G, Maio M et al. Combined

Vemurafenib and Cobimetinib in BRAF-Mutated Melanoma. New England Journal of Medicine. 2014; [Epub ahead of print].

14. Liew DN, Kano H, Kondziolka D, Mathieu D, Niranjan A, Flickinger JC et al. Outcome predictors of Gamma Knife surgery for melanoma brain metastases. Clinical article. J Neurosurg. 2011;114(3):769-79.

15. Long GV, Stroyakovskiy D, Gogas H, Levchenko E, de Braud F, Larkin J et al. Combined BRAF and MEK Inhibition versus BRAF Inhibition Alone in Melanoma. N Engl J Med. 2014 [Epub ahead of print].

16. Melero I, Hervas-Stubbs S, Glennie M, Pardoll DM, Chen L. Immunostimulatory monoclonal antibodies for cancer therapy. Nat Rev Cancer. 2007;7(2):95-106.

17. Middleton MR, Grob JJ, Aaronson N, Fierlbeck G, Tilgen W, Seiter S et al. Randomized phase III study of temozolomide versus dacarbazine in the treatment of patients with advanced metastatic malignant melanoma. J Clin Oncol. 2000;18(1):158-66.

18. Mraz M, Zent CS, Church AK, Jelinek DF, Wu X, Pospisilova S et al. Bone marrow stromal cells protect lymphoma B-cells from rituximab-induced apoptosis and targeting integrin α-4-β-1 (VLA-4) with natalizumab can overcome this resistance. Br J Haematol. 2011;155(1):53-64.

19. Perry MC, Doll DC, Freter CE, eds. Perry's The Chemotherapy Source Book. 5ª ed. Philadelphia, PA, EUA: Lippincott Williams & Wilkins, Wolters Kluwers Health; 2012. 833 p.

20. Small EJ, Schellhammer PF, Higano CS, Redfern CH, Nemunaitis JJ, Valone FH et al. Placebo-controlled phase III trial of immunologic therapy with sipuleucel-T (APC8015) in patients with metastatic, asymptomatic hormone refractory prostate cancer. J Clin Oncol. 2006;24(19):3089-94.

21. Stratton MR, Campbell PJ, Futreal PA. The cancer genome. Nature. 2009;458(7239):719-24.

22. Tsai J, Lee JT, Wang W, Zhang J, Cho H, Mamo S et al. Discovery of a selective inhibitor of oncogenic B-Raf kinase with potent antimelanoma activity. Proc Natl Acad Sci USA. 2008;105(8):3041-6.

23. Vaidya JS, Wenz F, Bulsara M, Tobias JS, Joseph DJ, Keshtgar M et al. Risk-adapted targeted intraoperative radiotherapy versus whole-breast radiotherapy for breast cancer: 5-year results for local control and overall survival from the TARGIT-A randomised trial. Lancet. 2014;383(9917):603-13.

24. Wolchok JD, Kluger H, Callahan MK, Postow MA, Rizvi NA, Lesokhin AM et al. Nivolumab plus ipilimumab in advanced melanoma. N Engl J Med. 2013;369(2):122-33.

Resistência às Terapias

19

Samir Andrade Mendonça
Roger Chammas

INTRODUÇÃO

A partir da década de 1940 começa a ser notável o aumento do caráter investigativo dos pesquisadores em convergir esforços na compreensão do câncer bem como no desenvolvimento e no aprimoramento de técnicas cirúrgicas e compostos químicos dos mais variados objetivando atingir a cura do câncer, uma doença considerada na época como em surgimento, mas que apresenta evidências de estar presente no mundo desde os primórdios dos registros históricos.

É reconhecível que resultados promissores foram atingidos desde então: aplicação de regime terapêutico com mais de um fármaco, aprimoramento da radioterapia, refinamento das abordagens cirúrgicas, uso da imunoterapia e terapia alvo-dirigida. Entretanto, concomitantemente às vitórias, desde o relato da primeira abordagem também tem sido notado que o câncer apresenta capacidade refratária aos tratamentos, sendo a resistência conferida ao tumor, quer seja de forma *intrínseca* ou *extrínseca*, considerada como a principal causa da falha ao tratamento.

A capacidade da célula neoplásica em não sofrer ou contornar a ação das abordagens terapêuticas associa-se a diferentes mecanismos, tanto relacionados às próprias características do tumor – célula de origem, organização histológica do tumor e características do microambiente tumoral – quanto dos mecanismos celulares advindos das modificações genéticas e epigenéticas devido à sua instabilidade genômica.

Ao final deste capítulo é esperado que o leitor compreenda: (i) a importância do estabelecimento de um regime terapêutico adequado para o tratamento de um dado paciente; (ii) a relação entre as características intrínsecas ao tecido tumoral, suas alterações na progressão da doença, e a resistência à ação das terapias; (iii) as principais modificações, tanto em nível molecular quanto celular, que podem ocorrer em uma célula tumoral desde a sua gênese ao desenvolvimento do fenótipo que lhe confere resistência; (iv) a importância da investigação dos mecanismos de resistência para o desenvolvimento de abordagens terapêuticas.

DESTAQUES

- O esquema terapêutico e as características metabólicas do tumor advindas da sua origem e estrutura, associados à resistência.
- Mecanismos celulares de resistência às terapias.

FARMACOCINÉTICA, BARREIRAS ANATÔMICAS E FISIOLÓGICAS NA FALHA DO TRATAMENTO

Resistência intrínseca: engloba mecanismos envolvidos na resistência oriundos das características próprias das células, do microambiente e do tecido tumoral.

Resistência extrínseca: são mecanismos advindos do estímulo do tratamento, no qual ocorrem alterações genéticas e epigenéticas aleatórias em uma pequena população, tornando-a resistente, sendo estas então positivamente selecionadas pela terapia empregada.

É demasiadamente destacada como fator relevante para a falha do tratamento oncológico a relação dos mecanismos celulares com as alterações genéticas das células do tumor. Entretanto, para que a chance do efeito terapêutico obtido seja equivalente ao almejado, é importante que se leve em consideração que apesar de ser constituído por células tumorais, o alvo da terapia apresenta-se como um tecido com características complexas e heterogêneas, estando essa população de células submetida a diferentes condições de perfusão de oxigênio, disponibilidade de nutrientes e, por conseguinte, demostrando diferentes comportamentos em resposta aos estímulos gerados por quimioterapia e radioterapia.

Para uma resposta satisfatória a um dado regime de tratamento, este deve apresentar elevada capacidade de atingir as células-alvo e máxima abrangência possível sobre essa heterogênea população celular, independentemente do seu *status* genético e metabólico. Quando esses fatores não são atingidos, são aumentadas as chances da ocorrência de uma resposta ineficiente ou refratária, podendo estes eventos ser reflexo tanto da dose e do esquema da quimioterapia e/ou radioterapia adotado quanto das características histológicas e metabólicas intrínsecas do tumor.

Dose e Esquema Terapêutico

Efeito adverso: efeito indesejado secundário advindo de um dado tratamento terapêutico empregado.

A dose e o esquema de tratamento mais adequado de um quimioterápico são idealmente estabelecidos quando se consegue o efeito terapêutico desejado com a menor concentração do princípio ativo, com maior intervalo de tempo entre as doses, que não produzam ou que sejam atenuadas as chances de manifestação de **efeitos adversos**; o que significa dizer que um regime de tratamento onde há uma subestimação ou superestimação da dose e da frequência do tratamento, pode ocorrer, respectivamente, redução da eficácia pela resistência do tumor ao tratamento e aumento da prevalência/severidade dos possíveis efeitos tóxicos ao organismo.

Regime intermitente: regime terapêutico separado por intervalos.

Para o tratamento da leucemia linfoblástica aguda, foi avaliado o efeito de diferentes esquemas terapêuticos utilizando um antagonista do ácido fólico sobre a sobrevivência em modelo murino, sendo demonstrado que o **regime intermitente** pode ser considerado mais eficiente do que o regime diário do uso da droga.

A transposição dessa ideia para um ensaio clínico reproduziu resultados análogos aos *in vivo*: células-alvo se tornam mais facilmente resistentes ao efeito citotóxico quando em exposição diária do que quando esta ocorre separada por intervalos.

Sítios de Santuário Farmacológico

Em condições patológicas, a utilização de fármacos ou a montagem de uma resposta imunológica aceleram o retorno ao estado da normalidade, auxiliando na retomada da **homeostasia**. Para que tais intervenções sejam de fato eficientes é necessário que os tecidos ou órgãos afetados sejam acessíveis às células do sistema imunológico ou às moléculas do medicamento a ser utilizado.

Homeostasia: diz-se da capacidade dos organismos de manter o equilíbrio fisiológico por meio de mecanismos regulatórios.

Entretanto, quanto mais facilitado esse acesso mais suscetíveis podem ser as células desses tecidos às lesões celulares decorrentes de infecções, ação de **xenobióticos** nocivos ou até mesmo de respostas imunológicas exacerbadas e/ou prolongadas. Dessa forma, não é raro que tecidos compostos por células com funções fisiológicas importantes e sensíveis à ação de estímulos citotóxicos sejam anatomicamente isolados. Entretanto, apesar de necessária à conservação da atividade fisiológica do tecido, a existência dessas barreiras também se torna um obstáculo à ação dos quimioterápicos, tendo os tumores presentes nessas regiões, de forma geral, capacidade limitada à intervenção terapêutica. Devido a essa propriedade, órgãos que constituem o sistema nervoso central e os testículos são denominados como sítios de santuário farmacológico, estando estes revestidos pelas barreiras hematoencefálica e hematotesticular, respectivamente; sendo estas basicamente formadas por um tecido constituído de células com fortes junções intercelulares, com notável expressão de bombas de efluxo.

Xenobiótico: qualquer substância química presente em um organismo que não foi ou não é produzido pelo mesmo.

Sendo o órgão responsável pelo desenvolvimento e pela maturação das células germinativas, os testículos necessitam de uma proteção aos agentes que possivelmente poderiam comprometer o imbricado processo meiótico e, por conseguinte, a integridade genômica das células destinadas à reprodução. Em adição, também se faz necessário o isolamento imunológico, uma vez que as células germinativas que o compõe expressam proteínas que poderiam ser reconhecidas como antígenos pelo sistema imunológico, assim, desencadeando uma resposta citotóxica indesejada nesse tecido.

O carcinoma *in situ* do testículo é considerado como uma lesão pré-maligna que apresenta elevado potencial metastático, sendo que para tal condição diversas abordagens terapêuticas já foram utilizadas, desde a radioterapia até a quimioterapia com diferentes associações. Em 1998, um estudo visando à avaliação do efeito de diferentes regimes terapêuticos com diferentes quimioterápicos (ex., cisplatina, carboplatina, vinblastina, etoposídeo, etc.) concluiu que, apesar de o tratamento empregado ter apresentado potencial efeito citotóxico ao tumor, pacientes com carcinoma *in situ* do testículo, independentemente da quimioterapia, poderiam ainda desenvolver câncer invasivo com o passar do tempo, possivelmente associado à redução da eficiência terapêutica por causa da barreira hematotesticular.

No que tange ao sistema nervoso central, o mesmo panorama descrito anteriormente para o testículo pode ser esperado. Apesar de ser reconhecido um grande avanço no desenvolvimento de novos quimioterápicos, bem como o aprimoramento da tecnologia farmacêuti-

Resistência às Terapias

ca empregado nestes, o tratamento para os tumores que acometem o sistema nervoso central tem apresentado eficácia não muito satisfatória, sendo um dos fatores responsáveis a sua reduzida capacidade de atravessar a barreira hematoencefálica.

O uso do inibidor de mitose paclitaxel tem demonstrado resultados bastante otimistas para alguns tipos de tumor, entretanto este apresenta valores reduzidos para o tratamento de glioma maligno ou metástase cerebral. Em estudo conduzido em 2002, foi demonstrado que apesar de esse quimioterápico apresentar elevada capacidade de atravessar membranas lipídicas, seus níveis no cérebro rapidamente reduziam após a sua administração *parenteral*, possivelmente pela elevada taxa de extrusão mediada pelas bombas de efluxo, que estão altamente expressas nas células que compõem a barreira hematoencefálica.

Via enteral: via de administração medicamentosa por meio do trato gastrointestinal (ex., oral, sublingual, retal).

Via parenteral: qualquer via de administração que não faz uso do tubo digestivo (ex., intravenosa, intra-arterial, etc.).

Baixa Difusão e Hipóxia em Tecidos com Câncer

Os tumores sólidos são basicamente compostos por: (i) uma população celular heterogênea (ex., células tumorais, células oriundas da resposta inflamatória e fibroblastos); (ii) matriz extracelular; e (iii) sistema vascular. No estágio inicial de desenvolvimento do tumor, todas as células desse tecido conseguem um aporte uniforme de oxigênio e nutrientes, entretanto, em tumores com volume aumentado é apresentada uma irrigação irregular onde as células com maior proximidade dos capilares recebem um aporte maior de substâncias presentes na corrente sanguínea. De forma bastante simplória é racional imaginar que as células localizadas em regiões mais centrais do tumor e/ou menos irrigadas apresentam caráter de resistência à ação dos quimioterápicos devido à dificuldade de acesso por sua disposição espacial. Entretanto, apesar de essa ideia não ser incorreta, a progressiva heterogeneidade de irrigação exerce uma pressão evolutiva em sua população celular fazendo com que essas comecem a sofrer diversas alterações em seu perfil metabólico e de expressão genética que culminam em uma modificação fisiológica global do tumor (ex., redução do pH da matriz extracelular), e ainda lhe conferindo um fenótipo de resistência aos estímulos gerados por diferentes terapias.

Em células tumorais hipóxicas ocorre a ativação do fator de transcrição HIF-1 (*hipoxia-inducible factor)* por meio da dimerização de suas duas subunidades HIFα e HIFβ, sendo o primeiro apenas presente de maneira considerável em baixas quantidades de oxigênio e o segundo constitutivamente presente na célula. A ativação do HIF-1 em células tumorais leva ao aumento de expressão de diversos genes como o VEGF (*vascular endothelial growth factor*), GLUT-1 (*glucose transporter-1)*, que estimulam, respectivamente, a angiogênese e a glicólise, e, em adição, ainda gera o acúmulo da proteína supressora de tumor, p53.

A liberação do VEGF mediado por hipóxia apresenta-se como um mecanismo de tentativa de melhoramento da perfusão sanguínea do tumor, entretanto o novo sistema de irrigação do tumor apresenta arquitetura diferente da vasculatura normal de outros tecidos: são dilatadas, irregulares (sem diferenciação entre artérias, arteríolas e capilares) e apresentam excesso de **fenestrações**. Mesmo lançando mão do mecanismo de neoangiogênese, devido à estrutura irregular desse sistema vascular, o tumor permanece apresentando heterogeneidade em sua perfusão, e, por conseguinte, capacidade reduzida na distribuição homogênea de fármacos pelo tecido tumoral. Além disso, o VEGF ainda exerce a função de fator de sobrevivência uma vez que este apresenta a capacidade de inibição da morte celular por meio do aumento da expressão do gende codificador da proteína antiapoptótica Bcl2.

Fenestração: aberturas presentes nas paredes de uma dada estrutura.

Devido ao baixo aporte de oxigênio nas células tumorais alocadas em regiões com insuficiente/nula perfusão, o metabolismo energético da célula sofre modificação da fosforilação oxidativa para a glicólise, sendo esse processo mediado por alteração do perfil de expressão gênica induzido pelo HIF-1. É bem sabido que a nova modalidade metabólica adotada pela célula causa acúmulo do ácido lático, que gera, junto com outros eventos estimulados pela hipóxia, uma redução do pH do meio extracelular. Essa acidose extracelular, por sua vez, faz com que ocorra a morte das células menos adaptáveis nas adjacências, sobrevivendo aquelas com maior plasticidade, geralmente com maior instabilidade genética e com maior chance de apresentar fenótipo refratário a quimioterapia e radioterapia. Além disso, o baixo pH do meio extracelular faz com que os quimioterápicos quimicamente classificados como **bases fracas** não consigam se acumular no ambiente intracelular em quantidades suficientes para estimular o seu efeito.

Bases fracas (fármacos): compostos alcalinos com baixo potencial de dissociação, sendo mais bem absorvidos em pH básico.

Quando um estresse celular gera comprometimento da integridade do genoma ocorre o aumento da concentração intracelular do produto do gene supressor de tumor p53 que age como fator de transcrição para genes responsáveis pelo reparo do DNA, parada de ciclo celular ou apoptose, o que seria interessante uma vez que o HIF-1 ativado das células hipóxicas gera o acúmulo dessa proteína. Entretanto, células tumorais hipóxicas também apresentam uma elevada instabilidade genômica por causa da redução da expressão de genes responsáveis pelo reparo do DNA, logo, o somatório do aumento do estímulo da morte celular com a elevada instabilidade genômica das células hipóxicas leva ao aumento da probabilidade de seleção de uma população com mutação no p53 e a sua expansão clonal, sendo este tipo de célula tumoral bastante conhecida pelo caráter mais refratário ao estímulo apoptótico de radioterapia e quimioterapia.

Resistência às Terapias

MECANISMOS CELULARES DE RESPOSTA ÀS TERAPIAS

Transporte por Efluxo de Drogas

Para que um quimioterápico tenha ação eficaz é necessário que esse consiga atingir o seu sítio-alvo na célula – microtúbulos, enzimas, DNA, etc. – muitas vezes necessitando atravessar a sua membrana lipídica. Muitos dos quimioterápicos, apesar de não apresentarem muita semelhança em estrutura, conseguem adentrar a célula com facilidade por apresentarem **caráter anfipático**, entretanto, em alguns tipos de tumor, que apresentam resistência cruzada a múltiplas drogas, a resposta celular esperada não é desencadeada por estes serem bombeadas para o ambiente extracelular por proteínas transportadoras pertencentes à superfamília ABC (*ATP binding cassette*), das quais se destaca a P-gp (*P glycoprotein*) codificada pelo gene MRP1.

Caráter anfipático: moléculas cuja estrutura química lhe confere uma região hidrofóbica e outra hidrofílica.

Essas proteínas estão naturalmente presentes em diferentes organismos, desde os mais simples (ex., bactérias, fungos e plantas), até os multicelulares mais complexos, nos quais se apresentam como componente-chave de um mecanismo de defesa celular pela secreção de compostos potencialmente citotóxicos (ex., quimioterápicos), além de terem também como substrato alguns nutrientes e outras moléculas que não apresentam capacidade de atravessar a membrana por outro meio independente de ATP. Na **Tabela 19.1** são apresentadas informações de uma revisão feita por Gottesman, em 2002, e do trabalho realizado por Chen e cols., em 2005, que exemplifica alguns transportadores relacionados à resistência, exemplos de tecidos onde esses são expressos e substratos que sofrem a sua ação.

Nas células do organismo humano, essa proteína está majoritariamente expressa de forma constitutiva naquelas que compõem os tecidos com atividade secretora (ex., tecidos hepático, renal e pancreático) e desempenham papel fisiológico no transporte de substâncias hidrofóbicas através da membrana celular, bem como para o interior da membrana do retículo endoplasmático e peroxissomo, utilizando da energia liberada pela hidrólise do ATP.

Cânceres oriundos de células que expressam constitutivamente esses transportadores tendem a apresentar resistência a uma grande variedade de quimioterápicos por meio do mecanismo de efluxo da droga descrito acima. Entretanto alguns outros tipos de tumor, ainda que oriundos de células cuja expressão da proteína ABC não seja considerável podem por meio de mutações superexpressar esses transportadores e adquirirem o fenótipo de resistência a um grande grupo de quimioterápicos, em alguns casos, sendo apenas perceptível após a seleção dos clones resistentes pela ação da droga, seguido da sua expansão. Foi observado, por exemplo, que no melanoma sob o regime de tratamento com temozolamida ocorria à seleção de clones que expressavam o transportador ABCB5, componente da família dos transportadores ABC, conferindo ao tumor *in vivo* a capacidade de sobrevivência à exposição a outros quimioterápicos como a dacarbazina e o vemurafenib.

TABELA 19.1. *Exemplos de transportadores da família ABC envolvidos nos mecanismos de quimiorresistência, seus substratos e alguns tecidos onde são expressos.*

Transportador	Substratos	Exemplos de Tecido onde são Expressos
ABCB1	Compostos orgânicos neutros e catiônicos	Intestino, fígado, rim, barreira hematoencefálica
ABCB5	Compostos iônicos, peptídeos, alguns tipos de carboidratos	Melanócitos, células epiteliais de pigmento da retina
ABCC1	Drogas conjugadas à glutationa e outros conjugados, compostos catiônicos	Ubíquo
ABCC2	Drogas conjugadas à glutationa e outros conjugados, compostos catiônicos	Hepático, renal e intestinal

Apesar da superexpressão de bombas de efluxo de drogas conferirem o fenótipo de resistência a múltiplas drogas em células tumorais, foi observado que essa alteração genética sozinha pode conferir, mas não está obrigatoriamente presente em todos os tipos de tumor com caráter de resistência a múltiplas drogas, sendo este comumente resultado da ação sinérgica de diferentes mecanismos de resistência celular às situações de estresse.

Comprometimento da Captação da Droga

A captação dos quimioterápicos pelas células do tumor, basicamente pode ser dada por duas maneiras: transporte passivo através da membrana, ou dependente de transportadores. A resistência ao tratamento pode ser desencadeada quando ocorrem mutações que levam à alteração conformacional da estrutura quaternária proteica desses transportadores, ou que diminuam o seu nível de expressão. Em ambas as situações o resultado final é o mesmo: comprometimento do efeito do quimioterápico pela redução da sua captação.

Um exemplo prático da ação desse mecanismo está na resistência à ação do metotrexato – quimioterápico inibidor da di-hidrofolato redutase que foi largamente utilizada no tratamento de leucemia linfoblástica aguda. Sendo a captação desse fármaco dependente da proteína RFC (*reduced folate carrier*), observaram-se em amostras oriundas de dois grupos de pacientes com leucemia linfocítica aguda, previamente não tratados e já refratários ao tratamento, que 57% a mais do segundo grupo apresentavam comprometimento da captação do metotrexato, estando esse evento relacionado à redução dos níveis de expressão do RFC.

Outra situação que exemplifica a resistência associada ao comprometimento da captação da droga foi observada em experimento conduzido por Kühne e cols. onde foram utilizados **siRNA** para a diminuição da expressão do gene codificador da proteína LAT1 – associada à captação do agente alquilante Melphalan – em linhagens celulares de mieloma múltiplo e leucemia mieloide aguda na qual ocor-

siRNA: (small interfiring *RNA*) molécula de RNA com reduzido tamanho cuja principal função está associada à interferência na expressão de um dado gene.

reu uma redução em 58% da captação e de 3,5 vezes da citotoxicidade estimulada pelo fármaco.

Mutação ou Alteração na Expressão dos Alvos Moleculares

Diversos fármacos utilizados para o tratamento do câncer objetivam o bloqueio de alguma via importante para a manutenção da proliferação e da sobrevivência da célula tumoral por meio da inibição da atividade de uma enzima ou receptor. Em algumas circunstâncias, observou-se que células resistentes a esses tipos de quimioterápico basicamente lançavam mão de duas estratégias como forma de impedir o estímulo à morte celular: aumento da expressão da molécula-alvo ou alteração da expressão ou conformação final dessa proteína, de forma que passasse a não mais reconhecer o fármaco. Como exemplo, os fármacos que atuam como inibidores da topoisomerase II.

A topoisomerase II é uma enzima crucial para diversos processos como replicação, transcrição e separação das cromátides durante a mitose, pois a ela é atribuída a função da diminuição da tensão da fita de DNA por meio do rompimento seguido de novas ligações fosfodiéster. Sendo essa alteração topológica da fita crucial para a divisão da célula, é justificável o uso de bloqueadores de sua atividade (ex., etoposídeos) no tratamento oncológico; entretanto, algumas células de tumor lançam mão de mecanismos que culminam na queda da capacidade desse estímulo negativo a proliferação e morte-celular.

Mais especificamente, os bloqueadores da topoisomerase II agem por meio da estabilização da interação entre a enzima e a molécula do DNA de forma que os processos subsequentes não sejam realizados impedindo também a reestruturação das ligações fosfodiéster rompidas. Uma das causas da resistência às terapias com o uso desses bloqueadores ocorre quando é apresentado algum tipo de alteração que culmine em redução na atividade da enzima, pois a sua ação sobre a fita de DNA é crucial para a eficácia do tratamento quimioterápico. Já se observou que a associação da existência do fenótipo refratário pode estar associada à redução dos níveis intracelulares da topoisomerase II, por meio de alterações pós-traducionais na proteína bem como de mutações que culminam na alteração da sua estrutura quaternária.

Outro caso no qual há associação entre a alteração do alvo molecular e o desenvolvimento de resistência à terapia ocorre em tumores de próstata, casos em que geralmente são utilizados quimioterápicos que agem sobre os receptores de andrógenos a fim de bloquear o estímulo desses hormônios sobre o órgão afetado. Em avaliação do gene codificador do receptor de andrógeno em tumores primários e em tumores recorrentes foi observado que estes estão majoritariamente amplificados no segundo grupo, estando esse evento associado ao desenvolvimento da falha da resposta à terapia.

Redistribuição Intracelular da Droga

Na década de 1980 foi relatada pela primeira vez a existência de uma estrutura ribonucleoproteica no citoplasma de células eucarióticas denominadas como Vaults, sendo posteriormente também identificada em outros organismos, como os protozoários. Essa estrutura é composta por múltiplas cópias de três proteínas e moléculas de RNA não traduzíveis que se associam a uma estrutura com formato de barril, sem preenchimento.

Apesar dos esforços em se elucidar a estrutura e a função desses Vaults, ainda há muito a se descobrir, porém, já se é conhecido que esta organela apresenta papel importante no transporte entre núcleo e citoplasma, citoplasma e vesículas exocíticas e detoxificação de xenobióticos da célula.

Estando essa estrutura associada ao processo de detoxificação intracelular, seria esperado que pudesse haver uma associação da sua presença e a redução da eficácia quimioterapêutica. Mais recentemente foi relatado que os Vaults têm papel tanto na extrusão para fora do ambiente nuclear quanto no sequestro em vesículas exocíticas. Em trabalho realizado em 1999, Kitazono e cols. demostraram em linhagens de células de carcinoma de cólon (SW-620) que após o tratamento com butirato de sódio estas passaram a apresentar aumento do estímulo da produção dessas organelas, tornando-se, em seguida, resistentes a quimioterápicos como doxorrubicina, vincristina, paclitaxel, etc.

Aumento da Inativação ou Diminuição da Ativação da Droga

Para que o tratamento de uma dada doença com o uso de um fármaco possa ser considerado bem-sucedido, não é suficiente que apenas consiga estimular o efeito celular necessário, em adição, é preciso que também seja convertido à sua forma ativa – caso necessário – e, ainda, que não seja neutralizado, sendo ambos os eventos geralmente mediados por reações enzimáticas.

A citarabina é o exemplo de um nucleosídeo amplamente utilizado no tratamento da leucemia mieloide aguda que, para ser ativado, precisa inicialmente sofrer processos subsequentes de fosforilação pela desoxicitidina quinase até a sua forma ativa: citarabina-trifosfato. Sendo a ação da citarabina intrinsecamente ligada às reações catalisadas por essa enzima, a redução em sua expressão ou alteração conformacional da estrutura quaternária da desoxicitina quinase ou de alguma outra proteína envolvida nessa via a torna inerte no que tange à sua ação sobre a célula do tumor, e é por meio desses mecanismos que alguns tumores se tornam refratários ao tratamento com esse fármaco.

Outra situação onde se observa o processo de resistência à terapia na esfera do metabolismo celular do fármaco é quando esse, apesar de sofrer um bem-sucedido processo de ativação, acaba por ter o seu efeito neutralizado por alguma outra enzima da célula-alvo. Constitutivamente algumas células expressam proteínas cuja função é proteger o ambiente intracelular do efeito de substâncias nocivas como os radicais livres ou espécies reativas de oxigênio, sendo a glutationa uma das melhores representantes dessa classe funcional de enzimas. Em adição a essas funções, a glutationa apresenta a capacidade de se conjugar a quimioterápicos como a cisplatina, fazendo com que este seja impulsionado para o ambiente extracelular por meio das bombas transportadoras da família ABC.

Alteração dos Mecanismos de Reparo do DNA

A integridade genômica das células é um fator de extrema importância à manutenção da homeostasia do organismo como um todo, dessa forma as células eucarióticas lançam mão de um grupo de enzimas responsáveis por mecanismos específicos destinados à correção de lesões como o rompimento de uma ou das duas fitas da molécula de DNA advindos de estímulos genotóxicos externos (ex., exposição à radiação ou xenobióticos) ou por ação de radicais oxidantes. Entretanto, apesar demandar de tais mecanismos de reparo, mesmo com a desaceleração do seu ciclo de divisão, nem sempre a lesão pode ser reversível em tempo hábil, quer seja pela intensidade, quer seja pela frequência do estímulo lesivo; então mecanismos de morte celular são desencadeados a fim de impedir a expansão do clone com alterações genéticas.

Muitas abordagens terapêuticas visam desencadear a morte celular por meio do estímulo de lesões diretas ou indiretas ao DNA, como exemplo a radioterapia e a quimioterapia – fármacos derivados de platina, agentes alquilantes, agente metilantes, dentre outros, mas em alguns casos, nem sempre esse tipo de abordagem terapêutica tem demonstrado na clínica a eficácia esperada, principalmente por alterações dessas vias de reparo da célula-alvo ao estímulo tóxico.

Com o objetivo de identificar e reparar erros por inserção ou deleção de pares de base oriundos dos processos de replicação, as células dispõem do mecanismo de reparo de pareamento errado, sendo este necessário quando a DNA polimerase não identifica o equívoco ainda durante a replicação. A perda da funcionalidade desses mecanismos, além de estar associada à oncogênese, também tem relação com o desenvolvimento de resistência no câncer, uma vez que uma célula com esse sistema comprometido não só perde a capacidade de reparo de lesões aos DNA, mas também perde a capacidade da identificação destes e, por conseguinte, do desencadeamento dos mecanismos de morte celular. Foram observadas associações entre a resistência à ação de agentes alquilantes e o comprometimento da eficácia dessa via em linhagens de tumor de adenocarcinoma colorretal por causa de uma modificação na expressão do hMLH1, codificador de importante proteína desse mecanismo.

Por outro lado, também têm sido observadas associações de alterações em vias de reparo de DNA e resistência às terapias quando ocorre um aumento da expressão de proteínas responsáveis pela correção desses erros, dessa forma, antagonizando o estímulo causado pelo fármaco ou pela radiação. Um exemplo é a observação da relação entre aumento da expressão da O^6-metilguanina-DNA metiltransferase (MGMT) (responsável por reparos de lesões causadas pela alquilação do DNA) e a resistência de células de melanoma à fotemustina. Na **Figura 19.1** é apresentado um esquema que representa o conteúdo abordado neste capítulo.

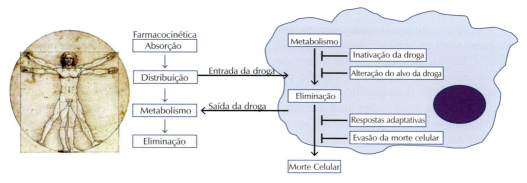

FIGURA 19.1. *Abrangência da ação dos mecanismos de resistência intrínsecos e extrínsecos.*

RESUMO

Diversos mecanismos estão envolvidos no desenvolvimento dos fenótipos que conferem ao tumor o caráter de resistência aos estímulos gerados pelo tratamento. No decorrer deste capítulo discutimos pontualmente os principais; entretanto, apesar de a abordagem desses mecanismos ter sido feita de forma separada, é demasiado importante perceber: se um câncer é ou se torna refratário a um tratamento, este fato é mais provável de ser consequência da interação entre vários desses mecanismos do que de um isolado; o que significa dizer que, na prática, há de se compreender a separação dos diferentes mecanismos para facilitar o seu estudo e a compreensão, mas também é demasiadamente necessário se buscarem os pontos de interseção de forma que se tenha uma visão panorâmica da resistência às terapias, pois novas abordagens terapêuticas só serão eficientes se conseguirem reverter o maior número de mecanismos.

PONTO DE VISTA

Emergência de resistência

A própria natureza dos cânceres embute duas características críticas: instabilidade genômica e heterogeneidade. No momento do diagnóstico, a massa tumoral é composta por uma mistura complexa de genótipos. Se a abordagem terapêutica recair sobre uma subpopulação, as chances são de que o espaço aberto pela morte das células tumorais, sensíveis a um dado tratamento, seja rapidamente ocupado por uma subpopulação intrinsecamente resistente ao tratamento proposto. Evidências começam a se acumular e sugerem que este quadro seja provável – tão mais provável quanto mais tardio na história natural da doença se for feito o diagnóstico; tão mais provável quanto maior a instabilidade genômica da lesão neoplásica, dentro dos limites da sobrevivência celular.

> ... A NECESSIDADE DE AUMENTO DE PRECISÃO É CERTA...

O desenvolvimento de resistência a terapias sugere que usemos outras medidas para a administração dos medicamentos; ou ainda, que busquemos alternativas que se somem às estratégias propostas. Como discutido neste capítulo, são muitas variáveis a serem estudadas. Como acelerar o processo de avaliação? Qual o melhor regime terapêutico para uma dada condição, como podemos antecipar o desenvolvimento de resistência e intervir no tempo adequado? Nos dias de hoje, falamos de aumento da precisão das medidas tomadas, a ponto de sugerirem que a medicina seja "personalizada". Talvez o conceito da personalização não seja atingível; mas a necessidade de aumento de precisão é certa, e permitirá que nos aproximemos progressivamente da meta, atuando em área com impacto no aumento da qualidade de vida dos pacientes com câncer. O novo desafio que se lança tem estimulado o desenvolvimento de novas abordagens diagnósticas, envolvendo imagem molecular; biópsias líquidas, com recuperação de material tumoral a partir da circulação sanguínea, por exemplo; uso de sistemas biológicos como animais imunocomprometidos que são enxertados com tumores humanos e tratados para avaliação da emergência de clones resistentes ao tratamento; e intrigantes modelos matemáticos que permitem avaliar a dinâmica do crescimento de populações de células tumorais, para citar algumas das novas tendências que vêm sendo desenvolvidas nos dias de hoje. De outro lado, novas abordagens terapêuticas merecem a atenção; e, principalmente, estudos clínicos bem controlados, como é o caso da utilização de regimes terapêuticos de baixa dosagem, por períodos prolongados – a terapia metronômica. Ainda, avanços na ciência de materiais têm-nos mostrado que é possível formular medicamentos de maneira nanoestruturada, dotando complexos com moléculas que aumentariam a retenção do medicamento no tumor, levando a uma significativa melhora do índice terapêutico de medicamentos alvo-dirigidos ou citotóxicos convencionais. Depois de um século, e mais uma vez, revisitamos Ehrlich e nos apropriamos de sua bala mágica.

Roger Chammas
Faculdade de Medicina da Universidade de São Paulo/Instituto do Câncer do Estado de São Paulo (ICESP)

PARA SABER MAIS

- Lavi O, Gottesman MM, Levy D. The Dynamis of Drug Resistance: A Mathematical Perspective. Drug Resit Updat. 2012;15(1-2):90-7.

Interessante para se ter conhecimento do estudo da dinâmica dos mecanismos de resistência.

- Niero ELO, Rocha-Sales B, Cortez BA et al. The multiple facets of drug resistance: one history, different approaches. J Exp Clin Cancer Res. 2014;28;33:37.

Artigo que além de abordar os mecanismos gerais, faz uma interessante abordagem histórica acerca do tema.

BIBLIOGRAFIA GERAL

1. Goldin A, Vendetti JM, Humphreys SB, Mantel N. Modification of treatment schedules in the management of advanced mouse leukemia with amethopterin. J Natl Cancer Inst. 1956;17:203-9.

2. Selawry OS, Hananian J, Wolman IJ et al. New treatment schedule with improved survival in childhood leukemia. JAMA. 1965;194:715-24.

3. Bart J, Goen JMH, Van der Graaf WTA et al. An oncological view on the bloo-testis barrier. Lancet Oncol. 2002;3:357-363.

4. Christenten TB, Daugaard G, Geertsen PF, Von der MH. Effect of chemotherapy on carcinoma in situ of the testis. Ann Oncol. 1998;9:657-660.

5. Fellner S, Bauer B, Miller DS et al. Transport of paclitaxel (Taxol) across the blood-brain barrier in vitro and in vivo. J Clin Invest. 2002;110:1309-1318.

6. Shannon AM, Bouchier-Hayes DJ, Condron CM and Toomey D. Tumour hypoxia, chemotherapeutic resistance and hypoxia-related therapies. Cancer Treat Rev. 2003;29:297-307.

7. Cosse JP, Michiels C. Tumour Hypoxia Affects the Responsiveness of Cancer Cells to Chemotherapy and Promotes Cancer Progression. Anti-cancer Agent Me. 2008;8:790-797.

8. Gottesman M. Mechanisms of Cancer Drug Resistance. Annu Rev Med. 2002;53:615-627.

9. Ejendal KFK, Hrycyna CA. Multidrug Resitance and Cancer: The Role of the Human ABC Transporter ABCG2. Curr Protein pept sc. 2002;3:305-511.

10. Chen KG, Szakács G, Annereau JP et al. Principal expression of two mRNA isoforms ($ABCB5\alpha$ and $ABCB5\beta$) of the ATP-binding cassette transporter gene $ABCB5$ in melanoma cells and melanocytes. Pigment Cell Res. 2005;18;102-112.

11. Chartrain M, Riond J, Stennevin A et al. Melanoma Chemotherapy Leads to the Selection of ABCB5-Expressing cells. PLoS ONE. 2012;7:1-12.

12. Longo-Sorbello GSA, Bertino JR. Current understanding of methotrexate pharmacology and efficacy in acute leukemias. Use of newer antifolates in clinical trials. Haematologica. 2001;86:121-127.

13. Gorlick R, Goker E, Trippett T et al. Defective Transport Is a Common Mechanism of Acquired Methotrexate Resistance in Acute Lymphocytic Leukemia and Is Associated With Decreased Reduced Folate Carrier Expression. Blood. 1997;3:1013-1018.

14. Kühne A, Tzvetkov MV, Hagos Y et al. Influx and Efflux Transport as Determinants of Melphalan cytotoxicity: Resistance to Melphalan in $MDR1$ Overexpressing Tumor Cell Lines. Biochem Pharmacol. 2008;78:45-53.

15. Danks MK, Warmoth MR, Friche E et al. Single-strand conformational polymorphism analysis of the M(r) 170,000 isoenzyme of DNA topoisomerase II in human tumor cells. Cancer Res. 1993;53:1373-1379.

16. Liu LF. DNA topoisomerase poisons as antitumor drugs. Annu Rev Biochem. 1989;58:351-375.

17. Takano H, Kohno K, Ono M et al. Increased phosphorylation of DNA topoisomerase II in etoposide-resistant mutants of human cancer KB cells. Cancer Res. 1991;51:3951-3957.

18. Plamberg C, Koivisto P, Hyytinen E et al. Androgen receptor gene amplification in a recurrent prostate cancer after monotherapy with nonsteroidal potent antiandrogen Casodex (bicalutamide) with a subsequent favorable response to maximal androgen blockade. Eur Urol. 1997;31:216-219.

19. Lara PC, Pruschy M, Zimmermann M, Henríquez-Hernández LA. MVP and vaults: a role in the radiation response. Radiat Oncol. 2011;6:148.

20. Scheffer GL, Wijngaard PLJ, Fles MJ et al. The drug resistance-related protein LRP is the human major vault protein. Nat Med. 1995;1:578-582.

21. Kitazono M, Sumizawa T, Takebayashi Y et al. Multidrug Resistance and the Lung Resistance-Related Protein in Human Colon Carcinoma SW-620 cells. J Natl Cancer I. 1999;91:1647-1653.

22. Sampath D, Cortes J, Estrov Z et al. Pharmacodynamics of cytarabine alone and in combination with 7-hydroxystaurosporine (UCN-01) in AML blasts in vitro end during a clinical trial. Blood. 2006;107:2517-2524.

23. Fink D, Aebi S, Howell SB. The role of DNA mismatch repair in drug resistance. Cil Cancer Res. 1998;4:1-6.

24. Arnold CN, Goel A, Boland CR. Role of hMLH1 promoter hypermetilation in drug resistance to 5-fluorouacil in colorectal cancer cell lines. Int J Cancer. 2003 Aug 10;106(1):66-73.

25. Lage H, Christmann M, Ker MA et al. Expression of DNA repais proteins hMSH2, hMSH6, hMSH6, hMLH1, O^6-methylguanine-DNA methyltransferase and N-methylpurine-DNA gllycosylase in melanoma cells with acquired drug resistance. Int J Cancer. 1999;80:744-750.

26. Holohan C, Schaeybroeck S, Longley DB, Johnston PG. Cancer drug resistance: an evolving paradigm. Nat Rev Cancer. 2013;13:714-726.

Terapia Gênica em Câncer

20

Marlous Vinícius Gomes Lana
Taynah Ibrahim David
Bryan Eric Strauss

INTRODUÇÃO

A terapia gênica é uma técnica experimental que consiste na estratégia de inserção de um material genético em uma célula intencionando a alteração do curso de uma doença específica. Na prática, esta inserção é realizada em células somáticas e, neste caso, a alteração genética não é repassada para a próxima geração, respeitando os princípios éticos.

A terapia gênica pode ser aplicada tanto em doenças monogênicas, ocasionadas pela mutação de um único gene, quanto em multigênicas, na qual há o acúmulo de mutações genéticas, como ocorre nas neoplasias. Nestes casos, a estratégia consiste em eliminar as células tumorais direta ou indiretamente, incluindo alterações do microambiente e/ou ativação do sistema imunológico.

Os medicamentos derivados da terapia gênica são definidos pela Agência Europeia de Medicamentos como agentes contendo uma substância ativa constituída por ácidos nucleicos recombinantes, administrados em seres humanos e com a intenção de regular, reparar, substituir ou adicionar uma sequência gênica. Deste modo, seu efeito está diretamente relacionado com a sequência de ácidos nucleicos recombinante, podendo ele ser terapêutico, profilático ou diagnóstico.

De maneira geral, a lógica por trás da terapia gênica é simples, consistindo em fornecer à célula as ferramentas necessárias para alterar o curso de uma doença. Entretanto, os maiores desafios encontram-se na estratégia de entrega dos genes de interesse, pois este mecanismo pode perturbar a homeostase do organismo e promover respostas que dificultam a entrega do gene.

Ao final deste capítulo espera-se que o leitor compreenda: (i) o que é a técnica de terapia gênica, o que foi realizado até hoje e suas perspectivas; (ii) as distintas estratégias de entrega do material genético de interesse; (iii) a contextualização da terapia gênica no tratamento contra o câncer.

DESTAQUES

- A definição de terapia gênica consiste na entrega de um ácido nucleico para dentro da célula com fins terapêuticos e serve para vários tipos de doenças.
- Os vetores de entrega mais utilizados na terapia gênica são os vetores virais, devido à capacidade natural que os vírus têm de inserir seu material genético nas células, sendo quatro deles os mais utilizados: retrovírus, lentivírus, adenovírus e vírus adenoassociado.
- As estratégias de terapia gênica no combate ao câncer podem focar na morte da célula tumoral ou em modificar células adjacentes para provocar um ambiente hostil ao tumor.

HISTÓRICO

Como os conceitos em terapia gênica se baseiam em mecanismos genéticos que envolvem as células, o avanço da mesma só foi possível após o desenvolvimento de ferramentas da biologia molecular e o estabelecimento dos conceitos em genética. Na Tabela 20.1. estão apresentados alguns dos principais fatos históricos que contribuíram no desenvolvimento da terapia gênica.

TABELA 20.1. *Descobertas importantes no campo da biologia molecular e terapia gênica.*

Ano	Descoberta ou Evento
1928	O princípio da transformação é descrito por Fredrick Griffith
1944	Avery, MacLeod e McCarty descrevem que a informação genética está em forma de DNA
1952	Introdução do mecanismo de transdução para transferência gênica por Joshua Lederberg
1953	Watson e Crick descrevem a estrutura dupla-hélice do DNA
1961	Howard Temin descobre que mutações genéticas podem ser herdadas como resultado de uma infecção viral
1962	Waclaw Szybalski documenta a primeira transferência gênica hereditária em células de mamíferos
1968	Demonstração da prova de conceito de transferência gênica mediada por vírus, por Rogers e Pfuderer
1972	Friedmann e Roblin definem os requerimentos técnicos e éticos para tornar a terapia gênica uma realidade
1989	Steven A. Rosenberg conduz a primeira transferência gênica oficialmente aprovada em humanos
1990	Primeiro estudo clínico em pacientes SCID (imunodeficiência severa combinada), causada pela deficiência de adenosina desaminase
1993	Pela primeira vez um vetor adenoviral foi utilizado no tratamento de fibrose cística. O pesquisador responsável foi Ronald Crystal
1999	A morte de Jesse Gelsinger após infusão hepática de vetor adenoviral. Jesse foi o primeiro e único paciente com óbito como consequência direta da terapia gênica com adenovírus
2000	Alain Fischer e cols. conseguiram curar pacientes portadores de X-SCID através da administração de vetores retrovirais portadores do transgene selvagem γc na medula óssea dos pacientes. Entretanto, posteriormente foi descoberto que cinco crianças, quatro do ensaio clínico francês e uma de um estudo clínico na Inglaterra, desenvolveram leucemia como consequência da inserção dos vetores retrovirais no genoma da célula hospedeira, onde uma veio a óbito
2003	A China se torna o primeiro país a aprovar para uso clínico um medicamento baseado em terapia gênica, um vetor adenoviral portador do transgene codificador da proteína p53
2009	O primeiro ensaio clínico de fase III de terapia gênica bem-sucedido na Europa
2012	A Agência Europeia de Medicamentos (EMA) recomenda pela primeira vez a aprovação de um produto para terapia gênica na Europa
2014	Atualmente, já foram aprovados quase dois mil protocolos clínicos para a terapia gênica, sendo que 64,1% são destinados ao tratamento de câncer e ao menos 66% são através de vetores virais

MÉTODOS UTILIZADOS PARA TERAPIA GÊNICA

A reposição gênica pode ocorrer tanto se utilizando da via *in vivo* quanto da via *ex vivo*. Sendo que a terapia gênica *in vivo* consiste em transferir a sequência de DNA recombinante diretamente para as células ou tecidos do paciente, enquanto na terapia gênica *ex vivo* as células são isoladas de um organismo ou a partir de uma biópsia do paciente, mantidas em cultura no laboratório para então a sequência de DNA recombinante ser transferida para essas células que posteriormente são inoculadas no paciente.

A necessidade de tratamento com terapia gênica *in vivo* ou *ex vivo* é diretamente dependente das especificidades da doença a ser tratada.

A ESCOLHA DO VETOR IDEAL

O sucesso do tratamento através da terapia gênica é diretamente dependente do vetor a ser utilizado para a entrega do gene de interesse no paciente. Além do vetor, que pode ser viral ou não viral, para que a terapia gênica funcione devem ser considerados também o **transgene** a ser utilizado e o promotor que vai dirigir a expressão do transgene.

> **Transgene:** *gene terapêutico ou gene a ser entregue pelo vetor. Sequência exógena a ser introduzida na célula-alvo.*

Para a escolha do vetor ideal, além do que foi descrito, devem-se considerar também a eficiência da transferência gênica oferecida por este vetor, o tempo de expressão do transgene, sua toxicidade para o organismo receptor, sua facilidade de produção em larga escala, sua imunogenicidade, se o gene de interesse possui tamanho compatível ao que este vetor conseguirá portar em seu genoma e, por fim, as especificidades da doença a ser tratada. O vetor ideal seria aquele pouco imunogênico para o organismo, fácil de ser produzido, que possa comportar genes de tamanhos variados, que tenha especificidade para o tecido-alvo e que consiga dirigir a expressão do transgene a longo prazo. A seguir, discutiremos os principais vetores de transferência gênica utilizados atualmente.

Vetores ou Sistemas de Transferência não Virais

Atualmente, os sistemas de transferência gênica que utilizam vetores não virais estão presentes em 23,1% dos protocolos clínicos. Entre as vantagens em se utilizar estes vetores podem-se destacar sua fácil manipulação, baixa imunogenicidade, permitindo repetidas administrações em um mesmo paciente e produção em larga escala de maneira eficiente.

Geralmente, nestes sistemas os vetores plasmidiais são utilizados como carreadores do DNA recombinante, o que pode conferir a esta técnica algumas desvantagens, como, por exemplo, a baixa eficiência em transferir o transgene, quando comparados com os vetores virais.

Transfecção: *processo de entrada de um ácido nucleico na célula eucariótica por métodos físicos ou químicos, tais como precipitação com fosfato de cálcio e eletroporação.*

Transdução: *processo de entrada do vetor recombinante, não replicativo, na célula-alvo e expressão do transgene.*

Vetores Virais Recombinantes

Como os vírus são obrigatoriamente parasitas intracelulares, podem ser considerados sistemas naturais de transferência gênica.

Os vetores virais recombinantes são partículas virais geneticamente modificadas de forma a não serem patogênicas para o hospedeiro, mas que mantêm a estrutura necessária para funcionarem como veículos carreadores do transgene desejado.

Atualmente, cerca de 66% dos protocolos clínicos de terapia gênica utilizam-se dos vetores virais para introduzir o gene terapêutico nas células-alvo. Os mais representativos são: 22,8% vetores adenovirais, 19,1% vetores retrovirais, 5,5% vetor de vírus adenoassociado e 4,2% vetores lentivirais. Neste capítulo daremos mais ênfase aos vetores virais.

RETROVÍRUS

O retrovírus pertence à família *Retroviridae*, e seu material genético está sob a forma de moléculas de RNA de fita simples. Ao infectar uma célula hospedeira, o retrovírus converte seu genoma a uma fita dupla de DNA a partir do seu genoma de RNA, por um processo denominado de transcrição reversa.

A transcrição reversa ocorre por intermédio da enzima viral transcriptase reversa, que consiste em uma DNA-polimerase RNA-dependente, catalisando esta reação. O DNA produzido, agora denominado pró-vírus, integra-se ao genoma celular com o auxílio da enzima viral integrase, a partir do qual serão transcritos os RNAs virais pela ação de uma RNA-polimerase DNA-dependente celular.

Para sua infecção ser produtiva, o retrovírus necessita que a célula hospedeira esteja sofrendo divisão celular, pois a desmontagem da membrana nuclear permite que o genoma viral acesse os cromossomos e possa ser integrado ao genoma celular. O genoma retroviral é composto por três genes principais: o gene *gag* (*group specific antigen*) que codifica proteínas essenciais e estruturais do vírus, o *pol* (*polymerase*) que codifica a transcriptase reversa, protease e integrase e, por fim, *env* (*envelope*) que codifica as proteínas virais que interagem com receptores celulares (**Figura 20.1**).

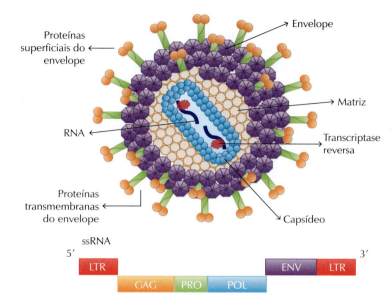

FIGURA 20.1. Estrutura típica de um retrovírus selvagem e seu genoma. A partícula viral é formada por um capsídeo que contém duas cópias do seu genoma formado de ssRNA(+) e duas cópias de transcriptase reversa associadas às fitas de RNA. O capsídeo é envolto por uma matriz que, por sua vez, é circundada pelo envelope.

Vetores Retrovirais Recombinantes

Os vetores retrovirais mais comuns utilizados na clínica são baseados no vírus da leucemia murina (MoMLV).

Estes vetores, por integrarem seu genoma na célula hospedeira, proporcionam estabilidade da expressão do transgene de interesse durante um longo período. Para serem utilizados, todos os genes patogênicos removidos do genoma viral, assim os genes necessários para o empacotamento e envelopamento viral são separados do vetor de transferência gênica, fazendo com que o vírus resultante não seja capaz de se replicar na célula hospedeira. A remoção desses genes do genoma viral permite que este vetor receba transgenes de 6 a 8 kb.

Como dito anteriormente, o sistema deste vetor consiste essencialmente em dois componentes: um plasmídeo empacotador, que fornece todas as proteínas virais em *trans*, mas que não é capaz de empacotar a si mesmo por não possuir o sinal de empacotamento (Ψ) e um plasmídeo que possui o sinal de empacotamento; entretanto, em vez de expressar proteínas virais, expressa o gene de interesse terapêutico.

Quando ambos os plasmídeos estão presentes na célula produtora, a partícula viral resultante é estruturalmente completa, expressando somente o gene de interesse terapêutico; porém, incapaz de se autorreplicar na ausência dos vetores de envelope/empacotamento.

Com o intuito de aumentar a segurança desta tecnologia e diminuir a probabilidade de formação de partículas replicativas competentes, o plasmídeo empacotador, que possuía as sequências *gag*, *pol* e *env* foi modificado, passando a utilizar três construtos, um carreando os genes *gag* e *pol*, um carreando o gene *env* e o terceiro carreando o gene de interesse terapêutico. Este arranjo também permite a substituição do gene *env* nativo para genes heterólogos como, por exemplo, o gene codificador da glicoproteína do vírus estomatite vesicular (VSVg). Este processo, denominado pseudotipagem, permite direcionar o tropismo do vetor recombinante.

Atualmente, é conhecido que a integração do vetor retroviral no genoma do hospedeiro tende a ser próxima a regiões promotoras, enquanto a integração do vetor lentiviral (que será descrito mais adiante neste capítulo) tende a ser ao longo do genoma do hospedeiro. Isto torna a integração do vetor retroviral menos segura, pois existe uma maior probabilidade de sua inserção acarretar na indução da expressão de um gene vizinho ao pró-vírus, causando a ativação ou inativação de genes aleatórios.

LENTIVÍRUS

O gênero *Lentivirus* também faz parte da família *Retroviridae*, caracterizada por um longo período de incubação. Os lentivírus (LV) podem entregar uma quantidade significativa de DNA exógeno para a célula hospedeira.

Assim como o retrovírus descrito anteriormente, o LV possui seu material genético na forma de duas moléculas de RNA fita dupla. Para integração no genoma hospedeiro, este vírus também converte seu genoma a uma fita dupla de DNA a partir da sua molécula de RNA pelo processo de transcrição reversa. A principal diferença entre esses vírus é a forma de entrada do genoma viral no núcleo da célula. Nos lentivírus esse processo ocorre de forma ativa, enquanto nos retrovírus ocorre de forma passiva, dependendo do momento em que a membrana celular está descaracterizada e, portanto, a célula precisa estar em divisão.

Atualmente é conhecido que este vírus tende a inserir seu material genético ao longo do genoma do hospedeiro e, por este motivo, o vetor tem sido considerado mais seguro quando comparado com o vetor retroviral e, consequentemente, tem conquistado espaço em protocolos clínicos de terapia gênica (**Figura 20.2**).

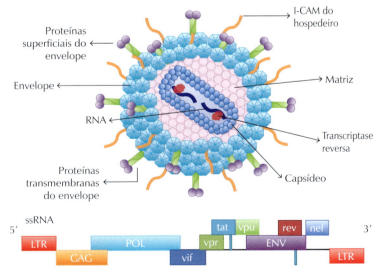

FIGURA 20.2. Estrutura típica de um lentivírus selvagem e seu genoma. *A partícula viral é formada por um capsídeo que contém duas cópias do seu genoma formado de ssRNA(+) e duas cópias de transcriptase reversa associadas às fitas de RNA. O capsídeo é envolto por uma matriz que, por sua vez, é circundada pelo envelope.*

I-CAM (intercelular adhesion molecule): *em humanos, esta glicoproteína é codificada pelo gene ICAM, sendo tipicamente expressa em células endoteliais e células do sistema imune.*

Vetores Lentivirais Recombinantes

Os vetores lentivirais são considerados um dos mais eficientes métodos de entrega de DNA exógeno na célula hospedeira. Estes vetores foram primariamente utilizados em pesquisas como ferramentas para a indução de produtos gênicos em animais ou em modelos *in vitro*.

Muitos laboratórios utilizam diferentes tipos de vetores lentivirais, originados de diferentes espécies, que incluem: vírus da imunodeficiência humana (HIV-1 e HIV-2), *simian* (SIV), felino (FIV) ou bovino (BIV).

As partículas lentivirais são divididas em gerações de acordo com o plasmídeo de empacotamento utilizado na sua produção. Na primeira geração, o plasmídeo de empacotamento provia as sequências *gag* e *pol*, as sequências de genes regulatórios *tat* e *rev* e os genes acessórios *vif*, *vpr*, *vpu* e *nef*. Na segunda geração, as quatro sequências dos genes acessórios foram removidas sem nenhum efeito negativo na produção e utilização dos vetores. Na terceira geração, para aumentar a segurança durante a produção do vetor, o sistema de empacotamento foi dividido, de modo que o gene *rev* passou a ser expresso a partir de um plasmídeo diferente e o promotor viral foi modificado para não mais depender da atividade de *tat*, assim criando um forte promotor constitutivo.

Em geral, as partículas lentivirais são geradas a partir da cotransfecção de três plasmídeos em células HEK293T: o primeiro consiste no plasmídeo empacotador, o segundo consiste no plasmídeo carreador do DNA exógeno e o terceiro consiste no plasmídeo responsável pelo empacotamento da particular viral (ex., VSVg). Na última geração dos vetores lentivirais, o gene *rev* é provido através de um quarto plasmídeo com a finalidade de aumentar a segurança da produção e da utilização deste vetor.

ADENOVÍRUS

Os adenovírus fazem parte da família *Adenoviridae*, não são envelopados e possuem DNA dupla fita (dsDNA) linear. Existem mais de 50 sorotipos infecciosos ao ser humano, mas os sorotipos 2 e 5 (Ad2 e Ad5), responsáveis por infecções respiratórias leves, são os mais conhecidos e constituem a base de vários vetores de terapia gênica.

O tamanho de seu genoma varia de 30 a 40 kb, sendo suas extremidades flanqueadas por ITRs (*inverted terminal repeats* – repetições terminais invertidas) que funcionam como origem de replicação. Próximo ao ITR esquerdo encontra-se o sinal de empacotamento, necessário para a internalização do genoma no capsídeo. O restante do genoma é dividido de acordo com a ordem de expressão no ciclo de infecção, sendo os expressos na fase inicial, antes da replicação do DNA viral, denominados E, e os na fase posterior denominados L.

Os genes E codificam proteínas regulatórias da replicação viral,

Terapia Gênica em Câncer

sendo classificados de 1 a 4. A primeira região transcrita durante a infecção viral é a E1A, grande responsável pela replicação viral e regulação da transcrição. Em seguida, a região E1B produz proteínas que bloqueiam o RNAm do hospedeiro e estimulam o transporte do RNAm adenoviral do núcleo para o citoplasma.

Os genes L, que iniciam sua transcrição depois da replicação do DNA viral, são responsáveis pela estrutura proteica da partícula viral, sendo a proteína hexon o principal componente estrutural da partícula. Dentre as proteínas da fase tardia estão as responsáveis pelo reconhecimento entre o vírus e a célula.

No ciclo de vida do adenovírus, o domínio *knob* da proteína viral fibra ligam-se ao receptor CAR (*Coxsackie-adenovirus receptor*) na membrana celular, posteriormente interagem com outras proteínas de membrana, denominadas integrinas $\alpha_v\beta$, que interagem com o *penton base* e possibilitam a internalização do vírus. Esta partícula viral entra na célula através de um endossomo, que posteriormente é lisado pela ação de proteínas do envoltório viral, liberando o vírus no citosol. O genoma do vírus é então liberado no núcleo, onde passa a transcrever, replicar e empacotar as novas partículas virais **(Figura 20.3)**.

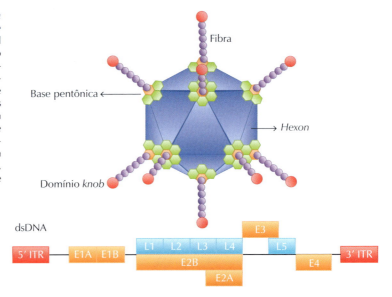

FIGURA 20.3. Estrutura típica de um adenovírus selvagem e seu genoma. A partícula viral é formada por um capsídeo constituído de proteínas denominadas *hexon,* que envolve seu genoma constituído de dsDNA. O domínio *knob* e as fibras celulares interagem com os receptores celulares CAR e integrinas $\square_v$, respectivamente. Seu genoma é dividido em genes de replicação tardia (L1, L2, L3, L4, e L5) e precoce (E1A, E1B, E2A, E2B, E3 e E4).

Vetores Adenovirais Recombinantes

O que explica o fato de os vetores recombinantes derivados do adenovírus (Ad) serem amplamente utilizados é que: eles podem gerar altos títulos *in vitro* (em torno de 10 x 10^{12} partículas virais por mL), facilitando sua utilização *in situ*; eles possuem a capacidade de transduzir uma grande quantidade de células de mamíferos, sejam elas células mitóticas ou pós-mitóticas; possuem baixa patogenicidade para humanos; seu genoma suporta inserções de até 7,5 kb; não integram seu DNA ao genoma da célula hospedeira, assim, não há risco de inativação ou ativação aleatória de genes; possuem um forte tropismo por células tumorais. As alterações de regiões genômicas adenovirais têm sido realizadas com a finalidade de tornar o vírus selvagem um vetor seguro a ser utilizado na terapia gênica.

O método consiste na deleção da região responsável pela função de replicação viral (E1 com tamanho de 5,5 kb) impedindo o vetor de se replicar de maneira autônoma. A região E3 (responsável por mecanismos de defesa viral contra o sistema imune, com tamanho de 2,0 kb) também foi deletada do vetor recombinante, possibilitando a inserção de um transgene de até 7,5 kb.

No laboratório, os vetores adenovirais podem ser produzidos com elevados títulos e, para a produção *in vitro* de estoques virais, são utilizadas linhagens de células HEK293A que possuem os componentes da região E1 deletada no vírus. A introdução da sequência viral recombinante na HEK293A através de métodos de transfecção resulta na produção de novas partículas devido à complementação de fatores presentes na célula e no vetor.

O principal inconveniente da utilização deste vetor é que pode ocorrer uma significativa resposta imune contra proteínas virais. Na tentativa de contornar este problema, foi desenvolvida uma nova geração de vetores adenovirais recombinantes, denominados sistemas *helper-dependent* ou *gutless adenovirus*, nos quais os ITRs são as únicas sequências virais contidas nesses vetores, impossibilitando a expressão de proteínas virais. Os vetores *gutless* são capazes de carrear sequências superiores a 30 kb.

Este sistema é dependente de dois vetores, um vírus *helper*, contendo as proteínas estruturais e catalíticas, e um segundo vetor que contém o gene terapêutico de interesse. Durante o empacotamento da partícula adenoviral recombinante, somente o segundo vetor é encapsulado, resultando em um vetor adenoviral com menor toxicidade.

VÍRUS ADENOASSOCIADO

O vírus adenoassociado (AAV) foi descoberto em 1965 como contaminante em uma preparação de adenovírus. Portador de um capsídeo icosaédrico não envelopado de aproximadamente 22 nm, o AAV é considerado um dos menores vírus existentes.

Seus 12 sorotipos descritos fazem parte do gênero *Dependovirus* na família *Parvoviridae*. Seu gênero recebe esse nome por depender da coinfecção de um vírus *helper* para que haja uma infecção eficiente.

O genoma do AAV é composto por uma fita simples de DNA com aproximadamente 4,7 kb, regiões ITRs flanqueiam dois genes virais, *rep* (replicação) codificador para proteínas não estruturais e *cap* (capsídeo) codificador para proteínas estruturais.

O AAV sorotipo 2, amplamente estudado e presente em 80% da população, por exemplo, utiliza como primeiro contato com as células o receptor sulfato de heparina, enquanto sua internalização é auxiliada pelos correceptores heterodímeros integrinas $\alpha_v\beta_v$, conferindo um amplo tropismo ao vírus.

Como dito anteriormente, o AAV é um vírus muito pequeno e, por este motivo, consegue acessar o núcleo das células atravessando o complexo do poro nuclear (NPC). Pesquisas recentes demonstram que o tráfico de partículas de AAV para o núcleo não é dependente de NPC, mas este aspecto ainda não é totalmente compreendido.

Após a entrada no núcleo, o AAV pode seguir dois caminhos distintos em seu ciclo de vida: o lítico (na presença de um vírus *helper*) ou lisogênico (na ausência de um vírus *helper*). No primeiro caso, o vírus *helper* auxilia na lise das partículas de AAV formadas. No segundo caso, o programa de expressão gênica do AAV é reprimido e pode ocorrer latência onde há integração preferencial do genoma viral no cromossomo humano 19. A integração dirigida do genoma de AAV é um fenômeno único entre todos os vírus eucarióticos conhecidos, permitindo que o DNA pró-viral seja perpetuado através da divisão celular (**Figura 20.4**).

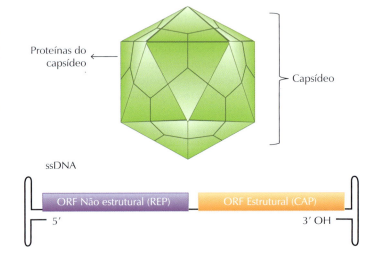

FIGURA 20.4. *Estrutura típica de um vírus adenoassociado selvagem e seu genoma.* A partícula viral é formada por um capsídeo icosaédrico estruturado por 60 peplômeros constituídos das três proteínas estruturais: VP1, VP2 e VP3. O genoma é constituído de proteínas estruturais e não estruturais.

Vetores Recombinantes Derivados de vírus Adenoassociado (rAAV)

Pelo fato de o AAV2 não estar relacionado com nenhuma doença em humanos e, como dito anteriormente, estar presente em 80% dos humanos, este sorotipo tem sido amplamente estudado para o uso em terapias.

A produção de um rAAV para uso na terapia gênica consiste tipicamente na transfecção de células produtoras (HEK293T) com um plasmídeo contendo um rAAV clonado carreando o transgene de interesse flanqueado por ITRs e outro plasmídeo expressando em trans os genes virais *rep* e *cap*. Na presença de um vírus *helper*, como o adenovírus, o genoma rAAV é sujeito ao processo lítico do AAV selvagem, tornando-se replicativo e, por este motivo, este vetor é utilizado como vetor *helper* ou vetor auxiliar durante a produção de rAAV.

Além disso, o rAAV pode ser produzido através do sistema *gutless*, que consiste em vetores baseados em retrovírus, nos quais o elemento *cis-acting* envolvido em amplificação genômica e empacotamento da partícula estão unidos à sequência de interesse, na qual as sequências virais de codificação necessárias para replicação do genoma e montagem de da partícula viral são providas em *trans*.

Como dito anteriormente neste capítulo, o vírus adenoassociado possui muitos sorotipos, cada um deles com um tropismo inato para determinados órgãos ou tecidos; deste modo, também é de interesse da engenharia genética de vetores rAAV alterar o capsídeo do vírus a ser utilizado alterando assim o tropismo do vetor.

TERAPIA GÊNICA CONTRA O CÂNCER

Com a finalidade de combater o câncer, diversas estratégias podem ser abordadas em terapia gênica, desde o estímulo à resposta imune até a adição de um gene suicida. Essas estratégias ainda se focam em novos avanços e maior eficácia terapêutica de modo que, atualmente, o desenvolvimento da terapia gênica contra o câncer dá-se nos mais diversos campos de pesquisa. Estes campos vão desde a vetorologia para otimização da entrega do gene terapêutico e expressão mais direcionada, até o desenvolvimento de estratégias terapêuticas com diferentes genes e sua translação para a aplicação clínica, tanto localmente quanto sistemicamente.

A seguir, serão detalhadas as principais estratégias utilizadas na terapia gênica contra o câncer.

Gene Supressor Tumoral

Como já visto anteriormente, a proliferação descontrolada é uma característica encontrada em todos os tumores. Os genes supressores de tumor, frequentemente inativados em todos os tipos de tumores, são responsáveis por regular o ciclo celular e induzir a morte e a senescência celular. Neste sentido, bloquear o ciclo celular e consequentemente a proliferação das células tumorais seria uma boa estratégia na terapia gênica contra o câncer.

Dentre os genes supressores de tumor, o mais utilizado no campo da terapia gênica é o p53, uma proteína discutida em outros capítulos. Conhecida como "guardiã do genoma", a p53 é sensível ao dano no DNA e ao estresse celular, podendo levar a parada do ciclo celular, reparo do DNA e indução de senescência ou apoptose, dependendo do grau de comprometimento celular. Mutações no gene p53 estão presentes em ao menos 50% de todos os tipos de cânceres.

Nos protocolos clínicos de terapia gênica para o câncer, a p53 é amplamente abordada, sozinha ou em conjunto com outros tipos de terapia.

Resultados pré-clínicos obtidos em 1996 por Nguyen e cols., utilizando um vetor adenoviral codificando p53 (Ad-p53) em conjunto com o quimioterápico cisplatina, levaram a um protocolo clínico de fase I publicado pelo mesmo grupo em 2000, no qual foi evidenciada atividade clínica em pacientes com carcinoma pulmonar de células não pequenas. No mesmo período, Kawabe e cols. acharam que o tratamento com Ad-p53 *in vitro* radiossensibiliza células tumorais do mesmo tipo de câncer, evidenciando mais um potencial efeito da combinação de p53 com outros tratamentos.

Em 2003 foi aprovado na China o primeiro produto comercial à base de terapia gênica para o tratamento de câncer de cabeça e pescoço, um Ad-p53 sob o nome comercial genedicine e, recentemente, foi publicado um estudo de fase III utilizando genedicine aplicado por transfusão arterial, em pacientes com carcinoma oral de células escamosas, no qual foi observado ganho na sobrevida média mesmo nos pacientes com estadiamento III.

Além de p53, outros genes são utilizados visando um gene supressor tumoral como estratégia terapêutica. O p73, um membro da família de p53, é capaz de transativar genes responsivos a p53 e também induzir a morte celular por apoptose, de uma maneira similar ao p53. Essa estratégia se enquadra principalmente para aqueles tumores nos quais p53 não é inativado, como, por exemplo, no melanoma. Num estudo de 2006, Tuve e cols. acharam que a transferência gênica de uma isoforma de p73 leva linhagens celulares de melanoma à quimiossensibilização.

Genes Suicidas

A estratégia do gene suicida baseia-se na introdução de um gene viral ou bacteriano nas células tumorais, permitindo a conversão de uma pró-droga não tóxica em uma droga letal para as células. Os sistemas de genes suicidas mais promissores são o gene da timidina quinase, derivado do vírus herpes simples (HSV-tk), que utiliza o ganciclovir (GCV) como pró-droga; e o gene da citosina desaminase (CD), que utiliza 5-fluorocitosina (5-FC) como componente não tóxico a ser convertido em droga letal.

O gene HSV-tk é o gene suicida mais estudado e mais utilizado em protocolos clínicos até o momento. Esse gene expressa uma timidina quinase viral que metaboliza o GCV em GCV monofosfato. As quinases celulares convertem GCV monofosfato em GCV trifosfato, que é um análogo do desoxiguanosina trifosfato, ocorrendo a inibição da DNA-polimerase e a incorporação desse análogo ao DNA, o que causa a morte da célula tumoral. Além disso, o sistema de gene suicida pode gerar o **efeito bystander**, que culmina na morte de células não transduzidas, através da passagem de GCV fosforilado pelas junções do tipo *gap*, potencializando a resposta antitumoral (**Figura 20.5**).

A atividade antitumoral de HSV-tk/GCV tem sido demonstrada em diversos modelos, tais como glioma, adenocarcinoma de cólon, leucemia e câncer de fígado. Os resultados promissores encontrados nos estudos pré-clínicos levaram o sistema HSV-tk a uma série de ensaios clínicos em diferentes tipos tumorais. Em 2006, Ayala e cols. demonstraram em ensaio clínico de fase I/II que pacientes com câncer de próstata tratados com vetor adenoviral codificando HSV-tk apresentaram resposta imune antitumoral e efeitos antiangiogênicos devidos ao tratamento. O mesmo grupo já havia observado em um estudo anterior a diminuição dos níveis de antígeno prostático específico (PSA) em pacientes com câncer de próstata que receberam o mesmo vetor. Com alguns resultados promissores utilizando-se a estratégia do gene suicida, certos protocolos clínicos usando HSV-tk/GCV avançaram para estudos de fase III.

A enzima CD é encontrada em várias bactérias e fungos, mas não em células de mamíferos. Ela catalisa a desaminação hidrolíti-

Efeito bystander: é uma resposta observada em células não modificadas/tratadas influenciada de alguma maneira pela célula modificada/tratada. Por exemplo: um vírus carreando alguma proteína a ser secretada no microambiente tumoral pode internalizar em uma célula, que iniciará a secreção da proteína no microambiente e esta por sua vez irá influenciar as demais células presentes no microambiente tumoral que não sofreram a internalização do vírus.

FIGURA 20.5. *Representação da ação da estratégia do gene suicida com a enzima timidina quinase.* A pró-droga ganciclovir, não tóxica para as células, na presença da enzima HSV-tk transferida pelo vírus, é fosforilada pela primeira vez, seguindo de mais fosforilação por quinases celulares, o que leva à inibição da replicação do DNA e posterior morte celular. O ganciclovir fosforilado ainda é capaz de passar pelas junções gap, ocasionando um efeito bystander.

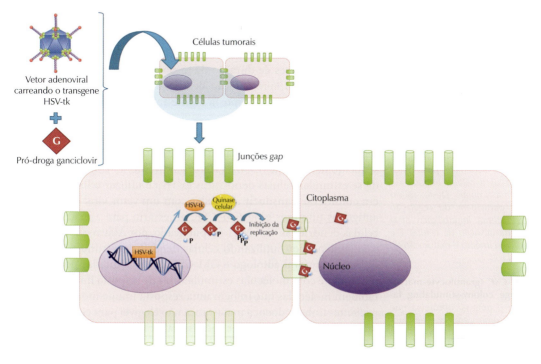

ca de citosina em uracila, conseguindo então converter a pró-droga não tóxica 5-FC em 5-FU (5-fluorouracil), que é transformada por enzimas celulares em potentes antimetabólitos de pirimidina. Esse sistema promove a morte celular por inibição da timidilato sintase, e a formação de complexos 5-FU-RNA e 5-FU-DNA.

A atividade *in vivo* de CD/5-FC também foi demonstrada em vários modelos animais, como carcinomas, fibrossarcoma e glioma, levando a alguns ensaios clínicos, embora sua aplicação clínica seja limitada. Em 2002, Freytag e cols. encontraram sinais de eficácia em um ensaio clínico utilizando um adenovírus replicativo competente combinado a dois genes suicidas, CD e HSV-tk, em pacientes com câncer de próstata recorrente.

Genes Imunomodulatórios

O sistema imune tem a capacidade de reconhecer as células tumorais e combatê-las, mas frequentemente é modulado pelo tumor no seu microambiente, a ponto de induzir tolerância, como foi explicado no Capítulo 14. Portanto, estimular o sistema imune, fazendo com que ele reconheça o tumor e o destrua é uma estratégia bastante promissora. Para tanto, duas abordagens principais podem ser utilizadas: (i) transduzir as células tumorais para que elas possam expressar moléculas estimulatórias como citocinas e/ou antígenos; (ii) transduzir as células do sistema imune para que elas consigam ter sua função efetora melhorada, tanto na parte de reconhecimento e apresentação do antígeno, quando na destruição da célula tumoral.

Em 2006, um estudo de fase II publicado por Gonzales e cols., utilizando um plasmídeo que expressa o complexo de histocompatibilidade HLA-1, sob o nome de Allovectin-7, foi utilizado em injeções intralesionais de pacientes com melanoma metastático, onde 9,1% dos pacientes do estudo obtiveram resposta completa ou parcial com média de 4,8 meses de duração da resposta. Nesse estudo, o objetivo foi o aumento da apresentação de antígenos tumorais via MHC de classe I e o aumento da resposta imune antitumoral.

Células dendríticas: *são células apresentadoras de antígenos que, portanto, possuem a capacidade de reter antígenos em sua superfície para apresentá-los a células efetoras do sistema imune. Deste modo elas participam da regulação do sistema imunológico através da ativação de células T e do crescimento e maturação de células B.*

GM-CSF (granulocyte-macrophage colony-stimulating fator): *é uma glicoproteína que atua como citocina estimulando células-tronco a produzirem granulócitos e monócitos.*

Outra estratégia seria retirar as ***células dendríticas*** do paciente, estimulá-las com antígenos tumorais e moléculas estimulatórias e reimplantá-las para potencializar a apresentação de antígenos e, consequentemente, uma resposta efetora antitumoral. Uma das maneiras de se estimular células dendríticas *ex vivo* é utilizar o lisado tumoral em cultura ou transduzir as células com um vetor viral que expresse antígenos tumorais e/ou ***GM-CSF***, necessário para a maturação das células dendríticas. Em 2011 foi publicado, por Alfaro e cols., um ensaio clínico-piloto utilizando células dendríticas estimuladas através de lisado tumoral autólogo e GM-CSF, e reimplantadas no paciente, juntamente com moléculas estimulatórias de resposta imune efetora e também moléculas que inibem uma resposta imune modulatória. Os pacientes tinham doença metastática não elegível para cirurgia e, apesar do objetivo do ensaio ser apenas avaliar segurança do tratamento, houve indício de atividade biológica.

Em 2010, Rittig e cols. utilizaram a estratégia de vacinação intradérmica com RNAm de antígenos associados a tumores, juntamente com administração de GM-CSF para induzir resposta imune CD4+ e CD8+. Neste caso foi demonstrado, em um ensaio clínico de fase I/II, que os pacientes com carcinoma de células renais produziram uma resposta imune efetiva e, além disso, tiveram um benefício clínico.

Um estudo de fase I publicado em 2013 por Dinney e cols., adotou como estratégia um adenovírus que expressa **IFN-α** administrado de forma intravesical juntamente com um agente surfactante que melhora a transdução das células epiteliais. Neste estudo, no qual os pacientes tinham carcinoma de bexiga não músculo invasivo e refratário à terapia convencional, foi observada uma resposta clínica satisfatória em 46% dos pacientes, sendo que dois desses pacientes ficaram livres de doença por 39,2 meses em média.

IFN-α: é uma glicoproteína produzida por leucócitos que está envolvida principalmente na resposta imune inata contra infecções virais.

Vírus Oncolíticos

A estratégia do vetor oncolítico, também chamada de viroterapia, baseia-se no princípio de modificar geneticamente os vírus para infecção seletiva e morte das células tumorais. Diferentemente dos vetores abordados até o momento, o vetor oncolítico preserva sua capacidade replicativa, utilizando-se disso como estratégia para potencializar o efeito antitumoral. Diversos vírus possuem tropismos específicos, que podem ser explorados para iniciar a infecção preferencial dentro de determinado microambiente tumoral, no qual ocorrerá a lise das células tumorais e as novas partículas formadas podem atingir os demais focos da doença (**Figura 20.6**).

Além do potencial efeito da lise pela replicação tumoral, os vírus oncolíticos são engenheirados para expressar antígenos associados a tumores, moléculas coestimulatórias ou até mesmo genes suicidas como HSV-tk.

Um exemplo de vírus oncolítico é o adenovírus conhecido como ONYX-15, um vírus quimérico (sorotipos 2 e 5) que não expressa a proteína de 55 kDa do gene E1B, para replicar seletivamente em células com atividade supressora de tumor de p53 deficiente ou disfuncional. Em 2007, Nemunaitis e cols. publicaram um estudo que demonstrou a injeção intravenosa de ONYX-15, sob o nome comercial Oncorine®, em nove pacientes com câncer avançado onde havia falhado outro regime terapêutico. Destes nove pacientes, quatro apresentaram doença estável até a conclusão do estudo, ou seja, a doença não progrediu.

Outro exemplo de adenovírus oncolítico que tem mostrado resultados promissores é o Ad5-delta24, que possui uma deleção de 24 pb no gene E1A, na região responsável pela ligação da proteína supressora de tumor pRb. Com essa deleção, o vírus consegue replicar-se apenas nas células que possuem mutações na via de pRb de controle do ciclo celular. Em 2010, Cerulo e cols. publicaram um ensaio clínico em que pacientes com tumores metastáticos avançados,

Terapia Gênica em Câncer

Xenotransplante ortotópico: é o transplante entre espécies de órgãos, tecidos ou células no sítio original onde se encontra o órgão substituído. Por exemplo, células de carcinoma de ovário humanas implantadas no ovário de camundongos imunocomprometidos.

FIGURA 20.6. Representação da ação de um vírus oncolítico. Nas células tumorais os vírus oncolíticos conseguem replicar-se ocasionando posteriormente a lise da célula infectada e a liberação das partículas para o estroma. Essas novas partículas são capazes agora de infectar outras células tumorais, obtendo uma amplificação da resposta. Já nas células sadias o vírus não consegue replicar-se e a célula permanece intacta.

e refratários a outras terapias, receberam uma injeção intratumoral ou intracavitária de Ad5-delta24 que codifica também GM-CSF. Dos 16 pacientes que entraram no estudo, dois apresentaram remissão completa, um apresentou resposta menor e quatro apresentaram doença estável, sendo que a resposta era frequentemente observada tanto no tumor em que foi injetado o vírus quanto em outros focos metastáticos.

É importante ressaltar que um dos maiores obstáculos na injeção sistêmica é a neutralização do vírus através da produção de anticorpos contra as proteínas adenovirais. Nesse sentido, os cientistas vêm buscando alternativas que possam amenizar o impacto do sistema imune na entrega eficiente do vetor. Uma estratégia seria a utilização de células-tronco mesenquimais para carrear o vírus oncolítico, e assim driblar a resposta imune. Em um modelo de **xenotransplante ortotópico** de glioma, publicado em 2009 por Yong e cols., células-tronco mesenquimais humanas foram capazes de entregar corretamente e lançar Ad5-delta24 no tumor, melhorando a sobrevida e a erradicação do tumor nos camundongos.

Além do adenovírus, outros vírus têm sido utilizados como estratégia de vírus oncolítico. Um retrovírus replicativo competente que expressa o gene suicida CD, chamado de Toca 511, está em estudos clínicos de fases I e II para glioma. O vírus da *vaccinia* expressando GM-CSF encontra-se em estudos de fase II no tratamento do carcinoma hepatocelular.

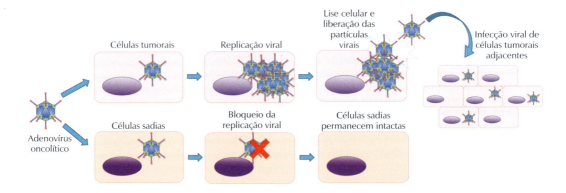

CAR-T *Cells*

Uma das maiores novidades no campo da terapia gênica e imunoterapia contra o câncer são as CAR-T *cells*, que são células T que expressam um receptor de antígenos quimérico. Nessa estratégia, as células T do paciente são retiradas e modificadas, através de um vetor lentiviral, por exemplo, para expressar o CAR. Através desse receptor modificado ocorre a transdução dos sinais para montar uma resposta efetora contra as células tumorais sem o auxílio da ligação de moléculas coestimulatórias da célula T, potencializando assim uma resposta contra as células tumorais.

O sucesso atual das CAR-T *cells* nos ensaios clínicos, dá-se no tratamento de leucemias. Em 2011, Kalos e cols. mostraram que pacientes com leucemia linfocítica crônica avançada, refratária a quimioterapia, tiveram regressão tumoral utilizando CAR-T *cells* anti-**CD19**. Outro trabalho publicado em 2013 pelo mesmo grupo mostrou remissão completa contínua em um paciente com leucemia linfoide aguda. Apesar dos ótimos resultados obtidos, ainda há a necessidade de aprimoramento da estratégia, visto que alguns pacientes obtiveram recidiva pelo aumento do número de células que não expressam CD19.

> **CD19:** são moléculas de superfície características de linfócitos B em humanos, sendo portanto um alvo bastante explorado para o tratamento de linfomas de células B.

PERSPECTIVAS

A terapia gênica tem mostrado sua importância crescente nos ensaios clínicos. Cada vez mais é mostrado o potencial para aplicação na rotina clínica dos pacientes que sofrem com algum tipo de câncer. Os dados recém-publicados na China comprovam que há benefício nos pacientes que procuram pela terapia gênica, embora não tenham chegado à cura.

A aprovação pela União Europeia em 2012 do primeiro medicamento comercializado na Europa à base de terapia gênica, embora seja para tratar uma doença monogênica rara, mostra que a confiança na terapia gênica está sendo estabelecida na população e que em breve se tornará comum como uma alternativa para o tratamento de várias doenças.

Os resultados encontrados são encorajadores, porém há ainda um vasto campo a ser explorado e aprimorado. Desde a construção de vetores com novas estratégias, até métodos de produção de vetores mais eficientes.

Estratégias promissoras e de complexa engenharia genética, como as CAR-T *cells*, destacam-se na atualidade e, com o avanço dos protocolos clínicos, será possível observar o quão benéfica é a associação da terapia gênica em conjunto com outras terapias.

RESUMO

O conceito de terapia gênica está relacionado à transferência de um ácido nucleico para uma célula, órgão ou tecido com fins terapêuticos. A terapia gênica serve para tratar tanto doenças monogênicas, como multigênicas como, por exemplo, o câncer.

Os vetores virais constituem uma eficiente ferramenta para a entrega do transgene e, por isso, são amplamente utilizados na terapia gênica.

Os vetores retrovirais têm a capacidade de comportar transgenes de até 8 kb, são vetores envelopados e integram seu material genético no genoma do hospedeiro. A penetração desse material no núcleo ocorre de forma passiva. Já os vetores lentivirais, que também têm a capacidade de integrar seu material genético no genoma do hospedeiro, comportam até 9 kb e sua penetração no núcleo ocorre de forma ativa, sendo capazes de transduzir células quiescentes.

Os vetores adenovirais não possuem a capacidade de integrar seu material genético no genoma da célula hospedeira, o que faz com que sua manipulação *in situ* seja mais segura. Além disso, estes vetores são capazes de carrear transgenes de até 7,5 kb.

A utilização do vírus adenoassociado *in situ* é ainda mais segura quando comparado com os vetores adenovirais, pelo fato de o AAV não estar relacionado com nenhuma doença em humanos. Entretanto, seu genoma é de 4,7 kb no total, possibilitando o carreamento de transgenes pequenos.

Os genes supressores tumorais, frequentemente mutados nas neoplasias, são responsáveis por controlar o ciclo celular e levar a célula à senescência e morte, sendo assim ótimos candidatos ao tratamento do câncer. Nessa estratégia, p53 é o gene mais utilizado em protocolos clínicos.

A estratégia do gene suicida consiste em administrar uma pró-droga não tóxica para as células e transduzir as células tumorais com um gene, viral ou bacteriano, que converta essa pró-droga em droga, induzindo morte celular.

Os genes imunomoduladores podem ser usados como estratégia na terapia gênica contra o câncer a partir da transdução das células tumorais ou em células do sistema imune.

Os vírus oncolíticos constituem um ramo da terapia gênica contra o câncer. Esses vírus têm a tendência de se replicar seletivamente nas células tumorais e ainda podem carrear genes de interesse.

As CAR-T *cells* são células T modificadas por transferência gênica para expressar um receptor quimérico capaz de reconhecer e atacar rapidamente células neoplásicas e se apresenta como uma grande promessa para o tratamento de linfomas.

PONTO DE VISTA

Desafio: a implementação de terapia gênica no Brasil

Dentre os 2.076 protocolos clínicos de terapia gênica, incluindo 1.331 para o tratamento do câncer, mais de 88% foram realizados nos EUA e na Europa. O que os pesquisadores latino-americanos, e brasileiros em particular, precisam fazer para se destacar frente a esta realidade? No fim, toda tecnologia e conhecimento necessário já se encontram no Brasil. Então, qual é o problema?

Primeiro a boa notícia. Pesquisadores brasileiros têm não só domínio técnico-científico, mas já têm realizado protocolos clínicos. Houve participação em um protocolo multicêntrico para testar uma vacina contra HIV que empregou o vetor adenoviral (UNIFESP). Também, dois relatos indicam que uma vacina de DNA (vetor plasmidial codificando hsp65) foi testada como tratamento de câncer (InCor, FM-USP). E o tratamento de angina refratária utilizando um plasmídeo codificando VEGF-165 foi realizado por pesquisadores brasileiros (UFRGS). Porém, ainda não foi realizado nenhum protocolo clínico utilizando um vetor viral desenvolvido e produzido no Brasil.

Também, uma rede de pesquisadores unidos pelo tema de terapia gênica já foi formada e recebeu financiamento (Institutos do Milênio, 2005-2008) e sua primeira proposta ao INCT (Instituto Nacional de Ciência e Tecnologia) foi aprovada, porém não financiada. Atualmente, uma nova proposta ao INCT – Terapia Gênica (Intergen) está sendo avaliada. Ou seja, os pesquisadores estão se mobilizando e organizando-se para criar sistemas de apoio entre si.

> ... PESQUISA TRANSLACIONAL TEM UMA HISTÓRIA CURTA NO BRASIL E O DESENVOLVIMENTO DE TERAPIAS EXPERIMENTAIS AINDA NÃO TEM A MESMA TRADIÇÃO, COMO VISTO NOS EUA E NA EUROPA...

Agora a notícia não tão boa. Pesquisa translacional tem uma história curta no Brasil e o desenvolvimento de terapias experimentais ainda não tem a mesma tradição como visto nos EUA e na Europa. Para terapia gênica, isto implica que os pesquisadores terão que conquistar não só os desafios tecnológicos associados à abordagem, mas também ser pioneiros no ambiente de pesquisa translacional. Isto inclui produção de vetores com qualidade farmacêutica (GMP, *good manufacturing practices* ou BPF, boas práticas de fabricação), realização de ensaios pré-clínicos (avaliar toxicidade, biodistribuição) e navegar pelo sistema regulatório local e nacional.

O desafio é considerável, sem dúvida. Porém, nós temos uma tradição de pesquisa acadêmica de qualidade. E as ideias para as novas terapias frequentemente têm origem na pesquisa básica e na posterior transferência para o setor industrial. Talvez um ponto-chave seja a cooperação entre centros acadêmicos e empresas de biotecnologia (que também têm pouco histórico no Brasil, mas estão em plena fase de expansão). Então, o que precisamos é tempo, ousadia e colaboração entre as várias disciplinas que fazem parte do campo de terapia gênica.

Bryan Eric Strauss

Centro de Investigação Translacional em Oncologia (CTO), Instituto do Câncer do Estado de São Paulo (ICESP).

PARA SABER MAIS

- Miest TS, Cattaneo R. New viruses for cancer therapy: meeting clinical needs. Nat Rev Microbiol. 2014;12(1):23-34.

Uma revisão atualizada sobre os principais vírus oncolíticos e seu estágio nos protocolos clínicos.

- Duarte S, Carle S, Faneca H et al. Suicide gene therapy in cancer: Where do we stand now? Cancer Letters. 2012;324:160-170.

Descreve os principais achados na estratégia do gene suicida.

BIBLIOGRAFIA GERAL

1. Alfaro C, Perez-Gracia JL, Suarez N et al. Pilot clinical trial of type 1 dendritic cells loaded with autologous tumor lysates combined with GM-CSF, pegylated IFN, and cyclophosphamide for metastatic cancer patients. J Immunol. 2011;187(11):6130-42.

2. Ayala G, Satoh T, Li R et al. Biological response determinants in HSV-tk + ganciclovir gene therapy for prostate cancer. Mol Ther. 2006;13(4):716-28.

3. Cerullo V, Pesonen S, Diaconu I et al. Oncolytic adenovirus coding for granulocyte macrophage colony-stimulating factor induces antitumoral immunity in cancer patients. Cancer Res. 2010 Jun 1;70(11):4297-309.

4. Dinney CP, Fisher MB, Navai N et al. Phase I trial of intravesical recombinant adenovirus mediated interferon-α2b formulated in Syn3 for Bacillus Calmette-Guérin failures in nonmuscle invasive bladder cancer. J Urol. 2013;190(3):850-6.

5. Escors D, Breckpot K. Lentiviral vectors in gene therapy: their current status and future potential. Arch Immunol Ther Exp (Warsz). 2010;58(2):107-19.

6. Ferry N, Pichard V, Sébastien Bony DA et al. Retroviral vector-mediated gene therapy for metabolic diseases: an update. Curr Pharm Des. 2011;17(24):2516-27.

7. Freytag SO, Khil M, Stricker H et al. Phase I study of replication-competent adenovirus-mediated double suicide gene therapy for the treatment of locally recurrent prostate cancer. Cancer Res. 2002;62(17):4968-76.

8. Gonçanves MA. Adeno-associated virus: from defective virus to effective vector. Virol J. 2005;2:43.

9. Gonzalez R, Hutchins L, Nemunaitis J et al. Phase 2 trial of Allovectin-7 in advanced metastatic melanoma. Melanoma Res. 2006;16(6):521-6.

10. Grupp SA, Kalos M, Barrett D et al. Chimeric antigen receptor-modified T cells for acute lymphoid leukemia. N Engl J Med. 2013;368(16):1509-18.

11. Hong B, van den Heuver APJ et al. Targeting Tumor Suppressor p53 for Cancer Therapy: Strategies, Challenges and Opportunities Current Drug Targets. 2014;15:80-89.

12. Kalos M, Levine BL, Porter DL et al. T cells with chimeric antigen receptors have potent antitumor effects and can establish memory in patients with advanced leukemia. Sci Transl Med. 2011;3(95):95-73.

13. Kamimura K, Suda T, Zhang G et al. Advances in Gene Delivery Systems. Pharmaceut Med. 2011;25(5):293-306.

14. Kawabe S, Munshi A, Zumstein LA et al. Adenovirus-mediated wild-type p53 gene expression radiosensitizes non-small cell lung cancer cells but not normal lung fibroblasts. Int J Radiat Biol. 2001;77(2):185-94.

15. Liu SX, Xia ZS, Zhong YQ. Gene therapy in pancreatic cancer. World J Gastroenterol. 2014;20(37): 13343-13368.

16. McConnell MJ, Imperiale MJ. Biology of adenovirus and its use as a vector for gene therapy. Hum Gene Ther. 2004;15(11):1022-33.

17. Miest TS, Cattaneo R. New viruses for cancer therapy: meeting clinical needs. Nat Rev Microbiol. 2014;12(1):23-34.

18. Nemunaitis J, Senzer N, Sarmiento S et al. A phase I trial of intravenous infusion of ONYX-015 and enbrel in solid tumor patients. Cancer Gene Ther. 2007 Nov;14(11):885-93.

19. Nguyen DM, Spitz FR, Yen N et al. Gene therapy for lung cancer: enhancement of tumor suppression by a combination of sequential systemic cisplatin and adenovirus-mediated p53 gene transfer. J Thorac Cardiovasc Surg. 1996;112(5):1372-7.

20. Perez OD, Logg CR, Hiraoka K et al. Design and selection of Toca 511 for clinical use: modified retroviral replicating vector with improved stability and gene expression. Mol Ther. 2012;20(9):1689-98.

21. Rittig SM, Haentschel M, Weimer KJ et al. Intradermal vaccinations with RNA coding for TAA generate CD8+ and CD4+ immune responses and induce clinical benefit in vaccinated patients. Mol Ther. 2011;19(5):990-9.

22. Rux JJ, Burnett RM. Adenovirus structure. Hum Gene Ther. 2004;15(12):1167-76.

23. Tuve S, Racek T, Niemetz A et al. Adenovirus-mediated TA-p73beta gene transfer increases chemosensitivity of human malignant melanomas. Apoptosis. 2006;11(2):235-43.

24. Walther W, Schlag PM. Current status of gene therapy for cancer. Curr Opin Oncol. 2013;25(6):659-64.

25. Yong RL, Shinojima N, Fueyo J et al. Human bone marrow-derived mesenchymal stem cells for intravascular delivery of oncolytic adenovirus Delta24-RGD to human gliomas. Cancer Res. 2009;69(23):8932-40.

Imunoterapia do Câncer

21

Paulo Roberto Del Valle
João Paulo Portela Catani
José Alexandre Barbuto

INTRODUÇÃO

Por muitos anos, e ainda hoje, as principais estratégias terapêuticas para o controle do câncer, como a cirurgia, quimioterapia e radioterapia, baseiam-se no fato de que células tumorais apresentam alterações nos mecanismos de controle de proliferação. Entretanto, o crescente conhecimento sobre a imunobiologia de tumores trouxe à tona o que já se desconfiava desde o século XIX, que o sistema imune poderia ser capaz de eliminar tumores. De fato, as terapias convencionais podem, de alguma forma, alterar a interação tumor/sistema imune de forma a favorecer a geração de algum tipo de resposta antitumoral. Porém, não são todos os quimioterápicos capazes desse feito, e ainda não está claro quais são os pacientes que se beneficiam deste efeito. Sendo assim, tendo em vista a importância do sistema imune na eliminação de tumores, seria possível manipular diretamente seus componentes a fim de gerar uma resposta antitumoral ainda mais efetiva?

Ao final deste capítulo esperamos que o aluno compreenda que o estudo dos mecanismos imunológicos básicos tem criado ferramentas para o desenvolvimento de novas estratégias para o combate ao câncer. Além disso, atente para que o avanço mais significativo foi a mudança de alvo para a intervenção: agora não são mais células tumorais altamente proliferativas os alvos primários das estratégias imunoterapêuticas, mas sim pontos-chave de regulação e ativação do próprio sistema imune. E também esperamos que o aluno avalie os benefícios e as consequências destas possíveis intervenções imunoterapêuticas.

DESTAQUES

- Terapias convencionais e o sistema imune.
- Morte imunogênica.
- História da imunoterapia.
- Inibidores de pontos de checagem.
- CAR-t *cells*.
- Células dendríticas.
- Anticorpos monoclonais.

TERAPIAS CONVENCIONAIS E O SISTEMA IMUNE

De alguma forma, os tratamentos convencionais podem interagir com o sistema imune, e muitas vezes de maneiras antagônicas. Por exemplo, durante a cirurgia para a retirada do tumor, normalmente são retirados os linfonodos drenantes da mesma área. Apesar do benefício de complementar o diagnóstico e remover metástases locais, é exatamente nestes linfonodos o melhor lugar para apresentação de antígenos tumorais e ativação de células T efetoras. Outra modulação importante pode ser observada pela extrema imunossupressão causada pelos efeitos adversos tanto da rádio quanto da quimioterapia. Apesar de estes tratamentos, portanto, terem o potencial de inibir ou interferir na geração de uma resposta imunológica antitumoral, suas taxas de sucesso os tornaram os padrões para a terapia do câncer atual.

Em contrapartida, poderiam as terapias convencionais modular de maneira agonista o sistema imune, ou seja, favorecendo a geração de uma resposta antitumoral? Algumas observações sugerem que um aumento de infiltrado leucocitário causado por alguns quimioterápicos pode ser relacionado com um melhor prognóstico do paciente. Em modelos experimentais, vacinação composta por células tumorais em processo de morte causado pelo tratamento com determinados quimioterápicos *in vitro* inibe o desenvolvimento de novos tumores em camundongos. Em outros casos, alguns tipos de quimioterápicos são capazes de inibir *células T reguladoras*, as células responsáveis por inibir a montagem de uma resposta antitumoral. Ainda, a retirada da massa tumoral pela cirurgia pode reverter o quadro imunossupressivo sistêmico causado pelos fatores liberados pelo tumor. Mas algo que, mais recentemente, tem chamado a atenção da comunidade científica foi a demonstração de que as células tumorais podem morrer de forma a ativar o sistema imune – a morte imunogênica.

Células T reguladoras: são uma subpopulação de células T do organismo, responsáveis por manter tolerância a antígenos próprios. São também conhecidas como células T supressoras e atuam inibindo indução e proliferação de células T efetoras. Normalmente expressam o fator de crescimento Foxp3.

Morte Imunogênica

Os quimioterápicos são uma classe muito ampla de fármacos com ação citotóxica cujos mecanismos de ação variam de acordo com a droga. A indução de morte causada pelos quimioterápicos é frequentemente (mas não exclusivamente) relacionada com *apoptose*, uma modalidade de morte comumente não associada à indução de resposta imune, sendo algumas vezes até tolerogênica. Entretanto, alguns compostos são capazes de induzir morte celular associada com indução de resposta imune.

Apoptose: modalidade de morte celular fisiologicamente regulada. Vide Capítulo 11.

Além de provocarem a parada do ciclo celular, seja por inibição de síntese de DNA ou inibição do fuso mitótico, alguns quimioterápicos podem induzir estresse celular. Igualmente, a radiação gama, além de causar danos diretos no DNA, pode também causar danos na maquinaria celular, podendo induzir este estresse que invariavelmente levará à morte celular. Em resposta, as células liberam sinais que podem ser reconhecidos como de perigo ou não, chamados DAMPs (do inglês *damage-associated molecular patterns* – padrões moleculares associados ao dano). Dependendo da qualidade destes sinais, o sistema imune será habilitado a montar uma resposta sofisticada contra os peptídeos apresentados pelas células neste processo de morte. Os DAMPs são moléculas ou um conjunto de moléculas com funções nem sempre relacionadas ao sistema imune, mas que, em situações de estresse, podem ser reconhecidas pelo sistema imune, levando à ativação de uma resposta.

Para que o sistema imune reconheça uma alteração celular como "perigosa", ele se aproveita de uma resposta celular muito comum: ao sentirem determinados estresses, as células, rapidamente, podem mudar a localização de uma molécula chamada calreticulina. Normalmente esta se encontra no lúmen do retículo endoplasmático, onde atua como ligante de íons de cálcio e auxilia no enovelamento das proteínas, como toda chaperona faz. Quando a célula está sob estresse, a calreticulina pode ser transportada para a membrana celular, sendo, então, um dos primeiros sinais para que as **células dendríticas** reconheçam a célula (tumoral, em nosso caso) em processo de morte como num processo perigoso e, portanto, capaz de desencadear sua ativação. Outro sinal, um pouco mais tardio, é o aparecimento de outras chaperonas, como a HSP90 (proteína do choque térmico 90), na superfície da célula tumoral, contribuindo para a adesão e as primeiras etapas para a maturação de células dendríticas. Dando sequência aos eventos, foi observado como também importante a liberação de uma proteína chamada HMGB1 (do inglês *high-mobility group box 1*), uma abundante proteína nuclear não histona com capacidade de se ligar à cromatina. Quando liberada, é reconhecida por células dendríticas e estimula o receptor TLR4 (do inglês *toll-like receptor 4*), também capaz de ativar a célula dendrítica. Além destes DAMPs citados, a liberação de ATP é necessária para que a célula em processo de morte seja reconhecida pelo sistema imune como digna de montagem de uma resposta. Quando liberado pela célula em processo de morte, o ATP no meio extracelular atua como um **quimioatrator** de monócitos, fazendo com que monócitos migrem para a região onde está sendo liberado. Além disso, o ATP induz as células dendríticas a liberarem **IL-1β**, que juntamente com a apresentação de antígenos se torna um potente estimulador de **células T CD8⁺** produtoras de **interferon-γ**, levando à ativação de uma resposta imune adaptativa antitumoral (**Figura 21.1**).

Entretanto, outros DAMPs podem ser gerados, dependendo do tipo de câncer e do tipo de indutor de morte. E mesmo os DAMPs podem possuir papel ambíguo, dependendo da fase da morte em que eles são liberados, do sítio do tumor, do quimioterápico envolvido, entre outros fatores. Um exemplo é o HMGB1, que em alguns modelos pode estar associado a progressão tumoral. Além disso, tendo em mente que o microambiente tumoral é dinâmico e relembrando as teorias de **imunoedição tumoral**, células tumorais podem não ser capazes de apresentar DAMPs, seja por deleção do gene, seja por mutações que alterem suas funções. Por fim, apesar de as terapias convencionais do câncer terem certa taxa de sucesso, elas não foram especificamente desenvolvidas para atuar ativando ou mesmo controlando o sistema imune.

Células dendríticas: *células do sistema imune, que realizam a conexão entre o sistema imune inato e o adaptativo, responsáveis pela captação e apresentação de antígenos. Conhecidas também como apresentadoras de antígeno profissional, são responsáveis por direcionar o tipo de resposta imune que será montado contra o antígeno apresentado.*

Quimioatrator: *é uma substância, normalmente um peptídeo ou proteína, que estimula as células a migrarem de acordo com um gradiente de concentração.*

IL-1β: *citocina membro da família das interleucinas. Importante mediador de resposta inflamatória, induzindo proliferação celular, diferenciação e apoptose.*

Células T CD8⁺: *também chamadas de células T citotóxicas. Expressam a molécula CD8 que facilita a interação TCR/MHC classe 1. Após ativação e interação com a célula-alvo, liberam citocinas, perforinas e granzimas, induzindo a apoptose da célula-alvo.*

Interferon-γ: *membro da família de interferon tipo II, esta citocina está relacionada com a ativação de macrófagos e indução da expressão de moléculas de MHC classe II, sendo crítica para a ativação do sistema imune inato e adaptativo.*

Imunoedição tumoral: *esta teoria prevê como o sistema imune naturalmente seleciona células tumorais que não mais respondem aos ataques do sistema imune. Vide Capítulo 14.*

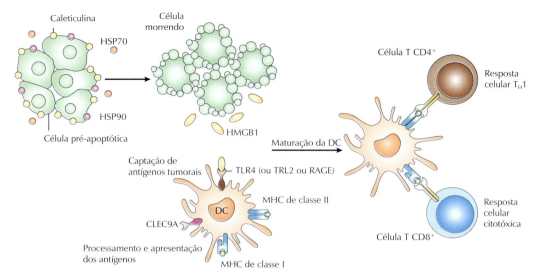

FIGURA 21.1. Morte imunogênica. Após algum estímulo, a célula tumoral libera calreticulina e proteínas do choque térmico HSP70 e HSP90, que juntamente com a liberação de HMGB1 estimulam a maturação da célula dendrítica via receptor toll-like-4 (TLR4). Uma vez maturada, a célula dendrítica pode induzir tanto a resposta T_h1 quanto a citotóxica. DC: célula dendrítica; MHC: complexo principal de histocompatibilidade; TCR: receptor de células T.

Imunoterapia Propriamente Dita

Histórico

Em uma perspectiva história, é extremamente interessante observar relatos de antes do século XX, onde a regressão ou tratamento do câncer eram associados à resposta imune. Entre os primeiros relatos tem-se o papiro egípcio de Ebers, datado de 1550 a.C. (um dos mais antigos tratados de medicina) onde estava descrita a recomendação da aplicação de cataplasmas seguida por incisões nos tumores, o que inevitavelmente levaria a infecções. Seguindo a mesma linha de raciocínio, o tratado de Tanchou, publicado em 1844 d.C., recomendava a indução de feridas em diferentes porções do corpo, sendo a indução de infecções como erisipelas, gangrenas ou sífilis altamente frequente nesta época. No final do século XIX, William B. Coley observou a regressão de um sarcoma recorrente após uma erisipela (infecção por *Streptococcus*). Tal observação fez com que Coley, durante sua carreira no *New York Memorial Hospital*, tratasse mais de mil pacientes utilizando a inoculação, no local do tumor, de extratos de *S. pyogenes* e *Serratia marcescens*. Em estudos posteriores, as taxas de sucesso da abordagem de Coley foram comparáveis às taxas de sucesso das terapias utilizando quimioterápicos, apesar dos bilhões investidos no desenvolvimento destes fármacos.

As abordagens para o tratamento do câncer abandonaram as técnicas 'sujas', quando os conceitos de assepsia de Lister foram amplamente aceitos, no início do século XX, tornando a ideia de uma infecção agir contra o câncer inapropriada. Nesse mesmo período, a imunoterapia caiu no esquecimento devido ao surgimento da radioterapia e, logo após, da quimioterapia, que são técnicas mais padronizaveis com promessas de altas taxas de cura. Contudo, na segunda metade do século XX foi demonstrado que tumores murinos singênicos transplantados eram rejeitados pelo sistema imune, o que associado a outras observações levou à proposição da imunovigilância contra o câncer. O conceito seguiu sem ampla aceitação, pois camundongos atímicos não apresentavam maior suscetibilidade para o desenvolvimento de tumores induzidos por metilcolantreno, um potente carcinógeno químico. Hoje sabe-se que essa linhagem de camundongos possui níveis mais elevados de *células NK*. A imunoterapia do câncer seguiu gerando controvérsias até década de 1990, quando foram identificados antígenos tumorais reconhecíveis por células T. Tal descoberta gerou uma onda de otimismo com a esperança de que protocolos de vacinação causariam impacto no tratamento do câncer. Em 1995 e 1998 duas citocinas inflamatórias foram aprovadas (*IFN-α* e *IL-2*) para o tratamento de melanoma. No entanto, essas terapias geraram benefício somente para um número limitado de pacientes, colocando o campo novamente em questão. Enfim, há cerca de uma década, com o advento da imunologia molecular, a imunoterapia vem ganhando força. Esse interesse crescente advém de três maiores conquistas: 1º - a demonstração da vigilância imune (edição imune); 2º - a demonstração da importância da resposta imune na sobrevida de pacientes e 3º - o sucesso de determinadas abordagens imunoterapêuticas, como o uso dos inibidores de pontos de checagem imunológica.

Células NK: do inglês, natural killers, são leucócitos citotóxicos importantes para a resposta inata. Reconhecem células alteradas, seja por infecção viral ou transformação maligna, de maneira independente do complexo MHC ou anticorpos.

IFN-α: interferon-alfa, citocina membro da família de interferon tipo I, possui uma ampla gama de ação, mas é conhecido principalmente pela indução de resposta antiviral.

IL-2: interleucina 2, é uma citocina secretada, importante para proliferação de linfócitos T e B.

Inibidores de Checagem Imunológica

Uma abordagem terapêutica que trouxe grande entusiasmo na imunoterapia foi a utilização de inibidores dos pontos de checagem. Quando uma célula T interage com uma célula apresentadora de antígeno, por via do *complexo TCR-antígeno/MHC*, ela recebe também um conjunto de sinais, frequentemente chamado de "segundo sinal", entregue por uma série de moléculas, tanto coestimuladoras quanto inibitórias, que controlam como e qual tipo de resposta será montada. Classicamente, um dos primeiros eventos coestimuladores envolve a interação das moléculas B7, das células apresentadoras de antígeno, com as moléculas CD28 dos linfócitos T. Logo após a interação B7/CD28 e sua ativação, a célula T pode aumentar a expressão, em sua membrana, de uma outra molécula, a molécula CLTA-4. Esta, por sua vez, possui afinidade de ligação com B7 maior do que a de CD28, competindo, assim, com esta última. Interrompida a interação B7/CD28, uma série de consequências é observada nas células T, como a redução de sua proliferação e também a redução da produção da citocina IL-2 em resposta ao antígeno apresentado. Descoberto este mecanismo de inibição de células T, foi observado que a utilização de anticorpos monoclonais anti-CTLA-4 poderia reverter esta inibição, "liberando" os linfócitos T para uma ação imune antitumoral. Anos mais tarde, um estudo clínico de fase III mostrou que o ipilumimab (anticorpo anti-CTLA-4) aumenta a sobrevida mediana global de pacientes com melanoma, de 6 para 10 meses, quando comparados com pacientes que receberam uma vacina antitumoral. Logo em seguida, a comercialização de ipilumimab foi aprovada para o tratamento de pacientes com melanoma.

Complexo TCR/MHC: o receptor de célula T (TCR) é o responsável por reconhecer antígenos apresentados no contexto de moléculas codificadas pelo complexo principal de histocompatibilidade (MHC).

Linfócitos ativados, como se espera que sejam os infiltrantes de tumor, também podem expressar, além de CTLA-4, outras moléculas do sistema de checagem, como a molécula PD-1. Estas duas moléculas apresentam certa similaridade tanto estrutural quanto funcional, entretanto o PD1 é expresso por uma diversidade maior de células do sistema imune, incluindo as células NK ativadas, células B ativadas e linfócitos infiltrantes de tumor, em diferentes tipos de tumores. Da mesma forma o ligante de PD1 (PD-L1) pode ser expresso em vários tipos celulares, e sua expressão em tecidos não linfoides poderia prevenir danos por uma ação imune. A interação PD1/PD-L1 inibe a proliferação, sobrevivência e funções efetoras dos linfócitos T e, em contrapartida, promove a diferenciação de linfócitos T CD4$^+$ em células T reguladoras FoxP3$^+$. Um anticorpo anti-PD1 (nivolumab), que inibe a interação PD1/PD-L1, mostrou atividade em pacientes com vários tipos de tumores, levando a respostas duráveis e benefícios clínicos em pacientes que falharam em outras terapias.

Além do uso isolado de cada um destes inibidores de checagem, a combinação do inibidor de CTLA-4 com o inibidor de PD-1 (ipilumimab + nivolumab) levou a resposta rápida e durável em alguns pacientes com melanoma metastático, onde o prognóstico é sempre ruim e para os quais não existe alternativa de tratamento (**Figura 21.2**). Diante disto, existem hoje vários estudos avaliando o efeito do bloqueio dos pontos de checagem em outros tipos tumorais, como carcinoma de pulmão de células não pequenas, carcinoma de pulmão de células pequenas, carcinoma renal, câncer de próstata e câncer do sistema hematopoiético. Estes anticorpos também podem ser combinados com quimioterapia e radioterapia, buscando-se aumentar os benefícios terapêuticos, quer seja por permitir a redução de doses ou a modificação de esquemas de tratamento, aumentando, ao mesmo tempo, sua eficácia. Entretanto, tais abordagens de interferência nos pontos de checagem do sistema imune podem levar a danos colaterais

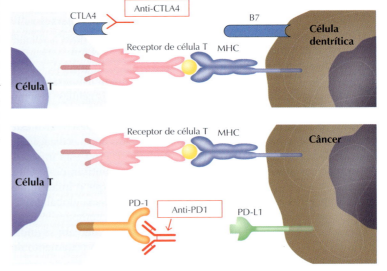

FIGURA 21.2. Inibidores do ponto de checagem. Após a interação do receptor de célula T com o complexo MHC, pode haver a interação das moléculas CTLA4 com B7 e PD-1 com PD-L1. Essas interações inibem a ação citotóxica das células T contra o câncer. A utilização de anticorpos específicos contra CTLA4 e/ou PD1 inibiria essas interações, liberando a ação citotóxica da célula T.

sérios. Os pontos de checagem justamente impedem o estabelecimento de respostas imunes exacerbadas, ou inapropriadas, como é o caso das doenças autoimunes e, portanto, a interferência nos mesmos traz consigo sérios riscos de desregulação imune.

Transferência Adotiva de Células T

As células T são umas das principais células efetoras da resposta imune antitumoral, e sua transferência, após determinadas formas de manipulação, é altamente promissora, sendo um braço da imunoterapia que está rapidamente avançando. Existem muitos tipos de células T que poderiam ser utilizadas, como linfócitos infiltrantes de tumor (*tumor-infiltrating lymphocytes* – TIL), células T modificadas *ex vivo* a fim de expressar um TCR específico ou um receptor híbrido, que é composto pela fusão de uma parte de um anticorpo, capaz de reconhecer um antígeno tumoral, com a maquinaria interna do receptor de células T. Esta molécula híbrida tem sido chamada de receptor de antígeno quimérico (*chimeric antigen receptor* – CAR).

A primeira tentativa de se modificar as células T em pacientes com câncer foi através da infusão de altas doses de IL-2 intravenosa em pacientes com melanoma metastático, logo no início dos anos 1990. Embora a IL-2 atue como um fator de crescimento para linfócitos T, estimulando sua proliferação, em altas doses ela é capaz de ativar a função citotóxica de diferentes subpopulações linfocitárias, gerando as células conhecidas como "LAK" (*lymphokine-activated killer cells*), capazes de matar eficientemente células tumorais. Nessa estratégia as taxas de sucesso ficaram entre 5 a 10%, com remissão total da doença em alguns casos de melanoma metastático ou de câncer de células renais. Uma variação desta abordagem foi o uso de linfócitos infiltrantes das massas tumorais, os "TIL" (*tumor-infiltrating lymphocytes*). Após a dissociação enzimática ou mecânica do tumor, obtinham-se os linfócitos que muito provavelmente seriam reativos ao próprio tumor.

Esses linfócitos, estimulados *ex vivo* com IL-2, expandidos e reinfundidos nos pacientes, chegaram a levar até a 20% de resposta completa, ou seja, redução completa do tumor, ou a 70% de resposta objetiva, seja doença estável ou resposta parcial. Entretanto, para conseguir estas respostas, antes da reinfusão das células T, os pacientes precisam ser submetidos a uma redução (parcial) do número de leucócitos, (com uso de ciclofosfamida e fludarabina com ou sem irradiação completa do corpo), e após a reinfusão, devem receber altas doses de IL-2 para continuar a estimular os linfócitos T. É fácil compreender porque essas abordagens, altamente agressivas, geram efeitos colaterais severos, como uveíte, pneumonia e comprometimento respiratório que pode levar à intubação. Pode-se também imaginar que todo o equipamento, tecnologia e pessoal com treinamento, necessários para uma adequada utilização dessa abordagem sejam fatores altamente limitantes para uma ampla utilização destas tecnologias.

Outra abordagem que pode ser promissora é a manipulação genética *ex vivo* das células T, onde se transfere um gene codificando o receptor de células T específico para um determinado antígeno tumoral. Ou ainda, é possível transferir um gene codificando uma proteína que é a fusão da parte intracelular do TCR com a parte de reconhecimento antigênico de um anticorpo, as chamadas CAR-T *cells*. Esta abordagem traz a vantagem de não depender da expressão de moléculas MHC pelas células tumorais, uma vez que os anticorpos reconhecem diretamente os antígenos, enquanto os TCR só reconhecem peptídeos apresentados no contexto das moléculas codificadas pelo MHC. Esses receptores quiméricos podem ser ainda adaptados para levar a uma ativação das células T modificadas, independentemente de fatores coestimuladores e, portanto, do eixo célula apresentadora de antígeno/célula T **(Figura 21.3)**.

Ainda, como estas células se tornam autoativadas a partir da interação do receptor quimérico com seu alvo, elas podem apresentar uma longa duração no organismo e consequentemente uma resposta duradoura. Já foram observados alguns resultados clínicos promissores em pacientes com leucemia linfocítica crônica, quando se utilizou um CAR que reconhecia CD19, uma molécula típica dos linfócitos B, que é expressa pelas células leucêmicas nesta doença. Entretanto, como efeito colateral, os pacientes apresentaram uma redução crônica de células B, com consequente redução de anticorpos. Os sintomas mais graves observados, no entanto, foram associados com a destruição maciça das células tumorais, provocando a chamada síndrome de lise tumoral, que ocorre devido à liberação de fatores e citocinas altamente tóxicos.

Apesar das dificuldades, tecnologias como esta, de transferência de células T, constituem um avanço significativo em direção à medicina personalizada, onde o objetivo é o tratamento dirigido racionalmente contra o perfil de moléculas alteradas que o tumor do indivíduo apresenta. Avanços na segurança, eficácia e reprodutibilidade destas abordagens permitirão que estas se tornem comercialmente disponíveis e potencialmente aplicáveis para além de grandes centros de pesquisa.

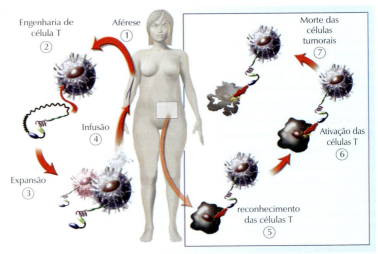

FIGURA 21.3. *Engenharia de células T.* *Após a coleta das células T, (1) estas podem ser manipuladas geneticamente para expressar receptores de interesse, como o CAR (receptor de antígeno quimérico) (2,3). Após a reinfusão das células T modificadas (4), estas reconheceriam os antígenos tumorais (5) e, independentemente de outro estímulo (6), levariam à lise da célula tumoral (7).*

Anticorpos Antitumorais

Anticorpos monoclonais (mAb) direcionados contra antígenos associados ao tumor, como por exemplo **CD20** ou **HER-2**, já são utilizados como tratamento padrão em alguns tipos de tumores. Nestes dois casos, anticorpos anti-CD20 (rituximab) e anti-HER-2 (trastuzumab) mudaram o curso da doença em pacientes com linfoma de células B que expressam CD20, e câncer de mama positivo para expressão de HER-2. Neste sentido, anticorpos monoclonais possuem duas propriedades que são altamente desejadas em uma terapia anticâncer: 1º - alta especificidade, o que reduz os efeitos colaterais do tratamento; 2º - possibilidade de induzir também uma resposta imune ativa, o que pode levar a um maior período livre de progressão da doença.

CD20: molécula expressa especificamente em linfócitos B.

HER-2: receptor tirosina quinase do fator de crescimento epidermal.

O conhecimento da estrutura dos anticorpos e a aplicação da tecnologia dos **hibridomas** foram fundamentais para a utilização clínica desta ferramenta. A descrição da metodologia para produção dos anticorpos monoclonais rendeu o prêmio Nobel de Medicina em 1984 para Kohler e Milstein (no mesmo ano, Jerne dividiu o prêmio com estes pesquisadores por propor os mecanismos de geração da diversidade dos anticorpos). Anticorpos podem ser divididos em duas subunidades estruturais, a primeira de reconhecimento antigênico, chamada Fab, e a outra, chamada Fc, responsável por interagir com o sistema imune do hospedeiro. Apesar de também haver diversas classes de anticorpos, que diferem em sua porção Fc, os anticorpos terapêuticos utilizados em oncologia geralmente são da classe IgG.

Hibridoma: fusão de linfócito B produtor de um anticorpo específico com uma célula de mieloma (tumor de células B).

A porção Fc do anticorpo da classe IgG interage com receptores Fc gama (FcγR) presentes em diversas células do sistema imune. Após o anticorpo encontrar o seu alvo, células NK podem reconhecer a porção Fc através de seu receptor FcγRIIIA e iniciar um processo de lise das células tumorais, num processo conhecido como citotoxicidade celular dependente de anticorpos (ADCC). Já macrófagos possuem o receptor FcγRIIA que pode ativar o processo de fagocitose da célula tumoral mediada por anticorpo (**Figura 21.4**). Além disso, anticorpos podem promover citotoxicidade dependente de comple-

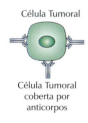
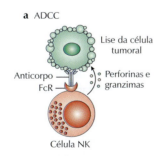
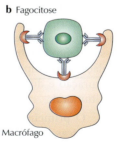

FIGURA 21.4. Interação de anticorpos com o sistema imune. Quando os anticorpos monoclonais reconhecem seu antígeno e cobrem a célula tumoral, além de inibir a ação do antígeno (em alguns casos um receptor tirosina quinase), deixam sua porção Fc exposta. Receptores da porção Fc (FcR) presentes nas células NK reconhecem a célula tumoral recoberta por anticorpos e liberam granzimas e perforinas que levam a célula tumoral à lise. Já macrófagos também podem reconhecer a porção Fc livre do anticorpo e iniciar o processo de fagocitose da célula tumoral.

mento (CDC). Entretanto, ainda não há consenso quanto ao papel de anticorpos na eliminação de tumores, nem de como estes agem quando, de fato, o fazem.

Células Dendríticas

A célula dendrítica é a principal ponte entre as defesas inatas e adaptativas no organismo, sendo reconhecida como orquestradora da resposta imune. Tendo em vista sua função, as tentativas de se usar células dendríticas de modo terapêutico se voltam para sua propriedade de gerar células T efetoras de longa duração e altamente específicas. Dentro de um contexto de vacinação, espera-se que as células dendríticas induzam células T CD8$^+$ de memória que teriam alta avidez por antígenos tumorais, capacidade de reconhecer complexos de peptídeo-MHC de classe I em células tumorais, expressão de altas quantidades de granzimas e perforinas (moléculas responsáveis pela ação citotóxica) e capacidade de entrar no microambiente tumoral e vencer as barreiras imunossupressoras do tumor. Sendo assim, são necessários quatro componentes do sistema imune para que essa resposta seja montada: 1º - presença de células dendríticas apropriadas; 2º - indução apropriada de células T CD4$^+$ *helpers*; 3º - eliminação ou não geração de células Tregs; 4º - colapso do microambiente tumoral imunossupressivo. Todos esses mecanismos poderiam ser, em teoria, orquestrados pela célula dendrítica devidamente amadurecida.

Embora haja várias estratégias diferentes para uso das células dendríticas, boa parte delas obedece ao mesmo esquema: de maneira simplificada, extrai-se o sangue periférico do paciente, cultivam-se os monócitos, induz-se sua diferenciação para células dendríticas, acrescenta-se o antígeno tumoral às mesmas e então estas são devolvidas ao paciente. Outra estratégia procura obter o mesmo efeito pela administração de algum composto diretamente para o paciente, a fim de induzir a captação de antígenos tumorais pelas células dendríticas *in vivo*, seja por quimioterapia indutora de morte imunogênica, seja por administração de alguma citocina capaz de induzir maturação da célula dendrítica e aumentar sua captação antigênica. No entanto, estas abordagens enfrentam uma barreira considerável: a presença do tumor no indivíduo provoca alterações funcionais em suas células dendríticas, de modo que muitas vezes, em vez de induzir uma resposta efetora, elas acabam contribuindo para o escape tumoral. Sendo assim, tanto *in vitro* quanto *in vivo* é necessário que haja alguma modulação do comportamento da célula dendrítica, a fim de induzir sua maturação e direcionar sua apresentação antigênica para uma ação antitumoral.

O primeiro tratamento aprovado com a utilização de células dendríticas é o sipuleucel-T (APC 8015). Nesta abordagem, células apresentadoras de antígenos obtidas do sangue periférico do paciente são cultivadas por um curto período de tempo com um produto da fusão das proteínas fosfatase ácida prostática (PAP) associado com **GM-CSF**. Este tratamento aumentou em 4 meses a sobrevida de pacientes com câncer de próstata metastático e abriu caminho para

GM-CSF: Fator estimulador de colônia de monócitos e macrófagos.

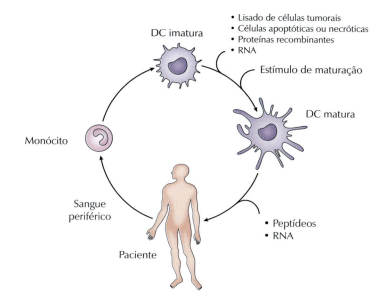

FIGURA 21.5. **Vacinas com células dendríticas.** *Após a coleta e o isolamento de células mononucleares do sangue periférico, faz-se a diferenciação de monócitos para a célula dendrítica (DC) imatura, através das citocinas IL-4 e GM-CSF. Neste ponto é possível expor as DCs aos antígenos de interesse, como lisado de células tumorais, proteínas recombinantes, entre outros. Após outro estímulo de maturação estas células voltam para os pacientes e continuam a apresentação de antígenos e ativação de células T.*

estudo de novas estratégias utilizando células apresentadoras de antígeno. Outros estudos, utilizando progenitores hematopoiéticos cultivados *ex vivo* com citocinas para induzir a diferenciação de células dendríticas, vêm testando há anos a utilização destas células como vacinas antitumorais, e confirmam a segurança e eficácia potencial desta abordagem. Entretanto, esse sistema ainda é altamente dependente da qualidade dos antígenos apresentados às células dendríticas e do estado de ativação das mesmas que se consegue obter.

Vacinas Antitumorais

Da mesma forma que vacinas contra patógenos visam induzir uma memória imunológica a fim de prevenir infecções, vacinas antitumorais têm por objetivo gerar uma resposta imune a fim de eliminar células tumorais. Várias são as abordagens e possibilidades, mas até o momento apenas duas estratégias de vacinação mostraram um grande impacto na prevenção do surgimento de tumores. Ambas as vacinas, na verdade, são contra agentes infecciosos, que têm o potencial de levar portadores crônicos a desenvolver câncer: o HBV e o HPV. Ambos estes vírus podem provocar infecções latentes e causar mutações, quando inseridos no genoma próximo a genes-chave da célula hospedeira. Normalmente, as infecções crônicas por estes agentes permanecem silenciosas, mas após um segundo estímulo carcinogênico, as células infectadas podem se transformar e tornar-se malignas. As vacinas contra estes agentes visam prevenir a infecção crônica, desta forma evitando uma eventual transformação maligna. Estudos clínicos mostraram que pacientes vacinados apresentaram uma grande redução nas chances de desenvolverem câncer de colo de útero (para a vacina anti-HPV) e carcinoma hepatocelular (para a vacina anti-HBV). Vale ainda lembrar que HPV pode ser o agente etiológico de outros tumores de mucosa, como tumores das cavidades oral e anal, o que aumentaria a abrangência da vacinação.

Outra estratégia é a vacinação terapêutica, processo de que se fala quando antígenos tumorais são apresentados para o paciente enquanto ele já apresenta a doença, de modo a induzir uma resposta ativa do sistema imune contra o tumor. Na verdade, quando se usam as células dendríticas na imunoterapia do câncer, é exatamente isto que se procura obter.

Muito contribui para o desenho e a avaliação de vacinas terapêuticas a identificação de antígenos tumorais capazes de induzir uma resposta de linfócitos T. Estudos que buscam antígenos tumorais humanos começaram a ser executados na década de 1980. Nestes estudos, células do sangue periférico ou leucócitos infiltrados no tumor eram isolados e cultivados com células tumorais autólogas expostas à radiação. Era observada ação lítica por parte das células T, entretanto sua especificidade era muito baixa, ocorrendo também contra células normais. Ainda na década de 1980, estudos que isolavam clones de células T foram mais bem-sucedidos na tentativa de identificar antígenos. Sendo assim, um grupo de estudos isolou leucócitos de paciente com melanoma e conseguiu obter clones de células T altamente específicos com ação antitumoral, os quais eram inertes contra um painel de células normais. Os antígenos assim identificados foram os primeiros de uma família hoje muito estudada, a dos antígenos câncer-testículo, que inclui, entre outros, os antígenos MAGE e o NY-ESO1.

Antígenos tumorais humanos podem ser classificados de acordo com sua especificidade tumoral, ou seja, o quão exclusivo eles são dos tumores. Entre os de alta especificidade estão os antígenos virais, os que são resultados de mutações ou rearranjos genéticos, e aqueles que são codificados por genes da linhagem germinativa. Sobre os antígenos virais é sabido que alguns vírus, como vimos, têm uma participação importante na carcinogênese de vários tumores, sendo seus antígenos utilizados tanto de forma a prevenir o surgimento da doença, quanto de forma terapêutica, esta última, ao menos como linha de investigação nos últimos anos. Os antígenos resultados de mutações podem ser derivados de oncogenes ou genes supressores de tumores, mas normalmente são derivados de genes *passenger*, ou seja, são genes mutados presentes em células tumorais mas não participantes diretos da carcinogênese. De qualquer modo, a aleatoriedade das mutações observadas no câncer torna difícil identificar esses antígenos e, ainda mais, a escolha de um antígeno que esteja presente em grande parte dos pacientes, de modo que uma vacina desenvolvida para um antígeno derivado de uma mutação específica se aplicaria a pouquíssimos pacientes. Outro grupo de antígenos é daqueles derivados da linhagem germinativa, mas que normalmente estão **metilados** em células normais, exceto em células da linhagem germinativa. Na célula tumoral, todavia, a região promotora destes genes encontra-se desmetilada, o que resulta em sua expressão.

Metilação de DNA: *adição de grupo metil entre as bases citosina e guanina (ilhas CpG). Este fenômeno modifica a estrutura do DNA, impedindo a expressão de genes. Esta modificação pode ser transmitida para células-filhas, mas sem alteração da sequência do DNA.*

Entre os antígenos tumorais de baixa especificidade encontram-se os antígenos de diferenciação e os antígenos derivados de proteínas que são superexpressas em tumores. Antígenos de diferenciação são proteínas expressas em tecidos específicos, mas respostas espontâneas de células T contra esses antígenos foram bem documentadas apenas em casos de melanoma. Neste grupo, os principais antígenos conhecidos são derivados de tirosinase, Melan-A e GP100, não se sabendo porque os mecanismos de tolerância são incompletos contra antígenos de melanócitos.

Outros antígenos de diferenciação que merecem destaque são o antígeno prostático específico (PSA) e a fosfatase ácida prostática (PAP) expressos apenas na próstata. Já os antígenos superexpressos em células tumorais também podem ser alvos de uma resposta de células T. Isto é possível, pois existe um limite de expressão que inibe a resposta das células citotóxicas, e quando a interação antígeno/MHC ultrapassa os limites presentes nas células normais, uma resposta específica antitumoral pode ser montada. Entretanto, é muito difícil estabelecer qual é esse limite, ou mesmo identificar quais peptídeos ultrapassariam esse limiar em células tumorais.

Imunoterapia do Câncer

RESUMO

Neste capítulo observamos que mesmo as terapias convencionais, como quimioterapia, radioterapia e até mesmo cirurgia, podem de alguma forma modular o sistema imune, porém de maneira indireta. Vimos que a célula tumoral pode morrer de maneira a ativar o sistema imune, uma morte dita imunogênica. Neste caso, após um estímulo estressante, as células liberam fatores como calreticulina, HMGB1 e ATP que sinalizam para a célula apresentadora de antígenos que os peptídeos apresentados são dignos de ativação de resposta. Vimos que a imunoterapia foi uma das primeiras abordagens para o tratamento do câncer no passado, em observações de papiros do Egito Antigo, mas que esse campo foi deixado de lado com o surgimento da químio e radioterapia.

Porém, sucessos no entendimento dos mecanismos imunológicos básicos permitiram o desenvolvimento de diferentes estratégias imunoterapêuticas, entre elas, as que têm como alvo os inibidores dos pontos de checagem do sistema imune, a utilização direta de células T capazes de ação lítica contra tumores, e até mesmo métodos de engenharia genética nestas células, a fim de torná-las matadoras de tumores. Observamos que mesmo anticorpos construídos para inibir ações de receptores de membrana, como o caso do HER2, também podem ativar o sistema imune via sua porção Fc. Vimos também que células dendríticas podem ser manipuladas para captar antígenos tumorais e maturadas para gerar linfócitos T efetores antitumorais. Além disso, também existem estratégias de sucesso para a prevenção do câncer com as vacinas anti-HBV e anti-HPV, e ainda, que o conhecimento crescente dos antígenos tumorais será crucial para o desenvolvimento de estratégias de vacinação terapêutica.

Apesar de todo esse avanço, a imunoterapia também possui um potencial risco, visto que seus efeitos colaterais precisam ser mais bem entendidos. As sequências de eventos que protegem o tumor de um ataque do sistema imune são, por muitas vezes, as mesmas que também protegem os tecidos saudáveis de uma resposta exacerbada ou autoimune, e o fino ajuste que controla as respostas pode ser perdido quando o sistema imune se torna alvo de alguma terapia. Por isso, ainda se faz necessária uma maior compreensão dos mecanismos imunológicos básicos, e esse conhecimento permitirá um grande salto no tratamento do câncer.

PONTO DE VISTA

Tudo depende... do ponto de vista

O envolvimento do sistema imune na terapia do câncer tem sido buscado desde há muito pelos imunologistas. No entanto, embora com sucessos ocasionais, que sempre mantinham ou reacendiam o interesse no assunto, a imunoterapia do câncer nunca parecia "chegar lá".

Várias foram as estratégias testadas, mas até recentemente todas tinham algo em comum: os alvos eram sempre as células tumorais. Ora, estas estratégias sempre enfrentaram um grande obstáculo, a heterogeneidade dos tumores – um determinado antígeno pode estar presente numa célula tumoral, mas não em outras, de modo que mesmo a identificação de um determinado antígeno e sua utilização como alvo, bem-sucedidas imunologicamente, podem ser ineficazes clinicamente devido à heterogeneidade das células tumorais. Obviamente, tratava-se de encontrar melhores alvos e de se conseguir envolver os mecanismos imunes mais eficazes – e isso tem sido paulatinamente conseguido.

Entretanto, a grande reviravolta na imunoterapia do câncer veio de uma mudança de ponto de vista!

À medida que se aprendeu mais sobre o funcionamento do sistema imune, tornou-se claro que, além da "resposta" propriamente dita, muito da atividade do sistema envolve o controle desta mesma resposta! Ao se desencadear uma resposta imune, desencadeia-se ao mesmo tempo o controle da mesma. E frente ao câncer, o que parece ocorrer é que este controle sobrepuja a resposta, de modo que o tumor acaba se desenvolvendo aparentemente sem controle imune, por causa dos próprios controles internos do sistema! Ora, descobrindo-se os marcadores e moléculas pelo controle da resposta imune, tornou-se possível direcionar a imunoterapia – isto é, os mecanismos de destruição do sistema, não contra as células tumorais, mas sim contra as células controladoras da resposta imune. Ao se fazer isto eficientemente, conseguiu-se inativar controle interno do sistema, e liberou-se todo o potencial da resposta imune contra o câncer.

> ... AO SE INATIVAR O CONTROLE INTERNO DO SISTEMA, SE LIBEROU TODO O POTENCIAL DA RESPOSTA IMUNE CONTRA O CÂNCER ...

Como consequência disto foi possível considerar, em 2013, a imunoterapia do câncer como um dos *breakthrough of the year*!

Prof. Dr. José Alexandre Barbuto
Professor-associado do Departamento
de Imunologia do Instituto de Ciências
Biomédicas da Universidade de São Paulo

PARA SABER MAIS

- Brunet JF, Denizot F, Luciani MF, Roux-Dosseto M, Suzan M, Mattei MG et al. A new member of the immunoglobulin superfamily – CTLA-4. Nature 1987;328:267-270.

Artigo publicado na revista Nature que descreve o CTLA-4.

- Ishida Y, Agata Y, Shibahara K, Honjo T. Induced expression of PD-1, a novel member of the immunoglobulin gene superfamily, upon programmed cell death. EMBO J 1992;11:3887-3895.

Artigo que descreve a relação entre morte celular e expresão de PD-1.

- Kochenderfer JN, Yu Z, Frasheri D, Restifo NP, Rosenberg SA. Adoptive transfer of syngeneic T-cells transduced with a chimeric antigen receptor that recognizes murine CD19 can eradicate lymphoma and normal B cells. Blood. 2010;116(19):3875-86.

Um dos primeiros trabalhos a apresentar resultados clínicos com CAR-T *cells*.

BIBLIOGRAFIA GERAL

1. Zitvogel L, Apetoh L, Ghiringhelli F, Kroemer G. Immunological aspects of cancer chemotherapy. Nat Rev Immunol. 2008 Jan;8(1):59-73.

2. Krysko DV, Garg AD, Kaczmarek A, Krysko O, Agostinis P, Vandenabeele P. Immunogenic cell death and DAMPs in cancer therapy. Nat Rev Cancer. 2012 Dec;12(12):860-75.

3. Couzin-Frankel J. Cancer Immunotherapy. SCIENCE. DEC 2013. 342:1432-1433.

4. Raval RR, Sharabi AB, Walker AJ, Drake CG, Sharma P. Tumor immunology and cancer immunotherapy: summary of the 2013 SITC primer. J Immunother Cancer. 2014 May 14;2:14.

5. Coulie PG, Van den Eynde BJ, van der Bruggen P, Boon T. Tumour antigens recognized by T lymphocytes: at the core of cancer immunotherapy. Nat Rev Cancer. 2014 Feb;14(2):135-46.

6. Palucka K, Banchereau J. Cancer immunotherapy via dendritic cells. Nat Rev Cancer. 2012 Mar 22;12(4):265-77.

7. Weiner LM, Surana R, Wang S. Monoclonal antibodies: versatile platforms for cancer immunotherapy. Nat Rev Immunol. 2010 May;10(5):317-27.

Pesquisa Clínica em Câncer

22

Suilane Coelho Ribeiro Oliveira
Camila Motta Venchiarutti Moniz
Rachel P. Riechelmann

INTRODUÇÃO

Um estudo clínico em oncologia é uma pesquisa envolvendo a descoberta de novas estratégias para prevenção e tratamento de pacientes com câncer. Estes estudos investigam novas drogas, combinações de drogas, novos tratamentos com cirurgia e/ou radioterapia, além de avanços na terapia gênica.

Os estudos clínicos são divididos em diferentes etapas chamadas fases. Geralmente, são divididos em quatro fases (I a IV). Alguns estudos podem ter uma fase pré-clínica, também chamada de fase 0. Nas fases iniciais, procura-se definir a segurança de novas drogas e o perfil de toxicidade e nas fases tardias, compara-se o efeito de novas drogas com o tratamento-padrão.

Ao final deste capítulo, espera-se que o leitor possa (i) identificar as diferenças entre os estudos de fases I, II, III e IV; (ii) compreender as particularidades dos estudos em oncologia e os principais desfechos clínicos; (iii) conhecer os principais estudos clínicos em andamento no serviço de oncologia do Instituto do Câncer do Estado de São Paulo.

ETAPAS DA PESQUISA CLÍNICA (PRÉ-CLÍNICA, FASE I, FASE II, FASE III E FASE IV)

O processo de desenvolvimento de novas drogas envolve um longo período de estudo e usualmente inclui quatro fases. Somente se a droga se mostrar eficaz e segura em todas estas etapas ela poderá ser aprovada para uso na população geral. Antes de serem testadas em seres humanos, as drogas são analisadas em estudos pré-clínicos. Nesta etapa, avalia-se, tanto *in vivo* quanto *in vitro*, a eficácia, a farmacocinética, a farmacodinâmica e o perfil de toxicidade em animais. As pesquisas da indústria farmacêutica envolvendo animais vêm diminuindo, por razões éticas e custos, mas muitos estudos continuam utilizando modelos animais pelas semelhanças entre a anatomia e a fisiologia humana; habitualmente necessária para o desenvolvimento de novas drogas. Os dois modelos mais utilizados são o murino e o canino.

DESTAQUES

- Etapas da pesquisa clínica.
- Desfechos clínicos em oncologia.
- Exemplos de pesquisa clínica em oncologia.
- Pesquisas clínicas em andamento do ICESP.

Os estudos de fase 0 são estudos exploratórios que geralmente usam doses muito baixas da nova droga em um pequeno grupo de pacientes. O objetivo deste tipo de estudo em oncologia é observar se a droga se comporta *in vivo* da forma esperada pelos pesquisadores, além de avaliar seu efeito nas células tumorais. Nos estudos de fase 0, os pacientes podem ser submetidos a biópsias, exames de imagem e coleta de sangue para a avaliação dos efeitos da medicação.

Os estudos de fase I são desenhados para confirmar se uma nova droga, já testada previamente em animais, poderá ser usada com segurança em seres humanos. Os investigadores analisam dados de segurança, dose e duração do tratamento. Geralmente, são incluídos poucos pacientes, aproximadamente dez a 20 por estudo. Os candidatos à inclusão neste tipo de estudo em oncologia são pacientes portadores de câncer avançado, cuja doença se tornou refratária aos esquemas terapêuticos disponíveis, mas que ainda apresentam bom desempenho clínico. A dose da droga é aumentada gradualmente até estabelecermos a dose máxima tolerada, definida como aquela que ocasiona toxicidade grave em pelo menos 1/3 dos pacientes. Este processo é chamado de escalonamento de dose. Os primeiros pacientes recrutados usam uma dose baixa da medicação. Se não ocorrerem efeitos adversos sérios, os próximos pacientes receberão uma dose maior e assim sucessivamente, até ser definida a dose máxima tolerada. Em alguns casos, a maior dose tolerável é reduzida para níveis menores nas fases subsequentes de pesquisa clínica. Estes estudos geram dados preliminares de farmacocinética da droga, como, por exemplo, absorção, distribuição e excreção.

Os estudos de fase II detalham as informações sobre segurança do tratamento e avaliam preliminarmente a eficácia da droga. Este tipo de estudo avalia se a nova droga funciona em um tipo específico de câncer e qual a taxa de resposta global, definida como a proporção de pacientes que apresentaram redução tumoral. Para padronizar os critérios para a definição de resposta, foi criado o RECIST (critério de avaliação de resposta em tumores sólidos), que sistematiza a comparação entre lesões predeterminadas (chamadas de lesão-alvo) antes e após o tratamento. A taxa de resposta global definida pelo RECIST corresponde à somatória dos pacientes que tiveram resposta parcial e completa. A resposta completa consiste no desaparecimento das lesões-alvo, enquanto a resposta parcial corresponde à redução de pelo menos 30% da somatória do maior diâmetro das lesões-alvo em relação à somatória das medidas iniciais. A progressão de doença é definida como aumento de pelo menos 20% na somatória do maior diâmetro das lesões-alvo em relação à somatória de menor valor obtida durante a evolução do paciente.

Alguns estudos de fase II incluem diversas opções de tratamento, sendo chamados de estudos de fase II randomizados. A randomização permite que um participante do estudo seja colocado de forma aleatória em qualquer grupo de tratamento, reduzindo a ocorrência do viés de seleção. Se for confirmada a segurança e a eficácia da droga, a mesma poderá ser testada em um estudo de fase III. Alguns estudos mostram que somente 18% das drogas testadas em estudos de fase II passam para teste em estudos de fase III. Entre as principais causas de falha dos estudos de fase II estão as razões estratégicas do desenvolvedor (o desempenho da nova droga não foi diferente das outras drogas existentes no mercado) e a segurança da droga. Na elaboração dos estudos de fase II, deve-se definir o limiar de eficácia (P1) e de ineficácia (P0).

O risco aceitável de reter uma molécula ineficaz é o risco α ou risco de falso-positivo, e o risco aceitável de rejeitar uma substância eficaz é o risco β ou falso-negativo. Usando as ferramentas de Simon ou Fleming, pode-se calcular o tamanho da amostra para responder à pergunta: o tratamento é ineficaz $P1 \leq P0$ ou o tratamento é eficaz $P1 > P0$? Pode-se exemplificar através do estudo EORTC 62403, que testou o pazopanibe, droga inibidora de tirosina quinase e antiangiogênica, em diferentes tipos de sarcoma e avaliou a eficácia e a proporção de pacientes vivos e com tumor estabilizado em 3 meses. Uma taxa de 20% consideraria o tratamento ineficaz (P0), uma taxa de 40% consideraria o tratamento como eficaz (P1). O desenho de Simon em duas etapas considerou $\alpha = \beta = 10\%$. Na primeira etapa, deveriam ser incluídos 17 pacientes. Se fosse obtida doença estável em pelo menos quatro pacientes deste grupo, o recrutamento deveria prosseguir até completar 37 pacientes. Na segunda etapa, se pelo menos 11 pacientes tivessem doença estável em 3 meses e continuassem vivos neste período, o pazopanibe deveria continuar sendo investigado neste grupo de pacientes.

Existem certas particularidades nos estudos de fases I e II em oncologia envolvendo drogas-alvo moleculares. Nesta situação, o risco de falha nos estudos de fase I por impossibilidade de determinar uma dose recomendada é de 27%. A explicação para as falhas são múltiplas. A relação dose-eficácia e dose-toxicidade não são sempre aplicáveis às drogas-alvo moleculares. O perfil de toxicidade é diferente, com efeitos indesejáveis, difíceis de descrever e quantificar como toxicidade cutânea, mialgia e fadiga. Além disso, estas drogas necessitam de um maior tempo de observação para obter os resultados desejados. Por este motivo, procuram-se definições alternativas para a dose máxima tolerada como, por exemplo, eficácia clínica sem toxicidades graves. Neste contexto, a procura de uma dose biologicamente ativa que influencie a expressão de biomarcadores é importante. A pesquisa desta dose deve envolver a buscar de alvos moleculares tumorais precisos e validados.

Os estudos de fase III comparam uma droga nova já testada em estudos de fase II com o tratamento-padrão atual. Os participantes, geralmente, são randomizados entre o tratamento-padrão (grupo-controle) e a droga em investigação (grupo experimental). A randomização ajuda a garantir que os grupos terão características semelhantes, evitando o viés de seleção. Geralmente, este processo é feito por um programa de computador para evitar que a escolha humana influencie na seleção dos grupos. São estudos mais caros e mais difíceis para conduzir em razão do tamanho da amostra e do longo

Pesquisa Clínica em Câncer

tempo de duração. Os pacientes elegíveis podem ter recebido ou não tratamentos prévios. O uso de placebo exclusivo pode ser permitido como grupo-controle em estudos de fase III em oncologia quando não houver outro tratamento-padrão. Neste contexto, o estudo pode comparar os efeitos da nova droga com o efeito do placebo. Outra situação onde o placebo pode ser usado é nos estudos de combinação, que comparam um tratamento-padrão associado à nova droga ao tratamento-padrão associado ao placebo.

Os estudos de fase IV são desenvolvidos após a aprovação da droga para uso na população geral. São estudos de farmacovigilância envolvendo drogas que já receberam aprovação para uso clínico. A vigilância de segurança da droga é feita para detectar se algum evento adverso raro pode ocorrer com mais frequência durante um maior período de observação. Caso algum efeito indesejável relevante seja descoberto posteriormente, pode levar à retirada da droga do mercado.

DESFECHOS CLÍNICOS EM ONCOLOGIA

As agências regulatórias requerem uma evidência substancial de eficácia proveniente de estudos adequados e bem conduzidos para a aprovação de novas drogas. Os desfechos tradicionais para definir a eficácia são a sobrevida global, a qualidade de vida e, em certos tipos de tumores, a sobrevida livre de progressão tumoral.

A sobrevida global é o desfecho-padrão para demonstrar o benefício clínico e é definida como o tempo entre a randomização e a morte. A análise de sobrevida requer um seguimento longo e uma amostra grande. Pode haver confusão na análise da sobrevida se terapias subsequentes forem administradas após a descontinuação da droga. O tempo para a progressão tumoral é definido como o tempo entre a randomização e a progressão da doença. A sobrevida livre de progressão é definida como o tempo entre a randomização e a progressão tumoral ou morte. A taxa de resposta global é a proporção de pacientes com a redução tumoral mínima predefinida durante um período de tempo determinado. Os desfechos relatados pelo paciente incluem melhora sintomática e em qualidade de vida.

Devido à gravidade de certas neoplasias, algumas agências regulatórias podem aceitar outros desfechos além dos descritos acima para acelerar a aprovação de novas drogas, como, por exemplo, taxa de resposta.

EXEMPLOS DE PESQUISAS CLÍNICAS EM ONCOLOGIA

Em oncologia é comum se testarem combinações de drogas, com o intuito de melhorar o desempenho do tratamento realizado, sobretudo naqueles pacientes tratados com intenção curativa (tratamento neoadjuvante ou adjuvante).

A quimioterapia adjuvante é administrada após o tratamento curativo com cirurgia com o objetivo de eliminar a doença micrometastática residual, reduzindo o risco de recidiva à distância. A quimioterapia neoadjuvante é administrada antes da cirurgia com o objetivo de reduzir o volume tumoral permitindo a realização de procedimentos cirúrgicos mais conservadores e, em alguns casos, a preservação da funcionalidade do órgão acometido. Em pacientes com câncer colorretal, o uso da associação de 5-FU (5-fluorouracil) e oxaliplatina demonstrou benefício em pacientes com doença metastática, sendo então iniciados estudos para a avaliação do benefício destas drogas no cenário adjuvante e neoadjuvante.

O estudo de fase III MOSAIC avaliou a adição de oxaliplatina ao tratamento quimioterápico adjuvante com 5-FU no câncer de cólon estádios II e III. Foram incluídos 2.246 pacientes randomizados de forma estratificada (com o intuito de balancear a inclusão de algumas características que poderiam ser determinantes de prognóstico entre os grupos), para receber adjuvância com 5-FU ou 5-FU associado à oxaliplatina por 6 meses. O tamanho da amostra foi calculado para que o estudo tivesse poder de 90% para detectar ganho absoluto de 6% na taxa de sobrevida livre de progressão aos 3 anos após o tratamento; também foi planejada a avaliação de sobrevida global. Após 6 anos de seguimento, a probabilidade de estar livre de doença foi de 73,3% no grupo associação *versus* 67,4% no grupo 5-FU isolado. Esta diferença foi estatisticamente significante (p = 0,003). A probabilidade de estar vivo foi de 78,5% no grupo associação e 76% no grupo 5-FU isolado, também com significância estatística (p = 0,046). Em análise de subgrupo verificou-se que o benefício foi restrito aos pacientes com estádio clínico III. O efeito colateral grau 3 (grave) mais importante foi neuropatia periférica sensorial, que aconteceu em 12,5% dos pacientes, porém houve melhora deste sintoma ao longo do período de seguimento. Após 48 meses somente 0,7% dos pacientes ainda apresentavam estes sintomas. A realização deste estudo levou à incorporação deste tratamento na prática clínica.

Como a combinação de 5-FU e oxaliplatina foi benéfica em câncer de cólon, quando administrada após a cirurgia curativa e também em pacientes com doença metastática, o próximo passo lógico foi testar a associação no cenário pré-operatório (neoadjuvante).

Seguindo este racional, diversos estudos de fases I e II avaliaram a incorporação da oxaliplatina ao esquema de quimioterapia com fluoropirimidina (capecitabina ou 5-FU) isolada, durante a radioterapia neoadjuvante em pacientes com tumores de reto; a maioria deles envolvendo pacientes com tumores T3-T4 e/ou com linfonodos acometidos. Estes estudos avaliaram diferentes doses de oxaliplatina em combinação com o tratamento-padrão e demonstraram taxas de resposta em 52 a 72% dos pacientes, avaliadas pela presença de regressão tumoral na peça cirúrgica. A taxa de resposta patológica completa ficou entre 10 e 28%. A taxa de efeitos colaterais graus 3/4 foi de 11 a 30%, dependendo da dose e da forma de administração da medicação utilizada. Após estes resultados, considerados promissores, foi conduzido o estudo de fase III STAR-01, que randomizou 747 pacientes para receber 5-FU isolado ou em combinação com a oxaliplatina concomitante à radioterapia. O desfecho primário do estudo foi sobrevida global. O estudo foi desenhado para detectar a redução relativa de 30% na mortalidade no grupo tratado com oxaliplatina; para isso, o estudo foi planejado para recrutar 690 pacientes. Foi também pré-planejada a avaliação da taxa de resposta patológica completa nos grupos estudados, com o intuito de verificar o resultado imediato do tratamento.

A taxa de eventos adversos graus 3 e 4 foi de 24% no grupo que recebeu oxaliplatina e de 8% no grupo que recebeu o tratamento-padrão, sendo a resposta patológica de 16% em ambos os braços. Até o momento, não foi demonstrado aumento estatisticamente significante em sobrevida global e aguarda-se o término do seguimento adequado para a publicação final do artigo. O resultado deste estudo, até hoje, descartou o uso desta combinação, em neoadjuvância, devido à futilidade da associação e à alta porcentagem de efeitos colaterais.

Os exemplos acima demonstram a importância dos estudos de fase III na incorporação de novos tratamentos na prática clínica.

Pesquisas Clínicas em Andamento no ICESP

Atualmente, o ICESP possui 37 protocolos de pesquisa abertos envolvendo pacientes com câncer nas áreas de oncologia clínica, cirurgia, radioterapia, terapia intensiva, neurologia e geriatria. Todos os protocolos são aprovados pelo Comitê de Ética e pelo Núcleo de Pesquisa da instituição.

Os protocolos clínicos de pesquisa institucionais atualmente com recrutamento aberto pela Oncologia Clínica do Instituto do Câncer do Estado de São Paulo estão listados a seguir. Os estudos registrados no *site* https://clinicaltrials.gov/ podem ser localizados através no número de identificação (NCT).

- Recepta – peptídeos: modulação funcional *in vitro* de células dendríticas derivadas de monócitos de pacientes com câncer por peptídeos. NCT 02159937.
- Estudo aleatorizado aberto de observação *versus* ressecção cirúrgica em pacientes com câncer do reto que atingiram resposta clínica completa após quimiorradioterapia neoadjuvante. NCT02052921.
- Estudo randomizado de fase III de quimioterapia adjuvante para pacientes com adenocarcinoma de reto que atingiram resposta subótima após quimiorradioterapia neoadjuvante. NCT01941979.
- ChemoBrain – efeitos cognitivos da quimioterapia adjuvante em pacientes com câncer de cólon.
- CIRCE – estudo de fase II, prospectivo, randomizado, não comparativo, de tratamento com quimioterapia de indução com cisplatina e gencitabina seguida de quimiorradiação ou quimiorradiação definitiva em carcinomas invasivos da cérvice uterina localmente avançados. NCT01973101.

- MetFu – estudo prospectivo da adição de metformina a 5-fluo-rouracil em pacientes com adenocarcinoma colorretal avançado previamente tratados com oxaliplatina e irinotecano paliativos. NCT01941953.
- Estudo aleatorizado de fase III de tratamento adjuvante *versus* observação em pacientes com câncer de vias biliares.
- Avaliação prospectiva de fatores preditivos de resposta ao tratamento e prognósticos em pacientes com neoplasia avançada das vias biliares.
- Estudo de fase II piloto de metformina em pacientes com tumores neuroendócrinos bem diferenciados.
- AS CRR – estudo randomizado de fase III de ácido acetilsalicílico adjuvante para pacientes com adenocarcinoma colorretal de estádio III.
- GASTRO40: identificação de mutações deletérias germinativas e somáticas no gene e-caderina (cdh1) e de fatores ambientais de risco em pacientes jovens portadores de câncer gástrico.
- Perfil de expressão de biomarcadores no carcinoma de canal anal e correlação com falha ao tratamento com quimiorradioterapia.
- Retorno ao trabalho em pacientes com câncer de mama tratadas em um serviço oncológico do Sistema Único de Saúde (SUS).
- Detecção de mulheres com risco aumentado de ter uma mutação relacionada ao câncer de ovário. Uma estratégia para selecionar pacientes com câncer de ovário relacionado a mutações em São Paulo – desenvolvimento e implementação.
- Avaliação de toxicidades tardias em pacientes com carcinoma epidermoide de cabeça e pescoço submetidos à quimiorradiação concomitante baseada em cisplatina.
- Identificação de microRNAs e possíveis genes-alvo na saliva associados ao benefício a longo prazo da quimiorradioterapia em pacientes com carcinoma epidermoide de cavidade oral e orofaringe.

RESUMO

- Os estudos clínicos são divididos em quatro fases; sendo que a parte pré-clínica, realizada *in vitro* e/ou em animais, pode ser chamada de fase 0.

- Estudos de fase I: são desenhados para verificar se uma nova droga é segura o suficiente para ser utilizada em seres humanos e estabelecer um perfil farmacodinâmico.

- Estudos de fase II: são desenhados para avaliar a segurança do tratamento e eficácia preliminar da droga num grupo específico de pacientes.

- Estudos de fase III: são desenhados para comparar uma nova droga ou combinação, em geral já testada em estudo de fase II, com o tratamento-padrão disponível. O objetivo é avaliar o risco/benefício do tratamento, a curto e longo prazos, determinando se existe vantagem no uso da nova estratégia de tratamento. Em oncologia, o benefício geralmente é definido por prolongamento da sobrevida global ou melhora da qualidade de vida dos pacientes.

- O desfecho de ganho em sobrevida livre de doença pode ser aceitável em pacientes submetidos a tratamento adjuvante, embora a tendência atual para a aprovação de medicamentos para uso na prática clínica seja baseada no desfecho de ganho em sobrevida global.

- Estudos de fase IV: são estudos de farmacovigilância envolvendo drogas que já receberam aprovação para uso clínico. A vigilância de segurança da droga é feita para monitorar os efeitos adversos, após a utilização do medicamento em larga escala e em população não selecionada.

- É importante aguardar a confirmação adequada da superioridade da intervenção/medicamento em relação ao tratamento-padrão antes da sua incorporação na prática clínica. Inúmeros resultados promissores vistos em estudos de fase II se mostraram fúteis ou até mesmo deletérios após a condução de estudo de fase III com número adequado de pacientes.

PONTO DE VISTA

Devido a grandes investimentos e envelhecimento da população, a pesquisa clínica em oncologia tem crescido vertiginosamente. Nos principais centros acadêmicos do Brasil e do mundo, a pesquisa clínica em câncer já faz parte da rotina de atendimento de pacientes e profissionais de saúde. Portanto, o conhecimento sobre os tipos de desenhos, fases de ensaio clínico e metodologia científica por parte dos profissionais envolvidos é de suma importância. Nesse contexto, tanto alunos de medicina quanto residentes em oncologia apresentarão cada vez mais interface com estudos clínicos de oncologia e, por isso, devem ser treinados e/ou ensinados sobre pesquisa clínica em oncologia.

> ... TANTO ALUNOS DE MEDICINA QUANTO RESIDENTES EM ONCOLOGIA APRESENTARÃO CADA VEZ MAIS INTERFACE COM ESTUDOS CLÍNICOS DE ONCOLOGIA...

Rachel P. Riechelmann

Chefe da Pesquisa Clínica do Instituto do Câncer do Estado de São Paulo (ICESP).

PARA SABER MAIS

- Pazdur R. Endpoints for assessing drugs activity in clinical trials. The oncologist. 2008;13(suppl 2):19-21.

Descreve os principais desfechos utilizados na avaliação de novas drogas.

- Fisher B. Clinical trials for the evaluation of cancer therapy. Cancer. 1984;54:2609-2617.

Descreve os estudos clínicos que avaliam o tratamento do câncer.

BIBLIOGRAFIA GERAL

1. Fisher B. Clinical trials for the evaluation of cancer therapy. Cancer. 1984;54:2609-2617.

2. Ratain MJ, Mick R, Schilsky R et al. Statistical and ethical issues in the design and conduct of phase I and II clinical trials of new anticancer agents. J Natl Câncer Inst. 1993;85:1637-1643.

3. Arrowsmith J. Trial watch: Phase II failures: 2008–2010. Nature Reviews Drug Discovery. 2011;10:328-329.

4. Piedbois P. Les essais de phase 2 randomisés en cancérologie. Bull Cancer. 2007;94:953-6.

5. Sleijfer S, Ray-Coquard I, Papai Z, Le Cesne A, Scurr M, Schöffski P et al. Pazopanib, a multikinase angiogenesis inhibitor, in patients with relapsed or refractory advanced soft tissue sarcoma: a phase 2 study from the European Organisation for Research and Treatment of Cancer – Soft Tissue and Bone Sarcoma Group (EORTC Study 62043). J Clin Oncol. 2009;27:3126-32.

6. Bonneterre J, Adenis A, Dansin E, Ferté C, Clisant S, Penel N. Is the maximal tolerated dose still the best primary endpoint? Analysis of 288 dose-seeking phase 1 trials (abstract 2513). J Clin Oncol. 2009;27(Suppl S7):abstr 2513.

7. Pazdur R. Endpoints for assessing druga activity in clinical trials. The oncologist. 2008;13(suppl 2):19-21.

8. André T, Boni C, Navarro M, Tabernero J, Hickish T, Topham C et al. Improved Overall Survival With Oxaliplatin, Fluorouracil, and Leucovorin As Adjuvant Treatment in Stage II or III Colon Cancer in the MOSAIC Trial. J Clin Oncol. 2009;27(19):3109-16.

9. Ofner D, Devries AF, Schaberl-Moser R, Greil R, Rabl H, Tschmelitsch J et al. Preoperative oxaliplatin, capecitabine, and external beam radiotherapy in patients with newly diagnosed, primary operable, cT3NxM0, low rectal cancer: a phase II study. Strahlenther Onkol. 2011;187(2):100-7.

10. Aschele C, Cionini L, Lonardi S, Pinto C, Cordio S, Rosati G et al. Primary tumor response to preoperative chemoradiation with or without oxaliplatin in locally advanced rectal cancer: pathologic results of the STAR-01 randomized phase III trial. J Clin Oncol. 2011;29(20):2773-80.

Inovação Terapêutica

23

João Paulo Portela Catani
Rachel P. Riechelmann

INTRODUÇÃO

Há uma revolução acontecendo no tratamento do câncer e isso se dá graças ao grande salto no entendimento dessa doença nas últimas décadas. O que era considerado uma doença celular autônoma, puramente hiperproliferativa, hoje é visto como um desequilíbrio fisiológico complexo. Esse novo entendimento, associado ao incrível ganho tecnológico, permitiu o avanço de terapias inovadoras como as alvo-dirigidas e as imunoterapias. Estas novas abordagens, em muitos tipos de cânceres, têm trazido benefícios clínicos surpreendentes e colocado em xeque o uso tradicional de quimioterápicos puramente citotóxicos.

Neste capítulo discutiremos os resultados clínicos obtidos com o desenvolvimento de novas terapias, entre elas o uso de inibidores de tirosina quinases, o uso de anticorpos monoclonais e imunoterapias. Além disso, serão apresentadas algumas estratégias promissoras em estágio pré-clínico como bloqueios combinados de vias de sinalização, combinações imunoterapêuticas, uso de transferência gênica e vírus oncolítico. Por fim, destacaremos a importância da identificação de subgrupos específicos de pacientes, hábeis em se beneficiar dos diferentes tratamentos.

Ao final deste capítulo, espera-se que o leitor compreenda que: (i) o sucesso terapêutico é ditado por uma complexa rede de fatores, intrínsecos ao paciente; (ii) apenas a determinação adequada destes fatores permitirá a escolha terapêutica adequada, que possivelmente envolverá diferentes estratégias, atingindo diversos mecanismos de progressão tumoral.

DESTAQUES

- Terapias alvo-dirigidas revolucionaram o tratamento da leucemia mieloide crônica e se afirmaram como uma arma extraordinária no tratamento de diversas malignidades.
- Combinações terapêuticas fornecem alternativas para pacientes não respondedores e, quando associadas a imunoterapias, prometem uma extensão em longo prazo dos efeitos antitumorais.
- Com os avanços na compreensão do sistema imune e do câncer, a terapia gênica e o uso de vírus oncolíticos ressurgem como alternativas terapêuticas.
- Drogas já conhecidas têm tido novos efeitos desvendados, entre eles destacam-se os efeitos antitumorais de drogas como o AAS e a metformina, além das importantes implicações imunes desencadeadas pelas antraciclinas.
- A identificação da capacidade de um determinado paciente em responder a um tratamento dita o sucesso terapêutico, indicando a importância da estratificação de subgrupos e personalização do tratamento.

TERAPIAS ALVO-DIRIGIDAS

Sem dúvida, grande parte da inovação terapêutica alcançada na última década advém do desenvolvimento de terapias alvo-dirigidas. Essas terapias agem bloqueando vias bioquímicas ou proteínas mutantes essenciais para o crescimento e a sobrevivência celular. Entre as terapias alvo-dirigidas que mais têm alcançado sucesso clínico estão as baseadas no bloqueio de vias pelo uso de inibidores de tirosinas quinases e anticorpos monoclonais.

Inibidores de Tirosina Quinase

O primeiro grande sucesso com o uso de inibidores de tirosina quinase (TKIs) foi alcançado pelo imatinib, comercialmente conhecido como Gleevac. A história do desenvolvimento do imatinib representa um exemplo muito claro de como a compreensão dos mecanismos moleculares levou ao desenvolvimento de um fármaco extraordinário no tratamento de certas leucemias. Pode-se dizer que a históoria do desenvolvimento do imatinib começa com as observações de Peter Nowell e David Hungerford no final da década de 1950. Norwell e Hungerford identificaram uma anormalidade cromossômica comum em pacientes com leucemia mieloide crônica (LMC). Essa anormalidade é caracterizada pela existência de um cromossomo muito pequeno não usual, que mais tarde foi chamado de cromossomo Philadelphia.

Nas décadas seguintes à observação de Nowell e Hungerford, o refinamento das técnicas citogenéticas permitiu que Janet Rowley descobrisse que o cromossomo Philadelphia consiste em uma translocação do cromossomo 9 com o cromossomo 22 (Rowley 1973). Dez anos após a descoberta de Rowley, cientistas do *National Institute of Cancer* e da *Erasmus University* identificaram os genes envolvidos na translocação do cromossomo, os genes *bcr* e *abl*. A suspeita de que a fusão *bcr-abl* fosse responsável pela LMC foi confirmada na década de 1990, quando cientistas da *Whitehead Institute*, com o uso de vetor retroviral em um modelo murino, transferiram o gene de fusão *bcr-abl* para células da medula óssea e observaram o desenvolvimento de malignidades hematológicas, entre elas uma síndrome mieloproliferativa muito similar à LMC.

Também nos anos 1990 foi identificada a função do gene de fusão *bcr-abl*, uma tirosina quinase que não é corretamente regulada. Tirosinas quinases são moléculas de sinalização amplamente expressas, e quando ativas induzem a divisão celular. Até os anos 1990, poucas companhias tinham o interesse em desenvolver inibidores de quinases, isso devido à grande variedade de quinases expressas no corpo humano, o que levou ao consenso de que o desenvolvimento de um inibidor específico seria impossível ou muito difícil. Porém, análises estruturais revelaram que o sítio de ligação nessas proteínas variava consideravelmente, o que possibilitaria uma inibição específica. Então, em 2006, o oncologista Brian Druker, após um rastreamento feito com inibidores de quinases, publicou um artigo no qual um composto em particular causava um decréscimo acentuado da proliferação de células *bcr-abl*. Dois anos depois, o composto descrito por Druker foi submetido a um ensaio clínico em LMC. De maneira notável, 53 de 54 pacientes que receberam doses de 300-1.000 mg de imatinib apresentaram remissão completa. O acompanhamento de pacientes em ensaios clínicos de maior escala mostrou que o imatinib é capaz de induzir 98% de resposta hematológica completa (**CHR**) e 87% de resposta citogenética completa (**CCR**).

O sucesso do imatinib no tratamento de pacientes com LMC encorajou a exploração do seu uso em outros tipos de cânceres que, de maneira similar, superexpressam tirosinas quinases. Hoje em dia, outros inibidores *bcr-abl* estão disponíveis (desatinib, nilotinib), e além deles, inibidores de outras vias dependentes de quinases, como os da família **EGFR** (gefitinib, erlotinib, lapatinib e canertinib), **VEGFR** (semaxinib, vatalanib, sutent, sorafenib) e **PDGFR** (lefrunomide).

Além das implicações nos cânceres já citados, os inibidores de tirosina quinase se tornaram tratamento padrão de tumores estromais gastrointestinais (GIST). A ativação da tirosina quinase KIT parece ser uma característica patogenética fundamental, comum na maior parte dos tumores gastrointestinais estromais malignos. KIT é conhecido como receptor do fator de células-tronco (*stem cell factor receptor*), e sua ativação leva à sinalização por diversas cascatas incluindo RAS/ERK, PI3-*kinase*, Src *kinase* e JAK/STAT. Aproximadamente 95% dos GISTs apresentam marcação positiva para CD117 (um epítopo do receptor KIT) em exames de imunoistoquímica. A evidência do ganho de função de KIT nesses tumores permitiu o uso racional de inibidores de tirosina quinase, o que se tornou o tratamento padrão.

Desde a aprovação em 2002, o uso do imatinib tem mostrado um alto nível de eficácia clínica em pacientes com GIST avançado ou metastático, antes intratável. Resultados de ensaios clínicos mostraram taxas de resposta (redução do volume tumoral) entre 50 e 70% dos pacientes com GIST avançado, uma mediana de sobrevida livre de progressão entre 24 e 26 meses e uma sobrevida mediana global de 5 anos. Além disso, 25% dos pacientes continuam vivos após 9 anos. Para pacientes com GIST inoperável ou metastático, que sejam intolerantes ou irresponsivos ao imatinib, o sunitinib representa o único agente de segunda linha aprovado. Sunitinib é um inibidor multialvo de TKI, porém inibe predominantemente VEGFR. O sunitinib tem igualmente se mostrado mais eficiente no controle da progressão tumoral de carcinomas renais de células claras (mediana de sobrevida livre de progressão de 11 *vs.* 5 meses alcançada com o tratamento usando interferon) e na sobrevida mediana desses pacientes (26,4 *vs.* 21,8 meses).

Outro exemplo do uso de inibidores de tirosina quinase é o sorafenib, o único tratamento aprovado para carcinoma hepatocelular avançado, capaz de aumentar a sobrevida global mediana em cerca de 4 meses. O sorafenib possui uma especificidade fraca, e entre seus alvos se encontra RAF e VEGFR.

Além dos tipos de cânceres já citados, o uso de inibidores de quinases tem demonstrado implicações clínicas em diversos tipos de cânceres, resumidos na **Tabela 23.1**.

CHR: *uma resposta hematológica completa significa o retorno aos números usuais na contagem sanguínea.*

CCR: *uma resposta citogenética completa significa a ausência do gene de fusão bcr-abl, usualmente por hibridação in situ.*

EGFR – Epidermal Growth Factor Receptor Tyrosine Kinases: *compreende quatro receptores transmembranares (HER1, HER2, HER3 e HER4). A união de ligantes a esses receptores promove a fosforilação dos resíduos tirosinas e a transdução de sinal. Os sinais transduzidos por esses receptores têm implicação em diferentes processos neoplásicos, como progressão do ciclo celular, inibição de morte celular, motilidade de células tumorais, invasão e metástase.*

VEGFR – Vascular Endothelial Growth Factor Receptor Tyrosine Kinase: *o acionamento dos receptores induz a proliferação, permebilização e sobrevivência de células endoteliais. As células endoteliais têm papel crucial na angiogênese, processo induzido por quase todos os tumores sólidos em resposta à hipóxia. A angiogênese tumoral está ligada ao aumento de recorrência e diminuição na sobrevida de pacientes.*

PDGFR – Platelet-Derived Growth Factor Receptor: *a ativação desse receptor pode levar à transformação celular e geração de sinal mitótico. Esse receptor é frequentemente superexpressado em vários tipos de tumores sólidos.*

Ph+: *que possui a translocação característica do cromossomo Philadelphia.*

Agonista: *é chamada uma substância que se liga a um receptor e induz sua resposta biológica.*

Antagonista: *é chamada a substância que se liga ao receptor e inibe a ação do agonista e sua resposta biológica.*

TABELA 23.1. *Inibidores de tirosinas quinases, seus alvos principais e suas aplicações clínicas.*

Droga	Alvo	Aplicação
Imatinib	BCR-ABL, c-KIT e PDGFR	Mastocitose sistêmica, desordens mieloproliferativas, leucemia, GIST e dermatofibrossarcoma *protuberans*
Dasatinib	BCR-ABL, família de quinases SRC	Leucemia
Bosutinib	BCR-ABL, família de quinases SRC, quinases STE20	Leucemia
Vemurafenib	BRAF	Melanoma
Erlotinib	EGFR	Câncer pancreático, câncer de pulmão
Lapatinib	EGFR e HER2	Câncer de mama
Regorafenib	Múltiplas tirosinas quinases	Câncer colorretal, GIST
Sunitinib	Múltiplas tirosinas quinases	GIST, carcinoma renal de células claras, tumor neuroendócrino pancreático
Sorafenib	Múltiplas tirosinas quinases	Carcinoma renal de células claras, câncer hepático e câncer de tireoide
Axitinib	Múltiplas tirosinas quinases	Carcinoma renal de células claras
Idelalisib	Quinase PI3	Leucemia e linfoma
Trametinib	RAS/RAF e MEK/ERK	Melanoma
Ibrutinib	Tirosina quinase de Bruton (BKT)	Leucemia e linfoma
Pazopanib	VEGFR	Sarcoma de tecido mole, carcinoma renal de células claras
Carbozantinib	VEGFR	Carcinoma medular de tireoide
Vandetanib	VEGFR, EGFR e RET	Câncer de tireoide

Anticorpos Monoclonais

O uso de anticorpos monoclonais (mAbs) para o tratamento do câncer é outra estratégia que tem alcançado um sucesso considerável nos últimos anos. Apesar do sucesso apenas recente, o fundamento das terapias baseadas em anticorpos tem origem na década de 1960, com as observações da expressão de antígenos por células tumorais. A definição dos antígenos de superfície revelou uma grande gama de possíveis alvos que são superexpressos, mutados ou seletivamente expressos em cânceres, quando comparados a tecidos normais. O grande desafio tem sido identificar os antígenos adequados para uma terapia. O efeito antitumoral dos anticorpos pode ser alcançado atingindo funções de receptores (como agonistas ou antagonistas), modulando o sistema imune ou endereçando uma droga a um alvo específico.

Citotoxidade dependente de complemento (CDC): a molécula C1q se liga ao anticorpo, iniciando a cascata do complemento que leva à formação do complexo de ataque à membrana (MAC) na superfície da célula-alvo.

Citotoxidade celular dependente de anticorpo (ADCC): é um mecanismo de defesa imune mediado por células efetoras que lisam uma célula-alvo coberta de anticorpos.

Os mecanismos de morte induzidos pelos anticorpos em células tumorais podem ser diversos. Esta morte pode ser induzida diretamente pela ação sobre a célula (através de atividades agonistas ou antagonistas em receptores, indução de apoptose ou pela entrega de agentes citotóxicos). A morte celular também pode ser indireta através de mecanismos imunes, incluindo a citotoxicidade induzida por complemento (**CDC**), citotoxicidade celular dependente de anticorpo (**ADCC**) e a regulação da função de linfócitos T. Todas essas abordagens têm sido usadas com sucesso na clínica. Por exemplo, o bloqueio da sinalização celular é alvo do tratamento com cetuximab e transtuzumab, a indução da função efetora de células T por ADCC é alvo do rituximab, e a modulação da função de células T é alvo do ipilumumab.

Desde 1997, 12 anticorpos foram aprovados pela FDA para o tratamento de cânceres. A **Tabela 23.2** mostra a lista desses anticorpos, assim como seu alvo e indicações.

TABELA 23.2. *Anticorpos aprovados pela agência regulatória americana (FDA) para o tratamento de câncer.*

Anticorpo	Alvo	Indicação
Trastuzumab	HER2+	Câncer de mama positivo para HER2+, como agente único ou combinação com quimiterapia em tratamento adjuvante ou paliativo; carcinoma gástrico ou gastroesofágico de junção HER2+, como tratamento de primeira linha em combinação com cisplatina, capecitabine ou 5-fluorouracil
Bevacizumab	VEGF	Tratamento de primeira e segunda linha para câncer de cólon metastático em combinação com 5-fluorouracil; tratamento de primeira linha de NSCLC avançado, em combinação com carboplatina e paclitaxel, em pacientes que não receberam prévia quimioterapia; agente único em pacientes adultos com glioblastoma resistente; em conjunto com IFN-α para o tratamento de câncer de rim metastático
Cetuximab	EGFR	Em combinação com radiação para o tratamento de SCCHN; como agente único em pacientes com SCCHN resistentes a terapia baseada em platina; tratamento paliativo de câncer colorretal metastático positivo sem mutação no oncogene RAS
Panitumumab	EGFR	Como agente único no tratamento de carcinoma metastático colorretal pré-tratado, sem mutação no oncogene RAS
Ipilimumab	CTLA-4	Tratamento de melanoma metastático não operável
Rituximab	CD20	LNH de células B positivas para e CLL positivas para CD20, e terapia de manutenção para NHL folicular positivo para CD20
Alemtuzumab	CD52	Como agente único em leucemia linfocítica crônica de células B
Ofatumumab	CD20	Tratamento dos pacientes com CLL refratário a fludarabine e alemtuzumab
Gemtuzumab ozogamicin	CD33	Pacientes com leucemia mieloide aguda, de 60 anos ou mais, na primeira reincidência
Bremtuximab vedotin	CD30	Tratamento de linfoma de Hodgkin recidivo ou refratário e linfoma anaplásico sistêmico
Y-labeled ibritumomab	CD20	NHL folicular de células B recidivo ou refratário, ou que alcançaram uma resposta parcial ou completa em terapia de primeira linha
[131]I-labelled tositumomab	CD20	NHL folicular ou transformado, de baixo grau, positivos para CD20

Entre os mAbs utilizados no tratamento de tumores sólidos destaca-se o sucesso obtido com o tratamentos que visem a família ERBB e VEGF.

Entre os anticorpos visando à família ERBB, o desenvolvimento do trastuzumab se destaca pelo pioneirismo, e assim como o imatinib, é um exemplo de como a ciência básica contribui para o desenvolvimento de tratamentos inovadores.

A história do trastuzumab, comercialmente conhecido como Herceptin, inicia-se na década de 1980 com a observação do Dr. Stu Aeronson de que o gene HER2/neu é frequentemente amplificado em alguns subgrupos de cânceres de mama. Nesse mesmo período, o Dr. Dennis Slamon e cols. investigavam se diferentes oncogenes estariam alterados em diversos tumores, e quais seriam suas correlações com

CD33: *Receptor transmembranar expresso em células da linhagem mieloide.*

CD52: *Glicoproteína expressa na superfície de linfócitos maduros.*

CD30: *Receptor do fator de necrose tumoral, expresso em células B e T ativadas.*

CD20: *Fosfoproteína expressa na superfície de células B.*

HER2: *Proteína chamada de human epidermal factor receptor 2.*

VEGF: *vascular endothelial growth factor.*

distintos aspectos da doença. Isso levou à descoberta de que tumores de mama que superexpressam a proteína **HER2** constituem um subtipo mais agressivo, encontrado em 25% das pacientes. A proteína HER2 é um receptor de fator de crescimento, ela detecta sinais provenientes do ambiente extracelular que induzem a divisão celular. Em quantidades normais, HER2 tem um papel importante na manutenção do crescimento de células da mama. Porém, em de cerca de 1/4 das pacientes as células cancerosas produzem cópias extras desse gene, resultando em excesso de receptores na superfície celular. Isso amplifica o sinal de proliferação, fazendo com que essas células se dividam de modo acelerado, propagando o tumor.

Tendo um possível alvo identificado, o Herceptin foi desenvolvido a partir da humanização de um anticorpo murino previamente desenvolvido pelos Drs. Michel Shepard e Axel Ulrich, na empresa Genentech. Cerca de 10 anos após os esforços iniciais do Dr. Dennis Slamon, o Herceptin foi aprovado pela FDA. Pacientes com alterações em HER2, que antes figuravam dentro das piores estatísticas, agora, com o Herceptin, estão entre os que possuem as melhores taxas de sobrevida.

É importante ressaltar que, apesar de o Herceptin ter sido desenvolvido visando à inibição do crescimento celular, estudos têm revelado que a sua atividade terapêutica está sujeita à citotoxicidade celular dependente de anticorpos.

Outra ilustração do uso de mAbs no tratamento do câncer é com o cetuximabe e o panitumumab em cânceres de cólon com oncogene RAS não mutado. Cetuximabe é um anticorpo quimérico, específico contra **EGFR**. O EGFR é um receptor, assim como o HER2,

EGFR: epidermal growth factor receptor.

que quando acionado inicia a transdução de sinal que culmina com a indução da síntese de DNA e a proliferação celular. A ação do cetuximabe previne a ligação do ligante e a dimerização do receptor, passos fundamentais na iniciação da transmissão de sinal. O panitumumab é um anticorpo do tipo IG2, completamente humanizado, também dirigido contra EGFR. O panitumumab funciona de maneira similar ao cetuximabe e ambos são utilizados isoladamente ou em combinação com a quimioterapia paliativa para tratamento do câncer colorretal avançado.

Não se pode deixar de citar a grande esperança originada com o uso de anticorpos que visem a regulação do sistema imune (anti--**CTLA-4** e anti-PD-1), previamente discutidos no Capítulo 14.

CTLA-4: *citotoxic T-limphocyte-associated protein 4 é um receptor que, acionado, regula negativamente a ativação de células T.*

INOVAÇÕES EM ESTÁGIO PRÉ-CLÍNICO

Inúmeras abordagens pré-clínicas existentes criam um panorama riquíssimo em novas possibilidades terapêuticas. Porém, essa vastidão limita uma exploração ampla em uma simples secção deste livro. Por esse motivo, restringiremos esse tópico à descrição de novas combinações terapêuticas, e aos novos usos de antigas drogas, assim como a identificação de subgrupos de pacientes hábeis em responder as novas terapias.

Combinações Terapêuticas

O sucesso de terapias alvo-dirigidas tem sido limitado devido ao desenvolvimento de resistência e à consequente retomada do crescimento tumoral. A identificação dos mecanismos envolvidos no desenvolvimento de resistência pode levar ao desenvolvimento racional de linhas terapêuticas aditivas. Espera-se que no futuro a resistência seja contornada com uso de terapias combinadas.

Bloqueios de Vias de Sinalização Combinados

A atual era das terapias alvo-dirigidas cria a oportunidade de se explorar a inibição seletiva de múltiplos receptores ou vias intracelulares, tanto em células cancerosas como no microambiente que as suporta. Muitos desafios limitam o desenvolvimento de terapias combinadas, entre eles a compreensão incompleta dos mecanismos de ação de muitas terapias, que até mesmo no momento da aprovação por agências regulatórias não é completamente conhecido. A **Tabela 23.3** sumariza alguns dos efeitos de terapias alvo-dirigidas no sistema imune, o que evidencia que seus mecanismos de ação podem não estar restritos e até mesmo não ser primariamente dependentes da inibição da molécula-alvo.

Um exemplo da importância do desenvolvimento de combinações terapêuticas é o controle do aparecimento de resistência à inibição de EGFR em carcinomas pulmonares de células não pequenas (NSCLC). Apenas muito tempo depois da aprovação do uso de inibidores e EGFR (erlotinib), foi identificado que a indução de MET (uma tirosina quinase) é responsável pela aquisição de resistência. A via de MET, também conhecida como via de Ras-Raf-MEK-ERK, é uma cascata de sinalização jusante à ativação de EGFR. Nesse caso, a combinação da inibição das quinases MET e EGRF em células de NSCLC não aumentou a sensibilidade dessas células ao tratamento, mas suprimiu dramaticamente o aparecimento de clones resistentes. Efeitos sinérgicos da inibição da via de MET e EGFR também foram observados em linhagens de cânceres gástricos. Atualmente, o uso da combinação de inibidores de MET e EGFR continua em estudos clínicos.

Tratamentos Alvo-dirigidos e Imunoterapias

Entre as combinações mais promissoras está a associação de terapias alvo-dirigidas a imunoterapias. Como já descrito previamente, inibidores de tirosina quinase têm induzido uma resposta antitumoral impressionante em seletos grupos de pacientes. Entretanto, essa resposta frequentemente é seguida pelo desenvolvimento de uma progressão da doença, devido à emergência de resistência. A resistência normalmente envolve o aparecimento de mutações secundárias ou outras mudanças compensatórias na via inibida, ultrapassando o bloqueio engendrado pela droga. Esse fenômeno faz com que a dramática redução da regressão tumoral seja mantida apenas por um período relativamente curto, limitando os benefícios clínicos.

Autóloga: que tem origem no próprio paciente.

Vacina autóloga de células dendríticas: é uma vacinação na qual células dendríticas são removidas do paciente, carregadas com antígenos tumorais e reinseridas para estimular uma resposta imune.

Em outra fronte, imunoterapias como sipuleucel-T e ipilimumab têm se mostrado capazes de estender a sobrevida de pacientes. O sipuleucel-T é usado em câncer de próstata metastático resistente à castração; ele consiste numa **vacina autóloga de células dendríticas**. Essas células estimulam uma resposta de células T contra um antígeno específico, superexpresso em células de carcinoma de próstata (fosfatase ácida prostática – PAP). O tratamento com sipuleucel-T demonstrou um ganho de sobrevida mediana de 4 meses, com uma toxicidade mínima. O ipilimumab é um anticorpo dirigido contra o CTLA-4 (*cytotoxic T lymphocyte-associated antigen 4*). Ele bloqueia a inibição de linfócitos T ativos, reforçando a resposta imune antitumoral pré-existente. O ipilimumab é usado como tratamento de segunda linha para pacientes com melanoma avançado. Em 15-20% dos pacientes, o benefício do tratamento com o ipilimumab é observável por períodos superiores a 2 anos e meio. O uso dessa terapia é acompanhado de toxicidades inflamatórias significativas. Imunoterapias têm se mostrado hábeis em induzir respostas duráveis por períodos extensos.

A análise dos resultados alcançados pelas terapias alvo-dirigidas e pelas imunoterapias fornece a ideia de uma possível complementaridade. As terapias alvo-dirigidas induzem controle tumoral (possivelmente associado a uma diminuição da imunossupressão), criando uma janela terapêutica favorável ao uso de imunoterapias. As terapias alvo-dirigidas podem potencializar a resposta imune, limitando o crescimento tumoral pela interrupção do crescimento celular, facilitando o controle tumoral por linfócitos T. Além disso, a grande quantidade de antígenos provenientes de debris de células mortas oferece um repertório rico que pode contribuir para a vacinação *in situ*. Essa cascata de eventos pode então consolidar de maneira durável a forte resposta antitumoral inicialmente induzida pela terapia alvo-dirigida.

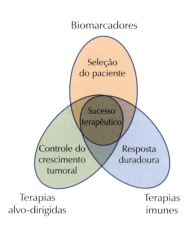

FIGURA 23.1. Possíveis fatores envolvidos no sucesso terapêutico. A investigação de mutações drivers (ex., ALK, EGFR, HER2, ROS1, RET, BRAF, NRAS, PIK3CA, MET) permite o uso de terapias alvo-dirigidas. Do mesmo modo, a identificação do perfil imune do tumor permite a determinação de uma estratégia imunoterapêutica que possibilite a produção de uma resposta duradoura e protetora de células T, estendendo os efeitos antitumorais a longo prazo. Intervenções terapêuticas (ex., uso de combinado de TKIs) permitirão ultrapassar certas barreiras de resistência e, quando associadas à modulação do perfil imune antitumoral (ex., vacinação, uso de oncolíticos, inibidores de pontos de checagem), esperançosamente tornarão pacientes não respondedores naqueles hábeis em se beneficiar do tratamento, atingindo assim o sucesso terapêutico desejado.

Além dos efeitos diretos em células tumorais, terapias alvo-dirigidas podem atuar sobre células do sistema imune, por exemplo, atenuando a atividade de populações de *linfócitos reguladores* e *células mieloides supressoras*. Terapias alvo-dirigidas podem igualmente aumentar a apresentação de antígenos por células dendríticas e melhorar o *priming* de linfócitos T citotóxicos. A **Tabela 23.3** exemplifica algumas abordagens combinadas.

> *Linfócitos T reguladores ($_{Treg}$):* são um subtipo de linfócitos T que têm a função de induzir tolerância imune, suprimindo a atividade de células efetoras.

> *Células mieloides supressoras (MDSCs):* são um subtipo de células derivadas da linhagem mieloide; esse subtipo é conhecido por silenciar a resposta de células T citotóxicas CD8$^+$ e células T auxiliadoras CD4$^+$. Além disso, promovem a formação de células T regulatórias.

TABELA 23.3. Efeitos de terapias alvo-dirigidas sobre o sistema imune e estratégias de tratamentos combinados em fases pré-clínicas e clínicas. GIST: tumor gastrointestinal; HCC: carcinoma hepatocelular; RCC: carcinoma celular renal; CD137: tumor necrosis factor receptor superfamily member 9; gp100: glicoproteína transmembranar; MART1: melanoma antigen recognized by T cells 1.

Droga	Efeito no Sistema Imune	Fase Experimental
Imatinib	Bloqueia IDO, diminui o número e a efetividade de linfócitos T$_{reg}$, aumenta o número de linfócitos B-1 e a quantidade de anticorpos antitumorais	Fase pré-clínica em associação com anti-CTLA-4 em GIST
Vemurafenib	Aumenta expressão de gp100, MART1 e outros antígenos, diminui a secreção tumoral de citocinas imunossupressivas	Fase I em combinação com ipilimumab
Sunitinib	Bloqueia STAT3, diminui o número e a efetividade MDSCs e linfócitos T$_{reg}$	Fase pré-clínica associada às transferência adotiva de linfócitos T em HCC e RCC, e associado a anti-CD137 mais IL-12 em adenocarcinoma de cólon
Trastuzumab	Ativa linfócitos T citotóxicos antitumorais e reforça a expressão de IFN-γ e a morte celular dependente de anticorpos (ADCC)	Fase II em combinação com vacina de peptídeos HER2, fase 1 em combinação com IL-12, pré-clínico em combinação com anti PD-1 e fase 1 em combinação com anticorpo agonista de CD137
Bevacizumab	Aumenta a maturação de células dendríticas	Fase I associado a ipilimumab, pré-clínico em combinação com a transferência adotiva de linfócitos T
Cetuximab	Aumenta a expressão de MHC classes I e II, e a indução de linfócitos citotóxicos por células dendríticas. Também possui função imunossupressora através da ativação de macrófagos do tipo M2	Fase II em associação à vacina de EGFR

Imunoterapias Combinadas

A indução, potência e persistência da resposta antitumoral refletem um balanço complexo entre as diferentes células do sistema imune.

A geração de uma resposta cujo resultado clínico seja observável seguramente envolve uma execução eficiente de vários processos. Primeiramente, células apresentadoras de antígenos precisam capturar antígenos tumorais, processá-los e expô-los no complexo maior de histocompatibilidade (MHC) de classes I e II. Em seguida estes antígenos precisam ser apresentados em um contexto imunogênico a linfócitos CD4$^+$ e CD8$^+$. Numa segunda fase, estes linfócitos precisam se diferenciar em células efetoras, o que requer a combinação de sinais do receptor de células T (TCR) e moléculas coestimulatórias como proteínas da família B7 ou TNFR, assim como citocinas (ex., IL-12). As células T efetoras devem agora evitar os sinais regulatórios negativos (conhecidos como pontos de checagem do sistema imune). Estes sinais inibem a execução da resposta efetora, induzindo programas de tolerância como anergia ou exaustão. Enfim, a resposta antitumoral deve ser capaz de ultrapassar a rede imunossupressiva induzida pelo microambiente tumoral, que muitas vezes é acionada por um conjunto de fatores solúveis ou por populações de células reguladoras (descrito em maiores detalhes no Capítulo 14).

A otimização da imunoterapia requer um tratamento que afete múltiplas etapas da resposta imune. Uma das possíveis combinações imunoterapêuticas é o uso de vacinas associadas ao bloqueio de pontos de checagem. Como exemplo, tumores apresentaram aumento de infiltrado inflamatório com o uso do bloqueio de CTLA-4 em pacientes previamente vacinados com células tumorais expressando GM-CSF. De modo similar, o bloqueio de PDL-1 associado a vacinas tem aumentado a sobrevida e diminuído o crescimento tumoral em modelos pré-clínicos.

Além do uso de vacinas, o estímulo direto de receptores coestimuladores pode ser associado ao bloqueio de sinais de inibição. Em um estudo, Kocak e cols. mostraram que o uso de agonistas do receptor 4-1BB associados a anti-CTLA-4 induz a regressão completa de tumores em modelos pré-clínicos. A terapia combinada usando agonista de outro receptor, a *glucocorticoid-induced TNFR-related protein* (GITR), mostrou resultados similares.

TERAPIA GENICA DO CÂNCER E VÍRUS ONCOLÍTICOS

Terapia Gênica

A emergência da terapia gênica no início dos anos 1990 trouxe novas oportunidades para o tratamento do câncer, entre elas o uso de moléculas imunoestimulatórias como as citocinas. A transferência gênica pode desse modo subverter a tolerância contra antígenos tumorais e facilitar a rejeição do tumor pelo sistema imune.

Muitos vetores têm sido usados em estudos pré-clínicos para a transferência gênica de citocinas, entre eles retrovírus, adenovírus, vírus adenoassociado, vírus da herpes simples e vírus da floresta de Semliki. Os vetores adenovirais recombinantes têm demonstrado resultados promissores em modelos animais, sendo usados, portanto, na maioria dos ensaios clínicos. Diferentes citocinas e quimiocinas têm sido empregadas na tentativa de reverter a tolerância tumoral, entre elas IL-2, IL-4, IL-6, IL-7, IL-12, IFN-γ, IFNs do tipo I, TNF-α, GM-CSF.

Atualmente, encontram-se ensaios clínicos ativos utilizando vetores adenovirais como ferramenta de transferência gênica, GM-CSF, IL-24, IFNα, Flt3L e CD40L (**Tabela 23.4**).

TABELA 23.4. *Protocolos clínicos abertos utilizando citocinas e vetores adenovirais como estratégia de transferência gênica.*

Citocina	Tipo do Tumor	Fase	Comentário	Ref
GM-CSF	Carcinoma de bexiga	II/III	CG0070 consiste em um adenovírus oncolítico condicional, que expressa GM-CSF	NCT01438112
	Câncer colorretal	I	Celulas do paciente engenheiradas para expressar GM-CSF	NCT01952730
IFN-α	Mesotelioma pleural	I	SCH 721015, não replicativo; aplicação intrapleural	NCT01212367
IL-24	Melanoma	II	INGN 241; não replicativo; aplicação intratumoral	NCT00116363
Flt3L	Glioma	I	Uso combinado de Ad-hCMV-TK e Ad-hCMV-Flt3L; infundidos durante remoção cirúrgica	NCT01811992
CD40L	Melanoma	I/II	AdCD40L não replicativo; aplicação intratumoral	NCT01455259

Terapia Oncolítica

A ideia de utilizar vírus para o tratamento do câncer remonta à década de 1950, quando sistemas de cultura celular e modelos murinos para o estudo do câncer foram inicialmente desenvolvidos. O termo "vírus oncolítico" comumente se refere a uma cepa viral, não patogênica, que destrói seletivamente células neoplásicas. Geralmente um vírus oncolítico não possui somente um tropismo, mas também uma atividade citotóxica preferencial para células transformadas. Essa preferência por células transformadas pode ser inerente à natureza do vírus ou pode ter sido induzida por engenharia genética.

O acúmulo de evidências sugere que os efeitos antineoplásicos da terapia oncolítica não se originam simplesmente dos efeitos diretos sobre as células tumorais, mas envolvem a ativação de uma imunidade específica antitumoral.

Modelos pré-clínicos têm mostrado claramente a atividade antitumoral em um número de diferentes tipos de cânceres. Muitos dos agentes entraram em fases de testes clínicos e têm demonstrado potencial na indução de regressão tumoral. O uso de oncolítico representa uma estratégia que combina a lise tumoral (vírus-dependente) com uma potente ativação da resposta imune, levando a uma resposta inflamatória localizada, desencadeando uma 'tempestade' imune dentro da massa tumoral, que facilita o reconhecimento e a resposta contra neoantígenos tumorais. Com o intuito de exacerbar a resposta antitumoral induzida pelo vírus oncolítico, é comum associá-los a genes imunoestimuladores. Estratégias usando GM-CSF, IL-24, IFN-γ têm se mostrado promissoras e têm sido examinadas em ensaios clínicos (HSVs, *Vaccinia virus, reovirus, measles virus*).

NOVOS EFEITOS, VELHAS DROGAS
Drogas e Prevenção

Em contrapartida às inovações medicamentosas contra o câncer, certas drogas "antigas" também têm se mostrado como agentes antitumorais. Estudos têm mostrado que o uso diário por pelo menos 5 anos de ácido acetilsalicílico (AAS) pode prevenir o desenvolvimento de cânceres colorretais, de esôfago, estômago, próstata, mama e ovário. Como exemplo, o uso de AAS tem sido associado e uma redução relativa de aproximadamente 40% no risco de desenvolvimento de câncer colorretal. O mecanismo pelo qual o AAS induz prevenção não é conhecido, porém hipotetiza-se que ele envolva a inibição de COX, culminando no decréscimo na produção de prostaglandinas e seu impacto na proliferação celular. A inibição de COX pode igualmente levar a um aumento nos níveis de ácido araquidônico, que é capaz de induzir apoptose. Além disso, efeitos independentes de COX podem ter implicações nesse processo, como a inibição da via de NF-κB e Wnt-β catenina.

É importante ressaltar que o uso de AAS como agente preventivo primário do câncer não é recomendado, pois não há estudos randomziados que comprovem esse efeito. Outra droga com potencial de prevenção é a metformina, usada no tratamento de diabetes do tipo 2. A metformina diminui os níveis de glicose e melhora a sensibilidade à insulina. O diabetes *mellitus* tem sido associado a maior risco de desenvolvimento de câncer. E o uso de metformina reduz esse risco em até 40%, de forma relativa, quando comparado a outros tratamentos antidiabéticos. Porém ressalta-se que pouco é sabido sobre os efeitos preventivos da metformina em pacientes não diabéticos. Assim como no caso do AAS, o mecanismo pelo qual a metformina exerce efeitos preventivos não é bem definido. Esse efeito antitumoral é possivelmente uma combinação de efeitos diretos e sistêmicos. Entre os efeitos diretos, a possível redução dos níveis sistêmicos de glicose e insulina pode diminuir a progressão de tumores dependentes de tais fatores. Além disso, possivelmente outros hormônios, citocinas e intermediários metabólicos que influenciem a tumorigênese podem ser afetados. Porém, como já citado, mais estudos serão necessários para clarificar os efeitos da metformina em pacientes com glicemia normal.

Entre os efeitos diretos da metformina sobre células cancerosas, a supressão da via de m-TOR é possivelmente responsável pelo efeito antineoplásico mais portente. Vários estudos têm explorado a combinação da metformina com agentes citotóxicos. A metformina tem sido implicada numa melhora da resposta à radioterapia. Além disso, tem mostrado aumentar a apoptose induzida por paclitaxel e cisplatina em glioma, neuroblastoma, fibrossarcoma e leucemia. Também em modelos murinos a metformina tem demonstrado a habilidade de induzir seletivamente a morte de células-tronco tumorais.

Atualmente, centenas de ensaios clínicos têm sido desenvolvidos para avaliar os efeitos da metformina nos diversos tipos de câncer, e em associação aos mais diversos tratamentos. Igualmente, ensaios clínicos têm sido realizados para avaliação do potencial preventivo do uso de metformina em pacientes com glicemia normal. Porém, lembra-se novamente que, dentro de uma estratégia preventiva, os efeitos colaterais são bem menos aceitáveis do que no tratamento do câncer, o que limita o uso de doses significativas de metformina. O uso de metformina como preventivo ou tratamento do câncer ainda não recebeu aprovação clínica.

Efeitos Imunomoduladores de Agentes Citotóxicos

A maior parte dos agentes citotóxicos antitumorais utilizados na clínica, afeta sem distinção todas as células cujas taxas de proliferação sejam elevadas. A maior parte desses quimioterápicos induz um tipo de morte celular conhecido como apoptose. A apoptose geralmente acontece de um modo silencioso, ou tolerogênico, no qual os fragmentos de células mortas são rapidamente digeridos por células fagocíticas. Porém, estudos recentes têm mostrado que a apoptose induzida por certos quimioterápicos, como as antraciclinas, oxaliplatina, ou por radioterapia é capaz de induzir uma morte inflamatória dita imunogênica, que permite o desenvolvimento de uma resposta imune antitumoral.

Resultados que mostram a perda da eficácia dessas drogas em camundongos imunodeficientes realçam a importância da resposta imune induzida pela quimioterapia. Nesses modelos, foi igualmente demonstrado que a atividade imune antitumoral é estimulada por fatores que induzem o recrutamento e a apresentação de antígenos por células dendríticas (DC). Esses fatores incluem a liberação, pela célula em processo de morte, de moléculas como ATP, que induz o recrutamento de uma população mieloide, de calreticulina que induz a fagocitose de células em processo de morte e HMGB1 que, através da ligação com TLR4, induz uma eficiente apresentação de antígenos por DC.

DROGA CERTA, PACIENTE CERTO, NA HORA CERTA

A importância em determinar qual subtipo de câncer e qual paciente deve ser submetido a determinada terapia é uma matéria essencial. Atualmente, médicos oncologistas decidem um tratamento baseado no tipo de câncer, em sua localização, no tamanho do tumor, na morfologia das células cancerosas e no estado geral do paciente. A decisão do tratamento com base nessas características tem funcionado de maneira modesta para muitos pacientes, não sendo suficiente para identificar subgrupos de pacientes que necessitam de um tratamento diferenciado.

Com a atual possibilidade de suprimir vias bioquímicas essenciais para o crescimento tumoral, surge a urgente necessidade de identificar quais tumores são sensíveis a tais tratamentos.

A adequação do tratamento é fundamental não somente no que diz respeito à eficácia da terapia, mas a também permite sua disponibilidade dentro do sistema de saúde. É importante lembrar que a aplicação de uma medicina personalizada implica em custos elevados; para torná-la acessível a todos, esses custos devem ser socialmente suportáveis. O primeiro passo para isso seria uma ampla estratégia de prevenção, diminuindo bruscamente o número de casos de câncer, visto que 40% dos casos de câncer são ligados a fatores ambientais, como uso de álcool, tabaco, sobrepeso, hábitos alimentares, etc. O segundo passo é ganhar eficácia, aplicando os tratamentos a grupos de pacientes corretos. A escolha de uma abordagem terapêutica efetiva depende da disponibilidade de testes diagnósticos, do estabelecimento de biomarcadores, da definição de algoritmos para detecção por imagem e biópsia. O desafio de construir um sistema de medicina estratificada também deve tomar em conta a existência de infraestrutura, ferramentas e logísticas que permitam a execução das análises necessárias.

Exemplos claros da importância da estratificação dos pacientes em subgrupos já foram descritos neste capítulo (como o ERBB2 para câncer de mama e c-Kit em GIST), porém nem todos os subtipos de cânceres possuem uma molécula-chave que permita sua fácil identificação. O futuro da estratificação de muitos tipos de cânceres depende de técnicas complexas como as de sequenciamento e análise do infiltrado imune. Um exemplo de aplicação prognóstica do infiltrado de células imunes vem do trabalho de Jerome Galon e cols. Nesse trabalho, a presença de linfócitos T citotóxicos e de memória em câncer colorretal está associada a melhor prognóstico e maior sobrevida dos pacientes. Isso pode igualmente indicar que tais pacientes sejam mais propensos aos benefícios de uma imunoterapia. Outro exemplo é um estudo publicado em 2003, pelo grupo de Jan Paul Medema e Louis Vermeulen em que, usando dados de expressão gênica, os pesquisadores foram capazes de estratificar o câncer de cólon em três grupos diferentes, sendo um deles de pior prognóstico e resistente ao tratamento com cetuximab, o que evidencia a necessidade da identificação de novos alvos terapêuticos nesse subgrupo.

RESUMO

A compreensão do câncer tem avançado rapidamente na última década, hoje sabe-se que esta doença possui um perfil de gênese e progressão muito mais complexo do que o imaginado há algumas décadas. Além de mutações que oferecem vantagens proliferativas, o câncer faz uso de diferentes processos fisiológicos que permitem sua progressão (ex., angiogênese, imunossupressão). As novas terapias tendem a contra-atacar o câncer nesses diferentes *fronts* que permitem a manutenção do estado fisiológico pró-tumoral.

A respeito do controle da proliferação celular, os inibidores de tirosina quinases têm oferecido uma arma excepcional no controle do avanço tumoral, e no caso de leucemias, atingido uma taxa de cura antes não imaginada.

Assim como os inibidores de tirosina quinases, vários anticorpos monoclonais foram desenvolvidos com o objetivo de inibir o estímulo de receptores que levam à proliferação celular, e são superexpressos em certos subtipos de cânceres.

Igualmente, o sistema imune tem demonstrado desempenhar um papel importante na progressão tumoral e muita atenção tem sido dada ao uso de estratégias imunoterapêuticas. Isso se revela tanto na observação dos efeitos imunes desencadeados por terapias tradicionais (ex., mAbs e antraciclinas) como no desenvolvimento de novas terapias. Entre as imunoterapias, o uso de inibidores dos pontos de checagem imunes tem alcançado resultados notáveis em certos tipos de câncer, como melanomas. Também se destacam os esforços pré-clínicos no desenvolvimento de vetores virais capazes de fornecer um estímulo imune capaz de ultrapassar a imunossupressão tumoral. A utilização de vetores oncolíticos igualmente se mostra uma alternativa capaz de produzir efeitos antitumorais.

Além dos novos métodos, antigas drogas têm tido novos efeitos desvendados, como o caso da metformina e do ácido acetilsalicílico, porém o uso como antitumorais ainda não é recomendado.

Enfim, os diversos esforços realizados na compreensão do câncer têm indicado que a complexidade dessa doença exige que a abordagem terapêutica seja personalizada. Diferentes subtipos de tumores precisam ser tratados de acordo com suas características peculiares, permitindo uma melhor taxa de sucesso, assim como uma utilização eficiente de recursos. A descoberta de novos marcadores e a associação de diferentes abordagens terapêuticas (antiproliferativa, imunoestimulatória, antiangiogênica) tendem a delinear o futuro da terapia do câncer a médio e longo prazos.

PONTO DE VISTA

Como prescrever uma única forma de tratamento para uma doença tão variada em suas causas moleculares como o câncer? Como se fixar a um esquema rígido de tratamento, quando o alvo se caracteriza pela instabilidade genômica, por alterações que se acumulam ao longo do tempo, e por um fenótipo convergente decorrente da seleção de células cujo *default* é a sobrevivência?

Muitas foram as batalhas vencidas contra o câncer nos últimos 60 anos. Muitas foram as batalhas perdidas, também. Contudo, avançou-se consideravelmente. Doenças que eram antes consideradas sentenças de morte para crianças já não o são mais. Pouco a pouco, taxas de mortalidade decrescem. Controlam-se mais eficientemente casos que antes eram intratáveis. A evolução da Oncologia, enquanto especialidade, deveu-se a mudanças de paradigma de tratamento, buscando combinações de medicamentos; e a inovação na forma de se propor e executar pesquisas clínicas. O inimigo, nestas ocasiões, não é só a doença: é também o tempo – exíguo, muitas vezes, pela própria natureza da doença, que em fases adiantadas apresenta uma evolução veloz.

Daí, quando não há claras opções terapêuticas para se conduzir adequadamente o tratamento de um paciente, a melhor oportunidade recairá sobre o protocolo de pesquisa, quando existente. O sistema de avaliação dos protocolos de pesquisa deve ser, assim, acima de tudo, ágil; protegendo a integridade do paciente, salvaguardando sua autonomia e seu direito de ter a oportunidade de um tratamento que talvez seja mais adequado que os tratamentos existentes até então.

PRECISAMOS DE MAIS PESQUISAS CLÍNICAS: ÉTICAS E ÁGEIS

Há muitos interesses a serem contemporizados quando um protocolo clínico inovador é proposto. Há muitos potenciais conflitos de interesse entrando em jogo. Existentes, estes conflitos não devem ser as variáveis determinantes que pautam a ação daqueles que avaliam a condução do protocolo. A oportunidade dada ao paciente, contudo, sim, deve ser a variável determinante.

Estudos rigorosos conduzidos em pacientes portadores de câncer têm permitido um avanço significativo em muitas áreas do conhecimento biomédico, beneficiando não somente os pacientes com câncer. À medida que conhecemos mais e mais sobre as bases moleculares de cânceres, vemos interfaces reais com muitas outras condições fisiopatológicas. Da mesma forma que pacientes com câncer se beneficiarão de antigas drogas, aprovadas para usos diversos, como aspirina e metformina, estudos clínicos feitos com pacientes de diversos tipos de câncer serão úteis para a extensão da aplicação de terapias alvo-dirigidas para pacientes com outras doenças que não neoplasias. O reposicionamento ou a reposição de medicamentos terão um impacto considerável na redução de custos para implementação de estratégias inovadoras para o tratamento de doenças relativamente raras. Precisamos de mais pesquisas clínicas: éticas e ágeis.

Roger Chammas

Faculdade de Medicina da Universidade de São Paulo/Instituto do Câncer do Estado de São Paulo (ICESP)

PARA SABER MAIS

- O filme *Living Proof* (2008), do diretor Dan Ireland, é baseado na história real do desenvolvimento do trastuzumab.

- O documentário *Understanding Cancer: The Enemy From Within*, ilustra a história da luta contra o câncer nos últimos 50 anos. É uma peça editorial independente, financiada pela *Cancer Research UK*, e um patrocínio educacional da Roche. O documentário esta disponível na rede para livre consulta.

BIBLIOGRAFIA GERAL

1. Arora A, Scholar EM. Role of tyrosine kinase inhibitors in cancer therapy. J Pharmacol Exp Ther. 2005;315(3):971-979.

2. Balko JM, Jones BR, Coakley VL et al. MEK and EGFR inhibition demonstrate synergistic activity in EGFR-dependent NSCLC. Cancer Biol Ther. 2009;8(6):522-530.

3. Chhatrala R, Thanavala Y, Shefter T et al. Targeted therapy in gastrointestinal malignancies. J Carcinog. 2014;13:4.

4. Colombo JR, Wein RO. Cabozantinib for progressive metastatic medullary thyroid cancer:a review. Ther Clin Risk Manag. 2014;10:395-404.

5. De Sousa EM. Wang FX, Jansen M et al. Poor-prognosis colon cancer is defined by a molecularly distinct subtype and develops from serrated precursor lesions. Nat Med. 2013;19(5):614-618.

6. Dienstmann R, De Dosso S, Felip E, et al. Drug development to overcome resistance to EGFR inhibitors in lung and colorectal cancer. Mol Oncol. 2012;6(1):15-26.

7. Druker BJ, Tamura S, Buchdunger E et al. Effects of a selective inhibitor of the Abl tyrosine kinase on the growth of Bcr-Abl positive cells. Nat Med. 1996;2(5):561-566.

8. Eck MJ, Manley PW. The interplay of structural information and functional studies in kinase drug design: insights from BCR-Abl. Curr Opin Cell Biol. 2009;21(2):288-295.

9. Galmiche A, Chauffert B, Barbare JC et al. New biological perspectives for the improvement of the efficacy of sorafenib in hepatocellular carcinoma. Cancer Lett. 2014;346(2):159-162.

10. Grothey A, Lenz HJ. Explaining the unexplainable: EGFR antibodies in colorectal cancer. J Clin Oncol. 2012;30(15):1735-1737.

11. Gupta YK, Katyal J, Kumar G et al. Evaluation of antitussive activity of formulations with herbal extracts in sulphur dioxide. SO2) induced cough model in mice. Indian J Physiol Pharmacol. 2009;53(1):61-66.

12. Iqbal N. Imatinib: a breakthrough of targeted therapy in cancer. Chemother Res Pract. 2014;2014:357027.

13. Jabbour EJ, Hughes TP, Chapman PB et al. Potential mechanisms of disease progression and management of advanced-phase chronic myeloid leukemia. Leuk Lymphoma. 2014;55(7):1451-1462.

14. Joensuu H, Fletcher C, Dimitrijevic S et al. Management of malignant gastrointestinal stromal tumours. Lancet Oncol. 2002;3(11):655-664.

15. Kim R. Cetuximab and panitumumab: are they interchangeable? The Lancet Oncology. 2009;10(12):1140-1141.

16. Kummar S, Chen HX, Wright J et al. Utilizing targeted cancer therapeutic agents in combination:novel approaches and urgent requirements. Nat Rev Drug Discov. 2010;9(11):843-856.

17. Liu L, Wang S, Shan B et al. Advances in viral-vector systemic cytokine gene therapy against cancer. Vaccine. 2010;28(23):3883-3887.

18. Misale S, Arena S, Lamba S et al. Blockade of EGFR and MEK intercepts heterogeneous mechanisms of acquired resistance to anti-EGFR therapies in colorectal cancer. Sci Transl Med. 2014;6(224):224ra226.

19. Ott PA, Adams S. Small-molecule protein kinase inhibitors and their effects on the immune system:implications for cancer treatment. Immunotherapy. 2011;3(2):213-227.

20. Paschka P, Muller MC, Merx K et al. Molecular monitoring of response to imatinib. Glivec in CML patients pretreated with interferon alpha. Low levels of residual disease are associated with continuous remission. Leukemia. 2003;17(9):1687-1694.

21. Pernicova I, Korbonits M. Metformin – mode of action and clinical implications for diabetes and cancer. Nat Rev Endocrinol. 2014;10(3):143-156.

22. Pol J, Bloy N, Obrist F et al. Trial Watch: Oncolytic viruses for cancer therapy. Oncoimmunology. 2014;3:e28694.

23. Roskoski R Jr. ErbB/HER protein-tyrosine kinases: Structures and small molecule inhibitors. Pharmacol Res. 2014;87:42-59.

24. Russell SJ, Peng KW, Bell JC et al. Oncolytic virotherapy. Nat Biotechnol. 2012;30(7):658-670.

25. Scott AM, Wolchok JD, Jedd D et al. Antibody therapy of cancer. Nat Rev Cancer. 2012;12(4):278-287.

26. Vanneman M, Dranoff G. Combining immunotherapy and targeted therapies in cancer treatment. Nat Rev Cancer. 2012;12(4):237-251.

27. Widmer N, Bardin C, Chatelut E et al. Review of therapeutic drug monitoring of anticancer drugs part two – targeted therapies. Eur J Cancer. 2014;50(12):2020-2036.

28. Zhang W, Lei P, Dong X et al. The new concepts on overcoming drug resistance in lung cancer. Drug Des Devel Ther. 2014;8:735-744.

Anexo
Protocolos teóricos práticos em Biologia Molecular aplicada a câncer

Camila Longo Machado
Fátima Solange Pasini
Flavia Regina Rotea Mangone
Maria Lucia Hirata Katayama
Rosimeire Aparecida Roela
Tatiane Katsue Furuya Mazzotti
Roger Chammas

Introdução ao tema

Antes de iniciar o Manual Teórico-Prático propriamente dito, para que seja uma leitura de fácil compreensão, é importante retomar alguns conceitos básicos sobre Biologia Molecular. Após esta breve introdução, apresentaremos algumas técnicas chave que tornaram possível a investigação sobre as alterações genéticas no câncer e permitiram o aprimoramento e desenvolvimento de novas tecnologias.

ESTRUTURA E FUNÇÃO DOS ÁCIDOS NUCLEICOS

Ácidos Nucleicos: um breve histórico

Em 1869, o suíço Friedrich Miescher identificou uma substância no interior de leucócitos, que ele denominou nucleína. Seu interesse era o de estudar as proteínas presentes em leucócitos provenientes de bandagens curativas; como as nucleínas não preenchiam os critérios químicos de seu estudo, Miescher as deixou de lado. Outros cientistas caracterizaram as nucleínas como um ácido presente nos núcleos das células, o ácido nucleico. O médico e bioquímico Phoebus Levene caracterizou a unidade dos ácidos nucleicos, o nucleotídeo, como uma estrutura relativamente simples: um fosfato (grupamento ácido), um carboidrato (ou açúcar) e uma base. Levene ainda observou que havia dois tipos de carboidratos formando os ácidos nucleicos: a ribose, formando o ácido ribonucleico (RNA, do inglês _ribonucleic acid_) e a desoxirribose, formando o ácido desoxirribonucléico (DNA, do inglês _desoxiribonucleic acid_). Como as bases apresentavam alto conteúdo de nitrogênio, foram logo classificadas como bases nitrogenadas, e pertenciam a dois grupos: (1) as bases de anéis únicos, ou bases pirimídicas (Citosina (C), Timina (T) e Uracila (U)); e, (2) as bases de anel duplo, ou bases púricas (Adenina (A) e Guanina (G)). O bioquímico austríaco Erwin Chargaff demonstrou que a abundância de bases púricas era igual à abundância de bases pirimídicas no DNA, isto é, [A+G]=[T+C]; ainda, observou que o conteúdo de adeninas era equivalente ao de timinas ([A]=[T]), e que o conteúdo de guaninas era equivalente ao de citosinas ([G]=[C]). Enfim, comparando diferentes espécies estas regras eram sempre observadas, mas a relação entre cada uma das bases púricas ou pirimídicas variava de maneira espécie-específica (1).

Baseados nas normas de Chargaff, e em estudos de Rosalynd Franklin sobre as propriedades de dispersão de raios x pela molécula de DNA, James Watson e Francis Crick propuseram em 1953 um modelo para a estrutura de DNA: uma dupla hélice formada por fitas anti-paralelas (Figura 1). As fitas são mantidas unidas pelo pareamento das bases nitrogenadas que se ligam de forma reversível por pontes de hidrogênio (entre A e T; e, entre C e G). As bases nitrogenadas estão diretamente ligadas a desoxirribose que são unidas entre si, por sua vez, pelo grupamento fosfato. As características estruturais do DNA são essenciais para os processos de duplicação fidedigna da fita de DNA (replicação) e geração de uma molécula de RNA complementar à fita de DNA (transcrição), discutidos abaixo. Diferentemente do DNA, que é uma molécula bastante estável e com estrutura monótona (dupla hélice), os RNAs têm meia-vida relativamente curta, e uma variedade muito ampla de estruturas. A noção de que a informação contida em alguns RNAs (transcritos a partir do DNA) é traduzida levando à síntese de proteínas, principais moléculas efetoras dos processos vitais de uma célula, deu origem ao conceito de que código da vida estaria inscrito no DNA.

A cromatina

Em uma célula eucariótica, a maior parte do DNA se encontra no núcleo celular; uma pequena fração do DNA na mitocôndria. Numa célula somática de um ser humano, por exemplo, há precisamente 46 moléculas de DNA em um núcleo interfásico. Cada molécula, um longuíssimo polímero de nucleotídeos, é na realidade um cromossomo interfásico. Se o código da vida está inscrito no DNA, os cromossomos são coleções de livros que contém o código. Estas coleções de livros estão localizadas em regiões específicas (territórios cromossomais) no núcleo (a biblioteca). Algumas destas coleções estão prontamente acessíveis (em exposição, na chamada eucromatina); outras estão organizadamente guardadas, como em um arquivo morto (a heterocromatina). O padrão de organização da cromatina se dá pela associação do DNA com proteínas estruturais, como as histonas, por exemplo, e proteínas coletivamente chamadas de não-histonas. O padrão de organização da cromatina pode variar temporal e topograficamente em um mesmo tipo celular. Este padrão de organização está relacionado ao programa genético que uma dada célula executa; este programa pode ser um programa intrínseco ou pode responder a flutuações ou a estímulos microambientais ou externos (**Figura 1**).

Para organização da cromatina, as histonas e proteínas não--histonas se ligam reversivelmente à dupla fita de DNA (2). Em um primeiro nível organizacional, o DNA de eucarioto interage com os nucleossomos, complexos proteicos formados por oito subunidades (quatro pares de histonas, H3, H4, H2A e H2B). Quando visto ao mi-

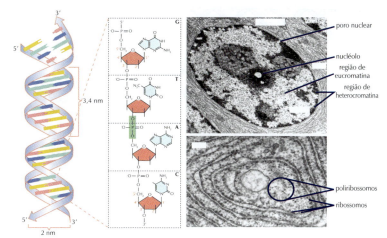

FIGURA 1. O DNA é representado por uma estrutura molecular em dupla hélice. As fitas interagem por pontes de hidrogênio entre as bases nitrogenadas (G, T, A e C) presentes no nucleotídeo. Nucleotídeos de uma mesma fita ligam-se pelas cadeias de açúcar (desoxirribose), por meio de ligações fosfodiéster, entre os átomos de oxigênio dos carbonos 3 e 5 de desoxirriboses adjacentes. Nas células, encontramos o DNA no interior do núcleo e nas mitocôndrias. No núcleo, as moléculas de DNA estão organizadas na cromatina. Observando o núcleo de uma célula eucariótica, encontramos as regiões de eucromatina e de heterocromatina, os nucléolos e poros nucleares, estruturas que permitem a comunicação entre o núcleo e o citoplasma. Ainda, ácidos nucleicos como o RNA organizam-se em estruturas supramoleculares como os ribossomos, que podem ser encontrados livres no citoplasma, como no caso dos polirribossomos, ou então associados ao retículo endoplasmático rugoso (RER). Estas estruturas são dinâmicas, e caracterizam o preciso momento da tradução de fitas de RNAm em proteínas, sendo assim encontradas frequentemente em células que apresentam intensa atividade de síntese proteica. (Micrografias de transmissão de células acinares de pâncreas, do acervo de Luis Carlos Uchoa Junqueira, Faculdade de Medicina da Universidade de São Paulo, gentilmente cedidas pela Dra. Elia Garcia Caldini, painel superior, aumento de 22000 vezes, painel inferior, 60000 vezes).

croscópio eletrônico e após a lise do núcleo interfásico, o nucleossomo possui estrutura similar a contas em um colar de pérolas. Entretanto, um grau de compactação ainda maior é necessário. A associação da histona H1 ao DNA permite maior estabilidade estrutural e adequado enovelamento de vários nucleossomos. Posteriormente, em direção a um maior nível de enovelamento e compactação ocorre a formação de uma estrutura irregular denominada fibra de 30 nm e finalmente, em um extremo de compactação na metáfase da mitose, o cromossomo (**Figura 2**) (2).

O controle de acesso ao código inscrito no DNA é determinado dinamicamente pela interação reversível de proteínas com o DNA. Nos nucleossomos, as histonas são removidas através da ação de complexos remodeladores de cromatina (que dependem de ATP) e por enzimas capazes de adicionar grupos acetila, metila ou fosfato às histonas desempenhando papéis regulatórios como veremos adiante (2). O afrouxamento das estruturas do nucleossomo é necessário em diversos eventos, como na replicação (**Figura 3**) e na transcrição gênica, garantindo o acesso das DNA e RNA polimerases, respectivamente, ao DNA.

FIGURA 2. *Um cromossomo é formado por uma única e longa molécula de DNA, que é compactada cerca de um milhão de vezes, dos nucleossomos ao cromossomo observado na mitose.*

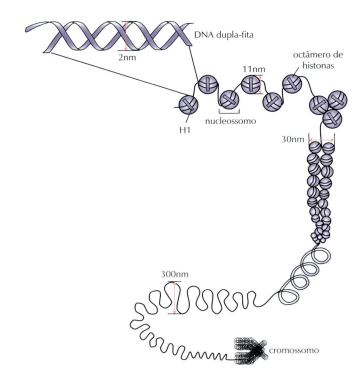

FIGURA 3. *Representação esquemática da replicação e transcrição.* Enquanto na replicação o DNA é usado como molde para a síntese de uma outra molécula de DNA, na transcrição, o DNA serve de molde para a síntese de diferentes classes de RNA, como o RNA ribossomal (RNAr), RNA mensageiro (RNAm), micro-RNA (miRNA) e o RNA transportador (RNAt); a síntese destes RNAs depende de enzimas específicas, as RNA polimerases (RNA pol I, II e III).

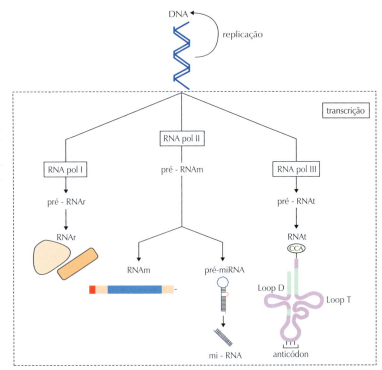

ANEXO

Replicação

A replicação, enunciada em 1958 por Matthew Meselson e Franklin Stahl, consiste no processo pelo qual a maquinaria da célula gera dois DNAs dupla-hélices idênticos utilizando o DNA pré-existente como molde, antes de iniciar a mitose (3). Este processo é possível porque existem moléculas que catalisam a reação de polimerização de um ácido nucleico a partir de um ácido nucleico pré-existente, estas enzimas são as polimerases. E, no caso da replicação, DNA polimerases DNA-dependentes são necessárias. Em eucariotos, um breve desarranjo do nucleossomo ocorre para que haja o processo de iniciação de replicação. Após a separação das fitas, através da ação de enzimas helicases, e da estabilização da fita molde ocorre inicialmente a síntese de um oligonucleotídeo iniciador (em inglês, *primer*) de RNA, por uma primase que marca o início da síntese do DNA. Esta etapa é necessária porque a DNA polimerase (δ ou ε) eucariótica, enzima responsável pelo alongamento da fita, só adiciona nucleotídeos à extremidade 3′ de uma fita simples que sirva como iniciador. Como as fitas de DNA são anti-paralelas, a replicação de uma das fitas ocorrerá continuamente; e a outra será estabilizada por proteínas SSB (do inglês, *single stranded DNA-binding protein*) e replicada intermitentemente formando os fragmentos conhecidos como Okazaki (4). Os iniciadores de RNA têm de ser removidos das fitas recém-sintetizadas, e os fragmentos de DNA descontinuamente polimerizados precisam ser ligados entre si pela ação de um complexo conhecido como DNA-Polimerase α/primase para a perfeita replicação do DNA. Na replicação do DNA linear de eucariotos, a substituição do iniciador de RNA localizado na extremidade 3' da fita em replicação não pode ser realizado pela DNA polimerase DNA-dependente, que não teria onde se ancorar. Deste modo, cada finalização de replicação tenderia a deixar as fitas de DNA progressivamente mais curtas, o que não ocorre em todas as células devido a propriedades especiais de complexos enzimáticos chamados telomerases, expressos, por exemplo, em células tronco e, frequentemente, em células tumorais. A atividade destes complexos mantém a estrutura terminal dos cromossomos estável, evitando seu progressivo encurtamento a cada onda replicativa (5).

Uma característica interessante das DNA polimerases é sua atividade de leitura de prova do nucleotídeo adicionado. Caso haja falhas na adição de bases durante a replicação, a DNA polimerase possui atividade de exonuclease que repara o erro, por excisão da base adicionada de forma equivocada ou até mesmo através da excisão do nucleotídeo, antes mesmo da replicação terminar. Entretanto, caso o erro não seja reparado durante este processo ocorrem as mutações que podem se tornar permanentes no código da célula a partir das próximas divisões. A mutação somática em *HRas* foi descoberta em 1982 e associada inicialmente por Reddy e colaboradores como uma mutação de ponto associada ao câncer de bexiga (6). Posteriormente, as mutações em genes da família *Ras* foram associadas a outras neoplasias (7). Finalizada a replicação, a estrutura do nucleossomo rapidamente se rearranja. Este processo ocorre durante a interfase (fase S, de Síntese), tratando-se de um processo extremamente rápido (5).

Transcrição

O desarranjo do nucleossomo também ocorre para a separação da dupla-fita de DNA e aproximação de uma RNA polimerase DNA-dependente para realização da transcrição da fita de RNA complementar (**Figuras 3 e 4**). Há diferentes classes de RNA, que são transcritos por RNA polimerases distintas. Assim, por exemplo, os RNA ribossomais (RNAr) são transcritos pela RNA polimerase I, enquanto os RNA mensageiros (RNAm) são transcritos pela RNA polimerase II (vide abaixo).

O início da transcrição de um RNAm que será traduzido em proteína ocorre quando uma RNA polimerase II (RNA pol II) liga-se à região promotora do gene à extremidade 5´ a montante (*upstream*) na fita de DNA previamente aberta (Figura 4). Muitos genes possuem sequências distantes das regiões promotoras que podem modular a ativação e a transcrição de genes. Estes fatores podem alterar a estrutura tridimensional do DNA facilitando a "atração" da RNA polimerase para o sítio de transcrição, funcionando também como um regulador. A região mínima do promotor de uma fração significativa dos genes eucarióticos é constituída por sequência repetitiva como o consenso TATA localizado de 25 a 35 bases acima do sítio de início da transcrição pela RNA pol II (**Figura 4**). Esta sequência, denominada

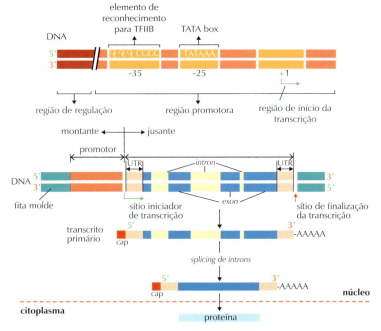

FIGURA 4. Anatomia de um gene codificante: dos elementos de transcrição no DNA ao RNA e à proteína. *A região mínima do promotor em eucariotos é constituída por sequência denominada TATAbox constituída por repetições de bases TATA. Esta é reconhecida pelo complexo TFIID e está localizada de 25 a 35 bases a montante da região de início da transcrição. Outro complexo (TFIIB) reconhece as sequências consenso G/C G/C G/C G C C C a aproximadamente 38 a 32 bases a montante do início de transcrição de genes cujo promotor não apresenta regiões TATAbox. Inseridas no gene, há sequências transcritas como transcrito primário (RNAm imaturo) e que não serão traduzidas, estas regiões incluem as regiões terminais UTR (do inglês, untranslated region) e os introns. Ainda no núcleo, o RNAm imaturo é processado, regiões intrônicas são removidas e as regiões codificadoras (exons) são ligadas entre si, formando o transcrito maduro, que é translocado para o citoplasma, onde será então traduzido em proteína.*

ANEXO

TATA*box*, é reconhecida por fatores como o complexo TFIID, que assegurará a montagem da maquinaria de transcrição posicionada corretamente quanto ao sítio de iniciação do gene a ser transcrito. Outro fator conhecido como TFIIB reconhece sequências consenso G/C G/C G/C G C C C a aproximadamente 38 a 32 bases acima do início de transcrição de genes cujo promotor não apresenta regiões TATA*box*. Estes complexos servem assim para o recrutamento da RNA polimerase II para o sítio correto para efetiva transcrição do gene-alvo. Esta região, crítica para a transcrição regulada de genes pode ser alvo de inserção de sequências virais, que podem levar tanto a sua ativação constitutiva como a inserções que bloqueiem a transcrição gênica (8).

Após iniciado o processo de transcrição, seguem-se as etapas de elongação da fita de RNA (por exemplo, RNAm) e terminação, que ocorre pela dissociação da RNA polimerase do molde de DNA, com subsequente liberação do RNA transcrito para o nucleoplasma (fluido intranuclear), como ilustrado na Figura 4. Em procariotos há principalmente dois mecanismos de terminação da transcrição: (1) sequências repetidas e invertidas interagem formando uma estrutura secundária em forma de grampo (*RNA hairpin* ou RNAh), levando à parada da RNA polimerase e resultando na liberação do transcrito (**Figura 4**). Um segundo mecanismo, denominado finalização *rho*-dependente, envolve a participação de um fator de terminação, que leva à separação ativa do híbrido DNA-RNA, liberando o novo transcrito. Este mecanismo é semelhante ao que ocorre em eucariotos quando há transcrição por RNA pol I, que participa da transcrição de genes que codificam RNAr. Já em genes eucariotos que requerem a RNA pol III (que transcreve pequenos RNAr, RNAs transportadores ou RNAt, bem como outros RNAs pequenos, que desempenham papéis de regulação (como veremos adiante), a finalização ocorre de maneira semelhante ao mecanismo *rho*-independente de procariotos e depende de um sinal de terminação caracterizado por uma longa cadeia de uracilas. Com relação ao processo de terminação realizado quando temos a RNA pol II (que transcreve os RNAm, que servem como moldes para produção das proteínas), a finalização é um pouco mais complexo. Os genes que requerem a RNA pol II podem continuar adicionando centenas de nucleotídeos além da sequência final. A molécula de RNA gerada imatura, também conhecida como hnRNA (do inglês, heterogeneous nuclear RNA) será processada, dando então origem ao RNAm maduro, que é efetivamente traduzido.

O processamento do RNA mensageiro

A molécula de RNA transcrita a partir do DNA consiste em um misto de sequências que podem ou não ser traduzidas. O conceito inicial de que o DNA seria transcrito em um único RNAm e este seria traduzido em um produto proteico (modelo "um gene, uma enzima") veio abaixo em 1977. Descobriu-se então que o DNA possuía sequências gênicas que seriam traduzidas (*exons*) e outras não; estas últimas intercalam as regiões que são traduzidas e receberam a denominação de *introns*. Na verdade, o pré-RNA passa por um processo de remoção dos *intron*s conhecido como *splicing*, no qual podem estar envolvidas pequenas proteínas e RNAs (9,10). Em alguns casos pode ser realizado pelo próprio RNA (*self-splicing*). A implicação deste processo é que um mesmo pré-RNA pode originar mais de um RNAm distinto, que então seria traduzido em mais de proteína. Este processo de geração de múltiplos RNAm a partir de um único pré-RNA ou hnRNA é chamado de *splicing* alternativo (Figura 5). Diferentes variantes (isoformas) de proteínas são traduzidas de variantes de RNAm gerados a partir do processo de *splicing* alternativo, como por exemplo, as variantes de CD44, codificadas todas pelo mesmo gene, mas diferencialmente processadas em células sanguíneas e em células epiteliais; ou, por exemplo, o gene da tropomiosina, que em eucariotos codifica 5 diferentes variantes da proteína tropomiosina em diferentes tecidos (11). O processamento do RNAm ainda inclui a adição de uma sequência na extremidade 5' da molécula de RNA (*cap*), e a adição de uma cauda de múltiplos nucleotídeos adenina (cauda poli-A) na extremidade 3'. Enquanto a primeira modificação está relacionada à montagem do complexo RNAm-ribossomo, a segunda está relacionada à meia-vida do RNAm.

O processamento do pré-RNAm se dá ainda no núcleo, muito provavelmente associado às regiões de heterocromatina. A maquinaria para efetiva tradução do RNAm se encontra no citoplasma, para onde os RNAm maduros devem ser transportados. A passagem do RNAm pelo envoltório nuclear se dá por poros seletivos. Os RNAs de menor massa molecular que permanecem no núcleo poderiam circular livremente através do poro, entretanto podem estar associados a outras proteínas ou podem ser degradados pelo exossomo nuclear, um grande complexo proteico que possui em seu interior RNA-exonucleases. Simultaneamente, um grande conjunto de proteínas se associa ao RNAm para auxiliar no seu direcionamento ao poro nuclear (10). Dentre estas proteínas temos: as ribonucleoproteínas nucleares heterogêneas (hnRNPs do inglês <u>h</u>eterogeneous <u>n</u>uclear <u>r</u>ibonucleoproteins), proteínas SR, o <u>r</u>eceptor de <u>e</u>xportação <u>n</u>uclear (REN), o complexo de junção de exons (EJC, do inglês <u>e</u>xon <u>j</u>unction <u>c</u>omplex), proteínas ligantes da cauda poli-A e o complexo ligante de *cap* 5' (CBC, do inglês *cap binding complex*). Antes RNAm maduro complexado a proteínas cruzar através do poro nuclear, um último controle ocorre e algumas destas proteínas são liberadas do RNAm. No citoplasma, o RNAm se mantém associado a algumas proteínas como a EJC, hnRNP, proteínas ligantes de poliA e CBC. Este com-

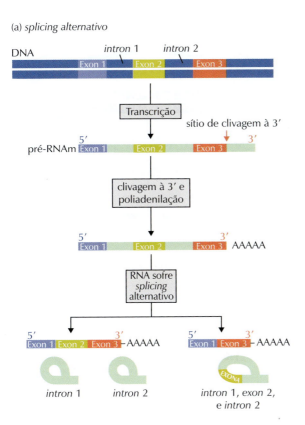

FIGURA 5. Representação esquemática do processo de splicing alternativo que ocorre em eucariotos. *Diferentes combinações de resultados do processo de excisão de introns e ligação entre exons podem levar a diferentes proteínas. No exemplo, o exon 2 será utilizado para codificação de proteína na molécula da esquerda, e estará ausente na molécula da direita.*

plexo envolvendo o RNAm é fundamental para manutenção de sua estabilidade, evitando a sua degradação (como mencionado acima, RNAs são relativamente pouco estáveis). A tradução do RNAm se inicia com o processo de montagem do ribossomo, que envolve como primeiro passo o deslocamento do CBC por fatores iniciadores de tradução (eIF4G e eIF4E). Ainda, antes da efetiva tradução, uma última checagem é feita para verificar a existência de sequências *non-sense* do tipo stop-codon (UAA, UAG ou UGA), onde o complexo EJC indicará a posição de finalização, que deve ser o final da região codificadora do transcrito (**Figura 6**). A sinalização de terminação precoce da sequência a ser traduzida pelo complexo EJC pode levar à degradação do RNAm truncado (10).

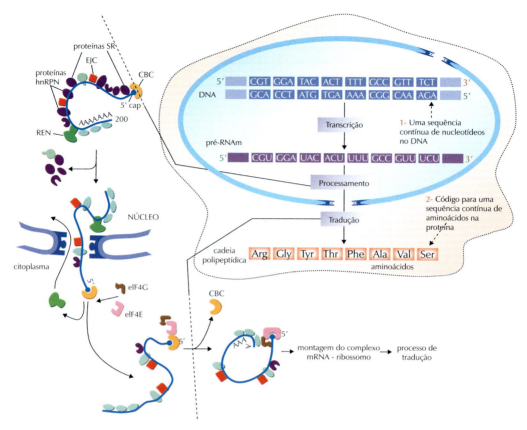

FIGURA 6. *O RNAm maduro é escoltado para fora do núcleo por uma série de proteínas específicas, formando um complexo ribonucleoproteico que atua no controle da tradução de proteínas. No citoplasma, algumas destas proteínas de escolta dão lugar a outros complexos ribonucleoproteicos que formam o ribossomo funcional, que leva à tradução do RNAm.*

Tradução

O ribossomo em funcionamento é formado por duas subunidades, a subunidade maior, um complexo ribonucleoproteico que inclui uma unidade de RNAr de 28S e a subunidade menor, que inclui o RNAr de 18S. A montagem do ribossomo se dá no citoplasma e depende da presença do RNAm que será traduzido. Assim, as imagens ultraestruturais de ribossomos com as duas subunidades acopladas indicam necessariamente a atividade funcional do ribossomo. No caso de proteínas citoplasmáticas, é frequente observarmos a formação dos polirribossomos, estruturas formadas por um RNAm e vários ribossomos em atividade. Se a proteína traduzida tiver o sinal para endereçamento para o retículo endoplasmático, o complexo RNAm-ribossomo-proteína nascente interagirá com receptores específicos do retículo endoplasmático, formando o complexo ultraestrutural identificado como retículo endoplasmático rugoso (os ribossomos representam as rugosidades) (**Figura 1**).

O complexo ribossomo-RNAm apresenta sítios de interação para um terceiro tipo de RNA, o RNAt. O RNAt apresenta uma estrutura peculiar: em uma de suas extremidades o RNAt liga-se a um aminoácido, correspondente ao seu anti-códon, uma sequência de três nucleotídeos localizados numa alça central da molécula de RNAt que interagem com sua sequência complementar no RNAm. Estas sequências de bases, os códons, determinam assim o aminoácido a ser adicionado na proteína nascente; este código, como mostrado na Tabela 1, é degenerado, isto é, o mesmo aminoácido pode ser codificado por mais de um triplete de nucleotídeos. A tradução da proteína não se inicia necessariamente no primeiro nucleotídeo do RNAm, de fato, em geral há uma região não traduzida de tamanhos variáveis nos diferentes RNAm, a qual atribui-se um papel de regulação da tradução. Esta região é chamada de 5'-UTR (do inglês, *untranslated region*). O códon de iniciação da tradução corresponde ao aminoácido metionina (AUG, ver Tabela 1, que este é um dos poucos códons não degenerados). Este resíduo de metionina nem sempre é encontrado na estrutura primária da proteína madura, o que mostra que a região amino-terminal das proteínas é alvo frequente de processamento. Iniciada a tradução, os fatores que desempenharam o processo de exportação do RNAm do núcleo ao citoplasma são liberados, a exceção do fator eIF4.

A maior subunidade do RNAr tem três sítios de ligação onde o RNAt pode ligar: os sítios P, A, E. No sítio P, liga-se o RNAt trazendo o aminoácido metionina, o único aminoacil-RNAt capaz de se ligar ao sítio P antes do início da tradução propriamente dita. No sítio A, liga-se o aminoacil-RNAt cujo anti-códon seja complementar ao segundo códon do RNAm em tradução. O aminoácido trazido pelo RNAt localizado no sítio P liga-se ao aminoácido do RNAt localizado no sítio A, o polipeptídeo nascente é transferido para o RNAt do sítio A. Com o movimento do ribossomo ao longo da fita de RNAm, o RNAt então localizado no sítio P, agora sem o aminoácido transportado passa para o sítio E (*exit*, do inglês, saída), de onde é liberado para o citoplasma; o RNAt então localizado no sítio A localiza-se no sítio P, e um novo RNAt localiza-se no sítio A, dando início a novo passo de elongação da proteína nascente. Este processo ocorre intensamente até que o códon de parada seja encontrado (**Figura 7**). Quando isto ocorre, um dos três RNAt cujos anti-códons reconhecem o códon de parada interage com o sítio A, e o polipeptídeo recém sintetizado é liberado para o citoplasma ou lúmen do retículo endoplasmático rugoso (10,12). Este processo é um processo ativo, e depende de GTP. Há consumo de uma molécula de GTP, que ativa uma peptidil-transferase em cada ciclo de elongação do polipeptídeo nascente, o que equivaleria dizer que cada ligação de dois aminoácidos consome uma molécula de GTP (10).

TABELA 1. Códons e seus aminoácidos correspondentes

	Códon	Aminoácido	Códon	Aminoácido	Códon	Aminoácido	Códon	Aminoácido	
	U		**C**		**A**		**G**		
U	UUU	Feninalina (Phe)	UCU	Serina (Ser)	UAU	Tirosina (Tyr)	UGU	Cisteína (Cys)	U
	UUC	Phe	UCC	Ser	UAC	Tyr	UGC	Cys	C
	UUA	Leucine (Leu)	UCA	Ser	UAA	Códon de parada	UGA	códon de parada	A
	UUG	Leu	UCG	Ser	UAG	códon de parada	UGG	Triptofano (Trp)	G
C	CUU	Leucina (Leu)	CCU	Prolina (Pro)	CAU	Histidina (His)	CGU	Arginina (Arg)	U
	CUC	Leu	CCC	Pro	CAC	His	CGC	Arg	C
	CUA	Leu	CCA	Pro	CAA	Glutamina (Gln)	CGA	Arg	A
	CUG	Leu	CCG	Pro	CAG	Gln	CGG	Arg	G
A	AUU	Isoleucina (Ile)	ACU	Treonina (Thr)	AAU	Asparagina (Asn)	AGU	Serina (Ser)	U
	AUC	Ile	ACC	Thr	AAC	Asn	AGC	Ser	C
	AUA	Ile	ACA	Thr	AAA	Lisina (Lys)	AGA	Arginina (Arg)	A
	AUG	Metionina (Met)	ACG	Thr	AAG	Lys	AGG	Arg	G
G	GUU	Valina Val	GCU	Alanina (Ala)	GAU	Ácido Aspártico (Asp)	GGU	Glicina (Gly)	U
	GUC	Val	GCC	Ala	GAC	Asp	GGC	Gly	C
	GUA	Val	GCA	Ala	GAA	Ácido Glutâmico (Glu)	GGA	Gly	A
	GUG	Val	GCG	Ala	GAG	Glu	GGG	Gly	G

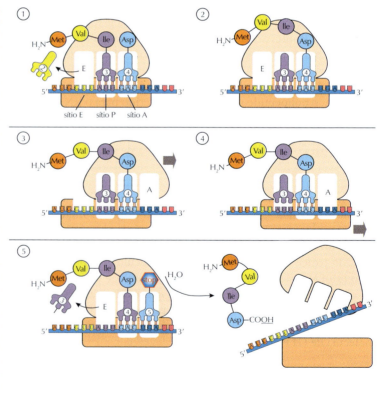

FIGURA 7. Representação esquemática do processo de síntese proteica (tradução). A síntese de proteínas é um processo iterativo que depende do reconhecimento, por complementaridade, de moléculas de RNAt (contém o anti-códon) e RNAm (contém o códon) no contexto do complexo ribonucleoprotéico (RNAr e proteínas). O ribossomo é formado pela interação entre RNAm e RNAr. Após varredura da fita de RNAm, a tradução inicia-se com a interação do RNAt ligado à metionina com o códon AUG do RNAm. Este RNAt interage com o domínio ou sítio P do ribossomo. Um segundo RNAt interage com o sítio A; o aminoácido presente no sítio P é ligado ao aminoácido presente no sítio A. Com isto, o ribossomo se movimenta ao longo da fita de RNAm; o RNAt, agora livre do aminoácido é translocado do sítio P para o sítio E; o RNAt ligado ao peptídeo nascente é translocado do sítio A para o sítio P. Este ciclo é repetido até que o códon encontrado seja um códon de parada (stop códon), quando se dá a terminação da síntese de proteína.

ANEXO

Epigenética

Ao longo do século XX, definiu-se o que chamamos de dogma central da biologia molecular. Uma molécula estável e replicável, como o DNA, contém um código que pode ser transcrito em moléculas pouco estáveis, como o RNAm, que por sua vez pode ser traduzido, em um complexo de outros ácidos nucleicos como os RNAr e RNAt, em proteínas: efetoras das funções biológicas até então conhecidas. Assim, a constituição gênica de cada espécie (genótipo), preservada pela capacidade replicativa do DNA, poderia ser traduzida em um fenótipo identificável. Este dogma logo levou à noção de que cada gene codificaria uma proteína (uma enzima, por exemplo). Esta noção perdurou algumas décadas, até que se identificou o fenômeno de *splicing* alternativo: uma mesma molécula de RNA (o hnRNA) pode ser processado diferencialmente em vários transcritos diferentes, cuja abundância pode variar temporalmente e de maneira tecido-específica. Assim, não é correto imaginar que um gene codifique só uma variante proteica. De fato, o conceito de gene foi expandido para a unidade passível de ser transcrita, não mais definida pela equivalente proteína codificada a partir de um dado gene.

O bem-sucedido Projeto Genoma humano levou à identificação de 20.000 a 25.000 genes codificados em nosso genoma (13); este número se multiplicará considerando as variantes de recombinação do próprio DNA, que cria a diversidade do repertório de imunoglobulinas e receptores de células T, por exemplo; as variantes de *splicing* alternativo, e variantes proteicas. O desafio que enfrentamos neste século é o de entendermos como se dá a expressão regulada deste material genético e como o genótipo se expressa em um fenótipo. Premissas que parecem certas são as seguintes: (1) o genoma de quase todas as células de um indivíduo é o mesmo (linfócitos e neurônios parecem fugir à regra e recombinam os seus genes); (2) a fração de genes utilizada varia de maneira importante ao longo do desenvolvimento embrionário e no crescimento do indivíduo; (3) o conjunto de genes utilizados é característico do estado de diferenciação de um dado tipo celular e pode variar temporal e topograficamente. A questão então recai sobre como o processo de expressão gênica é regulado ao longo do desenvolvimento e nas demais fases da vida.

Parte da solução do problema começou a ser vislumbrada em estudos de gêmeos monozigóticos. Nestes estudos compararam-se os perfis citogenéticos de gêmeos monozigóticos adultos mantidos no mesmo ambiente familiar quando crianças (portanto, expostos a praticamente os mesmos agentes externos) e gêmeos monozigóticos com histórias de exposição ambiental e hábitos de vida bastante diferentes. Genotipicamente, os gêmeos monozigóticos são idênticos; expostos a um mesmo ambiente e hábitos comuns de vida, não há grandes diferenças fenotípicas entre os gêmeos, que continuam muito parecidos fisicamente. Contudo, expostos a diferentes condições ambientais, é frequente observar-se diferenças fenotípicas importantes em gêmeos geneticamente idênticos. Quando se avaliam os padrões de organização e modificações de proteínas ligadas à cromatina nestes indivíduos, grandes diferenças passam a ser observadas naqueles expostos a diferentes condições ambientais ao longo da vida (14). Curiosamente, estas diferenças não são encontradas na estrutura do DNA, cuja sequência continua idêntica entre os gêmeos; mas, sim no padrão de organização do DNA na cromatina. Estas alterações são então chamadas de alterações epigenéticas, e estão relacionadas ao padrão de expressão dos genes. Em última análise, trata-se de como o material genético se organiza na cromatina, ficando mais ou menos acessível às RNA polimerases; como a cromatina de cada célula se organiza em eucromatina (frequentemente acessível) ou heterocromatina (frequentemente inacessível) e como este padrão de organização é mantido ao longo das duplicações celulares.

Os sinais bioquímicos associados a estas alterações do estado de acessibilidade à cromatina começam a ser conhecidos. Regiões não transcritas do genoma tendem a ser ricas em citosinas metiladas. A metilação de citosinas no DNA ocorre enzimaticamente por uma família de enzimas conhecida com DNA-metiltransferases (DNMT). Estas enzimas adicionam o grupamento metila em citosinas ligadas a guaninas (dinucleotídeos CpG) (**Figura 8**). Há DNMTs que são capazes de identificar os dinucleotídeos CpG e adicionar o grupamento metila à citosina, numa reação chamada de metilação *de novo*. Não estão elucidados quais os sinais que levam estas enzimas a adicionarem este primeiro grupamento metila ao DNA. Outras DNMTs identificam dinucleotídeos CpG metilados e na replicação os mantém metilados, garantindo assim que as células-filhas herdarão a mesma alteração epigenética. Não é só o DNA que é modificado, o complexo de histonas dos nucleossomos também é passível de várias modificações pós-traducionais, que modificam o seu grau de compactação com o DNA. Exemplos destas alterações incluem a acetilação e a metilação de histonas, que tendem a diminuir a força de interação DNA-nucleossomo, facilitando assim o acesso da maquinaria transcricional ao segmento gênico.

A consequência funcional da metilação de dinucleotídeos CpG varia em função da natureza do elemento metilado. Assim, por exemplo, são frequentes os genes cujos promotores encontram-se em regiões ricas em dinucleotídeos CpG (ilhas CpG). A metilação desta região promotora está frequentemente relacionada à perda da expressão daquele gene. Genes supressores de tumor, como o gene *RB* (que codifica a proteína retinoblastoma) e *CDKN2A* (que codifica a proteína p16) são exemplos de genes cuja expressão é frequentemente perdida por silenciamento de seus promotores por hipermetilação (15). Mecanismos epigenéticos parecem fundamentais para um fenômeno conhecido como *imprinting*: grupos de genes são regulados na dependência de sua origem materna ou paterna, um processo que ocorre na gametogênese. Genes que apresentam este padrão de controle de expressão gênica estão frequentemente organizados em grandes domínios cromossômicos, chamados de regiões de controle de *imprinting* (ICR, do inglês *imprinting control regions*). Por exemplo, em oócitos, há expressão de uma proteína chamada CTCF que se liga à cromatina, competindo pelos sítios de ligação de DNA-metiltransferases

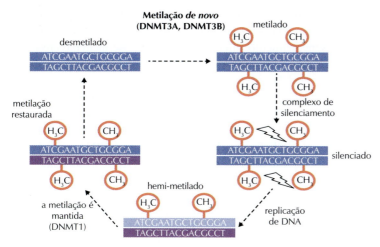

FIGURA 8. *Processo de metilação de DNA e silenciamento de genes* Adaptado de Nature Publishing Group, Issa, J.P., CpG island methylation phenotype in cancer, Nature Reviews Cancer (2004) 4: 988-993.

(DNMTs). Estas proteínas funcionam como moléculas isoladoras da cromatina, impedindo que regiões específicas do DNA sejam metiladas. Este controle não ocorre durante a espermatogênese, que terá então esta região metilada. Após a fertilização, o alelo materno apresenta-se não-metilado e o alelo paterno metilado (16). Desta forma, só o alelo materno será efetivamente transcrito. Este fenômeno foi bem estudado em relação aos genes Igf2 (*insulin-like growth factor* 2) e H19 (17).

Outros mecanismos de regulação de expressão gênica incluem os RNAs não codificadores

Estudos dos mecanismos de expressão gênica trouxeram-nos um conceito não previsto no dogma central da biologia: alguns ácidos nucleicos, especificamente RNAs podem atuar no controle de expressão gênica sem serem traduzidos. São exemplos destes RNAs não codificadores os microRNAs (miRNAs), RNAs de 20-22 nucleotídeos processados a partir de transcritos RNA pol II-dependentes, e portanto, derivados de RNAm. Estas moléculas de RNAm grandes formam estruturas em forma de grampo (RNAh, do inglês, hairpin), que são clivadas formando os pré- miRNA, de 60 a 80 nucleotídeos. Estes pré-miRNAs são exportados ao citosol através do poro nuclear. No citoplasma, os precursores são processados por um complexo proteico que consiste de moléculas com atividades RNásicas como Dicer e moléculas que interagem com o miRNA, como o complexo formado pela proteína Argonauta: o complexo ribonucleoproteico RISC (do inglês, *RNA-induced silencing complex*), que regula a expressão gênica pós-transcricionalmente.

A interação de RISC com um RNAm complementar ao miRNA apresentado pelo complexo pode levar à clivagem e consequente degradação do RNAm, ou alternativamente, pode haver inibição da tradução daquele ácido nucleico. Até 2014 foram registrados mais de 2580 miRNAs maduros no miRBase (http://www.mirbase.org/). Uma vez expressos, os miRNAs podem controlar aproximadamente um terço de todas as proteínas codificadas do genoma. Já há evidências do envolvimento de miRNA em diversos processos celulares como desenvolvimento, diferenciação e apoptose, além das crescentes evidências para sua participação em neoplasias (10,18). Por exemplo, Iliopoulos e colaboradores (2009) relacionaram a diminuição da expressão do miRNA-Let-7 e simultânea superexpressão de sua proteína regulatória (Lin28B) ou interleucina-6 (IL6) à indução de transformação celular em linhagens de carcinoma de mama humano (19).

Uma segunda função desempenhada por miRNAs, envolvendo o mesmo complexo de proteínas e Argonauta (RISC), está relacionada a um mecanismo de defesa que permite a degradação de RNAs provenientes de parasitas intracelulares. Este mecanismo, denominado RNA de interferência (iRNA do inglês, *interference RNA*) é encontrado em vários organismos como fungos unicelulares, plantas e alguns vermes sugerindo que o mecanismo pode ter origem em um ancestral comum. Em tese, estes pequenos fragmentos de RNA, conhecidos como siRNAs (do inglês, *small interfering RNA*) poderiam formar RNAs dupla fita com RNA de invasores e assim o RISC poderia clivá--los e eliminá-los. Além disso, estes siRNAs recém-formados podem juntar-se ao RISC para formar um complexo que induz o silenciamento transcricional, o RITS (do inglês *RNA-inducing transcriptional slicence*). O RITS pode utilizar siRNAs do complexo para reconhecer um RNAm complementar emergente de uma transcrição por RNA pol II no núcleo e ocasionar a aproximação de proteínas que modificarão covalentemente as histonas, o espalhamento da heterocromatina impedindo um novo evento de transcrição. Em alguns casos esta aproximação do RITS à heterocromatina induz à metilação do DNA e como vimos anteriormente, à replicação, as marcas epigenéticas seriam mantidas: assim as células-filhas herdariam a informação de bloqueio de transcrição ocorrida na célula-mãe (**Figura 9**). Estas funções não-antecipadas dos RNAs são úteis atualmente na elucidação da função de genes e a hierarquia do controle de expressão gênica, que determinará em última análise o fenótipo celular; estratégias para utilização destas moléculas em terapêutica também estão sendo avaliadas, com o objetivo de silenciar a expressão de genes-alvo.

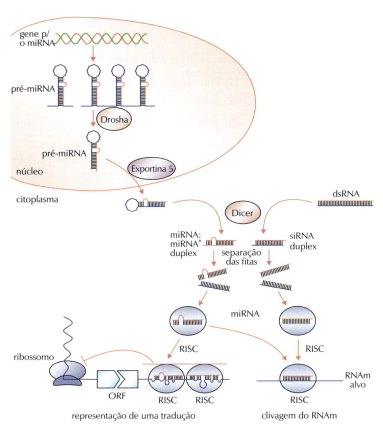

FIGURA 9. Modelo da biogênese e supressão pós-transcricional de miRNAs e iRNAs.
Adaptado de Nature Publishing Group, He & Hannon, MicroRNAs : Small RNAs with big role in gene regulation, Nature Reviews Genetics (2004) 5:522-531.

REFERÊNCIAS BIBLIOGRÁFICAS:

1. Pray, L. Discovery of DNA structure and function: Watson and Crick. Nature Education. 2008; 1(1).

2. Phillips, T. & Shaw, K. Chromatin remodeling in eukaryotes. Nature Education. 2008; 1(1).

3. Pray, L. Semi-conservative DNA replication: Meselson and Stahl. Nature Education. 2008; 1(1).

4. Pray, L. DNA replication and causes of mutation. Nature Education. 2008; 1(1).

5. Pray, L. Major molecular events of DNA replication. Nature Education. 2008; 1(1).

6. Reddy EP, Reynolds RK, Santos E, Barbacid M. A point mutation is responsible for the acquisition of transforming properties by the T24 human bladder carcinoma oncogene. Nature. 1982;300(5888):149-52.

7. Wang HL, Lopategui J, Amin MB, Patterson SD. KRAS mutation testing in human cancers: The pathologist's role in the era of personalized medicine. Adv Anat Pathol. 2010;17(1):23-32.

8. Clancy, S. & Brown, W. Translation: DNA to RNAm to protein. Nature Education. 2008; 1(1).

9. Clancy, S. RNA functions. . Nature Education. 2008; 1(1).

10. Clancy, S. & Brown, W. Translation: DNA to RNAm to protein. Nature Education. 2008; 1(1).

11. Clancy, S. RNA splicing: *intron*s, exons and spliceosome. Nature Education. 2008; 1(1).

12. Smith, A. Nucleic acids to amino acids: DNA specifies protein. Nature Education. 2008; 1(1).

13. Francis S. Collins, Michael Morgan, and Aristides Patrinos. The Human Genome Project: Lessons from Large-Scale Biology. Science. 2003; 300 (5617), 286.

14. Fraga MF, Ballestar E, Paz MF, Ropero S, Setien F, Ballestar ML, Heine-Suñer D, Cigudosa JC, Urioste M, Benitez J, Boix-Chornet M, Sanchez-Aguilera A, Ling C,Carlsson E, Poulsen P, Vaag A, Stephan Z, Spector TD, Wu YZ, Plass C, Esteller M. Epigenetic differences arise during the lifetime of monozygotic twins. Proc Natl Acad Sci U S A. 2005; 102(30):10604-9.

15. Dahl C, Guldberg P. The genome and epigenome of malignant melanoma. APMIS. 2007;115(10):1161-76.

16. Delaval K, Feil R. Epigenetic regulation of mammalian genomic imprinting. Curr Opin Genet Dev. 2004; 14(2):188-95.

17. Phillips, T. The role of methylation in gene expression. . Nature Education. 2008; 1(1).

18. Griffiths-Jones S, Saini HK, van Dongen S, Enright AJ. miRBase: tools for microRNA genomics. Nucleic Acids Res. 2008;36, D154-D158.

19. Iliopoulos D, Hirsch HA, Struhl K. An epigenetic switch involving NF-kappaB, Lin28, Let-7 microRNA, and IL6 links inflammation to cell transformation. Cell. 2009; 139(4):693-706.

Biologia Molecular: da Teoria à Prática – Determinando expressão gênica e variações na sequência de DNA

ÁCIDOS NUCLEICOS

Os ácidos nucleicos são moléculas compostas por nucleotídeos que apresentam três componentes básicos: (1) as bases nitrogenadas as quais podem ser derivadas de pirimidina e purina, (2) a pentose, que caracteriza a molécula de DNA (2'-deoxi-D-ribose) ou RNA (D-ribose) e (3) um grupo fosfato. Na ausência do grupo fosfato a molécula é chamada de nucleosídeo.

DNA e RNA apresentam principalmente duas bases purinas, adenina (A) e guanina (G) e duas bases pirimidinas, citosina (C) em ambos ácidos nucleicos e a timina (T) no DNA e a uracila (U) no RNA (**Figura 1A**).

Os nucleotídeos de ambas as moléculas de DNA e RNA são covalentemente ligados através do grupo fosfato, o qual apresenta características hidrofílicas, enquanto as bases nitrogenadas (parte hidrofóbica dos ácidos nucleicos) formam pontes de hidrogênio conferindo a estrutura de dupla hélice do DNA (**Figura 1B**). O processo de purificação dos ácidos nucleicos baseia-se na propriedade destas moléculas solubilizarem em diferentes pH. Este pH depende do valor de pka de cada componente do ácido nucleico, assim embora os grupos fosfatos apresentem pka próximos de 0, as pentoses e as bases nitrogenadas que compõem o DNA e o RNA apresentam variado valor de pka conferindo a estas moléculas características específicas de solubilização que podem ser utilizadas no processo de purificação/extração de ácidos nucleicos.

FIGURA 1A. *Composição dos ácidos nucleicos.*

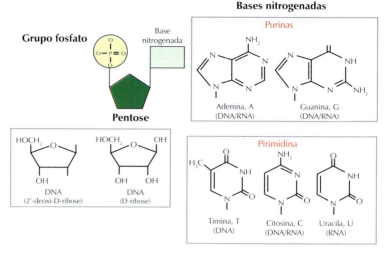

FIGURA 1B. *Moléculas de DNA e RNA. Os nucleotídeos de ambas as moléculas de DNA e RNA são covalentemente ligados através do grupo fosfato adicionados ao carbono 3´ do nucleotídeo por reação de condensação formando uma ligação fosfodiester.*

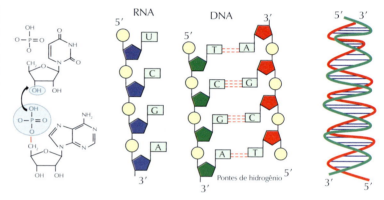

Extração de ácidos nucleicos

Os passos gerais para a purificação de ácidos nucleicos incluem: a lise celular a qual rompe as estruturas celulares e cria um lisado, inativação de nucleases celulares, tais como DNase e RNase e a separação dos ácidos nucleicos dos restos celulares. A eficiente extração de ácidos nucleicos a partir de extratos celulares são frequentemente obtidas utilizando uma emulsão bifásica obtida por uma mistura de fenol, com pH específico, acrescido de clorofórmio e álcool isoamílico. Após a centrifugação, duas fases serão apresentadas (**Figura 1C**), sendo a fase aquosa (hidrofílica) a de cima (sobrenadante), que apresentará o DNA e/ou RNA, os quais poderão ser precipitados utilizando etanol ou isopropanol e alta concentração de sal (**Tabela 1A**).

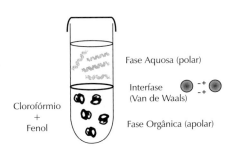

FIGURA 1C. *Separação de ácidos nucleicos.*

O excesso de sal poderá ser removido utilizando etanol 70% a temperatura ambiente, que permite a dissolução dos sais, mas não do DNA e/ou RNA.

Soluções com fenol com pH próximo de 7,0 e clorofórmio causam desnaturação de proteínas, respeitando os princípios da força de *Van der Waals*, a qual pode ser definida como uma força de atração fraca e momentânea entre moléculas ou átomos. Devido a esta característica, as proteínas serão, durante o processo de extração, encontradas na fase orgânica ou na interface.

O objetivo de misturar clorofórmio com fenol é aumentar a eficiência da extração de ácidos nucleicos reduzindo a perda destes para a interface. O aumento desta eficiência está associado à habilidade do clorofórmio desnaturar proteínas e remover lipídeos que prejudicariam a presença dos ácidos nucleicos na fase aquosa. Frequentemente adiciona-se o álcool isoamílico para evitar a formação de espuma, melhorando a separação das fases aquosa e orgânica, reduzindo assim a contaminação de proteínas na fase aquosa.

O pH do fenol (**Tabela 1B**) é extremamente importante durante o isolamento dependendo do ácido nucleico que se tem como alvo no procedimento de extração. Assim em muitos processos de isolamento considerando a natureza ácida do DNA, uma solução de fenol:clorofórmio:álcool isoamílico com fenol com pH acima de 8,0 é a solução adequada para o isolamento deste ácido nucleico. Por outro lado, em pH abaixo de 7,0, o DNA será desnaturado e encontrado principalmente na fase orgânica e interface, sendo que na fase aquosa haverá principalmente RNA. Neste processo o clorofórmio contribuíra para a redução da perda de RNAm para interface devido à desnaturação

TABELA 1A. *Efeito do sal utilizado na precipitação de ácidos nucleicos*

DNA	RNA
• **Acetato de sódio** (0,3M; pH 5,2) Precipitações rotineiras de DNA	• **Acetato de sódio** (0,3M; pH 5,2) Precipitações rotineiras de RNA
• **Acetato de Amonio** (2M) Preparações para remover dNTPs, exceto quando o protocolo utilizar a T4 polinucleotídeo quinase.	• **Cloreto de Lítio** (0,8M) Mais solúvel que Acetato de sódio, mas deve ser evitado quando o material destinar-se a trancrição *in vitro* ou reação de transcriptase reversa.
• **Cloreto de sódio** (0,2M) Precipitações de DNA com SDS/NaCl solúvel em etanol 70%.	

TABELA 1B. Influência do pH do fenol na extração de ácidos nucleicos

pH do Fenol	Aplicação
Fenol saturado, pH 7,0	• Extração de ácidos nucleicos (DNA/RNA)
Fenol:clorofórmio, pH 4,5	• Extração de RNA • Remoção de DNA de RNA
Fenol:clorofórmio:álcool isoamílico, pH 8,0	• Extração de DNA

de proteínas insolúveis: RNA complexo. Neste processo, a existência de pequenas quantidades de DNA genômico podem ser avaliadas e posteriormente removidas dependendo do procedimento pelo qual a amostra de RNA seja dirigida.

Atualmente existem vários métodos de extração de DNA e RNA. Geralmente são protocolos baseados na utilização de colunas sensibilizadas para purificar um ácido nucleico específico, sendo que para muitos destes protocolos tem sido desenvolvidos *kits* comerciais.

Determinação da concentração de ácidos nucleicos

A concentração do ácido nucleico isolado é determinada por espectrômetro. Os ácidos nucleicos absorvem a luz como consequência da presença de bases de nitrogênio na parte ultravioleta do espectro com máximo de absorção a 260 nm. Nós determinamos a concentração após medição da densidade óptica (DO) em uma célula (cubeta) 1 cm de comprimento de acordo com a relação abaixo:

DNA (dupla fita) = (DO $\times$ 50 $\times$ diluição) µg/mL

DNA (simples fita) = (DO $\times$ 37 $\times$ diluição) µg/mL

RNA = (DO $\times$ 40 $\times$ diluição) µg/mL

Ácidos nucleicos podem ser muitas vezes contaminados com proteínas após o isolamento. As proteínas atingem absorção máxima em 280 nm. Portanto, existe a necessidade de avaliar também a razão DO 260nm/280nm. Esta proporção deve ser de aproximadamente 1,8 ou superior para uma solução de RNA puro. Não existe consenso da relação adequada entre 260nm/230nm, a qual pode ser considerada dependendo da necessidade de avaliar a presença de possíveis resíduos de substâncias utilizadas no procedimento de purificação que permanecem como contaminantes após a purificação de ácidos nucleicos, tais como fenol e guanidina.

Análise da integridade de ácidos nucleicos

A integridade dos ácidos nucleicos é tradicionalmente determinada utilizando eletroforese em gel. A eletroforese pode ser realizada em géis de agarose ou poliacrilamida. A escolha de uma matriz de gel depende da extensão do ácido nucleico a ser avaliada. Para as análises de rotina de DNA e RNA são principalmente utilizados géis, que

TABELA 1C. *Relação entre porcentagem de agarose e eficiência de separação de fragmentos de biomoleculas*

Porcentagem de Agarose no Gel	Eficiência de Separação
0,3%	5kb – 60kb
0,6%	1kb – 20kb
0,7%	800pb – 10kb
0,9%	500pb – 7kb
1,2%	400pb – 6kb
1,5%	200pb – 3kb
2,0%	100pb – 1,2kb

dependendo da porcentagem de agarose, são capazes de separar fragmentos entre 100 pb e 60 kb (**Tabela 1C**). Enquanto géis de poliacrilamida são usados para fragmentos menores de 100 pb e para análise de proteínas. A extensão dos RNA e DNAs, visualizados pela incorporação de brometo de etídeo excitado pela exposição à luz ultra-violeta, podem ser comparadas com um padrão comercial com fragmentos de tamanho conhecido. Devido à toxidade do brometo de etídeo têm-se atualmente procurado outros "corantes" de ácidos nucleicos que apresentem reduzida toxidade e limitado impacto ambiental.

Integridade de DNA

Géis com diferentes porcentagens de agarose permitem separar diferentes tamanhos de fragmentos de DNA. Altas porcentagens de agarose facilitam a separação de pequenos fragmentos de DNA, enquanto baixas concentrações permitem resolução de separação de fragmentos maiores. Na **Figura 1D** exemplificamos DNAs apresentando diferentes graus de qualidade e contaminação com outras moléculas que pode ocorrer no processo de extração.

Integridade de RNA Total

RNA é uma molécula termodinamicamente estável, entretanto, rapidamente digerida na presença de RNases. Como resultado, pequenos fragmentos de RNA ocorrem comumente nas amostras, o que pode potencialmente comprometer a utilização desta. A integridade do RNA avaliada por gel de agarose, corado com brometo de etídio, produz um padrão de bandeamento. Tipicamente o gel de RNA mostra duas bandas 28S e 18S de RNA ribossomal (RNAr), as quais representam de 80% a 90% do RNA total. O RNA será considerado de alta qualidade quando a relação 28S: 18S é cerca de 2,0. Esta técnica depende da interpretação do observador da imagem do gel, e sua subjetividade dificulta a comparação com os resultados obtidos em outros laboratórios (**Figura 1E**).

A fim de uma maior acuidade na análise da integridade de ácidos nucleicos, principalmente do RNA, foram desenvolvidos equipa-

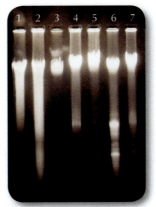

FIGURA 1D. *Separação de DNA em gel de agarose. Os DNAs 1 e 2 apresentam-se degradados; os DNAs 4, 6 e 7 estão contaminados com RNA e os DNAs 3 e 5 apresentam-se íntegros.*

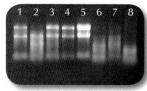

FIGURA 1E. *Separação de RNA em gel de agarose.* RNA 1, 3, 4 e 5 apresentam-se íntegros, enquanto os RNAs 2, 6, 7 e 8 estão degradados.

mentos de eletroforese microcapilar que se baseiam na combinação da separação de ácidos nucleicos pela indução de voltagem em pequenos canais de gel e detecção de fluorescência induzida por laser. A análise da imagem gerada por esta metodologia permite verificar a degradação do RNA através da diminuição do sinal das bandas ribossômicas (18S e 28S), bem como a presença de pequenos fragmentos. Em adição, este tipo de análise permite determinar o valor de RIN (***RNA Integrity Number***). Esse valor é calculado considerando a presença ou ausência de degradação de uma dada amostra, relação entre as bandas de RNAr, e caraterísticas de várias outras bandas (área do sinal, intensidade e razões entre bandas). O valor do RIN permitirá determinar a integridade do RNA.

Cuidados importantes para a extração de ácidos nucleicos

É importante entender que os cuidados para obtenção e processamento das amostras biológicas são distintos para DNA e RNA. Para o isolamento de DNA, as amostras podem ser refrigeradas entre 4ºC a 10ºC. Por outro lado, para análise de RNA, as amostras biológicas devem ser imediatamente conservadas a temperaturas ultra baixas (menores que -70ºC), exceto para o caso da extração de RNA ser realizada imediatamente. Recomenda-se a utilização de conservantes de RNA que podem ser ou não comerciais. Uma outra observação importante nesta etapa é a escolha do material descartável a ser utilizado para a conservação da amostra, que ao ser realizada em nitrogênio líquido, ou congeladores de ultra baixa temperatura, os tubos devem ser resistentes a estas temperaturas, de tampa de rosca e anel de vedação, de boa procedência e isentos de RNase e DNase. O mesmo cuidado deve ser tomado com ponteiras (preferencialmente utilizar ponteiras com barreiras, bem como reservar áreas laboratoriais e pipetas automáticas para extração de um ácido nucleico específico).

Para extração de RNA, as amostras de tecidos a serem utilizadas para estudo histológico ou "*in situ*" devem ser congeladas, no criostato do micrótomo, imediatamente processadas, transferidas para tubos termo-resistentes e mantidas em gelo seco, se possível com conservante de RNA. A seguir, os tubos devem ser armazenados a -80ºC. Caso a amostra tiver que ser emblocada em parafina para estudos anátomo-patológico, podendo ser utilizado também para extração de DNA/RNA, o material deve ser mergulhado em formol (de boa procedência) tamponado com tampão fosfato com pH=7,0 a 7,4, recém preparado.

Amostras de sangue podem ser colhidas com anticoagulante EDTA ou citrato e conservadas apenas a temperatura 4ºC a 10ºC para extração de DNA dentro de uma semana. Para amostras em que será extraído o DNA ou RNA após uma semana, recomenda-se a purificação das células mononucleares e posterior congelamento em temperatura ultra baixa.

Antes de começar qualquer trabalho na bancada limpe-a com solução de NaOH 0,3M e Etanol 70%, organize o espaço e verifique se todos os reagentes estão disponíveis em quantidade suficiente para o bom andamento do processamento das amostras a serem extraídas. Sempre use luvas e demais equipamentos de proteção laboratoriais.

REFERÊNCIAS BIBLIOGRÁFICAS

1. Chomczynski P, Sacchi N. Single-step method of RNA isolation by acid guanidinium thiocyanate-phenol-chloroform extraction. Anal Biochem. 1987;162(1):156-159.

2. Chomczynski P, Mackey K. Short technical report. Modification of the TRIZOL reagent procedure for isolation of RNA from Polysaccharide-and proteoglycan-rich sources. Biotechniques 1995;19(6): 942-945.Current Protocols in Molecular Biology. Editado por: Frederick M Ausubel, Roger Brent, Robert E Kingston, David D Moore, J G Seidman, John A Smith and Kevin Struhl. John Wiley & Sons, Inc.1994.USA.

3. Kleinhenz EA, Cohen SB. Accurate determination of pH in organic phenol and phenol:chloroform. Biotechniques. 1991;10(6):740-741.

4. Sambrook, J., Fritsch, E. F., Maniatis, T., (1989) *Molecular Cloning: A Laboratory Manual 2nd Edition.*

5. Schroeder A, Mueller O, Stocker S, Salowsky R, M Leiber, Gassmann M, Lightfoot S, Menzel W, Granzow M and Ragg T.(2006) The RIN: an RNA integrity number for assigning integrity values to RNA measurements. *BMC Molecular Biology* 7,3:1-14.

6. Wallace RB, Miyada CG. Oligonucleotide probes for the screening of recombinant DNA libraries. Methods Enzymol. 1987;152:432-442.

REAÇÃO EM CADEIA DA POLIMERASE (PCR)

Apesar de ser uma técnica que existe há mais de quatro décadas, a Reação em Cadeia da Polimerase (PCR – *Polimerase Chain Reaction*), é sempre atual. Frequentemente, novas DNA polimerases são descobertas ou modificadas a fim de aprimorar, facilitar ou inovar esse protocolo que, hoje, é ferramenta fundamental em qualquer laboratório de Biologia Molecular.

Descrita inicialmente em 1983 por Kary Mullis, Prêmio Nobel da Química em 1993, a PCR é basicamente utilizada para amplificar um segmento de DNA compreendido entre duas regiões conhecidas de DNA, flanqueadas por um par de oligonucleotídeos iniciadores, os *primers*. Como produto final, a reação de PCR tem várias cópias de um fragmento de dupla fita de DNA que pode ser utilizado para inúmeros fins.

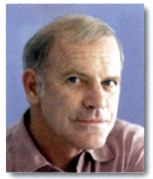

Kary Mullis, Prêmio Nobel de Química em 1993 pela inveção da PCR

À semelhança do mecanismo de replicação do DNA *in vivo*, essa reação necessita de um molde de DNA (DNA genômico, fragmentos de DNA, DNA plasmidial, cDNA - sequência de DNA complementar ao RNA mensageiro, RNAm, ou qualquer outra amostra contendo DNA), nucleotídeos trifosfato (ATP, GTP, CTP, TTP), sequências iniciadoras e uma DNA polimerase para estender a nova fita de DNA. Para ser copiada, a fita molde requer desnaturação, ou seja, que as pontes de hidrogênio que unem as bases das fitas complementares sejam rompidas obtendo DNA de fita simples. *In vivo*, esse processo é realizado pela helicase, *in vitro* o rompimento é feito pelo aumento da temperatura a 94-96ºC que desestabiliza a ligação fraca existente entre as bases. Para que a DNA polimerase possa estender a cadeia de DNA, é necessária uma base com a extremidade 3'OH livre. *In vivo*, a RNA primase é a enzima responsável pela síntese de pequenos fragmentos de RNA complementares à fita molde que farão o papel de iniciadores; na reação *in vitro*, os oligonucleotídeos são sequências específicas de DNA pré-sintetizadas acrescidas à mistura de reagentes. Os desoxirribonucleotídeos (dNTPs) em ambas as reações são idênticos.

Foram dois os fatores diferenciais da reação *in vitro* e que tornaram a PCR uma técnica básica e factível nos laboratórios: a descoberta de uma DNA polimerase termoestável a altas temperaturas e o desenvolvimento do termociclador. Originalmente, na execução dessa técnica, utilizava-se o fragmento *Klenow* da DNA polimerase I que, embora eficiente para o fim de estender a nova fita de DNA, tem sua atividade perdida a cada temperatura de desnaturação da dupla fita de DNA, sendo necessário acrescentar mais unidades da enzima a cada ciclo. Com a descoberta da *Taq* DNA polimerase a partir da bactéria *Thermus aquaticus*, a enzima permanece estável mesmo após a exposição a 94-96ºC. O termociclador é um equipamento com controle de temperatura automatizado no qual o indivíduo programa a ciclagem de amplificação desejada, dispensando trabalho manual de transferência dos tubos entre banhos-maria com diferentes temperaturas. Conforme será descrito a seguir, cada etapa da amplificação depende da temperatura e do tempo ao qual o DNA molde e os reagentes são submetidos.

Atualmente, são diversas as aplicações e os tipos de PCR: *hotstart PCR*, *Touchdown PCR*, *Nested PCR*, PCR em Tempo Real, entre tantas outras. Aqui discutiremos sobre a Reação da Polimerase em Cadeia Básica, suas características e componentes. As demais são variações e otimizações derivadas do conceito que descrevemos.

Ciclo de amplificação

A PCR ocorre graças a uma sequência de desnaturação, pareamento dos oligonucleotídeos e extensão das fitas. Cada uma dessas etapas acontece em um ciclo de temperaturas: 94-96ºC, 55-60ºC, 72ºC, respectivamente, repetidos cerca de 25-40 vezes. A quantidade inicial do fragmento de DNA aumenta exponencialmente a cada ciclo. Assim, supondo que haja apenas uma cópia do DNA alvo, ao término do primeiro ciclo serão duas cópias; do segundo ciclo serão quatro cópias; do terceiro ciclo serão oito cópias e assim sucessivamente até o final dos ciclos de amplificação (**Figura 2A**).

Idealmente, antes do primeiro ciclo de amplificação, realiza-se uma incubação inicial de cerca de 1-5 minutos a 95ºC, a fim de eliminar estruturas secundárias e permitir total desnaturação das fitas de DNA. Esse tempo varia dependendo do molde de DNA original, sendo mais longo para desnaturação de DNA genômico e mais curto para cDNAs específicos. Com a evolução tecnológica em relação ao melhoramento da *Taq* DNA polimerase, novas formas da enzima foram desenvolvidas sendo que algumas delas necessitam de um tempo inicial de 10 minutos a 95ºC para se tornarem ativas, são as enzimas *hot start*.

Ao término dos ciclos de amplificação, a reação é mantida por mais 5-10 minutos a 72ºC, para que a polimerase possa completar a extensão de trechos de DNA que tenham ficado inacabados durante a etapa anterior. A extensão da fita *in vitro* obedece à mesma regra de complementaridade de bases descrita por Watson e Crick. Caso a reação não seja imediatamente acondicionada em geladeira, depois de concluída, é conveniente acrescentar no programa uma temperatura final de 4ºC (**Figura 2A**)

Reagentes

Diante do que foi brevemente descrito anteriormente, para que uma reação de PCR ocorra, é preciso: molde de DNA, tampão, Cloreto de Magnésio, dNTP, oligonucleotídeos, *Taq* DNA polimerase.

Molde de DNA

O molde de DNA em uma reação de PCR pode ser DNA genômico, cDNA, DNA plasmidial, fragmentos de DNA, etc. A concentração necessária para amplificação de DNA genômico, em geral, varia de 50ng-1µg, enquanto, para cDNA, rotineiramente utiliza-se de 25 a 100ng. A concentração ideal de cada molde deve ser determinada durante a padronização de cada reação.

Tampão da reação

Em se tratando de uma reação enzimática, as condições de pH são cruciais. O tampão de PCR é necessário para criar condições ótimas para a atividade da *Taq* DNA polimerase. Em geral, esse tampão é vendido juntamente com a *Taq* DNA polimerase 10X concentrado e contém Tris-HCL, KCl e $MgCl_2$. No momento do uso, essa solução deve ser diluída para 1X. Eventualmente, essa concentração pode ser superior (1,5X) aumentando o rendimento da reação.

A concentração final de $MgCl_2$ normalmente utilizada na PCR é de 1,5mM mas, em alguns casos, essa concentração pode e deve ser alterada. Concentrações mais baixas podem diminuir produtos inespecíficos, mas também tende a reduzir o rendimento da reação. Já concentrações maiores, podem aumentar a estabilidade da ligação oligonucleotídeo/molde permitindo a amplificação de fragmentos que antes não amplificavam.

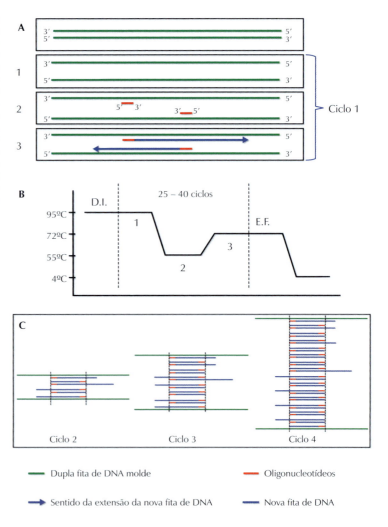

FIGURA 2A. *Esquema de uma reação de PCR. A –* Representação da dupla fita de DNA durante um ciclo de amplificação; ***B –*** Gráfico de temperatura durante todo o processo de amplificação: (1) desnaturação das fitas, (2) pareamento dos oligonucleotídeos, (3) extensão da nova cadeia de DNA. D.I. – Desnaturação Inicial; E.F. – Extensão Final; ***C –*** Representação da amplificação de um fragmento de uma dupla fita de DNA em escala geométrica, 2^n, onde n = número de ciclos.

ANEXO

Desoxiribonucleotídeos (dNTP)

Estes são os nucleotídeos (dATP, dCTP, dGTP, dTTP) que são adicionados à cadeia de DNA em crescimentos segundo o princípio de complementaridade de bases. Normalmente, a concentração de cada base na reação é de 200μM. A concentração de cada dNTP deve ser igual, visto que variações estequiométricas podem interferir na exatidão de complementaridade de bases.

Oligonucleotídeos

Embora, de maneira geral, a reação de PCR seja extremamente sensível, a parte que demanda maior atenção é o desenho dos oligonucleotídeos, justamente porque são essas pequenas sequências de bases que vão determinar a especificidade e a sensibilidade da reação.

Por definição, oligonucleotídeos são pequenos fragmentos DNA simples-fita (15-30 nucleotídeos) que são complementares à sequência de DNA, flanqueando uma região de interesse. Para ser uma boa sequência, os oligonucleotídeos não devem ter auto-complementariedade nem apresentar complementaridade entre as sequências senso e anti-senso, evitando assim a formação de *hairpins* e dímeros de oligonucleotídeos; a temperatura de dissociação (*melting* - Tm) das sequências senso e anti-senso não devem ter mais de 5ºC de diferença, uma vez que na reação será utilizada apenas uma temperatura de anelamento (essa temperatura equivale à Tm -5ºC). De maneira geral, descreve-se que a quantidade de CG deve ser cerca de 40-60% da sequência. Entretanto, há quem descreva que a porcentagem de CG presente na sequência de oligonucleotídeos deve ser igual ou superior à do alvo a ser amplificado.

Atualmente, existem ferramentas disponíveis *online* que tornaram essa tarefa menos exaustiva, como é o caso do Primer3 (http://biotools.umassmed.edu/bioapps/primer3_www.cgi). Mas algumas perguntas devem ser feitas antes de iniciar essa etapa. "O que desejo estudar: DNA ou RNA?", "Qual o objetivo dessa reação de PCR?", "Que gene desejo amplificar?", sendo o estudo com RNA, "O gene de interesse sofre *splicing* alternativo?", "Pretendo estudar todas as isoformas?", "Será utilizado em uma PCR em tempo real?". Essas questões são de grande importância para seu desenho experimental.

Você pode iniciar sua busca por sequências de oligonucleotídeos que já tenham sido publicadas e que atendam às suas necessidades, pois essa poderá ser uma garantia de que a reação funcionará. Se não houver nenhuma publicação ou outro tipo de trabalho disponível, deverá começar buscando a sequência do gene/RNAm de interesse nos bancos públicos de sequências como o GenBank (http://www.ncbi.nlm.nih.gov/). No estudo da expressão de RNAm, quando possível, o ideal é desenhar um par de oligonucleotídeos cuja sequência senso esteja em um exon e a anti-senso, em outro. Isso porque, embora as amostras de RNA sejam idealmente tratadas com DNase antes de serem submetidas à transcrição reversa (ver item Síntese de cDNA), algum contaminante de DNA genômico existente na amostra pode interferir na imagem ou na quantificação da expressão. Tento esse cuidado, caso observe um fragmento maior que o esperado, estará diante de uma amostra com DNA genômico contaminante.

Para amplificação de DNA genômico, um cuidado importante é a verificação da existência de alguma região de repetição no genoma em estudo. Se o estudo envolve a detecção de um microorganismo em um hospedeiro, os oligonucleotídeos não podem apresentar homologia entre as espécies. Quando se determina uma sequência de oligonucleotídeo, é premente que se faça um teste de homologia. O *Blast* (http://blast.ncbi.nlm.nih.gov/Blast.cgi) é uma ferramenta *online* de livre acesso que permite em questão de segundos obter esse dado.

Conforme a aplicação da PCR o tamanho do produto amplificado pode ser determinante para o sucesso do experimento. Por exemplo, para PCR em Tempo Real, o produto deve ter de 50 a 200 pb. Para análise de variantes em gel de SSCP (*Single Strand Conformation Polymorphism*), o produto não deve ultrapassar 400pb.

Taq DNA polimerase

A *Taq* DNA polimerase é uma enzima que catalisa a síntese da fita de DNA nascente no sentido 5'-3'. Como dito anteriormente, essa enzima é termoestável resistindo, portanto, aos vários ciclos de altas temperaturas durante os ciclos de amplificação sem ser desnaturada.

Apesar de ter viabilizado a PCR, algumas características dessa polimerase devem ser consideradas e ponderadas diante da aplicação do produto da PCR gerado. Essa enzima não possui atividade 3'-5' exonuclease, ou seja, caso uma base seja incorporada erroneamente durante a síntese, a *Taq* não conseguirá remover e substituir pela base correta, gerando um produto com uma falha na sequência de bases. Além disso, essa enzima acrescenta uma Adenina na extremidade 3' do amplicon. Essa habilidade é explorada, por exemplo, em protocolos de clonagem onde essa extremidade coesiva do amplicon é utilizada para ligar no vetor que possui uma Timina na extremidade 5'. Entretanto, para outros fins, algumas vezes se faz necessário deadenilar o amplicon.

Existem no mercado diversas outras *Taq* DNA polimerases biotecnologicamente modificadas para adquirir diferentes habilidades, tais como, possuir atividade 3'-5' exonuclease, maior fidelidade de replicação para produtos longos, não adcionar a Adenina da extremidade do amplicon, aumentar a especificidade e o rendimento da reação, entre outras. Antes de iniciar um experimento, é premente considerar as diferentes características das *Taq*s Polimerase e outras enzimas disponíveis para fins semelhantes, e escolher qual delas melhor se aplica ao seu modelo.

Síntese de cDNA – Transcrição Reversa

Como vimos anteriormente, a técnica de PCR nos permite analisar tando moléculas de DNA como o de RNA, desde que esta seja convertida em cDNA, visto que a *Taq* DNA polimerase tem uma atividade de transcriptase reversa limitada.

Historicamente, o que tornou possível a análise de moléculas de RNA com a abordagem de PCR foi o isolamento da Trancriptase Reversa, a partir de retrovírus, por Howard Temin e David Baltimore, independentemente, em 1970. Essa descoberta lhes rendeu o premio Nobel em Fisiologia ou Medicina em 1975.

A Trancriptase Reversa é uma DNA polimerase dependente de RNA, ou seja, transcreve o RNA simples-fita em DNA simples-fita, o cDNA. *In vivo*, esse mecanismo é utilizado, por exemplo, pelos retrovírus que infectam a célula hospedeira e convertem seu RNA genômico em cDNA dupla-fita, um processo que envolve outras etapas além da transcrição reversa, e utilizam a maquinaria celular para produzir novas partículas virais. *In vitro*, essa descoberta tornou possível incrementar a aplicabilidade da PCR com técnicas que englobam a análise de expressão gênica.

Para a maioria dos protocolos, utiliza-se cDNA simples-fita e, em casos específicos, é necessário sintetizar a segunda fita de cDNA. Antes de converter o RNA em cDNA, é importante ter o cuidado de tratar o RNA total ou RNAm com DNase removendo, dessa forma, possíveis moléculas de DNA genômico contaminante da amostra. De maneira geral, com algumas pequenas variações dependendo da Transcriptase Reversa utilizada, o RNA tratado é pré-aquecido juntamente com os oligonucleotídeos a 65º-70ºC para que haja total quebra das estruturas primárias e secundárias presentes nessas cadeias de nucleotídeos, sendo imediatamente transferidos para o gelo a fim de estabilizar as fitas. A reação de síntese ocorrerá a seguir, acrescentando o tampão da enzima, dNTPs, DTT (1,4-Ditiotreitol), inibidor de RNAse e a Transcriptase Reversa. O tempo e a temperatura dessa reação podem variar conforme a Transcriptase Reversa utilizada. Ao final, a enzima deve ser inativada por incubação a temperaturas de 70ºC-80ºC, interrompendo a reação.

Howard Temin e David Baltimore, ganhadores do prêmio Nobel em Fisiologia ou Medicina em 1975 pela descoberta da Transcriptase Reversa

Se for preciso sintetizar a segunda fita de cDNA, mais duas etapas são necessárias: à semelhança do processo *in vivo*, utiliza-se a RNase H, uma ribonuclease capaz de reconher e hidrolisar fitas de RNA da dupla fita RNA/DNA e, em seguida, utiliza-se uma DNA polimerase e demais reagentes para a síntese da segunda fita cDNA.

Alguns tipos diferentes de oligonucleotídeos inicializadores podem ser utilizados para esse fim. O mais comumente usado, é o oligo-dT, que apresenta complementaridade com a cauda poli-A dos RNAm, tornando possível utilizar o produto da reação para avaliar qualquer RNAm presente na amostra. Outro tipo de oligonucleotídeo que permite avaliar qualquer RNA da amostra é o oligonucleotídeo *Random*, uma mistura de pequenas sequências de bases aleatórias que vão parear ao longo de qualquer sequência de RNA sendo ele poliadenilado ou não. Por fim, sequências de oligonucleotídeos específicas a um ou alguns RNAm de interesse podem ser utilizadas, limitando a utilização da amostra.

Para testar a eficiência da reação, ao término da síntese de cDNA é prudente realizar pelo menos duas ou três PCR com jogos de oligonucleotídeos que amplifiquem sequências de cerca de 150pb, 300pb e 600pb. Dessa forma, poderá certificar-se de que a transcrição reversa foi capaz de estender tanto fitas pequenas como maiores, não comprometendo assim análises quantitativas e qualitativas de transcritos mais longos.

Cuidados

Uso obrigatório de luvas e avental! Não se deve manipular qualquer tubo, ponteira ou reagente sem luvas.

De preferência, a reação de PCR deve ser executada em uma área exclusiva, não devendo existir outras atividades como extração de DNA e síntese de cDNA sendo realizadas na mesma área. Existem atualmente, cabines equipadas com luz UV, que mantém estéril o ambiente para realização da PCR. Lembrando que, dentro da cabine, não se deve expor os dNTPs, oligonucleotídeos, a enzima e o DNA/cDNA molde à ação da luz UV. Os DNA/cDNA molde devem ser pipetados fora desse ambiente.

Se a utilização desse tipo de cabine não for possível, a higienização da área, utilização de pipetas exclusivas e de ponteiras com barreira, costuma evitar a contaminação da reação. O uso de reagentes exclusivos para PCR também é uma recomendação importante.

Procure evitar congelar e descongelar várias vezes seus reagentes. Manter pequenas alíquotas de cada um deles é uma prática recomendável que garante a qualidade do seu reagente e no caso de contaminação, evita desperdícios.

Aplicações para técnica de PCR

- Expressão Gênica;
- Análise de Expressão Gênica Global;
- Análise de variantes: SSCP, RFLP, HRM;
- Sequenciamento: Sanger, Exoma, RNA seq, Metiloma, etc
- Clonagem;
- Detecção da presença de patógenos em uma amostra;
- Medicina forense;
- Análise de microssatélite;
- Mutagênese *in vitro,* entre outras.

REFERÊNCIAS BIBLIOGRÁFICAS

1. White, Bruce Alan – PCR Protocols; Current methods and Applications, 1993.

2. Green, M.R. and Sambrook, J., in Molecular Cloning: A Laboratory Manual. Cold Spring Harbor Laboratory Press, U.S, Vol. 1, 2, 3 (2012), 4th Edition

3. Frederick M Ausubel, Roger Brent, Robert E Kingston, David D Moore, J G Seidman, John A Smith and Kevin Struhl (eds) Current Protocols in Molecular Biology. John Wiley & Sons, Inc.2003. USA.

REAÇÃO EM CADEIA DA POLIMERASE EM TEMPO REAL

A PCR em tempo real é uma técnica que quando comparada a outras técnicas para estudo de expressão gênica, tais como *Northern blotting,* Ensaio de Proteção à Ribonuclease (Klein, 2002) e PCR convencional, apresenta os seguintes benefícios como: rapidez nos resultados, especificidade e sensibilidade, além de ser um método quantitativo da amplificação do DNA e também ter como característica a utilização de quantidade mínima de amostra.

Inicialmente os estudos e resultados da "reação em cadeia da polimerase" eram obtidos utilizando-se da técnica da PCR convencional, que foi descrita pela primeira vez em 1983 por Kary Mullis. O desenvolvimento desta técnica, que simula a replicação do DNA *in vitro*, teve como princípio a replicação do DNA *in vivo*, evento que ocorre naturalmente durante a fase S do ciclo celular, que quando adaptado para a técnica PCR em tempo real possibilitou a detecção e quantificação da amplificação do DNA.

A técnica da PCR em tempo real além da amostra de DNA, oligonucleotídeos iniciadores e enzima DNA polimerase utiliza também os fluorocromos (corantes). Fluorocromos são moléculas que absorvem e emitem luz em um comprimento de onda específico e possibilitam quantificar o produto amplificado da reação em tempo real. Os dados são coletados durante a reação da PCR em tempo real e não apenas no final da reação como ocorre na PCR convencional.

Dentre os métodos aplicados nesta técnica, que utilizam o fluorocromo, destacamos o Sybr Green (agente ligante de dupla-fita de DNA) e os ensaios *TaqMan*° (sonda de hidrólise). O equipamento utilizado é um termociclador associado a um leitor de fluorescência, que é capaz de detectar a luz proveniente de uma reação de amplificação.

Método Sybr Green

Utiliza o corante Sybr Green com capacidade de ligação específica à dupla fita de DNA. Durante a reação da PCR em tempo real, a DNA polimerase amplifica a sequência alvo, determinada pela presença dos oligonucleotídeos iniciadores, senso e antisenso, neste momento ocorre a ligação do Sybr Green a cada nova cópia de DNA dupla-fita. Durante os ciclos iniciais da reação não há acúmulo de dupla-fita suficiente para que a fluorescência emitida possa ser detectada, entretanto, no decorrer dos ciclos da reação, há uma amplificação da quantidade de dupla-fita e consequentemente um aumento do sinal de emissão de fluorescência, que passa a ser detectável. Essa fluorescência é proporcional à quantidade de dupla fita amplificado (ou *amplicons*) gerada pela PCR em tempo real. Ao final de cada ciclo é emitido um sinal fluorescente que é captado por um sistema óptico e analisado por meio de um *software* específico onde é convertido em um gráfico de amplificação. A ordem de grandeza da amplificação é

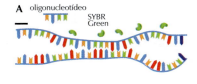

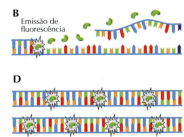

FIGURA 3A. Metodologia do Sybr Green em que o fluorocromo se intercala a qualquer molécula de dupla fita presente na reação. **A**- desnaturação da DNA dupla fita, presença de oligonucleotídeos e Sybr Green; **B**- Sybr Green intercalando no DNA; **C**- amplificação pela ação da Taq DNA polimerase e ligaçao do Sybr Green; **D**- Produto do DNA amplificado.

exponencial 2^n, onde 2 = dupla-fita de DNA, n = número de ciclos, resultando em aproximadamente milhares de cópias de DNA para n = 40. (**Figura 3A**).

A utilização deste método (Sybr Green) de detecção exige rigorosa padronização, uma vez que o fluorocromo pode intercalar em qualquer molécula de dupla-fita presente na reação, levando à formação de moléculas de dupla-fita não esperadas que incorporaram o *Sybr Green* e terão sua fluorescência registrada comprometendo o resultado, por exemplo, pela formação de produtos inespecíficos de amplificação, formação de dímeros e/ou concentração inadequada de oligonucleotídeos iniciadores.

A fluorescência detectada inicialmente aparece como uma linha plana horizontal, pois está abaixo do limite de detecção do equipamento. Mas após os ciclos iniciais, obtém-se a curva de amplificação contendo 3 fases distintas caracterizando a progressão da reação:

1. fase exponencial: o sinal é detectado e aumenta de maneira diretamente proporcional ao aumento do produto da reação;
2. fase linear: a inclinação da curva de amplificação diminui constantemente. Nesta fase alguns componentes da PCR diminuem e a eficiência da amplificação começa a diminuir;
3. fase platô: ocorre limitação dos reagentes, onde a curva permanece relativamente constante (**Figura 3B**).

Durante a reação, a fluorescência aumenta a cada novo ciclo de polimerização e atinge um limiar (*threshold*), no qual todas as amostras podem ser comparadas através da análise de fluorescência. Este limiar é um ponto definido pelo pesquisador, e deve ser analisado numa fase exponencial da reação, quando a quantidade de produto formado aumenta de forma satisfatória quando comparada à concentração inicial de fitas moldes. O ciclo exato no qual o limiar de fluorescência é definido denomina-se ciclo limiar (*Ct: cycle threshold*). Amostras com maior número de fitas moldes iniciais atingem o limiar mais precocemente e exibem valores de Ct menores (**Figura 3C**).

No método de detecção por Sybr Green, a confirmação da especificidade da amplificação é realizada pela análise da curva de dissociação (desnaturação) ou curva de *melting*, onde se analisa a

FIGURA 3B. Representação da amplificação de moléculas de DNA na reação de PCR em tempo real, linha basal (não é possível identificar fluorescência pela pequena quantidade de amplificação), uma fase exponencial (a quantidade de produto amplificado dobra a cada ciclo), uma fase linear (pequeno aumento de produto) e uma fase platô (não há mais amplificação do produto). (Retirado do site da empresa Thermo Fisher Scientific).

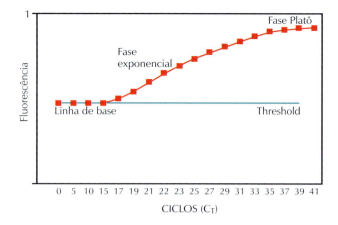

FIGURA 3C. O gráfico de amplificação contêm as informações necessárias para a quantificação de cDNA. A linha (threshold) é o nível de detecção ou o ponto a partir do qual a fluorescência atinge um nível maior do que o do background. A linha é colocada na fase exponencial da amplificação para uma leitura mais correta. O ciclo no qual a amplificação atinge essa linha é chamado de Cycle Threshold (C_T), importante para a análise dos dados. (Retirado do site da empresa Thermo Fisher Scientific).

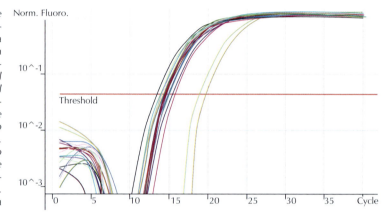

fluorescência das amostras em relação ao aumento contínuo da temperatura, possibilitando determinar a temperatura de dissociação (*Melting temperature - Tm*) de cada fragmento resultante da reação de amplificação e consequentemente queda de fluorescência. A Tm é a temperatura em que metade do produto da PCR está dissociada (**Figura 3D**).

FIGURA 3D. Curva de dissociação derivativa. O gráfico demonstra a curva de dissociação de produtos de dois transcritos distintos após 40 ciclos de amplificação. Os picos representam a temperatura de melting (Tm), onde ocorre a maior liberação das moléculas de Sybr Green e consequentemente queda da fluorescência. (Retirado do site da empresa Thermo Fisher Scientific).

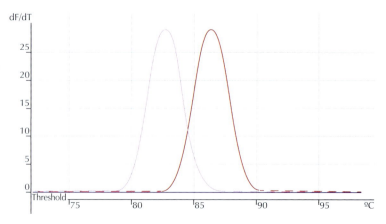

ANEXO

Curva Padrão de Eficiência dos oligonucleotídeos iniciadores

Oligonucleotídeos iniciadores são específicos para cada tipo de gene tanto do alvo quanto do endógeno (também conhecido como gene constitutivo ou normalizador). A padronização da eficiência destes oligonucleotídeos é dada pela diluição seriada de amostras (sendo recomendável pelo menos 4 concentrações) que irão determinar os pontos no gráfico, sendo que o resultado esperado deve ter eficiência próxima a 100%, indicando que ao final de cada ciclo a quantidade de dupla-fita é duplicada, sendo aceitável uma variação de cerca de 10% (**Figura 3E, Gráfico 3A**).

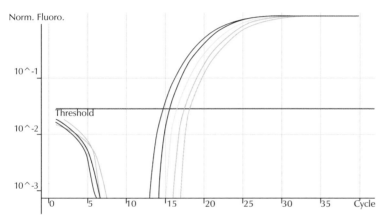

FIGURA 3E. A série com cinco diluições da amostra aparenta chegar ao platô no mesmo lugar, mesmo a fase exponencial claramente demostra uma diferença entre os pontos através da série de diluições. A eficiência (E) de um ciclo na fase exponencial é calculada de acordo com a equação $E = 10^{(-1/slope)}$ (gráfico 3A). (Retirado do site da empresa Thermo Fisher Scientific).

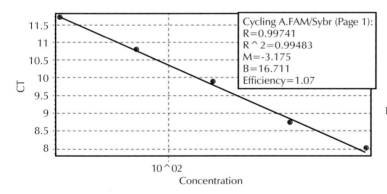

GRÁFICO 3A. Curva de eficiência representativa de um transcrito. Foram utilizadas 5 diluições seriadas de uma amostra. Slope corresponde à inclinação da reta (M) e o cálculo da eficiência é dado pela formula:

E- eficiência da reação: $E = 10^{(-1/slope)}$

(Retirado do site da empresa Thermo Fisher Scientific).

Análise

A metodologia de Sybr Green permite 2 tipos de análises, sendo:

1. Quantificação absoluta: Quantifica amostras de interesse usando como base uma curva padrão, estabelecida a partir de quantidades precisamente conhecidas de amostra referência. Esta curva é usada como referência na quantificação das

amostras de interesse permitindo comparabilidade e conclusões. Um emprego desta análise é para estudo de determinação de carga viral, assim como, para identificar o número exato de cópias do DNA/cDNA alvo em uma determinada amostra permitindo monitorar o progresso de uma determinada doença.

2. Quantificação relativa. Pode ser utilizada para análise de alteração da expressão gênica entre uma amostra de interesse em relação a uma amostra referência (por exemplo, uma amostra tumoral em relação a uma amostra normal). Importante considerar neste tipo de análise utilização de um gene endógeno, ou seja, um gene referência cuja expressão não apresente variação estatisticamente significativa entre as amostras analisadas, tais como:

   - Gene *ACTB* (componente do citoesqueleto envolvido na motilidade, estrutura e integridade celular);
   - Gene *GAPDH* (enzima gliceraldeído 3 fosfato desidrogenase);
   - Outros genes descritos na literatura (Chen G *et al* (2013) e Stephenie D *et al.* (2013));
   - Genes endógenos escolhidos por meio do método de busca descrito por Vandesompele *et al.* (2002), onde é utilizado o programa geNorm que determina quais os genes normalizadores mais estáveis para uma amostra em um conjunto de candidatos (pelo menos 4 genes).

Para genes escolhidos pelo geNorm, a determinação do Fator de Normalização (FN) é necessária, onde FN é calculado a partir do delta Ct de cada gene endógeno candidato, baseado na média geométrica de um número definido como operador dos genes endógenos, derivado do programa *geNorm software tool* (disponível em http://medgen.ugent.be/~jvdesomp/genorm/). O programa geNorm avalia a razão de expressão de cada gene endógeno em relação aos demais, sempre aos pares, permitindo o cálculo do desvio padrão desses valores transformado em escala logarítima. Então, a média do desvio padrão de cada gene em relação aos demais é calculado, fornecendo uma medida de estabilidade de expressão do gene (M). A estabilidade dos genes endógenos determinada por M é estabelecida, e os genes com a expressão mais estável e com o valor de M menor permite então a exclusão dos genes menos estáveis, resultando em genes endógenos mais estáveis do conjunto de genes testados (**Figura 3F**).

Após determinar o gene endógeno, o passo seguinte é a escolha de um modelo matemático para o cálculo e finalmente obtenção do resultado da quantificação relativa, e que são apresentados a seguir:

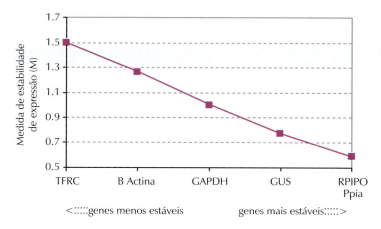

FIGURA 3F. *Grau de estabilidade calculado pelo programa GeNorm para 5 genes endógenos candidatos (retirado do site da empresa Thermo Fisher Scientific).*

Modelo matemático utilizando Pfaffl MW (2001)

Esse modelo pode ser utilizado quando a eficiência dos oligonucleotídeos iniciadores alvos e endógenos está fora do padrão aceito para o estudo (próximo a 100%).

A determinação da quantificação relativa (RQ) da expressão gênica é dada pela fórmula:

RQ= E alvo$^{\Delta Ct\ alvo}$/E endógeno$^{\Delta Ct\ endógeno}$

Onde:

A eficiência da reação é dada por E= $10^{(-1/slope)}$

Slope corresponde à inclinação da reta

E alvo: eficiência da reação de PCR do transcrito alvo

ΔCt alvo: diferença entre o Ct do gene alvo obtido do material em estudo e o Ct do gene alvo obtido da amostra referência.

E endógeno: eficiência da reação de PCR do transcrito endógeno

ΔCt endógeno: diferença entre o Ct do gene endógeno obtido do material em estudo e o Ct do gene endógeno obtido da amostra referência.

Modelo matemático que utiliza 2$^{-\Delta\Delta Ct}$ (Livak et al., 2001)

Esse modelo pode ser utilizado quando a eficiência dos oligonucleotídeos alvos e endógenos está dentro do padrão aceito para o estudo (próximo a 100%).

A determinação da quantificação relativa da expressão gênica é dada pela fórmula:

$$RQ= 2^{-\Delta\Delta Ct}$$

Onde:

ΔCt = Média do gene alvo – Média do gene endógeno;

ΔΔCt = ΔCt (amostra de interesse) – ΔCt (amostra referência) (Tabela 3A)

TABELA 3A. *Tabela representativa para o cálculo do* $2^{-\Delta\Delta Ct}$

	Gene Alvo CT		Gene Endógeno CT		·ΔCt	ΔΔCt	$2^{-\Delta\Delta Ct}$
	Ct1	Ct2	Ct1	Ct2	Ct Gene alvo – Ct Endógeno	ΔCt amostra – ΔCt endógeno	
Amostra							
Amostra referência							

Modelo matemático utilizando Vandesompele et al, (2002)

A utilização deste modelo independe do grau de eficiência dos oligonucleotídeos alvos e endógenos.

É baseado na utilização de pelo menos 3 genes constitutivos, onde ao final o cálculo da expressão será realizado substituindo o denominador pelo fator de normalização (FN) que é dado pelo programa geNorm, descrito acima no método de Vandesompele *et al.* (2002).

A determinação da quantificação relativa da expressão gênica é dada pela fórmula:

$$R = E_{alvo}^{(\Delta Ct\ ref)-(\Delta Ct\ amostra)}/FN$$

Onde:

$$FN = [E_{endógeno}^{(\Delta Ct\ amostra\ referência)-(\Delta Ct\ amostra)}]$$

[descrito acima no método de Vandesompele *et al.* (2002)]

E = eficiência da reação

ΔCt referência: média do gene referência

ΔCt amostra: do gene endógeno obtido do material em estudo

O método Sybr Green pode ser utilizado:

- Expressão gênica (RT-PCR one-step, em que a reação de transcrição reversa e PCR em tempo real acontecem no mesmo tubo; ou RT-PCR two-steps, em que a reação de transcrição reversa e PCR em tempo real são realizados separadamente);
- Amplificação de DNA.

Vantagens do método Sybr Green

- Não utilização de sonda (ver sistema TaqMan˚);
- Rápidez e segurança quando o sistema de PCR está otimizado, sem presença de dímeros de oligonucleotídeos iniciadores não específicos, como por exemplo, DNA genômico.

Desvantagem do método Sybr Green

Uma vez que o Sybr Green pode detectar tanto acúmulo de produtos específicos como inespecíficos, é necessária a otimização da reação para obtenção de resultados precisos (a fim de evitar sinais falso-positivos, analisar a formação de produtos inespecíficos utilizando a curva de dissociação).

Resumo do protocolo do método Sybr Green

Amostra de cDNA, DNA polimerase, $MgCl_2$, dNTPs, Sybr Green, oligonucleotídeos senso e antisenso (2uM final) para volume final de 20μL são aplicados na placa que é inserida no equipamento de PCR em tempo real, submetida a uma temperatura de 95°C por 15 minutos para a desnaturação inicial da fita, seguida de 40 ciclos a temperatura de 95°C por 15 segundos para desnaturação da fita, seguido de 60°C por 1 minuto, para o anelamento. Ao final, o resultado é obtido pela emissão do sinal fluorescente que é captado por um sistema óptico, analisado por um *software* específico e convertido em um gráfico de amplificação. Todas as reações são realizadas em triplicatas.

Método *TaqMan*®

Utiliza sondas hidrolisáveis (fragmento de DNA marcado) que hibridiza a uma sequência alvo específica. Esta sonda apresenta na extremidade 5' um fluorocromo (repórter) e na outra extremidade 3' um *quencher* (silenciador), além dos dois oligonucleotídeos iniciadores convencionais. O produto da reação é detectado durante a amplificação, quando a sonda é degradada pela atividade exonuclease 5' → 3' da *Taq* DNA polimerase, liberando o fluorocromo repórter por meio da transferência de energia por ressonância de fluorescência (FRET). A separação do corante repórter e do silenciador *quencher* resulta em um aumento na intensidade de fluorescência, que é proporcional à quantidade de produto amplificado produzido (**Figura 3G**).

Ao definir o gene endógeno, deve ser utilizado o modelo matemático para o cálculo e, finalmente, obtenção do resultado da quantificação relativa. No caso da utilização de ensaios inventoriados (já validados) não é necessária curva padrão para determinar a eficiência dos oligonucleotídeos iniciadores, uma vez que a empresa fornecedora garante que a eficiência de amplificação seja de 100%. Ensaios customizados também podem ser adquiridos para uso desta técnica, neste caso, além dos oligonucleotídeos é necessário a obtenção da sonda. Este modelo deve ser otimizado para que a eficiência dos oligonucleotídeos alvos e endógenos esteja dentro do padrão aceito para o estudo (próximo a 100%), ver item "curva de eficiência".

A determinação da quantificação relativa da expressão gênica é dada pelo modelo matemático $2^{-\Delta\Delta Ct}$, citado anteriormente.

O método de TaqMan® pode ser utilizado:

- Expressão gênica (RT-PCR one-step, em que a reação de transcrição reversa e PCR em tempo real acontecem no mesmo tubo; ou RT-PCR two-steps, em que a reação de transcrição reversa e PCR em tempo real são realizados separadamente);
- Amplificação de DNA;
- Genotipagem (capítulo Genotipagem por PCR em Tempo Real).

FIGURA 3G. *Síntese de cDNA a partir de RNA total, seguido de amplificação por PCR em Tempo Real, por meio do princípio do ensaio TaqMan®. Resumidamente, após a desnaturação, os oligonucleotídeos iniciadores e a sonda se anelam aos seus alvos. Durante o passo de polimerização, a Taq DNA polimerase cliva e separa fisicamente a sonda repórter do quencher, resultando na liberação do sinal fluorescente, que é captado pelo aparelho (adaptado de Bustin & Muller, 2005).*

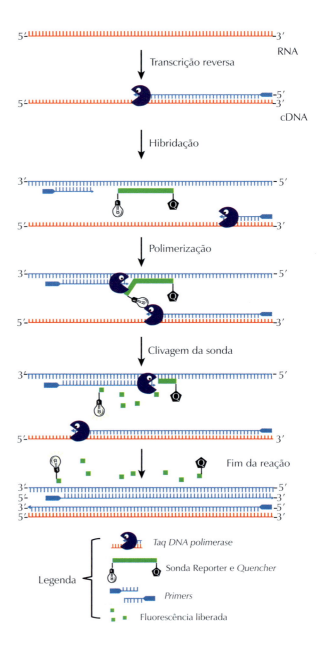

Vantagens do método *TaqMan*®

- Por ser extremamente sensível e específico devido a alta complexidade do método, o sinal de fluorescência será detectado somente se houver hibridização específica entre a sonda e a sequência alvo, levando a um resultado mais preciso;
- Não necessita de curva de dissociação;
- Ensaios inventoriados, já validados e otmizados disponíveis;

- Aumenta detecção de baixo número de cópias do gene alvo em relação ao Sybr Green;
- As sondas podem ser marcadas com diferentes corantes *reporter*, permitindo a amplificação de duas sequências distintas em um mesmo tubo de reação (*multiplex*).

Desvantagem do método *TaqMan*®

- Necessidade de síntese de diferentes sondas para sequências distintas.

Aplicações da técnica PCR em Tempo Real

- Diagnóstico: detecção de patógenos, genotipagem, determinação quantitativa de transcritos como o BCR-ABL (Leucemia Mielóide Crônica), carga viral (HIV-Vírus da Imunodeficiência Humana, Vírus da Hepatite);
- Medicina Forense: Investigação de paternidade, crimes (material obtido de cabelo, saliva ou sangue) e impressão digital;
- Biologia Molecular: Amplificação para gerar mutagênese, expressão gênica, genotipagem.

REFERÊNCIAS BIBLIOGRÁFICAS

1. Chen G, Zhao L, Feng J, You G, Sun Q, Li P, Han D, Zhou H. Validation of reliable reference genes for real-time PCR in human umbilical vein endothelial cells on substrates with different stiffness. PLoS One. 2013 Jun 28;8(6):e67360.

2. Klein D. Quantification using real-time PCR technology: applications and limitations. *Trends Mol Méd.*, v. 8, p. 257-260, 2002.

3. Livak K. J.; Schmittgen TD. Analysis of relative gene expression data using real-time quantitative PCR and the $2^{-\Delta\Delta Ct}$ method, *methods*, v. 25, p. 402-408, 2001.

4. Pfaffl MW A new mathematical model for relative quantification in rel time RT-PCR. Nucleic Acids Res. 2001, 29, 9e45.

5. Stephenie D. Prokopeca, Nicholas B. Buchnera, Natalie S. Foxa, Lauren C. Chonga, Denise Y.F. Maka,e, John D. Watsona, Arturas Petronise,f, Raimo Pohjanvirtab,c, Paul C. Boutrosa. Validating reference genes within a mouse model system of 2,3,7,8-tetra-chlorodibenzo-p-dioxin (TCDD) toxicity. Chemico-Biological Interactions 205 (2013) 63–71.

6. Vandesompele J.; Preter De K.; Pattyn F.; Poppe B.; Roy V. N.; Paepe D. A.; Speleman F. Accurate normalization of real-time quantitative RT-PCR data by geometric averaging of multiple internal control genes, *Genome Biology*, v. 3, n. 7, p. 0034.1-0034.11, 2002.

MÉTODOS DE GENOTIPAGEM

As variações na sequência de DNA

Os seres humanos possuem 23 pares de cromossomos, sendo que um membro de cada par é herdado do pai e outro da mãe. Cada cromossomo possui um subgrupo diferente de genes que são dispostos linearmente ao longo do seu DNA. Os membros de um par de cromossomos (cromossomos homólogos) possuem informação genética semelhante, ou seja, possuem os mesmos genes na mesma sequência. Diferentes versões de uma sequência particular de DNA em um determinado local cromossômico (*locus*) são chamadas alelos. Genótipo é definido como o conjunto de alelos que constituem sua composição genética em um único *locus* e fenótipo é a expressão observável de um genótipo como característica morfológica, clínica, bioquímica ou molecular.

A sequência de DNA nuclear é cerca de 99,5% idêntico entre duas pessoas, sendo que a pequena fração desta sequência que difere entre as pessoas é responsável pela variabilidade genética (*The International HapMap Project*).

Neste contexto, podemos definir mutações como qualquer mudança na sequência de nucleotídeos ou arranjo do DNA. Estas podem afetar o número ou estrutura de cromossomos individuais na célula ou alterar genes individuais. As mutações são raras (com frequência menor que 1% na população geral) e geralmente estão associadas a um efeito deletério, levando a uma série de doenças, tais como fibrose cística, distrofia muscular de Duchenne, retinoblastoma, etc.

A adaptabilidade é o fator que determina se uma mutação será perdida, se tornará estável na população ou se transformará no alelo predominante no *locus* envolvido. A frequência de um alelo representa o balanço entre a taxa na qual os alelos mutantes surgem por mutação e os efeitos da seleção. Durante o curso da evolução, o constante influxo de novas variações de nucleotídeos garantiu um alto grau de diversidade genética e individualidade. Quando alelos múltiplos estão presentes em um *locus,* com uma frequência maior que 1% na população geral, são chamados polimorfismos genéticos. A proporção total de posições de bases polimórficas foi estimada como sendo cerca de 1 em 1000 pares de base para qualquer trecho de DNA escolhido aleatoriamente no genoma. Existem polimorfismos que não acarretam em qualquer mudança, porém outros que levam a alterações qualitativas e/ou quantitativas; o efeito dependerá da localização e do tipo de troca envolvida. Polimorfismos situados entre genes (intergênicos) ou nos íntrons, polimorfismos que não alteram a proteína (por exemplo, nos casos em que há troca de nucleotídeos, mas o códon resultante codifica para o mesmo aminoácido) ou que alteram a proteína, mas não a sua função, geralmente não possuem efeito fenotípico. Por outro lado, aqueles que resultam em variantes proteicas diferentes ou encontram-se em regiões regulatórias (afetando a regulação transcricional dos genes), podem levar a fenótipos distintos.

Os polimorfismos genéticos possuem diversas aplicações em genética médica, como avaliação de pessoas com risco alto e baixo de predisposição a doenças complexas (tais como diabetes, doença coronariana, hipertensão e câncer), teste de paternidade, tipagem tissular para transplante de órgãos, intolerâncias dietéticas, resposta e reações diversas a tratamentos medicamentosos (farmacogenética), dentre outras.

Embora os cromossomos humanos sejam idênticos na espécie, a natureza dos diferentes alelos e suas frequências em muitos *loci* varia amplamente entre diferentes grupos populacionais. Portanto, os polimorfismos são importantes também na genética de populações, que estuda a distribuição dos genes na população e como as frequências dos genes e genótipos são mantidas ou alteradas. Algumas variantes são virtualmente restritas a membros de um único grupo, embora não estejam necessariamente presentes em todos os membros do grupo. Geralmente, os alelos variantes podem ser encontrados em muitas amostras populacionais, mas com frequências diferentes em cada uma delas. Em geral, existem diferenças de frequências alélicas entre grupos populacionais, tanto para alelos que causam doenças genéticas, quanto para marcadores genéticos neutros em termos seletivos, tais como polimorfismos de DNA.

4.2. Genotipagem por PCR-RFLP

Polimorfismos que surgem a partir de mudanças em nucleotídeos únicos de uma determinada sequência de DNA, também conhecidos como SNPs (*Single Nucleotide Polymorphisms*) e também mutações gênicas pontuais, que alteram sítios de clivagem por endonucleases de restrição, podem ser reconhecidos por meio de uma metodologia conhecida como **PCR-RFLP** (*Polymerase Chain Reaction - Restriction Fragment Lenght Polymorphism*). Ela baseia-se na amplificação de uma sequência que contém o polimorfismo por PCR, seguida da fragmentação do produto amplificado por uma enzima de restrição que reconhece um sítio específico que contém o polimorfismo/mutação de interesse.

As enzimas de restrição são purificadas das bactérias e reconhecem sequências específicas no DNA, chamadas de sítios de restrição, onde conseguem cortar (clivar) o DNA dupla fita. As variações no DNA genômico nos sítios de restrição (ou seja, existência ou não de determinado sítio em função da sequência de DNA) permitem a clivagem do DNA em fragmentos de tamanhos diferentes, identificando quais alelos para determinado *locus* cada indivíduo possui, genotipando-os (Figura 4A). Estes fragmentos com diferentes comprimentos são visualizados por meio de uma eletroforese em gel de agarose, no qual se aplica o produto de PCR digerido e os fragmentos serão separados por tamanho, onde os maiores migrarão mais lentamente e menores mais rapidamente. O gel é corado com um corante de ácidos nucleicos e posteriormente submetido à luz ultravioleta para visualização das bandas (**Figura 4A**).

FIGURA 4A. *Exemplo da utilização da metodologia de PCR-RFLP para detecção de um polimorfismo genético ou mutação pontual com troca de T para C. A região contendo a variação na sequência de DNA é amplificada por PCR por meio do uso de oligonucleotídeos iniciadores senso e anti-senso específicos. O produto amplificado é submetido à digestão enzimática com enzima específica que reconhece um sítio de restrição para o alelo T. Desta forma, quando o indivíduo for homozigoto para o alelo selvagem T (genótipo TT), ambos os alelos apresentarão o sítio para esta enzima e serão cortados nos fragmentos **a** e **b**. Se o indivíduo for homozigoto para o alelo polimórfico C (genótipo CC), ambos os alelos perderão o sítio de restrição e manterão o fragmento original (**a+b**). Se o indivíduo for heterozigoto (genótipo CT), um alelo será cortado e um não, apresentando todos os fragmentos possíveis a+b, a e b.*

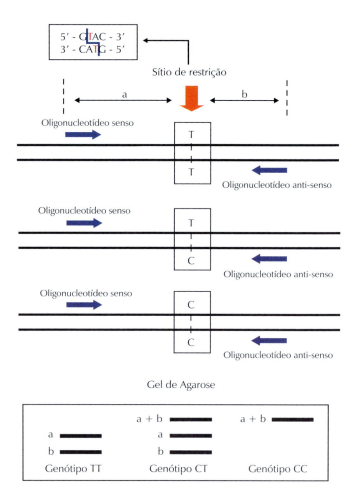

A maioria dos sítios de reconhecimento das enzimas de restrição é palindrômica, ou seja, tem um eixo de simetria onde a sequência de bases de uma cadeia de DNA é a mesma da cadeia complementar, quando lida na direção oposta. As extremidades resultantes do corte podem ter dois modelos, cegas ou coesivas, conforme o tipo de corte efetuado pela endonuclease (**Figura 4B**).

Cada tipo de enzima reconhece e corta apenas uma determinada sequência de nucleotídeo. Porém, algumas enzimas possuem sítios degenerados e possuem um ou mais pares de base que não são especificamente definidos (R=A ou G e Y= C ou T).

Todas as enzimas operam sob diferentes condições de sal e pH e possuem 100% de eficiência em uma temperatura ótima (que na maioria das vezes é 37ºC ou 65ºC, obedecendo o tempo recomendado pelo fabricante, que é variável para cada enzima). Para atividade ótima, existem diferentes tampões e todos são utilizados em uma concentração final de 1 vez (1X). Algumas enzimas necessitam de *BSA (Bovine Serum Albumin)*, um estabilizante de certas proteínas durante

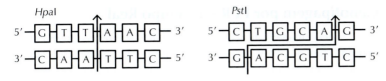

FIGURA 4B. Exemplos de sequências palindrômicas que são cortadas pelas enzimas de restrição HpaI e PstI e resultam em extremidades cegas e coesivas, respectivamente.

a reação. Além disso, também é possível digerir DNA com duas endonucleases de restrição simultaneamente (*double digestion*) utilizando-se um tampão adequado que fornecerá condições ótimas para a atividade de ambas as enzimas.

Existem *softwares* disponíveis em que o pesquisador insere uma sequência alvo que contem o polimorfismo/mutação a ser estudado e observa todas as opções de enzimas disponíveis que cortam o sítio de interesse (http://nc2.neb.com/NEBcutter2/).

A inativação por calor é um método conveniente para parar a reação da endonuclease de restrição. Incubação a 65°C por 20 minutos inativa a maioria das enzimas que possui incubação ótima a 37°C. As demais enzimas podem ser inativadas a 80°C por 20 minutos.

Além disso, alguns polimorfismos são baseados na inserção ou deleção de uma quantidade variável de DNA ao invés da perda ou ganho de um sítio de reconhecimento por endonucleases de restrição. Esses polimorfismos, conhecidos como mini e microssatélites, que apresentam múltiplas cópias de uma sequência de DNA em *tandem*, podem ser reconhecidos por uma reação de PCR convencional, não havendo necessidade da etapa de digestão enzimática. Neste caso, são utilizados oligonucleotídeos iniciadores que flanqueiam a região que contém o polimorfismo de interesse e os fragmentos gerados diferirão em tamanho dependendo do número de repetições presentes (**Figura 4C**).

Indivíduo com genótipo 2/10
ATG TAA TAA CCT (1 alelo de 2 repetições)
ATG TAA TAA TAA TAA TAA TAA TAA TAA TAA TAA CCT (1 alelo de 10 repetições)

FIGURA 4C. Exemplo de um polimorfismo de repetição (repetição da sequência TAA), em que serão gerados fragmentos com tamanhos diferentes após a PCR, dependendo do número de repetições de cada alelo. Desta forma, é possível genotipar cada indivíduo sem a etapa de digestão com enzima de restrição.

Genotipagem por PCR em Tempo Real

A desvantagem da técnica de PCR-RFLP é o processamento e manipulação pós-PCR. Essa etapa é eliminada na metodologia de genotipagem por PCR em Tempo Real (utilizando sondas TaqMan ou por *High Resolution Melting* (HRM)) que são mais rápidas, menos trabalhosas e mais sensíveis.

Ensaios *Taqman*®

A metodologia de genotipagem por PCR em Tempo Real baseia-se na confecção de um ensaio TaqMan® que tem como princípio a ação exonuclease da *Taq DNA polimerase*, contendo oligonucleotídeos senso e anti-senso específicos para a região estudada e uma sonda para cada alelo, uma marcada com um fluorocromo VIC e uma marcada com um fluorocromo FAM. As sondas possuem um repórter fluorescente 5' e um *quencher* (silenciador) 3', que absorve a fluorescência do repórter. Após a desnaturação, os oligonucleotídeos iniciadores e as sondas se anelam aos seus alvos. Durante o passo de polimerização, a *Taq DNA polimerase* cliva e separa fisicamente a sonda repórter do *quencher*, resultando na liberação do sinal fluorescente, que é detectado pelo equipamento, identificando o alelo presente em cada amostra (**Figura 4D**).

Dessa forma, os resultados são dados pela presença ou ausência da amplificação de cada alelo. As amostras são então genotipadas e colocadas em um gráfico que as separa em *clusters* dos diferentes genótipos (**Figura 4E**).

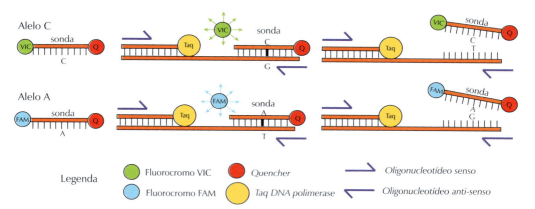

FIGURA 4D. *Exemplo de genotipagem por PCR em Tempo Real utilizando ensaios TaqMan®, em que o ensaio possui uma sonda marcada com fluorocromo VIC (representando o alelo C) e uma marcada com fluorocromo FAM (representando o alelo A). Esta fluorescência só será liberada quando cada sonda hibridizar na sequência complementar correspondente. Deste modo, o aumento da intensidade da fluorescência VIC indica homozigosidade para o alelo C (genótipo CC), da fluorescência FAM indica homozigosidade para o alelo A (genótipo AA) e da fluorescência VIC e FAM ao mesmo tempo indica heterozigosidade para o alelo C e A (genótipo AC).*

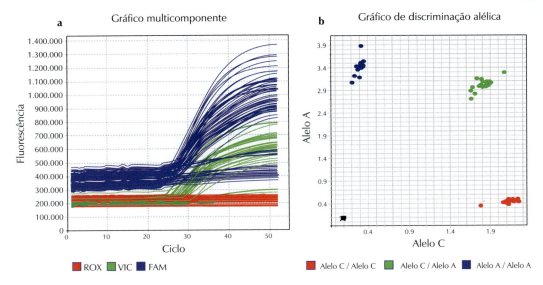

FIGURA 4E. a) *Amplificação dos alelos marcados com VIC (em verde) e com FAM (em azul) em diferentes amostras. A fluorescência passiva utilizada foi o ROX (em vermelho);* **b)** *Gráfico mostrando os clusters de genótipos: amostras de homozigotos para o alelo C em vermelho (genótipo CC), amostras de heterozigotos em verde (genótipo AC) e amostras de homozigotos para o alelo A em azul (genótipo AA). (Retirado do site da empresa Thermo Fisher Scientific).*

4.3.2. *High Resolution Melting* (HRM)

Outra técnica de PCR em Tempo Real para detecção de polimorfismos/mutações é a *High Resolution Melting* (HRM), que é um método utilizado para identificar variações na sequência de ácidos nucleicos por meio de pequenas diferenças na temperatura de dissociação ou *melting* (T_m) do produto amplificado.

Durante a amplificação do DNA, um fluorocromo intercalante de dupla fita de DNA será incorporado às novas moléculas sintetizadas e a amplificação será monitorada através do aumento da fluorescência detectada pelo aparelho. Posteriormente, o produto amplificado será submetido à vagarosa elevação da temperatura, que permitirá monitorar as mudanças na fluorescência que ocorrem durante a dissociação/desnaturação da dupla fita de DNA. Desta forma, os produtos de PCR com diferentes conteúdos de nucleotídeos apresentarão diferenças na T_m, uma vez que esta é altamente dependente da sequência de nucleotídeos (**Figura 4F**; **Tabela 4A**).

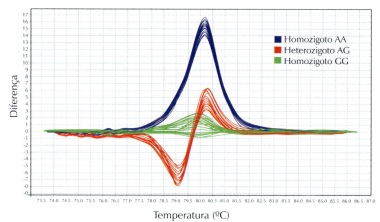

FIGURA 4F. *Genotipagem de um determinado polimorfismo pela técnica de High Resolution Melting. Diferenças na temperatura de dissociação (T_m) de cada alelo permitem identificar se o indivíduo possui genótipo AA, AG ou GG, por exemplo (retirado do site da empresa Thermo Fisher Scientific).*

TABELA 4A. *Classes de SNPs e frequência com que ocorrem no genoma humano, mudança de base que ocasionam e alteração da temperatura na curva de dissociação.*

Classe de SNP	Mudança de base	Alteração na Curva de Dissociação (Tm)	Ocorrência no Genoma Humano
1	C/T e G/A	>0,5 a 1,0ºC	64%
2	C/A e G/T	>0,5 a 1,0ºC	20%
3	C/G	0,2 a 0,5ºC	9%
4	A/T	<0,2ºC	7%

SNPs: *Single Nucleotide Polymorphisms;* Tm: temperatura de dissociação.

Outras tecnologias para detecção de variações na sequência de DNA

As técnicas citadas até aqui permitem somente o estudo de variações pontuais na sequência de DNA e que já sejam conhecidas na literatura, pois requerem o desenho de oligonucleotídeos iniciadores que irão flanquear e amplificar uma sequência pré-determinada.

Outras técnicas bem conhecidas são descritas na literatura visando à detecção destas variações na sequência do DNA. A técnica padrão-ouro para detecção de SNPs e mutações pontuais em genes conhecidos ainda é o sequenciamento por eletroforese capilar (método de Sanger), uma técnica sensível, que se tornou mais acessível nos últimos anos.

Com o avanço tecnológico, hoje dispomos de tecnologias em larga escala (conhecidas como *high throughtput*), que permitem estudos em escala genômica e que tiveram grande impacto na pesquisa biomédica. Essas tecnologias (como os *microarrays* ou o sequenciamento de nova geração) nos permitem detectar milhares de SNPs de uma única vez. Ao mesmo tempo em que estas tecnologias evoluíram, houve a necessidade de se desenvolver também uma disciplina chave conhecida como Bioinformática, para nos auxiliar no processamento, organização e armazenamento desta enorme quantidade de informação gerada.

REFERÊNCIAS BIBLIOGRÁFICAS

1. Martino A, Mancuso T, Rossi AM. Application of high-resolution melting to large-scale, high-throughput SNP genotyping: a comparison with the TaqMan method. J Biomol Screen. 2010 Jul;15(6):623-9.

2. The International HapMap Project. Nature. 2003;426(6968):789-96.

3. Willard, HF; Mcinnes, RR; Nussbaum, RL. Thompson & Thompson Genética Médica. 2008. 7ª Edição. Editora Elsevier. Rio de Janeiro.

4. https://www.neb.com/products/restriction-endonucleases. New England Biolabs. Restriction Endonucleases.

5. Informações detalhadas sobre a Genotipagem utilizando Ensaios *TaqMan* ou utilizando a técnica de *High Resolution Melting* (HRM) podem ser encontradas no site http://www.lifetechnologies.com/.

CLONAGEM MOLECULAR

A clonagem do DNA surgiu como consequência da capacidade de manipulação de moléculas de DNA *in vitro* usando as endonucleases de restrição e as ligases. Essa metodologia também foi possível a partir do conhecimento da existência de pequenos fragmentos de DNA circulares em bactérias, denominados plasmídeos, tendo sido bem estabelecida no final dos anos 70. Por definição, a clonagem molecular é o processo de construção de moléculas de DNA recombinante e da sua propagação em hospedeiros apropriados que possibilitem a seleção do DNA recombinante. Esta tecnologia permite o estudo de genes e de seus produtos, a obtenção de organismos transgênicos e a realização de terapia gênica.

Para descrever as etapas da clonagem molecular, tomaremos como exemplo um fragmento de DNA que é gerado pelo tratamento com a endonuclease de restrição *Bam*HI que produz pontas coesivas 5'-G▼GATC-3'. Da mesma forma, plasmídeos purificados da bactéria *Escherichia coli (E.* coli) são tratados com a mesma enzima *Bam*HI cortando-o em uma única posição. Assim, o DNA circular do plasmídeo torna-se uma molécula linear também com pontas coesivas 5'-G▼GATC-3'. Misturando-se as duas moléculas e com adição da enzima ligase, vários produtos são obtidos, um dos quais compreende ao plasmídeo circular contendo o fragmento de DNA na posição originalmente criada pela enzima *Bam*HI, ou seja, temos um DNA recombinante. Posteriormente, bactérias *E. coli* são transformadas com o vetor recombinante que sofrem replicação e essas cópias passarão para as células bacterianas filhas resultando na formação de uma colônia da bactéria *E. coli* recombinante, onde cada bactéria possui várias cópias do fragmento de DNA introduzido (**Figura 5A**).

Vetores de clonagem

No experimento visto na **Figura 5A**, o plasmídeo age como um vetor de clonagem, fornecendo capacidade replicativa e permitindo que o fragmento de DNA clonado seja propagado dentro da célula hospedeira. O plasmídeo replica de forma eficiente e autônoma dentro da bactéria hospedeira porque possui uma origem de replicação que é reconhecida pelas DNA polimerases e outras proteínas que replicam o DNA cromossomal bacteriano. Além disso, um vetor de clonagem deve possuir pelo menos uma marca genética de seleção, como por exemplo resistência aos agentes antimicrobianos. Os bacteriófagos também podem ser usados como vetores de clonagem uma vez que possuem origem de replicação que possibilita a sua replicação dentro de bactérias, ou utilizando as enzimas da bactéria hospedeira ou usando DNA polimerases e outras proteínas codificadas por genes do próprio fago.

A ocorrência de plasmídeos não é comum nos eucariotos, embora a levedura *Saccharomyces cerevisiae* possua um que algumas vezes é utilizado para proposta de clonagem. Portanto, a maioria dos vetores de eucariotos são baseados em genomas virais que dependem da maquinaria de replicação da célula hospedeira para replicação desse vetor. Uma alternativa, é a inserção do DNA a ser clonado em um dos cromossomos do hospedeiro.

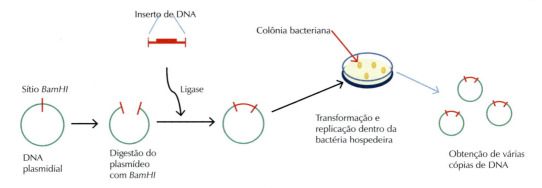

FIGURA 5A. Esquema das etapas para clonagem de um fragmento de DNA ou cDNA.

Vetores baseados em plasmídeos de *E. coli*

A maneira mais fácil de entender como um vetor de clonagem é utilizado é a partir de um vetor simples de *E.coli* que ilustra bem os princípios básicos da clonagem de DNA.

Um dos primeiros vetores de plasmídeos desenvolvidos foi o pBR322 (Bolivar *et al.*, 1977), que foi construído pela ligação de três fragmentos de restrição que ocorrem naturalmente em plasmídeos de *E. coli*: R1, R6.5 e pMB1. O plasmídeo pBR322 é pequeno com 4363 pares de bases, possui uma origem de replicação e carrega genes que codificam para enzimas que conferem à bactéria resistência a dois antibióticos: ampicilina e tetraciclina (**Figura 5B**). Células de *E. coli* são normalmente sensíveis a esses antibióticos e não podem crescer quando um dos dois antibióticos está presente no meio de cultura. Assim, a resistência conferida pelo plasmídeo permite selecionar células hopedeiras que contém o plasmídeo pBR322 por meio do plaqueamento da bactéria em meio agar contendo esses antibióticos. Desta foram, ampicilina e tetraciclina tornam-se marcadores de seleção do pBR322.

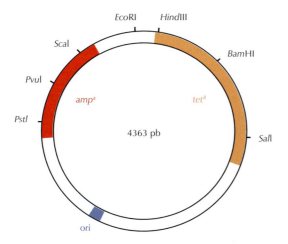

FIGURA 5B. *Plasmídeo pBR322.* O mapa desse plasmídeo mostra as posições dos genes de resistência à ampicilina (amp^R) e à tetraciclina (tet^R), a origem de replicação (ori) e as regiões alvo de sete endonucleases de restrição (adaptado de Brown TA, 2002).

As manipulações mostradas na **Figura 5A** representam a construção de um plasmídeo recombinante e a purificação do DNA. O plasmídeo pBR322 pode ser facilmente purificado a partir de extratos de bactérias e o plasmídeo manipulado pode ser re-introduzido na bactéria por meio de um processo natural de transformação bacteriana. A transformação não é um processo particularmente eficiente em muitas bactérias, incluindo a *E. coli*. Entretanto, a eficiência na introdução do DNA na célula hospedeira competente pode ser melhorada significativamente pela suspensão das células em cloreto de cálcio antes da adição do DNA seguido de um choque térmico passando de 4° a 42°C em questão de segundos. Mesmo com essa otimização, apenas uma pequena porção de células irá incorporar os plasmídeos. Por isso, os marcadores de resistência aos antibióticos são tão importantes, pois eles permitem que o pequeno número de células transformadas seja selecionado.

O mapa do plasmídeo pBR322 (**Figura 5B**) indica as posições das sequências de reconhecimento de sete enzimas de restrição, cada uma cortando o plasmídeo em apenas uma posição. Pode-se notar que seis desses sítios estão dentro de um dos genes de resistência ao antibiótico. Desta forma, se um novo fragmento de DNA for inserido em um desses seis sítios, irá interromper a sequência do gene de resistência, ou seja, o plasmídeo perderá a capacidade de conferir resistência à ampicilina ou à tetraciclina. Isto é chamado de inativação por inserção do marcador de seleção que é a chave para distinguir a bactéria que apresenta o plasmídeo recombinante.

A identificação dos DNA recombinantes é importante porque na manipulação mostrada na **Figura 5A** são formados vários produtos de ligação, incluindo plasmídeos que re-circularizam sem inserção do novo DNA. Para identificação dos recombinantes, as propriedades de resistência das colônias são testadas pela transferência das células de um meio agar contendo um antibiótico para outro agar contendo o segundo antibiótico. Por exemplo, caso o sítio da enzima *Bam*HI tenha sido utilizado, o recombinante será resistente à ampicilina mas sensível à tetraciclina, uma vez que o sítio para *Bam*HI está no gene que confere a resistência à tetraciclina. Após a transformação, as células são plaqueadas em agar contendo ampicilina e todas as células que contem o plasmídeo pBR322, seja recombinante ou não, se dividirão e formarão colônias. Em seguida, todas as colônias são então transferidas para agar contendo tetraciclina por replicação de plaqueamento, pois dessa forma as colônias resultantes na segunda placa mantém a posição relativa a que tinham na primeira placa. Algumas colônias não crescerão na segunda placa porque contém moléculas do plasmídeo recombinante que tem o gene da resistência a tetraciclina interrompido. Então, para coleta dessas colônias alvo é preciso retornar a primeira placa contendo a ampicilina (**Figura 5C**).

Essa técnica de replicação do plaqueamento não é difícil, mas requer tempo. Dessa forma, o melhor seria distinguir as células que contém o plasmídeo recombinante com apenas um plaqueamento. Isso ocorre para maioria dos vetores modernos, incluindo o pUC18.

Esse vetor carrega o gene de resistência à ampicilina do plasmídeo pBR322 juntamente com o gene lacZ, que faz parte do gene da enzima β-galactosidase da *E. coli*. Uma cepa especial de *E. coli* que contém em seu genoma a sequência restante dessa enzima sem a porção lacZ é usada para clonagem de genes com o plasmídeo pUC18. Os segmentos de genes específicos para essas proteínas, um no plasmídeo e outro no genoma bacteriano, quando combinados são capazes de produzir uma enzima funcional de β-galactosidase. Essa enzima tem como substrato um composto chamado X-gal (5-bromo4-cloro-3-indolil--β-D-galactopyranoside) que, quando presente no meio de cultura, é metabolizado gerando um produto de coloração azul, representando assim, um teste histoquímico da funcionalidade da β-galactosidase.

O gene lacZ no plasmídeo contém um segmento com sítios para nove enzimas de restrição. A inserção de um fragmento de DNA em um desses sítios leva à inativação do gene lacZ e, consequentemente, à perda de atividade da enzima β-galactosidase. Portanto, células recombinantes e não recombinantes podem ser diferenciadas pelo simples plaqueamento em meio contendo ampicilina e X-gal (**Figura 5D**). Todas as colônias, que crescerem nesse meio, serão provenientes de bactérias transformadas, pois apresentam resistência à ampicilina conferida pelo vetor. Porém, somente as colônias brancas, com β-galactosidase não-funcional, possuem o vetor recombinante

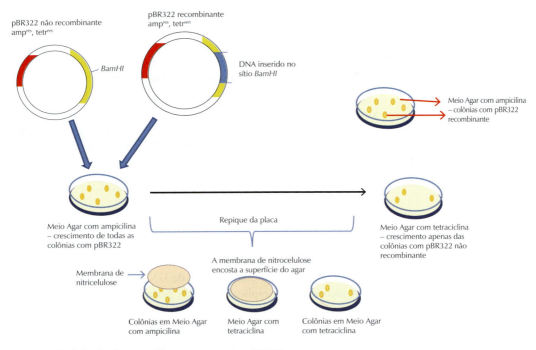

FIGURA 5C. Seleção de recombinantes com vetor pBR322.
(*Adaptado de Brown TA, 2002*).

FIGURA 5D. *Seleção de DNA recombinante no vetor pUC18.*
(*Adaptado de Brown TA, 2002*).

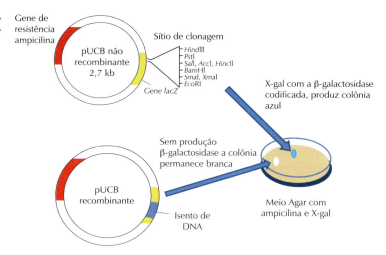

Vetores para clonagem de grandes fragmentos de DNA – cosmídeos

Os bacteriófagos de *E. coli* foram desenvolvidos uma vez que vetores como o pBR322 e o pUC18 não conseguem receber insertos maiores que 10 kb de tamanho. Eles baseiam-se principalmente no genoma do bacteriófago λ que é capaz de integrar-se ao cromossomo bacteriano, onde pode permanecer quiescente por várias gerações sofrendo replicação apenas quando a célula hospedeira se divide. Esse processo é chamado de ciclo de infecção lisogênico que difere do ciclo lítico de replicação, onde um bacteriófago permanece na forma epissomal, se replica inúmeras vezes independente da duplicação celular e termina por lisar a célula hospedeira (**Figura 5E**).

O genoma do bacteriófago λ tem cerca de 50 kb, dos quais aproximadamente 15 kb contém genes que são necessários apenas para a integração do fago ao DNA cromossomal bacteriano, portanto, podem ser deletados do vetor sem prejuízo da capacidade de infectar a célula hospedeira, nem de sintetizar novas partículas do fago durante o ciclo lítico. Isso possibilita a inserção de DNA exógeno de até 25 kb nesse vetor (**Figura 5F**).

Os cosmídeos são plasmídeos que contém uma sequência COS, ou seja, uma sequência de 12 nucleotídeos em fita simples que são complementares entre si. Dessa forma, a clonagem em cosmídeos conjuga a elevada eficiência de infecção associada à clonagem no fago λ com a facilidade de manipulação de DNA plasmidial, dado que o DNA recombinante replica como um plasmídeo. Os cosmídeos têm capacidade de receber inserto de até 40 Kb.

Os vetores BAC e YAC são construções artificiais a partir do cromossomo de bactéria e levedura, respectivamente. Os vetores BAC e YAC são úteis no mapeamento físico de genomas complexos e para clonagem de genes de grande porte, podendo receber insertos de até 250 Kb e 2 Mb, respectivamente. Os vetores de leveduras, como YACs,

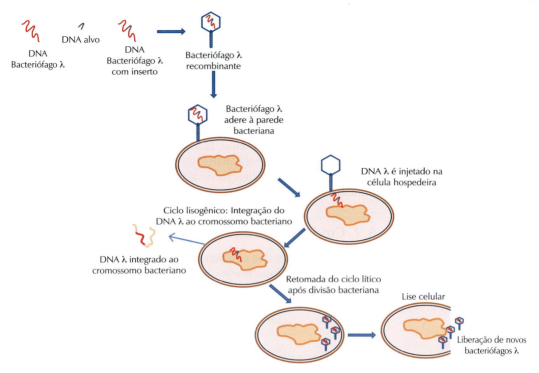

FIGURA 5E. *Ciclo de infecção lisogênica. A principal característica do ciclo lisogênico é a inserção do fago ao DNA cromossomal bacteriano, duplicando-se apenas quando ocorre duplicação da célula hospedeira.*
(Adaptado de Brown TA, 2002).

Yips (plasmídeos integrado de levedura), e Yeps (plasmídeos epissomal de levedura), têm uma vantagem sobre os vetores BAC, uma vez que podem ser usados para expressar proteínas eucarióticas que requerem modificações pós-tradução.

Como visto anteriormente, os ácidos nucleicos são as moléculas centrais da clonagem molecular, uma vez que o DNA é utilizado tanto como vetor ou como inserto. Os RNAms também podem ser utilizados como inserto, na forma de um cDNA.

O DNA ou cDNA obtidos por clonagem são utilizados como sondas de hibridização na identificação, quantificação e caracterização de outros ácidos nucleicos, produção de bibliotecas de DNA ou cDNA.

FIGURA 5F. *Mapa simplificado do genoma do fago λ. Seu genoma é linear, mas as sequências COS complementares em suas extremidades permitem a sua circularização. Na extremidade esquerda estão localizados os genes que codificam as proteínas do capsídeo e da cauda; os genes que codificam proteínas envolvidas no ciclo lítico mapeiam na extremidade direita.*

Em síntese, as etapas da clonagem envolvem a preparação do DNA vetor, preparação do DNA inserto, ligação do DNA vetor e DNA inserto, escolha do sistema vetor e do hospedeiro, introdução e expansão do produto de ligação no hospedeiro, identificação dos clones recombinantes.

A introdução do produto de ligação (inserto/vetor) pode ser realizada por meio de métodos como transformação bacteriana, transfecção, eletroporação, microinjeção, bombardeamento com microprojécteis e infecção viral. Já a identificação dos clones recombinantes pode ser feita pela análise do padrão de restrição, sequenciamento de DNA, hibridização de ácidos nucleicos, PCR e análise de produtos gênicos (reconhecimento imunológico).

5.2. Cuidados gerais

Além do uso dos equipamentos de proteção individual, luvas, avental e óculos, toda manipulação de Organismos Geneticamente Modificados (OGMs) deve ser conduzida de acordo com as Diretrizes Gerais para o Trabalho em Contenção com Material Biológico (Ministério da Saúde, 2004).

REFERÊNCIAS BIBLIOGRÁFICAS

1. Bolivar F, Rodriguez RL, Greene PJ, Betlach MC, Heyneker HL, Boyer HW, Crosa JH, Falkow S. Construction and characterization of new cloning vehicles. II. A multipurpose cloning system. Gene. 2(2):95-113, 1977.

2. Sambrook J, Fritsch EF, Maniatis T. In: Molecular Cloning: A Laboratory Manual. Cold Spring Harbor Laboratory Press, NY, Vol. 1, 2, 3 (1989).

3. Terence A Brown. Genomes, 2nd edition. Department of Biomolecular Sciences, UMIST, Manchester, UK. Oxford: Wiley-Liss, 2002.

Índice Remissivo

[131]I-labelled tositumomab, 413
5-fluorouracial, 151

A

Abreugrafia, 41
Acidente vascular cerebral, 168
Acidificação do meio extracelular, 141
Ácido (s)
    fólico, 330
    graxos, 135
    nucleico(s), 447
        concentração de, determinação da, 450
        composição dos, 448
        estrutura e funçãodos, 429
        extração de, 448
            cuidados, 452
        integridade de, análise da, 450
        precipitação de, efeito do sal utilizado na, 449
        separação de, 449
    tricarboxílicos, ciclo dos, 135
Acidose, 140
Adaptabilidade, 472
Adenocarcinoma(s), 22, 27
    gástricos, 282
Adenoma, 27
    pleomórfico, 28
Adenovírus, 367
    selvagem, estrutura, 368
Adipocinas, 148
Adipócitos associados ao câncer, 192
Adiposidade, excesso de, 192
Aflatoxinas, 43, 45, 74
Agente (s)
    alquilantes, 168
    caracinogênicos grupo 1, 55
    carcinógenos
        não virais, 64
        virais, 56
    citotóxicos, efeitos imunomoduladores, 421
    endógenos, 104
    exógenos
        físicos, 104
        químicos, 105
    que danificam o DNA, 104
    químicos causadores de câncer, 44
    quimioterápicos frascos e manipulação, 331
Agonista, 411

Alcatrão de hulha, 43
Álcool, 48
ALDH1 (*adehyde dehydrogenase isoform* 1), 212
Alelos suscetíveis ao câncer, 38
Alemtuzumab, 413
Alfafetoproteína, 19, 321
Alimentação
    influência da, 47
    na carcinogênese, papel da, 51
Alimentos, compostos bioativos de, 51
Alteração (ões)
    em histoma por imunoprecipitação da
        cromatina, detecção das, 128
    epigenéticas, 124
Altered self, teoria do, 265
Álvaro Alvim, 41
Alvos moleculares, 354
Ambiente
    de consumo, 47
    ocupacional, 47
    social e cultural, 47
Ames, Bruce, 44
Aminopterina, 330
AMPK, 152, 172
Anaplasia, 18
    celular, 30
Anastomose, 238
Anergia, 273
Aneuploidias, 82
Angiogênese, 226
    eventos indutores de, 227
    indução, 8
    tumoral
        bases moleculares, 227
        estroma como indutor de, 232
        fenômeno de, 241
        mecanismos gerais da, 226
        metástase envolvida na, 237
        sistema imune como indutor de, 233
Anoikis, 175, 182, 249
Anorexia, 148
Anóxia, 226
Antagonista, 411
Antibiótico, 2
Anticorpo (s)
    antitumorais, 391
    aprovados pela FDA para tratamento de câncer,
        413

interação com o sistema imune, 391
monoclonais, 240, 412
Antigenicidade, 19
Antígeno (s)
    anérgicos, 274
    carcinoembriônico, 321
    germinativos, 268
    mutados, 268
    prostático específico, 322
    tumorais, 267
Apaf-1 (*apoptotic protease-activating factor* 1), 161
APO (*apotosis antigen*), 163
Apoptose, 5, 8, 161, 182, 384
    extrínseca, 162
    intrínseca, 164
    proteção contra, 139
    vias de sinalização da, 167
Arsênio, 43
    trióxido de, 175
Asparaginase, 332
Aspergillus, 45
Ativação, domínio de, 119
Atividadores, 119
ATP-ubiquitina-dependente, 148
Atrofia muscular, 148
Autofagia, 141, 170, 182
    vias de regulação da, 171, 172
Autóloga, 416
Autorrenovação, 20, 208
Avastin, 240
*Awitchin*g de isotipos, 271

B

Bactéria *Helicobacter pylori*, 76
Baixa difusão, 350
Bases fracas, 351
Bcl-2, 165
Bendamustina, 332
Benzeno, 43
Bernardino Ramazzini, 41
Beta-caroteno como um quimioprotetor, 47
Bevacizumab, 413
Bevacizumabe, 337
Biogênese, supressão pós-transcricional de
    miRNAs e iRNAs, modelo, 445
Bioinformática, 157
Biologia
    do câncer, 336
    molecular
        da teoria à prática, 447-453
        descobertas importantes, 362
        técnicas melhoram a compreensão de
            carcinógenos, 41
Biomarcador (es)
    advento dos, 318
    câncer
        colorretal e, 321

de mama e, 320
de próstata e, 322
de pulmão e, 320
de destaque na atualidade, 323
de diagnóstico, 317
de mieloma múltiplo, 318
de monitoramento, 317
de predisposição, 316
de rastreamento, 316
de recidiva, 317
farmacológicos, 317
identificação de novos, 319
lactato desidrogenase, 321
medicina personalizada e, 324
no câncer, 315-327
o que são?, 316
objetivos dos, 317
personalizados, 324
preditivos, 317
Biópsia, 303
Biotransformação, 190
Bleomicina, 332
Bloqueio de vias de sinalização combinadas, 415
Bortezomibe, 332
Bremtuximab vedotin, 413
Brotamento, maturação do vaso após fenômeno
    de, 232
Busulfano, 332

C

CAD (*caspase-acativated DNase*), 166
Cadeia transportadora de elétrons, 135, 134, 154
Caderina (s), 247
    do endotélio vascular, 231
Cádmio, 48
Caenorhabditis elegans, 124, 161
*Cag*A-positivo, 66
cag-PAI, 66
Calpaína, 148
Campylobacter jejuni, 283
Camundongos
    alogênicos, 262
    knockout, 263
    Nudes, 262
Câncer (es)
    adipócitos associados ao, 192
    alelos suscetíveis ao, 38
    alterações genéticas, 81-95
    biomarcadores no, 315-327
    carcacterísticas comuns ao, 6
    clonalidade no, 11
    como doença infecciosa, 77
    das vias biliares, 64
    de bexiga, 72
    de células T, 57
    de células transicionais, 72
    de colo de útero, 41

Índice remissivo

de estômago, 39
    incidência na população masculina de
        origem japonesa, 40
de fígado, 69
de mama, 41
    em orientais, 38
    incidência na população de origem japonesa
        que migrou, 40
    influência da migração no, 39
    nomenclatura do estadiamento tumoral em, 31
de pele, raios solares e, 45
de próstata, 283
de pulmão, 48
definição, 5
diagnóstico do
    evolução histórica, 301
    papel do patologista, 25
    perspectivas históricas, 301
do pulmão
    nomenclatura do estadiamento tumoral em, 31
    TNM e sua correlação com o estado clínico
        no, 32
doenças infecciosas e, 54
epidemia da modernidade, 3
esporádico, 88
etiologia, 5
fibroblastos associados ao, 190
hepático por hepatite B, 60
hereditário, 86
história do, 2
imunoterapia do, 383-398
incidência, influência socioeconômica na, 38
inflamação e, 281-299
microRNA e, 126
morte celular no, 159
morte celular no, 159-186
natureza do, 37
novas direções em metabolismo e, 157
ocorrência associada a diferentes fatores de
    risco, 40
ocupacional, 49
pesquisa clínica em, 399-408
prevalência, esstimativa global de, 4
primeiros registros, 2
"raiz do", 210
renal, nomenclatura do estadiamento tumoral
    em, 31
terapia(s)
    envolvendo controle do ciclo, 111
    gênica em, 361- 381
tratamento do
    evolução do, 329-346
    perspectivas, 344
Capecitabina, 332
Caquexia, 148, 290
Caráter anfipático, 352
Carboplatina, 332
Carcinogênese

biológica, 53-79
    desencadeada pela inflamação crônica, 286
    hepática, 45
Carcinógeno (s)
    biológicos, 54
    químicos associados ao desenvolvimento de
        câncer, 43
    técnicas de biologia molecular melhoraram a
        compreensão de, 41
Carcinogênse
    física, 45
    química, 42
Carcinoma (s), 27
    anal, 58
    basocelulares da pele, 21
    cervical, 58, 284
    como sítio primário desconhecido, 306
    da nasofaringe, 26
    do colo uterino, 21
    escamocelular, 27
    hepatocelular, 59
    in situ, 24
    metastáticos com sítio primário desconhecido,
        estudo imunoistoquímico, 307
    papilífero da tireoide, 283
Carmustina, 332
CART-T *cells*, 377
Carvão mineral, 45
Cascata metastática, 256
Caspase, recrutamento de, 162
Catabolismo, 143
    de glutamina, 146
Catástrofe mitótica, 177, 182
CD19, 377, 13
CD20, 391, 414
CD30, 414
CD33, 414
CD52, 414
CDK *inhibitors,* 102
Célula (s)
    bcr-abl, proliferação de, 411
    cancerosas, 10, 94
    de carcinoma pulmonar, 253
    dendríticas, 293, 374, 385, 392
        tolerogênicas, 273
        vacina com 393
    diferenciadas, 20
    do parênquima tumoral, 16
    do sistema imune, 193
    "encolhimento" da, 166
    endoteliais, 196
        da vasculatura tumoral, 197
    endoteliais, 226
    estaminais, 18
    estromais, 190, 234
    eucariótica, 5
    gliais no sistema nervoso central, 21
    imunológicas, 227

Índice remissivo

iniciadoras
  de brotamento, 231
  de tumor, 189, 208, 213, 251
LAK, 389
mesenquimais estromais, 197
mesenquimatosas, 22
mieloderivadas supressoras, 290
mieloides supressoras, 417
murais, 232
natural killer, 262, 387
  mecanismos de ativação/inibição das, 266
  papel das, 264
neoplásicas, características, 10
neuronais, 23
precursoras endoteliais circulantes, 233
progenitoras hematopoéticas, 253
T, 195
  CD8+, 385
  engenharia de, 390
  reguladoras, 384
  transferência adotiva de, 389
tumoral (is), 23, 159, 234
  aparência microscópica de, 18
  circulantes, 255
  fenótipo metabólico da, 143
  hipóxicas, 350
  metabolismo da, 133-158
  "revestidas", 250
  vantagens conferidas pelo perfil metabólico da
    geração de biomassa para o crescimento
    celular, 138
Célula(s)-tronco
  adultas, 207, 208
  divisões simétricas e assimétricas das, 208
  embrionária, 189
  hematopoéticas, 213
  normais, vias de sinalização que controlam a
    função das, 211
  prospecção das, ensaio para, 215
  tumorais, 20, 187, 207-234
    conceito, 208
    evolução do conceito, 209
    marcos da pesquisa, 214
    modelo atual, 216
    teoria da, 209
Ceramida, 175
Cetuximab, 413
CGH (*Comparative Genomic Hybridization*), 91
Checagem imunológica, inibidores de, 387
Chumbo, 48
Ciclina(s), 5
  nível das diferentes, 101
  quinases dependentes de, 5
Ciclo
  celular, 5, 6, 97
    controle do, 100
    estruturas celulares envolvidas, 99
    fases do, 98, 103

pontos de checagem, 100
  progressão, 98
dos ácidos tricarboxílicos, 134
TCA, 154
tricarboxílico ácido, 154
Ciclofosfamida, 332
Cinetócoro, 99
Cirrose, 59
Cisplatina, 332, 340
Cistadenomas papilíferos, 27
Citarabina, 332
Citidina desaminase induzida por ativação, 287
Citocinas, 288
Citologia, 26
Citotoxidade
  celular dependente de anticorpo, 413
  dependente de complemento, 413
Citotoxina vacuolizante VacA, 66
Cladribina, 332
Classificação
  de tumores malignos indiferenciados, 305
  histológica tumoral, 304
  molecular, transição para, 34
  tumoral, 303
Clonagem (ns)
  molecular, 480
  vetores de, 480
Clonalidade no câncer, 11
Clones, 188
Clonorchis sinensis, 53, 67, 283
  ciclo de vida dos, 68
  distribuição no sudeste da Ásia, 67
Clorambucil, 332
Cobre, 48
Códons, 440
Colangiocarcinoma, 64, 283
  incidência mundial de, 69
Colite ulcerativa, 282
Colonização metastática, 289
Combinações terapêuticas, 415
Complexo
  basal de iniciação da transcrição, 118
  I mitocondrial, 152
  principal de histocompatibilidade MHC, 195
  proteico MutSalfa, 109
  ribossomo-RNAm, 439
  TCR/MHC, 387
Compostos bioativos de alimentos, 51
Condições inflamatórias crônicas e neoplasias,
  associações entre, 285
COSMIC (Catalogue of Somatic Mutation), 92
Cosmídeos, 484
Crescimento dos cânceres, 21
Criostato, 26
Cromatina, 430
Cromo, 48
Cromossomo, 432
  Philadelphia, 43, 322

CSC (*cancer setem cells*), 208
   detecção das, estratégias, 213
   marcadores para identificação das, 212
   modelo atual, 215
   no tratamento contra o câncer, 219
   resistência à terapia, 219
   vias de sinalização que controlam a função das, 210
CTLA-4, 414
Curva
   de dissociação derivativa, 464
   de eficiência representativa de um transcrito, 465
   padrão de eficiência dos oligonucleotídeos
      iniciadores, 465
CVD, 340
Cyberknife, 336

D

Dacarbazina, 332, 340
Dactinomicina, 333
Damage-associated molecular pattern molecules, 264
DAMPs, 384
Dano (s)
   celular, 5
   no DNA, reconhecimento de, 100
Daunorrubicina, 333
David Baltimore, 459
Decitabina, 333
Degradação proteassomal, 144
Degraus de escada, padrão de, 166
Deleções, 82
Denaturing Hight Pressure Liquid Chromatography
   (DHPLC), 90
Descobertas genômicas na prática clínica,
   perspectiva da aplicação das, 94
Desmetilase, 217
Desmoplasia, 16
Desoxiribonucleotídeos, 457
Detoxificação, 190
Deubiquitinases, 164
Diagnóstico
   em tempo real, 312
   morfológico, 18
Dieta cetogênica, 153
Diferenciação, 208
Displasia, 20, 24
Diversidade
   funcional tumoral, 219
   funcional, 219
   genética, 219
DNA
   agentes que danificam o, 104
   alteração dos mecanismos de reparo do, 356
   danos ao
      durante a recombinação homóloga, 110
      radioinduzidos na molécula de, 46
      respostas aos, 104
   detecção da metilação do, 128

genômico, 124
helicase, 118
integridade de, 451
metilação do, 121, 394
molde de, 455
reparo do, 103
   tipos, 106
representado por uma estrutura molecular em
   dupla hélice, 431
separação em gel de agaarose, 451
sequências de
   tecnologias para detecção de variações na, 478
   variações, 472
DNA-PK, 166
Docetaxel, 333
Doença (s)
   de Crhon, 282
   do refluxo gastroesofágico, 282
   infecciosas, câncer e, 54
   metabólicas, 282
   micrometastática residual, 403
Domínio de ativação, 119
Dormência imune, 256
Doxorrubicina, 333
DR1/2/3/4/6, 163
Drivers, 94
Droga
   aumento da inativação da, 355
   captação da, comprometimento da, 353
   diminuição da ataivação da, 355
   redistribuição intracelular da, 355
   transporte por efluxo de, 352
Drosophila melanogaster, mutações na, 43
Ducto hepáticos, 69

E

EBV, ver Vírus Epstein-Barr
E-caderina, 247
Edwin Smith, 2
Efeito
   adverso, 348
   bystander, 373
   fenotípico, 88
   "Pasteur", 136
   Warburg, 133, 136
      reverso, 142, 143
EGFR
   amplificação gênica de, 84
   família, 411
Egl-1 (*egg-laying defective*), 161
Elementos regulatórios, 119
Eletroferograma, 91
Emergência de resistência, 358
EMT (*epithelial-mesenchymal transition*), 218
Encapsulamento, 17
ENCODE (*The ENCyclopedia Of DNA Elements*), 92
Energia transferência de, 143

Índice remissivo

Enhanceres, 119
Ensaio Taqman ®, 476
Enzima (s)
   deubiquitinases, 164
   hot start, 455
   proteolíticas, 191
Epidemiologia, definição, 38
Epidermoide, 28
Epigenética, 441
Epirrubicina, 333
Epítopo, 270
Equilíbrio, 266
   "fenotípico", 218
Eribulina, 333
Esôfago de Barrett, 24
Espécies reativas de oxigênio, 48
Esquistossomose urinária, 70
Estabilidade, grau de, 467
Estadiamento, 25
Estado
   "celular", 219
   de dormência tumoral, 255
Estramustina, 333
Estresse
   metabólico, 173
   nitrosativo, 105
   oxidativo, 105, 142
Estroma
   como indutor de angiogênese, 232
   desmoplásico, 232
   proliferação do, 16
Estromalização, 232
Estudo
   de metabolômica, 157
   in silico, 157
Etanol, 43
Etilismo, 283
Etoposídeo, 333
Eucariotos, 98
Euploidias, 82
Evasão
   imune, 261
   tumoral, 272
Evolução clonal, modelo durante a progressão do
   tumor, 188
Exaustão, 273
Éxon, 83, 436
Exossomos, 254
   derivados
      das células do tumor primário, 254
      de melanoma, 254
Expressão
   genética e epigenética, aplicação na prática
      clínica, 130
   gênica, 119
      controle da, 119
         epigenético da, 121
   imunoistoquímica, 34
Extravasão, 250

F

FADD (*Fas-Associaated protein with Death
   Domain*), 163
Fagófaro, 170
FAK, 176
Falha terapêutica, 190
Família EGFR, 411
Fase
   G1, 98
   G2, 98
   GO, 98
   M, 98
Fator (s)
   angiogênico VEGF, 140
   antiangiogênicos, 230
   de crescimento, 7
      do hepatócito, 218
   de estimulação de colônia de macrófagos, 236
   de necrose tumoral, 271
   de risco de natureza ambiental, 47
   de transcrição, 118, 120
   de transição, 228
   induzível por hipoxia, 218
   pró-angiogênicos
      indução de, 228
      liberação de, 230
   pró-mitóticos, 228
   relacionados com a angiogênese, 229
Fenestração, 351
Fenótipo metastático, 254
Fermentação
   alcoólica, 136
   lática, 136
Fibras do colágeno, 200
   remodelamento das, 201
Fibroblastos associados
   ao câncer, 190
   ao tumor, 233
Fibronectina, 252
Filapódias das células inibidoras de brotamento,
   mecanismo da, 231
Fitness, 188
   celular, otimização do, 138
Flaviviridae, 58
FLIP, 163
Fludarabina, 151, 333
Folhetos germinativos, 22
Folículo de Graaf, 160
Formaldeído, 43
Fosfatidilinositol 3-quinase, 238
Fosfocolina, 150
Fosfofrutoquinase, 143, 152
Fosforilação oxidativa, 8, 135, 154
   glicólise anaeróbica e glicólise aeróbica,
      diferença entre, 137
Fragmentos biomoleculares, relação entre a
   porcentagem de agarose e eficiência de

separação de, 451
Fumerate hydratase, 144
Fusão *bcr-abl*, 410

G

Gamma knife, 336
Gap, 98
Gás
    de combustão do diesel, 43
    mostarda, 330
Gatilho angiogênico, 227
Gemtuzumab ozogamicin, 413
Gencitabina, 151, 333
Gene (s)
    atg, 170
    BRCA, 322
    cap, 370
    c-MYC, 60
    codificante, anatomia de um 434
    do vírus do sarcoma de Rous, 42
    env, 364
    gag, 364
    HBX viral, 60
    imunomoduladores, 374
    KRAS, 89
    pol, 364
    SRC, 42
    suicidas, 372
    supressor de tumor, 7, 9, 83, 371
    TP53, 85, 89
Genoma λ, mapa simplificado, 485
Genotipagem
    de um determinado polimorfismo, 478
    por PCR em tempo real, 476
    por PCR-RFLP, 473
Glândula
    do intestino grosso, revestimento epitelial de, 305
    suprarrenal, 23
Glicerol, 135
Glicogênese, 135
Glicogênio, 135
Glicólise, 8
Glicose, 8
    quebra completa de, 136
Gliomas, 21
Glutamina
    catabolismo de, 146
    metabolismo de, 146
Glutationa, 139
GM-CSF, 374, 392
Gonadotrofina
    coriônica humana, 321
Graduação histológica, 25
    de um tumor, 30
Grau de diferenciação, 17
Gutless adenovirus, 369

H

H. pylori, 283
Hábito
    de fumar, 48
    de mascar tabaco, 48
Hallmarks do câncer, 179
HapMap, 91
Helicobacter pylori, 53, 64
Helper virus, 369
Henry Bence Jones, 318
Hepatocarcinoma, 283
HER-2, 391, 414
Heredograma de família com suspeita de câncer de
    mama e de ovário hereditários, 86
Hermman Muller, 45
Herpevírus associado ao sarcoma de Kaposi, 64
Heterogeneidade
    clonal, 190
    intratumoral, 187, 215
        representação, 216
    tumoral, 188
        baseada no modelo de células-tronco, 189
Hexoquinase, 143, 152
HGF (*hepatocyte growth factor*), 218
Hibridização *in situ*, 26, 34
Hibridomas, 338, 391
Hidrocarbonetos aromáticos policíclicos, 45
Hidroxilato, 144
Hidroxiureia, 333
HIF-1(*hypoxia inducible factor*), 144
HIF2α (*hypoxia-inducible facator 2 alfa*), 218
High Resolution Melting, 477
Hipercolesterolemia, 152
Hipotireoidismo, 283
Hipóxia, 140, 226
    em tecidos com câncer, 350
    induz ativação de HIF-1, 228
Histona
    acetilação de, 123
    des metilases, 123
    modificações pós-traducionais, 122
HIV-1, 58
Homeostasia, 349
Homo-oligômeros, 169
Howard Tamin, 459
HPV , ver Papilomavírus humano
HSP (*heat ashock proteins*), 264
HSPIN1, 175
HTLV-1, 56

I

IAP (*inhibitor of apoptosis protein*), 165
IARC (International Agency for Research on
    Cancer), 53
I-CAM, 367
Ichikawa Koichi, 42

Idarrubicina, 333
Ifosfamida, 333
"Ilha de patogenicidade *cag*", 66
Illumina, 91
Imatinibe, 337
Immunoediting, 256
Imortalidade replicativa, 7
"Imperador ade todos os males", 1
Imprinting, 442
   genômico, 122
Imunidade
   adaptativa, 264
   inata, 264
Imunoedição tumoral, 385
Imunogenicidade, 264
Imunoglobulinas, 288
Imunoistoquímica, 26, 305
Imunologia de tumores, 261
Imunossupressão, mecanismos de, 272
Imunoterapia (s)
   combinadas, 418
   do câncer, 383-398
   propriamente dita, 386
Imunovigilância, 262
Incidência, conceito, 38
Índice de multiplicação celular, 17
Indução de glicólise aeróbica, 138
INF-α, 375
Infecção
   lisogênica, ciclo de, 485
   pelo vírus HTLV-1, 56
   por HTLV-1, história natural da, 57
   viral, 283
Inflamação
   associada ao câncer
      componente humoral da, 288
      papel da, 287
   câncer e
      ciclo estabelecido entre, 286
      mecanismos biológicos, 285
   como alvo terapêutico, 297
      em câncer, 281
   crônica, carcinogênese desencadeada pela, 286
Inflamassoma, 178
Informações morfológicas, 34
Inibidor
   de CDK, 102
   de checagem imunológica, 387
   de tirosina quinase, 410, 412
   do ponto de checagem, 388
   seletivo de BRAF, 341
Inovação terapêutica, 409-426
Instabilidade
   genética, 188
   genômica, 9
Insulina, 173
Integrinas, 199, 230, 247
Interação (ões)

heterotípicas, 226
   putativa *in vivo* entre EBV e as células
      hospedeiras, 63
Intérfase, 98
Interferon-α, 387
Interferon-γ, 263, 385
Interleucina, 270, 387
Intravasão, 249
Introns, 436
Invasão, 247
   ameboide, 247
   local, 21
   mesenquimal, 247
   tumoral, 245
Ion proton, 91
Ipilimumab, 413
Irinotecano, 333
Ixabepilona, 333

J

John Hill, 40

K

Kary Mullis, 454
KIR (*killer inhibitory receptor*), 265
Kiras, 287

L

Lâmina basal, 247
Lamininas, 238
LDH-A (lactato desidrogenase A), 144
Leiomioma, 18
Lentivírus, 366
Letalidade, conceito, 38
Leucemia, 22
   linfoblástica aguda, 348
   linfoide aguda, 217
   mieloide crônica, 43
Leucemia-linfoma de células T do adulto, 56
Linfangiogênese, 235
   bases da, 236
Linfócito (s)
   B, 270
   infiltrantes
      das massas tumorais, 389
      de tumor, 389
   T, 195
      naïve, 269
      reguladores, 417
         mecanismos supressores dos, 274
Linfoma, 22
   de Burkitt, 28, 63
   gástrico MALT, 64
   não Hodgkin, 58, 169

Linhagens celulares cancerígenas, 20
Lipídeo, metabolismo de, 147
Lipólise, 135, 148
Lipopolissacarídeos, 66
Lisossomos, 148
Lobular, 28
Lomustina, 334
LOX, 199
LSC (*leukaemic stem cells*), 213

M

Macroambiente tumoral, metabolismo do, 147
Macroautofagia, 141
Macrófago (s)
  antitumorais, 234
  associados ao tumor, 193, 234, 291
  colônia de, fator de estimulação de, 236
  intratumorais, 193
  no microambiente tumoral, 234
  pró-tumorais, 234
MALT(*mucosa-associated lymphoid tissue*), 64
Mammaprint, 322
Manuel de Abreu, 41
Marcador
  ALDH1, 212
  de superfície celular, 213
Matriz extracelular, 187, 199, 228, 246
  composição da, 199
  no desenvolvimento tumoral, 200
Mecanismo de resistência, abrangência da ação
  dos, 357
Mecloretamina, 334
Medular, 28
Melanócitos, 23
Melanoma, 23
Melfalano, 334
Membrana basal, 25, 247
Mercaptopurina, 334
Metabolismo
  celular, 88
    o que é?, 134
    simplificação das vias de sinalização do, 154
  da célula tumoral, 133-158
  da glicose, 136, 147
  de glutamina, 146
  de lipídeos, 147
  do macroambiente tumoral, 147
  na célula eucariótica, 135
  tumoral, diagnóstico a partir de alterações do, 149
Metáfase, 99
Metaloenzimas, 141
Metaloproteinase, 140, 248
  de matriz, 230, 289
Metaplasia intestinal, 24
Metástase (s), 15, 21, 234, 245, 258
  de um tumor para locais distantes, 21
  envolvida na angiogênese, 237

  hepática, 251
  locais, 254
  organoitropismo das, 251
Metilação do DNA, 121
Método
  de genotipagem, 472
  de imagem, 308
  Sybr Green, 462
  TaqMan ®, 469
Metotrexato, 330, 334
Micose fungoide, nomenclatura, 28
Microambiente tumoral, 190, 251, 276
  adaptação ao, 140
  como alvo terapêutico, 337
  esquema, 191
  macrófagos no, 234
  papel regulatório do, 203
Microarray, 91, 127
Microbiota como *link* entre inflamação e câncer, 283
Microdissecção de tecidos, 26
MicroRNA, 124
  biogênese do, 125
  câncer e, 126
Mihran Kassabian, 41
Mimetismo de vascularização, 237
  mecanismo, 238
Ministério do trabalho *versus* conhecimento
  científico, 42
Miofibroblasto modulando a angiogênese, 233
Missing self, teoria do, 265
Mitofagia, 142
Mitomicina C, 334
Mitose, 19, 98
  número de, 30
Mitotano, 334
MLPA(*Multiplex Ligation-dependent Probe*
  Amplification), 91
MMP (*metallopraoteinase*), 140
Modelos matemáticos, 467
Molécula (s)
  biológica, 316
  de adesão de células endoteliais, 235
  de ATP (*adenosine triphosphate*), 134
  de DNA, 448
  de RNA, 448
  de RNAm, 126
Mollities ossium, 318
Monócitos, 194, 234
Morfologia nuclear anormal, 19
Morrer, 1001 formas de, 184
Mortalidade, conceito, 38
Morte
  causas de na Ingulaterra e em Gales, 3
  celular
    autofágica, 170
    imunogênica, 169
    no câncer, 159-186
    programada, 161

regulada, 159
vias de, características que distinguem as
várias, 182
imunogênica, 384, 386
mTOR (*mammalian target of rapamycin*), 141, 172
Mucinoso, 28
Multipontente, 210
Mutação (ões), 9, 42
ativadoras de oncogenes, 287
condutoras, 89
de sentido trocado, 82
driver, 89
"guiadoras", 336
intrínsecas, 88
missense, 82
na *Drosophila melanogaster*, 43
nas células tumorais, 88
nas proteínas da família Ras, 84
nonsense, 82
"passageiras", 336
passageiras, 267
passenger, 89
pontuais, 82
sem sentido, 82
silenciosa, 82
somáticas em oncogenes, frequência, 90
V600E no gene *BRAF*, 92
Mutagênese, experimento elaborado por Ames, 443
Myc, 144

N

NAD (*nicotinamide adenine dinucleotide*), 134
NADH, 134
NADPH(*nicotinamide adenine dinucleotide phosphate*), 138
Necroptose, 168, 182
Necrose, 182
programada, 168
Nefroblastoma, 28
Neoplasia (s), 305
associadas a processos inflamatórios, 281
benignas, 16
definindo uma, 15
malignas, 16
nomenclatura de, 26
Neutrófilo (s), 264
associado ao tumor, 195, 292
de células mieloides, 292
Nf-kB (*nuclear factor kappa-B*), 164
Nicho pré-metastático, 252
formação, 253
Níquel, 43, 48
Nitrosaminas, 43
NOD/SCID *interleukin-2 receptor gamma chain null,* 214
Normóxia, 228
Northern blotting, 462
Nudes, 262

O

Obesidade, 149
Ofatumumab, 413
Oligonucleotídeo, 457
iniciadores, 465
Oncogenes, 9
Oncologia, 319
classificação internacional de doenças para, 29
desfechos clínicos em, 402
Oncotype DX, 322
ONYX-15, 375
Opisthorchis viverrini, 53, 67, 283
Organela, 170
Organotropismo das metástases, 251
Otto Warburg, 133
Oxaliplatina, 334
Oxidação, 88
Oxidative phosphorylation, 135
Oxigênio, difusão pelo tecido, 225

P

p53, 144
Paclitaxel, 334
Pancreatite crônica, 283
Panitumumab, 413
Papilífero, 28
Papilomas, 24, 27
Papilomavírus humano, 60
genoma do, esquema, 62
Parasitose, 70
Patologista, papel do, 25
Pazopanibe, 337
PCR (*polymeraase chain reaction*), 26 (*v.tb.* Reação em cadeia de polimerase)
PCR-RFLP, 473
Pemetrexede, 334
Penetrância, 87
Pericitos, 226
Permeabilização da membrana mitocondrial, 165
Pesquisa
clínica
em andamento no Instituto do Câncer do Estado de São Paulo, 404
em câncer, 399-408
exemplos em oncologia
de novos biomarcadores e sua aprovação, diferença entre, 319
Pesticidas, 43
Peter Nowel, 209
Petróleo, 45
pH
do fenol na extração de ácidos nucleicos, 450
intracelular, 140
PI3K/Akt, 143
"Pílula mágica", 51

Pironecrose, 178
Piroptose, 178, 182
Piruvato quinase, 152
Plasmídeo pBB322, 481
Plasticidade
    celular, 217
    tumoral, 227
Pleomorfismo, 19
Pluripotência tumores e, 223
Polaridade, perda da, 19
Polimorfismo (s)
    de repetição, 475
    genéticos, 83, 473
Pólipo, 24, 27
    hiperplásico, 24
Poliquimioterapia, 340
Poluentes genotóxicos, 48
Poluição, 47,48
Ponto de checagem, inibidores do, 388
População, conceito, 38
PPP (*pentose phosphate pathway*), 139
Procarbazina, 334
Pró-carcinógeno, 45
Processo
    de síntese proteica, 440
    metastático, 246
    RCD, 160
    splicing, 437
Prófase, 99
Programa de reparo, 5
Progressão tumoral, 20, 124
    etapas da, 25
Projeto 1000 genomas, 91
Promotores, 118
Proteína (s)
    antiapoptóticas, 165
    bacteriana CagA, 66
    beclina 1, 174
    BH3-*only*, 175
    BNIP3, 175
    da família Ras, 85
    de Bence Jones, primeiros exames realizados
        para, 318
    HBX, 60
    HMGB1, 385
    inibidoras de tecido de metaloproteinase, 230
    KRAS, 320
    poliubiquitinadas, 101
    pró-apoptóticas, supressão de, 166
    Rag, 173
    REX, 57
    RFC, 353
    Tsp-1, 230
    Viral, TAT, 58
Proteoglicanos, 199
Protocolo (s)
    clínicos abertos utilizando citocinas e vetores
        adenovirais, 419

de vacinação de Coley, 262
Protoncogenes, 9
Pyruvate dehydrogenase kinase (PDK), 144

Q

qPCR (reação em cadeia da polimerase
    quantitativa), 127
Quencher, 469
Quiescência, 220
    celular, 98
Química combinatória, 331
Quimioatrator, 385
Quimiocinas, 288
Quimioterapia citotóxica, principais agentes, 332
Quinase, 143
    dependentes de ciclinas, 5

R

Radiação (ões), 43
    com potencial carcinogênico, tipos, 47
    eletromagnéticas, 46
    ionizantes, 46
    na forma de partículas, 45
    ultravioleta, 46
    UV, 46
Radioproteção, 41
Radioterapia
    aparelho de, 335
    do câncer, 335
    intraoperatória, 336
Raios solares, cânceres de pele e os, 45
Raios-X, aplicação no cotidiano, curiosidades, 41
RCD, ver Morte celular regulada
"Reabsorção das células", conceito de, 160
Reação
    antígeno-anticorpo, 26
    de PCR, esquema, 456
    em cadeia da polimerase, 454-461
        em tempo real, 462
Reads, 128
Rearranjo gênico, 270
Receptor
    de angígeno quimérico, 389
    de estrógeno, 305, 315
    de progesterona, 315
    notch-1, 231
    tipo 2 do fator de crescimento epidérmico
        humano, 315
    tirosina quinase, 229
    VEGFR2, 231
Região 3'UTR, 125
Regime
    intermitente, 348
    terapêutico adequado, importância do, 348
Reguladores transcricionais, 120

Reparo
  de bases mal emparelhadas, 109
  de quebra de dupla fita, 109
  por excisão
    de base, 106
    de nucleotídeos, 107
    mecanismos, 108
Replicação, 432, 433
Reposição gênica, 363
Repressores transcricionais, 119
Resistência
  extrínseca, 348
  intrínseca, 348
Resposta
  adaptativa, 264
  citogenética completa, 411
  hematológica completa, 411
  imune
    adaptativa, 268
      protetora contra tumores, 272
    como novo e promissor alvo terapêutico
      antitumoral, 278
    evasão da, 8
  inflamatória, modulação da, 281
  inata, 264
Ressonância magnética, 309
Restrição calórica, 153
Retrovírus, 364
Ribonucleoproteinas, 436
Ribossomo em funcionamento, 438
RIP (*receptor-interacting serine/theonine-protein
  kinase* 1), 163
Riscos ocupacionais, 40
Rituximab, 413
RNA
  mensageiro, 26
    processamanto do, 436
  polimerase II, 118
  separação em gel de agaarose, 452
  total, integridade de, 451
RNAm maduro, 438
RNA-seq, 127
Roentgen, Wilhelm Conrad, 41
ROS (*Reactive Oxygen Species*), minimizar a
  porodução e o acúmulo de, 138
RUV-A, 46
RUV-B, 46
RUV-C, 46

S

Salmonella typhimurium, 178
Sanúário farmacológico, sítios de, 349
Sapo-parteiro, desenvolvimento do, 160
Sarcoma, 22, 27
  de Ewing, 28
  de Kaposi, 28, 53, 58
Schistossoma

espécies de, 70
haematobium, 53, 70
  ciclo de vida, 72
Seleção
  clonal, 187
  darwiniana, 187
Senescência, 6, 182
  celular, 179
Sequência (s)
  do DNA, avanços do estudo de variações na, 91
  polindrômicas, 475
Sequenciamento
  capilar, 90
  de DNA tratado com bissulfito de sódio, 128
  do genoma, exoma e transcriptoma, 91
  em larga escala, 336
Seroso, 28
Shear stress, 249
Sidney Faber, 151
Silenccers, 119
Síndrome (s)
  da imunodeficiência adquirida, 58
  de predisposição hereditária ao câncer, 87
  hereditárias de câncer, 336
  monogênica IPEX, 273
Single-Strand Conformation Polymorfism (SSCP), 90
Síntese
  de cDNA, 470, 459
  de novo, 147
Sipuleucel-T, 392
siRNA, 354
Sistema
  circulatório, 8
  complemento, 270
  de transferência não virais, 363
  helper-dependent, 369
  imune, 384
    como indutor de angiogênese, 233
    no desenvolvimento de tumores, 263
  imunológico, 8, 261, 295
Sítios
  cutâneos, 61
  mucosos, 61
SLC1A5, 172
SLC7A5, 172
Soft Agar, 57
Solid, 91
Sorafenib, 342
Splicing, 82
  alternativo, 128
STAT-3, 287
Stem-like, 217
Stemmness, 217
Substâncias químicas carcinogênicas, 49
"Suicídio celular controlado", 159
Sunitinibe, 337
Superexpressão de oncomirs, 126
Superfamília ABC, 353
Supressores tumorais, 7

T

Tabaco, 45
Tabagismo, 48, 283
TAK1 (*transforming growth factor beta activated kinase*-1), 164
Tampão da reação, 456
Taq DNA, 454
    polimerase, 458
TATA box, 118, 128
Taxonomia
    molecular, 34
    morfológica, 34
TCGA (*The Cancer Global Atlas*), 92
Tecido (s)
    adiposo, perda do, 148
    hematopoiéticos, 22
    microdissecção de, 26
    não epiteliais, 22
    neoplásico, 16
    normal, 16
Técnica(s)
    de biologia molecular, 41
    de PCR, aplicações, 460
    moleculares, 26
    para estudo de expressão gênica, 127
    para reastreamento de alterações genéticas, 90
Tecnologia
    de alto rendimento, 318
    hight-throughput, 318
    moleculares, 318
Telomerases, expressão de, 181
Temozolomida, 334, 340
Temperatura de dissociação, 457
Teoria
    da imunoedição taumoral, 276
    de *altered self*, 265
    do *missing self*, 265
    semente e solo, 251
Terapia(s)
    alvo-dirigidas, efeitos de, 417
    anticâncer, 329
    antitumoarais, baseadas na intervenção do metabolismo tumoral, 151
    anti-VEGF, 242
    citotóxicas, 330
    convencionais, 384
    em câncer, 361-381
    gênica
        contra o câncer, 371
        descobertas importantes, 362
        em câncer, 361-381
        medicamentos derivados da, 361
        métodos utilizados para, 363
    imunológicas direcionadas, 338
    mecanismos celulares de respostas às, 352
    medicamentos derivados da, 361
    no Brasil, implementação de, 379
    oncolítica, 419
    resistência às, 347-360
    sistêmica do melanoma metaastático como modelo, evolução da, 340
Terapias-alvo
    fármacos para, estrutura química dos, 337
    moleculares, 339
Teste de homologia, 458
Theodor Boveri, 43
TIL (*tumor-infiltrating lymphocytes*), 389
Tip cells, 231
Tireoidite de Hashimoto, 283
Tirosina quinase, 84
    inibidores de, 410, 412
TNF-α, 271
TNFF (*timor necrosis factor receptor*), superfamília do, 162
Tolerância imune, 272
Tomografia
    computadorizada, 308
    por emissão de pósitrons, 150, 309
        indicações, 310
Topotecano, 334
Toxinas, 45
TRADD (*tumor necrosis factor receptor type 1-associated DEATH domain protein*), 163
Tradução, 438
TRAF (TNF *receptor associated factor protein*), 163
TRAILER, 163
Trametinib, 342
Transcrição, 432, 433
    gênica, 118
    reversa, 459
Transcriptase reversa, 459
Transdiferenciação, 23
Transdução, 364
Transfecção, 364
Transferência adotiva de células T, 389
Transgene, 363
Transição
    epidemiológica, 13
    epitélio-mesênquima, 23, 247
    taxonômica, 34
Translocação entre os cromossomos
    8 e 14 no linfoma de Burkitt, 85
    9 e 12, 84
Transmissão por contato célula-célula, 57
Transportador (es), 172
    ABC, 212
    de família ABC, 353
    TAP, 269
Transporte por efluxo de drogas, 352
Trastuzumab, 413
Tratamento(s)
    antiangiogênicos, 239
    anticâncer, 239
    do câncer, evolução do, 329-346
Trióxido de arsênio, 175

Tumor (es)
benignos, 15
e malignos, diferenças entre, 17
nomenclatura, 26
características morfológicas dos, 303
classificação de acordo com a origem tecidual, 29
com características angiogênicas, 225
com origem epitelial, 22
como um sistema de seleção darwiniano, 204
de células B, 164
de Krukemberg, 28
de pele do escroto, 41
de Wilms, 28
desenvolvimento dos, 23
disseminação dos, 22
ectópicos, 15
epiteliais, 21, 22
gene supressor de, 7, 9, 83
hematopoiéticos, 22
hiperplásicos, 24
HPV-negativos, 34
incidência no mundo de diferentes, segundo a OMS, 39
infiltrativo, 21
invasivo, 24
maligno (s), 15
diferenciado, 27
graduação e estadiamento dos, 30
graduação histológica, 30
indiferenciados, 27, 305
classificação de, 305
nomenclatura, 27
mesenquimal, 22
mistos, 27
neural, 23
origem embrionária dos, 22
primário, 15
sólidos, 350
Tumorigênese, 111
modelos porpostos para, 209

U

Ubiquitina, 148
Ubiquitinação, 144
Ultrassonografia, 308

V

Vacina (s)
antitumorais, 393
autóloga de células dendríticas, 416
com células dendríticas, 393
Vanádio, 48
Vascularização, mimetismo de, 237
Vasculatura tumoral, importância para o tumor, 225
Vasculogênese, 226

Vaso (s)
linfáticos, 235
mecanismo de formação de novos, 231
normal e tumoral, comparação entre as esstruturas dos, 237
tumorais, caracacterísticas dos, 236
VEGF (*vascular endothelial growth factor*), 140, 414
Vemurafenib, 342
Vesícula
de conclusão, 170
de formação, 170
de nucleação, 170
Vetor (es), 363
baseados em plasmídeos de *E. coli,* 481
de clonagem, 480
ideal, 363
lentivirais recombinantes, 367
para clonagem
de grandes fragmentos de DNA, 484
pBB322, seleção recom binante com, 483
plasmidiais, 363
pUC18, seleção recombinante com, 484
recombinantes derivados de vírus adenoassociado, 371
virais recoimbinantes, 364
Via (s)
das pentoses-fosfato, 139
enteral, 350
metabólicas, envolvimento de oncogenes e supressores tumoraias nas, 145
parenteral, 350
pentose fosfato, 154
Vimblastina, 334, 340
Vincristina, 334
Vinorelbina, 334
Vírus
adenoassociado, 369
selvagem, estrutura, 370
vetores recombinantes derivados de, 371
da hepatite
B, 53
B, 59
C, 53, 58
da imunodeficiência humana
tipo 1, 53, 58
de RNA, 58
DNA, 59
da imunodeficiência humana
do papiloma humano, 34
do sarcoma de Kaposi, 64
Epstein-Barr, 26, 53, 63
helper, 370
HPV, hospedeiro do, 61
HTLV-1, ciclo de vida do, 57
linfotrópico humano de células T, 53
linfotrópico-1 de células T, 56
oncogênico, 42
oncolítico, 375, 418

ação de um, representação, 376
 RNA, 56
von Hippel-Lindau, 144

X

Xenobiótico, 349
Xenotransplante ortotópico, 376
Xeroderma pigmentoso, 109
XIAP (X-*linked inhibitor of apoptosis protein*), 165

Y

Yamagiwa Katsusaburo, 42
Y-*labeled ibritumomab*, 413

Z

Zinco, 48
Zíper de leucina, 120